U0472363

科学出版社“十四五”普通高等教育研究生规划教材

现代交流调速技术

姚绪梁 编著

科学出版社

北京

内 容 简 介

本书主要以常用的异步电机和永磁同步电机为研究对象，介绍变极调速、变频调速和变转差率调速等传统交流调速技术，分析研究交-直-交变频调速系统、交-交变频调速系统的原理及应用技术；重点研究异步电机、永磁同步电机的矢量控制技术和直接转矩控制技术等内容；对近年来新出现的模型预测控制技术、无速度传感器控制技术进行了论述，最后介绍交流调速技术在船舶控制中的应用。

本书可作为电气工程、控制科学与工程、机械工程等学科的研究生教材，也可作为自动化、电气工程及其自动化等专业的高年级本科生教材，还可作为电气传动自动化、电机及其控制、电力电子技术和控制工程等相关科研人员的参考书。

图书在版编目（CIP）数据

现代交流调速技术/姚绪梁编著. --北京 : 科学出版社, 2024. 12. --(科学出版社"十四五"普通高等教育研究生规划教材). -- ISBN 978-7-03-080689-5

Ⅰ. TM921.5

中国国家版本馆CIP数据核字第2024AM2016号

责任编辑：余　江　张丽花 / 责任校对：王　瑞

责任印制：师艳茹 / 封面设计：马晓敏

科学出版社 出版

北京东黄城根北街16号

邮政编码：100717

http://www.sciencep.com

三河市骏杰印刷有限公司印刷

科学出版社发行　各地新华书店经销

*

2024年12月第　一　版　开本：787×1092　1/16

2024年12月第一次印刷　印张：20

字数：486 000

定价：128.00元

（如有印装质量问题，我社负责调换）

前　言

交流电机已经普遍应用到社会各个领域，特别是数控机床、工业机器人等高性能机电一体化装置更离不开交流伺服驱动装置。现代交流调速技术已成为高性能交流伺服驱动系统的核心技术，也是先进控制技术中具有代表性的标志之一。

1971 年德国西门子工程师 F. Blaschke 提出了直接矢量控制理论后，交流调速获得了长足发展。1985 年德国波鸿鲁尔大学的 M. Depenbrock 教授提出了直接转矩控制理论，其直接控制定子磁链空间矢量和电磁转矩，使控制系统得以简化，并提高了快速响应能力，交流调速系统更加多样化。尽管如此，交流调速系统仍有许多技术问题需要进一步解决，许多学者还在从事交流调速系统的新器件、智能控制理论及应用的研究。

本书以目前广泛应用的异步电机和永磁同步电机为研究对象，详细介绍了现代交流调速技术的基本原理及其实际应用。书中首先探讨了变极调速、变频调速和变转差率调速等传统交流调速，并深入分析了交-直-交变频调速系统与交-交变频调速系统的工作原理及应用技术。重点介绍了异步电机的控制技术，包括矢量控制技术和直接转矩控制技术，并对永磁同步电机的矢量控制技术和直接转矩控制技术进行了详细阐述。此外，书中还讨论了近年来兴起的模型预测控制技术以及无速度传感器的交流调速系统。最后，结合作者所在单位的科研背景及团队的研究成果，书中选取了与船舶控制及特种辅助装置相关的应用实例，具体包括船用电动甲板吊机、船舶电力推进系统，以及基于广义预测控制方法设计的零航速减摇鳍电伺服系统 CARIMA 模型，这些内容为交流调速技术在船舶领域的应用提供了有力的支持。

本书在进行理论分析的同时，结合交流调速技术的应用和发展趋势来组织书中内容；采用理论推导与实际应用相结合的方法，利用仿真软件进行研究结论的验证，用可视化图形力求达到化繁为简、化难为易，使读者易于理解书中的相关理论及推导，增加本书的可读性。

全书共 10 章。第 1 章介绍交流调速技术的发展概况与类型，传统交流调速技术的基本方法，交流调速技术的特点、发展趋势及主要应用领域。第 2 章介绍交-直-交变频器的原理、构成及其组成的变频调速系统，多重叠加型变频器、脉宽调制技术，谐振型变换器的基本原理及典型应用电路，恒压频比控制的交-直-交变压变频调速系统和转差频率控制的交-直-交变压变频调速系统等。第 3 章介绍了交-交变频器的原理、构成及其组成的变频调速系统，特别介绍近年发展起来的矩阵式变频器。第 4、5 章介绍异步电机和永磁同步电机的矢量控制技术，采用空间矢量理论对矢量控制技术进行分析，利用空间矢量理论统一性的特点分析矢量控制技术；利用仿真软件对系统进行仿真并分析仿真结果。第 6、7 章介绍异步电机和永磁同步电机的直接转矩控制原理和各种观测模型的建立，给出了仿真模型并分析仿真结果。第 8 章介绍模型预测控制技术的原理，并给出常用系统的仿真模型。第 9 章介绍无速度传感器的交流调速技术。第 10 章介绍交流调速系统在船舶控制中的应用。

本书参考和引用了同行专家的相关文献，均在书后参考文献中列出，作者在此对他们表示感谢。

本书由哈尔滨工程大学资助出版，作者对学校给予的帮助表示感谢。部分文字录入和插图的修改及仿真输出截图等工作得到了博士研究生黄乘齐、刘铜振、马赫、关琦、张国望及硕士研究生白军超、王宇剑、胡浩、杨艺、崔耀文、赵拓、李锰等的大力协助，谨此表示感谢。

由于作者学识水平有限，书中难免存在疏漏之处，恳请专家和读者给予批评指正。

姚绪梁

2024 年 5 月于哈尔滨工程大学

目　录

第1章　概　　述

1.1　交流调速技术的发展概况和类型

交流调速技术诞生于 19 世纪，但由于初期其性能无法与直流调速技术相比，所以在 20 世纪 70 年代之前直流调速系统一直在电气传动领域中占统治地位。随着单机容量的进一步加大和转速的逐步提高，直流电机由于自身存在缺陷而越来越难以胜任，而交流电机的结构简单、运行可靠、便于维修以及价格低廉的特点一直吸引人们对它进行研究。随着电力电子技术的发展，产生了采用半导体开关器件的交流调速系统，尤其是 20 世纪 80 年代以后，大规模集成电路和计算机控制技术的发展，以及现代控制理论的应用，为现代交流调速技术的发展创造了有利条件，促进了各种类型的交流调速系统的飞速发展，如串级调速系统、变频调速系统、无换向器电机调速系统、矢量控制系统、直接转矩控制系统和模型预测控制系统等。目前，现代交流调速技术不仅在传统的电力拖动系统中得到了广泛的应用，还几乎扩展到了工业生产的所有领域，在空调、洗衣机、电冰箱等家电产品中也得到了广泛应用。

1.1.1　现代交流调速技术的发展概况

1. 电力电子器件的蓬勃发展

电力电子器件是现代交流调速装置的支柱，其发展直接影响甚至决定交流调速技术的发展。迄今为止，电力电子器件的发展经历了半控型器件、全控型器件(自关断器件)、功率集成电路和智能功率模块、宽禁带功率器件四个阶段。

20 世纪 80 年代中期以前，变频装置功率电路主要采用晶闸管元件，装置的效率、可靠性、成本、体积均无法与同容量的直流调速装置相比。

20 世纪 80 年代中期以后，采用全控型器件——电力晶体管(giant transistor，GTR)、门极可关断晶闸管(gate turn-off thyristor，GTO)、电力金属-氧化物-半导体场效应晶体管(metal-oxide-semiconductor field-effect transistor，MOSFET)、绝缘栅双极晶体管(insulated gate bipolar transistor，IGBT)等的变频装置在性价比上可以与直流调速装置相媲美。第二代电力电子器件是当时主流变频器产品中的主要开关器件，如中、小功率的变频调速装置(1～100kW)主要采用 IGBT，大功率及超大功率的变频调速装置(100～10000kW)一般采用 GTO。

20 世纪 90 年代开始，主要采用的器件有电力 MOSFET、IGBT、集成门极换流晶闸管器件(integrated gate-commutated thyristor，IGCT)，电子注入增强栅晶体管器件(injection enhanced gate transistor，IEGT)，对称门极换流晶闸管器件(symmetrical gate commutated

thyristor，SGCT)。由于受成本和生产工艺等制约，目前只有电力 MOSFET 和 IGBT 得到广泛应用并不断发展。

随着高频化、集成化、模块化技术的不断发展，出现了许多新型电力电子器件，如功率集成电路(power integrated circuit，PIC)和智能功率模块(intelligent power module，IPM)。由于未来电力电子器件要求更高频率、更高功率和更高集成度，而宽禁带半导体材料具有比硅器件高得多的耐受电压的能力、低得多的通态电阻、更好的导热性能和热稳定性，以及耐高温、耐腐蚀、抗辐射等特点，非常适合制造更小体积、更轻重量、更高效率、更大功率的电子电力器件，因此其在无线基础设施、军事和宇航、卫星通信和功率转换等高频、高温、高功率工作领域有着显著的优势，是 5G 移动通信、新能源汽车、智慧电网等前沿创新领域的首选核心材料，已成为当今世界各国争相研究的科研热点和重点。从目前来看，研究较为成熟的是碳化硅(SiC)和氮化镓(GaN)材料。

2. 脉宽调制技术

20 世纪 60 年代中期，德国的 A. Schonung 等学者率先提出了脉宽调制(pulse width modulation，PWM)变频的思想，为现代交流调速技术的发展和实用化开辟了新的道路。

PWM 技术基本上可分为四类，即等宽 PWM 法、正弦 PWM(SPWM)法、磁链追踪型 PWM 法及电流跟踪型 PWM 法。PWM 技术的应用弥补了相控原理的弊端，兼具压控和频控功能，降低了输出电压的谐波含量，可简化输出滤波环节、降低成本、提高系统的功率密度和反应速度。

目前基于矢量控制或直接转矩控制的空间矢量脉宽调制(space vector pulse width modulation，SVPWM)得到广泛应用，SVPWM 的主要思想是以三相对称正弦波电压供电时三相对称电机定子理想磁链圆为参考标准，以三相逆变器不同开关模式进行适当的切换，从而形成 PWM 波，以所形成的实际磁链矢量来追踪其理想磁链圆。传统的 SPWM 方法从电源的角度出发，旨在生成一个可调频调压的正弦波电源，而 SVPWM 方法将逆变系统和交流电机看作一个整体来考虑，模型比较简单，也便于微处理器的实时控制。

3. 矢量控制技术及直接转矩控制技术

直流电机双闭环调速系统具有优良的静、动态调速特性，其根本原因在于作为控制对象的直流电机电磁转矩能够灵活地进行控制。而交流电机是多变量、非线性、强耦合的被控对象，如果能模仿直流电机电磁转矩控制规律而加以控制，就可得到类似于直流电机的控制效果。

1971 年，德国西门子工程师 F. Blaschke 提出了矢量控制理论，成功地解决了交流电机电磁转矩的有效控制问题，在定向于转子磁通的基础上，采用参数重构和状态重构的现代控制理论概念实现了交流电机定子电流的励磁分量和转矩分量之间的解耦，实现了将交流电机的控制过程等效为直流电机的控制过程，在理论上实现了重大突破，从而使得交流调速系统的性能可能与直流调速系统相媲美。矢量控制技术的关键是静止坐标系与旋转坐标系之间的坐标变换，而两坐标系之间变换的关键是要找到两坐标系之间的夹角。目前，较为成熟的矢量变换控制法有转子磁场定向矢量变换控制、定子磁场定向矢量变换控制、滑差频率矢量控制等。受矢量控制的启发，近年来又派生出如多变量解耦控制、变结构滑模控制等方法。

1985年，德国波鸿鲁尔大学(Ruhr-Universität Bochum)的M. Depenbrock教授通过对瞬时空间理论的研究，提出了直接转矩控制理论，其原理是让电机的磁链矢量沿六边形运动。随后日本学者I. Takahashi提出了磁链轨迹的圆形方案。与矢量变换控制不同，直接转矩控制无须考虑如何将定子电流分解为励磁电流分量和转矩电流分量，而是以转矩和磁通的独立跟踪自调整并借助于转矩的Bang-Bang控制来实现转矩和磁通直接控制。从理论上看，直接转矩控制是控制电机的磁链和转矩，而对于电机主要控制的是转矩，控制了转矩，也就控制了速度。由于采用直接转矩控制，可使逆变器切换频率低，电机磁场接近圆形，谐波小，损耗小，噪声及温升均比一般逆变器驱动的电机小得多。多年的实际应用表明，与矢量控制相比，直接转矩控制可获得更大的瞬时转矩和极快的动态响应。因此，交流电机直接转矩控制是一种很有前途的控制技术。

4. 计算机仿真技术

近年来，计算机仿真技术在各行各业得到了广泛的应用，特别是在进行复杂系统的设计时，采取计算机仿真技术来进行分析和研究是非常必要和有效的。传统的计算机仿真软件包用微分方程和差分方程建模，其直观性、灵活性差，编程量大，操作不便。随着一些大型的高性能计算机仿真软件的出现，交流调速系统的实时仿真可以较容易地实现。例如，MATLAB软件包、Saber软件包已经能够在计算机中仿真交流调速系统的整个过程。上述软件包适用于交流调速领域内的仿真及研究，能够为绝大多数问题的解决带来方便，并能显著提高工作效率。随着新型计算机仿真软件的出现，交流调速技术必将在成本控制、工作效率、实时监控等方面得到长足的进步。

5. 微机控制器控制技术

随着微机控制器控制技术，特别是以单片机及数字信号处理器(digital signal processor, DSP)为控制核心的微机控制器控制技术的迅速发展，现代交流调速系统的控制方法已由模拟控制转向数字控制。目前全数字化的交流调速系统已得到普遍应用。

数字化使得控制器的信息处理能力大幅度提高，许多难以实现的复杂控制，如矢量控制中的复杂坐标变换运算、解耦控制、滑模变结构控制、参数辨识的自适应控制等，在采用微机控制器后都得到了解决。此外，微机控制器控制技术又给交流调速系统增加了多方面的功能，特别是故障诊断技术得到了实现。微机控制器控制技术的应用提高了交流调速系统的可靠性，以及操作、设置的多样性和灵活性，降低了变频调速装置的成本，并减小了装置的体积。

1.1.2 现代交流调速系统的类型

现代交流调速系统由交流电机、电力电子功率变换器、控制器和检测器四大部分组成。电力电子功率变换器、控制器、检测器集于一体，称为变频器或变频调速装置。目前较常用的现代交流调速系统有三种，即异步电机调速系统、同步电机调速系统和开关磁阻电机调速系统。

(1) 异步电机调速系统，按转差功率处理方式的不同，可以分为转差功率消耗型调速系统、转差功率回馈型调速系统和转差功率不变型调速系统三类。

(2) 同步电机调速系统，根据频率控制方式的不同可分为两类：一类是他控式同步电机调速系统，如永磁同步电机调速系统；另一类是自控式同步电机调速系统，如负载换向自控式同步电机(无换向器电机)调速系统、交-交变频供电的同步电机调速系统。

(3) 开关磁阻电机调速系统，是由开关磁阻电机、功率变换器、控制装置、角位移传感器和驱动电路五部分安装在一起的一种新型机电一体化调速装置，它的效率在很宽的调速范围内可大于 87%，电机结构十分独特，转子上无绕组或永磁体，定子为集中绕组，电机线圈安装容易，端部短而牢固，比传统的直流电机、同步电机和异步电机都简单，制造和维修十分方便。同时，开关磁阻电机控制方便，可以四象限运行，还具有结构简单、体积小、重量轻、工作可靠等优点，其性能和经济指标优于普通的异步电机。

1.2　传统交流调速技术的基本方法

交流电机的转子转速与定子在空间形成的同步旋转磁场的转速有直接联系，电机同步转速定义为

$$n_0 = \frac{60 f_0}{p_\mathrm{n}} \tag{1-1}$$

式中，n_0 为同步转速；f_0 为定子电源频率；p_n 为极对数。

由式(1-1)可以看出，交流电机同步转速与定子电源频率成正比，而与极对数成反比。因此，改变定子电源频率或极对数，就可以改变交流电机同步转速。但由于交流电机是一个强耦合的复杂系统，对于常用的三相交流电机，其励磁与电枢之间并不成正交的关系，因此单纯地调整上述参数并不能得到满意的调速结果，特别是在电机启动和制动过程中，若通过如频率控制调速，还要结合定子每相绕组感应电动势与 f_0 的协调控制，才能得到较为满意的调速结果。

1.2.1　异步电机的调速方法

变极调速与变频调速是异步电机常用的调速方法，异步电机的特有构造决定了其转子转速与电机同步转速之间有一定的差值，即转差率 s。异步电机转子转速与同步转速的关系定义为

$$n = n_0(1-s) \tag{1-2}$$

由式(1-2)可知，异步电机通过对转差率的调整也可以达到调速的目的。

1. 变极调速

改变定子的极对数，可使异步电机的同步转速 $n_0 = \dfrac{60 f_0}{p_\mathrm{n}}$ 改变，从而使电机转速得到调

整。通常改变定子绕组连接法的调速方法适用于鼠笼型异步电机，因其转子的极对数能自动地与定子极对数相对应。如图 1-1 所示，改变定子绕组连接方法，即改变流过线圈的电流的方向，即可达到改变极对数的目的。将一相绕组平均分成两半，将这两个半绕组按图 1-1(a)顺接串联连接，并通以如图 1-1(a)所示方向的电流时，会在空间上形成如图 1-1(a)所示的四极磁场，若按图 1-1(b)反接串联或图 1-1(c)并联连接，则会在空间上形成两极磁场，同步转速将提高一倍。变极调速是成倍地改变极对数，相应的同步转速也成倍地变化，因此该调速方法为有级调速方法。

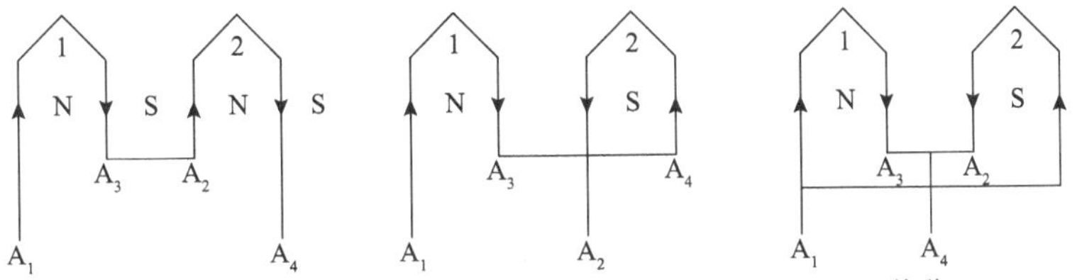

(a) 顺接串联($2p$=4)　(b) 反接串联($2p$=2)　(c) 并联($2p$=2)

图 1-1　改变定子绕组连接方法以改变定子极对数

三相异步电机的三相绕组连接方法是相同的，一般采用 Y→YY 和△→YY 两种变极连接法，如图 1-2 所示。由图 1-2 可知，YY 连接法中，每相都有一半绕组中的电流改变了方向，因而极对数减少一半，同步转速增加一倍。绕组连接法改变后，应将 B、C 两相的出线端对调，以保持高速与低速时电机的转向相同。因为在极对数为 p_n 时，如果 B、C 两相的出线端与 A 相的出线端的相位关系为 0°、120°、240°，则在极对数为 $2p_n$ 时，三者的相位关系将变为 $2\times0°=0°$、$2\times120°=240°$、$2\times240°=480°$(相当于120°)，显然，在极对数为 p 及 $2p_n$ 时的相序将相反，B、C 两相的出线端必须对调，以保持变速前后电机的转向相同。

下面讨论变极调速时异步电机的容许输出功率或转矩在变速前后的关系，输出功率为

$$P_2 = \eta P_s = 3U_s I_s \eta \cos\varphi_1 \tag{1-3}$$

式中，η 为电机效率；P_s 为定子输入功率；U_s 为定子相电压；I_s 为定子相电流；$\cos\varphi_1$ 为定子功率因数。

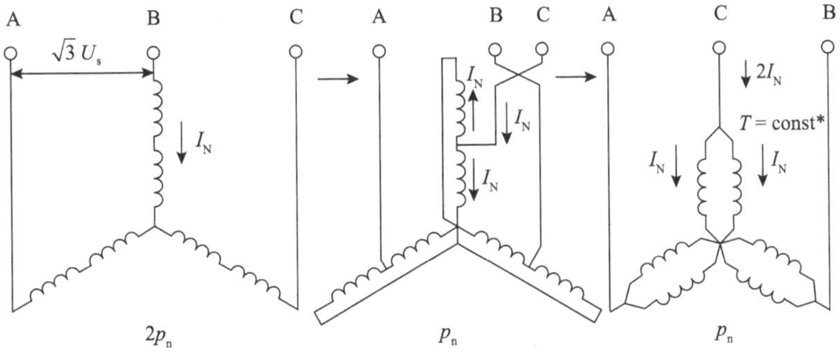

(a) Y→YY

* const 表示常数。

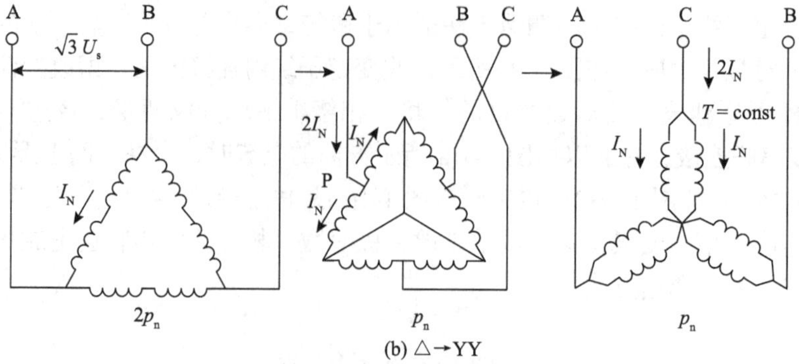

(b) △→YY

图 1-2　常用的两种三相绕组变极连接法

设在不同极对数下，η 与 $\cos\varphi_1$ 均保持不变，则

$$P_2 \propto U_s I_s \tag{1-4}$$

如果忽略定子损耗，则电磁功率 P_m 与输入功率相等，转矩 T 为

$$T = 9550\frac{P_m}{n_0} \propto \frac{U_s I_s}{n_0} \propto U_s I_s p_n \tag{1-5}$$

如图 1-2(a)所示，定子绕组由 Y 改变为 YY 时，极对数减少 1/2，n_0 增加一倍。在调速过程中，为使电机得到充分利用，电机绕组内流过额定电流 I_N，则 Y→YY 的转矩比为

$$\frac{T_Y}{T_{YY}} = \frac{U_s I_N (2p_n)}{U_s (2I_N) p_n} = 1 \tag{1-6}$$

可见，Y→YY 换接时，输出转矩不变，属于恒转矩调速，其机械特性如图 1-3(a)所示。对于图 1-2(b)，即 Δ→YY 换接时，极对数也减少 1/2，n_0 也增加一倍，两种方法的功率比为

$$\frac{P_\Delta}{P_{YY}} = \frac{\sqrt{3}U_s I_N}{U_s(2I_N)} = \frac{\sqrt{3}}{2} = 0.866 \tag{1-7}$$

可见，Δ→YY 换接时，输出功率变化不太大，可以粗略地看作恒功率调速。其机械特性如图 1-3(b)所示。

对于改变定子的极对数，除以上两种方法外，还可以在定子上安装两组独立的绕组，各连接成不同的极对数，则可获得更多的调速级数，如 3∶2、4∶3，甚至 3∶1、4∶1 等，但采用一组独立绕组的变极调速较为经济。由于变极调速为有级调速，相对无级调速，其应用场合会受到一定限制。

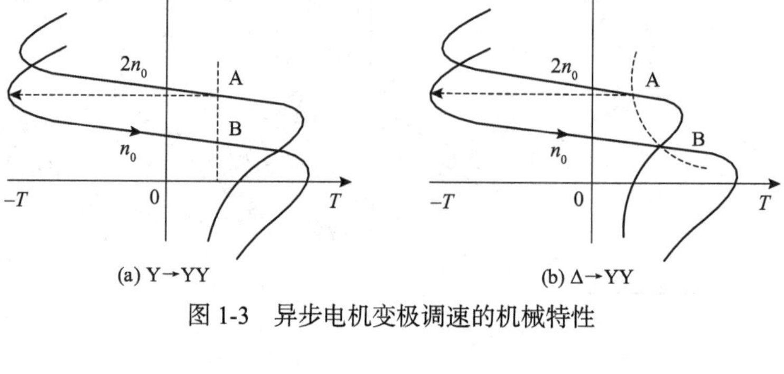

图 1-3　异步电机变极调速的机械特性

2. 变频调速

1) 恒磁通变频调速

由异步电机的转速定义式$n=\dfrac{60f_0}{p_{\mathrm{n}}}(1-s)$可知，异步电机的转速与定子磁场同步转速成正比。$f_0$改变后，$n$会随之改变。但要注意的是，交流电机的定子磁场与转子磁场耦合性很强，单独调整定子并不能得到很好的调速特性，这点可以从异步电机的电势方程得到。例如，若单纯地改变频率而不相应地改变定子电压，当频率低于额定值很多时，电机将严重发热，不能正常运行。因此，对于变频调速系统，在改变频率的同时，还要控制定子的反电动势。原因如下：当异步电机定子供电电源电压一定时，异步电机的电动势方程为

$$E_{\mathrm{s}}=4.44f_0N_{\mathrm{s}}K_{\mathrm{w1}}\varPhi_{\mathrm{m}} \tag{1-8}$$

式中，N_{s}为定子绕组每相串联匝数；K_{w1}为基波绕组因数；$\varPhi_{\mathrm{m}}$为每相气隙磁通。

如果忽略定子压降，则式(1-8)可写成

$$U_{\mathrm{s}}\approx E_{\mathrm{s}}=4.44f_0N_{\mathrm{s}}K_{\mathrm{w1}}\varPhi_{\mathrm{m}} \tag{1-9}$$

若异步电机供电电源电压一定，则磁通$\varPhi_{\mathrm{m}}$随频率f_0的变化而变化。一般在电机设计中，为了充分利用铁心材料，都把磁通的数值选为接近磁路饱和的数值。如果频率f_0从额定值(通常为50Hz)往下降，磁通会增大，造成磁路过饱和、励磁电流大大增加，这将使电机带负载能力降低，功率因数降低，铁损增加，电机过热，这是不允许的。反之，如果频率升高，磁通会减小，造成在一定的负载下有过电流的危险，这也是不允许的。为此通常要求磁通保持恒定，即

$$\varPhi_{\mathrm{m}}=\mathrm{const} \tag{1-10}$$

根据式(1-8)、式(1-9)可知，为了保持$\varPhi_{\mathrm{m}}$恒定，必须保持定子电压和频率的比值不变，即

$$\frac{E_{\mathrm{s}}}{f_0}=\frac{U_{\mathrm{s}}}{f_0}=\mathrm{const} \tag{1-11}$$

式(1-11)是恒磁通变频调速原则所要遵循的协调控制条件。

异步电机的转矩物理表达式为

$$T=C_{\mathrm{M}}\varPhi_{\mathrm{m}}I_{\mathrm{r}}\cos\varphi_2 \tag{1-12}$$

式中，C_{M}为转矩常数；I_{r}为转子电流；φ_2为转子功率因数角。

当有功电流额定，$\varPhi_{\mathrm{m}}$为常数时，电机的输出转矩也恒定，因而这种按比例的协调控制方式属于恒转矩调速性质。

这种状态的机械特性方程可由图1-4异步电机的稳态等效电路得到，转子电流I_{r}'为

$$I'_{\mathrm{r}}=\frac{U_{\mathrm{s}}}{\sqrt{\left(r_{\mathrm{s}}+c_{\mathrm{s}}\dfrac{r_{\mathrm{r}}'}{s}\right)^2+(x_{\mathrm{s}}+c_{\mathrm{s}}x_{\mathrm{r}}')^2}} \tag{1-13}$$

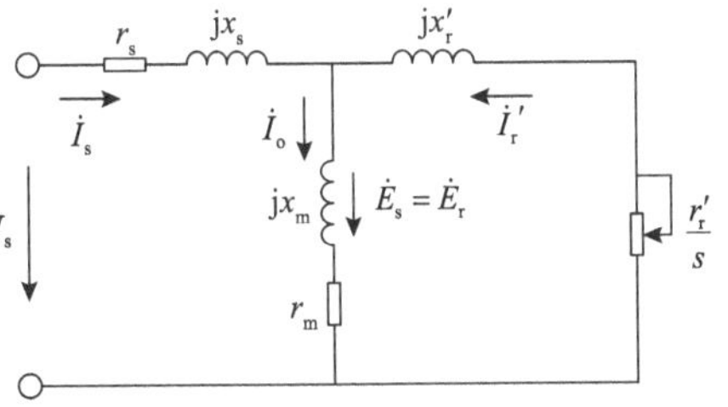

图1-4 异步电机的稳态等效电路

式中，$c_{\mathrm{s}}=1+x_1/x_{\mathrm{m}}\approx 1$，$x_{\mathrm{m}}$为与气隙主磁通相对应的定子每相绕组励磁电抗；$x_{\mathrm{s}}$为定子绕组每相

漏抗；r_s为定子绕组每相电阻；x_r' 为折算到定子频率定子绕组的转子每相漏抗；r_r'为折算到定子绕组的转子每相电阻。

电磁转矩：

$$T = \frac{P_M}{\Omega_s} = \frac{m_s p_n}{2\pi}\left(\frac{U_s}{f_0}\right)^2 \frac{\frac{f_0 r_r'}{s}}{\left(r_s + \frac{r_r'}{s}\right)^2 + (x_s + x_r')^2} \tag{1-14}$$

式中，电磁功率 $P_M = m_s I_r'^2 r_r' / s$，$m_s$为定子相数，$\Omega_s$为同步机械角速度，$\Omega_s = 2\pi f_0 / p_n$。

式(1-14)即为保持U_s / f_0恒定的机械特性方程。令 $\mathrm{d}T / \mathrm{d}s = 0$，可以求得产生最大转矩时的转差率为

$$s_m = \frac{r_r'}{\sqrt{r_s^2 + (x_s + x_r')^2}} \tag{1-15}$$

相应的最大转矩为

$$T_m = \frac{m_s p_n}{8\pi^2}\left(\frac{U_s}{f_0}\right)^2 \frac{1}{\frac{r_s}{2\pi f_0} + \sqrt{\left(\frac{r_s}{2\pi f_0}\right)^2 + (L_{s\sigma} + L_{r\sigma}')^2}} \tag{1-16}$$

式中，$L_{r\sigma}'$为转子折算到定子绕组的转子每相漏感。

可见，保持U_s / f_0恒定进行变频调速时，最大转矩将随f_0的降低而降低。此时，直线部分的斜率仍不变，机械特性如图 1-5 实线所示。

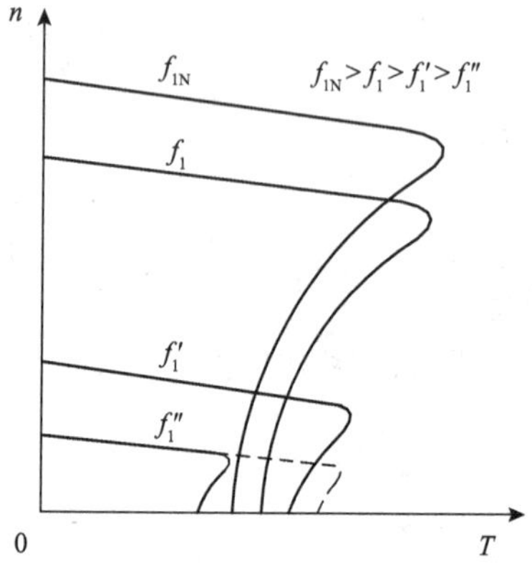

图 1-5 保持U_s / f_0恒定时变频调速的机械特性

由U_s代替理想条件下的反电动势E_s，使控制易于实现，但也带来了误差。由图 1-4 的等效电路可知，U_s扣除定子漏阻抗压降之后的部分由反电动势E_s所平衡。显然，被忽略掉的定子漏阻抗压降在U_s中所占比例的大小决定了它的影响的大小。当频率f_0的数值相对较高时，由式(1-16)可知，E_s的数值较大，定子漏阻抗压降在U_s中所占比例较小，认为$U_s \approx E_s$不会引起太大的误差；当频率f_0的数值相对较低时，E_s的数值较小，U_s也较小，定子漏阻抗压降在U_s中所占比例较大，已经不能满足$U_s \approx E_s$，若仍以U_s / f_0恒定代替E_s / f_0恒定，则会带来较大的误差。为此，可在低频段提高定子电压U_s，目的是补偿定子漏阻抗压降，近似地维持E_s / f_0恒定。补偿后的机械特性如图 1-5 虚线所示。

2) 恒功率变频调速

当电机以$U_s / f_0 = \text{const}$运行，定子频率上升至额定频率以上时，即电机在额定转速以上运行时，若继续按恒磁通变频调速，则应要求电机的定子电压升高到额定电压以上，但

是由于电机绕组本身不允许耐受过高的电压，电机定子电压必须限制在一定的允许范围内，因此就不能保持恒磁通或恒转矩调速了。在这种情况下，可采用恒功率变频调速，此时气隙磁通 Φ_m 将随着频率 f_0 的升高而下降，与他励直流电机电枢电压一定时降低磁通的调速方法类似。

异步电机转矩表达式：

$$T=\frac{m_s p_n U_s^2 \frac{r_r'}{s}}{2\pi f_0\left[\left(r_s+\frac{r_r'}{s}\right)^2+(x_s+x_r')^2\right]} \tag{1-17}$$

令 $dT/ds=0$，即可求出产生最大转矩时的转差率，如式(1-15)所示，相应最大转矩为

$$T_m=\frac{m_s p_n U_s^2}{4\pi}\frac{1}{f_0[r_s+\sqrt{r_s^2+4\pi^2 f_0^2(L_{s\sigma}+L_{r\sigma}')^2}]} \tag{1-18}$$

可见，保持电压为额定值进行变频调速时，最大转矩将随 f_0 的升高而减小。

当 s 很小时，有 $r_r'/s \gg r_s$ 及 $r_r'/s \gg x_s+x_r'$，式(1-17)可简化为

$$T\approx\frac{m_s p_n U_s^2}{2\pi}\frac{s}{f_0 r_r'}\propto s \tag{1-19}$$

近似为一条直线，在此直线上，有

$$s=\frac{2\pi f_0 r_r' T}{m_s p_n U_s^2} \tag{1-20}$$

带负载后的转速降为

$$\Delta n=sn_s=\frac{60f_0}{p_n}s=\frac{120\pi r_r' T}{m_s p_n^2 U_s^2}f_0^2 \tag{1-21}$$

式(1-21)说明，保持 U_s 为额定电压时进行变频调速，对应于同一转矩 T，转速降 Δn 为 f_0 的平方函数，频率越高，转速降越大，即直线部分的硬度随 f_0 增加而迅速变软。机械特性如图 1-6 所示。

由式(1-19)可知，当保持电压为额定值且 s 变化范围不大时，如果频率 f_0 升高，则转矩 T 减小，而同步机械角速度 $\Omega_s=2\pi f_0/p_n$ 增大，即随着频率升高，转矩减小，而同步角速度增大。$P_M=T_e\Omega_s$ 可近似看作恒功率变频调速。

以上两种情况下，定子电压和气隙磁通与 f_0 的关系如图 1-7 所示。

除上述两种情况外，异步电机变频调速系统还可采用恒流变频调速，即 $I_s=\text{const}$ (变频电源属于恒流源)。当电流设定值给定后，通过电流调节器的闭环控制，可以保持异步电机的定子电流不变。恒流变频调速方式与恒磁通变频调速方式的机械特性形状基本相同，却具有恒转矩特性，但其最大转矩比恒磁通变频调速方式小，因而恒流变频调速方式仅适用于小容量负载变化不大的地方。

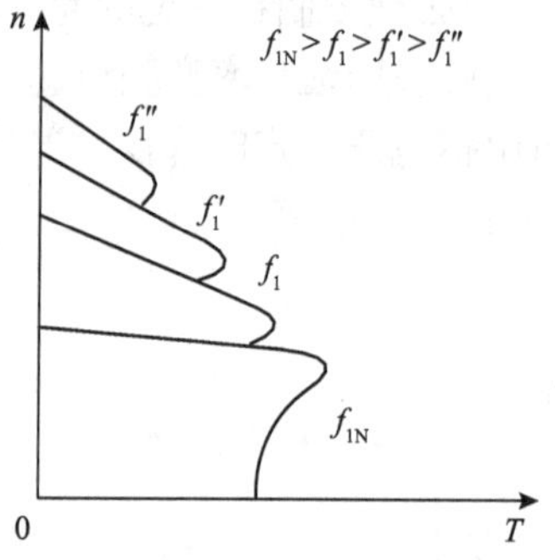

图 1-6　保持电压 U_s 为额定电压时变频调速的机械特性

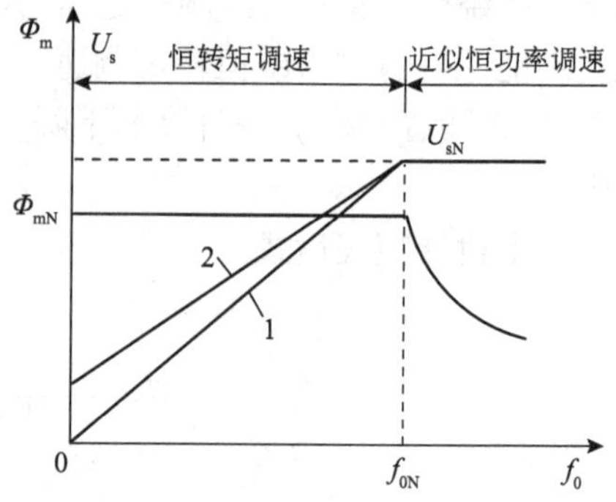

图 1-7　异步电机变频调速的控制特性

1-不含定子压降补偿；2-含定子压降补偿

3. 变转差率调速

由式(1-2)可知，保持同步转速不变，改变转差率可以改变电机转速。变转差率调速根据转差功率处理方式又分为转差功率消耗型和转差功率回馈型。转差功率消耗型是指转差功率全部消耗掉，故此种调速方式效率低且不经济。转差功率消耗型调速又分为转子电路串联电阻调速、定子调压调速和电磁转差离合器调速。转差功率回馈型是指转差功率能回馈到电网，故效率高于消耗型。

1) 转子电路串联电阻调速

图 1-8 中，转子电路串联电阻 R 后，转子电流 I_r' 减小，引起转矩 $T\left(T=C_M\Phi_m I_r\cos\varphi_2\right)$ 减小，$T<T_负$ 时电机减速，转差率 s 将增加到 s_s，引起 I_r 增加，直到 $T=T_负$ 时电机达到新的平衡状态，以对应于 s_s 的转速带负载稳定运行。

转子电路串联电阻 $R_{\Omega1}$ 及 $R_{\Omega2}$ 时，机械特性如图 1-9 所示，串入调速电阻 $R_{\Omega1}$ 后，转子回路总电阻变为 $r_r+R_{\Omega1}$，机械特性由固有特性 1 变为人为特性 2，对于同样的 ΔT，由于曲线的斜率不同，$\Delta n_1<\Delta n_2<\Delta n_3$，转子电路串联电阻数值越大，人为机械特性越软。

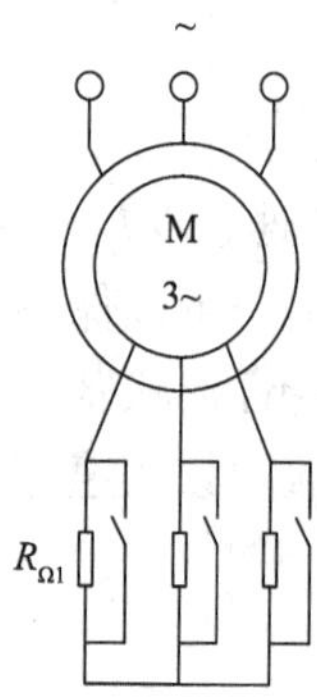

图 1-8　转子电路串联电阻

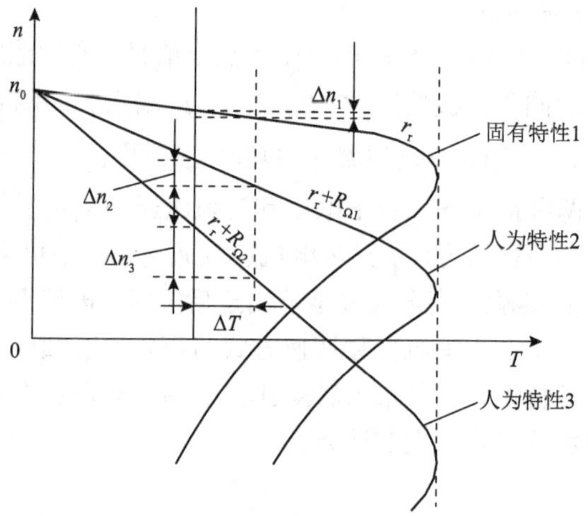

图 1-9　转子电路串联不同电阻时的机械特性

由于$T = C_M \Phi_m I_r \cos\varphi_2$，在额定电压下，磁通$\Phi_m = \Phi_N =$定值，调速时$I_r = I_{rN}$，则

$$I_r = I_{rN} = \frac{E_r}{\sqrt{\left(\dfrac{r_r}{s_N}\right)^2 + x_r^2}} = \frac{E_r}{\sqrt{\left(\dfrac{r_r + R_\Omega}{s_s}\right)^2 + x_r^2}} = \text{定值} \tag{1-22}$$

由式(1-22)可见

$$\frac{r_r}{s_N} = \frac{r_r + R_\Omega}{s_s} \tag{1-23}$$

串联电阻R_Ω后，转差率由s_N增加到s_s，转子电路的功率因数为

$$\cos\varphi_2 = \frac{\dfrac{r_r + R_\Omega}{s_s}}{\sqrt{\left(\dfrac{r_r + R_\Omega}{s_s}\right)^2 + x_r^2}} \tag{1-24}$$

将式(1-23)代入式(1-24)，得

$$\cos\varphi_2 = \frac{(r_r + R_\Omega)/s_s}{\sqrt{\left(\dfrac{r_r + R_\Omega}{s_s}\right)^2 + x_r^2}} = \frac{r_r/s_N}{\sqrt{\left(\dfrac{r_r}{s_N}\right)^2 + x_r^2}} = \cos\varphi_{2N} = \text{定值} \tag{1-25}$$

这样，转矩T为

$$T = C_M \Phi I_{rN} \cos\varphi_{2N} = T_N \tag{1-26}$$

可见，转子电路串联电阻为恒转矩调速方法。

对于这种调速方法，转速越低，即转差率s越大，需要串入的调速电阻越大，转子回路损耗的转差功率越高，分析如下：

$$\Delta P_r = sP_T = 3I_r^2(r_r + R_\Omega) \tag{1-27}$$

若忽略机械损耗，则输出功率为

$$P_r = P_T(1-s) \tag{1-28}$$

调速时转子电路的效率为

$$\eta = \frac{P_r}{P_r + \Delta P_r} = \frac{P_T(1-s)}{P_T(1-s) + sP_T} = 1 - s \tag{1-29}$$

由式(1-29)可见，效率η随s增大而下降，故这种方法经济性不高，因调节电路电流较大，所以调速级数少，平滑性不好。这种方法由于简单且初期投资不大，多用于起重机、轧钢机等设备。

2) 定子调压调速

改变异步电机定子电压后，机械特性如图 1-10 示，图中$U_s > U_s' > U_s''$。由图可见，当负载转矩为某一固定值T_N时，若定子电压由U_s减到U_s''，转速将由n_1降到n_3，转速低于n_{min}的机械特性部分对恒转矩负载不能稳定运转，因此不能用以调速，调速范围很小(仅为n_0～n_{min}的转速区段，如图 1-10 中固有特性 1)。负载为通风机类时，如图 1-10 中人为特性 2，其在n_{min}以下也能稳定运行，调速范围扩大了。

为了扩大恒转矩负载时的调速范围，应该设法增大异步电机转子电阻，而改变定子电压可得较大的调速范围，如图 1-11 所示。由图可见，调速范围扩大了，但机械特性变得很软，其静差率常不能满足生产机械的需要，而且低压时的过载能力较弱，负载波动稍大都有可能导致电机停转。

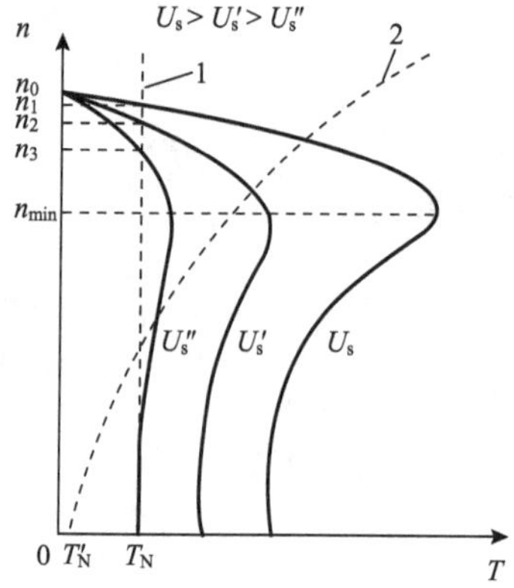

图 1-10　改变异步电机定子电压后的机械特性

1-固有特性；2-人为特性

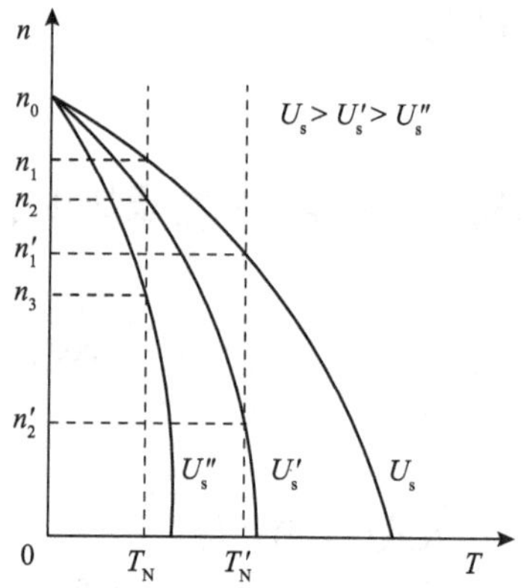

图 1-11　转子电路电阻较大时改变定子电压的机械特性

为提高特性硬度，减小静差率，可采用闭环系统。带转速负反馈的闭环调压调速系统框图如图 1-12 所示。控制信号 U_{ct} 是给定信号 U_g 与来自测速发电机的反馈信号 U_f 之差再经速度调节器产生的。机械特性如图 1-11 所示，当 U_x 为 U_s' 时，对应于额定负载 T_N 的转速为 n_2，当负载增加至 T_N' 后，在开环系统中转速将沿着 U_s' 机械特性曲线下降到 n_2'，速度下降很多。在图 1-12 所示闭环系统中，负载增加将引起转速下降，正比于转速的 U_f 也将减小，从而 ΔU 增大，使输出升高，电机将产生较大的转矩以与负载平衡。若负载增至 T_N'，U_x 增至 U_s，则转速仅降为 n_1'，闭环系统中的机械特性显著提高了。

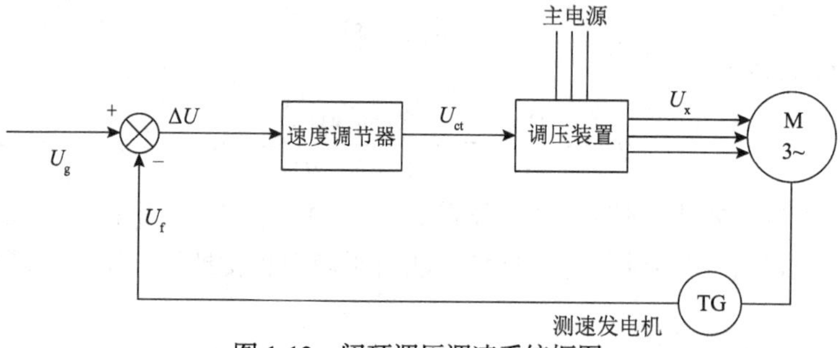

图 1-12　闭环调压调速系统框图

在闭环系统中，需要进行转速调节时，改变给定信号 U_g 即可得到一些平行的特性族，如图 1-13 所示。

现分析这种调速方法下电机的输出转矩的变化。由于转矩 $T \propto 3I_r'^2 R_r'/s$，为使调速时电机得到充分利用，应使 $I_r = I_{rN}' =$ 定值，则 $T \propto 1/s$，由此可知输出转矩 T 随转速降低(s 增加)而降低，可见这种调速方法既不是恒转矩的，又不是恒功率的，可用于通风机类负载。

定子调压调速方法的缺点是效率较低，功率因数比转子电路串联电阻调速方法更低。由于低速时转子电路的消耗功率很大，引起电机发热严重，因此，定子调压调速方法一般适用于高转差笼型异步电机，若用于普通的笼型异步电机，须在低速时欠载运行或短时工作，或采用其他冷却方法改善电机的发热情况。

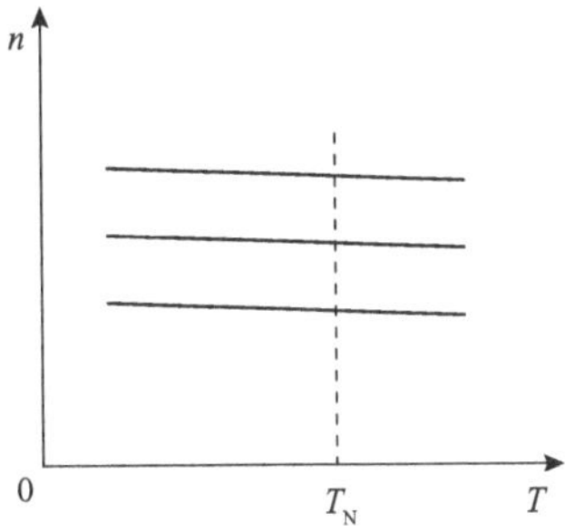

图 1-13 异步电机改变定子电压调速的闭环系统特性

3) 电磁转差离合器调速

电磁转差离合器是安装在异步电机轴上的调速装置，由晶闸管控制装置控制离合器励磁绕组的电流。通过调整励磁绕组的电流，可调节离合器的输出转速。

(1) 电磁转差离合器的调速原理。

电磁转差离合器一般由主动与从动两部分组成，如图 1-14 所示。图中电枢为主动部分，由笼型异步电机带动，以恒速旋转，由铁磁材料制成的圆筒称为电枢；磁极为从动部分，也是由铁磁材料制成的，在磁极上装有励磁绕组，被拖动的负载接在磁极上，绕组的引线接于集电环上，通过电刷与直流电源接通，绕组内流过的励磁电流由直流电源供给。电枢与磁极之间的气隙一般很小。

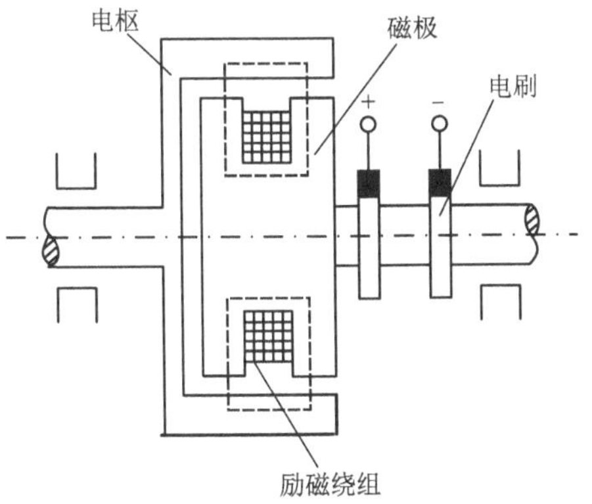

图 1-14 电磁转差离合器示意图

当绕组中有电流通过时，电枢与磁极之间便会形成磁通闭合回路，如图 1-14 中虚线所示。当异步电机带动电枢旋转时，电枢便以相应的转速在磁极所建立的磁场内旋转，于是在电枢的各点上磁通处于不断重复的变化之中，根据电磁感应定律可知，电枢上将出现感应电动势。当磁极也旋转时，此感应电动势为

$$E = BlR(\omega_s - \omega_r) \tag{1-30}$$

式中，B 为气隙磁感应强度；l 为电枢的有效长度；R 为电枢的有效半径；ω_s 为电枢旋转的角速度，rad/s；ω_r 为磁极旋转的角速度，rad/s。

在此感应电动势的作用下，电枢内将形成涡流，涡流与磁极磁场的相互作用力为

$$F = BlI \tag{1-31}$$

式中，I 为涡流，表达式为

$$I = \frac{E}{Z} = \frac{BlR}{Z}(\omega_s - \omega_r) \tag{1-32}$$

式中，Z 为一个极 F 的等效阻抗。

离合器输出的电磁转矩为

$$T = 2P_n FR = 2P_n \frac{B^2 l^2 R^2}{Z}(\omega_s - \omega_r) \tag{1-33}$$

此转矩是磁极拖动负载沿电枢的旋转方向旋转产生的。平滑地调节电磁转差离合器的励磁电流，即可实现离合器输出的无级调速。显然，从动部分与主动部分必须保持一定的

转差，否则电枢与磁极之间没有相对运动，不会产生感应电动势，也就没有输出转矩。

(2) 电磁转差离合器的调速性能。

电磁转差离合器改变励磁电流时的机械特性如图 1-15 所示。它表示离合器从动部分转速 n_r 与其电磁转矩 T 的关系，可近似地用下列经验公式表示，即

$$n_r = n_s - K\frac{T^2}{I_B^4}T \tag{1-34}$$

式中，n_s 为离合器主动部分的转速；n_r 为离合器从动部分的转速；T 为离合器转矩；I_B 为励磁电流；K 为与离合器类型有关的系数。

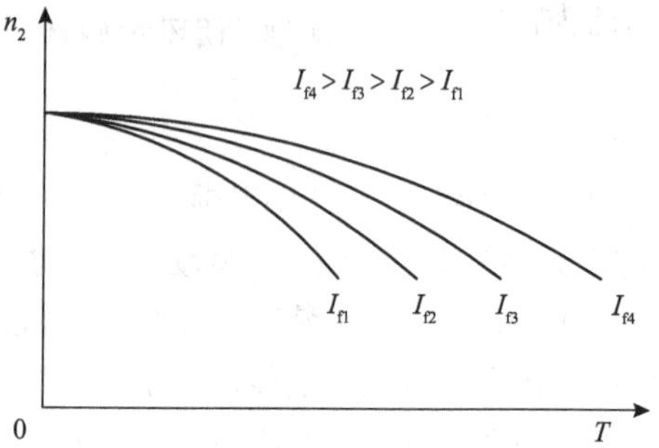

图 1-15　电磁转差离合器的机械特性

由图 1-15 可知，励磁电流越小，机械特性越软。要得到较大的调速范围，提高调速的平滑性，需采用闭环系统。

电磁转差离合器调速时消耗了全部转差功率，使电枢发热，引起离合器温度升高。转差越大(转速越低)，离合器的效率越低。显然，离合器的这种发热限制了离合调速时的容许输出，为使离合器既能得到充分利用，又不过热，其消耗的转差功率应有个最大限度。设 P_1 为主动轴输入功率，则

$$P_1 = \frac{T_1 n_1}{9550} \tag{1-35}$$

P_2 为从动轴输出功率，则

$$P_2 = \frac{T_2 n_2}{9550} \tag{1-36}$$

设 $T_1 = T_2 = T$ ，得

$$\Delta P = \frac{T(n_1 - n_2)}{9550} \tag{1-37}$$

离合器输出转矩为

$$T = T_2 = \frac{9550\Delta P}{n_1 - n_2} \tag{1-38}$$

由式(1-38)可见，当转差功率 ΔP 一定时，允许输出转矩随转速的降低而减小，这种调速既非恒转矩调速，也非恒功率调速，比较适用于通风机类负载，若用于恒转矩负载，低速时必须欠载运行，或短时运行，或强制通风冷却。

电磁转差离合器由于结构简单、运行可靠、维护方便，而且加工容易，能够平滑调速，在低速运行时间不长的生产机械中(如纺织、印染、造纸等工业部门)得到比较广泛的应用。其缺点是必须增加转差离合器设备，调速效率低。

1.2.2　同步电机的调速方法

同步电机调速系统接入恒频电源，由于同步电机的转速与定子电源频率保持严格的同

步关系，因而其转速不可调。同步电机的转速就是同步转速 n_0 ($n_0 = 60f_0 / p_n$)。同步电机转速恒定且功率因数可调，以前仅用于补偿电网功率因数及不调速的风机、水泵等设备上。随着电力电子器件和控制技术的发展，同步电机同样可以进行变频调速。而且，定子旋转磁场转速的大小和方向可以调节，曾经困扰同步电机的启动、振荡及失步问题也随之得到解决，从而扩大了同步电机的应用范围。

同步电机的转子旋转速度就是与定子旋转磁场同步的转速，转差角速度恒为 0，没有转差功率，其变压变频调速系统自然属于转差功率不变的调速系统。就频率控制的方法而言，同步电机变压变频调速系统可以分为他控式变频调速系统和自控式变频调速系统两大类。

1. 他控式变频调速系统

他控式变频调速系统采用独立的变频器(即输出频率由外部振荡器控制)作为同步电机的变压变频电源，所用变频器和变频调速的基本原理以及方法都和异步电机变频调速系统基本相同，可分为转速开环恒压频比控制的同步电机调速系统、交-直-交电流型负载换相变压变频器(load commutated inverter，LCI)供电的同步电机调速系统、交-交变压变频器供电的大功率低速同步电机调速系统和同步电机矢量控制系统。其中，同步电机矢量控制系统将在第 5 章中详细介绍。对于同步电机，定子上有三相绕组，转子上有直流励磁，转子本身以同步转速旋转，因此还需要考虑励磁系统、阻尼绕组以及凸极式同步电机气隙磁阻的不均匀性等。

2. 自控式变频调速系统

自控式变频调速系统中通过电机轴上所带的转子位置检测器发出信号来控制逆变器的触发换相，即采用输出频率由电机转子位置来控制的变压变频电源为同步电机供电，这样就从内部结构和原理上保证了频率与转速必然同步，构成了“自控式”。

自控式变频同步电机又称为无换向器电机。这是因为静止变频器取代了直流电机的机械式换向器，转子位置检测器取代了电刷，由逆变器供电的具有转子位置检测器的三相同步电机相当于只有三个换向片的直流电机，具有类似于直流电机的调速特性。

自控式变频调速系统又可分为梯形波永磁同步电机的自控式变频调速系统和正弦波永磁同步电机的自控式变频调速系统。这里不详细介绍，可参考相应文献。

1.3 交流调速技术的特点和发展趋势

1.3.1 交流调速技术的特点

在变频调速技术出现初期，直流调速技术一直占据着统治地位，当时的交流调速技术只限于异步电机的变极、变压、转子回路串联电阻等有级调速方式，根本无法与直流调速技术竞争。交流调速技术唯一的优势是交流电机本身的优点，即结构坚固、无电刷、维修方便、重量轻、价格低等。随着变频调速的出现，特别是矢量控制、直接转矩控制等现代电机控制理论的产生及电力电子器件的发展，交流调速技术的性能大大提升，已经接近直流调速技术的性能，在绝大多数领域中，交流调速技术已替代直流调速技术。

交流调速技术与直流调速技术相比较，主要具有如下特点。

(1) 交流电机具有更大的单机容量。

(2) 交流电机的运行转速高且耐高压能力强。

(3) 交流电机的体积、重量小于且价格低于同容量的直流电机；直流电机的主要劣势在其机械换向部分。相比而言，交流电机构造简单、坚固耐用、经济可靠、转动惯量小。

(4) 交流电机特别是鼠笼型异步电机的环境适应性好。

(5) 调速装置方面，计算机技术、电力电子器件技术的发展，以及新控制算法的应用，使交流调速装置反应速度快、精度高且可靠性高，达到与直流调速装置相近的性能指标。

1.3.2 交流调速技术的发展趋势

交流调速技术中电力电子技术的应用主要受到以下几方面的限制：

(1) 功率开关(也称为电力电子开关器件)的性能和价格；

(2) 电力电子技术的控制策略和控制手段；

(3) 电力变换器的结构。

交流调速技术发展的趋势如下。

1. 功率开关与材料的更新

全控型器件向高压、大电流方向发展。在提高现有的功率开关性能的同时，人们不断研究新型大容量的功率开关，例如，将 IGBT 的电压等级提高到 3300～6500V。

(1) 降低 MOSFET 的通态电阻，提高电压。

在对 MOSFET 器件的改进中已取得或正在研究的方向：

①Cool MOSFET—— 通态电阻只有常规 MOSFET 的 1/10 左右，工作电压可以提高到 1200V；

②超低通态电阻 MOSFET——可用于新型汽车电源(36～42V)和计算机电源(1V，甚至更低)，工作电流可达 100A；

③超高频 MOSFET——工作频率达到几百兆赫，甚至几吉赫，进入微波频段，使超高频设备实现全固态化。

(2) 研制集成电力电子模块(integrated power electronic module，IPEM)。

IPEM 是一种将电力电子器件、驱动电路、控制电路、无源元件（如电感、电容）以及散热结构等高度集成于一体的模块化组件。无引线或用无感功率母线连接，采用标准模块封装技术，提供功率传输接口和数据通信接口，实现了标准化、模块化、集成化、高可靠性、高效率、高功率密度、低成本、低污染、可编程。

(3) 采用新型半导体材料碳化硅——碳化硅(SiC)或氮化镓(GaN)。

碳化硅是一种新型的高温半导体材料，主要特性有：禁带宽，工作温度可达 600℃，PN 结耐压可达 5～10kV，导通电阻比硅小得多，导热性也比硅好，漏电流特别小。氮化镓是无机物，是一种直接能隙的半导体。其具有硬度高、能隙宽的特性，可以用在高功率、高速的光电元件中。此外，氮化镓具有优良的电子迁移率和电子饱和漂移速度，这使得它在射频和微波电子器件中具有出色的性能。

现在碳化硅高压二极管、MOSFET 和 IGBT 均已问世，预计不久的将来耐压上万伏的大功率碳化硅器件将在市场上出现。

2. 交流调速技术控制策略和控制手段的研究

在以矢量控制和直接转矩控制技术为中心的控制理论的不断完善研究中，又开辟了如下几方面的研究内容：

(1) 应用非线性控制理论的控制系统中的非线性系统反馈线性化解耦控制和基于无源性的能量成型非线性控制；

(2) 自适应控制和滑模变结构控制；

(3) 智能控制——模糊控制、神经网络控制；

(4) 模型预测控制；

(5) 无速度传感器控制。

3. 交流调速系统电路结构的研究

交流调速系统较多采用交-直-交变换器，其技术已经非常成熟。但目前功率开关的开关频率不高，限制了交流调速系统进一步提高开关频率。而且交-直-交由输入到输出为两级，使得由输入到输出的输出效率一直不高。近年来，人们又把研究兴趣放在软开关谐振电路中能提高效率的交-交变换器及矩阵式变换器上，矩阵式变换器是一种可供选择的交-交变频器结构，其输出频率可达到 45000Hz 以上。

1.4 交流调速技术的主要应用领域

当前，交流调速技术已遍及国民经济各部门的传动领域。在原来不适合应用直流调速技术的特大容量、极高转速和恶劣工况等场景中，交流调速技术已实现有效应用；而在传统采用恒速交流传动的领域，通过采用交流调速技术，显著提高了能效水平。

(1) 冶金机械：交流调速技术主要用于轧钢机主传动和高炉热风炉鼓风机等。众所周知，轧钢机主传动是高性能电气传动系统，有的要求大容量、低转速、过载能力强，有的要求速度控制精度高等，过去一直是直流调速技术独领风骚，现在交流变频调速技术所占的比重越来越大。有色冶金行业(如冶炼厂)中，对回转炉、焙烧炉、球磨机、给料机等进行变频无级调速控制。

(2) 电气牵引：交流调速技术主要用于电气机车、电动汽车等。电动汽车无须消耗汽油，更不排放废气，噪声小。目前，我国在电动汽车行业经过多年的发展，取得了长足的进步，我国电动汽车产销量已连续 10 年位居全球第一。2024 年，我国电动汽车的产销量分别超过 1200 万辆，销量占全球电动汽车总销量的 70%以上。

(3) 数控机床：主轴传动、进给传动均采用交流传动，主轴传动要求调速范围宽、静差率小；进给传动要求输出转矩大、动态响应好、定位精度高，都正在用异步电机或同步电机取代直流电机。

(4) 矿井提升机械：为保证在较高速度下的安全运行，要求控制系统具备优良的调速和位置控制性能，以获得平稳、安全的制动运行，从而消除失控现象，提高可靠性。交流调速技术具备上述功能，并且应用越来越广泛。

(5) 油田：利用变频器拖动输油泵来控制输油管线输油。此外，在炼油行业，变频器还应用于锅炉引风、送风、输煤等控制系统。

(6) 船舶动力装置：电力推进系统具有布置方便、工作噪声小、节能、操纵灵活、易于实现自动控制等优点，它的使用范围已由水下工程船舶扩大到水面舰船。在十几年的时间里，船舶电力推进系统的调速技术也取得了日新月异的进步，这对船舶电力推进的发展无疑起到了巨大的推进作用。

(7) 建材、陶瓷行业：水泥厂的回转窑、给料机、风机均可采用交流无级变速技术。

(8) 机械行业：企业众多、分布广泛的基础行业。其应用范围不仅有电线电缆的制造，还有数控机床的制造。电线电缆的拉制需要大量的交流调速系统。一台数控机床上就需要多个交流调速系统，甚至精确定位传动系统，主轴一般采用变频器(只调节转速)或交流伺服主轴系统(既无级变速，又使刀具准确定位停止)，各伺服轴均使用交流伺服系统，各轴联动完成指定坐标位置移动。

除了上述应用外，交流电机还有其他典型应用，这些应用包括水泵、压缩机、变速风能系统、风机、舰载变速恒频(variable speed constant frequency，VSCF)系统、造纸、纺织、食品生产设备、饮料生产设备、包装生产线、供水设备、高层建筑的恒压供水、机器人、家用电器、空调器、电梯和新能源发电系统等。

第 2 章　交-直-交变频调速系统

2.1　交-直-交变频调速系统的基本电路

交流调速系统的交流输出绝大多数是通过交-交变换器得来的，由于交-交变换器包含交流变频、调压两部分，所以交-交变换器又常称为交-交变频器。目前，交-交变换器分为间接交-交变频器和直接交-交变频器，间接交-交变换器指交-直-交变频器，直接交-交变频器又称为交-交变频器，交-交变频器内容将在第 3 章讨论。按输出电源性质不同，交-直-交变频器分为交-直-交电压型变频器和交-直-交电流型变频器。本章主要讨论交-直-交变频器的相关内容。

2.1.1　交-直-交电压型变频器

交-直-交电压型变频器既可以为单台交流电机提供变压、变频电源，又可以为多台容量相近的交流电机同时供电，实现多级、多机同步运行或转速协调控制。交-直-交电压型变频器在技术上已较为成熟，实际应用十分广泛。

图 2-1 给出了典型的交-直-交电压型变频器主电路。其中 Ⅰ 是电源侧整流器；Ⅱ 是三相逆变器，中间直流回路的 LC 回路用于滤波和储能，电感 L_d 一般很小，电容 C 一般很大，称为直流侧储能环节。由于电容 C 的作用，整流器的直流输出阻抗很小，因此电机端电压波形为方波。由于电机定子线圈的电感量很大，这个电压加在异步电机的定子端，其电流波形为近似的正弦波。当电机制动产生再生电能时，这部分能量经二极管回馈到直流侧，存储在电容 C 中。整流器中的电流不能反向流动，所以再生能量无法回馈到交流电网。当系统容量不大时，为防止电容 C 因储能而电压过高，可以在其两端并联一耗能电阻，如图 2-1

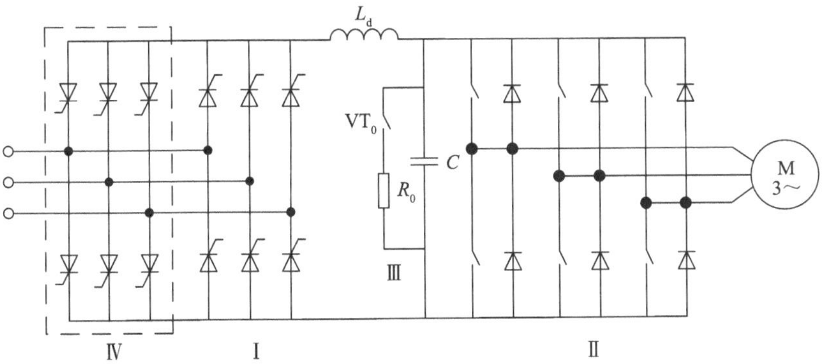

图 2-1　交-直-交电压型变频器主电路

中的 R_0，当电容电压升高到一定程度时，触发功率开关 VT_0，将再生能量消耗于耗能电阻 R_0 上，这种系统称为能耗制动系统，见图 2-1 中的Ⅲ。当然这种办法是极不经济的，特别是当系统容量很大且长时间工作时，这部分能耗占整个系统能耗的很大一部分，这时可在电源侧反方向并联一套整流器Ⅳ，当有再生电能需要向交流电网回馈时，使其工作在有源逆变状态 $\alpha > 90°$，以回收这部分能量，提高运行效率。

交-直-交电压型变频器的核心部分为逆变器。下面介绍交-直-交电压型变频器的逆变器部分(以下称为三相电压型逆变器)。

三相电压型逆变器的基本电路如图 2-2 所示。

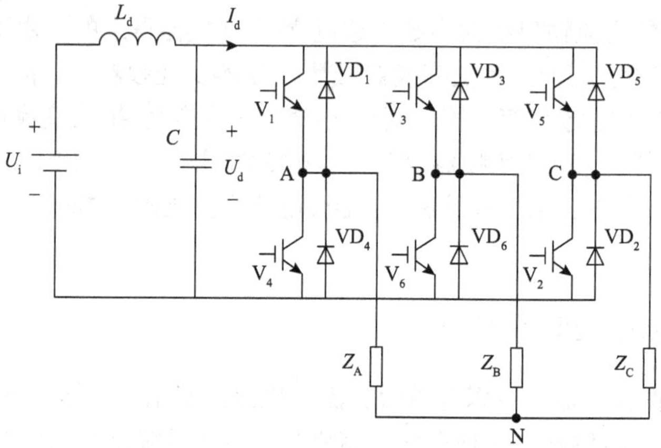

图 2-2　三相电压型逆变器的基本电路

图 2-2 中，直流回路电感 L_d 起限流作用，电感量很小。大容量滤波电容 C 使直流输出电压具有电压源特性，内阻很小。C 同时又是负载再生电能回馈时的储能元件。

三相逆变电路由 6 个具有单向导电性的功率开关 $V_1 \sim V_6$ 组成。每个功率开关反并联一个二极管，为负载的反向电流提供一条反馈到电源的通路。6 个功率开关中每隔 60° 电角度就触发导通一个，相邻两相的功率开关触发导通时间互差 120°，一个周期内共换相 6 次，对应 6 个不同的工作状态(又称为 6 拍)。

现以 180° 导电型逆变器为例，说明逆变器的输出电压波形。180° 导电型逆变器的特点是每个功率开关的导通角度皆为 180°。当按 $V_1 \to V_6$ 的顺序导通时，每个工作状态下都有三个功率开关同时导通，其中每个桥臂上都有一个功率开关导通，形成三相负载同时通电。导通规律如表 2-1 所示。

表 2-1　180°导电型逆变器的功率开关导通规律

工作状态	每个工作状态下被导通的功率开关					
状态 1 (0°～60°)	V_1				V_5	V_6
状态 2 (60°～120°)	V_1	V_2				V_6

续表

工作状态	每个工作状态下被导通的功率开关					
状态 3 (120°～180°)	V_1	V_2	V_3			
状态 4 (180°～240°)		V_2	V_3	V_4		
状态 5 (240°～300°)			V_3	V_4	V_5	
状态 6 (300°～360°)				V_4	V_5	V_6

设负载为 Y 连接的三相对称负载，即 $Z_A = Z_B = Z_C = Z$，假定逆变器的换相是瞬间完成的，并忽略功率开关上的管压降。

对于阻性负载，以状态 1 为例，此时功率开关 V_1、V_5、V_6 导通，其等效电路如图 2-3 所示。由图 2-3 可求得负载相电压为

$$u_A = u_C = U_d \frac{\dfrac{Z_A Z_C}{Z_A + Z_C}}{Z_B + \dfrac{Z_A Z_C}{Z_A + Z_C}} = \frac{1}{3} U_d$$

$$u_B = -U_d \frac{Z_B}{Z_B + \dfrac{Z_A Z_C}{Z_A + Z_C}} = -\frac{2}{3} U_d$$

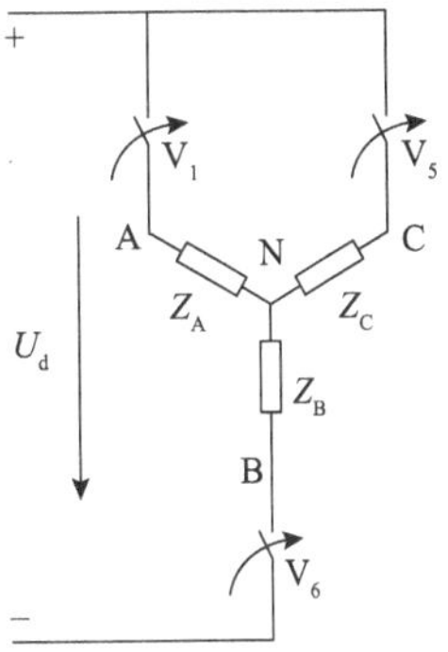

图 2-3　状态 1 的等效电路

同理，可求得其他状态下的等效电路并计算出相应相电压瞬时值，如表 2-2 所示。

表 2-2　负载为 Y 连接时各个工作状态下的相电压

相电压	状态 1	状态 2	状态 3	状态 4	状态 5	状态 6
u_A	$\frac{1}{3}U_d$	$\frac{2}{3}U_d$	$\frac{1}{3}U_d$	$-\frac{1}{3}U_d$	$-\frac{2}{3}U_d$	$-\frac{1}{3}U_d$
u_B	$-\frac{2}{3}U_d$	$-\frac{1}{3}U_d$	$\frac{1}{3}U_d$	$\frac{2}{3}U_d$	$\frac{1}{3}U_d$	$-\frac{1}{3}U_d$
u_C	$\frac{1}{3}U_d$	$-\frac{1}{3}U_d$	$-\frac{2}{3}U_d$	$-\frac{1}{3}U_d$	$\frac{1}{3}U_d$	$\frac{2}{3}U_d$

负载线电压可按下式求得：

$$u_{AB} = u_A - u_B$$
$$u_{BC} = u_B - u_C$$
$$u_{CA} = u_C - u_A$$

将上述各状态对应的相电压、线电压画出，即可得到180° 导电型三相电压型逆变器的输出电压波形，如图 2-4 所示。

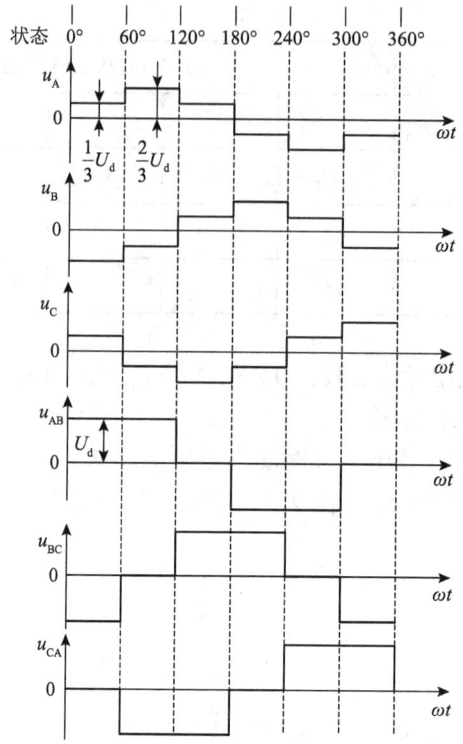

图 2-4　180°导电型三相电压型逆变器的输出电压波形

由图 2-4 可见，逆变器输出为三相交流电压。各相之间互差120°，三相对称，相电压波形为阶梯波，线电压波形为方波(矩形波)。输出电压的交变频率取决于逆变器功率开关的切换频率。

选择适当的坐标原点，对输出电压波形进行谐波分析，可以得到如下的傅里叶级数。

相电压为

$$u_A = \frac{2U_d}{\pi}\left(\sin\omega t + \frac{1}{5}\sin 5\omega t + \frac{1}{7}\sin 7\omega t + \cdots\right) \tag{2-1}$$

线电压为

$$u_{AB} = \frac{2\sqrt{3}U_d}{\pi}\left(\sin\omega t - \frac{1}{5}\sin 5\omega t - \frac{1}{7}\sin 7\omega t + \frac{1}{11}\sin 11\omega t + \cdots\right) \tag{2-2}$$

线电压基波有效值U_1与直流电压U_d的关系为

$$U_1 = \frac{\sqrt{6}}{\pi}U_d \tag{2-3}$$

上述傅里叶级数表明，输出线电压和相电压中都存在着$6k \pm 1$次谐波，特别是较大的 5 次和 7 次谐波，对负载电机的运行十分不利。

对于感性负载，设三相负载阻抗 $Z_A = Z_B = Z_C = R + j\omega L$ 对称，按照负载角 $\varphi_L = \arctan(\omega L / R)$的不同，逆变器的换流过程可以分成$\varphi_L \leqslant \pi / 3$和$\varphi_L > \pi / 3$两种情况，分别如图 2-5～图 2-8 所示。

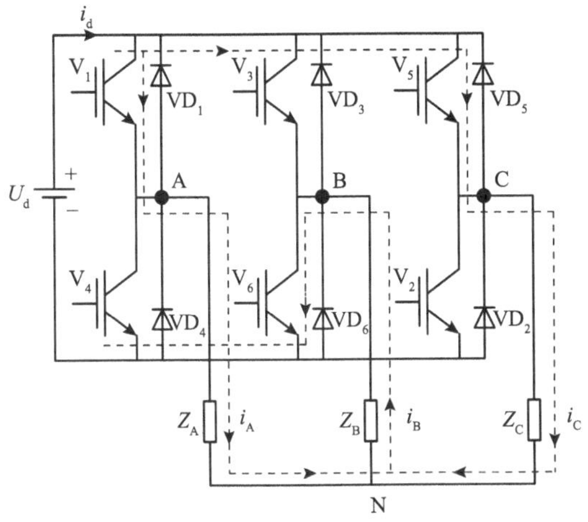

图 2-5　180°导电型三相电压型逆变器 $\varphi_L \leqslant \pi/3$ 时的换流过程(V_1 、 V_6 、 V_5 导通时的电流实际方向)

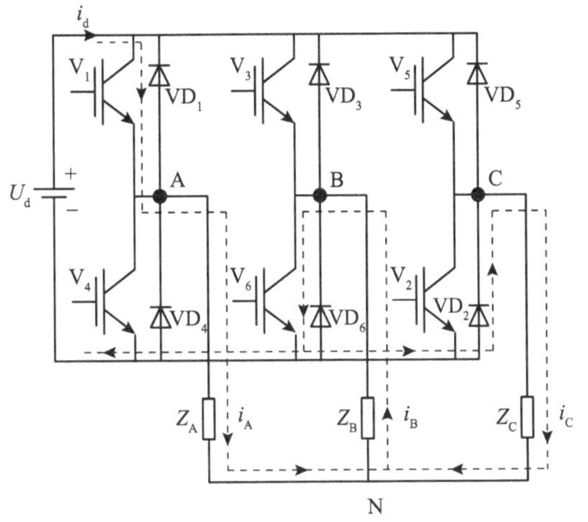

图 2-6　180°导电型三相电压型逆变器 $\varphi_L \leqslant \pi/3$ 时的换流过程(V_1 、 V_6 、 VD_2 导通时的电流实际方向)

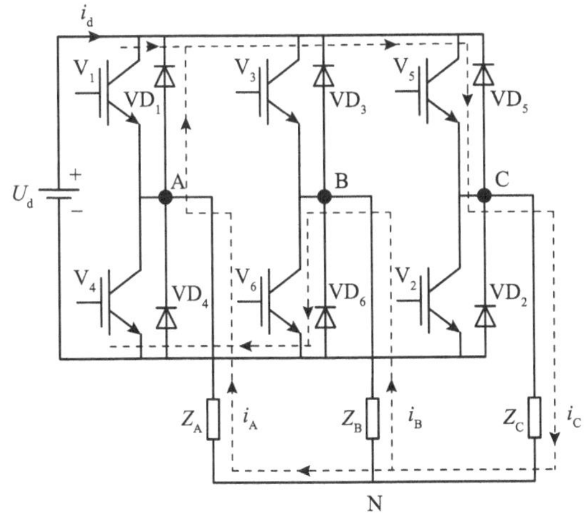

图 2-7　180°导电型三相电压型逆变器 $\varphi_L > \pi/3$ 时的换流过程(VD_1 、 V_6 、 V_5 导通时的电流实际方向)

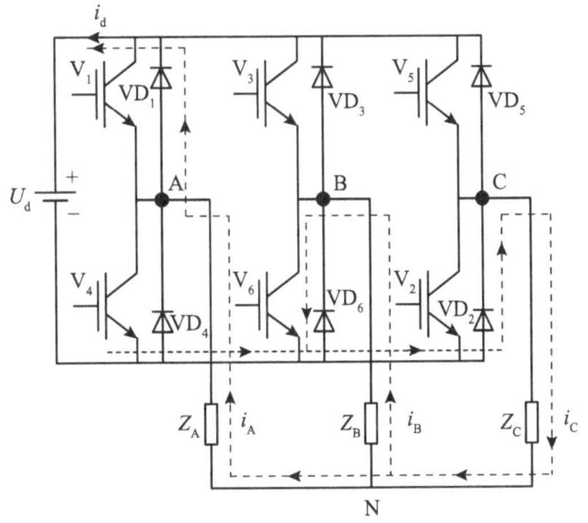

图 2-8　180°导电型三相电压型逆变器 $\varphi_L > \pi/3$ 时的换流过程(VD_1 、 V_6 、 VD_2 导通时的电流实际方向)

(1) 当 $\varphi_L \leqslant \pi/3$ 时，设原导通的功率开关为 V_1 、 V_6 、 V_5 ，则各电流 i_A 、 i_B 、 i_C 和 i_d 的实际方向如图 2-5 所示。某个时刻功率开关 V_5 截止，由于电流 i_C 不能突变，所以功率开关 V_1 、 V_6 、 V_2 导通， V_5 与 V_2 间换流结束。因负载角 $\varphi_L \leqslant \pi/3$ ，故 VD_2 续流，如图 2-6 所示。电流 i_C 逐渐下降到零后反向增长，从而使 VD_2 续流时间小于 $\pi/3$，续流时 i_d 的方向不变。尽管阻性负载和感性负载下二极管 VD_2 的工作状况不同，但逆变器的输出电压波形并未变化。

(2) 当 $\varphi_L > \pi/3$ 时，设原导通的功率开关为 V_1 、 V_6 、 V_5 ，则各电流 i_A 、 i_B 、 i_C 和 i_d 的实际方向如图 2-7 所示。当功率开关 V_5 截止后， VD_2 续流，如图 2-8 所示。VD_1 和 VD_2 同时续流，负载储能回馈到输入电源。当 VD_1 截止后， V_1 导通，电流 i_A 反向，出现 V_1 、 V_6 、 VD_2 导通状态。感性负载下的逆变器输出电压波形仍与阻性负载下相同。

如图 2-9 所示，按照负载性质划分，180°导电型三相电压型逆变器有四种工作模式：

(a) 三个功率开关导通；

(b) 两个功率开关、一个二极管导通；

(c) 一个功率开关、两个二极管导通；

(d) 两个或三个二极管导通。

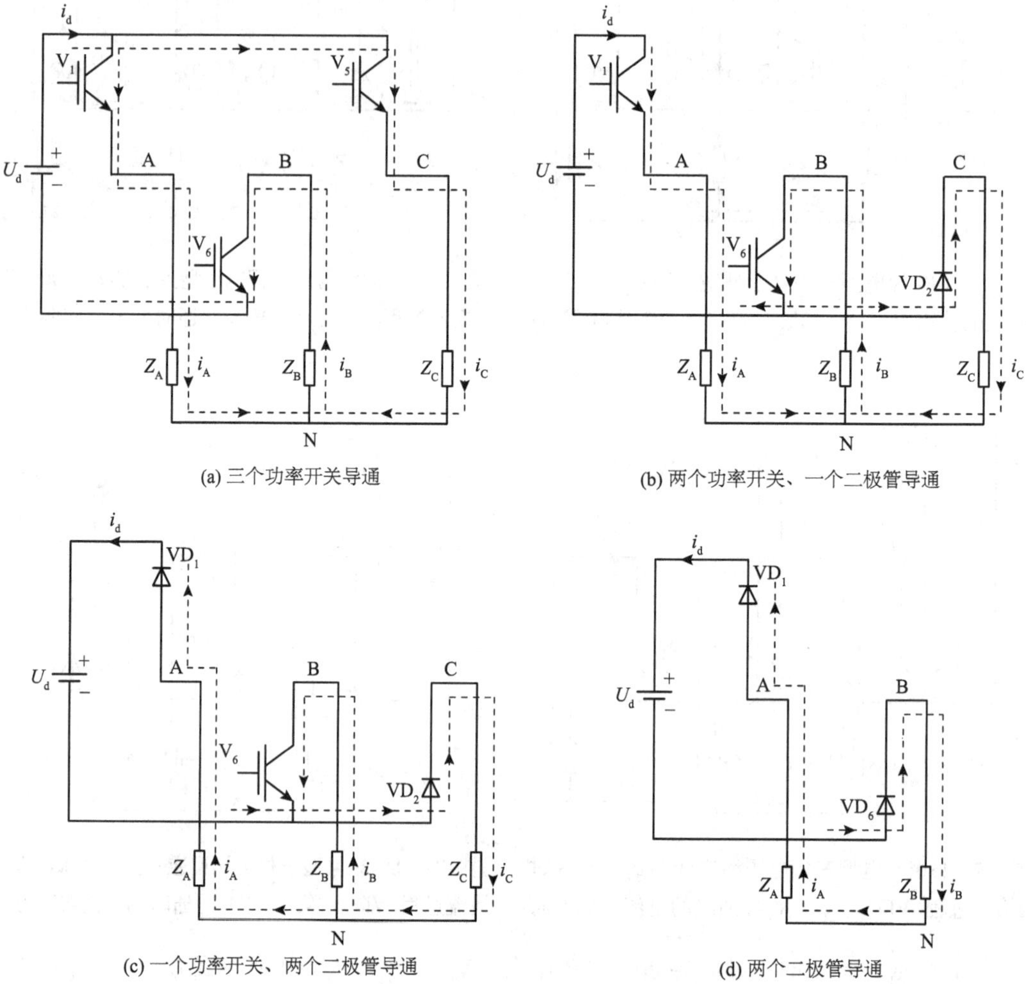

(a) 三个功率开关导通　　(b) 两个功率开关、一个二极管导通

(c) 一个功率开关、两个二极管导通　　(d) 两个二极管导通

图 2-9　180°导电型三相电压型逆变器不同负载性质时的工作模式

阻性负载时只有模式(a)；$\varphi_L \leqslant \pi/3$ 的感性负载时有(a)(b)两种模式；$\varphi_L > \pi/3$ 的感性负载时有(b)(c)两种模式；电机再生制动时，只有模式(d)。在模式(b)(c)时，由于二极管的续流，电源侧电流 i_d 有脉动；模式(c)时，能量返回输入电源，电源侧电流 i_d 出现反向。i_d 的脉动会引起 U_d 的脉动，故输入直流电源端要接大电容，以减小电压脉动量。

如果将电压型逆变器用于交-直-交变频调速系统，则其能量回馈电网必须采取附加措施。这是由于中间储能电容的电压极性不能改变，当电机工作于再生制动状态时，只能使直流侧的电流反向。因此，通常交-直-交变换部分采用双向功率流的整流器，增加了装置及其控制的复杂性；或者采用能耗的办法，将回馈的能量消耗在直流侧的能耗电阻上。因此，电压型变频器不适合用于频繁启动、制动、正反转的场合。

2.1.2 交-直-交电流型变频器

电压型变频器再生制动时必须接入附加电路，增加了系统复杂性，电流型变频器可以弥补上述不足，交-直-交电流型变频器中间直流环节采用大电感滤波，使逆变器提供的直流波形平直、脉动很小，具有电流源特性。同时，大电感又起到缓冲负载无功能量的作用。逆变器的开关只改变电流的方向，三相交流输出电流波形为矩形波或阶梯波，而输出的交流电压波形及相位随负载而变化。由于交-直-交电流型变频器直流侧电压可以迅速改变甚至反向，所以动态响应快，且主电路结构简单、安全可靠，非常适用于大容量或要求频繁正反转运行的系统。

1. 三相电流型逆变器的基本电路

三相电流型逆变器的基本电路如图 2-10 所示。逆变电路仍由 6 个功率开关 V_1～V_6 组成，但无须反并联二极管，因为在三相电流型逆变器中，电流方向无须改变。三相电流型逆变器采用 120°导电型，其特点是 6 个功率开关按 V_1～V_6 的顺序每隔 60°导通一次，每只功率开关的导通时间皆为 120°，每个周期换相 6 次，共 6 个工作状态，每个状态下都是共阳极组和共阴极组各有一个功率开关导通，换相是在相邻的桥臂中进行的。当按 V_1～V_6 的顺序导通时，导通规律如表 2-3 所示。

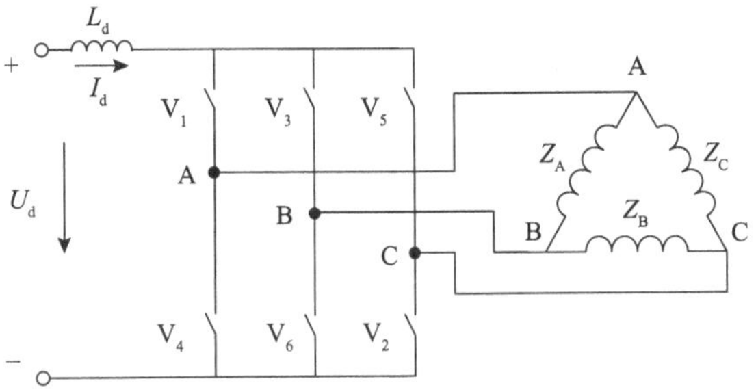

图 2-10 三相电流型逆变器的基本电路

表 2-3 120°导电型逆变器的功率开关导通规律

工作状态	每个状态下被导通的功率开关					
状态 1(0°～60°)	V_1					V_6
状态 2(60°～120°)	V_1	V_2				
状态 3(120°～180°)		V_2	V_3			
状态 4(180°～240°)			V_3	V_4		
状态 5(240°～300°)				V_4	V_5	
状态 6(300°～360°)					V_5	V_6

中间直流回路中的 L_d 用以滤除直流电流中的纹波，其电感量较大，使直流电流平直。设三相负载为△连接，各相阻抗 $Z_A = Z_B = Z_C = Z$ 对称，忽略换相过程并设功率开关为理想元件。以状态 1 为例，此时 V_1 和 V_6 导通，C 相下负载不通电，负载各线电流为 $i_A = I_d$、$i_B = -I_d$、$i_C = 0$。相电流可直接写出或由线电流求出。同理，可求得其他状态下的线电流及相电流，如表 2-4 所示。

表 2-4　负载为△连接时各状态下的线电流与相电流

电流	状态 1	状态 2	状态 3	状态 4	状态 5	状态 6
i_A	I_d	I_d	0	$-I_d$	$-I_d$	0
i_B	$-I_d$	0	I_d	I_d	0	$-I_d$
i_C	0	$-I_d$	$-I_d$	0	I_d	I_d
i_{AB}	$\frac{2}{3}I_d$	$\frac{1}{3}I_d$	$-\frac{1}{3}I_d$	$-\frac{2}{3}I_d$	$-\frac{1}{3}I_d$	$\frac{1}{3}I_d$
i_{BC}	$-\frac{1}{3}I_d$	$\frac{1}{3}I_d$	$\frac{2}{3}I_d$	$\frac{1}{3}I_d$	$-\frac{1}{3}I_d$	$-\frac{2}{3}I_d$
i_{CA}	$-\frac{1}{3}I_d$	$-\frac{2}{3}I_d$	$-\frac{1}{3}I_d$	$\frac{1}{3}I_d$	$\frac{2}{3}I_d$	$\frac{1}{3}I_d$

按照表 2-4 可画出负载为△连接时 120°导电型三相电流型逆变器的输出电流波形，如图 2-11 所示。由图可知，此时线电流波形为矩形波，相电流波形为阶梯波，三相对称。

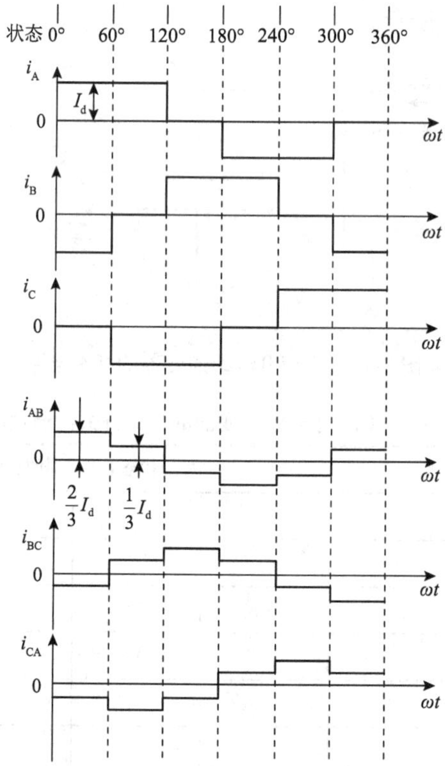

图 2-11　120°导电型三相电流型逆变器的输出电流波形

对输出电流波形进行谐波分析时，可将相电流和线电流分解为傅里叶级数，即

$$i_{AB}=\frac{2}{\pi}I_d\left(\sin\omega t+\frac{1}{5}\sin 5\omega t+\frac{1}{7}\sin 7\omega t+\frac{1}{11}\sin 11\omega t+\cdots\right) \tag{2-4}$$

$$i_{A}=\frac{2\sqrt{3}}{\pi}I_d\left(\sin\omega t-\frac{1}{5}\sin 5\omega t-\frac{1}{7}\sin 7\omega t+\frac{1}{11}\sin 11\omega t+\cdots\right) \tag{2-5}$$

基波分量的有效值为

$$I_1=\frac{\sqrt{6}}{\pi}I_d \tag{2-6}$$

可以看出输出线电流和相电流中都存在 $6k\pm1$ 次谐波。

2. 三相电流型变频器驱动电机的再生制动运行

如果将三相电流型逆变器用于交-直-交变频调速方案，则其能量回馈电网很容易实现，而不必像电压型逆变器那样在整流侧专门为回馈能量添置逆变器。当电机处于电动状态时，见图 2-12(a)，整流器的控制角 $\alpha<90°$，$U_d>0$，整流器工作于整流状态，逆变器工作于逆变状态，能量从电网输送到电机。当电机工作于再生制动状态时，定子电压与电流的相角由小于 90°变为大于 90°，定子电压相对定子电流来说是“反向”的。因此，只要将电源侧整流器的控制角 α 由小于 90°推到大于 90°，并适当加以控制，即可使整流器进入有源逆变工作状态，将再生电能由电机回馈到交流电网，见图 2-12(b)。因此，三相电流型变频器可以实现电机的快速调速和频繁的四象限运行，同时可以实现电流的闭环控制，提高了装置的可靠性。

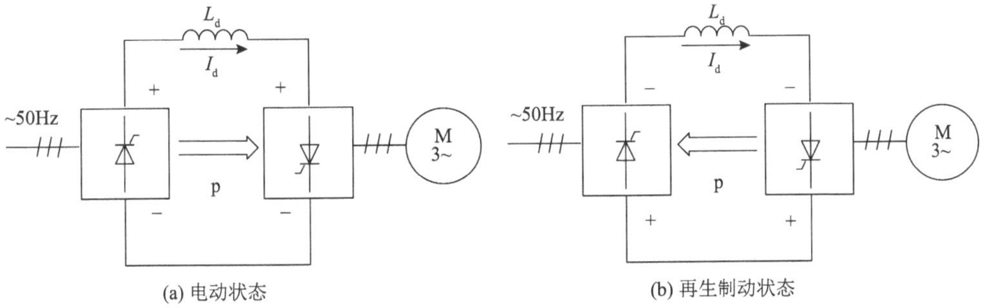

图 2-12　电机的电动状态与再生制动状态

2.2　交-直-交变压变频调速系统

在一些调速性能要求不高的场合，如风机和水泵，大多数变频器控制系统为了实现电压、频率协调控制，采用转速开环恒压频比控制方案。而在一些调速性能要求较高的场合，可以采用转速闭环转差频率控制方案。本节将分别介绍这两类常用的变压变频调速系统。

2.2.1　转速开环恒压频比控制的变压变频调速系统

目前，在中、小容量变频调速装置的市场中，常用的交-直-交电压型变压变频器大都

是采用二极管不可控整流器和由功率开关 IGBT 或智能功率模块(IPM)组成的 PWM 逆变器组成的。图 2-13 为转速开环的交-直-交电压型变压变频调速系统的结构原理图。图中，为保证电压、频率二者的协调控制，电压和频率控制采用同一个控制信号U_{abs}。在给定信号U_{ω}^{*}和U_{abs}之间设置了给定积分器(given integrator, GI)和绝对值变换器(absolute value converter, AVC)，用来防止阶跃的转速给定信号直接加到电压和频率控制系统上产生很大的冲击电流而引起电源跳闸等故障；VR(variable rectifier)是可变整流器，用电压控制环节控制它的输出直流电压的幅值；VSI(voltage source inverter)是电压型逆变器，用频率控制环节控制它输出交流电压的频率。

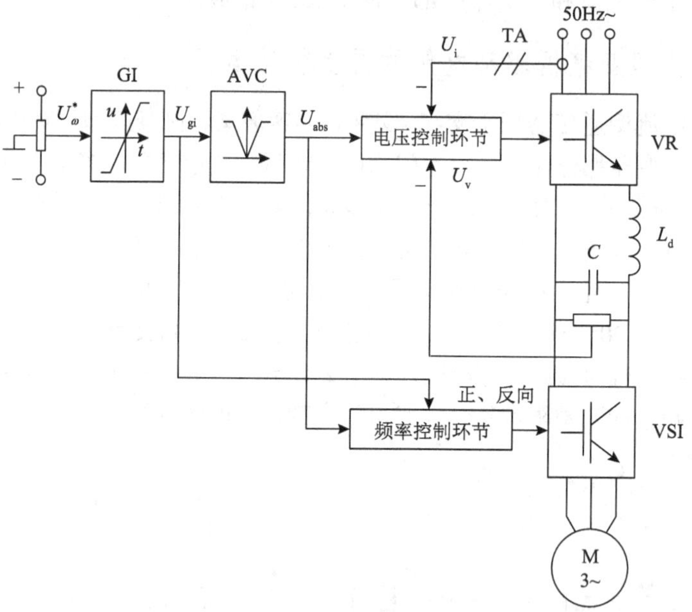

图 2-13　转速开环的交-直-交电压型变压变频调速系统的结构原理图

转速开环的交-直-交电压型变压变频调速系统的工作流程如下：首先，用 GI 将阶跃信号U_{ω}^{*}转变成按设定的斜率逐渐变化的斜坡信号U_{gi}，从而使电机电压和转速都能平缓地升高或降低。其次，由于U_{gi}是可逆的，而电机的旋转方向取决于变频电压的相序，并不需要在电压和频率的控制信号上反映极性，因此用 AVC 将U_{gi}转换成绝对值U_{abs}。U_{abs}同时作为电压控制环节和频率控制环节的输入，协调控制逆变器的电压和频率，控制交流电机工作。图 2-13 中的电路的控制环节部分最先为采用分立元件搭建的模拟控制，目前已由数字控制替代。但图 2-13 作为原理控制的框图一直指导变频器数字控制部分的经典电路，在标量控制电压频率协调控制系统中一直沿用至今。

图 2-14 为一种典型的数字控制通用变频器电机调速系统原理框图，有主电路、微处理器(MCU)、显示设定部分、PWM 发生器、驱动电路，以及电压、电流、温度等信号检测电路，图中未绘出功率开关器件的吸收电路和其他辅助电路。

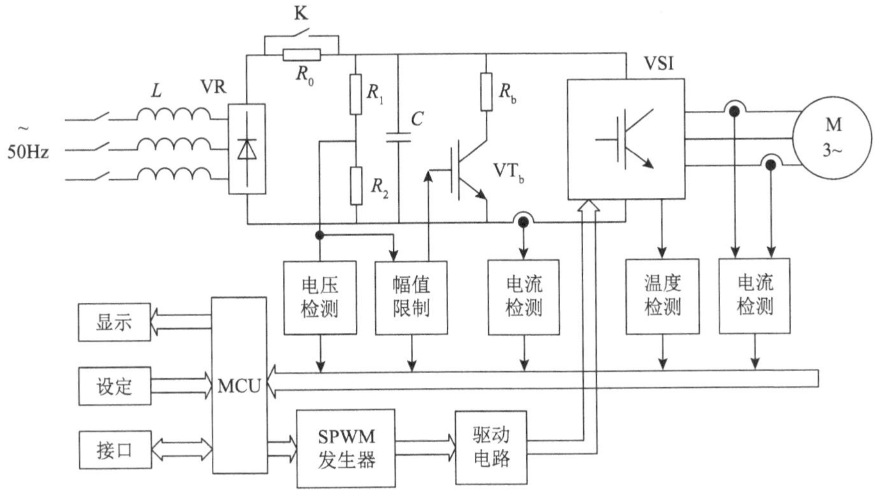

图 2-14　数字控制通用变频器电机调速系统原理框图

1. 主电路

主电路由二极管整流器、VSI 和中间直流电路三部分组成，一般都是电压型的，采用大电容 C 滤波，同时兼有无功功率交换的作用，具体叙述如下。

(1) 限流电阻(R_0)：避免大电容 C 在通电瞬间产生过大的充电电流。在整流器和滤波电容间的直流回路上串入限流电阻(或电抗)，接通电源时，先限制充电电流，充电完成后用开关 K 将限流电阻 R_0 短路，以免长期接入时影响变频器的正常工作，并产生附加损耗。

(2) 幅值限制电路(R_b、VT_b)：限制直流回路的电压幅值。因为二极管整流器不能为异步电机的再生制动能量提供回馈通路，变频器一般都采用电阻吸收制动能量。减速制动时，异步电机进入发电状态，产生的电能通过 VSI 向电容 C 充电，当中间直流电路的电压超过限制值时，通过幅值限制电路使 VT_b 导通，将电机释放的动能消耗在制动电阻 R_b 上。

(3) 进线电抗器(L)：抑制谐波电流。二极管整流器虽然是全波整流装置，但由于其输出端有滤波电容存在，输入电流成脉冲波形，具有较大的谐波分量，使电源受到污染。为了抑制谐波电流，对于容量较大的电压型逆变器，应在输入端设有进线电抗器，有时也可以在整流器和电容器之间串接直流电抗器，用来抑制电源电压不平衡对变频器的影响。

2. 控制电路

现代 PWM 变频器的控制电路大都是以微处理器为核心的数字电路，其功能主要是接收各种设定信息和指令，再根据它们的要求形成驱动电压型逆变器工作的 SPWM 信号。微处理器主要采用 16 位以上的单片机或 DSP。

(1) SPWM 发生器：SPWM 信号可以由微处理器本身的软件产生，由 PWM 端口输出，也可由专用的 PWM 芯片生成。

(2) 检测电路：各种故障的保护由电压、电流、温度等检测信号经信号处理电路进行分压、光电隔离、滤波、放大等综合处理，再进入 A/D 转换器，输入给 MCU 作为控制算法的依据，或者作为开关电平产生保护信号和显示信号。

(3) 信号设定：需要设定的控制信号主要有 U/f 特性、工作频率、频率升高时间、频率下降时间等，还可以有一系列特殊功能的设定。由于通用变频器电机系统是转速或频率开环、恒压频比控制系统，低频时或负载的性质和大小不同时，都得靠改变 U/f 函数发生器的特性来补偿，以使系统稳定，在通用产品中称作电压补偿或转矩补偿。常用补偿方法有两种：一种是固定函数法，在 MCU 的程序存储器中存储多个不同斜率和折线段的 U/f 函数，由用户根据需要选择最佳特性曲线；另一种是实时电流补偿法，采用霍尔电流传感器检测定子电流或直流回路电流，按电流大小自动补偿定子电压。

(4) 给定积分：由于系统本身没有自动限制启、制动电流的作用，因此，频率设定信号必须通过给定积分算法由 MCU 产生平缓升速或降速信号。

2.2.2 转速闭环转差频率控制的变压变频调速系统

2.2.1 节中所述的转速开环恒压频比控制的变压变频调速系统可以满足平滑调速的要求，但静、动态性能都有限。对于静、动态性能要求较高的场合，这种调速系统就不适用了，可以采用转速闭环转差频率控制的变压变频调速系统。

1. 转差频率控制的基本概念

电力传动系统的基本运动方程为

$$T_e - T_L = \frac{J}{n_p} \cdot \frac{d\omega}{dt} \tag{2-7}$$

调速系统的动态性能主要依赖于有效控制转速的变化率 $d\omega/dt$，根据式(2-7)可知，控制了电磁转矩 T_e，就能控制 $d\omega/dt$，因此，调速系统的动态性能就是控制转矩的能力。

异步电机采用恒磁通控制(即恒 E_s/ω_r 控制，$\omega_r = 2\pi f$)时的电磁转矩公式为

$$T_e = 3n_p \left(\frac{E_s}{\omega_r}\right)^2 \frac{s\omega_r R_r'}{R_r'^2 + s^2\omega_r^2 L_{lr}'^2} \tag{2-8}$$

将 $E_s = 4.44fN_s k_{\omega s}\Phi_m = 4.44\frac{\omega_r}{2\pi}N_s k_{\omega s}\Phi_m = \frac{1}{\sqrt{2}}\omega_r N_s k_{\omega s}\Phi_m$ 代入式(2-8)得

$$\begin{aligned} T_e &= \frac{3}{2} n_p N_s^2 k_{\omega s}^2 \Phi_m^2 \frac{s\omega_r R_r'}{R_r'^2 + s^2\omega_r^2 L_{lr}'^2} \\ &= K_m \Phi_m^2 \frac{\omega_{sl} R_r'}{R_r'^2 + (\omega_{sl} L_{lr}')^2} \end{aligned} \tag{2-9}$$

式中，$\omega_{sl} = s\omega_r$ 为转差角频率；$K_m = \frac{3}{2} n_p N_s^2 k_{\omega s}^2$ 为电机的结构常数。

当电机稳态运行时，s 值很小，只有 2%～5%，因而 ω_{sl} 也很小，可以认为 $\omega_{sl} L_{lr}' \ll R_r'$，则转矩可近似表示为

$$T_e \approx K_m \Phi_m^2 \frac{\omega_{sl}}{R_r'} \tag{2-10}$$

由式(2-10)可知，在 s 很小的范围内，如果维持电机气隙磁通 Φ_m 不变，异步电机的转

矩就近似与转差角频率 ω_{sl} 成正比，即控制了转差角频率，就能间接控制转矩。

2. 异步电机转差频率控制规律

在 ω_{sl} 较小时，上述分析所得的转差频率控制概念及转矩近似公式(2-10)是成立的，在实际中，应当控制 ω_{sl} 在一定的取值范围内，使得转矩近似与转差角频率 ω_{sl} 成正比。

图 2-15 为式(2-9)中转矩与转差角频率的关系。由图可以看出，在 ω_{sl} 较小的稳态运行阶段，转矩 T_e 基本上与转差 ω_{sl} 成正比，在转矩 T_e 达到最大值后，随 ω_{sl} 的增大，T_e 开始减小。对于式(2-9)，取 $\mathrm{d}T_e/\mathrm{d}\omega_{sl}=0$，可得

$$\omega_{sl\max}=\frac{R'_r}{L'_{lr}}=\frac{R_r}{L_{lr}} \tag{2-11}$$

$$T_{e\max}=\frac{K_m\Phi_m^2}{2L'_{lr}} \tag{2-12}$$

因此，在转差频率控制系统中，限制 ω_{sl} 幅值在 $\omega_{sl}<\omega_{sl\max}$ 范围内，就可以基本保持 T_e 与 ω_{sl} 的正比关系，也就可以用转差频率控制来控制转矩。

上述规律成立的前提条件是保持 Φ_m 恒定，由第 1 章的介绍可知，按恒 E_s/ω_1 控制时可保持 Φ_m 恒定。在实际中，需在恒 E_s/ω_1 的基础上根据负载电流和转速大小适当提高定子电压 U_s，以补偿定子电阻压降，避免气隙磁通 Φ_m 减弱。如果忽略电流矢量相位变化的影响，不同定子电流下，恒 E_s/ω_1 控制所需的电压-频率特性如图 2-16 所示。

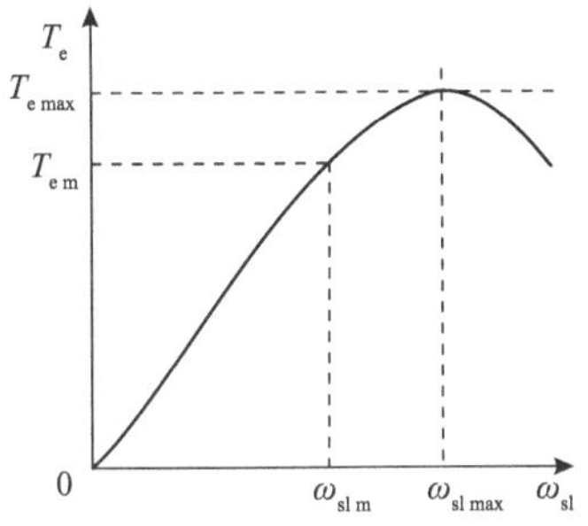

图 2-15　恒 Φ_m 条件下的 $T_e=f(\omega_{sl})$ 特性

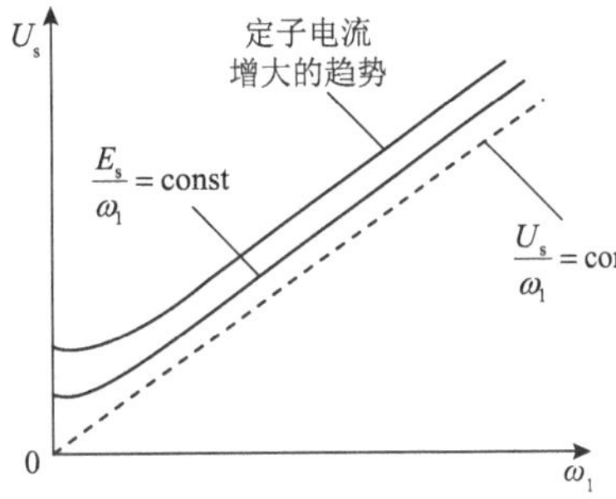

图 2-16　不同定子电流下，恒 E_s/ω_1 控制所需要的电压-频率特性

总结起来，转差频率控制的规律是：

(1) 在不同的定子电流下，按图 2-16 的函数关系 $U_s=f(\omega_1,I_s)$控制定子电压和频率，就能保持气隙磁通 Φ_m 恒定；

(2) 在气隙磁通 Φ_m 不变的条件下，在 $\omega_{sl}<\omega_{sl\max}$ 的范围内，转矩 T_e 基本上与 ω_{sl} 成正比。

3. 转速闭环转差频率控制的变压变频调速系统的控制原理

转速闭环转差频率控制的变压变频调速系统原理图如图 2-17 所示。转速调节器(automatic speed regulator，ASR)中含有比例积分控制器(proportional integral controller，PI 控制器)和限幅器，限幅器的主要目的是限制最大转差角频率在允许的范围内。电机角速度

的误差信号经 PI 控制器并限幅后作为转差角频率的给定信号 ω_{sl}^*。转差角频率给定信号 ω_{sl}^* 与实际转速信号 ω_r 相加，即得定子角频率给定信号 ω_1^*，即

$$\omega_1^* = \omega_{sl}^* + \omega_r \tag{2-13}$$

根据 ω_1^* 和定子电流 I_s 反馈信号从 $U_s^* = f(\omega_1^*, I_s)$ 函数中查得定子电压给定信号 U_s^*，用 U_s^* 和 ω_1^* 控制 PWM 电压型逆变器。

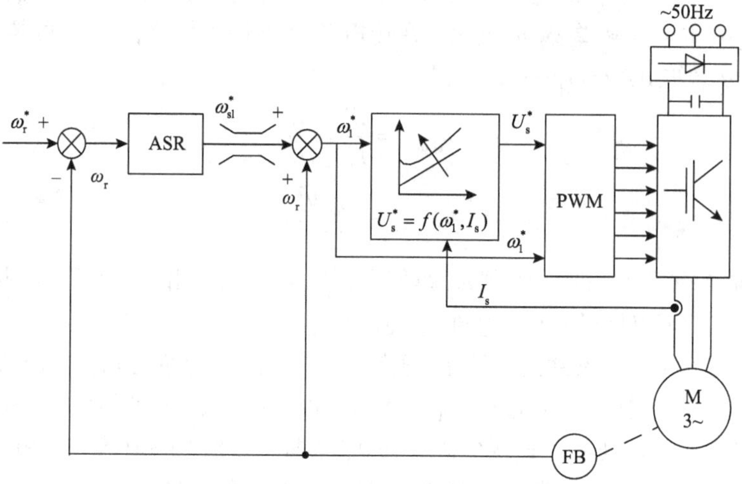

图 2-17　转速闭环转差频率控制的变压变频调速系统原理图

转速闭环转差频率控制的突出优点就在于频率控制环节的输入是转差角频率信号，而给定角频率信号是由转差信号与电机的实际转速信号相加后得到的，因此，电压型逆变器输出的实际角频率随着电机转子角频率 ω_r 同步上升或下降，与转速开环恒压频比控制相比，容易使系统稳定，且加、减速更为平滑。同时，由于在动态过程中，转速调节器饱和，系统将以最大转矩进行调节，保证了系统的快速性。

转速闭环转差频率控制的性能比转速开环恒压频比控制有了较大的提高，但是，其性能与直流电机双闭环调速相比还有很大的差距。一方面，因为转差频率控制规律是基于异步电机的稳态等效电路和稳态转矩公式得到的，所以“保持气隙磁通 Φ_m 恒定”的结论也只在稳态情况下才能成立。在动态中，气隙磁通 Φ_m 是变化的，这就会影响系统的实际动态性能。另一方面，在 $U_s^* = f(\omega_1^*, I_s)$ 函数关系中，只控制了定子电流幅值的变化，而没有控制电流的相位，在动态中电流的相位也影响转矩的变化。

2.3　多重叠加型变频器

由 2.1 节可知，基本逆变电路输出波形为矩形波，含有 $6k \pm 1$ 次谐波，其中影响较大的 5 次、7 次谐波引起的电机的转矩脉动对电机的稳定运行极为不利。目前，减少谐波的方法主要有多重叠加法(多重化方法)和级联法，本节以多重叠加法为例加以说明。

多重叠加法是指对于 N 个输出电压波形为方波的电路，将它们的输出电压相位依次移开 φ，通过输出变压器二次侧进行串联叠加，使叠加后的输出电压成为多电平阶梯波电压，以达到消除谐波、改善输出电压波形、提高输出电压、扩大输出功率的目的。

下面仅以三相电流型变频器为例说明多重叠加法：将 N 个三相电流型变频器并联起来，并使逆变器输出电流相位彼此错开 $\varphi=\pi/(3N)$ 电角度，即可得到 N 重电流型变频器。实现多重连接的方式有两种，分别为直接叠加型和变压器耦合输出型。

2.3.1　直接叠加型

直接叠加型即 2 个以上的三相电流型变频器直接多重叠加连接。图 2-18 表示出二重电流型变频器的主电路和输出电流波形。逆变器 1 和逆变器 2 的输出电流 i_1 与 i_2 波形皆为矩形波，相位彼此错开 $\varphi=\pi/(3N)=\pi/6$，叠加后输出电流 $i=i_1+i_2$，合成两级阶梯波。

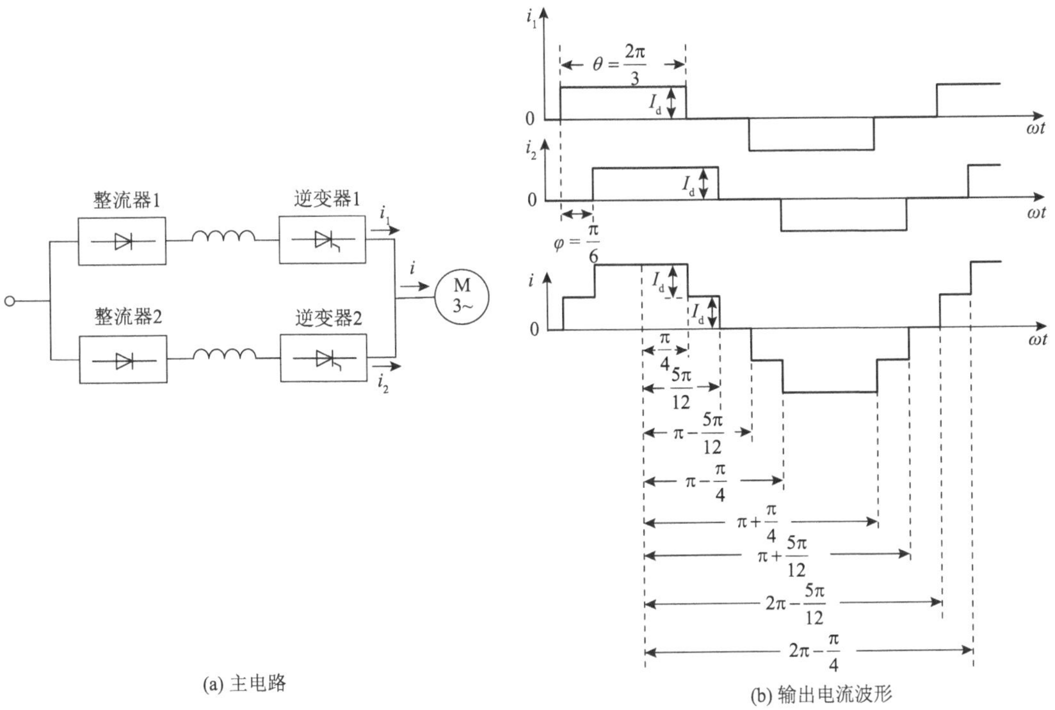

图 2-18　二重电流型变频器的主电路和输出电流波形

对此两级阶梯波进行分析，若不考虑换相重叠，矩形波可写为

$$i_1=\sum_{n=1,3,5,\cdots}^{\infty}\frac{4I_{\mathrm{d}}}{n\pi}\sin\frac{n\theta}{2}\sin n(\omega t) \tag{2-14}$$

$$i_2=\sum_{n=1,3,5,\cdots}^{\infty}\frac{4I_{\mathrm{d}}}{n\pi}\sin\frac{n\theta}{2}\sin n(\omega t-\varphi) \tag{2-15}$$

$$
\begin{aligned}
i = i_1 + i_2 &= \sum_{n=1,3,5,\cdots}^{\infty} \frac{4I_{\mathrm{d}}}{n\pi}\sin\frac{n\theta}{2}\sin n(\omega t) + \sum_{n=1,3,5,\cdots}^{\infty} \frac{4I_{\mathrm{d}}}{n\pi}\sin\frac{n\theta}{2}\sin n(\omega t-\varphi) \\
&= \frac{4I_{\mathrm{d}}}{n\pi}\sum_{n=1,3,5,\cdots}^{\infty}\sin\frac{n\theta}{2}\left(\sin n(\omega t)+\sin n(\omega t-\varphi)\right) \\
&= \frac{4I_{\mathrm{d}}}{n\pi}\sin\frac{n\theta}{2}\times 2\cos\frac{n\varphi}{2}\times\sum_{n=1,3,5,\cdots}^{\infty}\sin n\left(\omega t-\frac{\varphi}{2}\right)
\end{aligned} \tag{2-16}
$$

基波与 n 次谐波的幅值关系为

$$
I_{\mathrm{m}n} = \frac{4I_{\mathrm{d}}}{n\pi}\sin\frac{n\theta}{2}\times 2\cos\frac{n\varphi}{2} \tag{2-17}
$$

基波与 n 次谐波的有效值关系为

$$
I_n = \frac{1}{\sqrt{2}}I_{\mathrm{m}n} = \frac{2\sqrt{2}I_{\mathrm{d}}}{n\pi}\sin\frac{n\theta}{2}\times 2\cos\frac{n\varphi}{2} \tag{2-18}
$$

当脉宽为 $\theta=120°$ 时，有

$$
I_n = \frac{2\sqrt{2}I_{\mathrm{d}}}{\pi}\sin n\frac{\pi}{3}\times 2\cos\frac{n\varphi}{2} \tag{2-19}
$$

基波有效值为

$$
I_1 = \frac{2\sqrt{2}I_{\mathrm{d}}}{\pi}\sin\frac{\pi}{3}\times 2\cos\frac{\varphi}{2} = \frac{\sqrt{6}I_{\mathrm{d}}}{\pi}\cos\frac{\varphi}{2} \tag{2-20}
$$

基波与 n 次谐波的幅值如下。

当 $\theta=120°$ ，$\varphi=30°$ 时，有

$$
I_{\mathrm{m}1} = \frac{4I_{\mathrm{d}}}{\pi}\sin 60°\times 2\cos 15° = 2.13I_{\mathrm{d}}
$$

$$
I_{\mathrm{m}3} = \frac{4I_{\mathrm{d}}}{3\pi}\sin(3\times 60°)\times 2\cos(3\times 15°) = 0
$$

同理，有

$$
I_{\mathrm{m}5} = -0.114I_{\mathrm{d}}
$$

$$
I_{\mathrm{m}7} = -0.0816I_{\mathrm{d}}
$$

$$
\frac{I_{\mathrm{m}5}}{I_{\mathrm{m}1}} = -0.0535
$$

$$
\frac{I_{\mathrm{m}7}}{I_{\mathrm{m}1}} = -0.0383
$$

$$
i = 2.13I_{\mathrm{d}}\left[\sin\left(\omega t-\frac{\varphi}{2}\right) - 0.0535\sin 5\left(\omega t-\frac{\varphi}{2}\right) - 0.0383\sin 7\left(\omega t-\frac{\varphi}{2}\right) + \cdots\right] \tag{2-21}
$$

由式(2-21)可知，二重叠加后消除了 3 次谐波，5 次、7 次谐波显著减少了。

同理可求出如图 2-19 所示三重电流型变频器的主电路和输出电流波形。

3 个电流型逆变器依次滞后 $\varphi = \dfrac{\pi}{3\times 3} = 20°$ 。

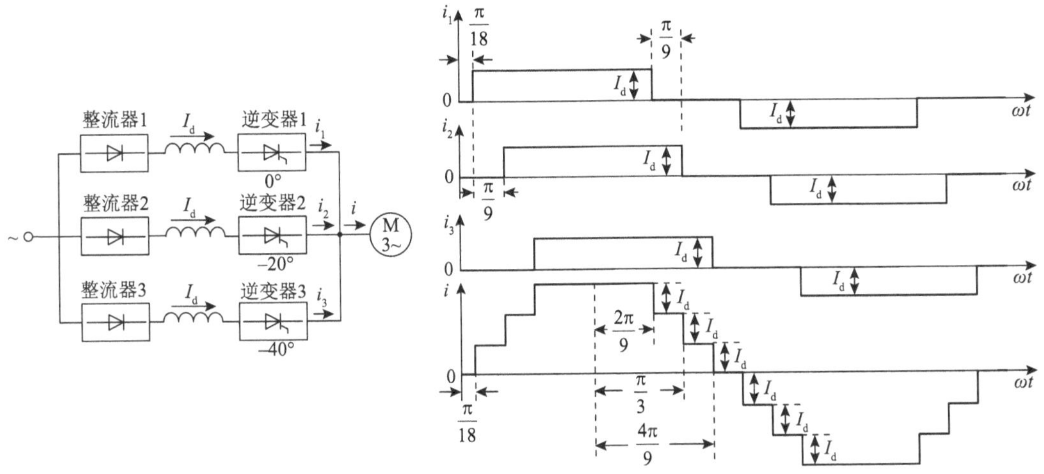

(a) 主电路　　(b) 输出电流波形

图 2-19　三重电流型变频器的主电路和输出电流波形

输出电流基波与各次谐波的幅值表达式为

$$\begin{aligned}I_{mn}&=\frac{2I_d(1-e^{-jn\pi})}{n\pi}\left[\sin n(3+2-1)\frac{\pi}{18}+\sin n(3+2\times2-1)\frac{\pi}{18}+\sin n(3+2\times3-1)\frac{\pi}{18}\right]\\&=\frac{2I_d(1-e^{-jn\pi})}{n\pi}\left(\sin n\frac{2\pi}{9}+\sin n\frac{\pi}{3}+\sin n\frac{4\pi}{9}\right)\end{aligned}\tag{2-22}$$

由此算出基波和各次谐波的幅值为

$$I_{m1}=\frac{2I_d(1-e^{-j\pi})}{\pi}\left(\sin\frac{2\pi}{9}+\sin\frac{\pi}{3}+\sin\frac{4\pi}{9}\right)=2.494\left(\frac{4I_d}{\pi}\right)$$

$$I_{m3}=\frac{2I_d(1-e^{-j3\pi})}{3\pi}\left(\sin 3\frac{2\pi}{9}+\sin 3\frac{\pi}{3}+\sin 3\frac{4\pi}{9}\right)=0$$

$$I_{m5}=\frac{2I_d(1-e^{-j5\pi})}{5\pi}\left(\sin 5\frac{2\pi}{9}+\sin 5\frac{\pi}{3}+\sin 5\frac{4\pi}{9}\right)=-0.113\left(\frac{4I_d}{\pi}\right)$$

$$I_{m7}=\frac{2I_d(1-e^{-j7\pi})}{7\pi}\left(\sin 7\frac{2\pi}{9}+\sin 7\frac{\pi}{3}+\sin 7\frac{4\pi}{9}\right)=-0.066\left(\frac{4I_d}{\pi}\right)$$

$$I_{m9}=\frac{2I_d(1-e^{-j9\pi})}{9\pi}\left(\sin 9\frac{2\pi}{9}+\sin 9\frac{\pi}{3}+\sin 9\frac{4\pi}{9}\right)=0$$

$$I_{m11}=\frac{2I_d(1-e^{-j11\pi})}{11\pi}\left(\sin 11\frac{2\pi}{9}+\sin 11\frac{\pi}{3}+\sin 11\frac{4\pi}{9}\right)=0.0419\left(\frac{4I_d}{\pi}\right)$$

$$I_{m13}=\frac{2I_d(1-e^{-j13\pi})}{13\pi}\left(\sin 13\frac{2\pi}{9}+\sin 13\frac{\pi}{3}+\sin 13\frac{4\pi}{9}\right)=0.0435\left(\frac{4I_d}{\pi}\right)$$

$$\vdots$$

可得基波分量(有效值)为

$$\frac{I_{m5}}{I_{m1}}=\frac{-0.113\left(\frac{4I_d}{\pi}\right)}{2.494\left(\frac{4I_d}{\pi}\right)}=-0.0453$$

$$\frac{I_{m7}}{I_{m1}}=\frac{-0.066\left(\frac{4I_d}{\pi}\right)}{2.494\left(\frac{4I_d}{\pi}\right)}=-0.0265$$

$$\frac{I_{m11}}{I_{m1}}=\frac{0.0419\left(\frac{4I_d}{\pi}\right)}{2.494\left(\frac{4I_d}{\pi}\right)}=0.0168$$

$$\frac{I_{m13}}{I_{m1}}=\frac{0.0435\left(\frac{4I_d}{\pi}\right)}{2.494\left(\frac{4I_d}{\pi}\right)}=0.0174$$

输出电流为

$$\begin{aligned}i=2.494\left(\frac{4I_d}{\pi}\right)(&\sin\omega t-0.0453\sin 5\omega t-0.0265\sin 7\omega t\\&+0.0168\sin 11\omega t+0.0174\sin 13\omega t)\end{aligned} \tag{2-23}$$

由式(2-23)可知，三重叠加后零序谐波被消除了，5 次、7 次、11 次、13 次谐波也显著减小了。

直接并联叠加的优点是电路简单、造价低。其缺点是各三相电流型逆变器的输出功率因数不同，对于同一电流，各逆变器必须设置各自的电流控制电路、相位控制电路和脉冲放大器；由于在输出侧各逆变器之间不绝缘，必须将输入变压器的二次绕组分开隔离，防止产生环流；只能利用相位变化改善波形，波形改善效果较差。

2.3.2　变压器耦合输出型

2 个电流型变频器的二重叠加有两种形式，即用 Y△/Y 连接的变压器和用△/Y△连接的变压器。

1. 用 Y△/Y 连接的变压器

如图 2-20 所示，与直接并联输出多重叠加相似，得到输出电流的基波与各次谐波的幅值表达式为

$$I_{mn}=\frac{2I_d(1-e^{-jn\pi})}{n\pi}\left(\frac{W_2}{W_3}\frac{1}{3}\sin n\frac{\pi}{6}+\frac{W_1}{W_3}\sin n\frac{\pi}{3}+\frac{W_2}{W_3}\frac{1}{3}\sin n\frac{\pi}{2}\right) \tag{2-24}$$

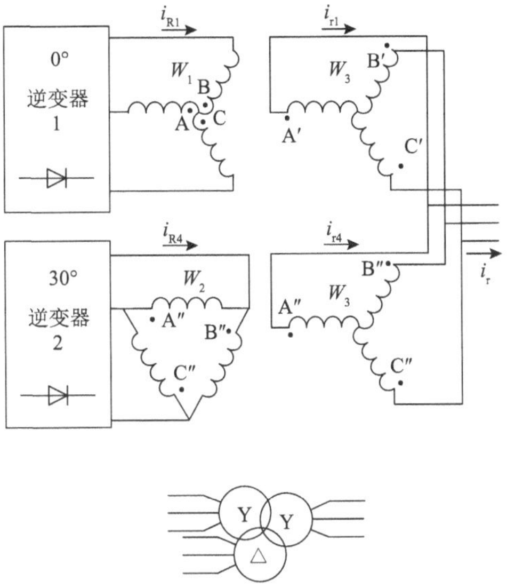

(a) 主电路

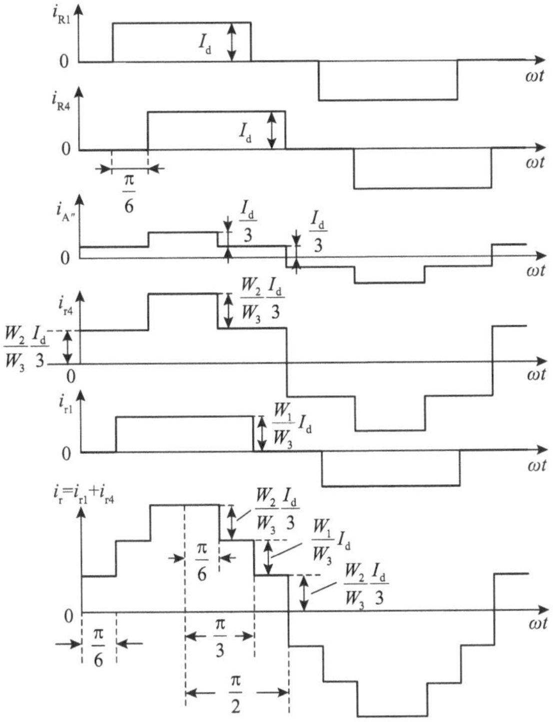

(b) 输出电流波形

图 2-20　变压器耦合输出的二重叠加

由式(2-24)写出 5 次和 7 次谐波方程为

$$I_{m5}=\frac{2I_d(1-e^{-j5\pi})}{5\pi}\left(\frac{W_2}{W_3}\frac{1}{3}\sin 5\frac{\pi}{6}+\frac{W_1}{W_3}\sin 5\frac{\pi}{3}+\frac{W_2}{W_3}\frac{1}{3}\sin 5\frac{\pi}{2}\right) \tag{2-25}$$

$$I_{m7}=\frac{2I_d(1-e^{-j7\pi})}{7\pi}\left(\frac{W_2}{W_3}\frac{1}{3}\sin 7\frac{\pi}{6}+\frac{W_1}{W_3}\sin 7\frac{\pi}{3}+\frac{W_2}{W_3}\frac{1}{3}\sin 7\frac{\pi}{2}\right) \tag{2-26}$$

令式(2-25)、式(2-26)等于 0，联立式(2-25)、式(2-26)，可求得 $\frac{W_1}{W_3}=1$、$\frac{W_2}{W_3}=\sqrt{3}$，亦即 $W_1=W_3$、$W_2=\sqrt{3}W_3$，即可消除 5 次、7 次谐波。此时的基波电流幅值 $I_{m1}=\frac{4\sqrt{3}I_d}{\pi}$。

2. 用△/Y△连接的变压器

采用△/Y△连接的变压器的二重叠加主电路与输出电流波形如图 2-21 所示。经分析，该三级阶梯波所包含的谐波次数比直接输出时的两级阶梯波少一半，原来 $6k\pm1$ 次谐波中 k = 奇数次的谐波被全部消除，仅含 $12k\pm1$ 次谐波，剩下的最低次谐波为 11 次谐波和 13 次谐波。当变压器 T_{r1}、T_{r2} 的电压比为 1∶1 时，各变压器输出电流基波分量有效值均为

$$I_{1\_T_{r1}}=I_{1\_T_{r2}}=\frac{\sqrt{6}}{\pi}I_d=0.78I_d \tag{2-27}$$

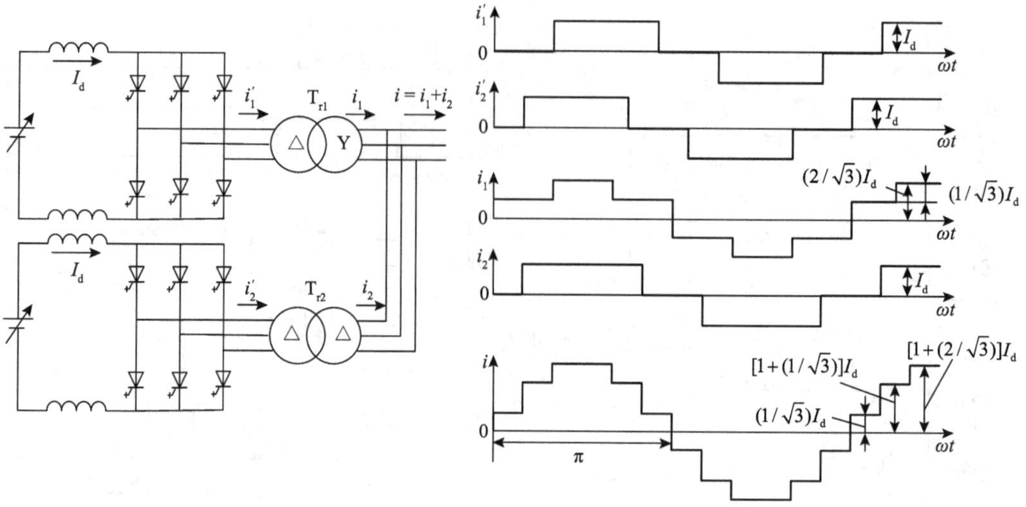

(a) 主电路　　　　(b) 输出电流波形

图 2-21　采用△/Y△连接的变压器的二重叠加

输出电流 i 的基波分量有效值为

$$I_1 = \frac{2\sqrt{6}I_d}{\pi} = 1.56I_d \tag{2-28}$$

电流 n 次谐波分量的有效值为

$$I_n = \frac{2\sqrt{6}I_d}{n\pi} \tag{2-29}$$

所包含的谐波次数为 $n = 12k \pm 1$， $k = 0,1,2,3,\cdots$ 。

3 个三相电流型逆变器通过变压器进行的三重叠加的谐波含量，如表 2-5 所示。

表 2-5　3 个三相电流型逆变器三重叠加的谐波含量

谐波次数	系统	
	单个三相电流型逆变器	3 个三相电流型逆变器的三重叠加
基波(1)	100	100
5	20	0
7	14.3	0
11	9.1	0
13	7.7	0
17	5.9	5.9
19	5.3	5.3
23	4.4	0
25	4	0
29	3.5	0
31	3.2	0
35	2.9	2.9
37	2.7	2.7

采用变压器叠加方法的优点是：可以利用幅值变化和相位变化来改善波形，因此改善波形效果好；各个逆变器的输出功率因数相同；输出侧各逆变器之间相互绝缘。缺点是电路复杂、造价高。

2.4　脉宽调制技术

2.3 节讨论的二重叠加型变频器既有优点，也有缺点。优点是在基波频率的每个周期仅开关 6 次，逆变器的控制简单且开关损耗低。缺点是输出电流的六阶梯波中低次谐波会导致电流波形产生畸变，有时不得不使用低通滤波器滤波；逆变器输出谐波含量大，产生较大的转矩脉动，特别是低速时，影响电机的稳定运行。另外，输出电压靠输入整流器控制，也不可避免地带有整流器所具有的常见的缺点。

2.4.1　脉宽调制的工作原理

由于逆变器中功率开关的存在，在恒定的直流输入电压 U_d 作用下，逆变器可以通过自身的多次开关控制输出电压并优化输出谐波。PWM 控制输出电压的工作原理如图 2-22 所示。输出的电压基波 u_1 在方波工作模式下具有最大的幅值 $4U_d/\pi$。在正半周期内通过产生两个负电压，u_1 的幅值将减小；随着负电压宽度的增加，基波电压将减小，这在负半周期内同样适用。

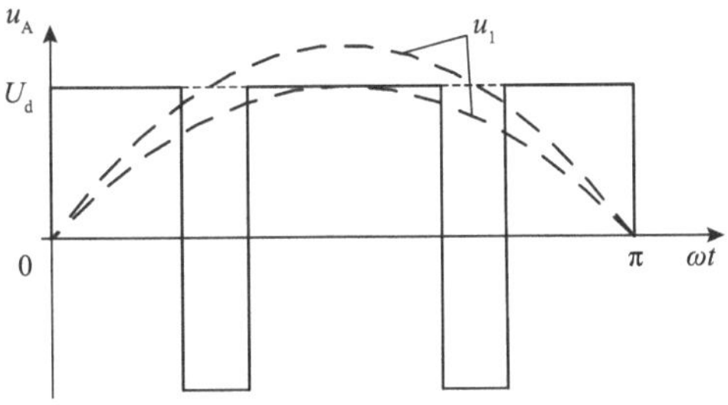

图 2-22　PWM 控制输出电压的工作原理

目前常用的 PWM 技术可分为：

(1) 正弦 PWM；

(2) 特定谐波消除 PWM (selective harmonic elimination pulse width modulation，SHEPWM)；

(3) 最小纹波电流 PWM；

(4) 空间矢量 PWM(SVPWM)；

(5) 瞬时电流控制正弦 PWM；

(6) 滞环电流控制 PWM；

(7) Sigma-Delta 调制 PWM。

2.4.2　正弦 PWM

正弦 PWM(SPWM)技术在实际的工业变流器中的应用非常普遍。SPWM 的基本工作原理如图 2-23 所示。图中频率为 f_c 的等腰三角载波与频率为 f 的正弦调制波相比较，两者的交点确定功率开关的开关时刻。例如，图中给出了通过 A 相桥臂功率开关 V_1、V_4 (图 2-2) 生成的 u_A 的波形，忽略了为防止 V_1 和 V_4 的同时导通而设定的 V_1、V_4 之间的死区时间。u_A 波形的脉宽按正弦规律变化，从而使其基波成分的频率等于 f 且幅值正比于指令调制电压。

如图 2-23 所示，三相可以共用同一个载波信号。图 2-24 给出了负载无中线连接的典型的线电压和相电压波形。

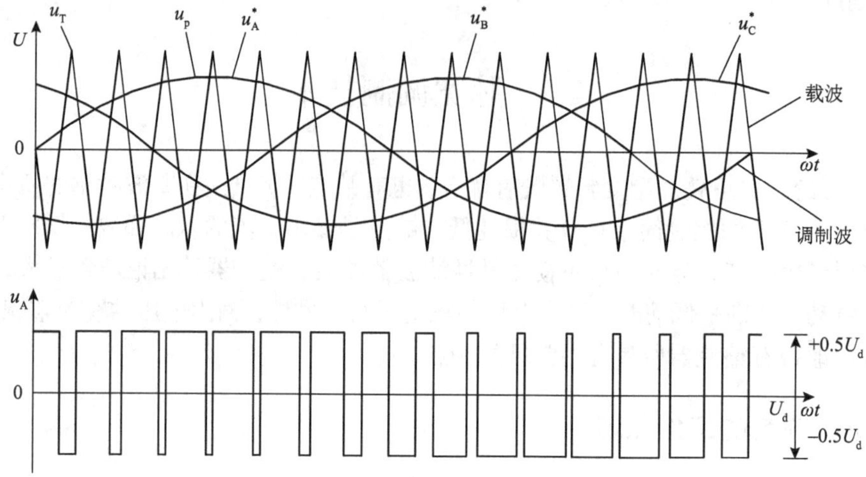

图 2-23　三相电压型逆变器 SPWM 的工作原理

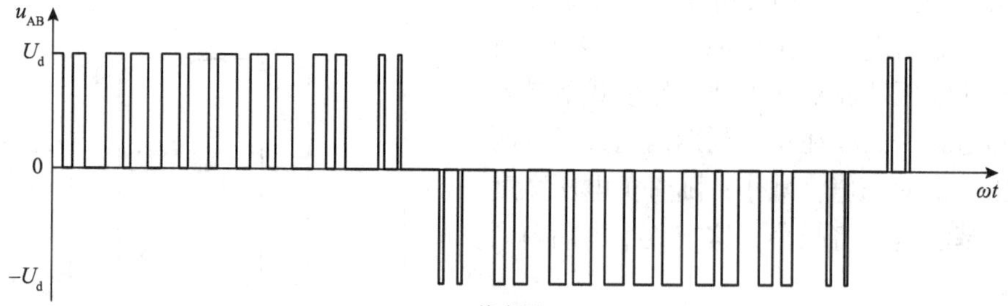

(a) 线电压

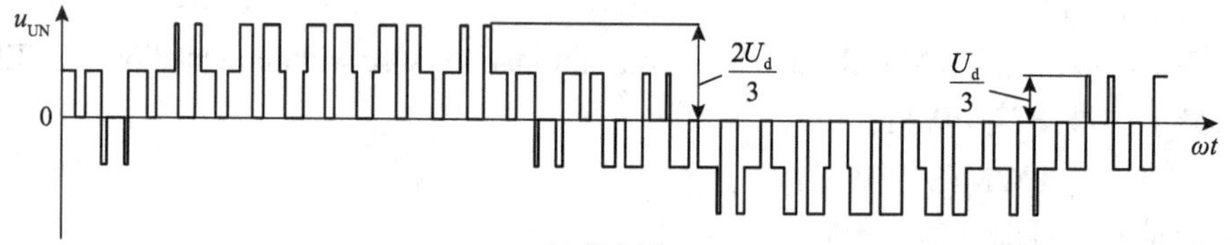

(b) 相电压

图 2-24　PWM 逆变器的线电压和相电压波形

波形的傅里叶分析如下：

$$u_A = 0.5mU_d \sin(\omega_0 t + \varphi) + A \tag{2-30}$$

式中，m 为调制系数；ω_0 为基波角频率，rad/s；φ 为输出相位移，取决于调制波的实际位置；A 为高频部分。

调制系数 m 被定义为

$$m = \frac{U_P}{U_T} \tag{2-31}$$

式中，U_P 为调制波的峰值；U_T 为载波的峰值。

理想情况下，$m \in [0,1]$，并且调制波与输出电压波形之间将保持线性关系。逆变器可以看作一个线性放大器，根据式(2-30)和式(2-31)可以得出这个放大器的增益 G 为

$$G = \frac{0.5mU_{\mathrm{d}}}{U_{\mathrm{P}}} = \frac{0.5U_{\mathrm{d}}}{U_{\mathrm{T}}} \tag{2-32}$$

当 $m=1$ 时，可以得到最大的基波电压峰值 $0.5U_{\mathrm{d}}$，这个数值是方波输出时基波电压峰值 $4U_{\mathrm{d}}/(2\pi)$ 的 78.55%。可以通过将某些 3 次谐波成分加入到调制波中，使线性工作范围内最大基波电压峰值增加到方波输出时的 90.7%。当 $m=0$ 时，u_{A} 是一个频率与载波频率相同、脉宽上下对称的方波。

式(2-30)中的高频部分推导过程相对复杂，需要用到贝塞尔公式，这里只给出结果，相关推导过程参见相关资料：

$$A = \sum_{n=1}^{\infty} (-1)^{(n-1)/2} \frac{4}{n\pi} \left\{ J_0 \frac{mn\pi}{2} \cos n\omega_c t + \sum_{k=2}^{\infty} J_k \frac{mn\pi}{2} \left[\cos(n\omega_c \pm k\omega)t \right] \right\} \tag{2-33}$$

式中，$n=1,3,5,\cdots$；$k=0,2,4,\cdots$。

$$A = \sum_{n=2}^{\infty} (-1)^{n/2} \frac{4}{n\pi} \sum_{k=1}^{\infty} J_k \frac{mn\pi}{2} \left[\sin(n\omega_{\mathrm{c}} \pm k\omega)t \right] \tag{2-34}$$

式中，$n=2,4,6,\cdots$；$k=1,3,5,\cdots$。

PWM 输出波形中，含有与载波频率相关且边(频)带与调制波频率相关的谐波。这些谐波的频率可表示为 $n\omega_c \pm k\omega$。式中，n 和 k 均为整数；$n+k$ 为一个奇整数。

表 2-6 给出了当载波频率与调制波频率的比值 $P=\omega_c/\omega=15$ 时的输出谐波成分。

表 2-6　SPWM 在 $\omega_c/\omega=15$ 时的输出谐波成分

n	谐波成分
1	$15\omega_c$ $15\omega_c \pm 2\omega$ $15\omega_c \pm 4\omega$ ⋮
2	$30\omega_c$ $30\omega_c \pm 3\omega$ $30\omega_c \pm 5\omega$ ⋮
3	$45\omega_c$ $45\omega_c \pm 2\omega$ $45\omega_c \pm 4\omega$ ⋮
⋮	⋮

由上述的输出谐波成分可以推导出，其幅值与载波比 P 无关，并将随着 n 和 k 的增大而减小。随着载波比 P 的增大，逆变器输出线电流谐波可由电机漏感滤波，并接近于正弦

波。载波频率高的逆变器将使其开关损耗增加，但会减少电机的谐波损耗。选择载波频率时，需要将逆变器损耗和电机损耗折中考虑，即应使系统的总损耗最小。

PWM 开关频率较低时，逆变器向电机提供功率，电流中的高频谐波和电压波动导致电机产生电磁噪声。可以通过提高 PWM 开关频率减少这些谐波，从而降低噪声。同时，在逆变器输出端加入低通滤波器也能有效滤除高频谐波，进一步减少噪声。通过将开关频率提高到高于音频范围(超过 20kHz)，可以使逆变器产生的噪声超出人耳的可听范围，从而“消除”这种噪声。现代高速 IGBT 技术支持较高的开关频率，实现了无音频噪声的变频传动，但仍需综合考虑开关损耗和电磁干扰等因素。

1. 过调制区操作

当调制指数 m 接近于 1 时，输出电压在正、负半周期接近方波，在输出电压的极性由正变负(或由负变正)切换时，会引起负载电流的瞬间跳变。对 IGBT 逆变器，这个跳变可能是比较小的；但对于电力 GTO 逆变器，由于 GTO 开关的速度较 IGBT 慢，这个跳变会很大，实际使用中要加以注意。m 的数值可以增大到大于 1，进入准 PWM 区域，图 2-25 所示为正半周期操作。图中 u_A 在正半周期中间附近负电压脉冲不见了，从而给出了一个具有较高基波成分的准方波输出。如图 2-26 所示，在过调制区，传递特性是非线性的，波形中重新出现了 5 次和 7 次谐波成分。随着 m 数值的增加，即调制信号的增大，最终逆变器将输出方波，半周期内在方波的上升沿和下降沿各开关一次。在这种情况下，基波电压峰值达到 $4(0.5U_d)/\pi$，即达到 100%的输出，如图 2-26 所示。

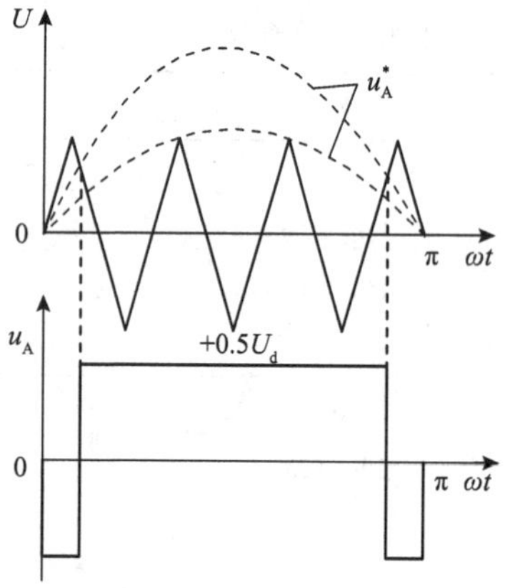

图 2-25　过调制区的波形

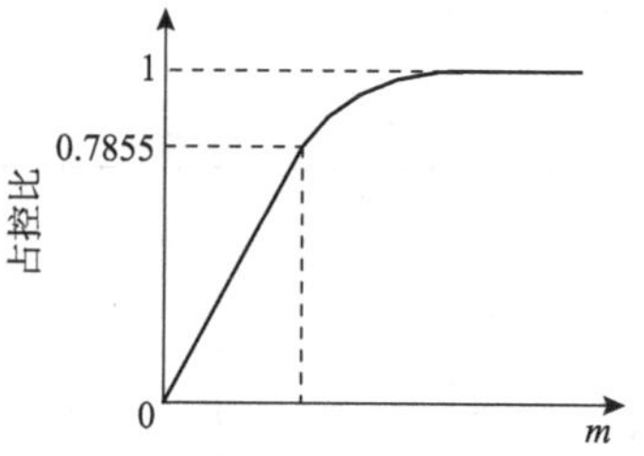

图 2-26　SPWM 过调制输出特性

2. 载波与调制波频率的关系

对于变速传动，逆变器输出电压和频率应按图 1-7 所示关系变化。在恒功率区，逆变器以方波模式工作，从而可以获得最大电压。在恒转矩区，逆变器输出电压可以采用 PWM 控制。通常希望逆变器工作时载波与调制波频率比 P 为一整数，即在整个工作范围内调制波与载波保持同步。但当 P 保持为一定值时，若基波频率下降，载波频率也会随之下降，使电机的谐波损耗增加。图 2-27 给出了一个 GTO 逆变器实际的载波与基波频率关系。当基波频率很低时，载波频率保持恒定，逆变器以异步调制模式工作。在这个区域，载波比 P 可以是一个非整数，相位可能连续地移动，由此产生谐波问题以及变化的直流偏移。随着 f_c/f 数值的下降，这个问题会变得越发严重。在这里应该提及的是，与基波频率变化范围相比，现代 IGBT 器件的开关频率是非常高的，这使得 PWM 逆变器可以在整个异步调制范围内得到满意的操作。如图 2-27 所示，在异步调制区后是同步调制区，在这个区，P 以一种阶梯的方式变化，这使得最大和最小载波频率保持在设定边界值内的一个特定区域。P 的数值总是保持为 3 的倍数，这是因为对△连接的负载，3 的倍数次谐波被滤除了。当调制波频率接近于额定频率($f/f_b=1$)时，逆变器转换到方波模式工作，这里假设此时载波频率与基波频率相等。在整个工作范围，控制策略应该仔细地设计，使在载波频率跳变的时刻，不产生电压的跳变，并且为了避免相邻 P 值之间的抖动，在跳变点应设置一个窄的滞环带。

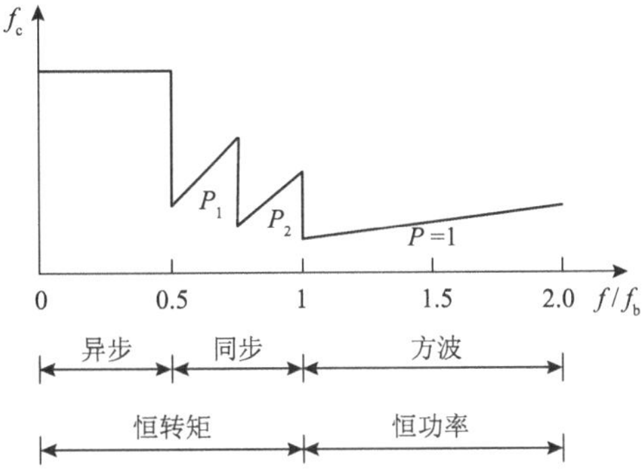

图 2-27　载波与基波频率关系

3. 死区效应及补偿

由于死区(或封锁)效应，实际的 PWM 逆变器相电压(u_A)波形会在某种程度上偏离图 2-23 所示的理想波形。这种效应可以用图 2-28 中三相逆变器中的 A 相桥臂来说明。电压型逆变器的一个基本控制原则是要导通的器件应滞后于要关断的器件一个死区时间 t_d(典型值为几微秒)，以防止桥臂的直通。这是因为器件的导通是非常快的，关断是比较慢的。死区效应会导致输出电压的畸变并减小其幅值。

考虑到图 2-28 所示正弦 PWM 操作，A 相电流 i_A 的极性为正。初始状态下，V_1 为导通，u_A 的幅值为 $+0.5U_d$。当 V_1 在理想的开关点关断后，在 V_4 导通前有一个时间间隔 t_d，在这个间隔，V_1 和 V_4 都处于关断状态，但 i_A 的流通使得 u_A 在理想开关点自然地切换到 $-0.5U_d$。现在考虑在理想开关点从 V_4 到 V_1 的带有延迟时间 t_d 的开关转换。当 V_4 和 V_1 两个器件都关断时，i_A 继续通过 VD_4 流通，从而造成了如图 2-28 中阴影面积所示的脉冲伏-秒面积损失。下面再考虑电流 i_A 的极性为负时的情况。仔细地观察图示波形，可以看到在 V_4 导通的前沿有一个类似的伏-秒面积增加。注意，上述伏-秒面积的损失或增加仅仅取决于电流的极性，而与电流的幅值无关。图 2-29 给出了在每一个载波周期 T 分别对应于 $+i_A$ 和 $-i_A$ 的伏-秒面积(U_dt_d)损失和增加的积累效应对基波电压波形的影响。图中基波电流 i_A 滞后于基波电压 u_A 一个相角 φ。图 2-29 解释了死区效应。把由 U_dt_d 构成的这些面积累加起来并在基波频率的半周期内加以平均可得出方波偏移电压 U_ε 为

$$U_\varepsilon=U_dt_d\frac{P}{2}(2f)=f_ct_dU_d \tag{2-35}$$

式中，$P=f_c/f$，f 为基波频率。图 2-29 中波形给出了 U_ε 波对理想 u_A 波的影响。

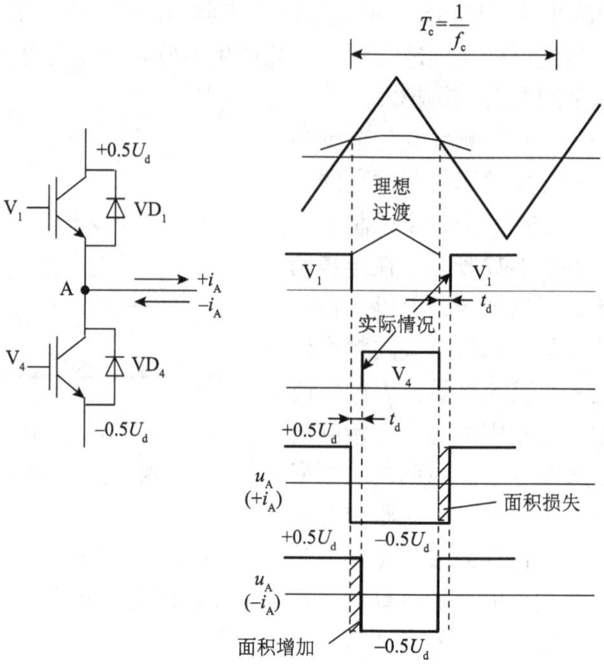

图 2-28　三相逆变器 A 相桥臂死区效应的波形

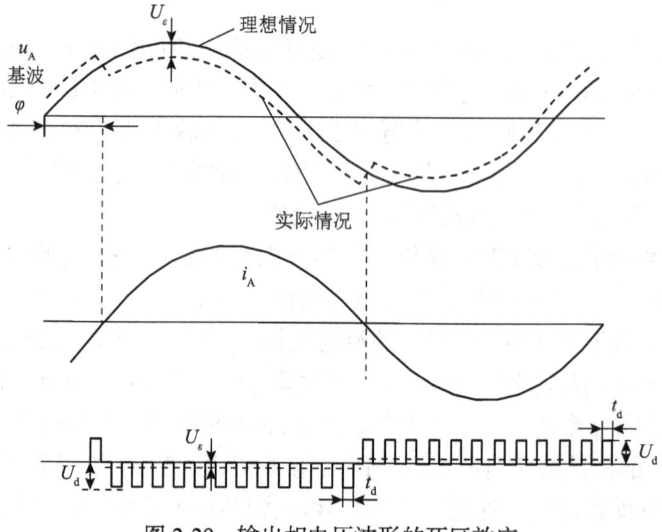

图 2-29　输出相电压波形的死区效应

2.4.3　特定谐波消除 PWM

应用特定谐波消除 PWM(SHEPWM)可以将方波中不希望有的低次谐波消除，并控制基波电压，如图 2-30 所示。在这种方法中，要在方波电压中增加一些预先确定好角度的负脉冲。图中所示为 1/4 波对称的正半周波形，可以通过控制图中四个负脉冲角 α_1、α_2、α_3 和 α_4 消除 3 个特定的谐波成分，同时控制基波电压。如果图示波形中有更多的负脉冲，则可以消除更多的谐波成分。

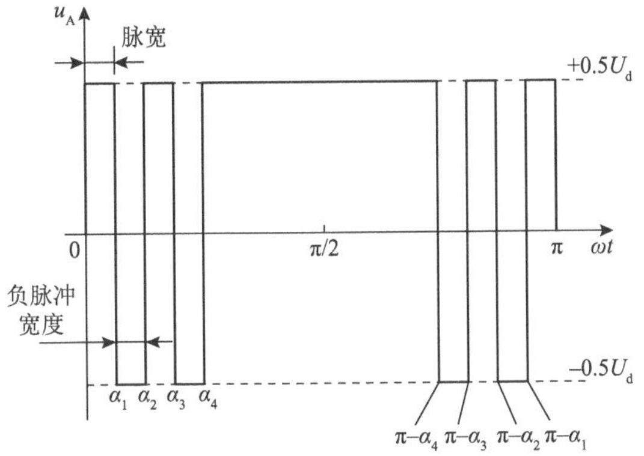

图 2-30　特定谐波消除 PWM 的相电压波形

可用傅里叶级数展开如下：

$$u(t)=\sum_{n=1}^{\infty}(a_n\cos n\omega t+b_n\sin n\omega t) \tag{2-36}$$

$$a_n=\frac{1}{\pi}\int_0^{2\pi}u(t)\cos n\omega t\mathrm{d}\omega t \tag{2-37}$$

$$b_n=\frac{1}{\pi}\int_0^{2\pi}u(t)\sin n\omega t\mathrm{d}\omega t \tag{2-38}$$

对于 1/4 周期的波形，波形中将只含有正弦项，并且只含有奇次谐波成分。因此有

$$a_n=0 \tag{2-39}$$

$$u(t)=\sum_{n=1}^{\infty}b_n\sin n\omega t \tag{2-40}$$

式中

$$b_n=\frac{4}{\pi}\int_0^{\frac{\pi}{2}}u(t)\sin n\omega t\mathrm{d}\omega t \tag{2-41}$$

假设图 2-30 所示波形具有单位幅值，即 $u(t)=\pm1$，则 b_n 可以求出：

$$\begin{aligned}b_n=\frac{4}{\pi}\Big[&\int_0^{\alpha_1}(+1)\sin n\omega t\mathrm{d}\omega t+\int_{\alpha_1}^{\alpha_2}(-1)\sin n\omega t\mathrm{d}\omega t+\int_{\alpha_2}^{\alpha_3}(+1)\sin n\omega t\mathrm{d}\omega t+\cdots\\&+\int_{\alpha_{k-1}}^{\alpha_k}(-1)^{k-1}\sin n\omega t\mathrm{d}\omega t+\int_{\alpha_k}^{\frac{\pi}{2}}(+1)\sin n\omega t\mathrm{d}\omega t\Big]\end{aligned} \tag{2-42}$$

根据通用表达式：

$$\int_{\theta_1}^{\theta_2}\sin n\omega t\mathrm{d}\omega t=\frac{1}{n}(\cos n\theta_1-\cos n\theta_2) \tag{2-43}$$

可以得出式(2-42)中的第一项和最后一项为

$$\int_0^{\alpha_1}(+1)\sin n\omega t\mathrm{d}\omega t=\frac{1}{n}(1-\cos n\alpha_1) \tag{2-44}$$

$$\int_{\alpha_k}^{\frac{\pi}{2}}(+1)\sin n\omega t\mathrm{d}\omega t=\frac{1}{n}\cos n\alpha_k \tag{2-45}$$

将式(2-44)、式(2-45)代入式(2-42)并求出式中其他的积分项，可得

$$\begin{aligned} b_n &= \frac{4}{n\pi}[1+2(-\cos n\alpha_1+\cos n\alpha_2-\cdots+\cos n\alpha_k)] \\ &= \frac{4}{n\pi}[1+2\sum_{i=1}^{k}(-1)^i\cos n\alpha_i] \end{aligned} \tag{2-46}$$

注意，在式(2-46)中有 k 个变量(即 $\alpha_1,\alpha_2,\alpha_3,\cdots,\alpha_k$)，因此至少需要有 k 个方程式去求出这 k 个变量的数值。通过求解这 k 个 α，可以使基波电压得到控制，并且消除 $k-1$ 个频率的特定谐波。

考虑下面的例子，消除 5 次和 7 次谐波(最低次的特定谐波)并控制基波电压，3 次谐波以及 3 的倍数次谐波在△连接的电机负载中可以不考虑。在这种情况下，$k=3$。根据式 (2-46)，可以得到如下方程。

基波：
$$b_1=\frac{4}{\pi}(1-2\cos\alpha_1+2\cos\alpha_2-2\cos\alpha_3) \tag{2-47}$$

5 次谐波：
$$b_5=\frac{4}{5\pi}(1-2\cos5\alpha_1+2\cos5\alpha_2-2\cos5\alpha_3)=0 \tag{2-48}$$

7 次谐波：
$$b_7=\frac{4}{7\pi}(1-2\cos7\alpha_1+2\cos7\alpha_2-2\cos7\alpha_3)=0 \tag{2-49}$$

对于一个指定的基波电压幅值，可以通过计算机程序用数值算法求解上面这组非线性超越方程，算出 α_1、α_2 和 α_3 的数值，如图 2-31 所示。例如，给定 50%的基波电压($b_1=0.5$)，可得到 $\alpha_1=20.9°$，$\alpha_2=35.8°$，$\alpha_3=51.2°$。

从图 2-31 可以看出，低次谐波的消除会增大某些较低次的其他特定谐波(如 11 次和 13 次)，但由于这些特定谐波的频率比基波频率高出很多，同时其能量占基波能量的比例也不大，因此它们的影响并不大。从图 2-31 还可以看出，在基波电压幅值从 0%变化到 93%时(100%对应于方波输出)，5 次和 7 次谐波都可以被完全消除。在基波电压幅值为 93%时，$\alpha_1=0°$，之后，在半周期外侧剩下的单一负脉冲可以通过减小 α_2 角而对称地变窄，最后跳变为完整的方波。表 2-7 给出了基波电压以 1%步距变化时的 α 角变化。图 2-32 给出了输出电压为 98%时的典型波形。注意，基波电压的方向与 α 角的整个变化范围无关，基波电压在 93%～100%变化时，会有某种程度的 5 次和 7 次谐波成分重新出现，但其能量很小，可以忽略不计。

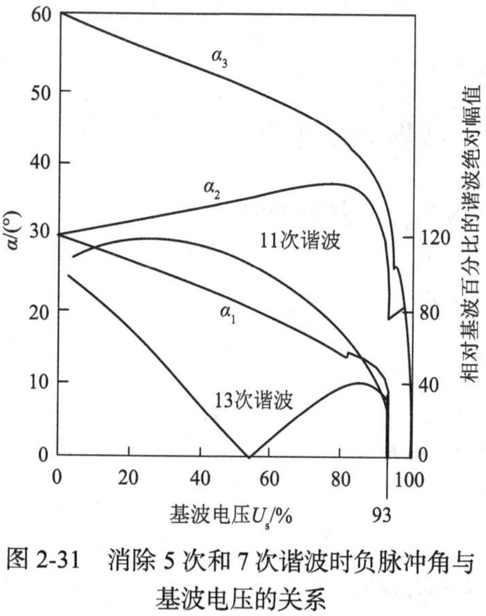

图 2-31　消除 5 次和 7 次谐波时负脉冲角与基波电压的关系

表2-7　基波电压在93%～100%变化时的 α 变化

U_s /%	α_1 /(°)	α_2 /(°)	α_3 /(°)
93	0	15.94	22.02
94	0	16.17	21.56
95	0	16.41	20.86
96	0	16.88	20.39
97	0	17.34	19.92
98	0	11.02	13.59
99	0	4.69	7.27
100(方波)	0	0	0

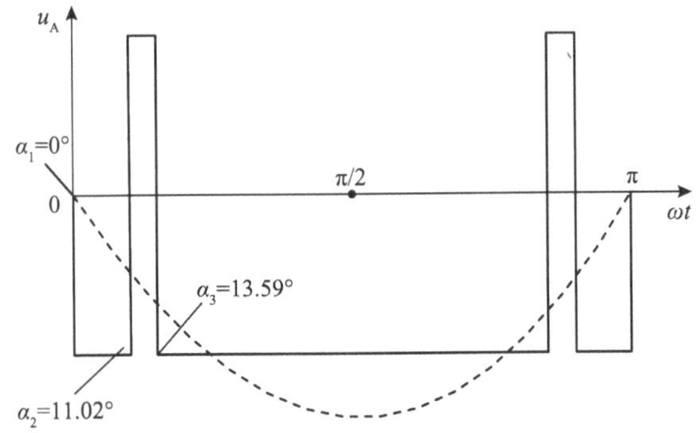

图2-32　输出电压为98%时的典型波形

通过预先设置负脉冲角的查询表，特定谐波消除PWM法可以很方便地用微机实现。图2-33所示简单框图给出了这种方法的实现策略。对于一个给定的指令电压 U^*，可以在查询表中查到对应的负脉冲角，然后在时域里应用一个减法计数器就可以产生相应的相电压脉宽。这里，计数器的脉冲为 $f_{ck}=kf$。例如，$k=360°$，则可以产生分辨率为1°的波形。

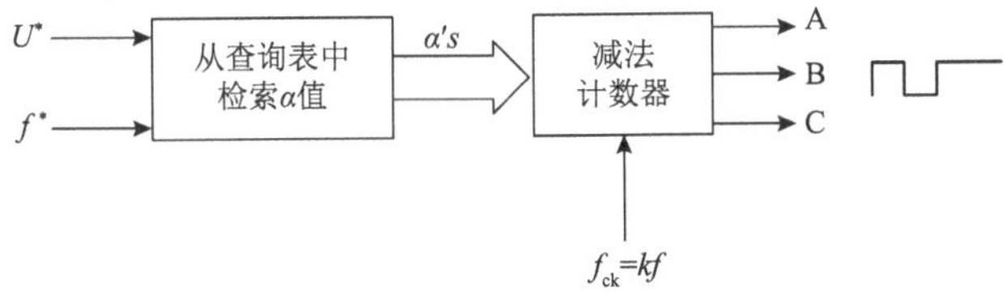

图2-33　特定谐波消除PWM法的实现框图

随着基波频率的下降，可以使负脉冲的数量增多，这样就可以消除更多的特定谐波，但是如前所述，每周期负脉冲的数量或者开关频率本身受到逆变器开关损耗的限制。这种方法的一个明显缺点是当基波频率比较低时，查询表会变得非常大，因此，可以采用一种混合PWM法。在这种方法中，在低频区使用SPWM法，而在高频区使用特定谐波消除PWM法。

2.4.4 最小纹波电流 PWM

特定谐波消除 PWM 法的一个显著缺点是当较低次的谐波被消除时，与其相邻的下一个较高次的谐波却被加强了，如图 2-31 所示。由于在电机中谐波损耗是由纹波电流的有效值确定的，因此，应该减小的是纹波电流有效值而不是某些个别的谐波。前已述及，与各次谐波电压相对应的谐波电流本质上取决于电机的有效漏感。因此，纹波电流有效值可以表示如下：

$$I_{\text{ripple}} = \sqrt{I_5^2 + I_7^2 + I_{11}^2 + \cdots} = \sqrt{\frac{\hat{I}_5^2}{2} + \frac{\hat{I}_7^2}{2} + \frac{\hat{I}_{11}^2}{2} + \cdots} = \sqrt{\frac{1}{2}\sum_{n=5,7,11,\cdots}^{\infty}\left(\frac{\hat{U}_n}{n\omega_0 L_{s\delta}}\right)^2} \tag{2-50}$$

式中，$I_5, I_7, \cdots$ 为谐波电流有效值；$L_{s\delta}$ 为电机每相的等效漏感；$\hat{I}_5, \hat{I}_7, \cdots$ 为谐波电流的峰值；n 为谐波次数；$\hat{U}_n$ 为 n 次谐波电压峰值；ω_0 为基波角频率。

相应的谐波铜损为

$$P_L = 3I_{\text{ripple}}^2 R \tag{2-51}$$

式中，R 为电机每相的有效电阻。

对于一组确定的负脉冲角，从式(2-43)可以得到 $\hat{U}_n$ 的表达式，将此式代入式(2-50)中，就可以得到作为 α 角函数的 I_{ripple}^2。对于一个确定的基波幅值，通过计算机程序对 α 角迭代运算可以求出最小化的 I_{ripple}。与特定谐波消除 PWM 法相比，最小纹波电流 PWM 法是一种更理想的选择。

2.4.5 空间矢量 PWM

前述的 PWM 控制主要要求逆变器的输出电压波形尽量接近标准正弦波，使逆变器输出的 PWM 电压波形中基波成分尽量大，尽量消去谐波；至于电流波形，则受负载参数的影响。三相异步电机要求定子输入三相对称正弦电流的目的是在电机内产生圆形气隙旋转磁场，从而产生恒定的电磁转矩，因此，以跟踪圆形气隙旋转磁场为目标来控制逆变器的输出电压，一定会产生更好的控制效果。20 世纪 80 年代中期，国外学者在交流调速中首先提出了磁通轨迹控制的思想，而磁通轨迹的控制是通过空间矢量的合成实现的，所以又称为“空间矢量 PWM 控制”。这种方法算法简单且适合数字实现，并具有转矩脉动小、噪声小、电压利用率高等优点，目前在高性能变频器中得到了广泛的应用，具体将在第 5 章结合同步电机矢量控制系统加以介绍。

2.4.6 瞬时电流控制正弦 PWM

到目前为止，仅仅讨论了前馈电压控制 PWM 技术。在电机传动技术控制系统中，对电机电流的控制是非常重要的，因为电机电流直接影响磁链和转矩。高性能的传动系统全都需要采用电流控制。对于采用前馈电压控制 PWM 技术的电压型逆变器，可以采用电流反馈环来控制电机电流，在这种情况下，逆变器以一种可编程的电流源方式工作。

图 2-34 给出了一种内环采用瞬时电流控制的 SPWM 策略。正弦电流控制环的误差通过一个比例积分(PI)控制器转换成正弦电压指令。对于三相逆变器，需要用到 3 个这样的控制器。这种控制方法是简单的，但是也存在着几个问题。由于控制系统的带宽有限，实际的电流会存在相位滞后和幅值误差，这种现象会随着频率的提高而加重，这种相位偏差对于高性能的传动系统是非常有害的。另外，由电流控制环产生的正弦指令电压可能会含有纹波，从而使 SPWM 比较器产生多次过零的问题，上述问题目前都已得到解决。

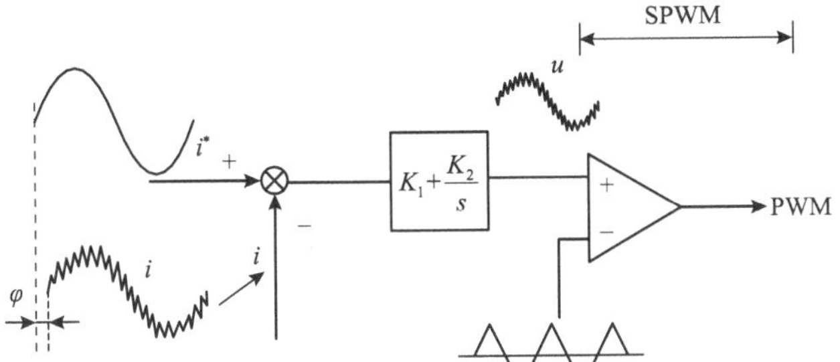

图 2-34　瞬时电流控制 SPWM 的控制框图

2.4.7　滞环电流控制 PWM

滞环电流控制 PWM 本质上是一种瞬时电流反馈 PWM 控制方法，在这种方法中，实际电流在一个滞环带内连续地跟踪指令电流。图 2-35 给出了一个半桥逆变器采用滞环电流控制 PWM 的工作原理。控制电路产生具有希望幅值和频率的正弦参考电流，然后这个正弦参考电流与实际电流相比较，当实际电流超过预先确定的滞环区间(滞环带)上限时，逆变器的上桥臂开关关断，下桥臂开关导通，使输出电压从 $+0.5U_d$ 转换到 $-0.5U_d$，引起实际电流下降。当实际电流达到滞环区间下限时，下桥臂开关关断，上桥臂开关导通。为防止桥臂直通，在每一次转换中应设有死区时间(t_d)。这样通过上、下桥臂开关的轮流导通，强迫实际电流在一个滞环带内跟踪正弦指令，因此，逆变器本质上成为一个带有一定峰-峰值纹波的电流源。电流被控制在一个滞环带内而与电压 U_d 的波动无关。当上桥臂开关导通时，电流以一个正的斜率变化，这时有

$$\frac{\mathrm{d}i}{\mathrm{d}t}=\frac{0.5U_d-U_{cm}\sin\omega t}{L} \tag{2-52}$$

式中，$0.5U_d$ 为施加的直流电压；$U_{cm}\sin\omega t$ 为负载反电动势的瞬时值；L 为负载有效电感。

当下桥臂开关导通时，相应的电流变化率表达式为

$$\frac{\mathrm{d}i}{\mathrm{d}t}=\frac{-(0.5U_d+U_{cm}\sin\omega t)}{L} \tag{2-53}$$

纹波的峰-峰值以及开关频率都与滞环带的宽度有关，较窄的滞环带会减小纹波，同时使开关频率增加。通常希望能够设置一个综合考虑谐波成分以及逆变开关损耗的最优带宽。滞环电流控制 PWM 可以平稳地穿过准 PWM 区进入方波电压工作模式，在电机的低速工作区，反电动势较小，电流控制器的跟踪是没有任何困难的。但是在高速工作区，由于较高的反电动势，在某些周期电流控制器会饱和，因此会出现一些基波频率倍数的谐波，在这种情况下，谐波电流幅值会减小，相位会滞后于指令电流。

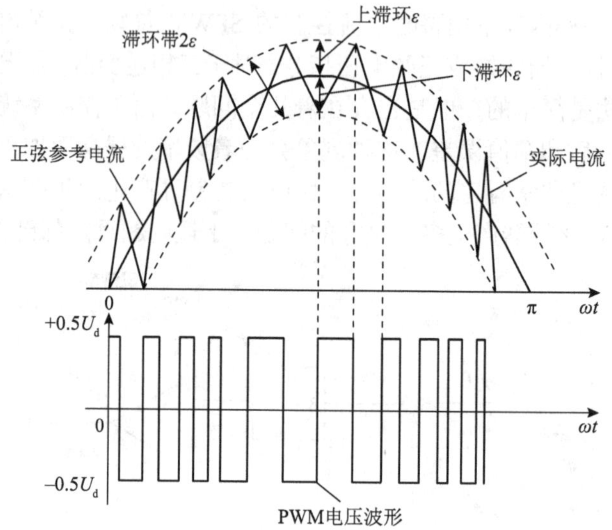

图 2-35　滞环电流控制 PWM 原理

图 2-36 给出了滞环电流控制 PWM 的简单实现框图，电流控制环的误差加到滞环比较器的输入端，滞环带的宽度可以由式(2-54)给出：

$$\varepsilon = U\frac{R_2}{R_1+R_2} \tag{2-54}$$

式中，U 为比较器供电电压。

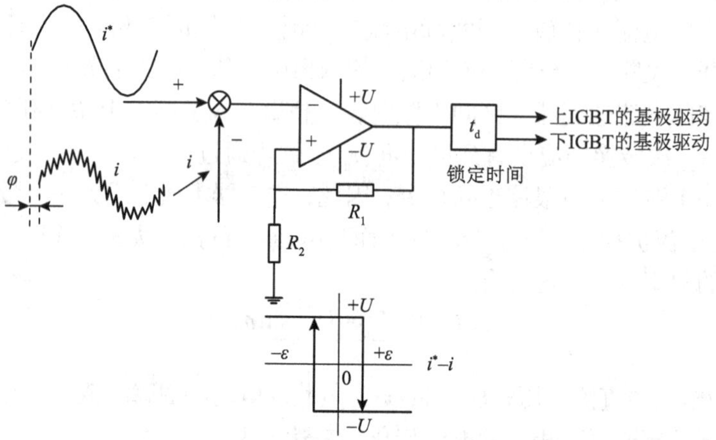

图 2-36　滞环电流控制 PWM 的简单实现框图

器件的开关条件如下。

上桥臂开关导通：

$$i^* - i > \varepsilon \tag{2-55}$$

下桥臂开关导通：

$$i^* - i < -\varepsilon \tag{2-56}$$

对于三相逆变器，每一相都应用类似的控制电路。

滞环电流控制 PWM 的优点是实现简单、动态响应快、可直接限制器件的峰值电流、直流侧应用滤波电容较小等，因此其在实际系统中应用得非常广泛。但是这种方法也有一些明显的缺点，由图 2-35 可以看出，PWM 频率不是恒定的，这种频率的变化将使得电机电流中的谐波得不到最优化处理。可以采用自适应的滞环带减轻其影响。另外，在这种方法中，基波电流有一个相位上的滞后，并且这个滞后随着频率的提高而加大。这个滞后在高性能的电机控制中会带来问题，当然，无中线连接负载还会产生其他的电流波畸变。

2.4.8 Sigma-Delta 调制 PWM

在高频变流器系统中经常使用一种称为 Sigma-Delta 调制的 PWM 技术，这种技术通过组合整半周期脉冲产生变频变压的正弦波。图 2-37 给出了其工作原理。调制器接收幅值和频率都变化的指令相电压 u_A^* ，然后将其与实际的离散相电压相比较，对输出的误差(Delta 操作)进行积分(Sigma 操作)，产生一个积分误差函数 e:

$$e=\int u_A^* \mathrm{d}t-\int u_A \mathrm{d}t \tag{2-57}$$

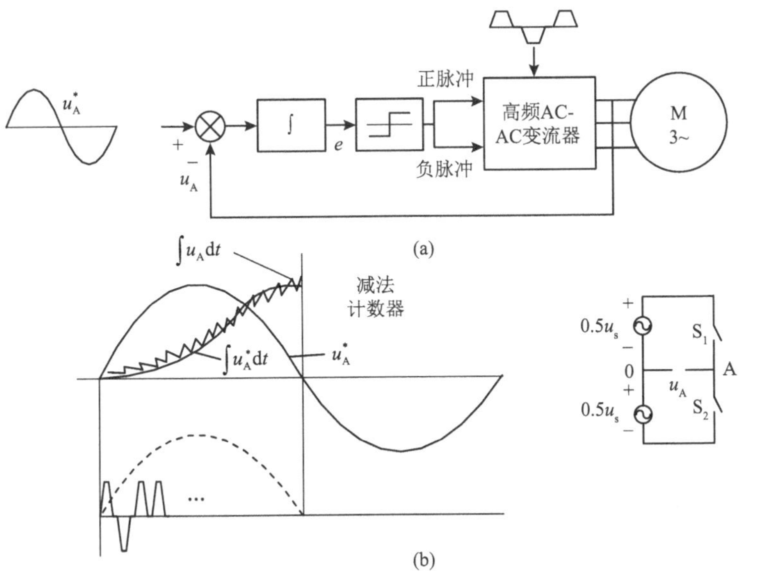

图 2-37　高频变流器的 Sigma-Delta 原理

误差函数的极性由一个双极性的比较器检测，e 为正极性时选择正的电压脉冲，而 e 为负极性时选择负的电压脉冲。开关动作在零电压下进行，从而使逆变器可以具有软开关的优良特性，这一点将在后面讨论。例如，正电压脉冲的选择可以通过在正半周期使交流开关 S_1 闭合或在负半周期使 S_2 闭合实现。可以很清楚地看到，在较高的变换频率下，指令电压与反馈电压的伏-秒积分跟踪精度将会有很大的改善。如果 $u_A^*=0$ ，则高频交流(high-frequency alternating current，HFAC)变流器的脉冲为正负交替变化，当 u_A^* 增大到某一个较高的数值时，调制器将平稳地转换到方波区域工作，在这种情况下，在基波半周期内，所有的脉冲的极性都是单方向的，以获得最大的基波电压。在三相系统中需要用到 3 个这样的调制器。

如果希望控制基波电流而不是基波电压，可以应用这样简单的 Delta 调制原理，在这种情况下，可以在最近的零电压间隔根据电流控制环瞬时误差极性选择合适的电压脉冲。

2.5　谐振型变换器

PWM逆变器动态响应快，输出波形好。但其是在高电压、大电流下进行通断转换的硬开关，开关损耗将随着频率的增加而迅速增加，特别是在大功率逆变器中。同时电磁干扰(electromagnetic interference，EMI)也随着高频化而变得突出。

1986年美国威斯康星大学D. M. Divan教授研制的谐振直流环节逆变器解决了上述问题。它是利用谐振原理使PWM逆变器的开关元件在零电压或零电流下进行开关状态转换的，即软开关技术。这样，器件的开关损耗几乎为零，也有效地防止了电磁干扰，可大大提高器件的工作频率，减少装置体积，减轻装置重量。

2.5.1　谐振直流环节逆变器的基本原理

谐振直流环节逆变器的原理如图2-38，图中L与C组成串联谐振电路，插在直流输入电压和PWM逆变器之间，为逆变器提供周期性过零电压，以便每一个桥臂上的功率开关都可以在零电压($u_C=0$)下导通或关断。

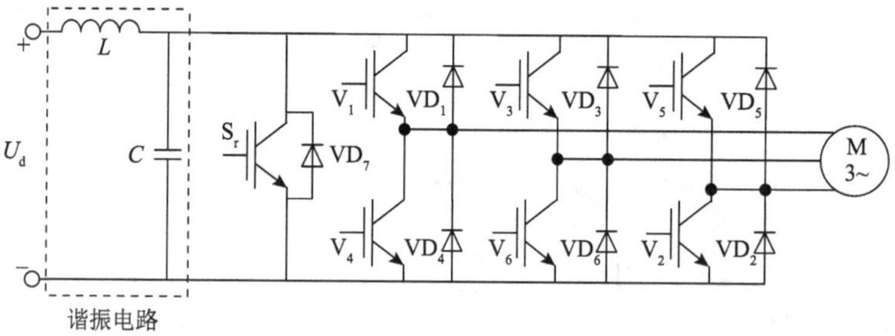

图2-38　三相谐振直流环节逆变器的原理图

为便于说明基本概念，以任意一个谐振周期为例，图2-38可简化为图2-39所示等效电路。

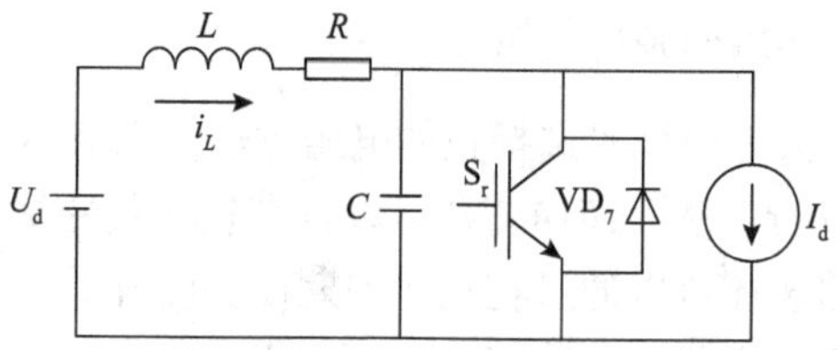

图2-39　三相谐振直流环节逆变器的等效电路

图2-39中，L、C分别为谐振电感和谐振电容，R为电感线圈中的电阻。谐振开关及其反并联二极管代表一个桥臂上的两个开关元件中的任意一个。电路的负载以等效电流源I_d表示，I_d的数值取决于各相电流。在PWM控制方式下，从一个周期转变到下一个周期，由于负载电感比谐振电感大得多，在一个谐振周期内I_d仍可看作常数。

1. 忽略电路中的损耗

考虑一种理想情况，即令$R=0$，不考虑负载影响。如图2-39所示，LC谐振电路的微分方程为

$$L\frac{\mathrm{d}i}{\mathrm{d}t}+u_C=U_\mathrm{d} \tag{2-58}$$

$$C\frac{\mathrm{d}u_C}{\mathrm{d}t}=i_L \tag{2-59}$$

将式(2-59)代入式(2-58)得

$$LC\frac{\mathrm{d}^2u_C}{\mathrm{d}t^2}+u_C=U_\mathrm{d} \tag{2-60}$$

解式(2-60)并代入初始条件 $i_L(0)=0$ 、$u_C(0)=0$ 可得

$$u_C=U_\mathrm{d}(1-\cos\omega_0 t) \tag{2-61}$$

$$i_L=\frac{U_\mathrm{d}}{\omega_0 L}\sin\omega_0 t \tag{2-62}$$

式中，$\omega_0=1/\sqrt{LC}$ 。

这时 u_C 为一在 $0\sim 2U_\mathrm{d}$ 周期性振荡的正弦信号，如图2-40所示。

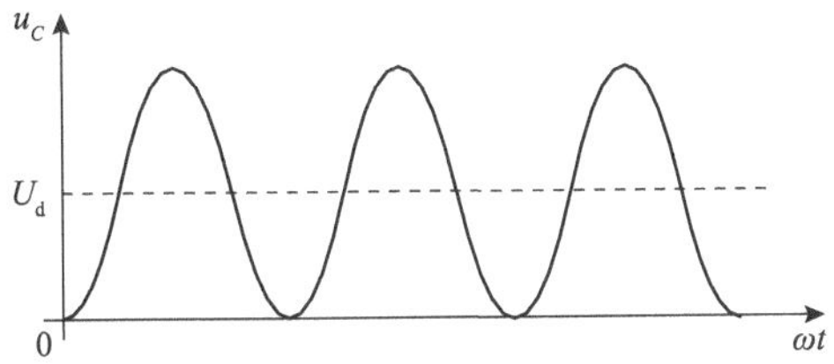

图2-40　$u_C=U_\mathrm{d}(1-\cos\omega_0 t)$ 波形图

2. 有损耗LC谐振电路

考虑在实际电路中不可能做到无损耗振荡，因此实际的LC谐振电路为RLC电路，其中 $R\ll\sqrt{L/C}$ 。相应的动态过程可用如下微分方程描述：

$$L\frac{\mathrm{d}i_L}{\mathrm{d}t}+i_L R+u_C=U_\mathrm{d} \tag{2-63}$$

$$C\frac{\mathrm{d}u_C}{\mathrm{d}t}=i_L \tag{2-64}$$

且 $i_L(0)=0$ ，$u_C(0)=0$ ，将式(2-64)代入式(2-63)得

$$LC\frac{\mathrm{d}^2u_C}{\mathrm{d}t^2}+RC\frac{\mathrm{d}u_C}{\mathrm{d}t}+u_C=U_\mathrm{d} \tag{2-65}$$

解式(2-65)得

$$u_C=U_\mathrm{d}+A_1\mathrm{e}^{-\delta t}\sin\omega t+A_2\mathrm{e}^{-\delta t}\cos\omega t \tag{2-66}$$

$$i_L=CA_1\mathrm{e}^{-\delta t}(\omega\cos\omega t-\delta\sin\omega t)-CA_2\mathrm{e}^{-\delta t}(\delta\cos\omega t+\omega\sin\omega t) \tag{2-67}$$

由初始条件得

$$u_C(0)=0=U_\mathrm{d}+A_2$$

$$i_L(0)=0=A_1\omega-A_2\delta$$

解上两式得

$$A_1=-\delta U_\mathrm{d}/\omega$$

$$A_2=-U_\mathrm{d}$$

将 A_1、A_2 代入式(2-66)、式(2-67)得

$$u_C=U_\mathrm{d}\left[1-\frac{\omega_0}{\omega}\mathrm{e}^{-\delta t}\sin(\omega t+\beta)\right] \tag{2-68}$$

$$i_L = \frac{U_d \omega_0}{Z_0 \omega} e^{-\delta t} \sin \omega t \tag{2-69}$$

式中，$\delta = \dfrac{R}{2L}$；$\omega_0 = \dfrac{1}{\sqrt{LC}}$；$\omega = \sqrt{\omega_0^2 - \delta^2}$；$Z_0 = \sqrt{\dfrac{L}{C}}$，为特征阻性；$\beta = \arctan \dfrac{\omega}{\delta} = \arcsin \dfrac{\omega}{\omega_0} = \arccos \dfrac{\delta}{\omega_0}$。

图 2-41 为 u_C 随时间 t 变化的波形。从图中可知，由于 RC 的存在，u_C 呈现出一种衰减振荡的波形，并最终稳定在电源电压 U_d 上。这意味着 u_C 不再能够周期性地返回零值，从而无法为后续的三相逆变桥提供周期性的零电压通断间隔。

3. 开关 S_r 的作用

为了使 u_C 能周期性地返回零值，必须补充电路中的损耗，其办法是在 LC 谐振电路开始振荡之前，先使电感 L 中储存足够的能量，这样就可以使 LC 谐振电路振荡为等幅振荡。开关 S_r 正是为了这个作用设计的，也是这个电路的关键所在，见图 2-42，每当 u_C 返回零值后，导通 S_r。这时 u_C 被钳位在零值，i_L 则按指数增长。当 $i_L = I_{L0}$ 时，关断 S_r。这时 LC 谐振电路开始振荡。初始时刻 L 中储存的能量 $LI_{L0}^2/2$ 应能保证 u_C 安全返回零值。这样在 u_C 每次返回零值后，导通 S_r。通过电感 L 预先充电，使振荡过程中损耗的能量得以补充，从而使 u_C 的等幅振荡能不断持续下去，为后面的三相逆变桥创造出所需要的零电压通断间隔。

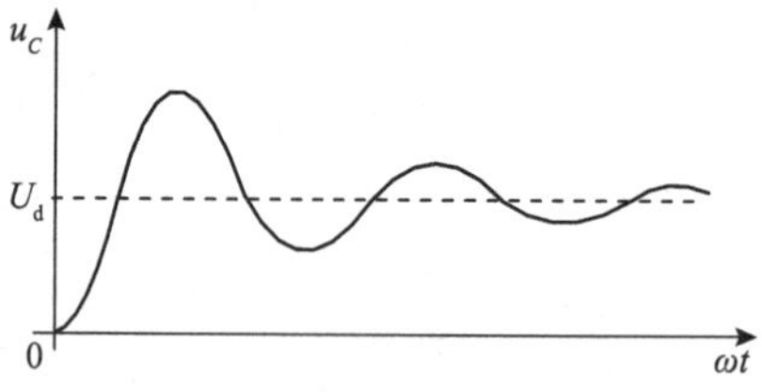

图 2-41　u_C 随时间 t 变化的波形

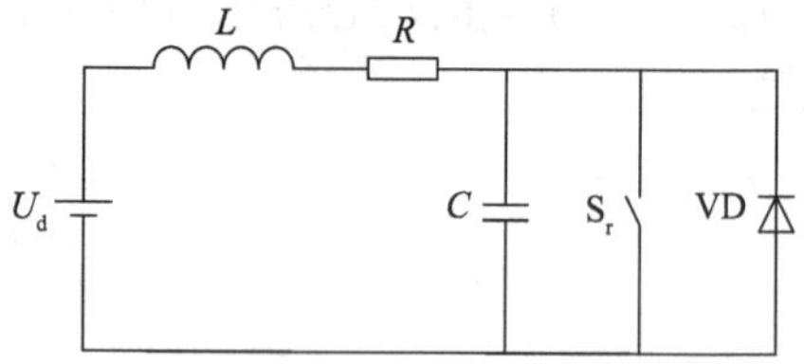

图 2-42　有损耗 LC 谐振电路等效电路图

4. 考虑负载电流 I_d 对谐振电路的影响

假设空负载电感远大于谐振电感 L 时，负载电流 I_d 在一个谐振周期中可近似看作不变。其数值取决于各相电流的瞬时值及逆变桥 6 个器件的开关状态。考虑负载电流 I_d 对谐振电路的影响的等效电路图如图 2-43 所示。

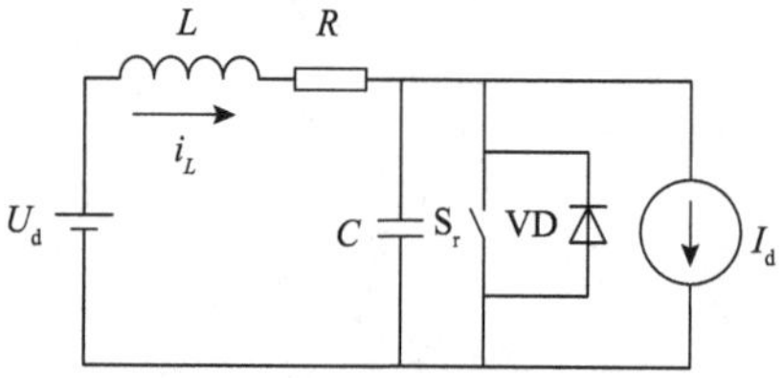

图 2-43　考虑负载电流 I_d 对谐振电路的影响的等效电路图

谐振直流环节的一个工作周期分为两个阶段。

第一阶段为谐振电感的预充电阶段。在这个阶段中，开关 S_r 导通，u_C 被钳位在零值，电感电流 i_L 在直流供电电压 U_s 的作用下按指数规律增长，当 $i_L = I_{L0}$ 时，预充电阶段结束，I_{L0} 为考虑到负载电流 I_d 后的预充电电流阈值，目的是补充 LC 谐振电路在一个谐振周期中的能量损耗。

第二阶段为 LC 谐振阶段。定义这个初始时刻为 $t = 0$，在这个时刻关断 S_r，这时

$i_L(0)=I_{L0}$，$u_C(0)=0$。在开关 S_r 断开后，图 2-43 所示电路的动态过程可用如下微分方程描述：

$$U_d = i_L R + L\frac{di_L}{dt} + u_C \tag{2-70}$$

$$i_L = I_d + C\frac{du_C}{dt} \tag{2-71}$$

将式(2-71)代入式(2-70)得

$$LC\frac{d^2u_C}{dt^2} + RC\frac{du_C}{dt} + u_C = U_d - RI_d \tag{2-72}$$

解式(2-72)得

$$u_C = (U_d - I_d R) + A_1 e^{-\delta t}\sin\omega t + A_2 e^{-\delta t}\cos\omega t \tag{2-73}$$

$$\begin{aligned} i_L = I_d + C\frac{du_C}{dt} &= -C\delta e^{-\delta t}(A_1\sin\omega t + A_2\cos\omega t) \\ &\quad + C\omega e^{-\delta t}(A_1\cos\omega t - A_2\sin\omega t) + I_d \end{aligned} \tag{2-74}$$

将 $u_C(0)=0$、$i_L(0)=I_{L0}$ 分别代入式(2-73)、式(2-74)得

$$A_1 = \frac{1}{\omega C}(I_{L0} - I_d) + \frac{\delta}{\omega}(I_d R - U_d)$$

$$A_2 = I_d R - U_d$$

将 A_1、A_2 代入式(2-73)、式(2-74)得

$$u_C = (U_d - I_d R) + e^{-\delta t}(I_d R - U_d)\cos\omega t + e^{-\delta t}\left[\frac{1}{\omega C}(I_{L0} - I_d) + \frac{\delta}{\omega}(I_d R - U_d)\right]\sin\omega t \tag{2-75}$$

$$i_L = I_d + e^{-\delta t}(I_{L0} - I_d)\cos\omega t - e^{-\delta t}\left[\frac{\delta}{\omega}(I_{L0} - I_d) + \frac{1}{\omega L}(I_d R - U_d)\right]\sin\omega t \tag{2-76}$$

当 $R\to 0$ 时，上面两式可简化为

$$u_C = U_d(1-\cos\omega_0 t) + \omega_0 L(I_{L0} - I_d)\sin\omega_0 t \tag{2-77}$$

$$i_L = I_d + \frac{U_d}{\omega_0 L}\sin\omega_0 t + (I_{L0} - I_d)\cos\omega_0 t \tag{2-78}$$

在特定情况如 $I_{L0} = I_d$ 时，上两式变为

$$u_C = U_d(1-\cos\omega_0 t) \tag{2-79}$$

$$i_L = I_{L0} + \frac{U_d}{\omega_0 L}\sin\omega_0 t \tag{2-80}$$

上面的公式表明，当 LC 谐振电路无任何损耗时，只要保证电感预充电电流阈值 I_{L0} 等于该时刻的负载电流 I_d，则电容电压 u_C 将与无负载电流时完全相同，在 $0\sim 2\pi$ 周期性振荡，而电感电流 i_L 将为一均值等于 I_{L0} 的正弦脉动电流。实际上，LC 谐振电路存在着损耗，为弥补这部分的损耗，必须保证 $I_m = I_{L0} - I_d > 0$。具体 I_m 值可参阅相关文献。

第二阶段从 $i_L = I_{L0}$ 开始，之后 u_C 从 0 开始增长，当 u_C 再次谐振回零后。第二阶段结束，这时开关 S_r 再次导通，开始下一周期的第一阶段，如图 2-44 所示。

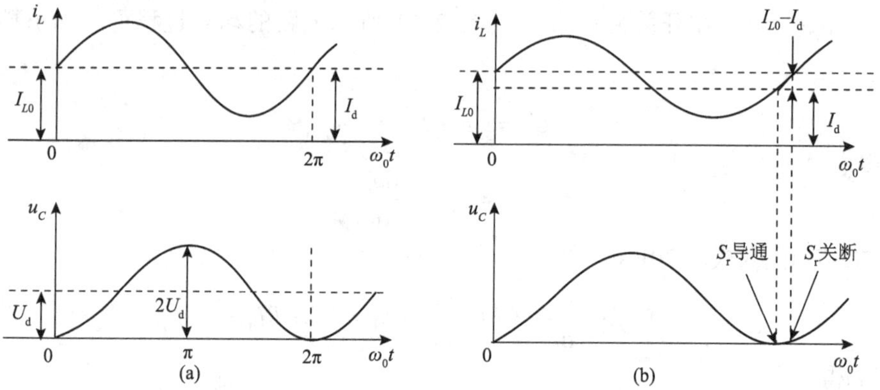

图 2-44　谐振直流环节的电流、电压波形

这种电路存在如下缺点：

(1) 逆变器功率开关承受的电压为直流电压的2～3倍，必须使用耐高压的功率开关器件；

(2) 要实现零损耗，开关器件必须在零电压通断，但这个零电压到来的时刻与 PWM 控制策略所确定的开关时刻难以一致，这样会造成时间上的误差，导致输出谐波增加。

2.5.2　谐振直流环节逆变电路举例

1. 并联谐振直流环节逆变器

如果考虑到逆变器具有较大的输出电感，则在每一个谐振周期，PWM 逆变器及其交流侧负载可用一个电流源 I_x 替代。I_x 的数值和方向取决于逆变桥各开关器件的状态及各相电流值。并联谐振直流环节逆变器如图 2-45 所示，图(a)简化为图(b)。

设电路的初始状态为：S_1、S_3 导通，S_2、S_4 关断。直流电源 U_d 通过 S_1 为 PWM 逆变器提供能量。此时整个系统与常规的电压型逆变器工作过程完全一样。

阶段 A(图 2-46(a))：开关 S_2 导通，u_{C_1}、u_{C_2} 均为 U_d，电感电流 i_L 在 U_d 作用下将从 0 线性增长，如图 2-47 中 $t_0 \sim t_1$ 段。当 $i_L = I_p$ 时，关断开关 S_1。I_p 为电感电流初始化阈值，它是 I_x 及其他电路参数的函数，这个值应足够大，以保证直流环节谐振电压能重新返回 U_{d0}。S_1 是在零电压下关断的(因其开关前后电压均为 U_d)。

阶段 B(图 2-46(b))：S_1 关断后，电感 L 将与电容 C_1 和 C_2 产生谐振，如图 2-47 中 $t_1 \sim t_2$ 时间段。C_1、C_2 经 L 放电，在 u_{C_1} 和 u_{C_2} 下降的同时，i_L 增加。

阶段 C(图 2-46(c))：当 C_2 放电至 $u_{C_2} = 0$ 时，导通 S_4，关断 S_3，之后 DC 环节电压 u_{C_2} 被钳位在零值，为逆变器开关器件创造零电压间隔，而电容 C_1 将与电感 L 继续谐振，如图 2-47 的 $t_2 \sim t_3$ 时间段。这里关断 S_3 用于在 DC 环节零电压期间把谐振电路与逆变电路分开，避免负电压出现在逆变器输入端。此时 i_L 达到最大值 $i_{L\max}$。然后 i_L 下降，当下降至零时，$u_{C_1} = -u_{C_1\max}$，i_L 再继续下降，能量又向 L 转移。

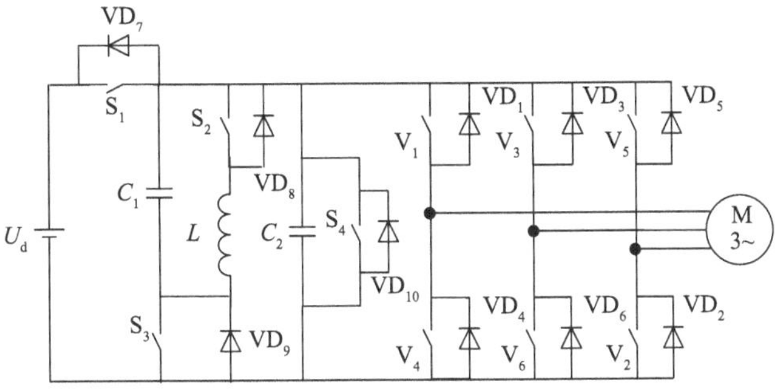

(a) 电路原理图

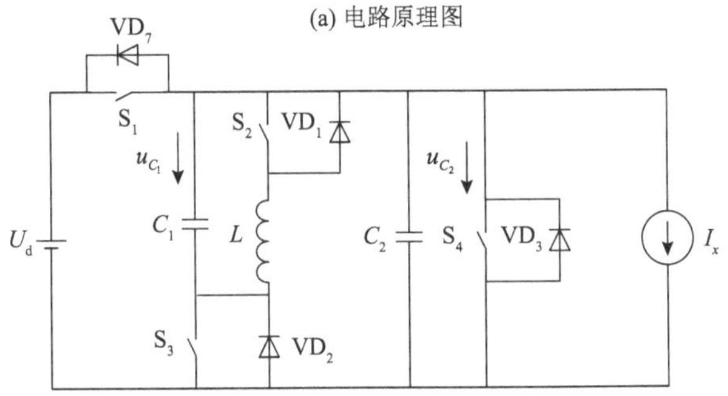

(b) 等效电路图

图 2-45　并联谐振直流环节逆变器

阶段 D(图 2-46(d))：当电容电压 u_{C_1} 重新谐振到零值时，关断开关 S_4，导通开关 S_3，电感 L 重新与 C_1 和 C_2 共同谐振，如图 2-47 的 $t_3 \sim t_4$ 时间段。此后 i_L 从负值上升，能量又向 C_1、C_2 转移，u_{C_1}、u_{C_2} 开始上升。

阶段 E(图 2-46(e))：当 u_{C_1}、u_{C_2} 上升到 U_d 时，导通开关 S_1，直流电源恢复向逆变桥供电，i_L 继续上升，如图 2-47 的 $t_4 \sim t_5$ 时间段。S_1 在零电压下导通，因 S_1 前后电压均为 U_d。

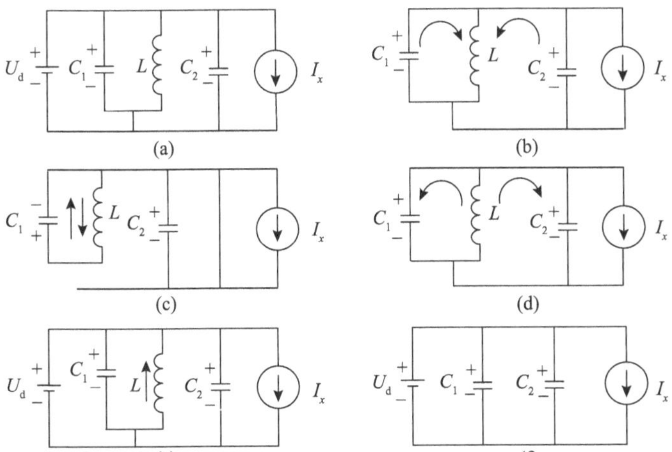

图 2-46　并联谐振直流环节逆变器工作原理图

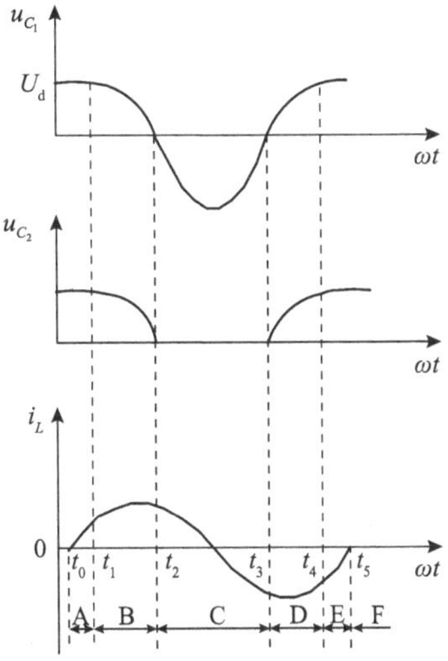

图 2-47　电容电压与电感电流的波形

阶段 F(图 2-46(f))：i_L 上升到 0 时，在零电流下关断 S_2。一个谐振周期结束，这时电路处于开始时稳定状态。

通过上述分析可知，逆变桥功率开关的通断时间可以完全按照 PWM 控制策略确定，只要其动作之前，借助开关 S_1、S_2、S_3 的先后动作，使 DC 环节首先谐振到零即可。该电路限制了过高的谐振电压峰值，逆变器功率开关所承受的最大电压值仅为直流电源电压 U_d。这样基本电路的两个缺点都被克服了，当然电路结构和控制策略也复杂了。

2. 结实型谐振直流环节逆变器

结实型谐振直流环节逆变器如图 2-48 所示。

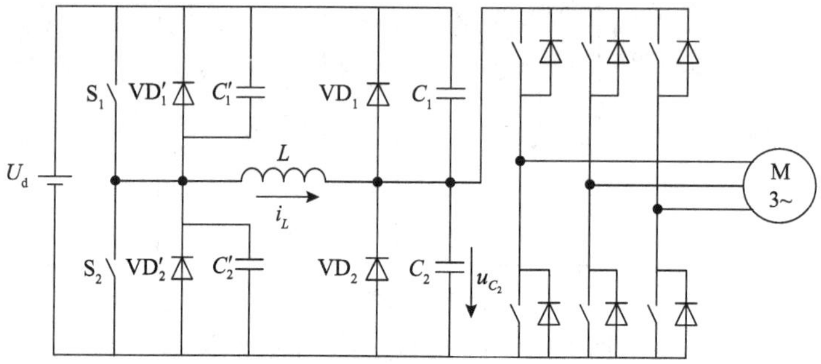

图 2-48　结实型谐振直流环节逆变器

图 2-45 所示的并联谐振直流环节逆变器电路在整个工作周期中都存在一个将直流母线短路的操作过程，此时如果控制电路出现故障，就可能损坏逆变桥的所有功率开关。图 2-48 中的电路避免了直流母线短路的操作过程。图 2-48 中 L 为谐振电感，C_1、C_2 为谐振电容，S_1、S_2 为功率开关，C_1'、C_2' 用来延缓 S_1、S_2 关断后器件两端电压上升的速率，以减少关断损耗。结实型谐振直流环节逆变器工作原理如下面 6 个阶段所示。为方便分析，将图 2-48 中逆变桥和电机简化为图 2-49 中的 INA。

阶段 A(图 2-49(a))：S_1 导通，S_2 关断，VD_1 导通，直流电源电压 U_d 经 S_1 向逆变桥 INA 供电。L 的压降为零，i_L 达到正向稳定值 $I_{L0} > I_x$。其中的 $i_L - I_x$ 部分流经 VD_1、S_1，$u_{C_2} = U_d$。

阶段 B(图 2-49(b))：逆变桥开关动作之前的某一时刻，在 VD_1 导通，钳位电压为 0 的情况下，关断 S_1，i_L 向 C_1' 转移，C_1' 充电，延缓 S_1 两端电压上升速率。当 C_1' 电压上升到 U_d 时，二极管 VD_2' 导通，i_L 经 VD_2' 和 VD_1 续流向电源返回能量，并为 S_2 导通创造零电压条件，i_L 线性下降至 I_x 时，VD_1 自然关断。

阶段 C(图 2-49(c))：L 与 C_1、C_2 谐振，这使 i_L 继续下降，u_{C_2} 下降，i_L 下降至 0 并反向变为负值，在此过程中，S_2 在零电压下导通，VD_2' 自然关断。

阶段 D(图 2-49(d))：当 u_{C_2} 谐振至零值时，i_L 达到反向稳定值，二极管 VD_2 导通，将 u_{C_2} 钳位至零值，逆变桥的功率开关可以实现在零电压下切换。此时，I_x 经 VD_2 续流，i_L 流经 S_2 和 VD_2。

阶段 E(图 2-49(e))：逆变桥开关动作完成后，S_2 在 VD_2 导通，钳位电压为 0 时关断。

C_2'逐渐充电，当C_2'电压升至U_d时，VD_1'导通，i_L经VD_1'续流，并为S_1导通创造零电压条件，i_L线性上升。

阶段 F(图 2-49(f))：在i_L从负值增长至 0 变为正值的过程中，S_1在零电压下导通，VD_1'关断。当i_L继续上升至I_x时，VD_2关断。L与C_1、C_2再次谐振，当u_{C_2}再上升至U_d时，VD_1导通，u_{C_2}被钳位至U_d，i_L又达到正向稳定值，一个工作周期结束，并为下一次的换相做好准备。

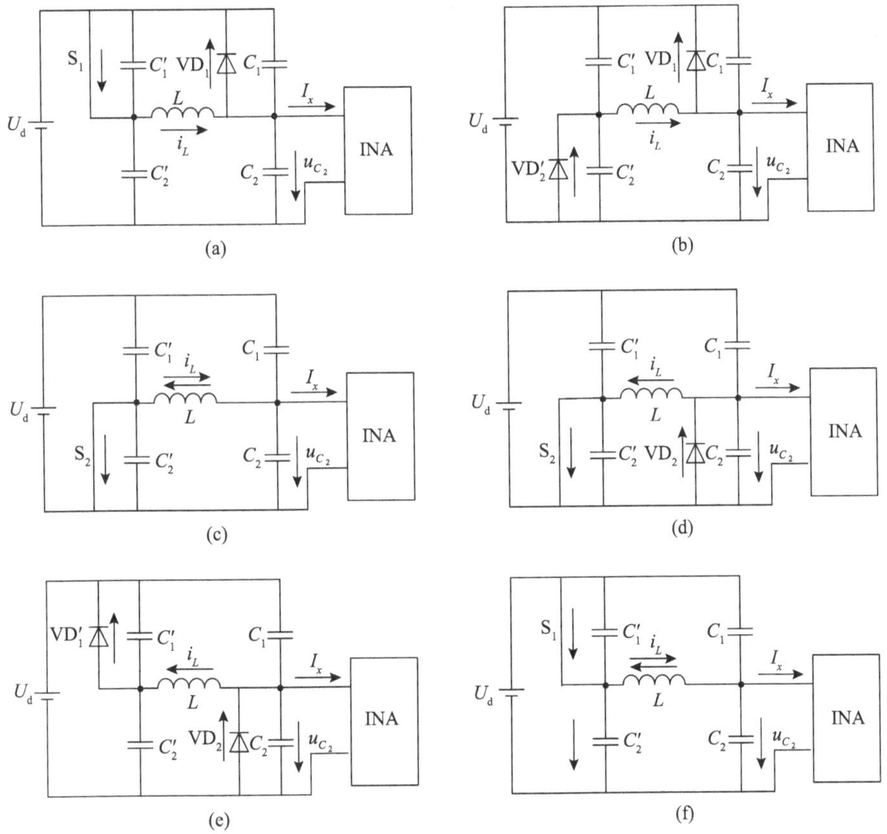

图 2-49　结实型谐振直流环节逆变器工作原理图

由上述分析可知，该电路既可限制谐振电压峰值为U_d，又可按 PWM 控制策略选择通断时间。

第 3 章　交-交变频调速系统

交-交变频器是通过单相变换将输入的恒压恒频交流电变换到变压变频交流电输出的频率变换装置，又称为周波变频器。在大功率工业应用中，晶闸管相控交-交变频器的应用十分广泛。早在 1930 年，德国就出现了采用栅极控制汞弧整流器的相控交-交变频器，用于铁路牵引用的相控交直流两用机，将 50 Hz 三相交流电能转变为 50/3Hz 单相交流电能。由于当时元器件性能的限制，其没能得到推广。新型电力电子器件的不断涌现为交-交变频器的深入研究和广泛应用开辟了新的道路。兆瓦级电力晶闸管交-交变频器在异步电机和同步电机方面的应用已经十分广泛。

3.1　交-交变频器

3.1.1　交-交变频器的工作原理

广义上说，只要输入为恒压恒频交流电，而输出为变压变频交流电的频率变换装置均可称为交-交变频器，交-交变频器结构可分为如下三种。

第一种如图 3-1(a)所示，是通常使用的交-直-交结构，输入的交流电先整流成为所需要幅值的直流电，然后通过逆变器逆变成不同频率的交流电，如第 2 章介绍的交-直-交变频调速系统。

第二种如图 3-1(b)所示，是经常使用的交-交变频器，其输入的交流电通过一个交-交升频器转换成高频交流电，然后通过交-交降频器转换到所需要的电压和频率。

第三种如图 3-2 所示，其输入的交流电经过单相交-交变频器直接变换为不同频率、不同电压的交流电。由于没有中间变换环节，其又称为直接变频器。在交-交升频器出现以前，提到的交-交变频器指的是第三种变频器，而且绝大多数指的是交-交降频器。随着电力电子器件工作频率的不断提高，直接变频器除了可以降频外，用来升频也是可行的。

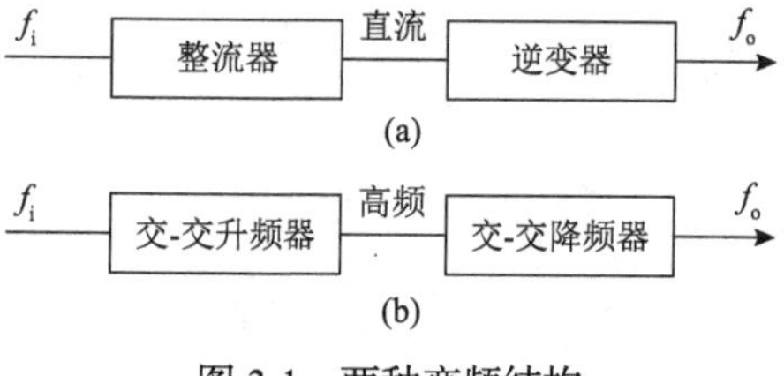

图 3-1　两种变频结构

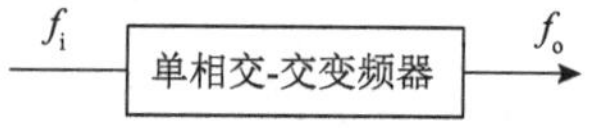

图 3-2　交-交变频器结构

以图 3-3 所示的单相交-交变频器为例，每个变流器均有两个极性相反的晶闸管反向并联，从而可以在任意时刻控制负载中的电压和电流方向。若假定负载为纯阻性负载，降频工作时得到如图 3-4 所示的波形，图 3-4(a)是基波频率为 $f_o = f_i / 3$ 的波形，由图可知输出的每半周期对应 3 个输入半周波，可以通过控制晶闸管的控制角来调整输出电压的基波分量幅值，如图 3-4(b)所示。升频器也可以采用图 3-5 所示的单相交-交升频器，由一个高频交流开关代替图 3-3 中的反向并联的晶闸管，高频交流开关主要有两种形式，如图 3-6 所示，图 3-6(a)由两个反向串联的 IGBT 构成，每个 IGBT 反向并联一个二极管，通过控制上下桥臂的 IGBT 可获得不同方向的电压和电流，图 3-6(b)由一个 IGBT 加一个二极管桥组成，也能完成上述工作。其工作波形如图 3-7 所示，图中标出了不同周期导通的 IGBT 的代号。

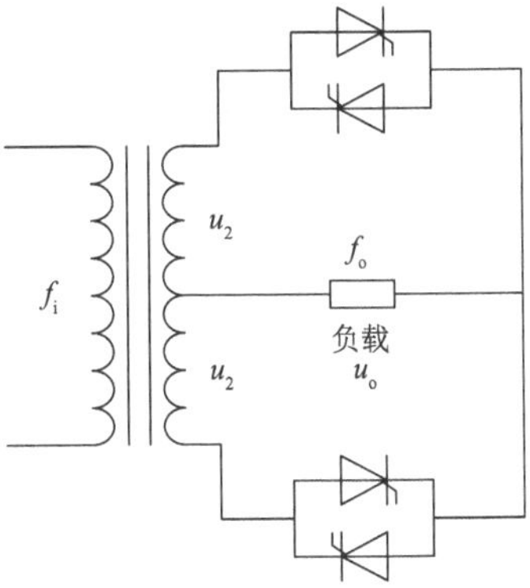

图 3-3　单相交-交变频器

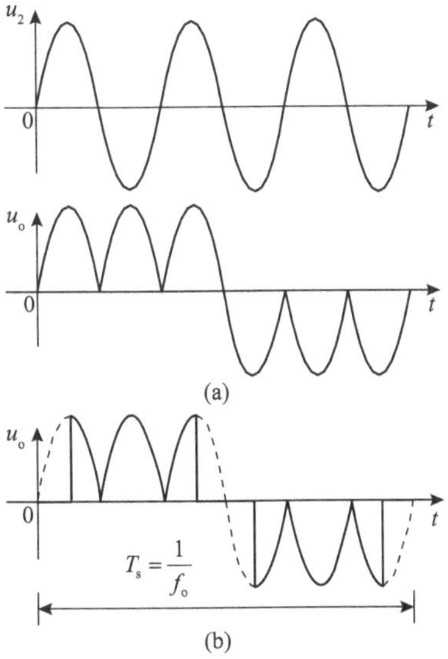

图 3-4　单相交-交变频器波形

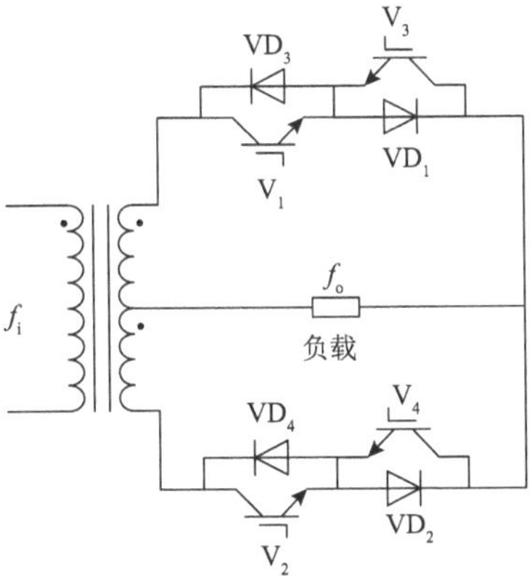

图 3-5　单相交-交升频器

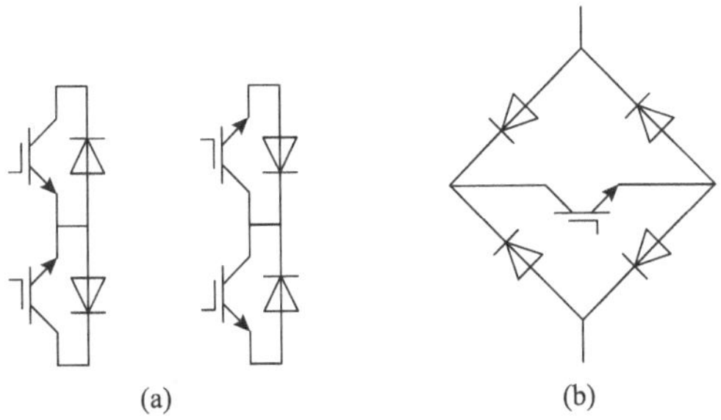

图 3-6　高频交流开关的形式

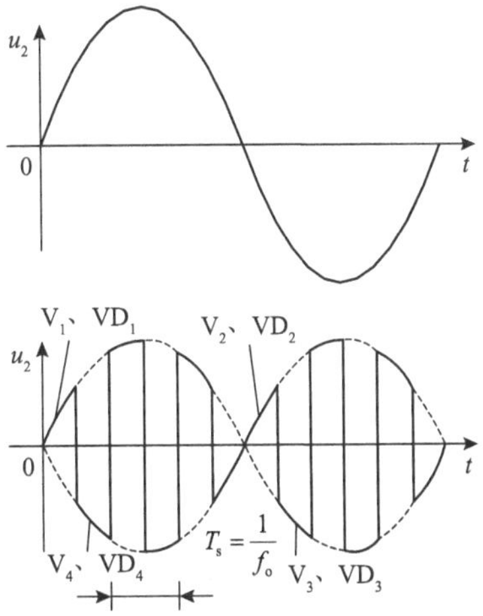

图 3-7　单相交-交升频器输出波形

3.1.2 三相双组变流器用作交-交变频器

三相双组变流器可以用于三相-单相的交-交变频。三相双组半波变流器和三相双组全桥变流器分别见图 3-8 和图 3-9。图 3-10 总结了双组变流器的四象限运行模式，由图可以看出，正组变流器工作模式对应的是第一、二象限，负组变流器工作模式对应的是第三、四象限；第一、三象限对应的工作状态为正、反向电动运行状态，第二、四象限对应的是正、反向发电运行状态。

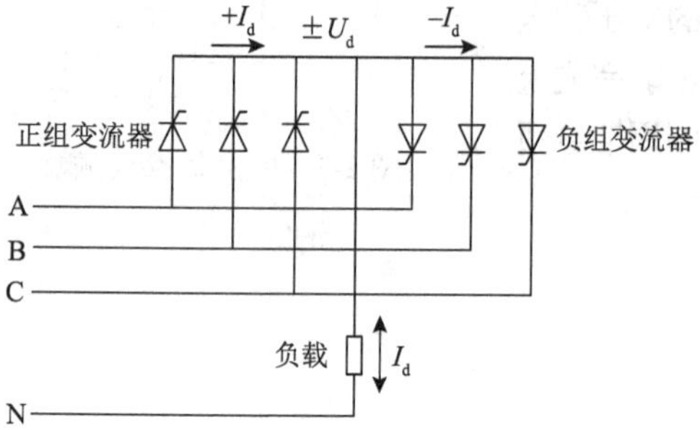

图 3-8 三相双组半波变流器

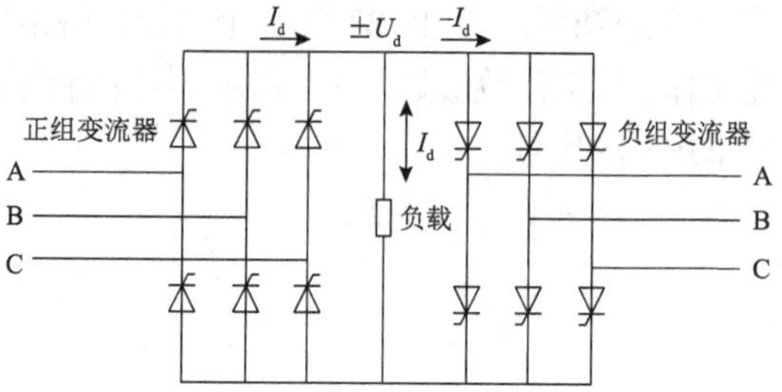

图 3-9 三相双组全桥变流器

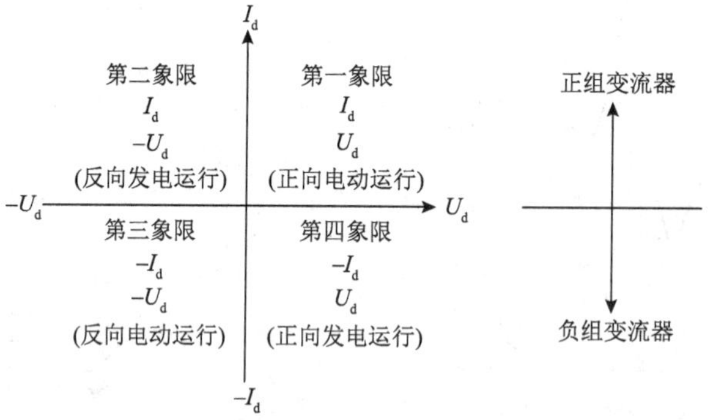

图 3-10 双组变流器的四象限运行模式(直流电机运行模式)

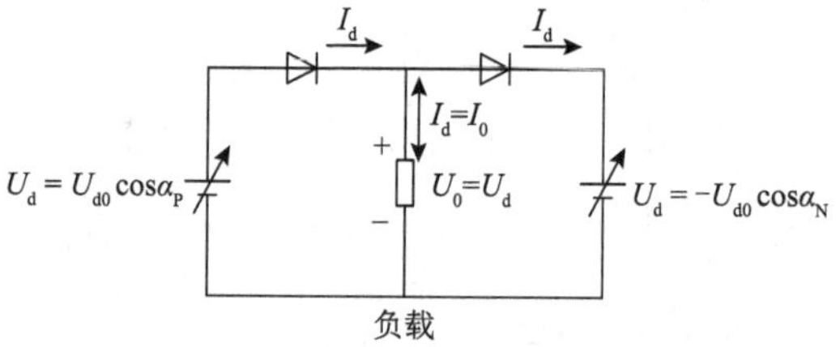

图 3-11 双组变流器的戴维南等效电路

设电流连续，双组变流器可以输出双极性可控的电压和电流，因此它可以作为一个三相-单相的交-交变频器运行。双组变流器的戴维南等效电路如图 3-11 所示，图中忽略每个变流器部分的谐波和戴维南等效阻抗。二极管的导通方向表示允许的电流流动方向。两个变流器的电压 U_o 被限制相等，以保证在任何情况下都有输出电压 U_d=U_o，负载电流 I_d 可以双向流动。因此，有

$$U_d = U_o = U_{d0}\cos\alpha_P = -U_{d0}\cos\alpha_N \tag{3-1}$$

式中，U_{d0} 为每个变流器直流输出电压幅值的最大值；α_P、α_N 为对应的控制角。

设输入线电压的有效值为 U_L，则对于三相双组半波变流器，$U_{d0} = 0.675U_L$；而对于三

相双组全桥变流器，$U_{d0}=1.35U_L$。当α_P、α_N为某一固定值时，图 3-11 表示的是一个标准的逆变电路，两个直流输入端的U_d为幅值相等、方向相反的直流电压。当α_P、α_N按照某种规律变化时(如正弦波)，在输出端就会得到与此规律相对应的交流电压。图 3-12 说明了两个变流器的电压轨迹控制，其中变流器的传输特性用相对应的控制角的函数来表示，水平虚线所代表的输出电压会随极性变化，并可通过触发延迟角的正弦调制得到一个正弦输出电压u_o。

由式(3-1)可以求得

$$\alpha_P+\alpha_N=\pi \tag{3-2}$$

对于图 3-12 所示的特定输出情况，$U_d/U_{d0}=0.5$，$\alpha_P=\pi/3$，$\alpha_N=2\pi/3$。图 3-13 给出了交-交变频器的等效电路，其中可变直流电源被正弦电源所代替。

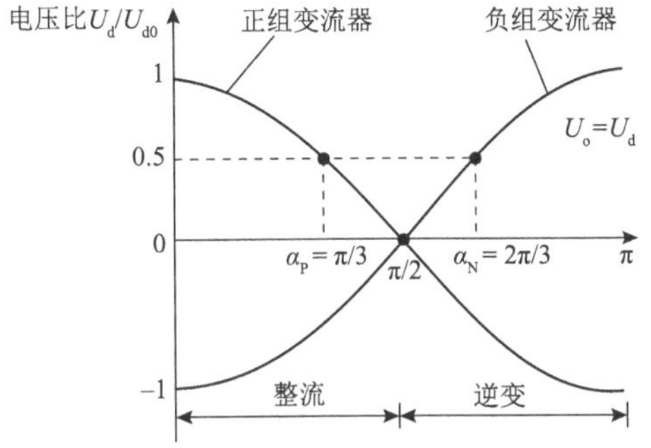

图 3-12　电压追踪控制下双组变流器的电压比和触发延迟角的关系

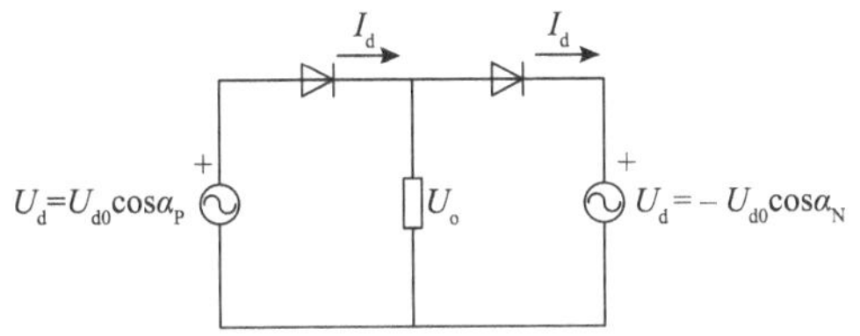

图 3-13　交-交变频器的等效电路

3.1.3　交-交变频器的电路结构

1. 3 脉波对称连接交-交变频器

图 3-14 所示的交-交变频器采用三相半波结构，也称作 18 晶闸管 3 脉波对称连接交-交变频器，经常在实际应用中用到。电路由 3 个同样的反并联半波相组构成，负载接成如图 3-14 所示的 Y 连接。如图 3-14 所示，负载中点一般不接地。如果中点接地，由于每个相组相互独立运行，电机负载中会产生很大的中线电流。每个相组作为一个双组变流器运行，并对每个相组的触发延迟角进行互差 $2\pi/3$ 相位的正弦调制，从而在电机输入端得到三相平衡电压。每个相组接入一个组间电抗器(inter group reactor, IGR)以限制环流，图 3-15 是一组 3 脉波对称连接交-交变频器的输出相电压波形，表明了输出相电压波形是如何通过触发延迟角α的正弦调制合成的。其输出频率和调制深度都可以改变，从而驱动电机工作。从图 3-15 中也能看出，这种输出相电压波形含有复杂的谐波成分，能够通过电机定子绕组有效消除，只是对电机的转矩脉动会有一些影响。

图 3-16(a)给出了在电机状态下的相电压和相电流波形，其中相电流波形滞后相电压波形一个φ角。正半波时相电流通过正组变流器，而负半波时相电流通过负组变流器。图 3-16(b)表示发电机状态下的相电压和相电流波形，此时相电流的极性同图 3-16(a)所示刚好相反。当相电压和相电流极性相同时，变流器工作于整流状态，否则变流器工作于逆变状态。每个相组中的两个变流器被同时控制以产生平均输出相电压，根据输出相电压方向

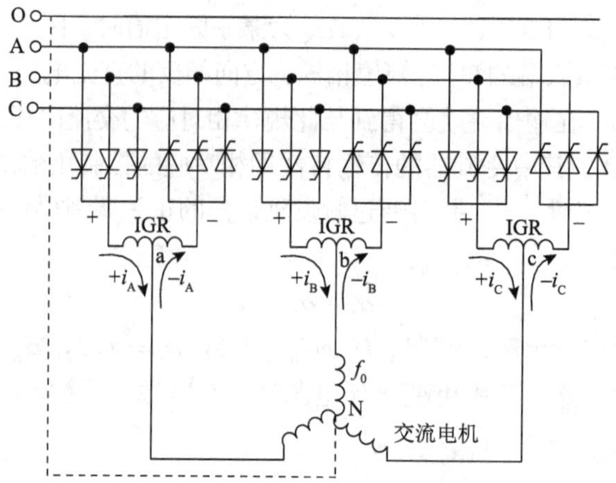

图 3-14　18 晶闸管 3 脉波对称连接交-交变频器

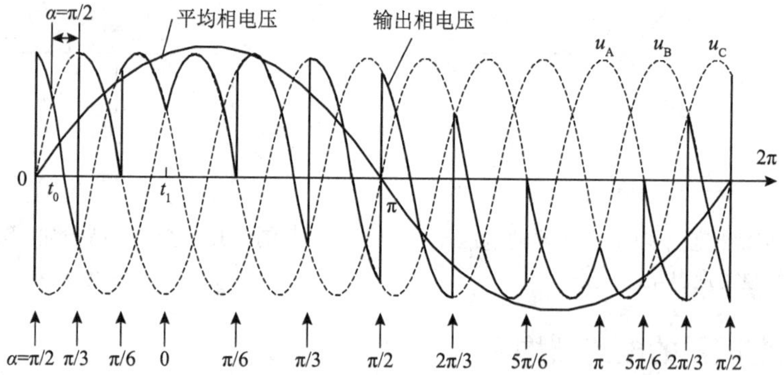

图 3-15　3 脉波对称连接交-交变频器的输出相电压波形

的不同，相电流可以在每一个变流器里双向流动。尽管同一相内的两个变流器输出相电压的平均值相等，但其瞬时值并不相等，在两个变流器的输出之间必然存在一个瞬时电势差，因而在这两个变流器之间形成电流。

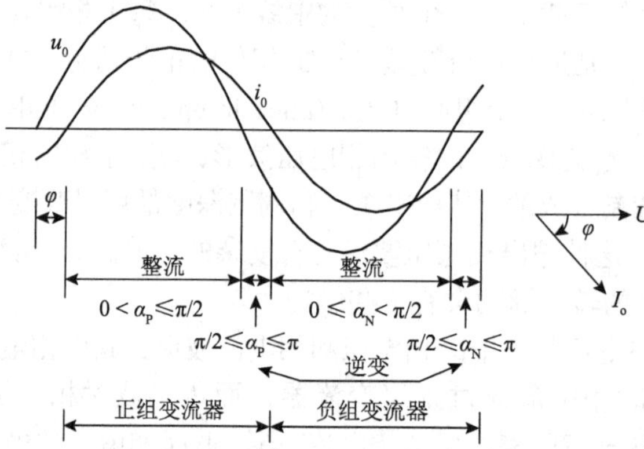

(a)

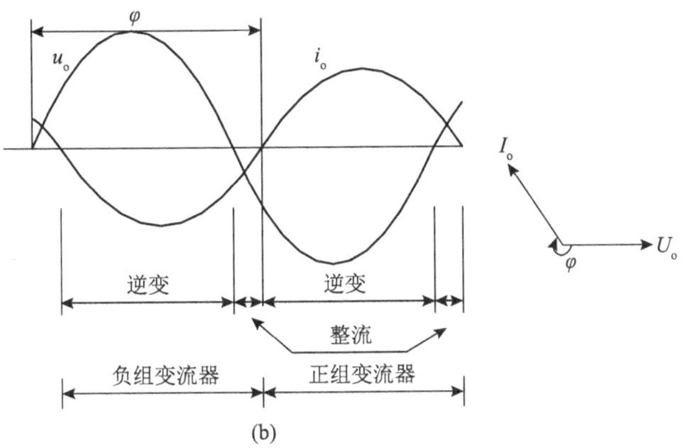

图 3-16　电机状态和发电机状态下的相电压相电流波形

2. 6 脉波桥式连接交-交变频器

图 3-17 为 6 脉波桥式非分离负载连接交-交变频器的主电路，负载电机的三相绕组有公共点。这种情况下三组反并联电路必须分别接到三个独立的电源上，即要求电源变压器的负载侧有三套相互独立的三相绕组。显然，电源变压器是必不可少的。图 3-18 为 6 脉波

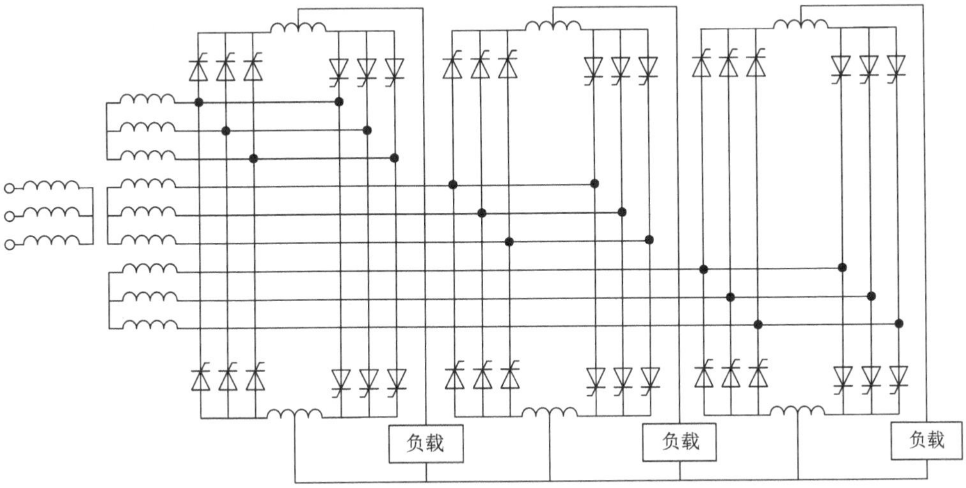

图 3-17　6 脉波桥式非分离负载连接交-交变频器

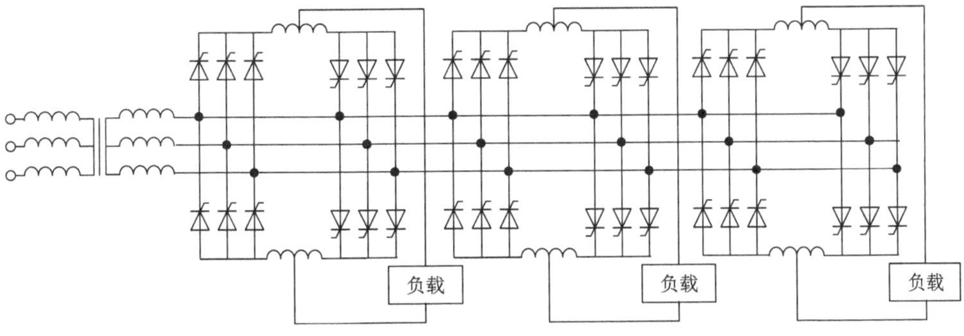

图 3-18　6 脉波桥式分离负载连接交-交变频器

桥式分离负载连接情况，由于负载电机的三相绕组是独立的，三组反并联电路可以共用一个交流电源。

3.1.4　有环流模式和无环流模式的比较

1. 有环流模式

交-交变频器可以在有环流模式或无环流模式下运行。在有环流模式下，同时对 P、N 两组变流器施加触发脉冲，并保持 $\alpha_P+\alpha_N=180°$的关系。虽然两组变流器的基波电压始终相等，但其谐波仍会导致瞬时电势差，会产生环流，为了限制环流，在 P、N 两组之间应接入限制环流电抗器 RCR，以将环流限制在允许的范围内。图 3-19 给出了带有 RCR 的有环流模式等效电路。可以看到，通过RCR正组变流器和负组变流器之间形成了一个自感电流。这可以通过图 3-20 中的波形图来解释。假设负载电路中感抗很大，并且在外加正弦电压 u_o时，负载电流 i_o能够保持正弦。进一步假设在 $t=t_1$时，正负载电流流通，i_o由 0 开始上升，如图 3-20 所示。正负载电流只由正组变流器提供($i_P=i_o$)。在相角 $0\sim\pi/2$，不断增大的正负载电流会在 RCR 的一次绕组中产生一个左正右负的压降$u_L\propto \mathrm{d}i_o/\mathrm{d}t$。由图 3-19 所示的 RCR 同名端方向可知，二次绕组中的感应电压也是左正右负，并使二极管 VD_N反向截止，这就阻止了电流在负组变流器中流动。当 $t=t_2=\pi/2$ 时，i_o达到峰值I_m，$u_L=0$。在 t_2之后，i_o开始趋于下降，u_L将变为负极性的，迫使 VD_N导通，即出现了 P、N 两组同时导电的情况。但由于 $\alpha_P+\alpha_N=180°$，两组变流器输出基波电压相等，所以电抗器上的电压一定为 0。这就是说，$t>t_2$以后 RCR 上电压为 0，其中磁势没有发生变化，保持在 $0.5I_mN$ 的数值上（N 为 RCR 线圈匝数）。这样，在正负组变流器之间就会产生一个自感的环流，如图 3-20 所示。由于 RCR 中的磁动势(或磁链)在任何时刻都保持 $0.5NI_m$不变(磁动势或磁链守恒)，可以写出磁动势平衡方程如下：

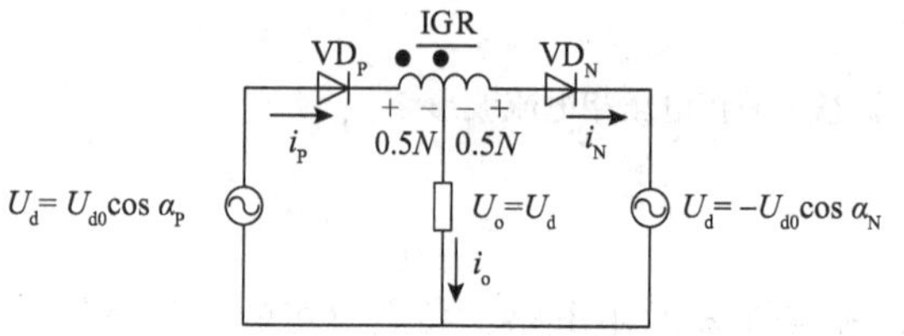

图 3-19　带有 IGR 的有环流模式等效电路

$$0.5Ni_P+0.5Ni_N=0.5NI_m$$

或

$$i_P+i_N=I_m \tag{3-3}$$

又有

$$i_P-i_N=i_o=I_m\sin\omega_0 t \tag{3-4}$$

从式(3-3)和式(3-4)，可以解出 i_P 和 i_N，得

$$i_P=0.5I_m+0.5I_m\sin\omega_0 t \tag{3-5}$$

$$i_N=0.5I_m-0.5I_m\sin\omega_0 t \tag{3-6}$$

i_P 和 i_N 的波形如图 3-20 所示，可以看出变流器电流和电流负载分量的差即为前述的自感环流。在实际电路中，每个电流分量都要加上一个纹波分量。需要注意，这里的波形适用于稳态运行的情况。图 3-21 给出了三相桥式交-交变频器在有环流模式下的波形图。图 3-21(a)为电源线电压经过触发延迟角调制得到的正组变流器的原始输出相电压波形。负

组变流器的对应波形如图 3-21(b)所示。由 IGR 输出的平均电压波形如图 3-21(c)所示。这个电压波形要比前两个平滑一些。正负组变流器之间的瞬时电势差，也就是 IGR 两端的电压，如图 3-21(d)所示。图 3-21(e)～(g)分别对应正组变流器、负组变流器和负载中的电流。

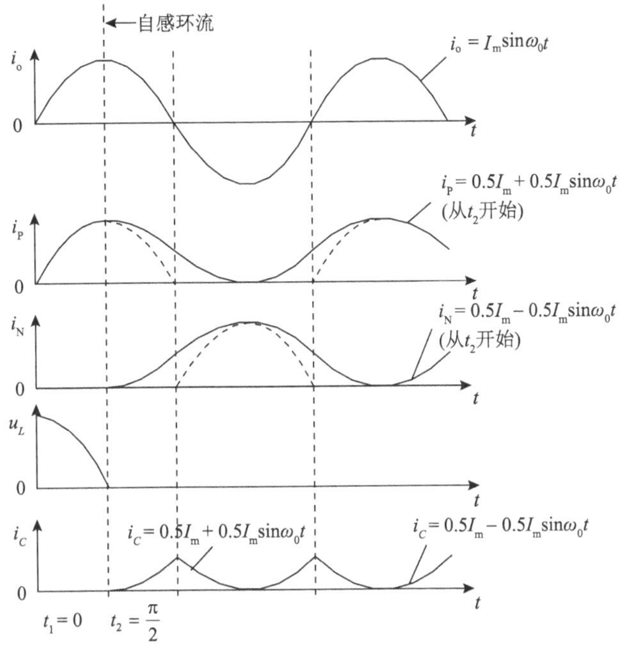

图 3-20　有 IGR 时自感环流的波形

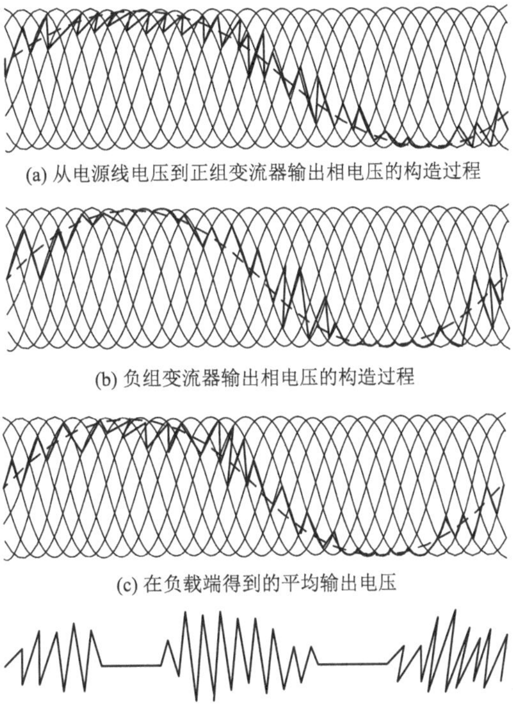

(a) 从电源线电压到正组变流器输出相电压的构造过程

(b) 负组变流器输出相电压的构造过程

(c) 在负载端得到的平均输出电压

(d) IGR两端电压

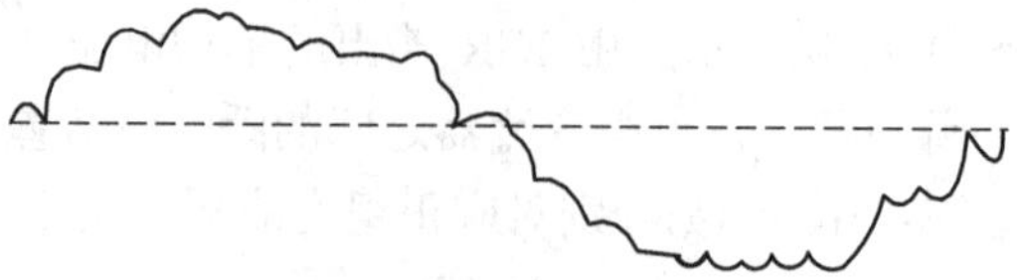

(e) 正组变流器电流(i_P)

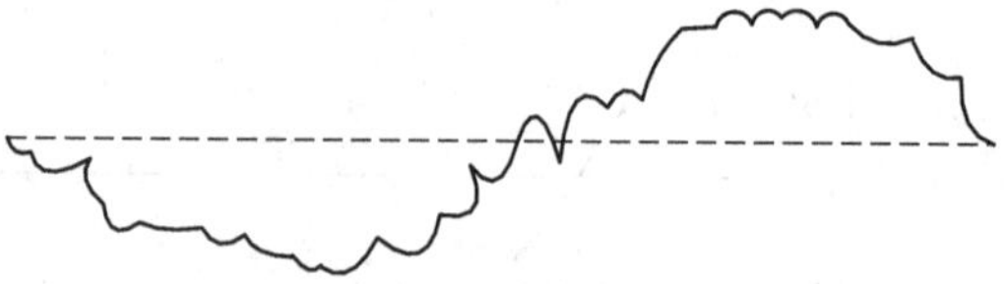

(f) 负组变流器电流(i_N)

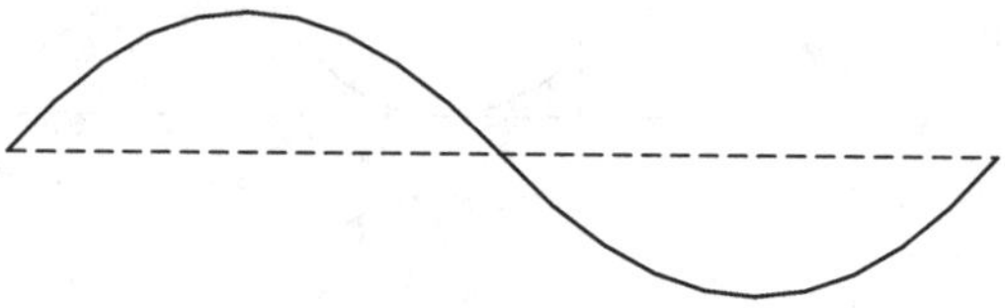

(g) 负载电流(i_0)

图 3-21　三相桥式交-交变频器在有环流模式下的波形(m_f =1)

交-交变频器的有环流模式运行的优点：

(1) 输出相电压(U_0)波形比较平滑，负载中的谐波分量较少；

(2) 输出频率的范围更大；

(3) 负载的位移功率因数不会影响输出电压中的谐波成分；

(4) 负载的次谐波问题不那么严重；

(5) 向输入侧注入的谐波较少；

(6) 对环流的人为控制提供了一种改善母线位移功率因数的方法；

(7) 控制简单。

交-交变频器的有环流模式运行的缺点：

(1) 大容量 IGR 增加成本，也增加损耗；

(2) 环流给晶闸管带来额外的负荷，导致损耗增加；

(3) 额外的设计使成本增加。

2. 无环流模式

虽然交-交变频器的有环流模式有很多优点，但其在成本和效率上的不足使其应用仅局限于某些特殊的情况。无环流模式不使用 IGR，而且同一时刻只有一组变流器(正或负)允许导通。然而，通过控制触发延迟角，输出电压的波形始终在控制之中，并且一直有 $\alpha_P + \alpha_N = \pi$ 。图 3-22 解释了通过负载电流过零检测来进行正负组变流器选择的方法。其基本原理如下：由于正负载电流只通过正组变流器，所以正组变流器只在负载电流为正的时候允许导通。对于负组变流器的选择，原理类似。在正弦输出电压的情况下，负载电流也是正弦的，所以不难根据负载电流极性来选择正负组变流器。假设起始时负载电流为正，则正组变流器由一个电流极性检测触发器触发工作。当电流 i_0 减小到一个阈值的时候，正组变流器被关断。此时，两组变流器都处于断态并持续一段时间 t_g，然后负组变流器触发工作，如图 3-22 所示。闭锁时间间隔 t_g 使前一组变流器中的晶闸管在另一组变流器导通之前有足够的时间关断，从而避免发生短路。很明显，这样一种控制会导致负载电流的交越失真。

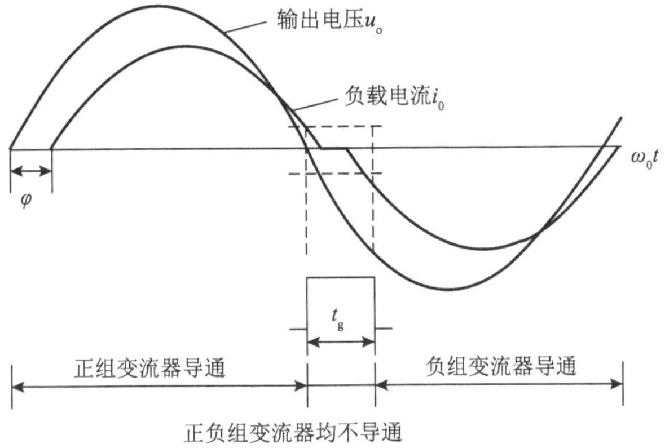

图 3-22　无环流模式下基于负载电流过零检测的正负组变流器选择

这种简单的基于负载电流过零检测的正负组变流器选择有一个缺点，如图 3-22 所示。在电流零点附近，由于电机的反向电动势，变流器可能会进入电流断续状态。在电流断续时，变流器可能会过早关断，使负载电流的交越失真更为严重。

在无环流模式下，各个变流器的输出电压直接加在负载两端。这会引起更严重的负载和电源的谐波问题，还不包括死区对负载电流的影响。无环流模式下，输出频率范围较小。由于存在变流器选择问题，交-交变频器的控制也会更加复杂。不过，相比于环流模式运行，它有低成本、高效率的优点。

3.1.5　交-交变频器的控制

交-交变频器的控制十分复杂，这一节仅给出一个初步的讨论。图 3-23 给出一个典型的变速恒频(VSCF)系统控制原理。交-交变频器相组由一个电压保持恒定，频率在 1333～2666Hz 变化的发电机母线供电。在这里假设发电机转速在 2∶1 的范围内变化。每个相组的双组变流器由一个输出低通滤波器来产生正弦输出电压。发电机母线电压经余弦信号发生器产生的余弦信号与矢量旋转产生的正弦信号通过 α 调节器产生变流器的触发延迟角。三相正弦控制信号可以由一次电压控制回路通过矢量旋转产生，其相角信号 θ_e 由频率信号给出。反馈电压 U_s 可以由输出相电压产生。α 调节器的细节在图 3-24 中给出了说明。$\alpha_P + \alpha_N = \pi$ 条件下的余弦波交叉方法保证了控制信号和输出电压之间的线性传输特性，也就是说交-交变频器基本上是一个线性放大器。如果需要以电流控制来替代电压控制，其原理如图 3-25 所示，设定电流与反馈电流(由相电流合成)比较，并由 PI 调节器产生同步旋转电压信号。

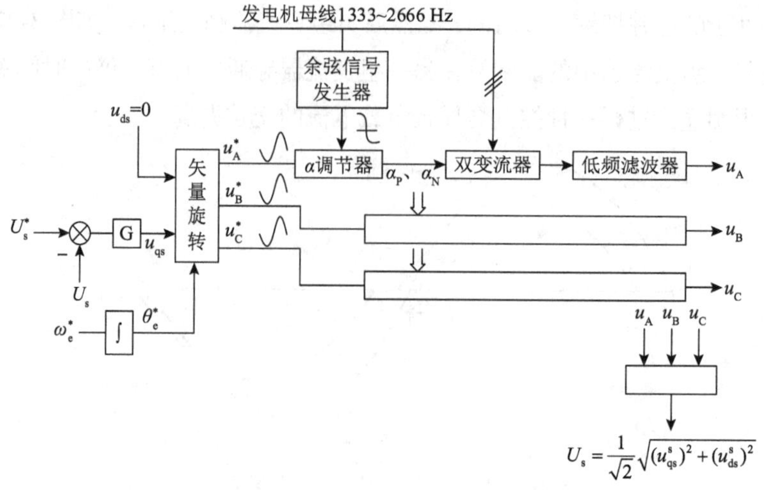

图 3-23　变速恒频系统控制原理

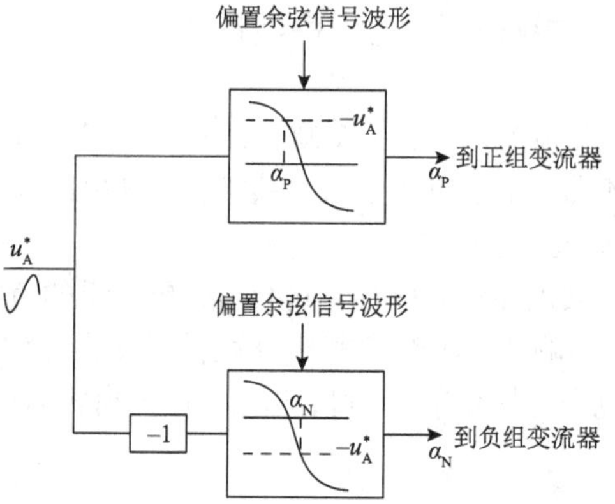

图 3-24　正负组变流器的触发延迟角产生原理

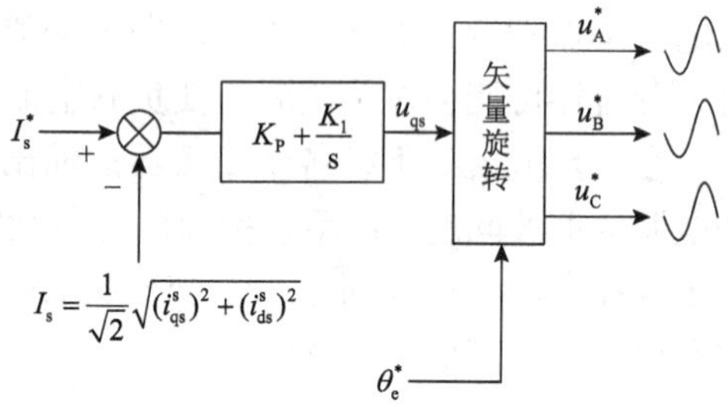

图 3-25　电流控制原理

3.2　矩阵式变频器

到目前为止，已经讨论过晶闸管交-交变频器。图 3-26 是三相-三相矩阵式变频器的一个例子。在矩阵式变频器于 1980 年提出后，学者发表了很多相关论文，矩阵式变频器近 10 年间逐步成型并实现商业化，得益于两方面技术。

(1) 电力电子器件的不断进步，为矩阵式变频器的性能完善提供了物质保证。集成门极换流晶闸管(IGCT)可用于构成矩阵式变频器。近年来出现的逆阻式 IGBT(reverse blocking IGBT，RB-IGBT)不仅具有输入阻抗高、开关速度快、通态电压低、阻断电压高、承受电流大等优点，而且具有反向阻断能力，可承受接近于正向阻断电压的反向阻断电压，非常适用于构成矩阵式变频器的双向开关。

(2) 高性能微电子控制技术的发展，使得矩阵式变频器各种先进的调制策略换流方式以及保护措施得以实现。

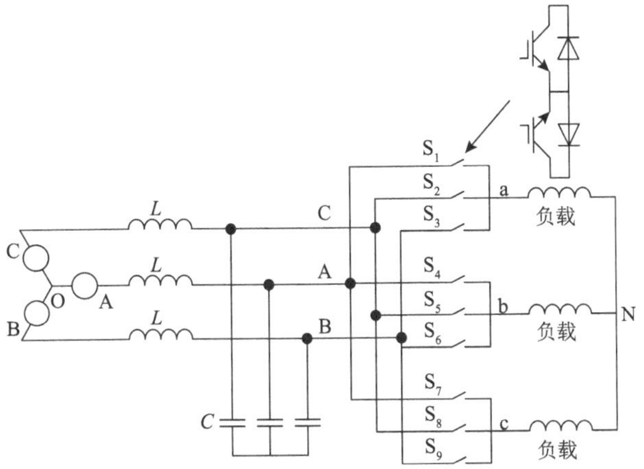

图 3-26　三相-三相矩阵式变频器

3.2.1　矩阵式变频器的原理及结构

矩阵式变频器是一个由 9 个交流开关组成的矩阵。它允许从任意输入相到任意输出相的连接。这些开关经 PWM 控制产生基波电压，并可以改变基波电压的幅值和频率来控制一个交流电机。

图 3-27 为矩阵式变频器波形。a 相、b 相可以分别接不同的输入相，或直接短接来构造 U_{ab} 的波形。例如，如果开关 S_3 和 S_5 闭合，则输出线电压 U_{ab} 即为输入线电压 U_{BC}；如果开关 S_3 和 S_6 闭合，U_{ab} 将被短接。U_{bc} 和 U_{ca} 同理，在任一瞬间，每组(一共三个开关)上有一个开关闭合，所以共有 $3^3=27$ 种可能的开关状态。注意，相邻的线路开关不能同时闭合，以免线路短路。开关状态如下：S_1S_4，S_1S_5，S_1S_6，S_1S_7，S_1S_8，S_1S_9，S_2S_4，S_2S_5，S_2S_6，S_2S_7，S_2S_8，S_2S_9，S_3S_4，S_3S_5，S_3S_6，S_3S_7，S_3S_8，S_3S_9，S_4S_7，S_4S_8，S_4S_9，S_5S_7，S_5S_8，S_5S_9，S_6S_7，S_6S_8，S_6S_9。

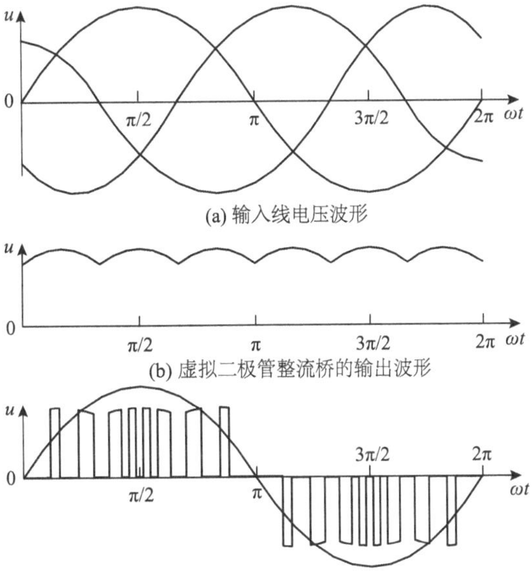

(a) 输入线电压波形

(b) 虚拟二极管整流桥的输出波形

(c) U_{ab}波的PWM构成

图 3-27　矩阵式变频器波形

电路中 LC 滤波器是必需的，一是为了交流开关的换向，使负载感性电流可以在各相之间切换；二是为了滤波线路电流的谐波。这种变频器是可以双向运行的，并且不像晶闸管交-交变频器，其线路电压可以调制为正弦且功率因数为 1。除了输入 LC 滤波器，电路还需要 18 个 IGBT 和 18 个二极管，对比传统的双边 PWM 的 12 个 IGBT 和 12 个二极管，其所需器件数量还要大得多。

3.2.2　矩阵式变频器的换流方法

1. 换流原理

传统的交-直-交型 PWM 变频器中，通常由一个全控开关器件与一个快恢复二极管反并联构成一个开关单元，由两个这样的开关单元串联构成一个桥臂。当某个开关单元中的全控开关器件关断时，其原来流过的感性负载电流将通过该桥臂中另一个开关单元中的快恢复二极管构成续流通路，避免了感性负载电流断路故障的发生。

在矩阵式变频器的电路中，由于没有电流的自然续流通路，开关器件之间的换流比传统的交-直-交型 PWM 变频器困难得多。而且矩阵式变频器的换流控制必须严格遵守两个基本原则：①保证在运行过程中，输入侧电路没有短路；②输出侧电路没有断路。

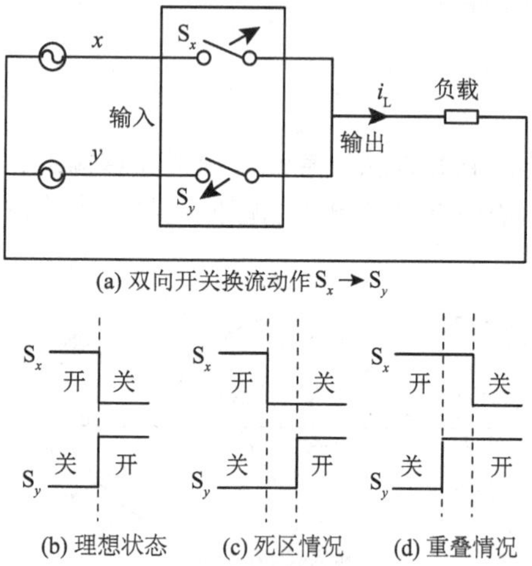

图 3-28　矩阵式变频器双向开关换流

当矩阵式变频器的一相输出电流需要从一个双向开关 S_x 换流至另一个双向开关 S_y 时，电路如图 3-28(a)所示。理想的开关情况是，在 S_x 关断的同时，S_y 导通，如图 3-28(b)所示。但在实际控制过程中，每个双向开关中均包含两个可控器件，很难保证两个双向开关动作的完全同步，很有可能出现死区时间或重叠时间而造成断路故障和短路故障。如果用死区时间的方法，即先关断正在流过电流的双向开关中的两个可控开关器件，再导通即将流过电流的双向开关中的两个可控开关器件，一般应在三相-三相开关矩阵的 3 个输出端间接入电容，以避免感性负载的瞬时断路；如果采用重叠时间的方法，即先导通即将流过电流的双向开关中的两个可控开关器件，再关断正在流过电流的双向开关中的两个可控开关，则应在矩阵式变频器的三相输入侧附加额外电感，以抑制由于电压源瞬时短路而造成的电流尖峰。

如果不考虑采用电感抑制重叠时间导致的电流尖峰，或采用电容抑制死区时间导致的电压尖峰，原理上无法在一步内实现可靠的换流。因此，为了确保矩阵式变频器的安全工作，双向开关之间的换流需要采用多步换流策略。下面以基于输出电流方向检测为例介绍多步换流策略。

2. 基于输出电流方向检测的多步换流策略

具体换流步骤以 RB-IGBT 构成的双向开关为例进行分析，并据此信息实现四步换流策略。图 3-29 中，用前缀 sgn 表示电流方向，如果电流从变频器流向负载，则电流方向信号为 1，反之则为 0，以 $\mathrm{sgn\_}i_L = 1$ 为例，此时电流从变频器流向负载，并将从双向开关 S_{Aa} 换流到 S_{Ab}。第一步，在导通 S_{Ab2} 前必须先关断 S_{Aa1}，否则 u_A 和 u_B 将通过 S_{Ab2} 和 S_{Aa1} 形成短路回路；第二步，导通 S_{Ab2}，如果 $u_B > u_A$，此时负载电流将立刻从 S_{Aa2} 转移到 S_{Ab2}，否则负

载电流仍将流过 S_{Aa2}；第三步，在导通 S_{Ab1} 前先关断 S_{Aa2}，此时负载电流已转移到 S_{Ab2}；第四步，导通 S_{Ab1}。当输出电流方向信号为 0 时，可采用相同的方法分析出每一步应采取的换流动作。

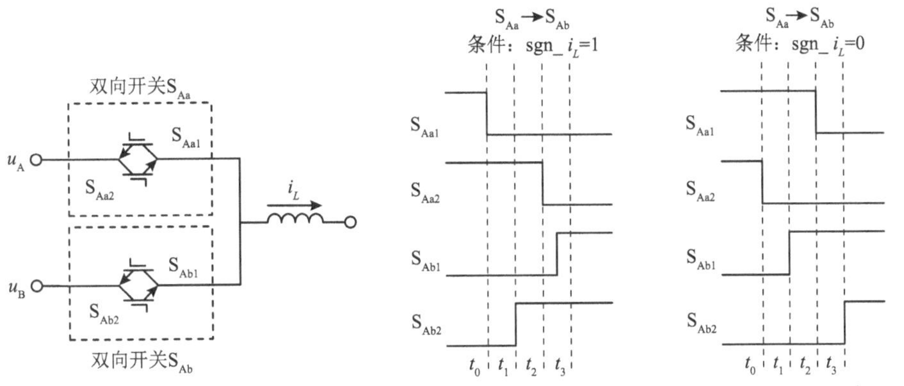

(a) 连接至同一相输出的两个双向开关　(b) sgn_ i_L=1时的换流步骤　(c) sgn_ i_L= 0时的换流步骤

图 3-29　基于输出电流方向检测的多步换流策略

实现四步换流策略的过程中，检测矩阵式变频器输出电流方向的方法主要有以下三种：

(1) 采用霍尔传感器或电流互感器等电流测量元件，优点是简单方便、容易实现，缺点是在电流值较小时容易出现测量误差；

(2) 在主电路输出线上串联一对反并联的二极管，优点是检测结果比较准确，缺点是会使变频器的功率损耗增大、可靠性降低；

(3) 检测 RB-IGBT 上的管压降 U_{CE}，优点是检测结果非常准确，缺点是需要对 18 个 RB-IGBT 均安装管压降检测电路，并增添逻辑电路，以判断实际电流方向，因此电路复杂，成本较高。

3. 矩阵式变频器的调制方法

由于矩阵式变频器包含开关较多、数学模型复杂、控制频繁，因此在矩阵式变频器的实际应用中，采用适当的调制方法，并将其加以实现，以保证系统稳定可靠运行是至关重要的一个环节。到目前为止，已经提出并实现了直接传递函数法、空间矢量调制法、双电压控制法等多种调制方法，取得了较为理想的控制结果。本节以直接传递函数法为例加以说明。

1980 年, M. Venturini 和 A. Alesina 首次系统地给出了矩阵式变频器的低频特性的数学分析，并且提出了一种矩阵式变频器的调制方法，称为直接传递函数法。在这种方法中，将矩阵式变频器视为一个 3×3 开关函数矩阵。变频器的输出电压由输入电压和开关函数矩阵相乘而得到。通过直接计算矩阵中的每个元素 S_{ij} 和开关状态时间 m_{ij} $(i=1,2,3;\ j=1,2,3)$，实现对输出电压幅值、频率和输入电流的调制。这种方法也称为 Alesina-Vendvrini(AV)方法。输出电压 $u_o(t)$ 与输入电压 $u_i(t)$ 之间的传递函数关系可表示为

$$u_o(t)=\boldsymbol{M}(t)u_i(t)$$

即

$$\begin{bmatrix} u_a(t) \\ u_b(t) \\ u_c(t) \end{bmatrix} = \begin{bmatrix} m_{11}(k) & m_{12}(k) & m_{13}(k) \\ m_{21}(k) & m_{22}(k) & m_{23}(k) \\ m_{31}(k) & m_{32}(k) & m_{33}(k) \end{bmatrix} \begin{bmatrix} u_A(t) \\ u_B(t) \\ u_C(t) \end{bmatrix}$$

输入电流 $i_i(t)$ 与输出电流 $i_o(t)$ 之间的传递函数关系可表示为

$$i_i(t) = \boldsymbol{M}^T(t) i_o(t)$$

即

$$\begin{bmatrix} i_A(t) \\ i_B(t) \\ i_C(t) \end{bmatrix} = \begin{bmatrix} m_{11}(k) & m_{12}(k) & m_{13}(k) \\ m_{21}(k) & m_{22}(k) & m_{23}(k) \\ m_{31}(k) & m_{32}(k) & m_{33}(k) \end{bmatrix}^T \begin{bmatrix} i_a(t) \\ i_b(t) \\ i_c(t) \end{bmatrix}$$

式中，$\boldsymbol{M}(t)$ 为矩阵式变频器输入侧至输出侧变量的开关传递函数矩阵。

通常情况下，矩阵式变频器的输出侧为三相感性负载，可等效为三相电流源，因此根据电压源和电流源的特性，矩阵式变频器在工作过程中，必须遵循输入端任意两相之间不短路，输出端任意两相之间不断路的原则，即在运行过程中的任意时刻，连接到同一相输出的三个双向开关中，有且只有一个开关可以导通，而另外两个开关必须关断，用开关函数表示如下：

$$\boldsymbol{M}(t) \cdot \boldsymbol{1} = \boldsymbol{1}$$

即

$$\begin{bmatrix} m_{11}(k) & m_{12}(k) & m_{13}(k) \\ m_{21}(k) & m_{22}(k) & m_{23}(k) \\ m_{31}(k) & m_{32}(k) & m_{33}(k) \end{bmatrix} \begin{bmatrix} 1 \\ 1 \\ 1 \end{bmatrix} = \begin{bmatrix} 1 \\ 1 \\ 1 \end{bmatrix}$$

式中，**1** 为三维矢量，各双向开关的占空比满足 $0 \leqslant m_{ij} \leqslant 1$。

假定三相输入相电压为

$$\begin{cases} U_A = U_{im} \cos \omega_i t \\ U_B = U_{im} \cos(\omega_i t + 2\pi/3) \\ U_C = U_{im} \cos(\omega_i t + 4\pi/3) \end{cases}$$

三相输出相电流为

$$\begin{cases} I_a = I_{om} \cos(\omega_o t + \varphi_o) \\ I_b = I_{om} \cos(\omega_o t + \varphi_o + 2\pi/3) \\ I_c = I_{om} \cos(\omega_o t + \varphi_o + 4\pi/3) \end{cases}$$

式中，U_{im} 为输入相电压的幅值；ω_i 为输入相电压频率；I_{om} 为输出相电流的幅值；ω_o 为输出相电压频率；φ_o 为输出相电流相对输出相电压的相位差。

而希望得到的三相输出相电压和输入相电流分别为

$$\begin{cases} U_a = U_{om} \cos \omega_o t \\ U_b = U_{om} \cos(\omega_o t + 2\pi/3) \\ U_c = U_{om} \cos(\omega_o t + 4\pi/3) \end{cases}$$

$$\begin{cases} I_A = I_{im}\cos(\omega_i t + \varphi_i) \\ I_B = I_{im}\cos(\omega_i t + \varphi_i + 2\pi/3) \\ I_C = I_{im}\cos(\omega_i t + \varphi_i + 4\pi/3) \end{cases}$$

式中，U_{om}、I_{im} 分别为输出相电压和输入相电流的幅值；φ_i 为输入电流相对输入电压的相位差。

由此可以求解得到一组解 $\boldsymbol{M}(t)$ 为

$$\boldsymbol{M}(t) = \frac{1}{3}\alpha_1\begin{bmatrix} 1+2qCS(0) & 1+2qCS\left(-\dfrac{2}{3}\pi\right) & 1+2qCS\left(-\dfrac{4}{3}\pi\right) \\ 1+2qCS\left(-\dfrac{4}{3}\pi\right) & 1+2qCS(0) & 1+2qCS\left(-\dfrac{2}{3}\pi\right) \\ 1+2qCS\left(-\dfrac{2}{3}\pi\right) & 1+2qCS\left(-\dfrac{4}{3}\pi\right) & 1+2qCS(0) \end{bmatrix}$$
$$+\frac{1}{3}\alpha_2\begin{bmatrix} 1+2qCA(0) & 1+2qCA\left(-\dfrac{2}{3}\pi\right) & 1+2qCA\left(-\dfrac{4}{3}\pi\right) \\ 1+2qCA\left(-\dfrac{2}{3}\pi\right) & 1+2qCA\left(-\dfrac{4}{3}\pi\right) & 1+2qCA(0) \\ 1+2qCA\left(-\dfrac{4}{3}\pi\right) & 1+2qCA(0) & 1+2qCA\left(-\dfrac{2}{3}\pi\right) \end{bmatrix}$$

式中

$$CS(x) = \cos(\omega_m t + x)$$
$$CA(x) = \cos\left[-(\omega_m + 2\omega_i)t + x\right]$$
$$\omega_m = \omega_o - \omega_i$$
$$\alpha_1 = \left[1 + \tan\varphi_i \cot\varphi_o\right]/2$$
$$\alpha_2 = 1 - \alpha_1 = \left[1 - \tan\varphi_i \cot\varphi_o\right]/2$$
$$q = U_{om}/U_{im}$$

各变量满足：$\alpha_1 \geqslant 0$；$\alpha_2 \geqslant 0$；$0 \leqslant q \leqslant 1/2$。

该方法直接利用矩阵式变频器的数学模型，通过复杂的数学方法计算求解，以实现理想的输入和输出波形。因此，其目标明确，概念清晰，极易推广到除三相-三相外的其他矩阵式变频器的拓扑中，即使输入电压出现一定程度的不平衡或畸变，仍然能够通过实时地计算调整维持较理想的三相输出电压和电流，但其计算量较大，且对处理器的计算性能要求较高。另外，由于矩阵式变频器的输入和输出频率任意可调，因此由三相输出电压最大值和最小值构成的输出包络必须处于由三相输入电压的最大值和最小值构成的输入电压包络之内，如果设定的输出相电压参考值中不含有共模成分，仅为理想的三相平衡正弦量，则使用该方法能够达到的最大电压利用率为 50%。

3.3　高频交-交变频器

高频交-交变频器通过交流开关的“软开关”原理将单相高频(一般为 20kHz)的交流电

转换成三相变频变压的交流电来拖动电机。图 3-30 给出高频交-交变频器的一个典型配置，其中高频交流电由一个逆变器产生。高频耦合电路的优点是输出可以实现电流隔离，而且输入的电压水平可以通过一个重量较轻的高频变压器进行改变。当然，其缺点是需要大量的器件。高频交流电可以是正弦的，由一个谐振逆变器产生；也可以是方波或准方波(有零电压间隔)，由非谐振逆变器产生。通过一个谐振连接，两个交-交变频器可以与一个三相 50Hz 电源背对背连接。

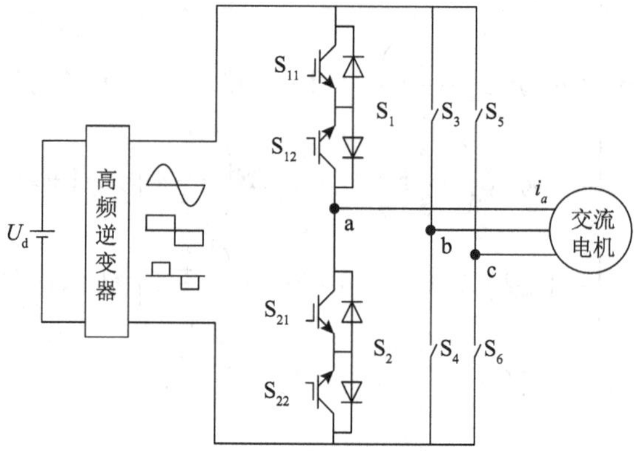

图 3-30　高频交-交变频器

3.3.1　高频相控交-交变频器

通过正弦波或方波高频耦合，可以用之前讨论过的相控原理来合成输出电压波形。图 3-31 通过一个单相半桥电路说明了方波对应的运行原理，其中负载接在 a 点和零点之间。注意在正半周，负载电流流过交流开关 S_1 的 S_{11} 管；而在负半周，负载电流流过交流开关 S_2 的 S_{22} 管。图 3-31 中间为锯齿载波和正弦调制波的波形，通过两者的比较可以得到触发延迟角 α。正向电流 i_a 在将要关断的器件和将要导通的器件之间的切换如图 3-31 所示。注意，关断 S_{22} 时有一个延迟，以保证在自控开关中的电流为 0。相位控制使得器件在零电流时开关，以减小开关损耗。如果线路频率比较低，交流开关可以被反并联的晶闸管代替。

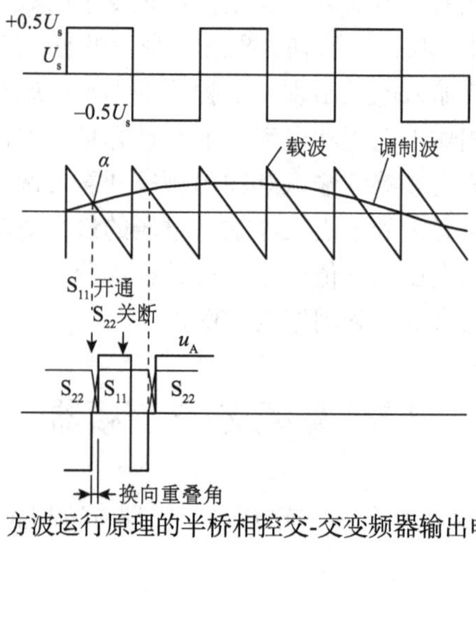

图 3-31　方波运行原理的半桥相控交-交变频器输出电压波形

3.3.2　高频、整数脉冲交-交变频器

如果使用正弦波或准方波供电，可以通过整半周脉宽调制(integer pulse-width modulation，IPM)原理来合成输出电压波形。

1. 正弦波供电

图 3-32 以一个正弦波供电的半桥电路为例说明运行原理。IPM 的优点在于器件可以在零电压时开关，这样就减少了开关损耗；换句话说，也就提高了变频器的效率。当然，零电压时间在正常供电的条件下是非常短的。这种结构附加的缺点是谐振电路的谐波负载引起了线路电压畸变和线路频率漂移。

2. 准方波供电

通过对变频器桥臂的移相控制，一个高频非谐振回路可以很容易地产生准方波。因此得到的零电压间隔使得交-交变频器器件的软开关很容易实现。图 3-33 解释了输出电压波形的构成原理，与图 3-32 在本质上类似。这种情况下的优点在于更大的零电压间隔使软开关更容易实现。但是需要特别注意应减小线路的漏阻抗，否则将在换相瞬间产生很大的电压尖刺。

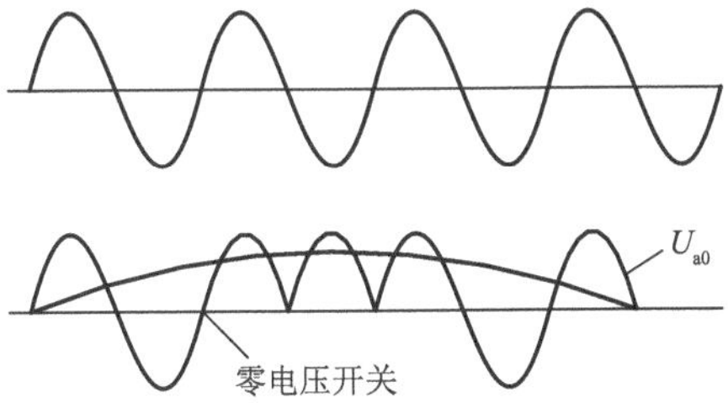

图 3-32　半桥整数脉冲交-交变频器的正弦波输出电压

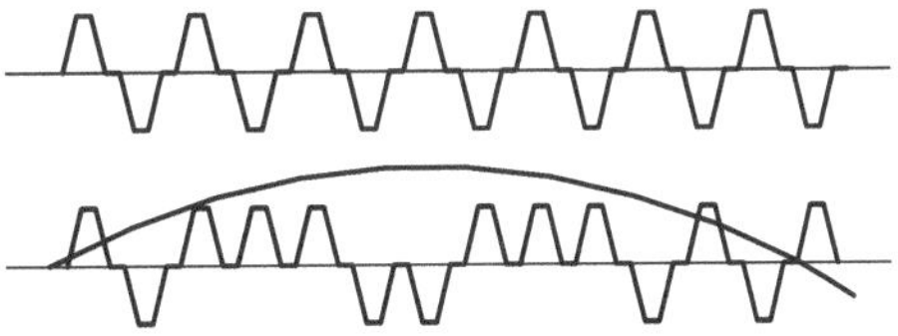

图 3-33　半桥整数脉冲交-交变频器的准方波输出电压

第 4 章　异步电机矢量控制技术

4.1　矢 量 空 间

4.1.1　空间复平面

某些在空间按正弦分布的物理量可以表示成空间矢量的形式。图 4-1 为三相异步电机与转轴垂直的空间复平面，表示电机内部的空间矢量。

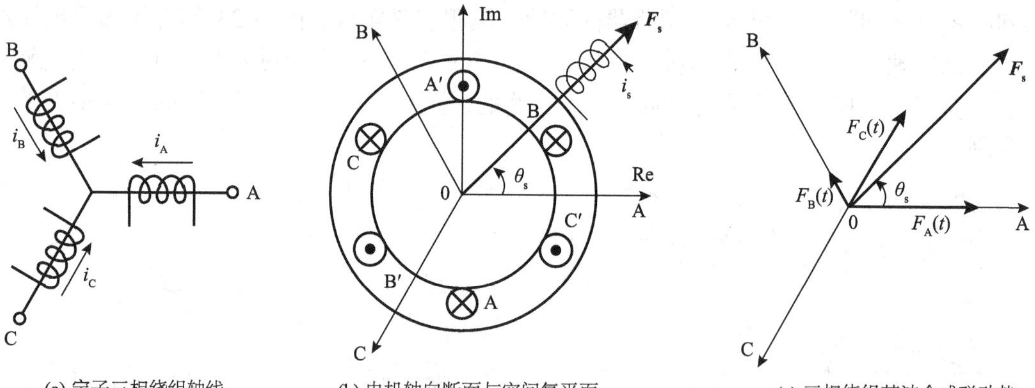

图 4-1　三相异步电机与转轴垂直的空间复平面

在电机复平面内的任一空间静止复坐标系，若以实轴 Re 为空间坐标参数轴，则任一矢量 $\boldsymbol{R}$ 可表示为 $\boldsymbol{R}=|\boldsymbol{R}|\mathrm{e}^{\mathrm{j}\theta_s}$，其中 $|\boldsymbol{R}|$ 为矢量的模，θ_s 为该矢量轴线与参考轴 Re 间的空间电角度，称为空间相位。

在三相交流电理想情况下，三相绕组 ABC 电压或电流幅值相等，相位相差 $2/3\pi$，三相绕组 ABC 的轴线构成了空间三相坐标轴。A、B、C 坐标轴在空间复平面的位置可由各相绕组电角度来表示。如图 4-1(b)所示，取 A 轴与 Re 轴重合，则 A 轴的空间位置角度为 $\mathrm{e}^{\mathrm{j}0^\circ}=1$，B 轴的空间位置角度为 $\mathrm{e}^{\mathrm{j}120^\circ}$，C 轴的空间位置角度为 $\mathrm{e}^{\mathrm{j}240^\circ}$。

4.1.2　空间矢量概念

1. 定、转子磁动势矢量

三相异步电机内磁场是由定、转子三相绕组磁动势产生的。三相异步电机的定子有三相绕组 A、B、C，当分别通以如图 4-1(a)所示的正向电流 i_A、i_B、i_C 时，就会在空间产生三个磁动势波，定义正向电流产生的空间磁动势基波的轴线为该相绕组的轴线，三相绕组基波磁动势之和为合成磁动势，用 $\boldsymbol{F}_{\mathrm{s}}$ 表示，即

$$\boldsymbol{F}_{\mathrm{s}} = F_{\mathrm{A}} + F_{\mathrm{B}}\mathrm{e}^{\mathrm{j}120^\circ} + F_{\mathrm{C}}\mathrm{e}^{\mathrm{j}240^\circ} = F_{\mathrm{s}}\mathrm{e}^{\mathrm{j}\theta_{\mathrm{s}}} \tag{4-1}$$

式中，$\boldsymbol{F}_{\mathrm{s}}$ 为空间矢量，其在空间复平面 S 上的位置如图 4-1(c)所示。

$$F_{\mathrm{A}} = \frac{4}{\pi}\frac{N_{\mathrm{s}}K_{\omega\mathrm{s}}}{2p_{\mathrm{n}}}i_{\mathrm{A}} \tag{4-2}$$

$$F_{\mathrm{B}} = \frac{4}{\pi}\frac{N_{\mathrm{s}}K_{\omega\mathrm{s}}}{2p_{\mathrm{n}}}i_{\mathrm{B}} \tag{4-3}$$

$$F_{\mathrm{C}} = \frac{4}{\pi}\frac{N_{\mathrm{s}}K_{\omega\mathrm{s}}}{2p_{\mathrm{n}}}i_{\mathrm{C}} \tag{4-4}$$

式中，p_{n} 为极对数；N_{s} 为每相绕组匝数；$K_{\omega\mathrm{s}}$ 为绕组因数。

当相电流瞬时值为正值时，磁动势矢量方向与该绕组轴线一致，反之相反。

$\boldsymbol{F}_{\mathrm{s}}$ 在空间复平面的位置如图 4-1(c)所示。

$\boldsymbol{F}_{\mathrm{s}}$ 是三相电流通过三相绕组共同作用的结果。当三相电流变化时，$\boldsymbol{F}_{\mathrm{s}}$ 的幅值和相位也随之变化。

设三相绕组通以对称正弦稳定电流：

$$i_{\mathrm{A}} = \sqrt{2}I_1\sin(\omega_{\mathrm{s}}t + \varphi_1) \tag{4-5}$$

$$i_{\mathrm{B}} = \sqrt{2}I_1\sin(\omega_{\mathrm{s}}t + \varphi_1 - 120^\circ) \tag{4-6}$$

$$i_{\mathrm{C}} = \sqrt{2}I_1\sin(\omega_{\mathrm{s}}t + \varphi_1 + 120^\circ) \tag{4-7}$$

式中，I_1 为定子相电流有效值；φ_1 为初始相位；ω_{s} 为定子相电流角频率。

将式(4-2)～式(4-7)代入式(4-1)，可得

$$\boldsymbol{F}_{\mathrm{s}} = \frac{3}{2}\times\frac{4}{\pi}\frac{N_{\mathrm{s}}K_{\omega\mathrm{s}}}{2p_{\mathrm{n}}}\sqrt{2}I_1\mathrm{e}^{\mathrm{j}\left(\omega_{\mathrm{s}}t+\varphi_1+\frac{\pi}{2}\right)} = \frac{3\sqrt{2}}{\pi}\frac{N_{\mathrm{s}}K_{\omega\mathrm{s}}}{p_{\mathrm{n}}}I_1\mathrm{e}^{\mathrm{j}\left(\omega_{\mathrm{s}}t+\varphi_1+\frac{\pi}{2}\right)} \tag{4-8}$$

由式(4-8)可知，此时三相基波合成磁动势这一空间矢量的旋转轨迹为圆形，圆的半径为 $\frac{3\sqrt{2}}{\pi}\frac{N_{\mathrm{s}}K_{\omega\mathrm{s}}}{p_{\mathrm{n}}}I_1$，矢量旋转的电角速度 ω_{s} 就是电流角频率，其旋转方向为 A 轴→B 轴→C 轴。当时间参考轴与复平面的实轴重合时，$\boldsymbol{F}_{\mathrm{s}}$ 的空间相位超前 A 相电流的时间相位 90°，B 相、C 相也是如此。

下面介绍转子的磁动势是如何变化的。将转子三相绕组视为 a、b、c，它在空间旋转的电角度就是转子速度 ω_{r}。设 $t=0$ 时，A 轴和实轴 Re 重合，如图 4-2 所示。

转子基波合成磁动势空间矢量 $\boldsymbol{F}_{\mathrm{r}}$ 可表示为

$$\boldsymbol{F}_{\mathrm{r}} = \left[F_{\mathrm{a}} + F_{\mathrm{b}}\mathrm{e}^{\mathrm{j}120^\circ} + F_{\mathrm{c}}\mathrm{e}^{\mathrm{j}240^\circ}\right]\mathrm{e}^{\mathrm{j}\theta_{\mathrm{r}}} \tag{4-9}$$

式中，F_{a}、F_{b}、F_{c} 分别为转子 a、b、c 三相绕组

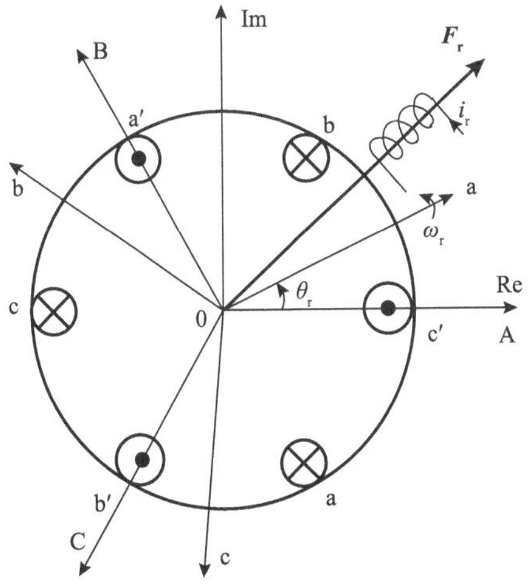

图 4-2　转子三相绕组轴线与空间复平面

磁动势波的幅值；θ_{r}为 a 轴与 Re 轴的相角，则 a 轴位置可表示为

$$\theta_{\mathrm{r}}=\int\omega_{\mathrm{r}}\mathrm{d}t \tag{4-10}$$

当异步电机为鼠笼型时，转子可通过绕组归算等效为与定子绕组有效匝数相同的三相绕组，即有

$$F_{\mathrm{a}}=\frac{4}{\pi}\frac{N_{\mathrm{s}}K_{\omega\mathrm{s}}}{2p_{\mathrm{n}}}i_{\mathrm{a}} \tag{4-11}$$

$$F_{\mathrm{b}}=\frac{4}{\pi}\frac{N_{\mathrm{s}}K_{\omega\mathrm{s}}}{2p_{\mathrm{n}}}i_{\mathrm{b}} \tag{4-12}$$

$$F_{\mathrm{c}}=\frac{4}{\pi}\frac{N_{\mathrm{s}}K_{\omega\mathrm{s}}}{2p_{\mathrm{n}}}i_{\mathrm{c}} \tag{4-13}$$

在正弦稳态下，转子三相电流如下：

$$i_{\mathrm{a}}=\sqrt{2}I_2\cos\omega_{\mathrm{sl}}t \tag{4-14}$$

$$i_{\mathrm{b}}=\sqrt{2}I_2\cos(\omega_{\mathrm{sl}}t-120°) \tag{4-15}$$

$$i_{\mathrm{c}}=\sqrt{2}I_2\cos(\omega_{\mathrm{sl}}t+120°) \tag{4-16}$$

式中，ω_{sl}为转差角速度；I_2为转子相电流的有效值。

将式(4-11)～式(4-16)代入式(4-9)可得

$$\boldsymbol{F}_{\mathrm{r}}=\frac{3}{2}\times\frac{4}{\pi}\frac{N_{\mathrm{s}}K_{\omega\mathrm{s}}}{2p_{\mathrm{n}}}\sqrt{2}I_2\mathrm{e}^{\mathrm{j}\left(\omega_{\mathrm{r}}t+\omega_{\mathrm{sl}}t+\frac{\pi}{2}\right)}=\frac{3\sqrt{2}}{\pi}\frac{N_{\mathrm{s}}K_{\omega\mathrm{s}}}{p_{\mathrm{n}}}I_2\mathrm{e}^{\mathrm{j}\left(\omega_{\mathrm{s}}t+\frac{\pi}{2}\right)} \tag{4-17}$$

由式(4-17)得，$\boldsymbol{F}_{\mathrm{r}}$轨迹为圆形，半径为$\dfrac{3\sqrt{2}}{\pi}\dfrac{N_{\mathrm{s}}K_{\omega\mathrm{s}}}{p_{\mathrm{n}}}I_2$，它相对定子的旋转角速度为$\omega_{\mathrm{s}}$。

式(4-18)是基于静止的定子坐标系去观察转子磁动势在矢量空间内的运动得出的。如果基于旋转的转子坐标系去观察转子磁动势的运动又会怎样呢？由于转子坐标系是以ω_{r}旋转的，类似上面的证明方法不难得出

$$\boldsymbol{F}_{\mathrm{r}}^{\mathrm{abc}}=\frac{3\sqrt{2}}{\pi}\frac{N_{\mathrm{s}}K_{\omega\mathrm{s}}}{p_{\mathrm{n}}}I_2\mathrm{e}^{\mathrm{j}\omega_{\mathrm{sl}}t} \tag{4-18}$$

由式(4-17)和式(4-18)可以看出，在同一空间矢量的定子静止坐标系与转子旋转坐标系，磁动势表达式之间相差$\mathrm{e}^{\mathrm{j}\theta_{\mathrm{r}}}$比例系数，而$\theta_{\mathrm{r}}=\omega_{\mathrm{r}}t$，$\omega_{\mathrm{r}}$是转子坐标系相对静止坐标系的旋转速度，$\mathrm{e}^{\mathrm{j}\theta_{\mathrm{r}}}$就是这两种坐标系之间的变换因子。

2. 定、转子磁链空间矢量

定子电流流入绕组后，产生了空间磁场。可以用磁通$\boldsymbol{\Phi}$来描述这个磁场。由磁路欧姆定律可知，定子合成磁通矢量$\boldsymbol{\Phi}_{\mathrm{s}}$可表示为$\boldsymbol{\Phi}_{\mathrm{s}}=\boldsymbol{F}_{\mathrm{s}}/R_{\mathrm{m}}$，称为定子磁通，其中$R_{\mathrm{m}}$为磁阻。定子磁势$\boldsymbol{F}_{\mathrm{s}}$和定子磁通$\boldsymbol{\Phi}_{\mathrm{s}}$是实际存在的空间矢量，且二者轴线共方向。同理，转子磁势$\boldsymbol{F}_{\mathrm{r}}$和转子磁通$\boldsymbol{\Phi}_{\mathrm{r}}$是三相异步电机转子实际存在的空间矢量。实际存在的空间矢量还有合成磁势$\boldsymbol{F}_{\Sigma}=\boldsymbol{F}_{\mathrm{s}}+\boldsymbol{F}_{\mathrm{r}}$及合成磁通$\boldsymbol{\Phi}_{\mathrm{m}}=\boldsymbol{\Phi}_{\mathrm{s}}+\boldsymbol{\Phi}_{\mathrm{r}}$。

为了分析问题方便，这里用磁链来描述这个磁场。

磁链与电流的关系如下：

$$\boldsymbol{\psi} = L\boldsymbol{i} \tag{4-19}$$

式中，L 为电感。

设电流是空间矢量，则磁链一定也是空间矢量。若磁链是由自身绕组电流产生的，称为自感磁链，式(4-19)中 L 应是自感；若磁链不是由自身绕组电流产生的，而是另一绕组电流产生的磁场与之相交链的磁链，称为互感磁链，式(4-19)中 L 应是两绕组的互感。

定义定子磁链空间矢量为

$$\boldsymbol{\psi}_{\mathrm{s}} = \psi_{\mathrm{A}} + \psi_{\mathrm{B}}\mathrm{e}^{\mathrm{j}120^\circ} + \psi_{\mathrm{C}}\mathrm{e}^{\mathrm{j}240^\circ} \tag{4-20}$$

式中，ψ_{A} 为流过定子 A 相绕组的磁链的总和，包括自感磁链和互感磁链；ψ_{B}、ψ_{C} 也是如此。

同理，在以转子自身旋转的 abc 坐标系中，定义转子磁链空间矢量为

$$\boldsymbol{\psi}_{\mathrm{r}}^{\mathrm{abc}} = \psi_{\mathrm{a}} + \psi_{\mathrm{b}}\mathrm{e}^{\mathrm{j}120^\circ} + \psi_{\mathrm{c}}\mathrm{e}^{\mathrm{j}240^\circ} \tag{4-21}$$

若以定子静止坐标系 ABC 表示转子磁链空间矢量，则有

$$\boldsymbol{\psi}_{\mathrm{r}} = \boldsymbol{\psi}_{\mathrm{r}}^{\mathrm{abc}}\mathrm{e}^{\mathrm{j}\theta_{\mathrm{r}}} \tag{4-22}$$

3. 定、转子电压空间矢量

如图 4-3 所示，在三相绕组上加上三个相电压，三相绕组中的电流也随之改变，也就改变了该相轴线上的磁动势和磁场的强弱。电压方向如图 4-3 所示，电压方向一致时，即电流由外部流入绕组线圈时，电压矢量与轴线方向一致，否则相反。由此得到六个空间对称分布的相电压矢量。

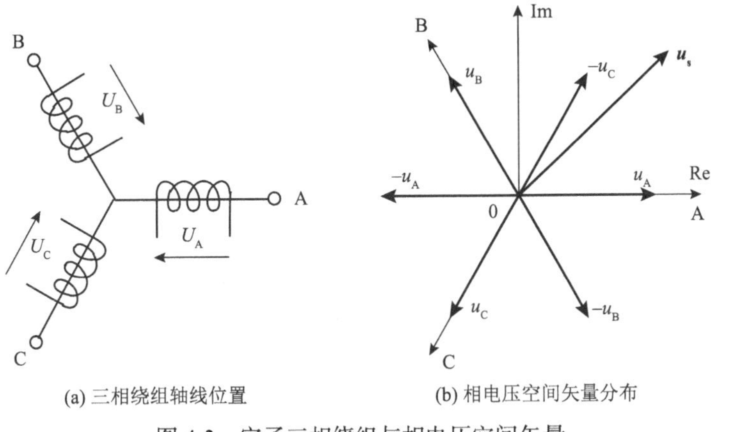

图 4-3　定子三相绕组与相电压空间矢量

定义定子电压空间矢量为

$$\boldsymbol{u}_{\mathrm{s}} = u_{\mathrm{A}} + u_{\mathrm{B}}\mathrm{e}^{\mathrm{j}120^\circ} + u_{\mathrm{C}}\mathrm{e}^{\mathrm{j}240^\circ} \tag{4-23}$$

同理，在以转子自身旋转的 abc 轴系中，定义转子电压空间矢量为

$$\boldsymbol{u}_{\mathrm{r}}^{\mathrm{abc}} = u_{\mathrm{a}} + u_{\mathrm{b}}\mathrm{e}^{\mathrm{j}120^\circ} + u_{\mathrm{c}}\mathrm{e}^{\mathrm{j}240^\circ} \tag{4-24}$$

而以 ABC 轴系表示的转子电压空间矢量为

$$\boldsymbol{u}_{\mathrm{r}} = \boldsymbol{u}_{\mathrm{r}}^{\mathrm{abc}}\mathrm{e}^{\mathrm{j}\theta_{\mathrm{r}}} \tag{4-25}$$

对于某相绕组来说，当与此绕组交链的磁链发生变化时，它在绕组中产生的感应电动势(反电动势)为

$$e_s = -\frac{d\boldsymbol{\psi}}{dt} = -L\frac{di}{dt} \tag{4-26}$$

即感应电动势与磁链或电流具有微分关系，从这个角度说，也可以将感应电动势看成空间矢量，由外加定子电压矢量与感应电动势的差值决定该相绕组中的电流矢量。

4. 定、转子电流空间矢量

由式(4-2)～式(4-5)得到，定子每相绕组磁动势矢量的幅值和方向取决于相电流的瞬时值，相当于磁动势幅值和相电流存在比例关系，即相电流任意时刻的瞬时值在其绕组方向产生的磁动势波在空间是正弦分布的，而每相绕组的轴线在空间上又有确定的位置。如图 4-1(b)和 4-2 所示，$\boldsymbol{i}_s$、$\boldsymbol{i}_r$分别是定、转子三相坐标系电流合成的电流矢量，且$\boldsymbol{i}_s$与$\boldsymbol{F}_s$以及$\boldsymbol{i}_r$与$\boldsymbol{F}_r$的方向始终是一致的。

将定子电流空间矢量定义为

$$\boldsymbol{i}_s = i_A + i_B e^{j120^\circ} + i_C e^{j240^\circ} \tag{4-27}$$

同理，有

$$\boldsymbol{i}_r = i_a + i_b e^{j120^\circ} + i_c e^{j240^\circ} \tag{4-28}$$

在三相电流为正弦波时，可得

$$\boldsymbol{i}_s = |\boldsymbol{i}_s| e^{j\omega_s t} \tag{4-29}$$

$$\boldsymbol{i}_r = |\boldsymbol{i}_r| e^{j\omega_s t} \tag{4-30}$$

此时，$\boldsymbol{i}_s$和$\boldsymbol{i}_r$的幅值恒定，等于相电流有效值的$\sqrt{3}$倍，即有

$$|\boldsymbol{i}_s| = \sqrt{3}I_1 \tag{4-31}$$

$$|\boldsymbol{i}_r| = \sqrt{3}I_2 \tag{4-32}$$

由以上分析得出，在正弦稳态下，通过式(4-27)、式(4-28)，实际上是将静止的三相坐标系 ABC 中的三相对称交变电流变换为单轴旋转线圈中的直流量。这一变换应遵循磁动势等效原则，采用功率不变约束。因为单轴线圈的电压和电流均为三相绕组中电压和电流有效值的$\sqrt{3}$倍，但线圈数由原来的三个变为一个，所以功率保持不变。

电机的主要特性是转矩/转速特性，在加(减)速和速度调节过程中服从基本运动方程：

$$T_e - T_L = \frac{J}{p_n}\frac{d\omega_r}{dt} \tag{4-33}$$

式中，T_e为电机电磁转矩；T_L为电机负载转矩；J为转动惯量；ω_r为电机转子的电角速度。

由式(4-33)可知，如果保持速度的恒定，即保证$T_e - T_L = 0$，在恒定转矩负载下启动、制动及调速时，若能控制电机的电磁转矩恒定，可获得恒定的加、减速运动。

对于直流电机，其电磁转矩表达式为

$$T_e = C_{MD}\Phi_f I_a \tag{4-34}$$

式中，$C_{MD} = \frac{p_n}{2\pi}\frac{N_a}{a}$为直流电机转矩参数，$p_n$为极对数，$N_a$为有效匝数，$a$为支路对数；

Φ_f 为励磁磁通；I_a 为电枢电流。

式(4-34)表明，直流电机电磁转矩 T_e 的大小与每极磁通(合成磁通)和电枢电流 I_a 的乘积成正比，若不计饱和影响，它与励磁电流和电枢电流的乘积成正比。

4.2　矢量控制原理

4.2.1　与直流调速的比较

如图 4-4 所示，直流电机的构造决定了励磁磁通 Φ_d 和电枢电流 I_a 产生的磁势 F_a 方向是垂直的。二者各自独立，互不影响。此外，对于他励直流电机而言，励磁和电枢是两个独立的回路，可以对电枢电流和励磁电流进行单独控制和调节，达到控制转矩的目的，进而实现转速调节。由于电枢电流 I_a 和励磁电流（Φ_d 正比于 I_f）都是只有大小和正常变化的直流标量，因此，由 I_a 和 I_f 作为控制变量的直流调速系统是标量控制系统，而标量控制系统简单，容易实现。这是直流电机的数学模型及其控制系统比较简单的根本原因。

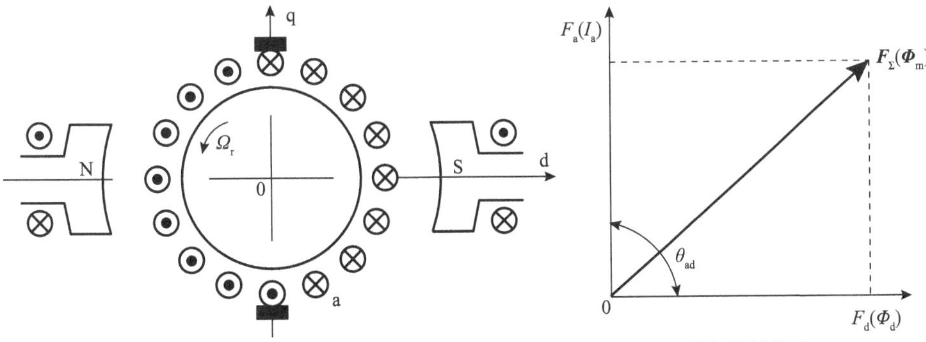

(a) 直流电机简图　(b) 空间矢量关系

图 4-4　直流电机主极磁场和电枢磁势轴线及其空间矢量关系

在异步电机中，同样也是两个磁场相互作用产生电磁转矩。与直流电机的两个磁场所不同的是，异步电机定子磁动势 $\boldsymbol{F}_s$、转子磁动势 $\boldsymbol{F}_r$ 及二者合成产生的气隙磁动势 $\boldsymbol{F}_\Sigma$ 均是以同步角速度 ω_s 在空间旋转的矢量，如图 4-5 所示，定子磁动势、转子磁动势及气隙磁动势之间的夹角不等于 90°。由此可知这三个磁动势之间并非解耦，相互有影响。

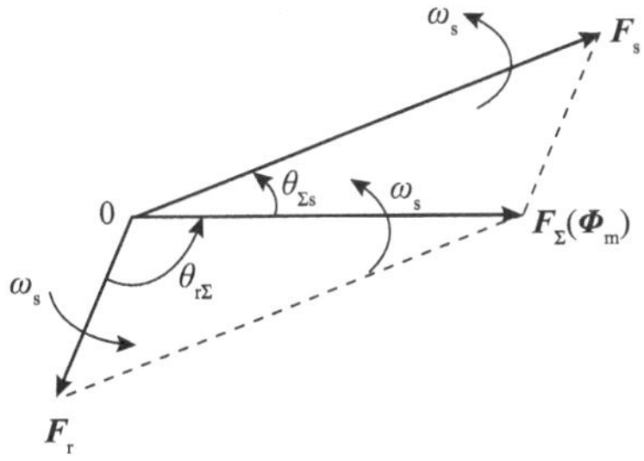

图 4-5　异步电机的磁势、磁通空间矢量图

由交流电机转矩公式

$$T_e = \frac{\pi}{2} p_n^2 |\boldsymbol{\Phi}_m| F_s \sin\theta_{\Sigma s} = \frac{\pi}{2} p_n^2 |\boldsymbol{\Phi}_m| F_r \sin\theta_{r\Sigma} \tag{4-35}$$

可知，如果异步电机合成磁通、定子和转子磁势的模值已知，则只要知道它们空间矢量的夹角 $\theta_{r\Sigma}$，就可以按式(4-35)求出异步电机的电磁转矩。

设 $\boldsymbol{\psi}_{ra}$ 是合成磁通 $\boldsymbol{\Phi}_m$ 对转子 a 相的磁链，当 $\boldsymbol{\Phi}_m$ 对转子绕组进行相对运动时，ψ_{ra} 是随时间变化的，即 ψ_{ra} 是一个时间相量，记为 $\dot{\boldsymbol{\psi}}_{ra}$。由式(4-26)可知，感应电动势 $\dot{\boldsymbol{E}}_{ra}$ 落后于 $\dot{\boldsymbol{\psi}}_{ra}$ 90° 电角度，由于转子存在漏感，转子 a 相电流 $\dot{\boldsymbol{I}}_{ra}$ 又落后于 $\dot{\boldsymbol{E}}_{ra}$ 一个相角 φ_r，即

$$\varphi_r = \arctan\frac{s x_r}{R_r} \tag{4-36}$$

式中，s 为转差率；x_r 为折算到定子侧的转子漏电抗；R_r 为折算到定子侧的转子电路电阻。

因此，在时间上，$\dot{\boldsymbol{I}}_{ra}$ 落后于 $\dot{\boldsymbol{\psi}}_{ra}$ $90° + \varphi_r$ 电角度。

根据旋转磁场原理得，当转子 a 相电流的瞬时值 i_{ra} 为最大时，其转子磁动势 $\boldsymbol{F}_r$ 与 a 相绕组轴线恰好重合，即当磁通 $\boldsymbol{\Phi}_m$ 恰好转到落在 a 相绕组的位置上时，其磁链 $\dot{\boldsymbol{\psi}}_{ra}$ 幅值应最大。由于 $\dot{\boldsymbol{I}}_{ra}$ 在时间上落后 $\dot{\boldsymbol{\psi}}_{ra}$ $90° + \varphi_r$，因而 $\boldsymbol{F}_r$ 在空间上落后于 $\boldsymbol{\Phi}_m$ 的电角度为 $90° + \varphi_r$，又因为 $\boldsymbol{F}_r$ 的模值 F_r 为

$$F_r = \frac{3\sqrt{2}}{\pi p_n} N_r I_r \tag{4-37}$$

式(4-35)转矩为

$$\begin{aligned} T_e &= \frac{\pi}{2} p_n{}^2 |\boldsymbol{\Phi}_m| \left(\frac{3\sqrt{2}}{\pi p_n} N_r I_r \right) \sin(90° + \varphi_r) \\ &= \frac{3\sqrt{2}}{2} p_n N_r |\boldsymbol{\Phi}_m| I_r \cos\varphi_r \\ &= C_M |\boldsymbol{\Phi}_m| I_r \cos\varphi_r \end{aligned} \tag{4-38}$$

式中，$C_M = \frac{3\sqrt{2}}{2} p_n N_r$；$N_r$ 为转子绕组有效匝数；φ_r 为转子功率因数角。

式(4-38)表明：异步电机的电磁转矩与气隙磁场、转子磁势及电路功率因数角 φ_r 的余弦成正比。由于气隙磁通 $\boldsymbol{\Phi}_m$、转子电流 I_r、转子功率因数角 φ_r 都是转差率 s 的函数，而气隙磁通是由定子磁势和转子磁势合成产生的，不能简单地认为恒定，同时异步电机的定子电流 $\boldsymbol{i}_s$、转子电流 $\boldsymbol{i}_r$ 及励磁电流 $\boldsymbol{i}_m$ 之间又存在的时间相量和的关系，即 $\dot{\boldsymbol{I}}_s = \dot{\boldsymbol{I}}_r + \dot{\boldsymbol{I}}_m$，如图 4-6 所示。而 $\dot{\boldsymbol{I}}_m$ 和 $\dot{\boldsymbol{I}}_r$ 都是由定子绕组提供的，相当于这两个量处于同一回路之中，存在强耦合关系，在控制过程中容易造成系统振荡及加长动态过程。因此，交流电机的电磁转矩是难以控制的。

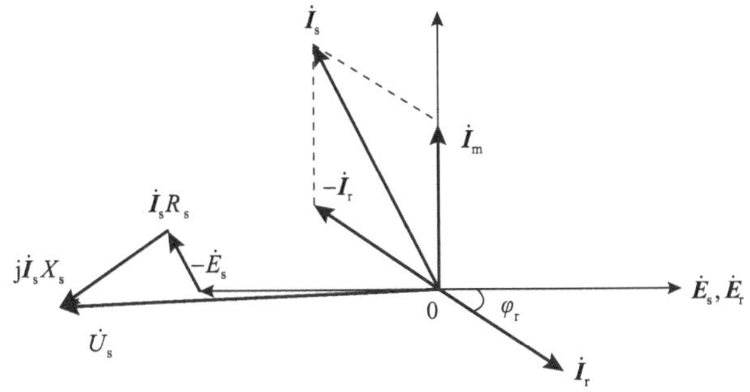

图 4-6　异步电机工况下的时间相量

综上所述，直流电机的电磁转矩关系简单，容易控制；交流电机的电磁转矩关系复杂，难以控制。如果能有一种方法可以将交流电机三相绕组等效成类似于直流电机的互相正交的两相绕组，变换前后磁动势作用效果相同，则在已变换的两相绕组的矢量空间里用类似于直流电机的控制方式来控制交流电机，这也就是矢量控制的思路。

4.2.2　矢量控制的原理

由 4.2.1 节的分析可知，直流电机的励磁绕组和电枢绕组是在空间上固定的直流绕组，通以直流电流后在空间产生合成磁动势，且在空间固定不动。对于异步电机而言，由于可瞬时控制的只有定子的相电流(电压)，如果将异步电机定子三相绕组等效变换成图 4-7 所示的两相直流电机的 d、q 绕组且保持其变换前后磁动势的幅值和空间位置一致，就可实现对 I_d、I_q 的近似直流电机的控制方式。

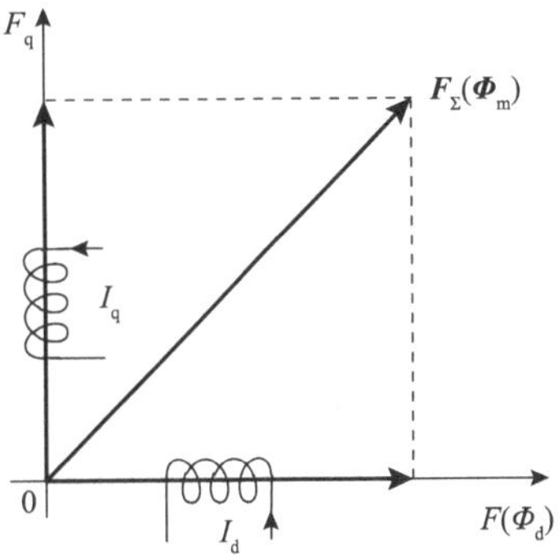

图 4-7　直流电机空间矢量关系

在异步电机三相对称定子绕组中，通入对称的三相正弦交流电流 i_A、i_B、i_C，其相位依次相差120°，则形成三相基波合成旋转磁动势，其旋转角速度等于定子电流角频率 ω_s，如图 4-8(a)所示。

如图 4-8(b)所示，异步电机具有位置相差 90° 的静止的两相定子绕组 α、β，当通入两相对称正弦电流 i_α、i_β 时，产生旋转磁动势 $\boldsymbol{F}_{\alpha\beta}$，如果保证 $\boldsymbol{F}_{\alpha\beta}$ 的大小、转速及转向与三相交流绕组所产生的磁动势 $\boldsymbol{F}_{ABC}$ 完全相同，则可以认为图 4-8(a)和(b)所示的两套交流绕组等效，相当于将三相定子绕组所在的三相静止坐标系 ABC 等效变换为两相定子绕组所在的两相静止 αβ 坐标系，等效变换原则为变换前后两坐标绕组产生的磁动势相同，而且三相交流绕组中的三相对称正弦交流电流 i_A、i_B、i_C 与两相对称正弦交流电流 i_α、i_β 之间存在着确定的变换关系，即

$$\begin{cases} i_{\alpha\beta} = \boldsymbol{C}_{3s/2s} i_{ABC} \\ i_{ABC} = \boldsymbol{C}_{3s/2s}{}^{-1} i_{\alpha\beta} \end{cases} \tag{4-39}$$

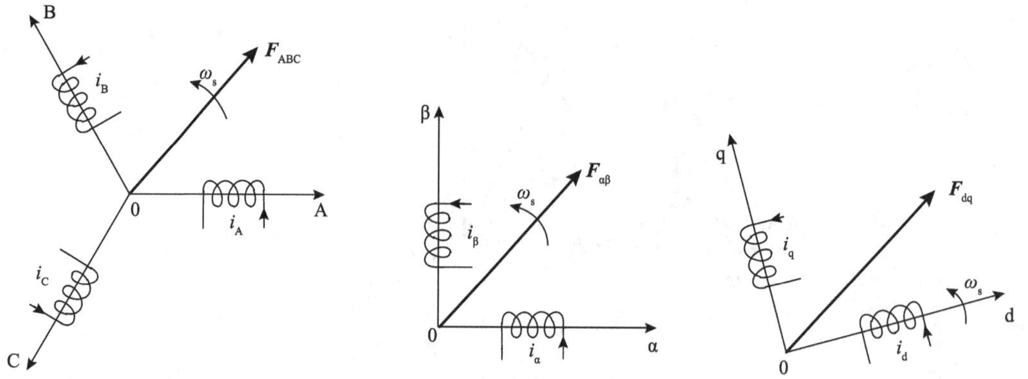

(a) 三相交流绕组　　(b) 两相交流绕组　　(c) 旋转的直流绕组

图 4-8　异步电机交流绕组等效成旋转的直流绕组物理模型

式(4-39)表示矩阵方程，式中 $\boldsymbol{C}_{3s/2s}$ 为三相静止坐标系 ABC 到两相静止 αβ 坐标系的变换矩阵。

直流电机的励磁绕组和电枢绕组在空间互差 90°，将励磁绕组安放在如图 4-8(c)所示的 d 轴，电枢绕组安放在 q 轴。当给这两个绕组通以直流电后，在空间形成一个固定的合成磁动势 $\boldsymbol{F}_{dq}$。将 $\boldsymbol{F}_{dq}$ 与 $\boldsymbol{F}_{\alpha\beta}$ 比较，当 $|\boldsymbol{F}_{dq}|=|\boldsymbol{F}_{\alpha\beta}|$ 时，其差异在于 $\boldsymbol{F}_{dq}$ 是静止的，而 $\boldsymbol{F}_{\alpha\beta}$ 是以 ω_s 在空间旋转的，如果让整个 dq 坐标轴以 ω_s 旋转起来，则此时 $\boldsymbol{F}_{dq}$ 与 $\boldsymbol{F}_{\alpha\beta}$ 完全等效，即 dq 的直流绕组与 αβ 交流绕组及 ABC 交流绕组等效。而此时观察者站在静止的定子上观察是个以 ω_s 旋转的直流坐标系 dq，当观察者跳到 dq 坐标系中，与 dq 坐标轴一起旋转时，其观察到的是一个“静止”的 dq 直流坐标系，与直流电机等效。这样，复杂的交流电机的控制经过等效变换就变成了近似直流电机的控制，使交流电机的控制得到解耦。这种静止 αβ 坐标系到旋转 dq 坐标变换，在变换前后磁动势等效的原则下，αβ 交流绕组中的交流电流 i_α、i_β 与 dq 直流绕组中的直流电流 i_d、i_q 之间必然存在确定的变换关系

$$\begin{cases} i_{dq} = \boldsymbol{C}_{2s/2r} i_{\alpha\beta} \\ i_{\alpha\beta} = \boldsymbol{C}_{2s/2r}{}^{-1} i_{dq} \end{cases} \tag{4-40}$$

式中，$\boldsymbol{C}_{2s/2r}$ 为两相静止 αβ 坐标系到旋转 dq 坐标系的变换矩阵。

由式(4-40)变换得旋转的 dq 直流绕组与静止的 αβ 交流绕组完全等效，由式(4-39)变换得静止的三相交流绕组 ABC 与静止的两相交流绕组 αβ 完全等效，所以旋转的两相 dq 直流绕组与静止的三相 ABC 交流绕组完全等效，即有

$$i_{dq} = \boldsymbol{C}_{2s/2r} i_{\alpha\beta} = \boldsymbol{C}_{2s/2r} \boldsymbol{C}_{3s/2s} i_{ABC} \tag{4-41}$$

由式(4-41)可知，dq 直流绕组中的电流 i_d、i_q 与三相电流 i_A、i_B、i_C 之间必然存在确定的关系，因此通过控制 i_d、i_q 就可以实现对 i_A、i_B、i_C 的瞬时控制。

如图 4-9 所示，把 i_d (励磁电流分量)、i_q (转矩电流分量)作为控制量(输入量)，记为 i_{dg}、i_{qg}，与反馈量 i_{df}、i_{qf} 比较后，得到系统输入量 i_d、i_q，经旋转坐标系到静止坐标系的变换矩阵得两相静止坐标系中 i_α、i_β 分量，然后通过两相-三相静止坐标系的变换矩阵得三相电

流的控制量 i_A^* 、 i_B^* 、 i_C^* ，作为三相电源逆变器的控制量，逆变器的输出驱动三相异步电机的运行。

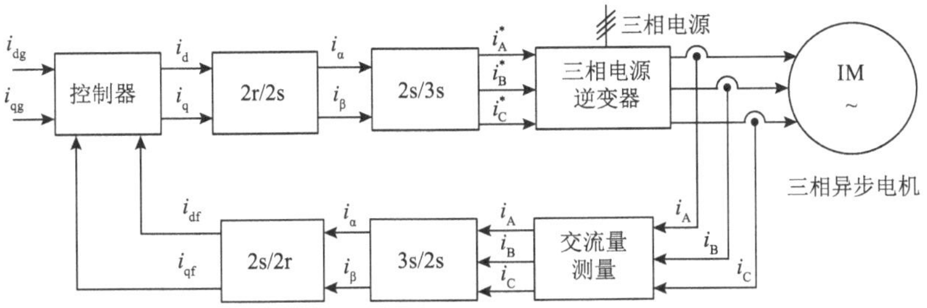

图 4-9　矢量控制过程框图

综上所述，在矢量空间内，将直流标量作为电机外部的控制量，通过坐标变换，转换成交流量去控制交流电机的运行，这种控制系统称为矢量控制系统，通常简称为矢量控制系统(vector control system，VCS)。

4.3　矢量坐标变换

由 4.2 节中的讨论可知，矢量控制是将交流电机三相坐标系上的定子电流 i_A 、 i_B 、 i_C 通过三相静止到两相静止坐标变换转换成两相静止坐标系上的定子电流 i_α 、 i_β ，再经过两相静止到两相旋转坐标变换转换成以 ω_s 旋转的两相旋转坐标系上的定子电流 i_d 、 i_q ，在此旋转坐标系上便得到直流电机的控制方式。可见，实现矢量控制的关键是矢量坐标变换。本节重点讨论矢量坐标变换原理及实现方法。

4.3.1　异步电机各坐标系

在 4.1 节介绍了矢量空间，为更好地说明坐标变换的原理，有必要对异步电机变换过程的各坐标系加以说明。

1) 静止坐标系

矢量控制的坐标变换中的静止坐标系有两个。一个是三相交流电机中三相绕组构成的 ABC 坐标系。如图 4-10 所示，A、B、C 坐标轴在空间相差120°，一般取 A 轴为水平轴，B、C 轴在空间逆时针差120°。

另一个是αβ坐标系，其由两个正交的坐标轴组成，一般取α轴与 A 轴重合，即为水平轴，β轴沿逆时针方向与α轴垂直，矢量 $\boldsymbol{x}$ 在α 、β坐标轴上的投影(分量)为 x_α 、 x_β 。

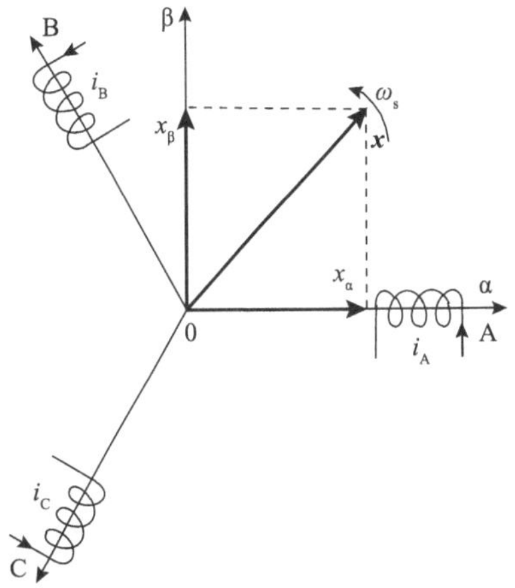

图 4-10　异步电机定子坐标系

2) 旋转坐标系

矢量控制的坐标变换中用到的旋转坐标系有 2 个，

即转子 abc 坐标系、dq 坐标系。

转子 abc 坐标系的三个轴分别为转子三相绕组的轴线。设 a 轴某时刻与水平轴重合，则 b、c 轴为逆时针方向依次相差120°。转子 abc 坐标系和转子一起在空间以转子转速 ω_r 旋转。

dq 坐标系也是旋转坐标系，d 轴称为直轴，q 轴称为交轴，q 轴逆时针超前 d 轴 90°，一般情况下，其转速是任意的，可以是转子转速 ω_r，αβ 坐标系可认为是转速为零的 dq 坐标系，是 dq 坐标系中的一种特殊情况。

需要说明的是，为了避免混淆，本书将一般教材中的 dq 坐标系与 MT 坐标系做了统一，统称为 dq 坐标系，在不特殊说明的情况下，后面的 dq 旋转坐标系默认以同步角速度 ω_s 在空间旋转，其中 q 轴逆时针超前 d 轴 90°，且 d 轴一般固定在磁链矢量上。

4.3.2 坐标变换原则

异步电机矢量坐标变换的数学表达式常用矩阵方程表示，如

$$\begin{cases} \boldsymbol{u} = \boldsymbol{C}_u \boldsymbol{u}' \\ \boldsymbol{i} = \boldsymbol{C}_i \boldsymbol{i}' \end{cases} \tag{4-42}$$

式中，$\boldsymbol{C}_u$、$\boldsymbol{C}_i$ 分别为电压和电流变换矩阵。式(4-43)说明了将一组变量 $\boldsymbol{u}'$ ($\boldsymbol{i}'$)变换为另一组变量 $\boldsymbol{u}(\boldsymbol{i})$。

在进行异步电机矢量坐标变换时，应遵守变换前后电机功率不变原则，由此使得变换矩阵 $\boldsymbol{C}$ 更加明确。设在某坐标系下的电路或系统的电压、电流向量分别为 $\boldsymbol{u}$ 和 $\boldsymbol{i}$，在变换后的新坐标系下，电压电流向量变成 $\boldsymbol{u}'$ 和 $\boldsymbol{i}'$，设

$$\boldsymbol{u} = \begin{bmatrix} u_1 & u_2 & \cdots & u_n \end{bmatrix}^{\mathrm{T}}, \quad \boldsymbol{i} = \begin{bmatrix} i_1 & i_2 & \cdots & i_n \end{bmatrix}^{\mathrm{T}} \tag{4-43}$$

$$\boldsymbol{u}' = \begin{bmatrix} u_1' & u_2' & \cdots & u_n' \end{bmatrix}^{\mathrm{T}}, \quad \boldsymbol{i}' = \begin{bmatrix} i_1' & i_2' & \cdots & i_n' \end{bmatrix}^{\mathrm{T}} \tag{4-44}$$

则经坐标变换后，$\boldsymbol{u}$、$\boldsymbol{u}'$，$\boldsymbol{i}$、$\boldsymbol{i}'$ 关系如下：

$$\boldsymbol{u} = \boldsymbol{C}_u \boldsymbol{u}' \tag{4-45}$$

$$\boldsymbol{i} = \boldsymbol{C}_i \boldsymbol{i}' \tag{4-46}$$

由变换前后功率不变，得

$$P = u_1 i_1 + u_2 i_2 + \cdots + u_n i_n = \boldsymbol{u}^{\mathrm{T}} \boldsymbol{i} = u_1' i_1' + u_2' i_2' + \cdots + u_n' i_n' = \boldsymbol{u}'^{\mathrm{T}} \boldsymbol{i}' \tag{4-47}$$

将式(4-45)、式(4-46)代入式(4-47)得

$$\boldsymbol{u}^{\mathrm{T}} \boldsymbol{i} = (\boldsymbol{C}_u \boldsymbol{u}')^{\mathrm{T}} \boldsymbol{C}_i \boldsymbol{i}' = \boldsymbol{u}'^{\mathrm{T}} \boldsymbol{C}_u^{\mathrm{T}} \boldsymbol{C}_i \boldsymbol{i}' = \boldsymbol{u}'^{\mathrm{T}} \boldsymbol{i}' \tag{4-48}$$

$$\boldsymbol{C}_i^{\mathrm{T}} \boldsymbol{C}_u = \boldsymbol{I} \tag{4-49}$$

式中，$\boldsymbol{I}$ 为单位矩阵。

在选取 $\boldsymbol{C}_u = \boldsymbol{C}_i = \boldsymbol{C}$ 情况下，式(4-49)变为

$$\boldsymbol{C}^{\mathrm{T}}\boldsymbol{C}=\boldsymbol{I} \tag{4-50}$$

$$\boldsymbol{C}^{\mathrm{T}}=\boldsymbol{C}^{-1} \tag{4-51}$$

由此得出结论：在变换前后功率不变，且电压和电流选取相同变换矩阵的条件下，变换矩阵的逆与其转置相等，这样的坐标变换属于正交变换。

4.3.3　各类坐标变换的实现

4.2 节提到的矢量坐标变换首先要进行的是三相静止坐标系到两相静止坐标系的变换，即用一个对称的两相交流电机代替一个对称的三相交流电机，或者用一个对称的三相交流电机代替一个对称的两相交流电机。其中对称是指定、转子各绕组分别具有相同的匝数，并分布以相同的电阻。其次是要进行两相静止坐标系到两相旋转坐标系的变换，即用一个变化了的直流电机代替一个两相交流电机。

1) 三相-两相静止变换(3s/2s 变换)

现在先考虑上述的第一种坐标变换，即在三相静止绕组 A、B、C 和两相静止绕组α 、β之间的变换，或称为三相-两相静止变换，简称为 3s/2s 变换，其中 s 表示静止。

图 4-11 中绘出了 ABC 和αβ 两个坐标系，为了方便起见，取 A 轴和α 轴重合。各相磁动势与有效匝数和电流的乘积成正比，其空间矢量均位于有关相的坐标轴上。

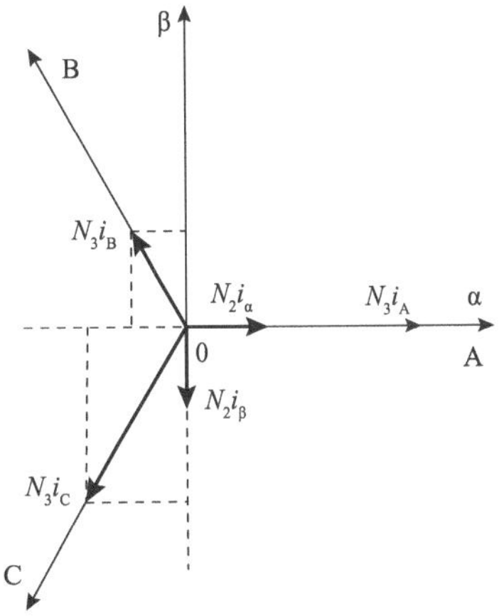

图 4-11　三相-两相静止变换

设磁动势波形是按正弦分布的，当三相总磁动势与两相总磁动势相等时，三相绕组磁动势在α 、β轴上的投影应与两相绕组磁动势在α 、β轴上的投影相等：

$$\begin{cases} N_2 i_\alpha = N_3 i_A - N_3 i_B \cos 60° - N_3 i_C \cos 60° = N_3\left(i_A - \dfrac{1}{2}i_B - \dfrac{1}{2}i_C\right) \\ N_2 i_\beta = N_3 i_B \sin 60° - N_3 i_C \sin 60° = \dfrac{\sqrt{3}}{2}N_3(i_B - i_C) \end{cases} \tag{4-52}$$

写成矩阵形式，得

$$\begin{bmatrix} i_\alpha \\ i_\beta \end{bmatrix} = \frac{N_3}{N_2}\begin{bmatrix} 1 & -\dfrac{1}{2} & -\dfrac{1}{2} \\ 0 & \dfrac{\sqrt{3}}{2} & -\dfrac{\sqrt{3}}{2} \end{bmatrix}\begin{bmatrix} i_A \\ i_B \\ i_C \end{bmatrix} \tag{4-53}$$

考虑变换前后总功率不变的前提下，匝数比是可求的，为了便于求反变换，最好将变换矩阵增广成可逆的方阵，即在两相系统上人为地增加一相零轴磁动势，表示为 $N_2 i_o$，i_o 为零序电流，则式(4-53)可改写如下：

$$\begin{bmatrix} i_\alpha \\ i_\beta \\ i_0 \end{bmatrix} = \frac{N_3}{N_2}\begin{bmatrix} 1 & -\dfrac{1}{2} & -\dfrac{1}{2} \\ 0 & \dfrac{\sqrt{3}}{2} & -\dfrac{\sqrt{3}}{2} \\ k & k & k \end{bmatrix}\begin{bmatrix} i_A \\ i_B \\ i_C \end{bmatrix} = \boldsymbol{C}_{3s/2s}\begin{bmatrix} i_A \\ i_B \\ i_C \end{bmatrix} \tag{4-54}$$

式中，k 为待定系数；$\boldsymbol{C}_{3s/2s}$ 为增广后三相坐标系变换到两相坐标系的变换矩阵：

$$\boldsymbol{C}_{3s/2s} = \frac{N_3}{N_2}\begin{bmatrix} 1 & -\dfrac{1}{2} & -\dfrac{1}{2} \\ 0 & \dfrac{\sqrt{3}}{2} & -\dfrac{\sqrt{3}}{2} \\ k & k & k \end{bmatrix} \tag{4-55}$$

满足功率不变条件，应有

$$\boldsymbol{C}_{3s/2s}^{-1} = \boldsymbol{C}_{3s/2s}^{\mathrm{T}} = \frac{N_3}{N_2}\begin{bmatrix} 1 & 0 & k \\ -\dfrac{1}{2} & \dfrac{\sqrt{3}}{2} & k \\ -\dfrac{1}{2} & -\dfrac{\sqrt{3}}{2} & k \end{bmatrix} \tag{4-56}$$

因为矩阵与其逆矩阵相乘，结果为单位矩阵，所以

$$\begin{aligned} \boldsymbol{C}_{3s/2s}\boldsymbol{C}_{3s/2s}^{-1} &= \left(\frac{N_3}{N_2}\right)^2\begin{bmatrix} 1 & -\dfrac{1}{2} & -\dfrac{1}{2} \\ 0 & \dfrac{\sqrt{3}}{2} & -\dfrac{\sqrt{3}}{2} \\ k & k & k \end{bmatrix}\begin{bmatrix} 1 & 0 & k \\ -\dfrac{1}{2} & \dfrac{\sqrt{3}}{2} & k \\ -\dfrac{1}{2} & -\dfrac{\sqrt{3}}{2} & k \end{bmatrix} \\ &= \left(\frac{N_3}{N_2}\right)^2\begin{bmatrix} \dfrac{3}{2} & 0 & 0 \\ 0 & \dfrac{3}{2} & 0 \\ 0 & 0 & 3k^2 \end{bmatrix} = \frac{3}{2}\left(\frac{N_3}{N_2}\right)^2\begin{bmatrix} 1 & 0 & 0 \\ 0 & 1 & 0 \\ 0 & 0 & 2k^2 \end{bmatrix} = \boldsymbol{E} \end{aligned} \tag{4-57}$$

解得

$$\frac{3}{2}\left(\frac{N_3}{N_2}\right)^2 = 1 \Rightarrow \frac{N_3}{N_2} = \sqrt{\frac{2}{3}} \tag{4-58}$$

$$2k^2 = 1 \Rightarrow k = \frac{1}{\sqrt{2}} \tag{4-59}$$

式(4-58)表明，在变换前后总功率不变和合成磁动势相同的前提下，变换后的两相绕组每相匝数应为三相绕组每相匝数的 $\sqrt{3/2}$ 倍。

将式(4-58)和式(4-59)代入式(4-56)，即得三相-两相变换矩阵：

$$\boldsymbol{C}_{3s/2s}=\sqrt{\frac{2}{3}}\begin{bmatrix}1 & -\frac{1}{2} & -\frac{1}{2}\\ 0 & \frac{\sqrt{3}}{2} & -\frac{\sqrt{3}}{2}\\ \frac{1}{\sqrt{2}} & \frac{1}{\sqrt{2}} & \frac{1}{\sqrt{2}}\end{bmatrix} \tag{4-60}$$

由式(4-56)得两相坐标系到三相坐标系变换(简称为 2s/3s 变换)的变换矩阵为

$$\boldsymbol{C}_{2s/3s}=\boldsymbol{C}_{3s/2s}^{-1}=\boldsymbol{C}_{3s/2s}^{\mathrm{T}}=\sqrt{\frac{2}{3}}\begin{bmatrix}1 & 0 & \frac{1}{\sqrt{2}}\\ -\frac{1}{2} & \frac{\sqrt{3}}{2} & \frac{1}{\sqrt{2}}\\ -\frac{1}{2} & -\frac{\sqrt{3}}{2} & \frac{1}{\sqrt{2}}\end{bmatrix} \tag{4-61}$$

式中，$\boldsymbol{C}_{2s/3s}$ 为增广后两相坐标系变换到三相坐标系的变换矩阵。

于是三相-两相电流变换矩阵方程和两相-三相电流变换矩阵方程为

$$\begin{bmatrix}i_\alpha\\ i_\beta\end{bmatrix}=\sqrt{\frac{2}{3}}\begin{bmatrix}1 & -\frac{1}{2} & -\frac{1}{2}\\ 0 & \frac{\sqrt{3}}{2} & -\frac{\sqrt{3}}{2}\end{bmatrix}\begin{bmatrix}i_A\\ i_B\\ i_C\end{bmatrix} \tag{4-62}$$

或

$$\begin{bmatrix}i_\alpha\\ i_\beta\\ i_0\end{bmatrix}=\sqrt{\frac{2}{3}}\begin{bmatrix}1 & -\frac{1}{2} & -\frac{1}{2}\\ 0 & \frac{\sqrt{3}}{2} & -\frac{\sqrt{3}}{2}\\ \frac{1}{\sqrt{2}} & \frac{1}{\sqrt{2}} & \frac{1}{\sqrt{2}}\end{bmatrix}\begin{bmatrix}i_A\\ i_B\\ i_C\end{bmatrix} \tag{4-63}$$

$$\begin{bmatrix}i_A\\ i_B\\ i_C\end{bmatrix}=\sqrt{\frac{2}{3}}\begin{bmatrix}1 & 0 & \frac{1}{\sqrt{2}}\\ -\frac{1}{2} & \frac{\sqrt{3}}{2} & \frac{1}{\sqrt{2}}\\ -\frac{1}{2} & -\frac{\sqrt{3}}{2} & \frac{1}{\sqrt{2}}\end{bmatrix}\begin{bmatrix}i_\alpha\\ i_\beta\\ i_0\end{bmatrix} \tag{4-64}$$

如果三相绕组是 Y 连接不带零线，则有 $i_A+i_B+i_C=0$ 或 $i_C=-i_A-i_B$，将其代入式(4-62)和式(4-64)并整理后得

$$\begin{bmatrix}i_\alpha\\ i_\beta\end{bmatrix}=\begin{bmatrix}\sqrt{\frac{3}{2}} & 0\\ \frac{1}{\sqrt{2}} & \sqrt{2}\end{bmatrix}\begin{bmatrix}i_A\\ i_B\end{bmatrix} \tag{4-65}$$

$$\begin{bmatrix} i_A \\ i_B \end{bmatrix} = \begin{bmatrix} \sqrt{\dfrac{2}{3}} & 0 \\ -\dfrac{1}{\sqrt{6}} & \dfrac{1}{\sqrt{2}} \end{bmatrix} \begin{bmatrix} i_\alpha \\ i_\beta \end{bmatrix} \tag{4-66}$$

按照所采用的功率不变的约束条件，电流变换矩阵也就是电压变换矩阵，同时还可证明，它们也是磁链的变换矩阵。

2) 两相-两相旋转变换(2s/2r 变换)

在图 4-8(b)、(c)中，从两相静止坐标系αβ到两相旋转坐标系 dq 的变换称作两相-两相旋转变换，简称为 2s/2r 变换，其中 s 表示静止，r 表示旋转。把两个坐标系画在一起，即得图 4-12。

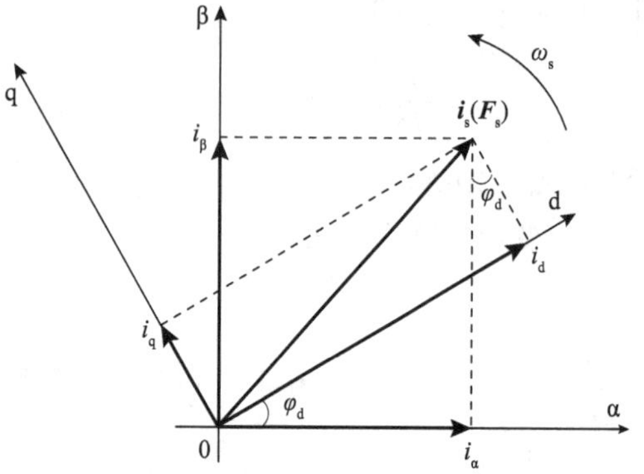

图 4-12　两相-两相旋转变换

图 4-12 中，两相交流电流 i_α、i_β 和两相直流电流 i_d、i_q 产生同样的以同步转速 ω_s 旋转的合成磁动势 $\boldsymbol{F}_s$。设各绕组匝数都相等，可以消去磁动势中的匝数，直接用电流表示，例如，$\boldsymbol{F}_s$ 可以直接标成 $\boldsymbol{i}_s$。但必须注意，这里的电流都被定义为空间矢量，而不是时间相量。

由 4.2.2 节的叙述可以知道，d、q 轴是直流坐标轴，其上的分量也是直流分量，但其合成矢量 $\boldsymbol{i}_s(\boldsymbol{F}_s)$ 在空间是固定不动的，在空间以 ω_s 旋转的磁动势，可以让 d、q 坐标轴在空间以 ω_s 转速及相同的旋转方向旋转，这样在两相旋转坐标系 d、q 轴产生的 $\boldsymbol{i}_s(\boldsymbol{F}_s)$ 就与原两相静止坐标系α、β轴的矢量 $\boldsymbol{i}_s(\boldsymbol{F}_s)$ 完全相同。

由于 d、q 坐标轴是旋转的，α、β轴是静止的，α轴与 d 轴的夹角 φ_d 随时间而变化，因此 $\boldsymbol{i}_s$ 在α、β轴上的分量的长短也随时间变化，相当于绕组交流磁动势的瞬时值。由图 4-12 可见，i_α、i_β 和 i_d、i_q 之间存在下列关系：

$$i_\alpha = i_d \cos\varphi_d - i_q \sin\varphi_d \tag{4-67}$$

$$i_\beta = i_d \sin\varphi_d + i_q \cos\varphi_d \tag{4-68}$$

写成矩阵形式，得

$$\begin{bmatrix} i_\alpha \\ i_\beta \end{bmatrix} = \begin{bmatrix} \cos\varphi_d & -\sin\varphi_d \\ \sin\varphi_d & \cos\varphi_d \end{bmatrix} \begin{bmatrix} i_d \\ i_q \end{bmatrix} = \boldsymbol{C}_{2r/2s} \begin{bmatrix} i_d \\ i_q \end{bmatrix} \tag{4-69}$$

式中

$$\boldsymbol{C}_{2r/2s} = \begin{bmatrix} \cos\varphi_d & -\sin\varphi_d \\ \sin\varphi_d & \cos\varphi_d \end{bmatrix} \tag{4-70}$$

是两相旋转坐标系变换到两相静止坐标系的变换矩阵。

对式(4-69)两边都左乘以变换矩阵的逆矩阵，即得

$$\begin{bmatrix} i_d \\ i_q \end{bmatrix} = \begin{bmatrix} \cos\varphi_d & -\sin\varphi_d \\ \sin\varphi_d & \cos\varphi_d \end{bmatrix}^{-1} \begin{bmatrix} i_\alpha \\ i_\beta \end{bmatrix} = \begin{bmatrix} \cos\varphi_d & \sin\varphi_d \\ -\sin\varphi_d & \cos\varphi_d \end{bmatrix} \begin{bmatrix} i_\alpha \\ i_\beta \end{bmatrix} \tag{4-71}$$

则两相静止坐标系变换到两相旋转坐标系的变换矩阵是

$$\boldsymbol{C}_{2s/2r} = \begin{bmatrix} \cos\varphi_d & \sin\varphi_d \\ -\sin\varphi_d & \cos\varphi_d \end{bmatrix} \tag{4-72}$$

同理，根据变化前后功率不变原则，电压和磁链的旋转变换矩阵可采用与式(4-72)相同的旋转变换矩阵。

3) 由三相静止坐标系到任意两相旋转坐标系的变换(3s/2r 变换)

如果要从三相静止坐标系 ABC 转换到任意两相旋转坐标系 dq (有些书中称为 dq0，其中 0 是为了凑成方阵而假想的零轴)，可以先将 ABC 坐标系转换到静止 αβ 坐标系(取α轴与 A 轴重合)，然后从静止 αβ 坐标系转换到 dq 任意旋转坐标系。后者可采用两相-两相旋转变换矩阵 $\boldsymbol{C}_{2s/2r}$，令 d 轴与α轴夹角为 φ_d，得

$$\begin{cases} i_d = i_\alpha\cos\varphi_d + i_\beta\sin\varphi_d \\ i_q = -i_\alpha\sin\varphi_d + i_\beta\cos\varphi_d \\ i_0 = i_0 \end{cases} \tag{4-73}$$

写成矩阵形式为

$$\begin{bmatrix} i_d \\ i_q \\ i_0 \end{bmatrix} = \begin{bmatrix} \cos\varphi_d & \sin\varphi_d & 0 \\ -\sin\varphi_d & \cos\varphi_d & 0 \\ 0 & 0 & 1 \end{bmatrix} \begin{bmatrix} i_\alpha \\ i_\beta \\ i_0 \end{bmatrix} \tag{4-74}$$

将式(4-63)代入式(4-74)，可得 $\boldsymbol{C}_{3s/2r}$ 为

$$\begin{aligned} \boldsymbol{C}_{3s/2r} &= \sqrt{\frac{2}{3}} \begin{bmatrix} \cos\varphi_d & \sin\varphi_d & 0 \\ -\sin\varphi_d & \cos\varphi_d & 0 \\ 0 & 0 & 1 \end{bmatrix} \begin{bmatrix} 1 & -\frac{1}{2} & -\frac{1}{2} \\ 0 & \frac{\sqrt{3}}{2} & -\frac{\sqrt{3}}{2} \\ \frac{1}{\sqrt{2}} & \frac{1}{\sqrt{2}} & \frac{1}{\sqrt{2}} \end{bmatrix} \\ &= \sqrt{\frac{2}{3}} \begin{bmatrix} \cos\varphi_d & \frac{\sqrt{3}}{2}\sin\varphi_d - \frac{1}{2}\cos\varphi_d & -\frac{\sqrt{3}}{2}\sin\varphi_d - \frac{1}{2}\cos\varphi_d \\ -\sin\varphi_d & \frac{1}{2}\sin\varphi_d + \frac{\sqrt{3}}{2}\cos\varphi_d & \frac{1}{2}\sin\varphi_d - \frac{\sqrt{3}}{2}\cos\varphi_d \\ \frac{1}{\sqrt{2}} & \frac{1}{\sqrt{2}} & \frac{1}{\sqrt{2}} \end{bmatrix} \\ &= \sqrt{\frac{2}{3}} \begin{bmatrix} \cos\varphi_d & \cos(\varphi_d - 120^\circ) & \cos(\varphi_d + 120^\circ) \\ -\sin\varphi_d & -\sin(\varphi_d - 120^\circ) & -\sin(\varphi_d + 120^\circ) \\ \frac{1}{\sqrt{2}} & \frac{1}{\sqrt{2}} & \frac{1}{\sqrt{2}} \end{bmatrix} \end{aligned} \tag{4-75}$$

其反变换为

$$C_{2r/3s}=C_{3s/2r}^{-1}=C_{3s/2r}^{T}=\sqrt{\frac{2}{3}}\begin{bmatrix}\cos\varphi_d & -\sin\varphi_d & \frac{1}{\sqrt{2}}\\ \cos(\varphi_d-120°) & -\sin(\varphi_d-120°) & \frac{1}{\sqrt{2}}\\ \cos(\varphi_d+120°) & -\sin(\varphi_d+120°) & \frac{1}{\sqrt{2}}\end{bmatrix} \tag{4-76}$$

$C_{2s/2r}$、$C_{3s/2r}$同样适用于电压和磁链的变化。

4) 直角坐标/极坐标变换(K/P 变换)

在矢量控制系统中常用直角坐标/极坐标变换。

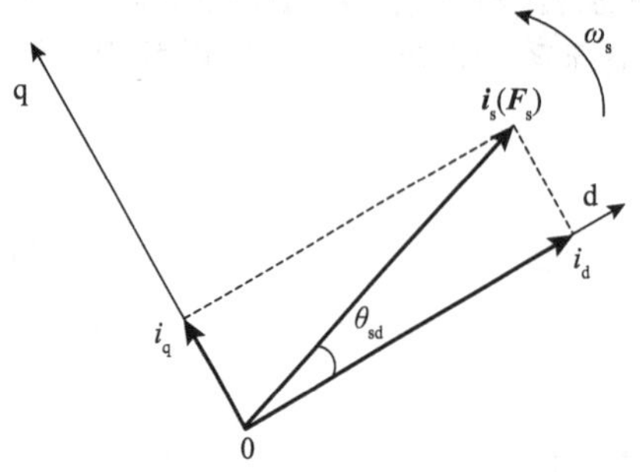

图 4-13　直角坐标/极坐标变换

令矢量i_s和 d 轴的夹角为θ_{sd}，已知i_d、i_q，求i_s和θ_{sd}，就是直角坐标/极坐标变换，简称为 K/P 变换，见图 4-13。

显然，其变换式应为

$$i_s=\sqrt{i_d^2+i_q^2} \tag{4-77}$$

$$\theta_{sd}=\arctan\frac{i_q}{i_d} \tag{4-78}$$

当θ_{sd}在 0°～90°变化时，$\tan\theta_{sd}$的变化范围是 0～∞，这个变化范围太大，很难在实际变换器中实现，因此常改用下列方式来表示θ_{sd}值：

$$\tan\frac{\theta_{sd}}{2}=\frac{\sin\frac{\theta_{sd}}{2}}{\cos\frac{\theta_{sd}}{2}}=\frac{\sin\frac{\theta_{sd}}{2}\left(2\cos\frac{\theta_{sd}}{2}\right)}{\cos\frac{\theta_{sd}}{2}\left(2\cos\frac{\theta_{sd}}{2}\right)}=\frac{\sin\theta_{sd}}{1+\cos\theta_{sd}}=\frac{i_q}{i_s+i_d} \tag{4-79}$$

这样，

$$\theta_{sd}=2\arctan\frac{i_q}{i_s+i_d} \tag{4-80}$$

式(4-80)可用来代替式(4-78)，作为θ_{sd}的变换式。

4.4　三相异步电机的数学模型

本节首先建立三相异步电机在三相静止坐标系 ABC 上的数学模型，然后通过三相到两相矢量坐标变换，将三相静止坐标系 ABC 上的数学模型转换为两相静止坐标系αβ上的数学模型，再通过矢量旋转坐标变换，将两相静止坐标系αβ上的数学模型转换为两相同步旋转坐标系 dq 上的数学模型，以实现将非线性、强耦合的异步电机数学模型简化成解耦的近似线性的数学模型，这样就可以研究异步电机变频调速系统的矢量控制策略了。

4.4.1　三相异步电机在三相静止坐标系 ABC 上的数学模型

在研究异步电机的多变量非线性数学模型时，为简化计算，常有如下假设：

(1) 忽略空间谐波，设三相绕组对称，在空间互差 120°电角度，所产生的磁动势沿气隙周围按正弦规律分布；

(2) 忽略磁路饱和，各绕组的自感和互感都是恒定的；

(3) 忽略铁心损耗；

(4) 不考虑频率变化和温度变化对绕组电阻的影响。

将电机的转子均等效成三相绕线转子，并折算到定子侧，折算后的定子和转子绕组匝数都相等。这样，实际电机绕组就等效成图 4-14 所示的三相异步电机的物理模型。

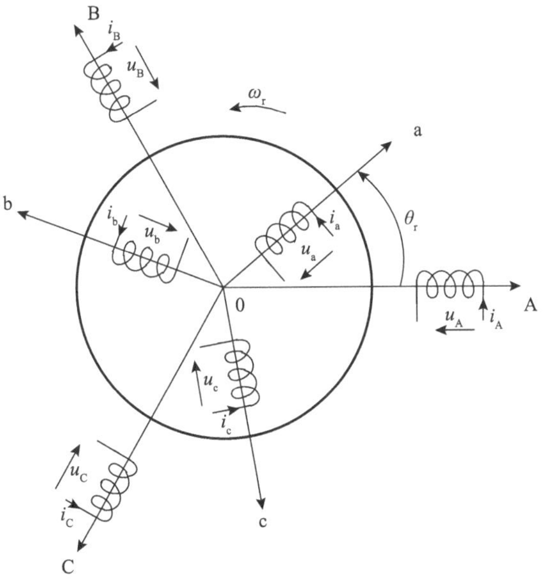

图 4-14　三相异步电机的物理模型

图 4-14 中，定子三相绕组轴线 ABC 在空间是固定的，以 A 轴为参考坐标轴；转子绕组轴线 abc 随转子旋转，转子 a 轴和定子 A 轴间的电角度 θ_r 为空间角位移变量。规定各绕组电压、电流、磁链的正方向符合电机惯例和右手螺旋定则。这时，三相异步电机的数学模型由下述电压方程、磁链方程、运动方程和转矩方程组成。

1. 电压方程

对于图 4-14 所示的物理模型，可将定子三相绕组的电压方程表示为

$$u_A = R_s i_A + \frac{d\psi_A}{dt} \tag{4-81}$$

$$u_B = R_s i_B + \frac{d\psi_B}{dt} \tag{4-82}$$

$$u_C = R_s i_C + \frac{d\psi_C}{dt} \tag{4-83}$$

式中，R_s为定子每相绕组电阻；ψ_A、ψ_B和ψ_C分别为三相绕组的全磁链。式(4-81)～式(4-83)为定子电压标量(时间变量)方程，将其转换为定子电压矢量方程为

$$\boldsymbol{u}_s = R_s \boldsymbol{i}_s + \frac{d\boldsymbol{\psi}_s}{dt} \tag{4-84}$$

转换的方法为将式(4-81)～式(4-83)两边同乘以 $e^{j0°}$、$e^{j120°}$和 $e^{j240°}$，然后将式(4-81)～式(4-83)两边相加，再同乘以 $\sqrt{2}/\sqrt{3}$ 。

三相转子绕组的电压方程为

$$u_a = R_r i_a + \frac{d\psi_a}{dt} \tag{4-85}$$

$$u_b = R_r i_b + \frac{d\psi_b}{dt} \tag{4-86}$$

$$u_c = R_r i_c + \frac{d\psi_c}{dt} \tag{4-87}$$

式中，R_r为转子每相绕组电阻；ψ_a、ψ_b、ψ_c分别为三相绕组的全磁链。

同理，由式(4-85)～式(4-87)可得转子电压矢量方程为

$$\boldsymbol{u}_r^{abc} = R_r \boldsymbol{i}_r^{abc} + \frac{d\boldsymbol{\psi}_r^{abc}}{dt} \tag{4-88}$$

式中，上角标 abc 表示是转子 abc 坐标系中的矢量。abc 坐标系与 ABC 坐标系的关系为

$$\boldsymbol{u}_r^{abc} = u_r e^{-j\theta_r} \tag{4-89}$$

$$\boldsymbol{i}_r^{abc} = i_r e^{-j\theta_r} \tag{4-90}$$

$$\boldsymbol{\psi}_r^{abc} = \psi_r e^{-j\theta_r} \tag{4-91}$$

将式(4-89)～式(4-91)代入式(4-88)，可得由 ABC 坐标系表示的转子电压矢量方程，即有

$$\begin{aligned}\boldsymbol{u}_r &= R_r \boldsymbol{i}_r + \frac{d(\boldsymbol{\psi}_r e^{-j\theta_r})}{dt} = R_r \boldsymbol{i}_r + \frac{d\boldsymbol{\psi}_r}{dt} e^{-j\theta_r} - j\frac{d\theta_r}{dt}\boldsymbol{\psi}_r \\ &= R_r \boldsymbol{i}_r + \frac{d\boldsymbol{\psi}_r}{dt} - j\omega_r \boldsymbol{\psi}_r\end{aligned} \tag{4-92}$$

式中，ω_r 为转子的电角速度。

将电压方程写成矩阵形式，并以微分算子 p 代替微分符号 d/dt，得

$$\begin{bmatrix} u_A \\ u_B \\ u_C \\ u_a \\ u_b \\ u_c \end{bmatrix} = \begin{bmatrix} R_s & 0 & 0 & 0 & 0 & 0 \\ 0 & R_s & 0 & 0 & 0 & 0 \\ 0 & 0 & R_s & 0 & 0 & 0 \\ 0 & 0 & 0 & R_r & 0 & 0 \\ 0 & 0 & 0 & 0 & R_r & 0 \\ 0 & 0 & 0 & 0 & 0 & R_r \end{bmatrix} \begin{bmatrix} i_A \\ i_B \\ i_C \\ i_a \\ i_b \\ i_c \end{bmatrix} + p \begin{bmatrix} \psi_A \\ \psi_B \\ \psi_C \\ \psi_a \\ \psi_b \\ \psi_c \end{bmatrix} \tag{4-93}$$

或写成

$$\boldsymbol{u} = \boldsymbol{R}\boldsymbol{i} + p\boldsymbol{\Psi} \tag{4-94}$$

2. 磁链方程

每个绕组的磁链是它本身的自感磁链和其他绕组对它的互感磁链之和，因此，六个绕组的磁链可表达为

$$\begin{bmatrix} \psi_A \\ \psi_B \\ \psi_C \\ \psi_a \\ \psi_b \\ \psi_c \end{bmatrix} = \begin{bmatrix} L_{AA} & L_{AB} & L_{AC} & L_{Aa} & L_{Ab} & L_{Ac} \\ L_{BA} & L_{BB} & L_{BC} & L_{Ba} & L_{Bb} & L_{Bc} \\ L_{CA} & L_{CB} & L_{CC} & L_{Ca} & L_{Cb} & L_{Cc} \\ L_{aA} & L_{aB} & L_{aC} & L_{aa} & L_{ab} & L_{ac} \\ L_{bA} & L_{bB} & L_{bC} & L_{ba} & L_{bb} & L_{bc} \\ L_{cA} & L_{cB} & L_{cC} & L_{ca} & L_{cb} & L_{cc} \end{bmatrix} \begin{bmatrix} i_A \\ i_B \\ i_C \\ i_a \\ i_b \\ i_c \end{bmatrix} \tag{4-95}$$

或写成

$$\boldsymbol{\Psi} = \boldsymbol{L}\boldsymbol{i} \tag{4-96}$$

式中，$\boldsymbol{L}$ 是 6×6 电感矩阵，其中对角线元素 L_{AA}、L_{BB}、L_{CC}、L_{aa}、L_{bb}、L_{cc} 是各有关绕组的自感，其余各项则是绕组间的互感。

1) 自感

设三相电机的气隙是均匀的，因此各相绕组自感为常数。令

$$L_{AA} = L_{BB} = L_{CC} = L_{s1} \tag{4-97}$$

$$L_{aa} = L_{bb} = L_{cc} = L_{r1} \tag{4-98}$$

式中，下标 1 表示是一相绕组的自感。由电机学可知，自感分为励磁电感(每相最大互感)和漏感两部分。由于折算后定、转子绕组匝数相等，且各绕组间互感磁通都通过气隙，磁阻相同，故各相绕组励磁电感相等，都记为 L_{m1}。而定、转子绕组的漏感与漏磁通相对应，定、转子漏磁路径不同，因此漏感并不相等，分别记为 $L_{s\sigma}$ 和 $L_{r\sigma}$。于是有

$$L_{s1} = L_{s\sigma} + L_{m1} \tag{4-99}$$

$$L_{r1} = L_{r\sigma} + L_{m1} \tag{4-100}$$

式中，励磁电感 L_{m1} 是每相最大互感。

2) 互感

两相绕组之间只有互感。互感又分为两类：

(1) 定子三相彼此之间和转子三相彼此之间位置都是固定的，故互感为常数；

(2) 定子任一相与转子任一相之间的位置是变化的，互感是角位移 θ_r 的函数。

第一类是三相绕组轴线彼此在空间上间隔 120°电角度时的互感，在假定气隙磁通为正弦分布的条件下，互感应为

$$L_{AB} = L_{BC} = L_{CA} = L_{BA} = L_{CB} = L_{AC} = L_{m1}\cos 120° = -\frac{1}{2}L_{m1} \tag{4-101}$$

$$L_{ab} = L_{bc} = L_{ca} = L_{ba} = L_{cb} = L_{ac} = L_{m1}\cos 120° = -\frac{1}{2}L_{m1} \tag{4-102}$$

第二类是定、转子绕组间的互感，由于定、转子绕组相互间位置的变化(图 4-14)，可分别表示为

$$L_{Aa} = L_{aA} = L_{Bb} = L_{bB} = L_{Cc} = L_{cC} = L_{m1}\cos\theta_r \tag{4-103}$$

$$L_{Ac} = L_{cA} = L_{Ba} = L_{aB} = L_{Cb} = L_{bC} = L_{m1}\cos(\theta_r - 120°) \tag{4-104}$$

$$L_{Ab} = L_{bA} = L_{Bc} = L_{cB} = L_{Ca} = L_{aC} = L_{m1}\cos(\theta_r + 120°) \tag{4-105}$$

当定、转子两相绕组轴线一致时，两者之间的互感值最大，就是每相最大互感 L_{m1}。

将式(4-101)～式(4-105)都代入式(4-95)，即得完整的磁链方程，显然这个方程是比较复杂的，为了方便起见，可以将它写成分块矩阵的形式：

$$\begin{bmatrix} \Psi_s \\ \Psi_r \end{bmatrix} = \begin{bmatrix} L_{ss} & L_{sr} \\ L_{rs} & L_{rr} \end{bmatrix} \begin{bmatrix} i_s \\ i_r \end{bmatrix} \tag{4-106}$$

式中

$$\boldsymbol{\Psi}_s = \begin{bmatrix} \psi_A & \psi_B & \psi_C \end{bmatrix}^T$$

$$\boldsymbol{\Psi}_r = \begin{bmatrix} \psi_a & \psi_b & \psi_c \end{bmatrix}^T$$

$$\boldsymbol{i}_s = \begin{bmatrix} i_A & i_B & i_C \end{bmatrix}^T$$

$$\boldsymbol{i}_r = \begin{bmatrix} i_a & i_b & i_c \end{bmatrix}^T$$

$$\boldsymbol{L}_{ss} = \begin{bmatrix} L_{m1} + L_{s\sigma} & -\frac{1}{2}L_{m1} & -\frac{1}{2}L_{m1} \\ -\frac{1}{2}L_{m1} & L_{m1} + L_{s\sigma} & -\frac{1}{2}L_{m1} \\ -\frac{1}{2}L_{m1} & -\frac{1}{2}L_{m1} & L_{m1} + L_{s\sigma} \end{bmatrix} \tag{4-107}$$

$$\boldsymbol{L}_{rr} = \begin{bmatrix} L_{m1} + L_{r\sigma} & -\frac{1}{2}L_{m1} & -\frac{1}{2}L_{m1} \\ -\frac{1}{2}L_{m1} & L_{m1} + L_{r\sigma} & -\frac{1}{2}L_{m1} \\ -\frac{1}{2}L_{m1} & -\frac{1}{2}L_{m1} & L_{m1} + L_{r\sigma} \end{bmatrix} \tag{4-108}$$

$$\boldsymbol{L}_{rs} = L_{m1} \begin{bmatrix} \cos\theta_r & \cos(\theta_r - 120°) & \cos(\theta_r + 120°) \\ \cos(\theta_r + 120°) & \cos\theta_r & \cos(\theta_r - 120°) \\ \cos(\theta_r - 120°) & \cos(\theta_r + 120°) & \cos\theta_r \end{bmatrix} \tag{4-109}$$

$$\boldsymbol{L}_{sr} = L_{m1} \begin{bmatrix} \cos\theta_r & \cos(\theta_r + 120°) & \cos(\theta_r - 120°) \\ \cos(\theta_r - 120°) & \cos\theta_r & \cos(\theta_r + 120°) \\ \cos(\theta_r + 120°) & \cos(\theta_r - 120°) & \cos\theta_r \end{bmatrix} \tag{4-110}$$

值得注意的是，$\boldsymbol{L}_{sr}$ 和 $\boldsymbol{L}_{rs}$ 两个分块矩阵互为转置，且均与转子位置角 θ_r 有关，它们的元素都是变参数，这是系统非线性的一个根源。为了把变参数转换成常参数，须利用坐标变换。

如果把磁链方程(4-96)代入电压方程(4-94)中，即得展开后的电压方程：

$$\begin{aligned} \boldsymbol{u} &= \boldsymbol{Ri} + p(\boldsymbol{Li}) = \boldsymbol{Ri} + \boldsymbol{L}\frac{d\boldsymbol{i}}{dt} + \frac{d\boldsymbol{L}}{dt}\boldsymbol{i} \\ &= \boldsymbol{Ri} + \boldsymbol{L}\frac{d\boldsymbol{i}}{dt} + \frac{d\boldsymbol{L}}{d\theta_r}\omega\boldsymbol{i} \end{aligned} \tag{4-111}$$

式中，$\boldsymbol{L}\mathrm{d}\boldsymbol{i}/\mathrm{d}t$ 项属于电磁感应电动势中的脉变电动势(或称为变压器电动势)；$(\mathrm{d}\boldsymbol{L}/\mathrm{d}\theta_r)\omega\boldsymbol{i}$ 项属于电磁感应电动势中与转速成正比的旋转电动势。

3. 运动方程和转矩方程

在一般情况下，电力拖动系统的基本运动方程是

$$T_e = T_L + \frac{J}{p_n}\frac{\mathrm{d}\omega_r}{\mathrm{d}t} + \frac{D}{p_n}\omega_r + \frac{K}{p_n}\theta_r \tag{4-112}$$

式中，D 为与转速成正比的阻转矩阻尼系数；K 为扭转弹性转矩系数。

对于恒转矩负载，$D=0$，$K=0$，则

$$T_e = T_L + \frac{J}{p_n}\frac{\mathrm{d}\omega_r}{\mathrm{d}t} \tag{4-113}$$

根据机电能量转换原理，在多绕组电机中，在线性电感的条件下，磁场的储能和磁共能为

$$W_m = W'_m = \frac{1}{2}\boldsymbol{i}^{\mathrm{T}}\boldsymbol{\psi} = \frac{1}{2}\boldsymbol{i}^{\mathrm{T}}\boldsymbol{L}\boldsymbol{i} \tag{4-114}$$

而电磁转矩等于机械角位移变化时磁共能的变化率 $\dfrac{\partial W'_m}{\partial \theta_m}$ (电流约束为常数)，且机械角位移 $\theta_m = \theta/p_n$ ，于是

$$T_e = \left.\frac{\partial W'_m}{\partial \theta_m}\right|_{i=\mathrm{const}} = p_n\left.\frac{\partial W'_m}{\partial \theta}\right|_{i=\mathrm{const}} \tag{4-115}$$

将式(4-114)代入式(4-115)，并考虑到电感的分块矩阵关系式(4-107)～式(4-110)，得

$$T_e = \frac{1}{2}p_n\boldsymbol{i}^{\mathrm{T}}\frac{\partial \boldsymbol{L}}{\partial \theta}\boldsymbol{i} = \frac{1}{2}p_n\boldsymbol{i}^{\mathrm{T}}\begin{bmatrix} 0 & \dfrac{\partial \boldsymbol{L}_{sr}}{\partial \theta_r} \\ \dfrac{\partial \boldsymbol{L}_{rs}}{\partial \theta_r} & 0 \end{bmatrix}\boldsymbol{i} \tag{4-116}$$

又由于

$$\boldsymbol{i}^{\mathrm{T}} = [\boldsymbol{i}_s^{\mathrm{T}} \quad \boldsymbol{i}_r^{\mathrm{T}}] = [i_A \quad i_B \quad i_C \quad i_a \quad i_b \quad i_c] \tag{4-117}$$

代入式(4-116)得

$$T_e = \frac{1}{2}p_n\left[\boldsymbol{i}_r^{\mathrm{T}}\cdot\frac{\partial \boldsymbol{L}_{rs}}{\partial \theta_r}\boldsymbol{i}_s + \boldsymbol{i}_s^{\mathrm{T}}\cdot\frac{\partial \boldsymbol{L}_{sr}}{\partial \theta_r}\boldsymbol{i}_r\right] \tag{4-118}$$

将式(4-109)、式(4-110)代入式(4-118)并展开后，舍去负号，意即电磁转矩的正方向为使 θ_r 减小的方向，则

$$\begin{aligned} T_e = p_n L_{m1}[&(i_A i_a + i_B i_b + i_C i_c)\sin\theta_r + (i_A i_b + i_B i_c + i_C i_a)\sin(\theta_r + 120°) \\ &+ (i_A i_c + i_B i_a + i_C i_b)\sin(\theta_r - 120°)] \end{aligned} \tag{4-119}$$

应该指出，上述公式是在线性磁路、磁动势在空间内按正弦分布的假定条件下得出来的，但对于定、转子电流对时间的波形未做任何假定，式中的 i 都是瞬时值。

因此，上述电磁转矩公式完全适用于变压变频器供电的含有电流谐波的三相异步电机

调速系统。

4. 三相异步电机的数学模型

将式(4-106)、式(4-111)和式(4-113)综合起来，再加上

$$\omega_{\mathrm{r}}=\frac{\mathrm{d}\theta_{\mathrm{r}}}{\mathrm{d}t} \tag{4-120}$$

便构成在恒转矩负载下三相异步电机的多变量非线性数学模型，如式(4-121)所示，用结构图表示出来，如图 4-15 所示。

$$\begin{cases}\begin{bmatrix}\Psi_{\mathrm{s}}\\ \Psi_{\mathrm{r}}\end{bmatrix}=\begin{bmatrix}L_{\mathrm{ss}} & L_{\mathrm{sr}}\\ L_{\mathrm{rs}} & L_{\mathrm{rr}}\end{bmatrix}\begin{bmatrix}i_{\mathrm{s}}\\ i_{\mathrm{r}}\end{bmatrix}\\ \boldsymbol{u}=\boldsymbol{R}\boldsymbol{i}+\boldsymbol{L}\dfrac{\mathrm{d}\boldsymbol{i}}{\mathrm{d}t}+\dfrac{\mathrm{d}\boldsymbol{L}}{\mathrm{d}\theta_{\mathrm{r}}}\omega_{\mathrm{r}}\boldsymbol{i}\\ T_{\mathrm{e}}=T_{\mathrm{L}}+\dfrac{J}{p_{\mathrm{n}}}\dfrac{\mathrm{d}\omega_{\mathrm{r}}}{\mathrm{d}t}\\ \omega_{\mathrm{r}}=\dfrac{\mathrm{d}\theta_{\mathrm{r}}}{\mathrm{d}t}\end{cases} \tag{4-121}$$

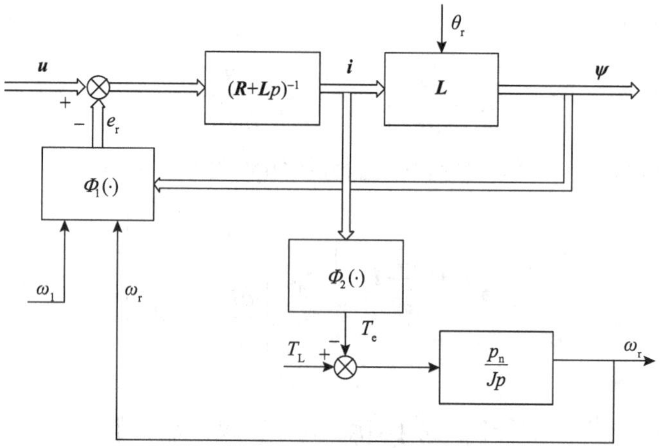

图 4-15　三相异步电机的多变量非线性数学模型动态结构

由图 4-15 可知三相异步电机数学模型的特性如下。

(1) 三相异步电机可以看作一个双输入双输出的系统，输入量是电压矢量和定子输入角频率，输出量是磁链矢量和转子角速度。电流矢量可以看作状态变量，它和磁链矢量之间的关系是由式(4-106)确定的。

(2) 非线性因素存在于 $\Phi_1(\cdot)$ 和 $\Phi_2(\cdot)$ 中，即存在于产生旋转电动势 e_{r} 和电磁转矩 T_{e} 的两个环节上，还包含在电感矩阵 $\boldsymbol{L}$ 中，旋转电动势和电磁转矩的非线性关系和直流电机弱磁控制的情况相似，只是更复杂一些。

(3) 多变量之间的耦合关系主要也体现在 $\Phi_1(\cdot)$ 和 $\Phi_2(\cdot)$ 两个环节上，特别是产生旋转电动势的 Φ_1 对系统内部的影响最大。

4.4.2　三相异步电机在任意两相旋转坐标系 dq 上的数学模型

前已指出，三相异步电机的数学模型比较复杂，坐标变换的目的就是要简化数学模型。4.4.1 节的三相异步电机数学模型是建立在三相静止 ABC 坐标系上的，如果把它变换到两相坐标系上，由于两相坐标轴互相垂直，两相绕组之间没有磁的耦合，数学模型会简单许多。

两相坐标系可以是静止的，也可以是旋转的，其中以任意转速旋转的 dq 坐标系为最一般的情况，如果先求得这种情况下的数学模型，再求某一具体情况下两相坐标系上的模型(如静止或以某一转速旋转，实际上是 dq 坐标系下的一个特例)，这样会更加容易。

设两相坐标系中 d 轴与三相坐标系中 A 轴的夹角为 θ_{dA}，而 $p\theta_{\mathrm{dA}}=\omega_{\mathrm{dA}}$ 为 dq 坐标系相对于定子的角速度，ω_{dr} 为 dq 坐标系相对于转子的角速度，如图 4-16 所示。

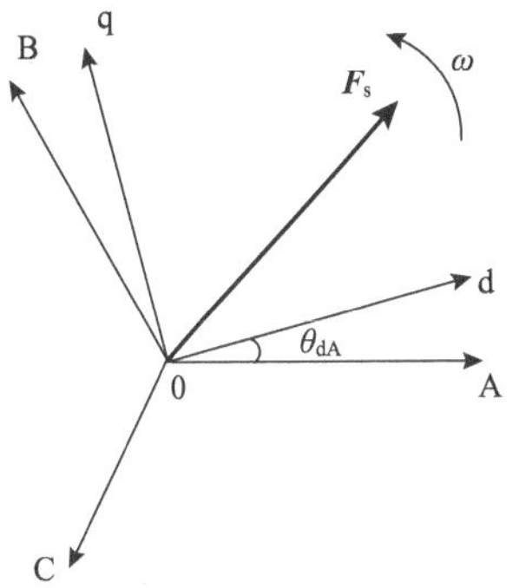

图 4-16　三相静止和两相旋转坐标系与磁动势空间矢量

要把三相静止坐标系上的电压方程(4-93)、磁链方程(4-95)和转矩方程(4-119)都变换到两相旋转坐标系上，可以先利用 3s/2s 变换将方程式中定子和转子的电压、电流、磁链和转矩都变换到两相静止坐标系 αβ 上，然后用旋转变换矩阵 $\boldsymbol{C}_{2s/2r}$ 将这些变量变换到两相旋转坐标系 dq 上，如图 4-17 所示。

图 4-17　三相静止坐标系到两相旋转坐标系的变换

1) *磁链方程*

利用式(4-75)的变换矩阵将定子三相磁链 ψ_{A}、ψ_{B}、ψ_{C} 变换到 dq 坐标系上。其中定子变换矩阵是 $\boldsymbol{C}_{3s/2r}$，设 d 轴与 A 轴的夹角为 θ_{dA}，则此时 θ_{dA} 与图 4-14 中 θ_{r} 的表示意义一致。转子磁链变换是从旋转的三相坐标系变换到不同转速的旋转两相坐标系，变换矩阵可写作 $\boldsymbol{C}_{3r/2r}$，按两相坐标系的相对转速考虑，可直接采用式(4-75)，只是 θ_{dA} 改为 d 轴与转子 a 轴的夹角 θ_{da}。于是，

$$\boldsymbol{C}_{3s/2r}=\sqrt{\frac{2}{3}}\begin{bmatrix}\cos\theta_{\mathrm{dA}} & \cos(\theta_{\mathrm{dA}}-120^\circ) & \cos(\theta_{\mathrm{dA}}+120^\circ)\\ -\sin\theta_{\mathrm{dA}} & -\sin(\theta_{\mathrm{dA}}-120^\circ) & -\sin(\theta_{\mathrm{dA}}+120^\circ)\\ \frac{1}{\sqrt{2}} & \frac{1}{\sqrt{2}} & \frac{1}{\sqrt{2}}\end{bmatrix}\tag{4-122}$$

$$\boldsymbol{C}_{3r/2r}=\sqrt{\frac{2}{3}}\begin{bmatrix}\cos\theta_{\mathrm{da}} & \cos(\theta_{\mathrm{da}}-120^\circ) & \cos(\theta_{\mathrm{da}}+120^\circ)\\ -\sin\theta_{\mathrm{da}} & -\sin(\theta_{\mathrm{da}}-120^\circ) & -\sin(\theta_{\mathrm{da}}+120^\circ)\\ \frac{1}{\sqrt{2}} & \frac{1}{\sqrt{2}} & \frac{1}{\sqrt{2}}\end{bmatrix}\tag{4-123}$$

则磁链变换式为

$$\begin{bmatrix}\psi_{sd}\\ \psi_{sq}\\ \psi_{s0}\\ \psi_{rd}\\ \psi_{rq}\\ \psi_{r0}\end{bmatrix}=\begin{bmatrix}\boldsymbol{C}_{3s/2r} & \boldsymbol{0}_{3\times3}\\ \boldsymbol{0}_{3\times3} & \boldsymbol{C}_{3r/2r}\end{bmatrix}\begin{bmatrix}\psi_{A}\\ \psi_{B}\\ \psi_{C}\\ \psi_{a}\\ \psi_{b}\\ \psi_{c}\end{bmatrix} \tag{4-124}$$

由式(4-106)将磁链方程写成电感与电流矢量的乘积，再将电流矢量变换到 dq 坐标上，则式(4-124)可以写为

$$\begin{bmatrix}\psi_{sd}\\ \psi_{sq}\\ \psi_{s0}\\ \psi_{rd}\\ \psi_{rq}\\ \psi_{r0}\end{bmatrix}=\begin{bmatrix}\boldsymbol{C}_{3s/2r} & \boldsymbol{0}\\ \boldsymbol{0} & \boldsymbol{C}_{3r/2r}\end{bmatrix}\begin{bmatrix}\boldsymbol{L}_{ss} & \boldsymbol{L}_{sr}\\ \boldsymbol{L}_{rs} & \boldsymbol{L}_{rr}\end{bmatrix}\begin{bmatrix}\boldsymbol{C}_{2r/3s} & \boldsymbol{0}\\ \boldsymbol{0} & \boldsymbol{C}_{2r/3r}\end{bmatrix}\begin{bmatrix}i_{sd}\\ i_{sq}\\ i_{s0}\\ i_{rd}\\ i_{rq}\\ i_{r0}\end{bmatrix} \tag{4-125}$$

式(4-125)运算中考虑到 $\cos\theta_{dA}+\cos(\theta_{dA}+120°)+\cos(\theta_{dA}-120°)=0$，$\sin\theta_{dA}+\sin(\theta_{dA}+120°)+\sin(\theta_{dA}-120°)=0$，则

$$\begin{aligned}\boldsymbol{C}_{3s/2r}\boldsymbol{L}_{ss}\boldsymbol{C}_{2r/3s}&=\frac{2}{3}\begin{bmatrix}\cos\theta_{dA} & \cos(\theta_{dA}-120°) & \cos(\theta_{dA}+120°)\\ -\sin\theta_{dA} & -\sin(\theta_{dA}-120°) & -\sin(\theta_{dA}+120°)\\ \frac{1}{\sqrt{2}} & \frac{1}{\sqrt{2}} & \frac{1}{\sqrt{2}}\end{bmatrix}\\ &\quad\begin{bmatrix}L_{m1}+L_{s\sigma} & -\frac{1}{2}L_{m1} & -\frac{1}{2}L_{m1}\\ -\frac{1}{2}L_{m1} & L_{m1}+L_{s\sigma} & -\frac{1}{2}L_{m1}\\ -\frac{1}{2}L_{m1} & -\frac{1}{2}L_{m1} & L_{m1}+L_{s\sigma}\end{bmatrix}\begin{bmatrix}\cos\theta_{dA} & -\sin\theta_{dA} & \frac{1}{\sqrt{2}}\\ \cos(\theta_{dA}-120°) & -\sin(\theta_{dA}-120°) & \frac{1}{\sqrt{2}}\\ \cos(\theta_{dA}+120°) & -\sin(\theta_{dA}+120°) & \frac{1}{\sqrt{2}}\end{bmatrix}\\ &=\begin{bmatrix}\frac{3}{2}L_{m1}+L_{s\sigma} & 0 & 0\\ 0 & \frac{3}{2}L_{m1}+L_{s\sigma} & 0\\ 0 & 0 & L_{s\sigma}\end{bmatrix}\end{aligned} \tag{4-126}$$

$$\boldsymbol{C}_{3s/2r}\boldsymbol{L}_{rr}\boldsymbol{C}_{2r/3s}=\begin{bmatrix}\frac{3}{2}L_{m1}+L_{r\sigma} & 0 & 0\\ 0 & \frac{3}{2}L_{m1}+L_{r\sigma} & 0\\ 0 & 0 & L_{r\sigma}\end{bmatrix} \tag{4-127}$$

$$\boldsymbol{C}_{3s/2r}\boldsymbol{L}_{sr}\boldsymbol{C}_{2r/3s}=\begin{bmatrix}\frac{3}{2}L_{m1} & 0 & 0\\ 0 & \frac{3}{2}L_{m1} & 0\\ 0 & 0 & 0\end{bmatrix} \tag{4-128}$$

$$\boldsymbol{C}_{3s/2r}\boldsymbol{L}_{rs}\boldsymbol{C}_{2r/3s}=\begin{bmatrix}\frac{3}{2}L_{m1} & 0 & 0\\ 0 & \frac{3}{2}L_{m1} & 0\\ 0 & 0 & 0\end{bmatrix} \tag{4-129}$$

在 dq 坐标系上的磁链方程为

$$\begin{bmatrix}\psi_{sd}\\ \psi_{sq}\\ \psi_{s0}\\ \psi_{rd}\\ \psi_{rq}\\ \psi_{r0}\end{bmatrix}=\begin{bmatrix}L_s & 0 & 0 & L_m & 0 & 0\\ 0 & L_s & 0 & 0 & L_m & 0\\ 0 & 0 & L_{s\sigma} & 0 & 0 & 0\\ L_m & 0 & 0 & L_r & 0 & 0\\ 0 & L_m & 0 & 0 & L_r & 0\\ 0 & 0 & 0 & 0 & 0 & L_{r\sigma}\end{bmatrix}\begin{bmatrix}i_{sd}\\ i_{sq}\\ i_{s0}\\ i_{rd}\\ i_{rq}\\ i_{r0}\end{bmatrix} \tag{4-130}$$

式中，$L_r=3/2L_{m1}+L_{r\sigma}=L_m+L_{r\sigma}$ 为 dq 坐标系转子等效绕组的自感；$L_m=3/2L_{m1}$ 为 dq 坐标系定子与转子同轴等效两相绕组的互感；$L_s=3/2L_{m1}+L_{s\sigma}=L_m+L_{s\sigma}$ 为 dq 坐标系定子等效两相绕组的自感。

注意：两相绕组互感 L_m 是原三相绕组中任意两相间最大互感(当轴线重合时)的 3/2 倍，这是因为用两相绕组等效地取代了三相绕组。式(4-128)中 0 轴分量是 $\psi_{s0}=L_{s\sigma}i_{s0}$ 和 $\psi_{r0}=L_{r\sigma}i_{r0}$，实际中是不存在的，对 d、q 轴没有影响，可省略，则式(4-130)可简化为

$$\begin{bmatrix}\psi_{sd}\\ \psi_{sq}\\ \psi_{rd}\\ \psi_{rq}\end{bmatrix}=\begin{bmatrix}L_s & 0 & L_m & 0\\ 0 & L_s & 0 & L_m\\ L_m & 0 & L_r & 0\\ 0 & L_m & 0 & L_r\end{bmatrix}\begin{bmatrix}i_{sd}\\ i_{sq}\\ i_{rd}\\ i_{rq}\end{bmatrix} \tag{4-131}$$

或写成

$$\begin{cases}\psi_{sd}=L_s i_{sd}+L_m i_{rd}\\ \psi_{sq}=L_s i_{sq}+L_m i_{rq}\\ \psi_{rd}=L_m i_{sd}+L_r i_{rd}\\ \psi_{rq}=L_m i_{sq}+L_r i_{rq}\end{cases} \tag{4-132}$$

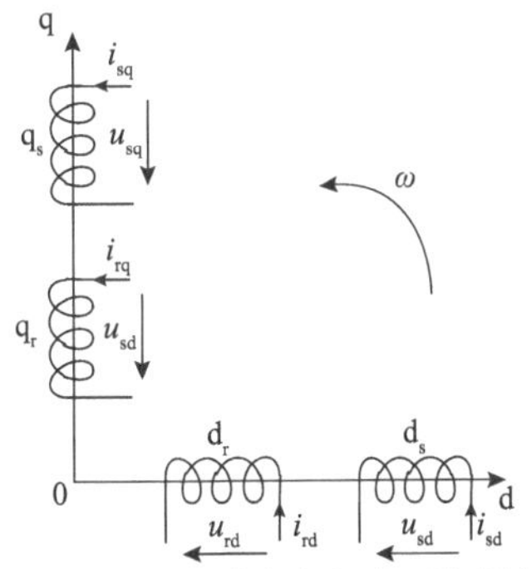

图 4-18　三相异步电机在两相旋转坐标系 dq 上的物理模型

三相异步电机变换到 dq 坐标系上的物理模型示于图 4-18，这时，定子和转子的等效绕组都落在 d、q 轴上，而且 d、q 两轴互相垂直，它们之间没有耦合关系，互感磁链只在同轴绕组间存在，所以式(4-132)中每个磁链分量

只剩下两项，电感矩阵为 4×4 矩阵，比 ABC 坐标系的 6×6 矩阵简单许多。

2) 电压方程

利用式(4-75)变换矩阵求得定子电压的变换关系为

$$\begin{bmatrix} u_A \\ u_B \\ u_C \end{bmatrix} = \sqrt{\frac{2}{3}} \begin{bmatrix} \cos\theta & -\sin\theta & \frac{1}{\sqrt{2}} \\ \cos(\theta-120^\circ) & -\sin(\theta-120^\circ) & \frac{1}{\sqrt{2}} \\ \cos(\theta+120^\circ) & -\sin(\theta+120^\circ) & \frac{1}{\sqrt{2}} \end{bmatrix} \begin{bmatrix} u_{sd} \\ u_{sq} \\ u_{s0} \end{bmatrix} \tag{4-133}$$

同理，可求得定子电流和磁链的变换关系为

$$\begin{bmatrix} i_A \\ i_B \\ i_C \end{bmatrix} = \sqrt{\frac{2}{3}} \begin{bmatrix} \cos\theta & -\sin\theta & \frac{1}{\sqrt{2}} \\ \cos(\theta-120^\circ) & -\sin(\theta-120^\circ) & \frac{1}{\sqrt{2}} \\ \cos(\theta+120^\circ) & -\sin(\theta+120^\circ) & \frac{1}{\sqrt{2}} \end{bmatrix} \begin{bmatrix} i_{sd} \\ i_{sq} \\ i_{s0} \end{bmatrix} \tag{4-134}$$

$$\begin{bmatrix} \psi_A \\ \psi_B \\ \psi_C \end{bmatrix} = \sqrt{\frac{2}{3}} \begin{bmatrix} \cos\theta & -\sin\theta & \frac{1}{\sqrt{2}} \\ \cos(\theta-120^\circ) & -\sin(\theta-120^\circ) & \frac{1}{\sqrt{2}} \\ \cos(\theta+120^\circ) & -\sin(\theta+120^\circ) & \frac{1}{\sqrt{2}} \end{bmatrix} \begin{bmatrix} \psi_{sd} \\ \psi_{sq} \\ \psi_{s0} \end{bmatrix} \tag{4-135}$$

以 A 相为例，有

$$\begin{cases} u_A = \sqrt{\frac{2}{3}}\left(u_{sd}\cos\theta - u_{sq}\sin\theta + \frac{1}{\sqrt{2}}u_{s0}\right) \\ i_A = \sqrt{\frac{2}{3}}\left(i_{sd}\cos\theta - i_{sq}\sin\theta + \frac{1}{\sqrt{2}}i_{s0}\right) \\ \psi_A = \sqrt{\frac{2}{3}}\left(\psi_{sd}\cos\theta - \psi_{sq}\sin\theta + \frac{1}{\sqrt{2}}\psi_{s0}\right) \end{cases} \tag{4-136}$$

在 ABC 坐标系中，A 相电压方程为

$$u_A = i_A R_s + p\psi_A \tag{4-137}$$

将式(4-136)代入式(4-137)得

$$\begin{aligned} &(u_{sd} - R_s i_{sd} - p\psi_{sd} + \psi_{sq} p\theta)\cos\theta - (u_{sq} - R_s i_{sq} - p\psi_{sq} - \psi_{sd} p\theta)\sin\theta \\ &+\frac{1}{\sqrt{2}}(u_{s0} - R_s i_{s0} - p\psi_{s0}) = 0 \end{aligned} \tag{4-138}$$

式中，$p\theta = \omega_{ds}$ 为 dq 旋转坐标系相对定子的角速度。

由于 θ 为任意值，因此下列三式必须分别成立：

$$\begin{cases} u_{sd} = R_s i_{sd} + p\psi_{sd} - \psi_{sq}\omega_{ds} \\ u_{sq} = R_s i_{sq} + p\psi_{sq} - \psi_{sd}\omega_{ds} \\ u_{s0} = R_s i_{s0} + p\psi_{s0} \end{cases} \tag{4-139}$$

同理，变换后的转子电压方程为

$$\begin{cases} u_{rd} = R_r i_{rd} + p\psi_{rd} - \psi_{rq}\omega_{dr} \\ u_{rq} = R_r i_{sq} + p\psi_{rq} - \psi_{rd}\omega_{dr} \\ u_{r0} = R_r i_{s0} + p\psi_{r0} \end{cases} \tag{4-140}$$

式中，ω_{dr} 为 dq 旋转坐标系相对转子的角速度。略去零轴分量后，式(4-140)可写成

$$\begin{cases} u_{sd} = R_s i_{sd} + p\psi_{sd} - \omega_{ds}\psi_{sq} \\ u_{sq} = R_s i_{sq} + p\psi_{sq} + \omega_{ds}\psi_{sd} \\ u_{rd} = R_r i_{rd} + p\psi_{rd} - \omega_{dr}\psi_{rq} \\ u_{rq} = R_r i_{rq} + p\psi_{rq} + \omega_{dr}\psi_{rd} \end{cases} \tag{4-141}$$

将磁链方程式(4-132)代入式(4-141)中，得到 dq 坐标系上的电压方程式如下：

$$\begin{bmatrix} u_{sd} \\ u_{sq} \\ u_{rd} \\ u_{rq} \end{bmatrix} = \begin{bmatrix} R_s + L_s p & -\omega_{ds} L_s & L_m p & -\omega_{ds} L_m \\ \omega_{ds} L_s & R_s + L_s p & \omega_{ds} L_m & L_m p \\ L_m p & -\omega_{dr} L_m & R_r + L_r p & -\omega_{dr} L_r \\ \omega_{dr} L_m & L_m p & \omega_{dr} L_r & R_r + L_r p \end{bmatrix} \begin{bmatrix} i_{sd} \\ i_{sq} \\ i_{rd} \\ i_{rq} \end{bmatrix} \tag{4-142}$$

由式(4-142)可知，两相坐标系上的电压方程是四维的，它比三相坐标系上的六维电压方程降低了 2 维。

在电压方程式(4-142)等号右侧的系数矩阵中，含 R 项表示电阻压降，含 Lp 项表示电感压降，即脉变电动势，含 ω 项表示旋转电动势。为了使物理概念更清楚，可以把它们分开写，即得

$$\begin{aligned} \begin{bmatrix} u_{sd} \\ u_{sq} \\ u_{rd} \\ u_{rq} \end{bmatrix} &= \begin{bmatrix} R_s & 0 & 0 & 0 \\ 0 & R_s & 0 & 0 \\ 0 & 0 & R_r & 0 \\ 0 & 0 & 0 & R_r \end{bmatrix} \begin{bmatrix} i_{sd} \\ i_{sq} \\ i_{rd} \\ i_{rq} \end{bmatrix} + \begin{bmatrix} L_s p & 0 & L_m p & 0 \\ 0 & L_s p & 0 & L_m p \\ L_m p & 0 & L_r p & 0 \\ 0 & L_m p & 0 & L_r p \end{bmatrix} \begin{bmatrix} i_{sd} \\ i_{sq} \\ i_{rd} \\ i_{rq} \end{bmatrix} \\ &\quad + \begin{bmatrix} 0 & -\omega_{ds} & 0 & 0 \\ \omega_{ds} & 0 & 0 & 0 \\ 0 & 0 & 0 & -\omega_{dr} \\ 0 & 0 & \omega_{dr} & 0 \end{bmatrix} \begin{bmatrix} \psi_{sd} \\ \psi_{sq} \\ \psi_{rd} \\ \psi_{rq} \end{bmatrix} \end{aligned} \tag{4-143}$$

令

$$\boldsymbol{u} = \begin{bmatrix} u_{sd} & u_{sq} & u_{rd} & u_{rq} \end{bmatrix}^{T}$$

$$\boldsymbol{i} = \begin{bmatrix} i_{sd} & i_{sq} & i_{rd} & i_{rq} \end{bmatrix}^{T}$$

$$\boldsymbol{\psi} = \begin{bmatrix} \psi_{sd} & \psi_{sq} & \psi_{rd} & \psi_{rq} \end{bmatrix}^{T}$$

$$\boldsymbol{L}=\begin{bmatrix} L_{\mathrm{s}} & 0 & L_{\mathrm{m}} & 0 \\ 0 & L_{\mathrm{s}} & 0 & L_{\mathrm{m}} \\ L_{\mathrm{m}} & 0 & L_{\mathrm{r}} & 0 \\ 0 & L_{\mathrm{m}} & 0 & L_{\mathrm{r}} \end{bmatrix},\quad \boldsymbol{R}=\begin{bmatrix} R_{\mathrm{s}} & 0 & 0 & 0 \\ 0 & R_{\mathrm{s}} & 0 & 0 \\ 0 & 0 & R_{\mathrm{s}} & 0 \\ 0 & 0 & 0 & R_{\mathrm{s}} \end{bmatrix}$$

旋转电动势矢量：

$$\boldsymbol{e}_{\mathrm{r}}=\begin{bmatrix} 0 & -\omega_{\mathrm{ds}} & 0 & 0 \\ \omega_{\mathrm{ds}} & 0 & 0 & 0 \\ 0 & 0 & 0 & -\omega_{\mathrm{dr}} \\ 0 & 0 & \omega_{\mathrm{dr}} & 0 \end{bmatrix}\begin{bmatrix} \psi_{\mathrm{sd}} \\ \psi_{\mathrm{sq}} \\ \psi_{\mathrm{rd}} \\ \psi_{\mathrm{rq}} \end{bmatrix}$$

则式(4-143)变成

$$\boldsymbol{u}=\boldsymbol{Ri}+\boldsymbol{L}p\boldsymbol{i}+\boldsymbol{e}_{\mathrm{r}} \tag{4-144}$$

这就是三相异步电机非线性动态电压方程。

3) 转矩和运动方程

在 ABC 三相坐标系上的转矩方程为

$$\begin{aligned} T_{\mathrm{e}}=p_{\mathrm{n}}L_{\mathrm{m1}}[&(i_{\mathrm{A}}i_{\mathrm{a}}+i_{\mathrm{B}}i_{\mathrm{b}}+i_{\mathrm{C}}i_{\mathrm{c}})\sin\theta_{\mathrm{aA}}+(i_{\mathrm{A}}i_{\mathrm{b}}+i_{\mathrm{B}}i_{\mathrm{c}}+i_{\mathrm{C}}i_{\mathrm{a}})\sin(\theta_{\mathrm{aA}}+120°) \\ &+(i_{\mathrm{A}}i_{\mathrm{c}}+i_{\mathrm{B}}i_{\mathrm{a}}+i_{\mathrm{C}}i_{\mathrm{b}})\sin(\theta_{\mathrm{aA}}-120°)] \end{aligned}$$

利用反变换矩阵 $\boldsymbol{C}_{2\mathrm{r}/3\mathrm{s}}$ 和 $\boldsymbol{C}_{2\mathrm{r}/3\mathrm{r}}$ 把 ABC 坐标系上的定、转子电流变换到 dq 坐标系，代入上面的转矩方程，并注意到转子和定子的相对位置 $\theta_{\mathrm{sr}}=\theta_{\mathrm{s}}-\theta_{\mathrm{r}}$，经化简，最后得到 dq 坐标系上的转矩方程：

$$T_{\mathrm{e}}=p_{\mathrm{n}}L_{\mathrm{m}}(i_{\mathrm{sq}}i_{\mathrm{rd}}-i_{\mathrm{sd}}i_{\mathrm{rq}}) \tag{4-145}$$

运动方程与坐标变换无关，仍为式(4-113)。

式(4-113)、式(4-142)、式(4-145)构成三相异步电机在两相以任意转速旋转的 dq 坐标系上的数学模型。它比 ABC 坐标系上的数学模型简单得多，阶次也降低了，但其非线性、多变量、强耦合的性质并未改变。

4.4.3 三相异步电机在两相静止坐标系 αβ 上的数学模型

静止坐标系 αβ 上的数学模型是任意旋转坐标系 dq 上的数学模型在坐标系转速等于零时的特例。当 $\omega_{\mathrm{ds}}=0$ 时，$\omega_{\mathrm{dr}}=-\omega$，即转子角速度的负值，并将下标 d、q 改成 α、β，则式(4-142)的电压方程变成

$$\begin{bmatrix} u_{\mathrm{s}\alpha} \\ u_{\mathrm{s}\beta} \\ u_{\mathrm{r}\alpha} \\ u_{\mathrm{r}\beta} \end{bmatrix}=\begin{bmatrix} R_{\mathrm{s}}+L_{\mathrm{s}}p & 0 & L_{\mathrm{m}}p & 0 \\ 0 & R_{\mathrm{s}}+L_{\mathrm{s}}p & 0 & L_{\mathrm{m}}p \\ L_{\mathrm{m}}p & \omega L_{\mathrm{m}} & R_{\mathrm{r}}+L_{\mathrm{r}}p & \omega L_{\mathrm{r}} \\ -\omega L_{\mathrm{m}} & L_{\mathrm{m}}p & -\omega L_{\mathrm{r}} & R_{\mathrm{r}}+L_{\mathrm{r}}p \end{bmatrix}\begin{bmatrix} i_{\mathrm{s}\alpha} \\ i_{\mathrm{s}\beta} \\ i_{\mathrm{r}\alpha} \\ i_{\mathrm{r}\beta} \end{bmatrix} \tag{4-146}$$

而式(4-131)的磁链方程改为

$$\begin{bmatrix} \psi_{s\alpha} \\ \psi_{s\beta} \\ \psi_{r\alpha} \\ \psi_{r\beta} \end{bmatrix} = \begin{bmatrix} L_s & 0 & L_m & 0 \\ 0 & L_s & 0 & L_m \\ L_m & 0 & L_r & 0 \\ 0 & L_m & 0 & L_r \end{bmatrix} \begin{bmatrix} i_{s\alpha} \\ i_{s\beta} \\ i_{r\alpha} \\ i_{r\beta} \end{bmatrix} \tag{4-147}$$

利用两相旋转变换矩阵 $\boldsymbol{C}_{2s/2r}$，可得

$$\begin{aligned} i_{sd} &= i_{s\alpha}\cos\theta + i_{s\beta}\sin\theta \\ i_{sq} &= -i_{s\alpha}\sin\theta + i_{s\beta}\cos\theta \\ i_{rd} &= i_{r\alpha}\cos\theta + i_{r\beta}\sin\theta \\ i_{rq} &= -i_{r\alpha}\sin\theta + i_{r\beta}\cos\theta \end{aligned}$$

代入式(4-145)并整理后，即得到 αβ 坐标系上的电磁转矩：

$$T_e = p_n L_m (i_{s\beta} i_{r\alpha} - i_{s\alpha} i_{r\beta}) \tag{4-148}$$

式(4-146)～式(4-148)再加上运动方程便得到 αβ 坐标系上的三相异步电机数学模型。这种在两相静止坐标系上的数学模型又称作 Kron 的异步电机方程或双轴原型电机(two axis primitive machine)基本方程。

4.4.4　三相异步电机在两相同步旋转坐标系 dq 上的数学模型

另一种很有用的坐标系是两相同步旋转坐标系，其坐标轴用 d、q 表示，只是坐标轴的旋转速度 ω_{ds} 等于定子频率的同步角速度 ω_s。而转子的转速为 ω_r，因此 d、q 轴相对于转子的角速度 $\omega_{dr} = \omega_s - \omega_r = \omega_{sl}$，即转差角速度，代入式(4-142)，即得同步旋转坐标系上的电压方程，可化简为

$$\begin{bmatrix} u_{sd} \\ u_{sq} \\ u_{rd} \\ u_{rq} \end{bmatrix} = \begin{bmatrix} R_s + L_s p & -\omega_s L_s & L_m p & -\omega_s L_m \\ \omega_s L_s & R_s + L_s p & \omega_s L_m & L_m p \\ L_m p & -\omega_{sl} L_m & R_r + L_r p & -\omega_{sl} L_r \\ \omega_{sl} L_m & L_m p & \omega_{sl} L_r & R_r + L_r p \end{bmatrix} \begin{bmatrix} i_{sd} \\ i_{sq} \\ i_{rd} \\ i_{rq} \end{bmatrix} \tag{4-149}$$

由式(4-147)、式(4-148)得 dq 坐标系下的磁链方程为

$$\begin{bmatrix} \psi_{sd} \\ \psi_{sq} \\ \psi_{rd} \\ \psi_{rq} \end{bmatrix} = \begin{bmatrix} L_s & 0 & L_m & 0 \\ 0 & L_s & 0 & L_m \\ L_m & 0 & L_r & 0 \\ 0 & L_m & 0 & L_r \end{bmatrix} \begin{bmatrix} i_{sd} \\ i_{sq} \\ i_{rd} \\ i_{rq} \end{bmatrix} \tag{4-150}$$

在 dq 坐标系上的转矩方程则依然为式(4-145)。

两相同步旋转坐标系的突出特点是，当三相 ABC 坐标系中的电压和电流波形是交流正弦波时，变换到 dq 坐标系上就成为直流量。

4.5　磁场定向与基本方程

异步电机的动态数学模型是一个高阶、非线性、强耦合的多变量系统，通过坐标变换，

可以使之降阶并简化，但并没有改变其非线性、多变量的本质。下面研究如何对电机模型进一步解耦。

经坐标变换后的任意 dq 坐标系上的电压方程如式(4-142)所示，这里只规定了 d、q 两轴的垂直关系和旋转角速度。如果对 dq 坐标系的取向加以规定，使其成为特定的同步旋转坐标系，可以进一步解耦电机模型。这种选择特定的同步旋转坐标系即确定 dq 坐标系的取向，称为定向。选择电机某一旋转磁场轴作为特定的同步旋转坐标轴，则称为磁场定向。顾名思义，矢量控制系统也称为磁场定向控制系统。

对异步电机矢量控制系统的磁场定向轴的选择有三种：转子磁场定向、气隙磁场定向、定子磁场定向。本节以常用的解耦效果最好的转子磁场定向为例进行介绍。

4.5.1　磁场定向原则

dq 旋转坐标系的磁场定向如图 4-19 所示，图中，若取 d 轴与 $\boldsymbol{\psi}_r$ 一致，则磁动势在 d 轴的分量 F_d 与 $\boldsymbol{\psi}_r$ 同向，d 轴分量 i_d 自然就是建立转子磁场的纯励磁分量，而 q 轴分量 i_q 就是纯转矩分量。

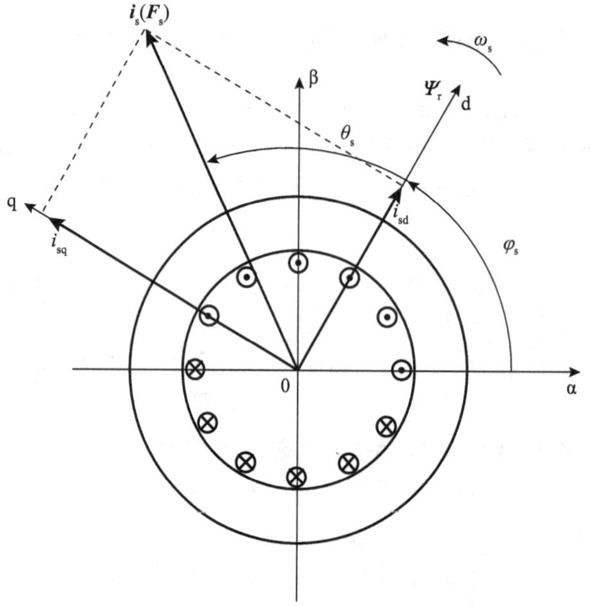

图 4-19　dq 旋转坐标系的磁场定向

如果能够实时检测或计算出电机内的转子磁通的空间相位 φ_m，也就能随时确定所要选择的 dq 坐标系的坐标位置。然后依据式(4-76)变换规律进行 dq 坐标系与 ABC 坐标系间的坐标变换或矢量变换，便可由 i_d 和 i_q 确定三相定子电流 i_A、i_B 和 i_C，当此三相定子电流通过定子三相绕组后，就达到了控制这两个电流分量的目的。无论转子磁通如何变化，只要能够时刻确定其空间位置，上述控制就可以在动态过程中完成，即实现了对瞬态电磁转矩的控制。

4.5.2　按转子磁场定向的基本方程

1) 电压方程

现在规定 d 轴沿着转子总磁链矢量$\boldsymbol{\psi}_{\mathrm{r}}$的方向，而 q 轴则逆时针转 90°，即垂直矢量$\boldsymbol{\psi}_{\mathrm{r}}$。这样，两相同步旋转坐标系就是规定按转子磁场定向的坐标系。由于$\boldsymbol{\psi}_{\mathrm{r}}$本身就是以同步转速旋转的矢量，$\boldsymbol{\psi}_{\mathrm{r}}$在 dq 坐标系上的分量可用方程表示为

$$\psi_{\mathrm{rd}} = \psi_{\mathrm{r}} = L_{\mathrm{m}} i_{\mathrm{sd}} + L_{\mathrm{r}} i_{\mathrm{rd}} \tag{4-151}$$

$$\psi_{\mathrm{rq}} = 0 = L_{\mathrm{m}} i_{\mathrm{sq}} + L_{\mathrm{r}} i_{\mathrm{rq}} \tag{4-152}$$

将式(4-151)、式(4-152)代入式(4-149)，得

$$\begin{bmatrix} u_{\mathrm{sd}} \\ u_{\mathrm{sq}} \\ u_{\mathrm{rd}} \\ u_{\mathrm{rq}} \end{bmatrix} = \begin{bmatrix} R_{\mathrm{s}} + L_{\mathrm{s}} p & -\omega_{\mathrm{s}} L_{\mathrm{s}} & L_{\mathrm{m}} p & -\omega_{\mathrm{s}} L_{\mathrm{m}} \\ \omega_{\mathrm{s}} L_{\mathrm{s}} & R_{\mathrm{s}} + L_{\mathrm{s}} p & \omega_{\mathrm{s}} L_{\mathrm{m}} & L_{\mathrm{m}} p \\ L_{\mathrm{m}} p & 0 & R_{\mathrm{r}} + L_{\mathrm{s}} p & 0 \\ \Delta\omega L_{\mathrm{m}} & 0 & \Delta\omega L_{\mathrm{r}} & R_{\mathrm{r}} \end{bmatrix} \begin{bmatrix} i_{\mathrm{sd}} \\ i_{\mathrm{sq}} \\ i_{\mathrm{rd}} \\ i_{\mathrm{rq}} \end{bmatrix} \tag{4-153}$$

式(4-153)第 3、4 行出现了零元素，减少了多变量之间的耦合关系，使模型得以简化。

2) 转矩方程

将式(4-151)、式(4-152)代入式(4-145)，得

$$\begin{aligned} T_{\mathrm{e}} &= p_{\mathrm{n}} L_{\mathrm{m}} (i_{\mathrm{sq}} i_{\mathrm{rd}} - i_{\mathrm{sd}} i_{\mathrm{rq}}) = p_{\mathrm{n}} L_{\mathrm{m}} \left[i_{\mathrm{sq}} i_{\mathrm{rd}} - \frac{\boldsymbol{\psi}_{\mathrm{r}} - L_{\mathrm{r}} i_{\mathrm{rd}}}{L_{\mathrm{m}}} \left(-\frac{L_{\mathrm{m}}}{L_{\mathrm{r}}} i_{\mathrm{sq}} \right) \right] \\ &= p_{\mathrm{n}} L_{\mathrm{m}} \left(i_{\mathrm{sq}} i_{\mathrm{rd}} + \frac{\boldsymbol{\psi}_{\mathrm{r}}}{L_{\mathrm{r}}} i_{\mathrm{sq}} - i_{\mathrm{sq}} i_{\mathrm{rd}} \right) = p_{\mathrm{n}} \frac{L_{\mathrm{m}}}{L_{\mathrm{r}}} i_{\mathrm{sq}} \boldsymbol{\psi}_{\mathrm{r}} \end{aligned} \tag{4-154}$$

设转矩系数为C_{MD}，$C_{\mathrm{MD}} = p_{\mathrm{n}} \dfrac{L_{\mathrm{m}}}{L_{\mathrm{r}}}$，则式(4-154)可表示为

$$T_{\mathrm{e}} = C_{\mathrm{MD}} i_{\mathrm{sq}} \boldsymbol{\psi}_{\mathrm{r}} \tag{4-155}$$

式(4-155)表明，在同步旋转坐标系上，如果按异步电机转子磁场定向，则异步电机的电磁转矩模型就与直流电机的电磁转矩模型完全一样了。

将式(4-153)、式(4-155)归纳在一起就是按转子磁场定向的三相异步电机在同步旋转坐标系上的数学模型，即

$$\begin{bmatrix} u_{\mathrm{sd}} \\ u_{\mathrm{sq}} \\ 0 \\ 0 \end{bmatrix} = \begin{bmatrix} R_{\mathrm{s}} + L_{\mathrm{s}} p & -\omega_{\mathrm{s}} L_{\mathrm{s}} & L_{\mathrm{m}} p & -\omega_{\mathrm{s}} L_{\mathrm{m}} \\ \omega_{\mathrm{s}} L_{\mathrm{s}} & R_{\mathrm{s}} + L_{\mathrm{s}} p & \omega_{\mathrm{s}} L_{\mathrm{m}} & L_{\mathrm{m}} p \\ L_{\mathrm{m}} p & 0 & R_{\mathrm{r}} + L_{\mathrm{s}} p & 0 \\ \omega_{\mathrm{sl}} L_{\mathrm{m}} & 0 & \omega_{\mathrm{sl}} L_{\mathrm{r}} & R_{\mathrm{r}} \end{bmatrix} \begin{bmatrix} i_{\mathrm{sd}} \\ i_{\mathrm{sq}} \\ i_{\mathrm{rd}} \\ i_{\mathrm{rq}} \end{bmatrix} \tag{4-156}$$

$$T_{\mathrm{e}} = C_{\mathrm{MD}} \boldsymbol{\psi}_{\mathrm{r}} i_{\mathrm{sq}} \tag{4-157}$$

4.5.3　按转子磁场定向的异步电机矢量控制系统的控制方程式

在矢量控制系统中，由于容易测量的被控制变量是定子电流矢量$\boldsymbol{i}_{\mathrm{s}}$，因此需找到定子

电流矢量分量与其他物理量之间的关系，由式(4-153)第3行得

$$0 = R_r i_{rd} + p(L_m i_{sd} + L_r i_{rd}) = R_r i_{rd} + p\psi_r$$

进而得

$$i_{rd} = -\frac{p\psi_r}{R_r} \tag{4-158}$$

将式(4-158)代入式(4-151)中，得

$$i_{sd} = \frac{T_r p + 1}{L_m}\psi_r \tag{4-159}$$

或

$$\psi_r = \frac{L_m}{T_r p + 1} i_{sd} \tag{4-160}$$

式中，$T_r = L_r / R_r$ 为转子励磁时间常数。

由式(4-160)可知，转子磁链 ψ_r 唯一由定子电流矢量中的励磁电流分量 i_{sd} 产生，与定子电流矢量的转矩电流分量 i_{sq} 无关。这说明了异步电机矢量控制系统按转子全磁链定向可以实现磁通和转矩电流的完全解耦；ψ_r 和 i_{sd} 之间的传递函数是一个一阶惯性环节，当 i_{sd} 阶跃变化时，ψ_r 的变化要受到励磁惯性的阻挠，ψ_r 按时间常数 T_r 成指数规律变化，这与直流电机励磁绕组惯性作用是一致的。

由式(4-153)第4行得

$$0 = \omega_{sl}(L_m i_{sd} + L_r i_{rd}) + R_r i_{rq} = \omega_{sl}\psi_r + R_r i_{rq}$$

进而得

$$i_{rq} = -\frac{\omega_{sl}\psi_r}{R_r} \tag{4-161}$$

由式(4-152)得 $L_m i_{sq} + L_r i_{rq} = 0$，即 $i_{rq} = -\frac{L_m i_{sq}}{L_r}$，将其代入式(4-161)得

$$\omega_{sl} = \frac{L_m}{T_r \psi_r} i_{sq} \tag{4-162}$$

式(4-155)、式(4-160)和式(4-161)构成了异步电机矢量控制系统所依据的控制方程。

式(4-161)所表达的物理意义是当 ψ_r 恒定时，无论是稳态还是动态过程，转差角频率 ω_{sl} 都与异步电机的转矩电流分量 i_{rq} 成正比。

4.6　按转子磁场定向的三相异步电机矢量控制系统

4.6.1　三相异步电机的等效直流电机模型图

对于由式(4-155)、式(4-160)和式(4-161)所表达的矢量控制方程，用结构图来描绘它们之间的物理关系则更为清晰、直观、形象，如图4-20所示。

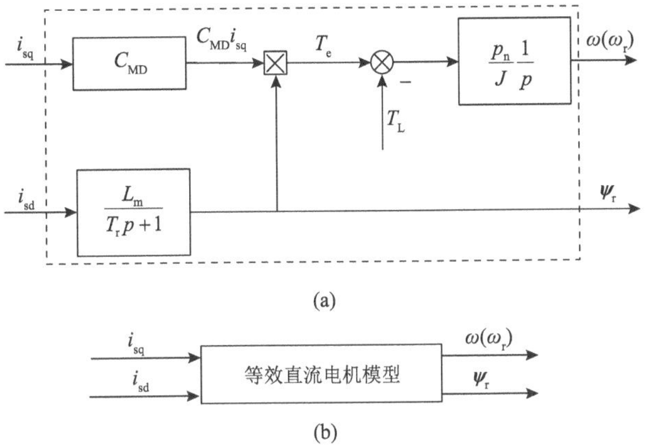

图 4-20　三相异步电机等效直流电机模型

图 4-20 表示同步旋转坐标系上三相异步电机的等效直流电机模型结构图。由图可以看出，等效直流电机可分为i_{sq}（ω子系统)和i_{sd}（ψ_r子系统)，其输入量是i_{sq}和i_{sd}，输出量为ω（ω_r)和ψ_r。

应该指出，由式(4-155)可知，对于恒转矩调速方式，由于转矩T_e不仅受i_{sq}控制，还受ψ_r影响，当控制ψ_r使其为某一常数时，可以认为T_e只与i_{sq}有关，ψ_r只与i_{sd}有关，则磁链与转矩完全解耦；而对于恒功率调速方式，无论是动态还是稳态，两个子系统之间都不可能完全解耦。因此，在设计矢量控制系统时，应该予以考虑。

4.6.2　矢量控制的基本结构

通过矢量坐标变换和按转子磁场定向，最终得到三相异步电机在同步旋转坐标系上的等效直流电机模型，余下的工作就是模仿直流电机转速控制方法以设计三相异步电机矢量控制系统的控制结构。

在转速环节设置了转速调节器(ASR)以控制转速ω，从而形成转速闭环控制，在磁链控制环节设置了磁链调节器(automatic flux regulator，AFR)以控制磁链ψ_r，从而形成磁链闭环系统。通过对磁链ψ_r的闭环控制，可实现$\psi_r = \text{const}$，使转矩只受转矩电流分量i_{sq}的控制，从而消除稳态时转矩形成环节的非线性因素的影响。为了消除或降低励磁惯性对转矩T_e的影响，即消除或削弱两个子系统之间的动态耦合作用，可在转速闭环内设置有源校正环节。

结合图 4-8，得三相异步电机矢量控制系统的基本控制结构图如图 4-21 所示。对于图 4-21 中所用到的坐标变换公式，说明如下：三相静止坐标系变换到两相静止坐标系的变换矩阵$\boldsymbol{C}_{3s/2s}$参见式(4-60)，两相静止坐标系变换到三相静止坐标系的变换矩阵$\boldsymbol{C}_{2s/3s}$参见式(4-61)，两相旋转坐标系变换到两相静止坐标系的变换矩阵$\boldsymbol{C}_{2r/2s}$参见式(4-70)。

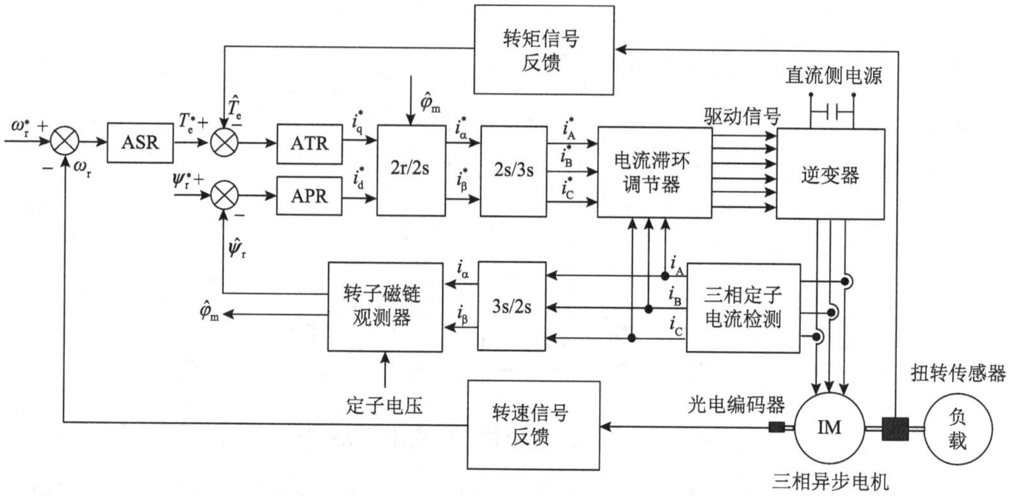

图 4-21 三相异步电机矢量控制系统的基本控制结构图

4.6.3 转子磁链观测器

因为一般的矢量控制结构中转子磁链矢量的模值$|\boldsymbol{\psi}_{\mathrm{r}}|$及磁场定向角$\hat{\varphi}_{\mathrm{s}}$都是实际值，人们曾尝试直接检测磁链的方法，一种是在电机槽内埋设探测线圈，另一种是利用贴在定子内表面的霍尔器件或其他磁敏元件。从理论上说，直接检测应该比较准确，但实际上这些方法在安装和测量稳定性方面都会遇到不少工艺和技术上的问题，而且由于齿槽影响，检测信号中含有较大的脉动分量，使得检测精度随着转速下降而受到严重影响。因此在实际系统中，多采用间接计算方法，即利用容易测量的电压、电流及转速等信号，借助于转子磁链观测模型，实时计算磁链的幅值和相位。

转子磁链可以直接从电机数学模型中推导出来，也可以通过利用状态观测器或状态估计理论得到闭环的观测模型来获得，这里介绍众多观测模型中最为简单和基本的两种，即电流模型和电压模型。

1) 用电流模型计算转子磁链

在两相静止坐标系 αβ 上，根据式(4-146)和式(4-147)，可得转子磁链的电流模型：

$$\begin{cases} p\psi_{\mathrm{r\alpha}} = R_{\mathrm{r}}\dfrac{L_{\mathrm{m}}}{L_{\mathrm{r}}}i_{\mathrm{s\alpha}} - \dfrac{R_{\mathrm{r}}}{L_{\mathrm{r}}}\psi_{\mathrm{r\alpha}} - \omega_{\mathrm{r}}\psi_{\mathrm{r\beta}} \\ p\psi_{\mathrm{r\beta}} = R_{\mathrm{r}}\dfrac{L_{\mathrm{m}}}{L_{\mathrm{r}}}i_{\mathrm{s\beta}} + \omega_{\mathrm{r}}\psi_{\mathrm{r\alpha}} - \dfrac{R_{\mathrm{r}}}{L_{\mathrm{r}}}\psi_{\mathrm{r\beta}} \end{cases} \tag{4-163}$$

根据式(4-163)可以计算得到转子磁链在两相静止坐标系 αβ 上的分量$\psi_{\mathrm{r\alpha}}$和$\psi_{\mathrm{r\beta}}$。观察式(4-163)可以发现电流模型的特点是：模型中由于含有转子电阻和电感项，受电机温度和磁场饱和的影响较大，并且 α 轴和 β 轴分量存在耦合，因而此模型更适用于低速情况。

另外，用于坐标变换的磁场定向角$\hat{\varphi}_{\mathrm{s}}$可以由同步角速度的积分获得：

$$\hat{\varphi}_{\mathrm{s}} = \int(\omega_{\mathrm{r}} + \omega_{\mathrm{f}})\mathrm{d}t \tag{4-164}$$

由于采用了转子磁场定向，转差角速度可以表示为

$$\omega_{sl}=\frac{L_m}{T_r\boldsymbol{\psi}_r}i_{sq} \tag{4-165}$$

2) 用电压模型计算转子磁链

在两相静止坐标系 αβ 上，根据式(4-146)和式(4-147)，消去转子电流和转子磁链，可以很容易得到电压模型：

$$\begin{cases}\psi_{r\alpha}=\dfrac{L_r}{L_m p}[u_{s\alpha}-(R_s+\sigma L_s p)i_{s\alpha}]\\ \psi_{r\beta}=\dfrac{L_r}{L_m p}[u_{s\beta}-(R_s+\sigma L_s p)i_{s\beta}]\end{cases} \tag{4-166}$$

另外，也可以根据(4-84)，先计算得到定子磁链在两相静止坐标系 αβ 上的分量$\psi_{s\alpha}$和$\psi_{s\beta}$，然后将定子磁链分量转化为转子磁链分量。实际上，可以由式(4-147)得到两相静止坐标系 αβ 上定、转子磁链之间的转化公式，即式(4-167)和式(4-168)：

$$\begin{cases}\psi_{r\alpha}=\dfrac{L_r}{L_m}(\sigma L_s i_{s\alpha}-\psi_{s\alpha})\\ \psi_{r\beta}=\dfrac{L_r}{L_m}(\sigma L_s i_{s\beta}-\psi_{s\beta})\end{cases} \tag{4-167}$$

$$\begin{cases}\psi_{s\alpha}=\dfrac{L_m}{L_r}\psi_{r\alpha}+\sigma L_s i_{s\alpha}\\ \psi_{s\beta}=\dfrac{L_m}{L_r}\psi_{r\beta}+\sigma L_s i_{s\beta}\end{cases} \tag{4-168}$$

基于以上公式，可以通过测得的定子电压和定子电流计算得到转子磁链在两相静止坐标系 αβ 上的分量$\psi_{r\alpha}$和$\psi_{r\beta}$。观察式(4-166)可以发现，电压模型的特点是模型中不存在转子电阻，受电机参数变化的影响较小，但模型中含有纯积分项，会受到积分的初始值和累积误差的影响，另外，该模型在低速时受定子电阻压降变化的影响较大，因而此模型更适用于高速情况，并且更常用于定子磁链的估计。

4.7 基于定子磁场定向的矢量控制

4.7.1 定向原则

定子磁场定向的直接矢量控制的最大优点是，其磁链矢量只受定子电阻 R_s 变化的影响，这样就避免了转子侧参数变化对磁场定向的影响和检测精度对控制的影响。

由式(4-141)的第 3、4 项得

$$\begin{cases}u_{rd}=R_r i_{rd}+p\psi_{rd}-\omega_{dr}\psi_{rq}\\ u_{rq}=R_r i_{rq}+p\psi_{rq}+\omega_{dr}\psi_{rd}\end{cases} \tag{4-169}$$

式中，ω_{dr} 为 dq 旋转坐标系相对于转子的角速度，如果将 dq 坐标系的转速设定为ω_s，则

$\omega_{dr}=\omega_{sl}$，即转差角频率。

由式(4-132)的第 3、4 项得

$$\begin{cases}\psi_{rd}=L_m i_{sd}+L_r i_{rd}\\ \psi_{rq}=L_m i_{sq}+L_r i_{rq}\end{cases} \tag{4-170}$$

$$\begin{cases}i_{rd}=\dfrac{1}{L_r}\psi_{rd}-\dfrac{L_m}{L_r}i_{sd}\\[2ex] i_{rq}=\dfrac{1}{L_r}\psi_{rq}-\dfrac{L_m}{L_r}i_{sq}\end{cases} \tag{4-171}$$

由于式(4-141)中转子电流i_{rd}、i_{rq}难以测量，将式(4-171)代入式(4-141)，消掉转子电流，得如下表达式：

$$\frac{d\psi_{rd}}{dT}+\frac{R_r}{L_r}\psi_{rd}-\frac{L_m}{L_r}R_r i_{sd}-\omega_{sl}\psi_{rq}=0 \tag{4-172}$$

$$\frac{d\psi_{rq}}{dT}+\frac{R_r}{L_r}\psi_{rq}-\frac{L_m}{L_r}R_r i_{sq}+\omega_{sl}\psi_{rd}=0 \tag{4-173}$$

将式(4-172)，式(4-173)的左右两边都乘以$T_r=\dfrac{L_r}{R_r}$，整理后得到如下表达式：

$$(1+T_r p)\psi_{rd}-L_m i_{sd}-T_r\omega_{sl}\psi_{rq}=0 \tag{4-174}$$

$$(1+T_r p)\psi_{rq}-L_m i_{sq}+T_r\omega_{sl}\psi_{rd}=0 \tag{4-175}$$

由式(4-150)可知电机定子磁链表达式为

$$\psi_{sd}=L_s i_{sd}+L_m i_{rd} \tag{4-176}$$

$$\psi_{sq}=L_s i_{sq}+L_m i_{rq} \tag{4-177}$$

或

$$i_{rd}=\frac{\psi_{sd}}{L_m}-\frac{L_s}{L_m}i_{sd} \tag{4-178}$$

$$i_{rq}=\frac{\psi_{sq}}{L_m}-\frac{L_s}{L_m}i_{sq} \tag{4-179}$$

将式(4-178)和式(4-179)代入式(4-170)，得

$$\psi_{rd}=\frac{L_r}{L_m}\psi_{sd}+\left(L_m-\frac{L_r L_s}{L_m}\right)i_{sd} \tag{4-180}$$

$$\psi_{rq}=\frac{L_r}{L_m}\psi_{sq}+\left(L_m-\frac{L_r L_s}{L_m}\right)i_{sq} \tag{4-181}$$

式(4-180)和式(4-181)表明，用定子磁链和定子电流来求得转子磁链。分别将式(4-174)和式(4-175)代入式(4-180)和式(4-181)，在等号两边乘以L_m/L_r并化简，得到以下公式：

$$(1+sT_r)\psi_{sd}=(1+\sigma sT_r)L_s i_{sd}+\omega_{sl}T_r(\psi_{sq}-\sigma L_s i_{sd}) \tag{4-182}$$

$$(1+sT_r)\psi_{sq}=(1+\sigma sT_r)L_s i_{sq}-\omega_{sl}T_r(\psi_{sd}-\sigma L_s i_{sd}) \tag{4-183}$$

式中，$\sigma = 1 - \dfrac{L_m{}^2}{L_s L_r}$，为电机漏磁系数。

定子磁场定向矢量控制的矢量图如图 4-22 所示，由于 $\psi_{sq} = 0$，$\psi_{sd} = \psi_s$，式(4-182)、式(4-183)可分别表示为

$$(1 + sT_r)\psi_{sd} = (1 + \sigma sT_r)L_s i_{sd} - \sigma L_s T_r \omega_{sl} i_{sq} \tag{4-184}$$

$$(1 + \sigma sT_r)L_s i_{sq} = \omega_{sl} T_r (\psi_{sd} - \sigma L_s i_{sd}) \tag{4-185}$$

上述方程表明，定子磁链 ψ_{sd} 是 i_{sd} 和 i_{sq} 的函数，没有完全解耦，也就是说若用 i_{sq} 改变转矩，同时也会影响磁链。因此，需用解耦电路消除这种耦合效应，从而获得完全解耦的矢量控制。

解耦电路如图 4-23 所示，为前馈解耦方法，图中磁链控制器的输入端加入解耦信号 i_{dq}，从而产生 i_{sd}^* 指令信号，即

$$i_{sd}^* = G(\psi_{sd}^* - \psi_{sd}) + i_{dq} \tag{4-186}$$

式中

$$G = K_1 + \frac{K_2}{s}$$

将式(4-186)代入式(4-184)，得

$$(1 + sT_r)\psi_{sd} = L_s\left[(1 + \sigma sT_r)G(\psi_{sd}^* - \psi_{sd}) + (1 + \sigma sT_r)i_{dq} - \sigma T_r \omega_{sl} i_{sq}\right] \tag{4-187}$$

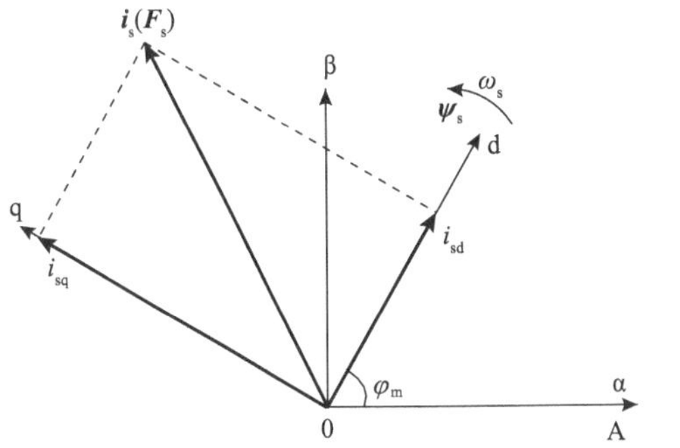

图 4-22　定子磁场定向矢量控制的矢量图

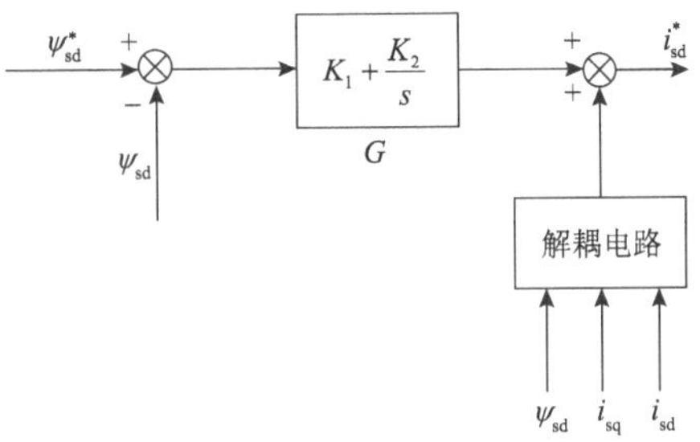

图 4-23　定子磁场定向矢量控制中的解耦电路

式(4-187)中要实现解耦，应使 $(1 + \sigma sT_r)i_{dq} - \sigma T_r \omega_{sl} i_{sq} = 0$，即

$$i_{dq} = \frac{\sigma T_r \omega_{sl} i_{sq}}{1 + \sigma sT_r} \tag{4-188}$$

由式(4-185)得

$$\omega_{sl} = \frac{(1 + \sigma sT_r)L_s i_{sq}}{T_r(\psi_{sd} - \sigma L_s i_{sd})} \tag{4-189}$$

将式(4-189)代入式(4-188)，得

$$i_{dq} = \frac{\sigma L_s i_{sq}{}^2}{\psi_{sd} - \sigma L_s i_{sd}} \tag{4-190}$$

4.7.2 电压方程和转矩方程

1. 电压方程

将式(4-176)、式(4-177)代入式(4-149)得

$$\begin{bmatrix} u_{sd} \\ u_{sq} \\ u_{rd} \\ u_{rq} \end{bmatrix} = \begin{bmatrix} R_s + L_s p & 0 & L_m p & 0 \\ \omega_s L_s & R_s & \omega_s L_m & 0 \\ L_m p & -\omega_{sl} L_m & R_r + L_r p & -\omega_{sl} L_r \\ \omega_{sl} L_m & L_m p & \omega_{sl} L_r & R_r + L_r p \end{bmatrix} \begin{bmatrix} i_{sd} \\ i_{sq} \\ i_{rd} \\ i_{rq} \end{bmatrix} \tag{4-191}$$

式(4-191)的第 1、2 行出了零元素，使得模型得以简化，这是按定子磁场定向矢量控制的优点。

2. 转矩方程

将式(4-176)、式(4-177)代入式(4-145)得

$$T_e = p_n \psi_{sd} i_{sq} \tag{4-192}$$

同按转子磁场定向一样，只要能有效地控制定子磁链 ψ_{sd} 和定子电流转矩分量 i_{sq}，就可以有效控制电磁转矩。

定子磁场定向矢量控制传动系统框图如图 4-24 所示。

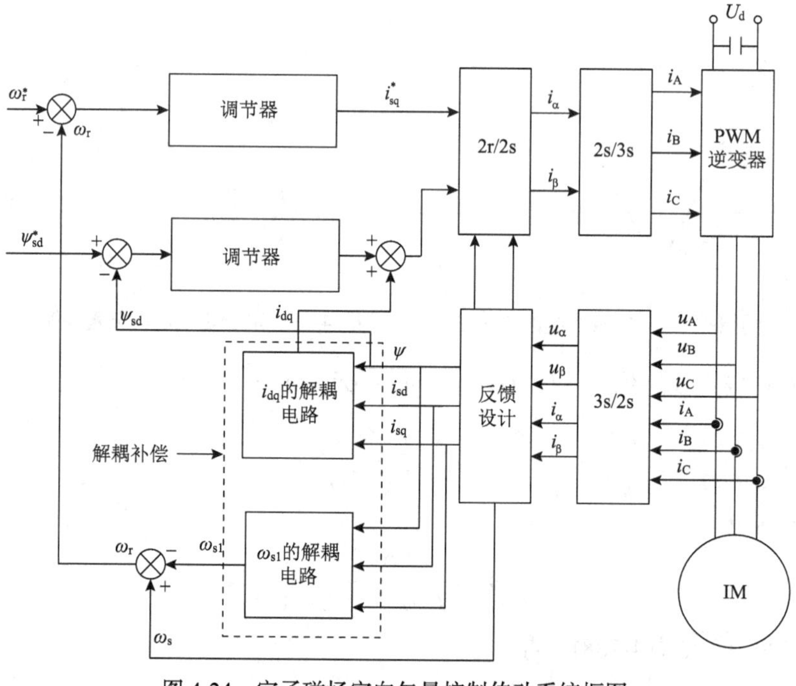

图 4-24 定子磁场定向矢量控制传动系统框图

除上述两种磁场定向方法之外，还有气隙磁场定向方法，它是将同步旋转坐标系的 d 轴与气隙磁链矢量重合，使得电机的磁路饱和程度与气隙磁通一致，故而这种磁场定向方

法更适合处理饱和效应，但同样需要增加解耦器。

通过比较异步电机的三种磁场定向方法不难看出，在三种方法中，由于按转子磁场定向的方法可以实现励磁电流分量和转矩电流分量的完全解耦，因此它是最好的选择，也是目前工程实际中应用最为广泛的一种磁场定向方法。但是，它受转子侧参数的准确程度影响较大，这会很大程度上影响解耦效果。另外两种磁场定向方法受参数变化的影响相对较小，当需要处理磁路饱和效应时，采用气隙磁场定向较为合适；当需要进行恒功率调速时，定子磁场定向更多地被采用。

4.8　基于滑模控制技术的转子磁场定向矢量控制

异步电机本质上是一个多变量、强耦合的非线性控制对象，对内部参数变化和外部负载扰动十分敏感。在传统的矢量控制实际应用中，无论是何种磁场定向方法，其内外环的控制器设计都是一个关键问题。滑模控制又称为滑动模态控制(sliding mode control，SMC)或者滑模变结构控制，滑模变结构控制由 20 世纪 50 年代苏联学者 S. V. Emelyanov 提出，并开展其理论研究。SMC 的特点是它在本质上是一类特殊的非线性控制，其非线性表现为控制的不连续性。由于非线性因素的存在，系统结构处于可变的状态，通过采用合适的控制率，就可以实现运动轨迹的人为设计，避免了传统线性结构控制中受外部扰动及参数变化影响的问题。若所设计的变结构控制能使系统沿人为设定的滑动轨迹运动，则称该变结构控制为滑模变结构控制。滑模控制的优点很多，具有良好的参数鲁棒性和抗干扰能力，结构简单，易于实现，而且可以实现滑模面上的系统降阶，所以在电机控制中受到了广泛的关注和研究。本节将滑模控制器引入传统的转子磁场定向矢量控制中，通过改进传统的矢量控制，进一步提升系统控制性能。

4.8.1　滑模控制技术的基本原理

滑模变结构控制的基本原理为：通过引入不连续的非线性控制结构，使系统沿人为设定的滑动轨迹运动，并最终收敛到期望点附近。设系统数学模型为

$$\dot{x}(t)=f(x,u,t),\ \ x\in\mathbf{R}^{\mathrm{n}},u\in\mathbf{R},t\in\mathbf{R} \tag{4-193}$$

切换函数为

$$s=s(x),\quad s\in\mathbf{R}^{\mathrm{m}} \tag{4-194}$$

控制函数为

$$u=\begin{cases}u^{+}(x), & s(x)>0\\ u^{-}(x), & s(x)<0\end{cases} \tag{4-195}$$

滑模控制可以根据系统当时的状态通过改变系统的结构迫使系统响应跟踪预定的轨迹，从而使系统稳定并具有一定鲁棒性。假设在系统的状态空间中，有一个超曲面 $s(x)=s(x_1,x_2,\cdots,x_n)=0$，如图 4-25 所示，这里称为滑模面(或切换面)，它将状态空间划分为 $s>0$ 和 $s<0$ 两部分，所以在切换面上的点存在三种情况。通常点(X)：系统运动点到切换

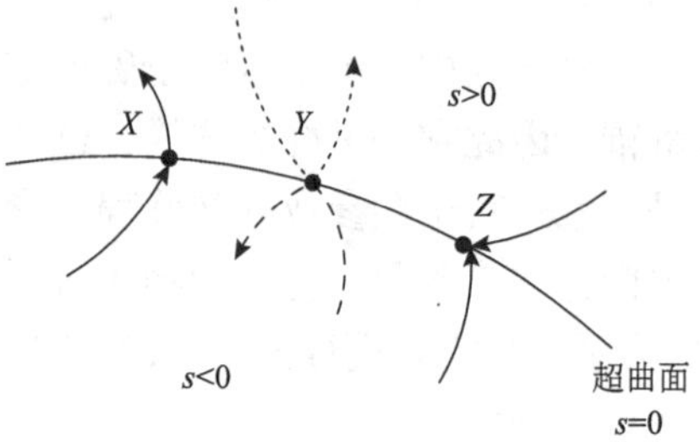

图 4-25　切换面上点的特性

面附近时穿越此点而过，不再返回。起始点(Y)：系统运动点到达切换面附近后，再向与该点同侧的切换面离开。终止点(Z)：系统运动点到达切换面附近时，从切换面的两边趋向该点。

在滑模变结构中，通常点与起始点无多大意义，而终止点却有特殊的含义，因为如果在切换面上某一区域内所有的点都是终止点，则一旦运动点趋近于该区域，就被“吸引”在该区域内运动。此时，就称在切换面上所有的运动点都是终止点的区域为“滑动模态区”(简称为滑模区)。系统在滑模区中的运动就称为“滑模运动”。因此，按照滑模区内的运动点都必须是终止点这一要求，当运动点到达切换面 $s(x)=0$ 附近时，必有 $\lim\limits_{s\to0^+}\dot{s}\leqslant0$ 和 $\lim\limits_{s\to0^-}\dot{s}\geqslant0$，可等效为

$$\lim_{s\to0}s\dot{s}\leqslant0 \tag{4-196}$$

考虑一般性，在应用时将等号去掉，即

$$\lim_{s\to0}s\dot{s}<0 \tag{4-197}$$

此不等式是对系统提出一个包含 s^2 的李亚普诺夫(Lyapunov)函数的必要条件。由于在切换面邻域内的李亚普诺夫函数是正定的，而按照 $\lim\limits_{s\to0}s\dot{s}\leqslant0$ 李亚普诺夫函数的导数是负半定的，也就是说，在 $s=0$ 附近它是一个非增函数，因此系统本身也就稳定于条件 $s=0$。

总的来说，若系统具有滑动模态应满足以下三个条件：

(1) 满足式(4-196)；

(2) 满足可达条件，在切换面 $s(x)=0$ 以外的运动点都能在有限时间内到达切换面；

(3) 保证滑模运动的稳定性。

以二阶线性定常系统为例进行说明，其状态方程为

$$\begin{cases}\dot{x}_1=x_2\\ \dot{x}_2=-a_1x_1-a_2x_2+bu,\ b>0\end{cases} \tag{4-198}$$

式中，x_1、x_2 为状态变量；a_1、a_2、b 为恒定系数。

选取滑模切换函数为

$$s=cx_1+x_2,\quad c>0 \tag{4-199}$$

式中，c 为滑模待设计参数。

滑模变结构控制系统的运动模态由两部分组成：第一部分是位于滑模面外的正常运动，它是趋近滑模面直至到达的趋近运动阶段，此运动模态称为趋近模态；第二部分是在滑模面附近并沿着滑模面的运动，此运动模态称为滑动模态。由于 u 为不连续函数，所以 u 在切换线两侧的作用不同。

通过图 4-26 对滑模控制过程进行分析，假设 $t=0$ 时，状态变量 x 处于 $s>0$ 的一边，向滑模面运动，从 $t=0$ 到 $t=t_1$ 就是趋近模态阶段，所以控制函数 u 的输出等于 u^+。在控制函数 u 的作用下，状态变量 x 在 t_1 时，运动至 $s=0$，即切换线上。

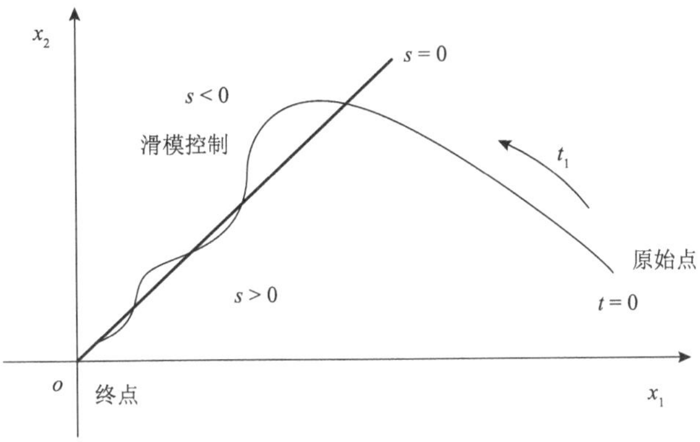

图 4-26　滑模运动轨迹图

随后就是在滑模面附近并沿着滑模面的运动阶段，当状态变量 x 到达滑模面时，由于系统存在“惯性”，一个控制周期未结束，但 u^+的控制作用不会立刻消失，所以状态变量 x 会穿过切换线 $s=0$ 进入 $s<0$ 区域内，此时的控制函数 u 的输出变为了 u^-，在控制函数 u 的作用下，状态变量 x 会再次进入 $s>0$ 区域内。随着控制函数 u 的输出在 u^+和 u^-的状态之间不断变化，状态轨迹最终会稳定在切换线 $s=0$ 上，这个过程就是滑动模态。滑模变结构控制就是指具有这种滑动模态的变结构控制。

总的来说，趋近模态是滑模控制系统在连续控制作用下的运行阶段，其运动轨迹位于滑模切换面之外，或者有限次地穿过滑模切换面；而滑动模态是控制系统在滑模切换面附近且沿着切换面向平衡点运动的阶段。一般的滑模控制只考虑能够趋近滑模面并满足稳定条件，并不能反映以何种方式趋近滑模面，而趋近律控制方法可以保证控制变量趋近运动时快速到达滑模面。按照滑模控制理论的基本原理，正常运动阶段必须满足滑动模态的可达条件，才能实现系统的状态变量由任意未知的初始状态在有限时间内到达滑模面，可以设计各种趋近律函数来保证正常运动阶段的品质。在趋近运动阶段，由于系统误差不能被直接控制，而系统响应又会受到内部参数变化和外部扰动的影响，因此，在设计趋近律时，必须尽量缩短趋近运动阶段的时间，以保证运动阶段的品质。常用的趋近律包括等速趋近律、指数趋近律以及幂次趋近律等，本节介绍的滑模控制器均采用指数趋近律来进行设计。

4.8.2　基于滑模控制器的转子磁场定向矢量控制

为进一步增加系统的参数鲁棒性和抗扰动性，本节设计了基于滑模控制器的转子磁场定向矢量控制的外环速度滑模控制器和磁链滑模控制器，其系统结构如图 4-27 所示。可以看到，改进的两个外环滑模控制器——速度 SMC 和磁链 SMC 分别用于替代原来矢量控制结构中的转速调节器(ASR)和磁链调节器(AFR)，由于 SMC 设计不依赖于系统参数，从而提高了系统的动态性能和鲁棒性。

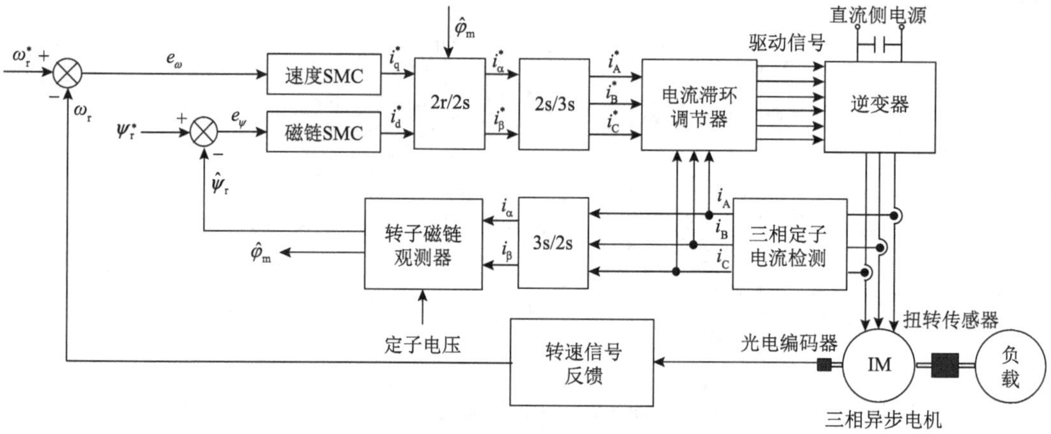

图 4-27　基于滑模控制器的转子磁场定向矢量控制系统结构

4.8.3　速度滑模控制器设计

基于转子磁场定向矢量控制系统，异步电机的运动方程如(4-113)所示。在电流解耦实现之后，电磁转矩正比于 i_{sq}。基于上述考虑，可得

$$T_L + \frac{J}{p_n}\frac{d\omega_r}{dt} = K_r i_{sq} \tag{4-200}$$

可以看出，对于转矩控制而言，可以通过设计速度滑模控制器，使其得到转矩电流的给定值，达到间接控制转矩的目的。

在 SMC 系统中，其结构不固定，可以在滑模面上进行滑动模态运动，根据系统状态有目的地不断变化，迫使系统沿预定的滑动模态的状态轨迹运动，进而达到稳定状态。滑模控制器设计可以分为到达阶段和滑动模态阶段。在到达阶段，系统可以由任意初始状态开始，在趋近律的作用下进入并到达滑动模态阶段。在滑动模态阶段，系统在滑模面上产生滑动模态运动，进而达到稳定状态。对于基于滑模变结构的速度控制器而言，输入是给定转速和实际转速的误差值，输出为转矩参考值。基于先前的分析，假设磁通恒定，速度滑模控制器的输出可以简化为解耦后 q 轴电流的参考值。这里，定义转速误差值为 $\Delta e_\omega = \omega_r^* - \omega_r$，滑模切换函数为 $s_\omega = \Delta e_\omega = \omega_r^* - \omega_r$。当转速误差较大时，系统运动处于趋近模态，在相应趋近律的作用下，向滑模面运动，到达滑模面 s_ω 后，进入滑动模态阶段，逐渐达到稳定状态，稳定时就有实际转速等于给定转速。这里采用最为简单常用的指数趋近律来设计相应的滑模控制结构：

$$i_{sq}^* = K_1 \Delta e_\omega + K_2\,\mathrm{sgn}(\Delta e_\omega) \tag{4-201}$$

式中，K_1 和 K_2 为速度滑模控制器参数，且均为正常数；sgn(·)为符号函数，为

$$\mathrm{sgn}(x) = \begin{cases} +1, & x > 0 \\ -1, & x < 0 \end{cases} \tag{4-202}$$

通过合理配置控制器参数，可以使得系统极点位于 s 左半平面，此时转速误差将收敛于原点，保证系统渐进稳定。而系统沿滑模面运动时，将不受外部扰动和系统内部参数变化影响。下面进行式(4-201)的李亚普诺夫稳定性分析。首先定义李亚普诺夫函数为

$$V = \frac{1}{2}s_{\omega}^2 = \frac{1}{2}\Delta e_{\omega}^2 \tag{4-203}$$

对滑模切换函数求导：

$$\frac{\mathrm{d}s_{\omega}}{\mathrm{d}t} = \frac{\mathrm{d}(\Delta e_{\omega})}{\mathrm{d}t} = \frac{\mathrm{d}\omega_{\mathrm{r}}^*}{\mathrm{d}t} - \frac{\mathrm{d}\omega_{\mathrm{r}}}{\mathrm{d}t} \tag{4-204}$$

由电机运动方程可得

$$\frac{\mathrm{d}\omega_{\mathrm{r}}}{\mathrm{d}t} = \frac{p_{\mathrm{n}}}{J}(T_{\mathrm{e}} - T_{\mathrm{L}}) = \frac{p_{\mathrm{n}}^2 L_{\mathrm{m}}}{JL_{\mathrm{r}}}\psi_{\mathrm{r}} i_{\mathrm{sq}} - \frac{p_{\mathrm{n}}^2}{J}T_{\mathrm{L}} \tag{4-205}$$

将式(4-204)代入式(4-205)可得

$$\frac{\mathrm{d}(\Delta e_{\omega})}{\mathrm{d}t} = -\frac{p_{\mathrm{n}}^2 L_{\mathrm{m}}}{JL_{\mathrm{r}}}\psi_{\mathrm{r}} i_{\mathrm{sq}} + \frac{\mathrm{d}\omega_{\mathrm{r}}^*}{\mathrm{d}t} + \frac{p_{\mathrm{n}}}{J}T_{\mathrm{L}} \tag{4-206}$$

由于矢量控制采用电流内环的闭环控制，而且电流内环的响应速度远远大于转速外环，可以近似认为 $i_{\mathrm{sq}}^* = i_{\mathrm{sq}}$。据此，将式(4-201)代入式(4-206)可得

$$\begin{aligned}\frac{\mathrm{d}(\Delta e_{\omega})}{\mathrm{d}t} &= -\frac{p_{\mathrm{n}}^2 L_{\mathrm{m}}}{JL_{\mathrm{r}}}\psi_{\mathrm{r}}(K_1\Delta e_{\omega} + K_2\,\mathrm{sgn}(\Delta e_{\omega})) + \frac{\mathrm{d}\omega_r^*}{\mathrm{d}t} + \frac{p_{\mathrm{n}}}{J}T_{\mathrm{L}} \\ &= -K_1'\Delta e_{\omega} - K_2'\,\mathrm{sgn}(\Delta e_{\omega}) + D\end{aligned} \tag{4-207}$$

式中，$K_1' = \frac{p_{\mathrm{n}}^2 L_{\mathrm{m}}}{JL_{\mathrm{r}}}\psi_{\mathrm{r}} K_1 > 0$；$K_2' = \frac{p_{\mathrm{n}}^2 L_{\mathrm{m}}}{JL_{\mathrm{r}}}\psi_{\mathrm{r}} K_2 > 0$；$D = \frac{\mathrm{d}\omega_{\mathrm{r}}^*}{\mathrm{d}t} + \frac{p_{\mathrm{n}}}{J}T_{\mathrm{L}}$，为扰动项。

考虑 K_1' 和 K_2' 足够大，且系统扰动是有界的，求解李亚普诺夫函数导数为

$$\frac{\mathrm{d}V}{\mathrm{d}t} = \Delta e_{\omega}\frac{\mathrm{d}(\Delta e_{\omega})}{\mathrm{d}t} = -K_1'\Delta e_{\omega}^2 - K_2'\Delta e_{\omega}\,\mathrm{sgn}(\Delta e_{\omega}) + D\Delta e_{\omega} < 0 \tag{4-208}$$

即李亚普诺夫函数的导数是负定的，由李亚普诺夫稳定性理论可知，系统可以稳定收敛到滑模面，即有 $s_{\omega} = 0$，此时 $\omega_{\mathrm{r}} = \omega_{\mathrm{r}}^*$。

在实际的滑模控制系统中，由于系统的控制力受限，系统获得的加速度有限，同时由于系统的惯性和滑模变结构控制本质上的不连续性，系统存在抖振问题。抖振问题在实际应用中会影响系统的稳态输出精度，所以要考虑相应的方法加以改善。通常情况下，采用饱和函数 sat(·)来代替符号函数 sgn(·)，即

$$\mathrm{sat}(x) = \begin{cases} +1, & x > \varDelta \\ x/\varDelta, & |x| \leqslant \varDelta \\ -1, & x < \varDelta \end{cases}$$

式中，$\varDelta$ 表示一个小的正实常数。

然而饱和函数的引入可能会导致稳态精度的降低，为此，可以加入积分环节，改进后的速度滑模控制器可以表示为

$$i_{\mathrm{sq}}^* = K_1\Delta e_{\omega} + K_2\,\mathrm{sgn}(\Delta e_{\omega}) + K_3\int\Delta e_{\omega}\mathrm{d}t \tag{4-209}$$

式中，K_3 为正常数。

4.8.4 磁链滑模控制器设计

磁链滑模控制器的输入是给定磁链和实际磁链的误差值，输出为解耦后 d 轴电流的参考值。这里，定义磁链误差值为 $\Delta e_\psi = \psi_r^* - \psi_r$，滑模切换函数为 $s_\psi = \Delta e_\psi = \psi_r^* - \psi_r$，依然采用指数趋近律设计相应的滑模控制结构，即

$$i_{sd}^* = K_4 \Delta e_\psi + K_5 \operatorname{sgn}(\Delta e_\psi) \tag{4-210}$$

式中，K_4 和 K_5 为磁链滑模控制器参数，且均为正常数。

下面对式(4-210)的进行李亚普诺夫稳定性分析：

$$V_\psi = \frac{1}{2} s_\psi^2 = \frac{1}{2} \Delta e_\psi^2 \tag{4-211}$$

对滑模切换函数求导：

$$\frac{\mathrm{d}s_\psi}{\mathrm{d}t} = \frac{\mathrm{d}\Delta e_\psi}{\mathrm{d}t} = \frac{\mathrm{d}\psi_r^*}{\mathrm{d}t} - \frac{\mathrm{d}\psi_r}{\mathrm{d}t} \tag{4-212}$$

由磁链和励磁电流关系式(4-159)可得

$$\frac{\mathrm{d}\psi_r}{\mathrm{d}t} = \frac{L_m i_{sd} - \psi_r}{T_r} \tag{4-213}$$

将式(4-213)代入式(4-212)可得

$$\frac{\mathrm{d}(\Delta e_\psi)}{\mathrm{d}t} = -\frac{L_m}{T_r} \psi_r i_{sd} + \frac{\mathrm{d}\psi_r^*}{\mathrm{d}t} + \frac{\psi_r}{T_r} \tag{4-214}$$

由于矢量控制采用电流内环的闭环控制，矢量控制双闭环结构的内环为电流环，而且电流环的响应速度远远大于磁链外环，所以近似认为 $i_{sd}^* = i_{sd}$。另外，$\psi_r = \psi_r^* - \Delta e_\psi$，代入式(4-214)可得

$$\begin{aligned}\frac{\mathrm{d}(\Delta e_\psi)}{\mathrm{d}t} &= -\frac{K_4 L_m + 1}{T_r} \Delta e_\psi - \frac{K_5 L_m}{T_r} \operatorname{sgn}(\Delta e_\psi) + \frac{\mathrm{d}\psi_r^*}{\mathrm{d}t} + \frac{\psi_r^*}{T_r} \\ &= -K_4' \Delta e_\psi - K_5' \operatorname{sgn}(\Delta e_\psi) + D_\psi\end{aligned} \tag{4-215}$$

式中，$K_4' = \dfrac{K_4 L_m + 1}{T_r} > 0$；$K_5' = \dfrac{K_5 L_m}{T_r} > 0$；$D_\psi = \dfrac{\mathrm{d}\psi_r^*}{\mathrm{d}t} + \dfrac{\psi_r^*}{T_r}$，为扰动项。

考虑 K_4' 和 K_5' 足够大，且系统扰动是有界的，求解李亚普诺夫函数导数为

$$\frac{\mathrm{d}V_\psi}{\mathrm{d}t} = \Delta e_\psi \frac{\mathrm{d}(\Delta e_\psi)}{\mathrm{d}t} = -K_4' \Delta e_\psi^2 - K_5' \Delta e_\psi \operatorname{sgn}(\Delta e_\psi) + D \Delta e_\psi < 0 \tag{4-216}$$

由李亚普诺夫稳定性理论可知，系统可以稳定收敛到滑模面，即有 $s_\psi = 0$，此时 $\psi_r = \psi_r^*$。

4.9 基于转子磁场定向的矢量控制系统仿真实例

本书利用仿真工具，在分析异步电机数学模型的基础上，建立基于转子磁场定向的矢量控制系统的仿真模型。

在实际应用中，根据磁链是否进行闭环控制，可将矢量控制细分为直接矢量控制和间接矢量控制。其中，直接矢量控制需要设计磁链调节器(AFR)，更易受电机参数变化的影响，

而若采用间接矢量控制，磁场定向由给定信号确定，实现起来更为简单直接，具有一定的优越性，本节为了使读者全面了解矢量控制，选择带有磁链调节器的直接矢量控制进行模型搭建。

这里对所搭建的模型做如下说明：磁链的实际值可由前面介绍的电流模型或者电压模型计算获得，但这里由于采用基于转子磁场定向的直接矢量控制，磁链的实际值可由式(4-163)直接计算得到，磁链的给定值和实际值经过磁链调节器得到励磁电流的给定信号 i_{sd}^*。另外，电机转速的给定值和实际值经过速度调节器得到转矩给定信号 T_e^*，进而获得控制转矩电流的给定信号 i_{sq}^*。磁场定向角 theta 由式(4-164)和式(4-165)获得。根据磁场定向角 theta，将 i_{sd}^* 和 i_{sq}^* 进行 2r/3s 坐标变换，得到三相静止 ABC 坐标系电流给定值，电流环采用电流滞环进行调节，将三相电流的给定值和实际值作为电流滞环调节部分的输入，则可以得到六路驱动逆变器功率开关的驱动信号。通过将上述功能模块的有机整合，就可以得到异步电机基于转子磁场定向的矢量控制系统，如图 4-28(a)所示。基于上述控制结构，搭建的仿真模型如图 4-28(b)所示。

根据模块化建模的思想，将控制系统分割为各个功能独立的子模块，主要包括如下模块。

(1) 三相异步电机本体模块。它在 Library 中的位置为 Simscape / Electrical / Specialized Power Systems / Fundamental Blocks / Machines，在 Rotor type 中选择 Squirrel-cage，即鼠笼型异步电机，可以通过 Squirrel-cage preset model 选择电机类型，这里选择 17:20HP(15kW) 400V 50Hz 1460RPM，在 Mechanical input 处选择 Torque Tm，异步电机的配置界面如图 4-29 所示。通过单击 Parameters 可以看到异步电机的具体参数，从其中可以得到控制系统中的三相异步电机的参数为：功率 $P_n = 15$kW，定子电阻 $R_s = 0.2147\Omega$，转子电阻 $R_r = 0.2205\Omega$，定、转子漏感 $L_\sigma = 0.000991$H，定、转子之间的互感 $L_m = 0.06419$H，转动惯量 $J = 0.102\text{kg}\cdot\text{m}^2$，额定转速 $n_r = 1460$r/min，极对数 $p_n = 2$。

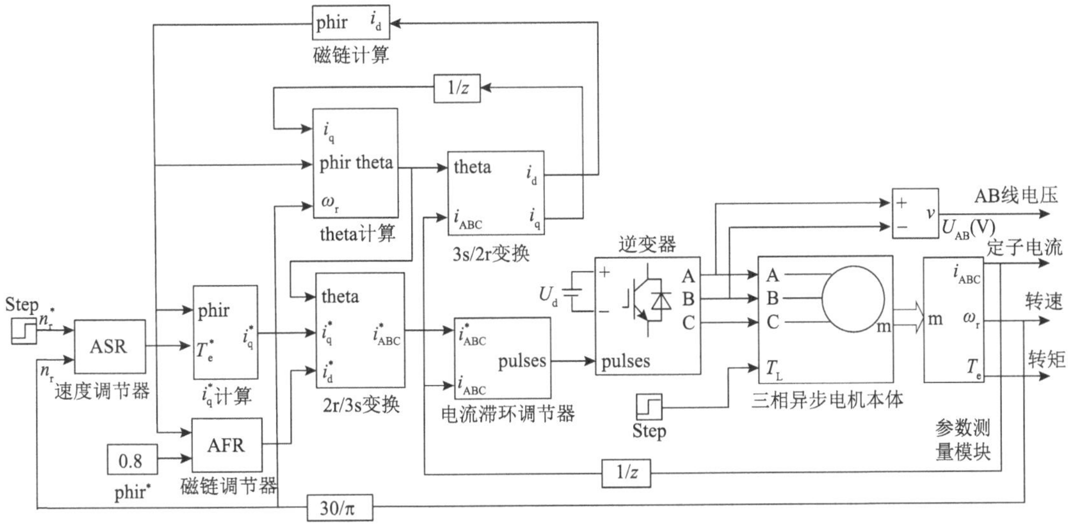

(a)

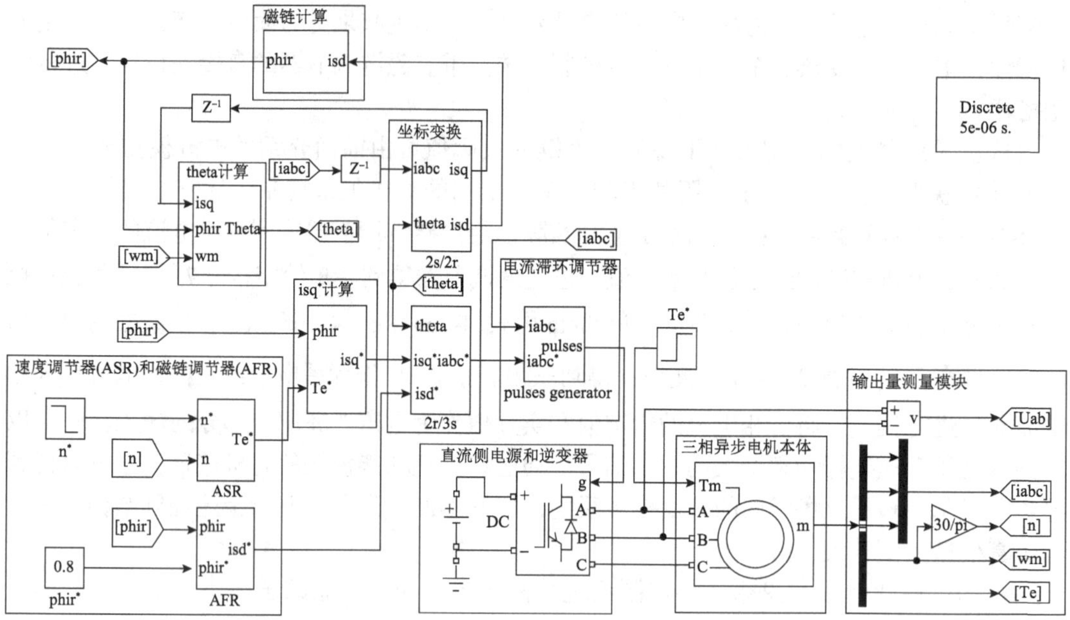

(b)

图 4-28　基于 Simulink 的异步电机系统模型的框图

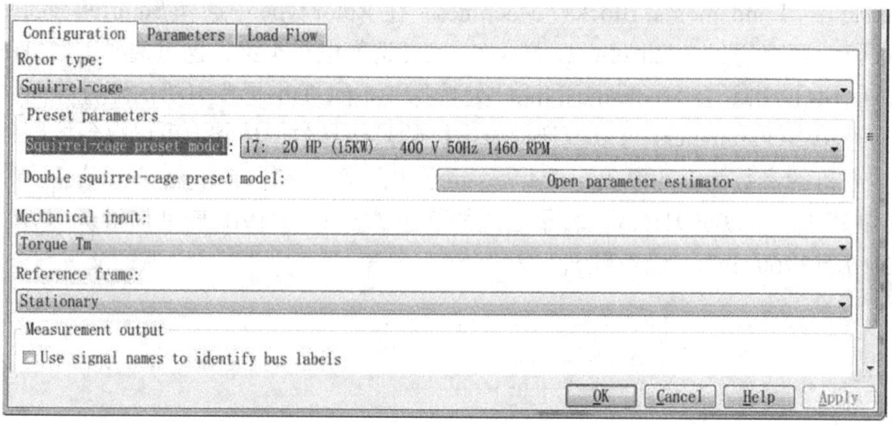

图 4-29　异步电机配置界面

(2) 逆变器模块。它在 Library 中的位置为 Simscape / Electrical / Specialized Power Systems / Fundamental Blocks / Power Electronics。这里设置 Number of bridge arms 为 3，在 Power Electronic device 处选择 IGBT / Diode，其他为默认值，配置界面如图 4-30 所示。直流侧电源位置为 Simscape / Electrical / Specialized Power Systems / Fundamental Blocks / Electrical Sources，设置其值为 580V。

(3) 速度调节器(ASR)和磁链调节器(AFR)。它们本质上都是 PI 调节器，由比例(P)环节、积分(I)环节和输出限幅 Saturation 环节组成，其结构框图如图 4-31 所示。ASR 和 AFR 的结构相同，只是在具体 PI 控制参数(比例系数 K_p、积分系数 K_i 及输出限幅)的选择上不同，它们在 Library 中的位置为 Simulink / Commonly Used Blocks。

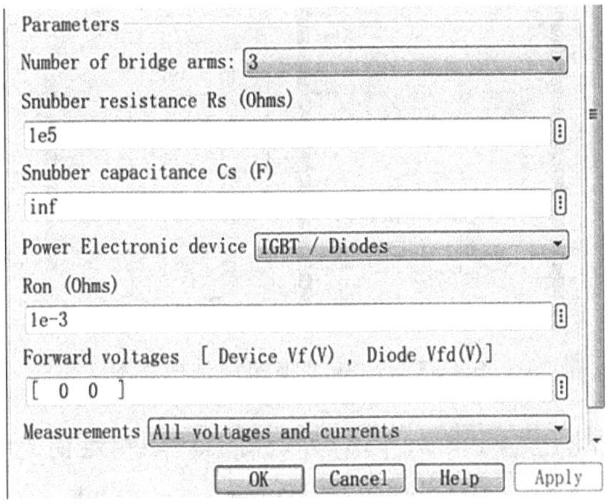

图 4-30　逆变器配置界面

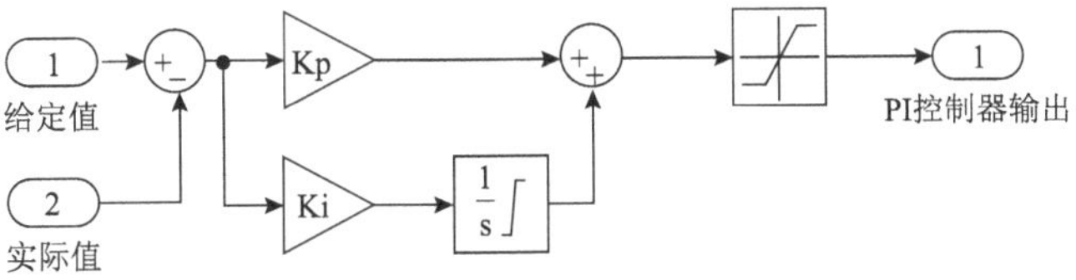

图 4-31　PI 调节器模块结构框图

(4) 3s/2r 变换模块和 2r/3s 变换模块。可以使用 Fcn 进行函数编写搭建模型，它在 Library 中的位置为 Simulink / User-Defined Functions。具体坐标变换的实现可参照式(4-75)和式(4-76)进行模块搭建。三相静止 ABC 坐标系到同步旋转 dq 坐标系的 3s/2r 变换模块结构框图如图 4-32 所示。

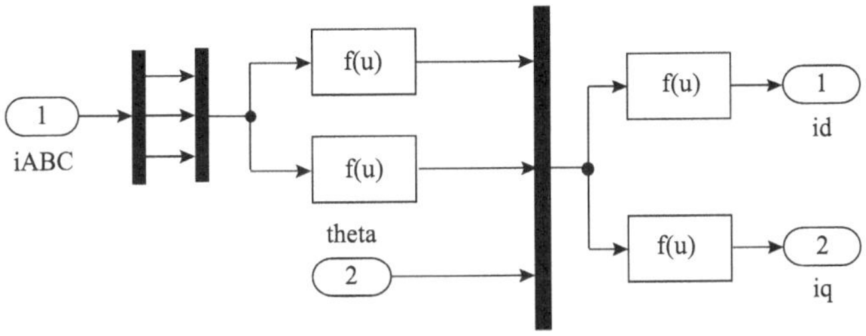

图 4-32　3s/2r 变换模块结构框图

2r/3s 变换模块实现的是参考相电流的 dq/ABC 变换，即 dq 旋转坐标系下两相参考相电流到 ABC 静止坐标系下三相参考相电流的变换，模块的结构框图如图 4-33 所示，模块输入为磁场定向角 theta 和 dq 两相参考电流 i_d^* 和 i_q^*；模块输出为 ABC 三相参考电流 i_A^*、i_B^* 和 i_C^*。

(5) 磁场定向角和转子磁链观测模块。磁链的实际值由式(4-160)计算所得，具体可由 Fcn 函数实现，在 Library 中的位置为 Simulink / User-Defined Functions。磁场定向角可由式(4-164)和式(4-165)获得，同样可以由 Fcn 函数实现，然后用于坐标变换，所搭建的 theta 计算模块如图 4-34 所示。此外，当采用转子磁场定向之后，控制转矩的电流给定值 i_{sq}^* 可由

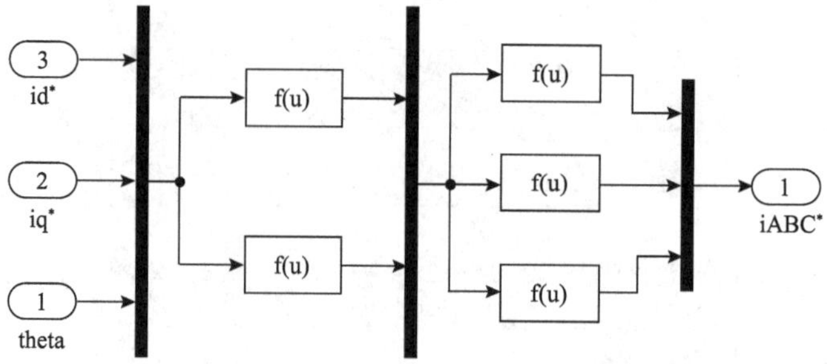

图 4-33　2r/3s 变换模块结构框图

式(4-154)根据转子磁链和速度调节器(ASR)所获得的转矩给定值 T_e^* 获得，搭建时用传递函数模块 Transfer Fcn 进行实现，在 Library 中的位置为 Simulink / Continuous。

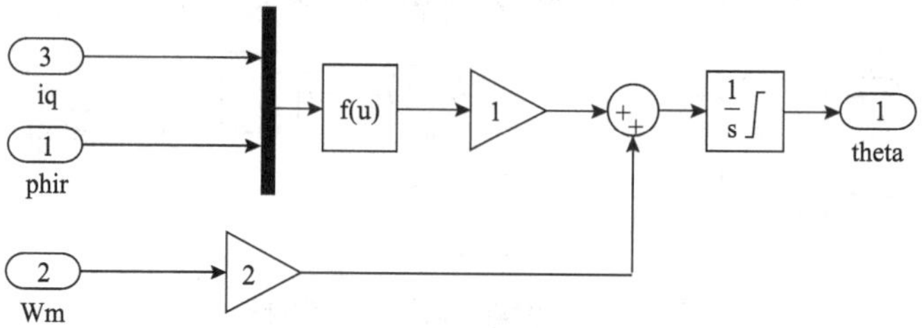

图 4-34　theta 计算模块结构框图

(6) 电流滞环调节器模块。其作用是实现滞环电流调节，输入为三相参考电流 i_A^*、i_B^*、i_C^* 和三相实际电流 i_A、i_B、i_C，输出为逆变器控制信号，模块的结构框图如图 4-35 所示。当实际电流低于参考电流且偏差大于滞环比较器的环宽时，对应相正向导通，负向关断；当实际电流超过参考电流且偏差大于滞环比较器的环宽时，对应相正向关断，负向导通。选择适当的滞环环宽，即可使实际电流不断跟踪参考电流的波形，实现电流闭环控制。其中，所用的滞环比较器所在的位置为 Simulink / Discontinuities。

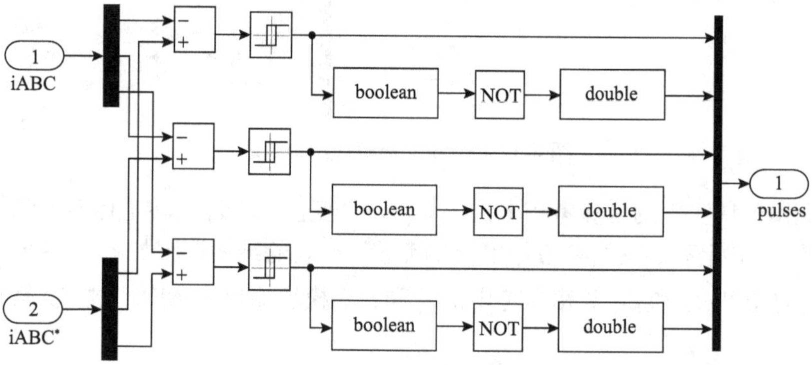

图 4-35　电流滞环调节器模块结构框图

(7) 给定信号及测量模块。可以使用 Constant 模块或者 Step 模块(位置为 Simulink / Sources)设置转矩和转速的给定信号，这里为模拟实际电机运行中的给定信号突变，选择使用 Step 模块。同时，为使模型看起来更简洁，使用 From 模块和 Goto 模块(位置为 Simulink /

Signal Routing)进行信号的跳转，以减少不必要的连线，相同的标签表示相同信号的输入(From)或输出(Goto)。在三相异步电机本体模型的测量输出端 m 添加 Bus Selector(位置为 Simulink / Signal Routing)，用于获取电机实时输出的状态量，如定子电流、转速及电磁转矩等信息。通过示波器 scope(位置为 Simulink / Sinks)进行波形显示。此外，需要说明的是，电机输出的转速信号单位为 rad/s，可以通过单位变换使其变成 r/min，以方便观测和计算。

其他仿真参数设置如下。

转子磁链给定为 0.8Wb；速度调节器参数为 $K_p(\text{ASR}) = 50$ 和 $K_i(\text{ASR}) = 10$，输出饱和限幅为±80；磁链调节器参数为 $K_p(\text{AFR}) = 100$ 和 $K_i(\text{AFR}) = 100$，输出饱和限幅为±15；电流滞环宽度为 0.5。

系统空载启动，使电机先达到给定转速 $n_r = 1000$r/min，待稳态后，在 $t = 0.45$s 时转速突变为 $n_r = 400$r/min，在 $t = 0.8$s 时突加负载 $T_L = 40$N·m，可得系统转矩、转速、定子三相电流响应曲线分别如图 4-36～图 4-38 所示。

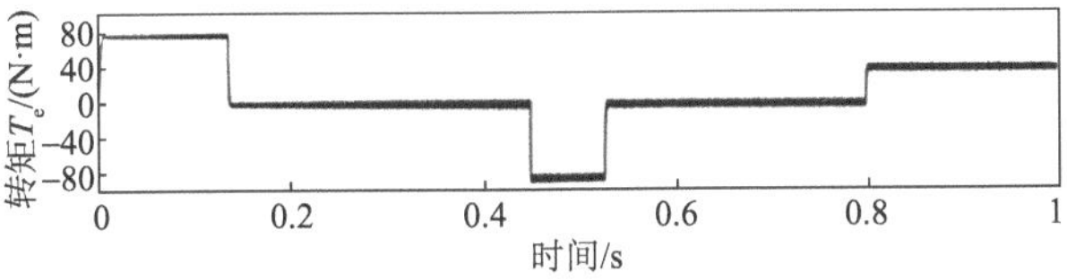

图 4-36　转矩响应曲线

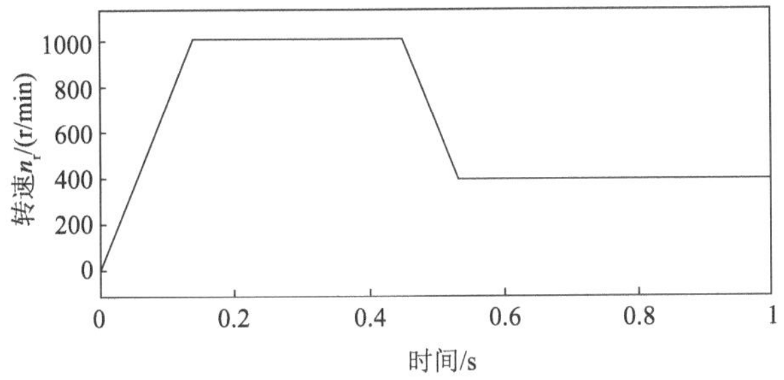

图 4-37　转速响应曲线

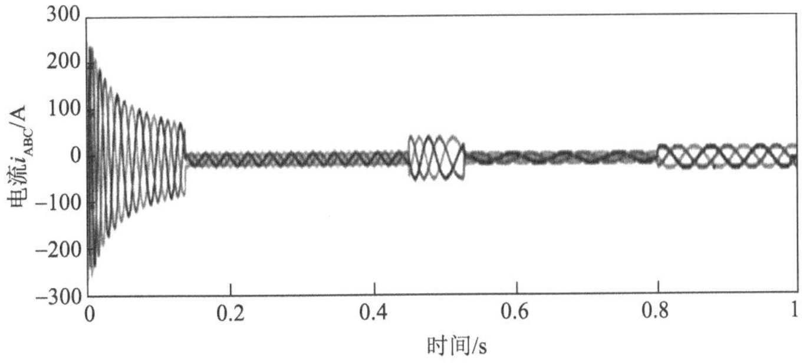

图 4-38　定子三相电流响应曲线

由仿真波形可以看出，在 $n_r = 1000$r/min 的参考转速下，系统响应快速且平稳；在 $t = 0.45$s 时转速给定值突降为 400r/min，实际转速可以快速跟踪给定转速；在 $t = 0.8$s 时突加负载，输出的电磁转矩可以快速跟踪给定转矩，转速波动很小，稳态运行时系统无静差。

第 5 章　永磁同步电机矢量控制技术

在许多工业应用中，同步电机都是异步电机强有力的竞争对手，尽管与异步电机相比其造价要昂贵一些，但其效率高的特点使得其应用范围不断扩大。永磁同步电机(permanent magnet synchronous motor，PMSM)一般应用在中、小功率的场合，而在大功率应用场合一般使用绕组励磁式同步电机。本章以三相永磁同步电机为例，讨论其矢量控制方法。

5.1　永磁同步电机的结构及数学模型

5.1.1　永磁同步电机的结构

永磁同步电机由定子、转子和端盖等部件构成，定子与绕线式同步电机基本相同，转子用永磁体代替了绕线式同步电机转子中的励磁绕组，从而省去了励磁线圈、滑环和电刷，故称为永磁同步电机。永磁同步电机没有励磁式同步电机的励磁损耗和转子发热问题，也没有异步电机因为滑差而引起的损耗，提高了效率和功率因数。

永磁同步电机与其他电机的最主要的区别是转子磁路结构。按照永磁体在转子上位置的不同，常用的永磁同步电机的转子磁路结构一般可以分为两大类：表贴式和内置式。表贴式转子永磁体安装在转子外表面上，提供径向磁通。表贴式转子永磁体可分为圆套筒型和瓦片型，如图 5-1 所示。插入式转子永磁体嵌在转子表面下面，永磁体的宽度小于一个极距，相邻永磁体间的铁心构成了一个大“齿”。内置式转子永磁体可分为嵌入式与内埋式，其结构如图 5-2 所示，内置式转子永磁体埋装在转子铁心内部，每个永磁体都被铁心所包容。这种结构的机械强度高，磁路气隙小，所以与表面式转子永磁体相比，更适用于弱磁运行。永磁材料的磁导率与空气几乎相等，所以表贴式转子结构在电磁性能上属于隐极转子结构，而内置式转子的相邻两磁极之间有磁导率很大的铁磁材料，因此在电磁性能上属于凸极转子结构。表贴式和嵌入式结构可使转子做得直径小、惯量低，特别是若将永磁体直接黏接在转轴上，还可以获得低电感，有效改善动态性能。此外，永磁同步电机就整体结构而言，分为内转子式和外转子式；就磁场方向来说，有径向和轴向磁场之分；就定子结构来说，有分布绕组、集中绕组，以及定子有槽和无槽的区别。

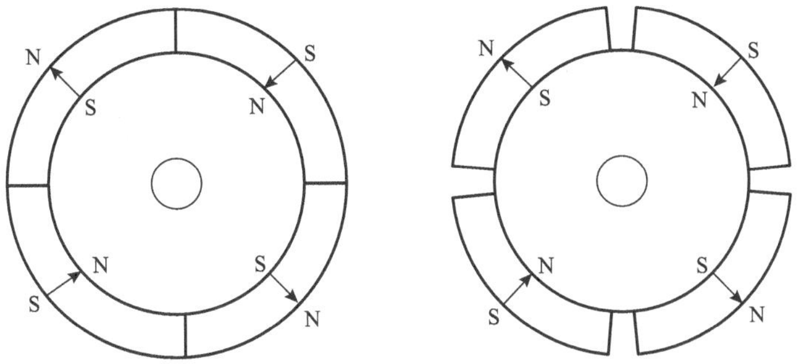

(a) 圆套筒型 (b) 瓦片型

图 5-1 表贴式永磁同步电机转子截面图

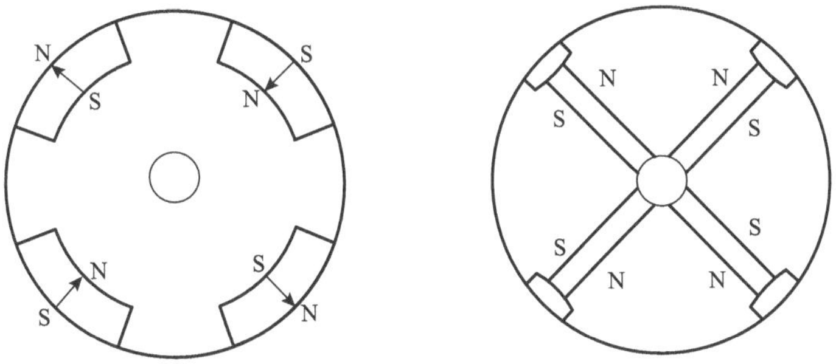

(a) 嵌入式 (b) 内埋式

图 5-2 内置式永磁同步电机转子截面图

5.1.2 数学模型的建立

永磁同步电机的定子和普通励磁式同步电机的定子是相似的。如果永磁体在电枢绕组产生的感应电动势与励磁线圈产生的电枢绕组感应电动势相同，也是正弦的，则永磁同步电机的数学模型就与励磁式同步电机基本相同。

本章采用的是正弦波永磁同步电机，且转子上没有阻尼绕组。其物理模型如图 5-3 所示。ψ_f 是转子永磁体磁链，θ_r 是转子位置角。

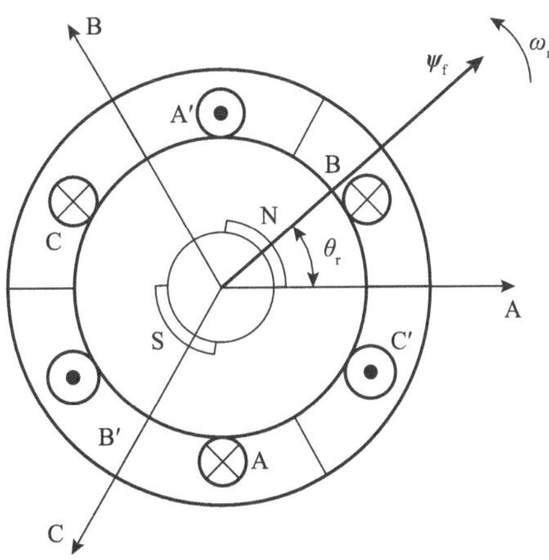

图 5-3 永磁同步电机的物理模型

永磁同步电机的基本方程包括定子电压方程、磁链方程和转矩方程等，这些方程是永磁同步电机数学模型的基础。

永磁同步电机运转时，其定子和转子处于相对运动状态，永磁体与定子绕组、定子绕组与绕组之间的相互影响导致永磁同步电机内部的电磁关系十分复杂，再加上磁路饱和等非线性因素，给建立永磁同步电机的精确数学模型带来了困难。在对研究效果影响不大的前提下需简化永磁同步电机的数学模型，通常有如下假设：

(1) 忽略磁路中铁心的磁饱和，不计铁心的涡流和磁滞损耗；

(2) 转子上没有阻尼绕组，永磁体也没有阻尼作用；

(3) 永磁体在气隙中产生的磁势为正弦分布，无高次谐波，即定子的空载电势为正弦波；

(4) 永磁材料的电导率为零。

1. 永磁同步电机定子电压方程

永磁同步电机定子电压方程为

$$\begin{cases} u_A = R_s i_A + p\psi_A \\ u_B = R_s i_B + p\psi_B \\ u_C = R_s i_C + p\psi_C \end{cases} \tag{5-1}$$

式中，u_A、u_B、u_C 为三相绕组电压；i_A、i_B、i_C 为三相绕组电流；ψ_A、ψ_B、ψ_C 为三相绕组交链的磁链；R_s 为定子每相绕组电阻；$p = \mathrm{d}/\mathrm{d}t$ 为微分算子。

2. 永磁同步电机磁链方程和转矩方程

与第 4 章叙述的相同，永磁同步电机每相绕组的磁链是它的自感磁链和其他绕组对它的互感磁链之和，则磁链方程为

$$\begin{cases} \psi_A = L_{AA} i_A + L_{AB} i_B + L_{AC} i_C + \psi_{fA} \\ \psi_B = L_{BB} i_B + L_{BA} i_A + L_{BC} i_C + \psi_{fB} \\ \psi_C = L_{CC} i_C + L_{CA} i_A + L_{CB} i_B + \psi_{fC} \end{cases} \tag{5-2}$$

式中，L_{AA}、L_{BB}、L_{CC} 为定子自感；L_{AB}、L_{BA}、L_{AC}、L_{CA}、L_{BC}、L_{CB} 为定子各相之间的互感；ψ_{fA}、ψ_{fB}、ψ_{fC} 为永磁体磁链在 A、B、C 相绕组的磁链分量。

由于定子三相绕组在空间位置上互差 120°，且认为每相间的互感是对称的，有 $L_{AB} = L_{BA}$，$L_{AC} = L_{CA}$，$L_{BC} = L_{CB}$。

与励磁式三相隐极同步电机一样，因电机气隙均匀，故 A、B、C 相绕组的自感和互感都与转子位置无关，均为常数。于是有

$$L_{s1} = L_{AA} = L_{BB} = L_{CC} = L_\sigma + L_m \tag{5-3}$$

式中，L_σ、L_m 分别为相绕组的漏感和互感。

另有

$$L = L_{AB} = L_{BC} = L_{AC} = L_m \cos\frac{2}{3}\pi = -\frac{1}{2}L_m \tag{5-4}$$

另外，永磁体链过定子侧产生的磁链为

$$\begin{cases} \psi_{fA} = \boldsymbol{\psi}_f \cos\theta_r \\ \psi_{fB} = \boldsymbol{\psi}_f \cos\left(\theta_r - \dfrac{2}{3}\pi\right) \\ \psi_{fC} = \boldsymbol{\psi}_f \cos\left(\theta_r + \dfrac{2}{3}\pi\right) \end{cases} \tag{5-5}$$

根据电机 Y 连接法，三相电流应满足

$$i_A + i_B + i_C = 0 \tag{5-6}$$

把式(5-4)、式(5-5)代入式(5-2)，得磁链方程为

$$\begin{cases} \psi_A = (L_{s1} - L)i_A + \psi_{fA} = L_0 i_A + \psi_f \cos\theta_r \\ \psi_B = (L_{s1} - L)i_B + \psi_{fB} = L_0 i_B + \psi_f \cos\left(\theta_r - \dfrac{2}{3}\pi\right) \\ \psi_C = (L_{s1} - L)i_C + \psi_{fC} = L_0 i_C + \psi_f \cos\left(\theta_r + \dfrac{2}{3}\pi\right) \end{cases} \tag{5-7}$$

其中，$L_0 = L_{s1} - L = \dfrac{3}{2}L_m + L_\sigma$。

把式(5-7)代入式(5-1)得定子电压方程为

$$\begin{cases} u_A = R_s i_A + L_0 p i_A - \psi_f \omega_r \sin\theta_r \\ u_B = R_s i_B + L_0 p i_B - \psi_f \omega_r \sin\left(\theta_r - \dfrac{2}{3}\pi\right) \\ u_C = R_s i_C + L_0 p i_C - \psi_f \omega_r \sin\left(\theta_r + \dfrac{2}{3}\pi\right) \end{cases} \tag{5-8}$$

式中，ω_r 为转子电角速度。

转矩方程为

$$T_e = -p_n \psi_f \left[i_A \sin\theta_r + i_B \sin\left(\theta_r - \frac{2\pi}{3}\right) + i_C \sin\left(\theta_r + \frac{2\pi}{3}\right) \right] \tag{5-9}$$

式中，p_n 为永磁同步电机极对数。

5.1.3　永磁同步电机的坐标变换

坐标变换是用新的坐标系统替换原来的坐标系统，使在原来坐标系统中的各个变量及其相互关系变换成在新坐标系统中的变量及其相互关系。约束条件有功率不变或幅值不变，即电压电流变换后相乘得到的功率不变或电压电流变换后的幅值不变。由 4.3 节的介绍可知常用的坐标系有两大类：一是静止坐标系，主要有三相静止 ABC 坐标系和两相静止 αβ 坐标系；二是两相旋转 dq 坐标系。

对于永磁同步电机来说，定义两相静止 αβ 坐标系的 α 轴与 A 相定子绕组重合，β 轴逆时针超前 α 轴 90° 电角度。定义两相旋转 dq 坐标系的 d 轴与转子磁极轴线重合，q 轴逆时针超前 d 轴 90° 电角度，d 轴与 A 相定子绕组的夹角为 θ_r，该坐标系在空间随同转子以电角速度 ω_r 一起旋转，各坐标系之间的关系如图 5-4 所示。

永磁同步电机定子分别通以三相交流电来产生一个旋转的磁场，在 4.3 节中已经提到，两相相位正交的对称绕组通以两相相位相差 90°的交流电时，也能产生旋转磁场。两个互相垂直的绕组通以直流电，产生合成的磁动势，如果人为地让两个绕组的整个铁心旋转，同样会产生旋转的磁场。如果保证这三个磁场下的磁动势的幅值和旋转方向与速度相等，则这三个磁场是等效的。

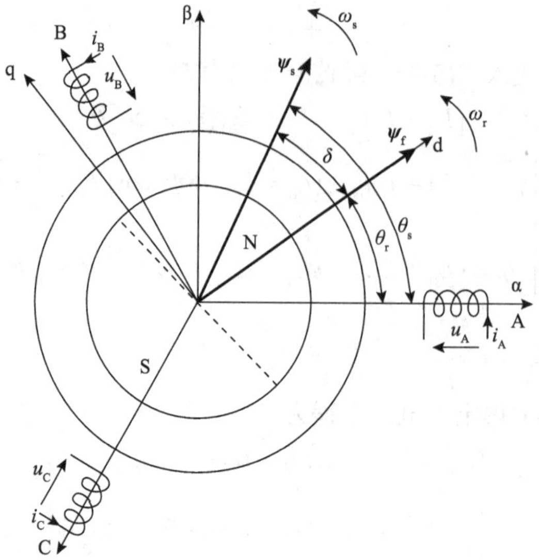

图 5-4　三相静止 ABC 坐标系、两相静止 αβ 坐标系、两相旋转 dq 坐标系之间的关系

根据功率不变的约束条件，可以建立两相旋转 dq 坐标系和三相静止 ABC 坐标系之间的变换关系(详见 4.3 节)：

$$\begin{bmatrix} i_d \\ i_q \\ i_0 \end{bmatrix} = \sqrt{\frac{2}{3}} \begin{bmatrix} \cos\theta_r & \cos\left(\theta_r - \frac{2\pi}{3}\right) & \cos\left(\theta_r + \frac{2\pi}{3}\right) \\ -\sin\theta_r & -\sin\left(\theta_r - \frac{2\pi}{3}\right) & -\sin\left(\theta_r + \frac{2\pi}{3}\right) \\ \sqrt{\frac{1}{2}} & \sqrt{\frac{1}{2}} & \sqrt{\frac{1}{2}} \end{bmatrix} \begin{bmatrix} i_A \\ i_B \\ i_C \end{bmatrix} \tag{5-10}$$

$$\begin{bmatrix} i_A \\ i_B \\ i_C \end{bmatrix} = \sqrt{\frac{2}{3}} \begin{bmatrix} \cos\theta_r & -\sin\theta_r & \sqrt{\frac{1}{2}} \\ \cos\left(\theta_r - \frac{2\pi}{3}\right) & -\sin\left(\theta_r - \frac{2\pi}{3}\right) & \sqrt{\frac{1}{2}} \\ \cos\left(\theta_r + \frac{2\pi}{3}\right) & -\sin\left(\theta_r + \frac{2\pi}{3}\right) & \sqrt{\frac{1}{2}} \end{bmatrix} \begin{bmatrix} i_d \\ i_q \\ i_0 \end{bmatrix} \tag{5-11}$$

同理，式(5-10)、式(5-11)中的转换关系可以应用到电压方程和磁链方程中。

两相静止 αβ 坐标系与三相静止 ABC 坐标系的变换关系：

$$\begin{bmatrix} i_\alpha \\ i_\beta \\ i_0 \end{bmatrix} = \sqrt{\frac{2}{3}} \begin{bmatrix} 1 & -\frac{1}{2} & -\frac{1}{2} \\ 0 & \frac{\sqrt{3}}{2} & -\frac{\sqrt{3}}{2} \\ \sqrt{\frac{1}{2}} & \sqrt{\frac{1}{2}} & \sqrt{\frac{1}{2}} \end{bmatrix} \begin{bmatrix} i_A \\ i_B \\ i_C \end{bmatrix} \tag{5-12}$$

$$\begin{bmatrix} i_A \\ i_B \\ i_C \end{bmatrix} = \sqrt{\frac{2}{3}} \begin{bmatrix} 1 & 0 & \sqrt{\frac{1}{2}} \\ -\frac{1}{2} & \frac{\sqrt{3}}{2} & \sqrt{\frac{1}{2}} \\ -\frac{1}{2} & -\frac{\sqrt{3}}{2} & \sqrt{\frac{1}{2}} \end{bmatrix} \begin{bmatrix} i_\alpha \\ i_\beta \\ i_0 \end{bmatrix} \tag{5-13}$$

同理，式(5-12)、式(5-13)中的转换关系可以应用到电压方程和磁链方程中。

5.1.4　永磁同步电机在两相旋转坐标系 dq 中的基本方程

基于 4.3 节中得到的坐标变换公式，两相旋转 dq 坐标系中的永磁同步电机电压、磁链、转矩、运动方程以及状态方程如下。

(1) 电压方程。

$$\begin{cases} u_d = R_s i_d + p\psi_d - \omega_r \psi_q \\ u_q = R_s i_q + p\psi_q + \omega_r \psi_d \end{cases} \tag{5-14}$$

式中，u_d、u_q 分别为定子电压的 d、q 轴分量；i_d、i_q 分别为定子电流的 d、q 轴分量；ψ_d、ψ_q 分别为定子磁链的 d、q 轴分量。

可将式(5-14)表示为

$$\begin{cases} u_d = R_s i_d + L_d \dfrac{di_d}{dt} - \omega_r L_q i_q \\ u_q = R_s i_q + L_q \dfrac{di_q}{dt} + \omega_r \left(L_d i_d + \boldsymbol{\psi}_f\right) \end{cases} \tag{5-15}$$

式中，L_d、L_q 分别为 d、q 轴电感，表示为 $L_q = L_{s\sigma} + L_{mq}$，$L_d = L_{s\sigma} + L_{md}$，$L_{mq}$、$L_{md}$ 为 d、q 轴等效励磁电感。由于 $L_{mf} = L_{md}$，式(5-15)可表示为

$$\begin{cases} u_d = R_s i_d + L_d \dfrac{di_d}{dt} - \omega_r L_q i_q \\ u_q = R_s i_q + L_q \dfrac{di_q}{dt} + \omega_r L_d i_d + \omega_r \boldsymbol{\psi}_f \end{cases} \tag{5-16}$$

结合式(5-16)，在正弦稳态情况下，永磁同步电机的电压方程为

$$\begin{cases} u_d = R_s i_d - \omega_r L_q i_q \\ u_q = R_s i_q + \omega_r L_d i_d + \omega_r \boldsymbol{\psi}_f \end{cases} \tag{5-17}$$

(2) 磁链方程。

$$\begin{cases} \psi_d = L_d i_d + \boldsymbol{\psi}_f \\ \psi_q = L_q i_q \end{cases} \tag{5-18}$$

(3) 转矩方程。

$$T_e = p_n(\psi_d i_q - \psi_q i_d) \tag{5-19}$$

(4) 运动方程。

$$\frac{J}{p_{\mathrm{n}}}\frac{\mathrm{d}\omega_{\mathrm{r}}}{\mathrm{d}t}=T_{\mathrm{e}}-B\frac{\omega_{\mathrm{r}}}{p_{\mathrm{n}}}-T_{\mathrm{L}} \tag{5-20}$$

式中，J 为转动惯量；T_{L} 为负载转矩；B 为黏滞摩擦系数。

以上电压方程、磁链方程、转矩方程可以表示为空间矢量的形式：

$$\begin{cases}\boldsymbol{u}_{\mathrm{s}}=u_{\mathrm{d}}+\mathrm{j}u_{\mathrm{q}}=R_{\mathrm{s}}\boldsymbol{i}_{\mathrm{s}}+\dfrac{\mathrm{d}\boldsymbol{\psi}_{\mathrm{s}}}{\mathrm{d}t}+\mathrm{j}\omega_{\mathrm{r}}\boldsymbol{\psi}_{\mathrm{s}}\\ \boldsymbol{\psi}_{\mathrm{s}}=\psi_{\mathrm{d}}+\mathrm{j}\psi_{\mathrm{q}}\\ T_{\mathrm{e}}=p_{\mathrm{n}}\boldsymbol{\psi}_{\mathrm{s}}\boldsymbol{i}_{\mathrm{s}}\end{cases} \tag{5-21}$$

式中，$\boldsymbol{u}_{\mathrm{s}}$ 为定子电压矢量；$\boldsymbol{\psi}_{\mathrm{s}}$ 为定子磁链矢量。

(5) 状态方程。

以表贴式永磁同步电机为对象，假设磁路不饱和，不计磁滞和涡流损耗影响，在空间磁场成正弦分布的条件下，摩擦系数 $B=0$，根据式(5-15)得两相旋转 dq 坐标系上的永磁同步电机的状态方程为

$$\begin{bmatrix}pi_{\mathrm{d}}\\ pi_{\mathrm{q}}\\ p\omega_{\mathrm{r}}\end{bmatrix}=\begin{bmatrix}-\dfrac{R_{\mathrm{s}}}{L} & \omega_{\mathrm{r}} & 0\\ -\omega_{\mathrm{r}} & -\dfrac{R_{\mathrm{s}}}{L} & -\dfrac{p_{\mathrm{n}}\boldsymbol{\psi}_{\mathrm{f}}}{L}\\ 0 & \dfrac{p_{\mathrm{n}}\boldsymbol{\psi}_{\mathrm{f}}}{J} & 0\end{bmatrix}\begin{bmatrix}i_{\mathrm{d}}\\ i_{\mathrm{q}}\\ \omega_{\mathrm{r}}\end{bmatrix}+\begin{bmatrix}\dfrac{u_{\mathrm{d}}}{L}\\ \dfrac{u_{\mathrm{q}}}{L}\\ \dfrac{-T_{\mathrm{L}}}{J}\end{bmatrix} \tag{5-22}$$

5.2 永磁同步电机的矢量控制系统及控制方法

5.2.1 矢量控制系统

在交流电机控制中，励磁磁场与电枢磁势间的空间角度不是固定的，两个磁动势互不垂直，又相互影响，要想控制转矩，不但要控制定、转子电流的幅值，还要控制定、转子电流矢量之间的夹角。矢量控制的基本思想是在普通交流电机上设法模拟直流电机转矩控制的规律，通过电机外部的控制系统，实现对电枢磁动势相对励磁磁场的空间定向控制后，就可以直接控制两者的空间角度；若对电枢电流的幅值也进行直接控制，就可以获得与直流电机同样的调速性能。因为既控制定子电流空间矢量的相位，又控制其幅值，所以称为矢量控制。在矢量控制中，将电流矢量分解为产生磁通的励磁电流分量和产生转矩的转矩电流分量，并使两分量互相垂直，然后分别进行调节，这种情况称为磁场定向控制。

永磁同步电机的矢量控制方法主要有弱磁控制、$i_{\mathrm{d}}=0$ 控制、最大转矩/电流控制、$\cos\varphi=1$ 控制、恒磁链控制等。$\cos\varphi=1$ 控制方法使电机的功率因数恒定为 1，逆变器的容量得到充分的应用。但该方法在同等电流下的输出转矩较小，且存在最大输出转矩限制的问题。恒磁链控制方法是控制电机定子电流，使气隙磁链与定子交链磁链的幅值相等。这种方法在功率因数较高的条件下，一定程度上提高了电机的最大输出转矩，但仍然存在最大输出转矩限制的问题。

采用 $i_d = 0$ 控制的永磁同步电机矢量控制系统的原理如图 5-5 所示。调速系统由以下四部分组成：

(1) 位置和速度检测模块；

(2) 电流环、速度环比例积分微分(proportion integration differentiation，PID)调节器；

(3) 坐标变换模块；

(4) SVPWM 模块和逆变模块。

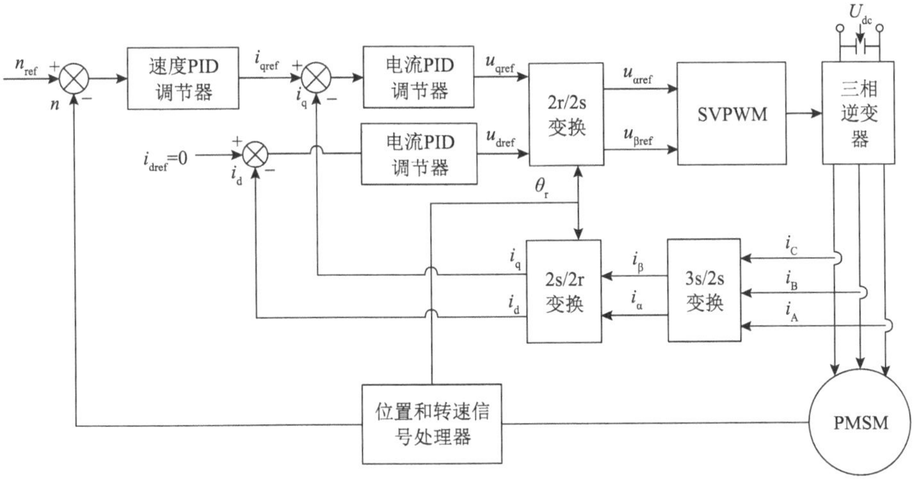

图 5-5　永磁同步电机矢量控制系统原理

控制过程：给定速度信号与检测到的速度信号相比较，经过速度 PID 调节器后，输出 q 轴电流给定值 i_{qref}。同时，经坐标变换后，定子反馈电流变为 i_d、i_q，控制 d 轴给定值 $i_{dref}=0$ 并与 i_d 相比较，经过电流 PID 调节器后，输出 d 轴电压给定值 u_{dref}；i_{qref} 与 i_q 相比较，经过电流 PID 调节器后，输出 q 轴电压给定值 u_{qref}，然后经过 2r/2s 变换得到电压给定值的 α、β 轴分量。最后通过 SVPWM 模块输出六路控制信号以驱动逆变器工作，输出幅值和频率可变的三相正弦电流，并将其输入电机定子三相绕组。

5.2.2 弱磁控制

采用 PWM 方式的逆变器能向电机提供的最大相电压和最大相电流受到整流器能输出的直流电压和电流极值的限制。

在正弦稳态情况下，由式(5-17)可知

且有

$$|\boldsymbol{u}_s| = \sqrt{u_d^2 + u_q^2} \tag{5-23}$$

式中，$|\boldsymbol{u}_s|$ 为定子电压矢量幅值。

在稳态情况下(额定转速下)，若忽略定子电阻压降，式(5-23)可写为

$$|\boldsymbol{u}_s|^2 = (\omega_r\psi_f + \omega_r L_d i_d)^2 + (\omega_r L_q i_q)^2 \tag{5-24}$$

将式(5-24)表示为

$$\frac{\left(i_{\mathrm{d}}+\frac{\psi_{\mathrm{f}}}{L_{\mathrm{d}}}\right)^{2}}{\left(\frac{|\boldsymbol{u}_{\mathrm{s}}|}{\omega_{\mathrm{r}}L_{\mathrm{d}}}\right)^{2}}+\frac{i_{\mathrm{q}}^{2}}{\left(\frac{|\boldsymbol{u}_{s}|}{\omega_{\mathrm{r}}L_{\mathrm{q}}}\right)^{2}}=1 \tag{5-25}$$

式(5-25)实际上是一个椭圆方程，可以表达成如下形式：

$$\frac{(i_{\mathrm{d}}+C)^{2}}{A^{2}}+\frac{i_{\mathrm{q}}^{2}}{B^{2}}=1 \tag{5-26}$$

式中，$A=\frac{|\boldsymbol{u}_{\mathrm{s}}|}{\omega_{\mathrm{r}}L_{\mathrm{d}}}$，为椭圆半长轴的长度；$B=\frac{|\boldsymbol{u}_{\mathrm{s}}|}{\omega_{\mathrm{r}}L_{\mathrm{q}}}$，为椭圆半短轴的长度；$C=-\frac{\psi_{\mathrm{f}}}{L_{\mathrm{d}}}$，为椭圆中心相对于坐标原点的偏移量。

同样，逆变器输出电流的能力也要受到其容量的限制，若以定子电流矢量的两个分量表示，则有

$$i_{\mathrm{d}}^{2}+i_{\mathrm{q}}^{2}=\boldsymbol{i}_{\mathrm{s}}^{2} \tag{5-27}$$

式中，$\boldsymbol{i}_{\mathrm{s}}$为定子电流矢量。

式(5-26)和式(5-27)构成了电压极限椭圆曲线和电流极限圆曲线。设电流极限圆曲线的外圆为电流额定极限值，则定子电流要限制在电流极限圆曲线内，超出此圆形的电流便超出逆变器电流输出范围，实际上是不能输出的。

由式(5-26)可以看出，电压极限椭圆曲线的中心是固定的，但椭圆的大小随着转速ω_{r}的增加而减小。因为定子电流矢量$\boldsymbol{i}_{\mathrm{s}}$既要满足电流方程，又要满足电压方程，所以定子电流矢量一定要落在电流极限圆和电压极限椭圆内。如图 5-6 所示，当$\omega_{\mathrm{r}}=\omega_{\mathrm{r1}}$时，$\boldsymbol{i}_{\mathrm{s}}$应被限制在 *ABCDEF* 范围内。

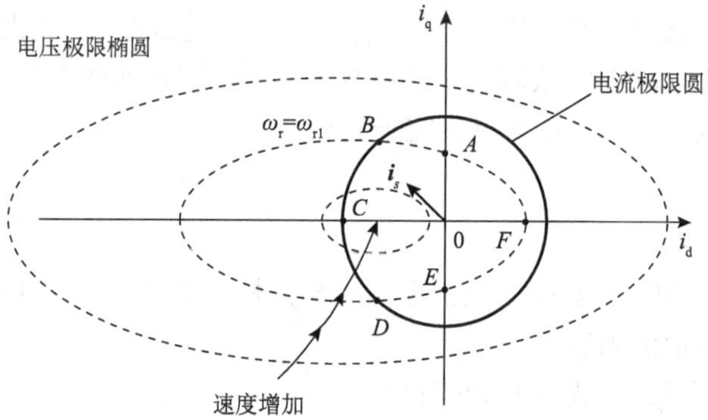

图 5-6　弱磁方式电流控制的运行状况

弱磁控制与定子电流最优控制如图 5-7 所示，图中给出了电压极限椭圆曲线、电流极限圆曲线、最大转矩/电流轨迹和最大功率输出轨迹。对于表贴式永磁同步电机，该轨迹即为 q 轴，两轨迹与电流极限值各相交于 A_1。落在电流极限圆内的轨迹为 OA_1 线段，即电机可在此段轨迹内的每一点上恒转矩运行，通过该点的电压极限椭圆对应的速度就是电机可以达到的最大速度。恒转矩越高，电压极限椭圆越大，可达到的最大转速越低。其中，A_1点

与最大转矩输出对应，可以看出，当电机运行于 A_1 点时，由于 A_1 点是电流极限圆曲线的边缘，电流调节器已处于饱和状态，使控制系统丧失了对定子电流的控制能力。在这种情况下，电流矢量 $\boldsymbol{i}_s$ 将会脱离 A_1 点，如果在 A_1 点能够控制交轴分量 i_q 逐渐减小，直轴分量 i_d 逐渐增大，那么定子电流将会向左移动。$\boldsymbol{i}_s$ 的这种变化会使定子电压 $|\boldsymbol{u}_s|$ 减小，当 $|\boldsymbol{u}_s|$ 减小到使调节器脱离饱和状态时，系统就可以恢复对定子电流的控制能力。定子交、直轴电流的这种变化会使转子的速度范围得到逐步扩展，其原因为反向直轴电流产生的磁动势会对永磁体产生去磁作用，削弱了直轴磁场，这一过程称为弱磁，在弱磁过程中，对 i_d 、i_q 的控制称为弱磁控制。

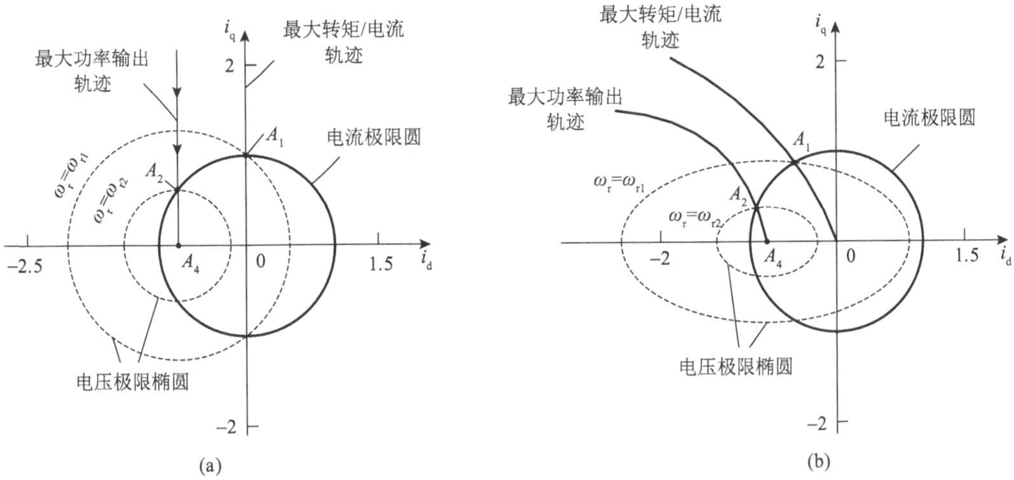

图 5-7　弱磁控制与定子电流最优控制

在弱磁控制中，一直保持定子电流为额定值，则定子电流矢量 $\boldsymbol{i}_s$ 的轨迹将会由 A_1 点沿着圆周逐步移向 A_2 点，当控制 $\delta=180°$ 时，定子电流全部为去磁电流。

5.2.3　$i_d = 0$ 控制

$i_d = 0$ 控制称为(转子)磁场定向控制。其本质是实现 d、q 轴电流解耦，使定子电流中只有交轴分量。从电机端口看，永磁同步电机相当于他励直流电机，定子磁动势空间矢量与永磁体磁场空间矢量正交，且定子电流与转子永磁磁通相互独立。电流中只有交轴分量，且定子电流矢量位于 q 轴，无 d 轴分量($i_d = 0$)，该控制方法简单，计算量小，没有电枢反应对电机的去磁问题，应用比较广泛。

将磁链方程式(5-18)代入永磁同步电机转矩方程式(5-19)，得

$$T_e = p_n\left[\psi_f i_q + (L_d - L_q)i_d i_q\right] \tag{5-28}$$

从式(5-28)可以看出，永磁同步电机的电磁转矩基本上取决于定子交轴电流分量和直轴电流分量，由于转子磁链恒定不变，故采用转子磁链定向方式来控制永磁同步电机。

采用 $i_d = 0$ 控制的永磁同步电机矢量控制图如图 5-8 所示。当 $i_d = 0$ 时，定子磁动势空间矢量与永磁体磁场空间矢量正交，定子电流全部用来产生转矩，永磁同步电机电磁转矩方程为

$$\boldsymbol{T}_e = p_n\boldsymbol{\psi}_f i_q = p_n\boldsymbol{\psi}_f i_s \tag{5-29}$$

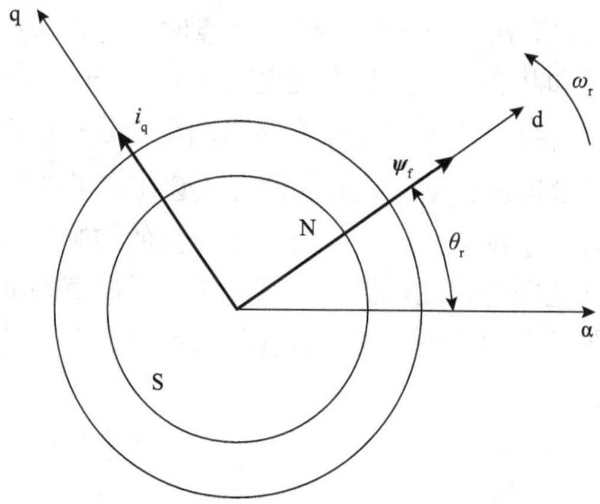

图 5-8　$i_d = 0$ 控制时永磁同步电机矢量图

$i_d = 0$ 控制条件是 i_d、i_q 之间没有耦合关系。只要能准确检测出转子 d 轴的空间位置，控制逆变器使三相定子的合成电流矢量位于 q 轴上，就能使永磁同步电机的电磁转矩只与定子电流的幅值 i_s 成正比，即直接控制定子电流幅值来控制转矩。

按转子磁场定向并使 $i_d = 0$ 的控制方法控制简单，转矩性能好，调速范围宽，多在高性能的控制场合使用。但伴随着负载增加，定子电流增大，定子反电动势随之增大，使得定子电压升高，同时定子电压与 d 轴夹角增大，导致功率因数降低，引起逆变器的容量相应地增加。这种控制方法多应用于小容量调速系统。

5.2.4　最大转矩/电流控制

最大转矩/电流控制是在电机输出给定转矩时，控制定子电流最小的电流控制方法，也称为单位电流输出最大转矩控制。

当 $L_d = L_q$ 时，由式(5-28)可知，无论 i_d 是否为 0，式中 $(L_d - L_q)i_d i_q$ 项均为 0，电磁转矩 $\boldsymbol{T}_e$ 仅与 i_q 相关，电机的转矩与 q 轴电流成线性变化，此时最大转矩/电流控制就是 $i_d = 0$ 控制。

当 $L_d \neq L_q$ 时，式(5-28)中的 $(L_d - L_q)i_d i_q$ 项不为 0，由图 5-4 可知

$$\begin{cases} i_d = \boldsymbol{i}_s \cos\delta \\ i_q = \boldsymbol{i}_s \sin\delta \end{cases} \tag{5-30}$$

最大转矩/电流控制的核心思想是寻求 d、q 轴电流的最优组合，使得给定转矩下的定子电流幅值最小。电机的电流矢量应满足

$$\begin{cases} \dfrac{\partial\left(\dfrac{\boldsymbol{T}_e}{\boldsymbol{i}_s}\right)}{\partial i_d} = 0 \\ \dfrac{\partial\left(\dfrac{\boldsymbol{T}_e}{\boldsymbol{i}_s}\right)}{\partial i_q} = 0 \end{cases} \tag{5-31}$$

把式(5-18)标幺化并和 $i_s=\sqrt{i_d^2+i_q^2}$ 代入式(5-31)可求得

$$T_e^*=i_q^*-(\rho-1)i_d^*i_q^* \tag{5-32}$$

$$i_d=\frac{\psi_f-\sqrt{\psi_f^2+4(\rho-1)^2L_d^2L_q^2}}{2(\rho-1)L_d} \tag{5-33}$$

式中，$\rho=\dfrac{L_q}{L_d}$。

将式(5-33)代入式(5-28)，为简化表达式，将结果标幺化处理，得

$$T_e^*=\sqrt{i_d^*\left[(\rho-1)i_d^*-1\right]^3} \tag{5-34}$$

$$T_e^*=\frac{i_q^*}{2}\left(2+\sqrt{1+4(\rho-1)^2i_q^{*2}}\right) \tag{5-35}$$

式中，$i_d^*=i_d/(\psi_f/L_d)$；$i_q^*=i_q/(\psi_f/L_d)$；$T_e^*=\boldsymbol{T}_e/(p\psi_f^2/L_d)$；$i_d^*$、$i_q^*$、$T_e^*$ 分别是电流和电磁转矩的标幺值。

由式(5-34)、式(5-35)得，与 $i_d=0$ 控制方法相比较，逆变器输出同样大小的电流情况下，获得的电磁转矩采用最大转矩/电流控制时较大；最大转矩/电流控制在满足电机输出力矩的条件下的定子电流最小，减小了电机损耗，有利于逆变器开关器件工作，能够降低成本。在该方法的基础上，采用适当的弱磁控制方法可以改善电机的高速性能。此方法的不足在于随着输出转矩的增大，功率因数下降较快。

5.2.5　$\cos\varphi=1$ 控制

$\cos\varphi=1$ 控制是使电机的功率因数恒为 1，即定子电流矢量 $\boldsymbol{i}_s$ 与电压矢量 $\boldsymbol{u}_s$ 方向重合。此时的电机矢量图如图 5-9 所示。

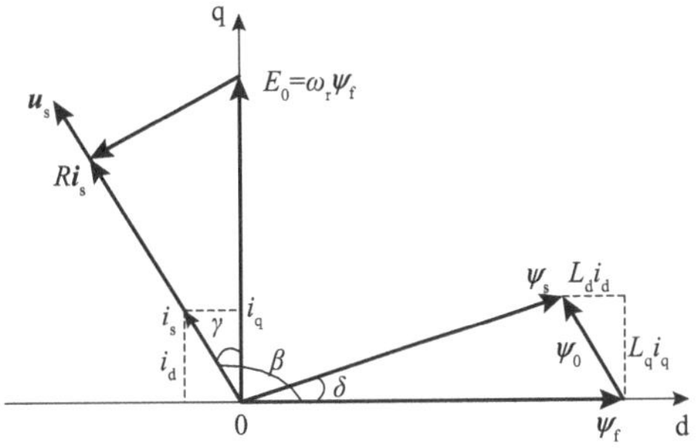

图 5-9　$\cos\varphi=1$ 控制下的电机矢量图

在 $\cos\varphi=1$ 控制中，定子电流、电压与永磁同步电机电动势的夹角相同，内功率角 γ 与 β 角的关系如下：

$$\gamma=\beta-\frac{\pi}{2} \tag{5-36}$$

设定 $I_s^*=\dfrac{\boldsymbol{i}_sL_s}{\boldsymbol{\psi}_f}$，由图 5-9 得

$$\tan\gamma=\frac{\rho I_s^*\cos\gamma}{1-I_s^*\sin\gamma} \tag{5-37}$$

$$\tan\left(\beta-\frac{\pi}{2}\right)=\frac{\rho I_s^*\cos\left(\beta-\dfrac{\pi}{2}\right)}{1-I_s^*\sin\left(\beta-\dfrac{\pi}{2}\right)} \tag{5-38}$$

得到

$$I_s^* = \frac{-\cos\beta}{\cos^2\beta + \rho\sin^2\beta} \tag{5-39}$$

将式(5-32)与式(5-39)联立求解，可得电机定子的合成电流矢量幅值 I_s^* 与输出电磁转矩的关系，如图 5-10 所示。在 $\cos\varphi = 1$ 的条件下，电磁转矩存在一个极大值。当定子电流从 0 开始增大时，输出电磁转矩也随之增大；当电磁转矩达到最大值 $T_{e\max}^*$ 时，对应的定子电流的幅值为 $I_{s\max}^*$，过了 $T_{e\max}^*$ 点后，电磁转矩将随定子电流的增大而减小。电机工作于转矩随定子电流增大而增大的区间时，除了转矩最大值外，对于某给定转矩 T_e^*，与之对应的总有两个电流值，所以当采用 $\cos\varphi = 1$ 控制时，工作点通常应选择在 $\left|\boldsymbol{I}_s^*\right| \leqslant I_{s\max}^*$ 区间内，才能保证系统正常工作。

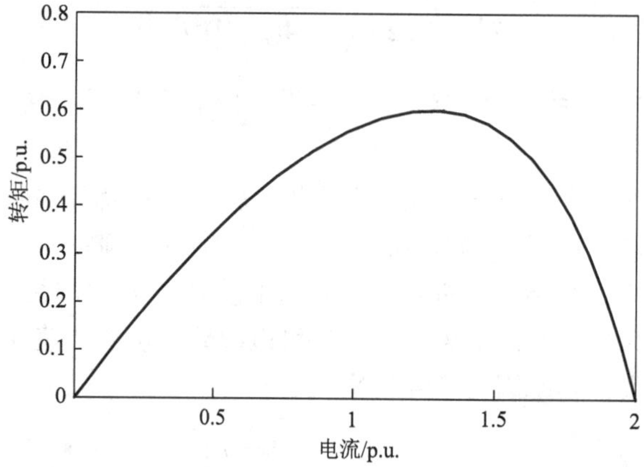

图 5-10　$\cos\varphi = 1$ 控制时永磁同步电机定子电流与电磁转矩的关系曲线

由于永磁同步电机的转子励磁无法调节，此控制下当负载变化时，电枢绕组的总磁链不为定值，因此，电枢电流与转矩无法保持线性关系。

5.2.6　恒磁链控制

恒磁链控制是通过控制定子交、直轴电流，使电机全磁通在定子绕组中产生的磁链 $\boldsymbol{\psi}_s$ 始终保持恒定，并且与转子磁链 $\boldsymbol{\psi}_f$ 相等的控制方法。此时的电机矢量图如图 5-11 所示。

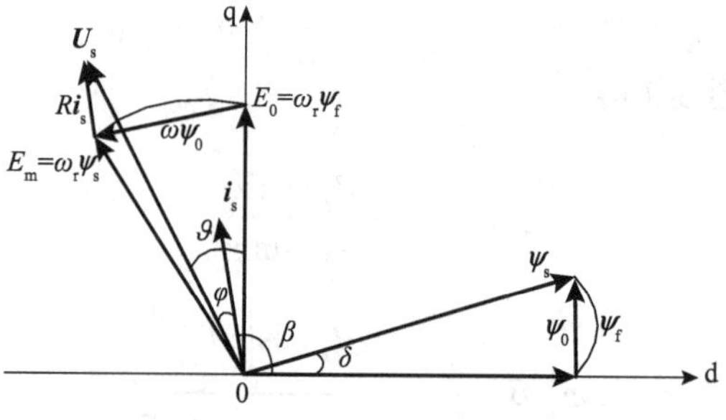

图 5-11　恒磁链控制下的电机矢量图

可以得到

$$\boldsymbol{\psi}_{\mathrm{s}}=\sqrt{(\boldsymbol{\psi}_{\mathrm{f}}+L_{\mathrm{d}}i_{\mathrm{d}})^2+(L_{\mathrm{q}}i_{\mathrm{q}})^2} \tag{5-40}$$

因此有

$$\boldsymbol{\psi}_{\mathrm{f}}=\sqrt{(\boldsymbol{\psi}_{\mathrm{f}}+L_{\mathrm{d}}i_{\mathrm{d}})^2+(L_{\mathrm{q}}i_{\mathrm{q}})^2} \tag{5-41}$$

结合式(5-30)可得

$$\boldsymbol{i}_{\mathrm{s}}=\frac{-2L_{\mathrm{d}}\boldsymbol{\psi}_{\mathrm{f}}\cos\delta}{L_{\mathrm{d}}^2\cos^2\delta+L_{\mathrm{q}}^2\sin^2\delta} \tag{5-42}$$

将式(5-30)代入式(5-19)可得

$$T_{\mathrm{e}}=p_{\mathrm{n}}\left[\boldsymbol{\psi}_{\mathrm{f}}\boldsymbol{i}_{\mathrm{s}}\sin\delta+\frac{1}{2}(L_{\mathrm{d}}-L_{\mathrm{q}})\boldsymbol{i}_{\mathrm{s}}^2\sin 2\delta\right] \tag{5-43}$$

联立式(5-32)、式(5-33)得到电磁转矩与电流以及角之间的关系。

恒磁链控制时的电机输入功率因数为

$$\cos\varphi=\cos\left[\vartheta-\left(\delta-\frac{\pi}{2}\right)\right]=\sin(\delta-\vartheta) \tag{5-44}$$

其中，$\vartheta=\arctan\dfrac{\omega L_{\mathrm{q}}i_{\mathrm{q}}}{E_0-\omega L_{\mathrm{d}}i_{\mathrm{d}}}$；$\delta=\pi-\arctan\dfrac{i_{\mathrm{q}}}{i_{\mathrm{d}}}$。

恒磁链控制方法与 $i_{\mathrm{d}}=0$ 控制方法相比较，可以获得较高的功率因数，在一定程度上提高了电机的最大输出力矩，并且在输出相同转矩的情况下，需要的逆变器容量比 $i_{\mathrm{d}}=0$ 控制方法小，但去磁分量大。

5.2.7　PI 调节器参数设计方法

由于矢量控制的解耦思想是将永磁同步电机等效成直流电机，将 q 轴电流正比于电磁转矩，因此可以采用工程设计法对永磁同步电机矢量控制系统进行参数设计。首先对控制对象进行建模，逆变器等效为放大系数为 K_{s} 的一阶惯性环节，电机模型根据电机 q 轴电压方程、转矩方程、磁链方程等进行建模，调速系统的动态结构图如图 5-12 所示。图中 K_{t} 表示转矩系数，见式(5-45)；T_{m} 表示永磁同步电机的机械时间常数，见式(5-46)；K_{e} 表示永磁同步电机的反电动势系数(单位：(V·s) /rad)，见式(5-47)；T_{I} 是电流环的时间常数，见式(5-48)；T_{oi} 和 T_{on} 分别表示电流环和转速环的滤波常数。

$$K_{\mathrm{t}}=1.5p_{\mathrm{n}}\psi_{\mathrm{f}} \tag{5-45}$$

$$T_{\mathrm{m}}=J\frac{2\pi}{60} \tag{5-46}$$

$$K_{\mathrm{e}}=\frac{2\pi}{60}p_{\mathrm{n}}\psi_{\mathrm{f}} \tag{5-47}$$

$$T_{\mathrm{I}}=\frac{L_{\mathrm{q}}}{R_{\mathrm{s}}} \tag{5-48}$$

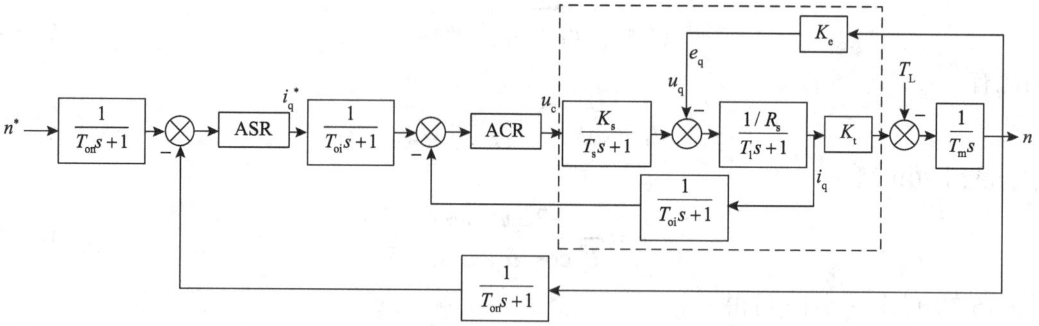

图 5-12 永磁同步电机矢量控制调速系统动态结构图

永磁同步电机反电动势与电流反馈作用交叉如图 5-12 中虚线框所示，电流环内 $e_q = K_e n$。以电流环为研究对象时，反电动势与转速有关，受到机械惯性的影响，反电动势变化缓慢，可以将其看作一个大惯性扰动，在电流的响应和调节过程中，可认为反电动势的变化量为零，因此在设计电流环时，可以忽略反电动势的作用，得到的电流环结构图为图 5-13(a)。忽略反电动势的近似条件为

$$\omega_{ci} \geqslant 3\sqrt{\frac{1}{T_m T_l}} \tag{5-49}$$

式中，ω_{ci} 为电流环的剪切频率。由于逆变器和滤波的时间常数一般都比电流环时间常数小得多，因此可以合并小惯性群，如图 5-13(b)所示，其中合并后的小惯性群时间常数为

$$T_{\Sigma i} = T_s + T_{oi} \tag{5-50}$$

其中，小惯性群合并的简化近似条件为

$$\omega_{ci} \leqslant 3\sqrt{\frac{1}{T_s T_{oi}}} \tag{5-51}$$

电流环设计要求电流调节无静差，并注重跟随性，因此把电流环设计成典 I 型系统，如图 5-13(c)。

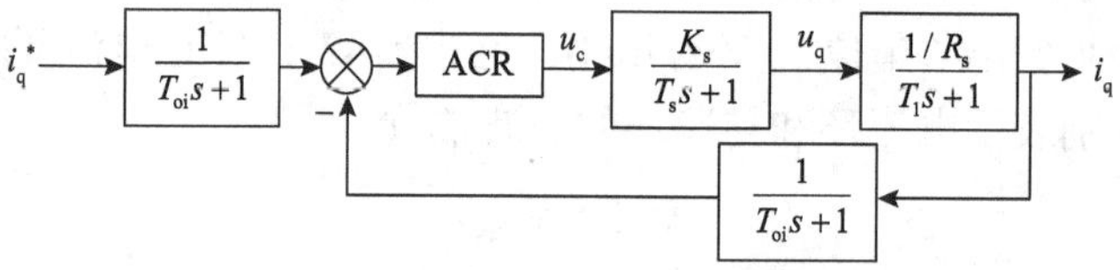

(a) 忽略反电动势的作用

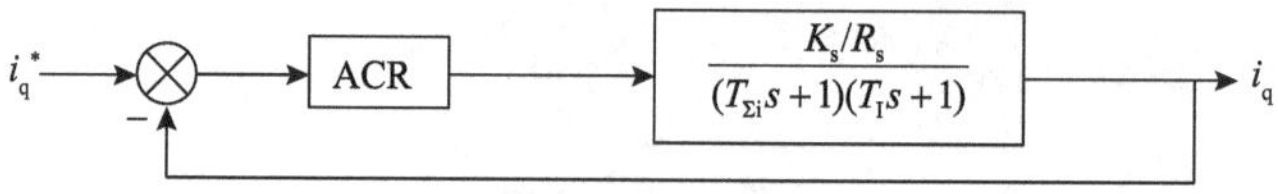

(b) 等效为单反系统并合并小惯性群

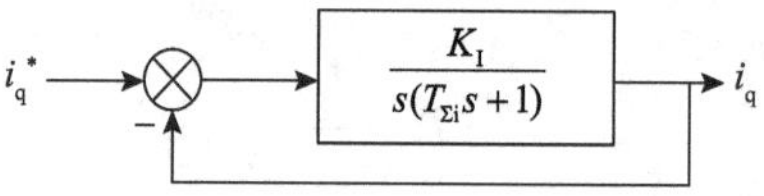

(c) 典 I 型系统结构图

图 5-13 电流环动态结构图简化和校正过程

典 I 型系统电流环的传递函数为

$$W_{\text{opi}}(s)=\frac{K_{\text{I}}}{s(T_{\Sigma\text{i}}s+1)} \tag{5-52}$$

设计电流 PI 调节器形式为

$$W_{\text{ACR}}(s)=K_{\text{pACR}}\frac{\tau_{\text{ACR}}s+1}{\tau_{\text{ACR}}} \tag{5-53}$$

对消大惯性环节，获得电流调节器为

$$\tau_{\text{ACR}}=T_{\text{I}} \tag{5-54}$$

为了使电流超调量小于 5%，查表选取 $\xi=0.707$，$K_{\text{I}}T_{\Sigma\text{i}}=0.5$，由此可以解得电流调节器为

$$K_{\text{pACR}}=\frac{K_{\text{I}}\tau_{\text{ACR}}R_s}{K_s} \tag{5-55}$$

经过上述 PI 调节器后，q 轴电流环的闭环传递函数为

$$W_{\text{cli}}(s)=\frac{K_{\text{I}}}{T_{\Sigma\text{i}}s^2+s+K_{\text{I}}}=\frac{1}{\dfrac{T_{\Sigma\text{i}}}{K_{\text{I}}}s^2+\dfrac{1}{K_{\text{I}}}s+1} \tag{5-56}$$

忽略高次项，使系统降阶，闭环传递函数可以简化为

$$W_{\text{cli}}(s)\approx\frac{1}{\dfrac{1}{K_{\text{I}}}s+1} \tag{5-57}$$

降阶简化的近似条件为

$$\omega_{\text{cn}}\leqslant\frac{1}{3}\sqrt{\frac{K_{\text{I}}}{T_{\Sigma\text{i}}}} \tag{5-58}$$

在设计转速外环的过程中，电流环按照图 5-13(a)简化处理，如图 5-14(a)所示，和电流环调节器设计方法相似，首先合并小惯性群，动态结构框图简化为图 5-14(b)，转速环小惯性群的时间常数为

$$T_{\Sigma\text{n}}=\frac{1}{K_{\text{I}}}+T_{\text{on}} \tag{5-59}$$

式中，T_{on} 为转速环等效滤波常数。小惯性群合并处理条件为

$$\omega_{\text{cn}}\leqslant\frac{1}{3}\sqrt{\frac{K_{\text{I}}}{T_{\text{on}}}} \tag{5-60}$$

转速环的设计要求转速调节无静差，则扰动点前至少有一个纯积分环节，加上控制对象本身具有纯积分环节，所以转速开环共有两个积分环节，应该设计成典 II 型系统，如图 5-14(c)所示，转速环的 PI 调节器形式为

$$W_{\text{ASR}}(s)=K_{\text{pASR}}\frac{\tau_{\text{ASR}}s+1}{\tau_{\text{ASR}}} \tag{5-61}$$

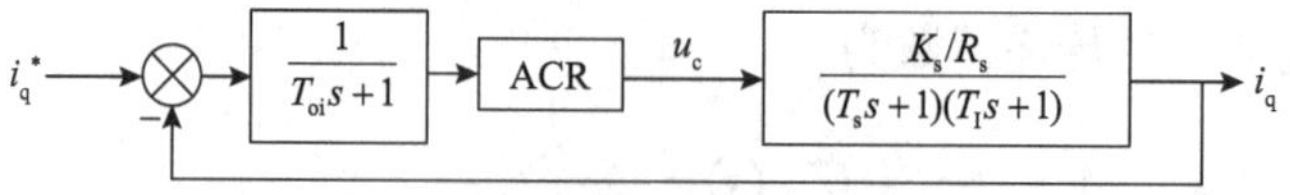

(a) 电流环等效为惯性环节

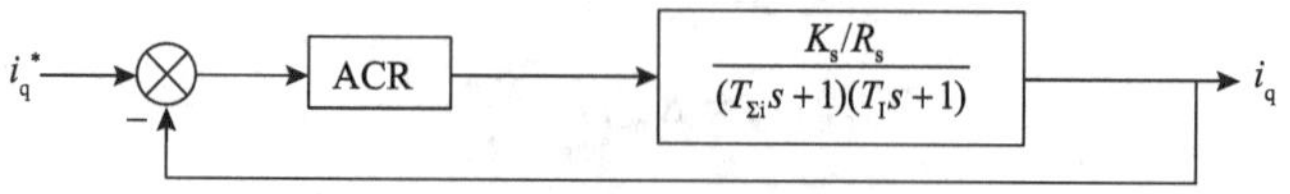

(b) 等效为单反系统并合并小惯性群

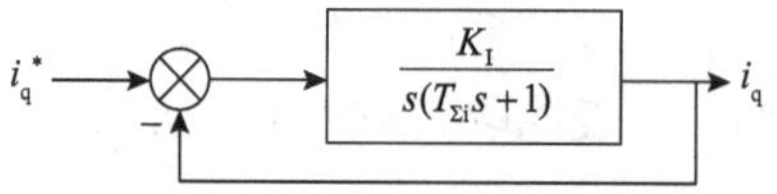

(c) 典Ⅱ型系统结构图

图 5-14　转速环动态结构图简化和校正过程

根据跟随行指标和抗扰性指标的需求，选取合适的中频宽 h，那么有

$$\tau_{\mathrm{ASR}} = hT_{\Sigma \mathrm{n}} \tag{5-62}$$

$$K_{\mathrm{N}} = \frac{h+1}{2h^2 T_{\Sigma \mathrm{i}}^2} \tag{5-63}$$

$$K_{\mathrm{pASR}} = \frac{\tau_{\mathrm{ASR}} T_{\mathrm{m}} (h+1)}{2h^2 T_{\Sigma \mathrm{i}}^2 K_{\mathrm{t}}} \tag{5-64}$$

根据电机参数设计控制器，在完成设计后检验电流环忽略简化条件式(5-49)、式(5-51)和转速环忽略简化条件式(5-58)、式(5-60)，校正前后转速环和电流环的开环幅频和相频特性(Bode 图)如图 5-15 所示。图 5-15(a)为转速环校正前后的开环 Bode 图，校正后为典Ⅱ型系统；图 5-15(b)为电流环校正前后的开环 Bode 图，校正后为典Ⅰ型系统图；图 5-15(c)为设计系统的转速环和电流环的开环 Bode 图对比，可以看出电流环带宽大于转速环带宽且相差一定距离，可以避免闭环调节相互影响。

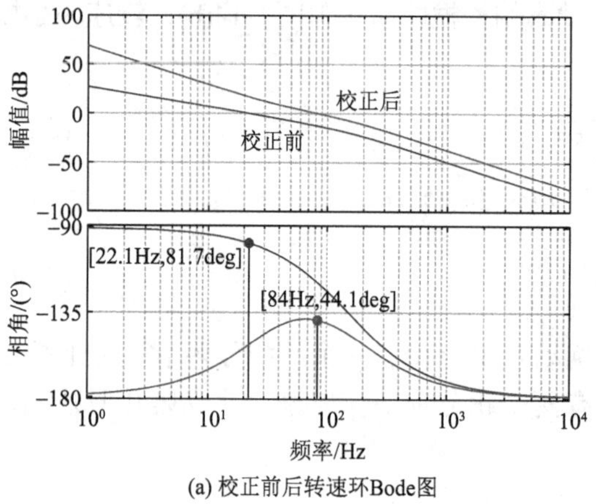

(a) 校正前后转速环Bode图

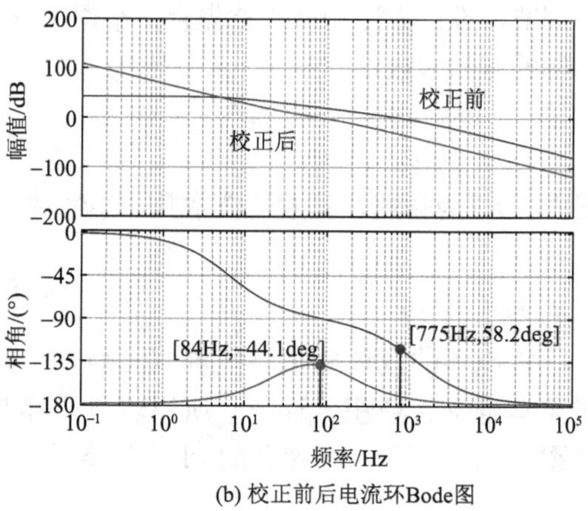

(b) 校正前后电流环Bode图

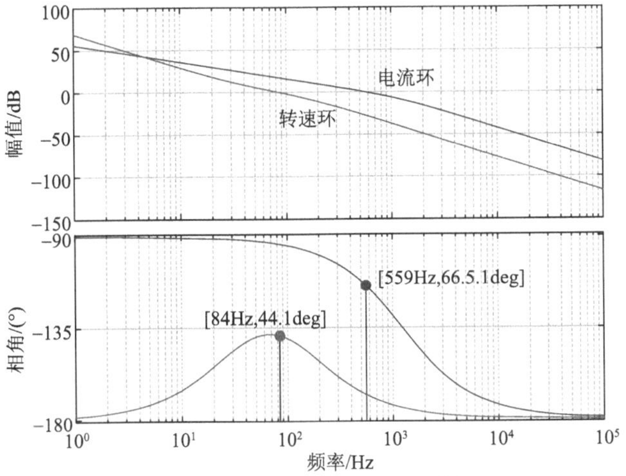

(c) 转速环、电流环开环Bode图

图 5-15　转速环、电流环校正前后 Bode 图

5.3　谐波转矩及其削弱方法

5.3.1　谐波转矩

在分析谐波转矩时，有如下假定：

(1) 不考虑永磁体和转子的阻尼效应；

(2) 转子励磁磁场对称分布；

(3) 定子电流不含偶次谐波。

为产生恒定电磁转矩，要求永磁同步电机的电动势和电流波形均为正弦波。实际上，永磁励磁磁场在空间的分布不可能是完全正弦的，感应电动势的波形一定会发生畸变；对于由逆变器馈入的定子电流，尽管经过调制后其波形可以逼近正弦波，但其中还含有许多谐波。

若定子为 Y 连接，且没有中性线，则定子相电流中不含 3 次和 3 的倍数次谐波。在基于转子磁场的矢量控制中，若控制 $\beta = 90°$ 电角度，在稳态下，相绕组中定子电流基波与感应电动势基波同相位。于是，可将相电流和感应电动势写为

$$i_{\mathrm{A}}(t) = I_{\mathrm{m1}} \sin \omega_{\mathrm{r}} t + I_{\mathrm{m5}} \sin 5\omega_{\mathrm{r}} t + I_{\mathrm{m7}} \sin 7\omega_{\mathrm{r}} t + \cdots \tag{5-65}$$

$$e_{\mathrm{A}}(t) = E_{\mathrm{m1}} \sin \omega_{\mathrm{r}} t + E_{\mathrm{m5}} \sin 5\omega_{\mathrm{r}} t + E_{\mathrm{m7}} \sin 7\omega_{\mathrm{r}} t + \cdots \tag{5-66}$$

A 相电磁功率为

$$P_{\mathrm{eA}} = e_{\mathrm{A}}(t) I_{\mathrm{A}}(t) = P_0 + P_2 \cos 2\omega_{\mathrm{r}} t + P_4 \cos 4\omega_{\mathrm{r}} t + P_6 \cos 6\omega_{\mathrm{r}} t + \cdots \tag{5-67}$$

同理，可写出 B 相、C 相的电磁功率为

$$\begin{aligned} P_{\mathrm{eB}} &= e_{\mathrm{B}}(t) I_{\mathrm{B}}(t) \\ &= P_0 + P \cos 2\left(\omega_{\mathrm{r}} t - \frac{2\pi}{3}\right) + P_4 \cos 4\left(\omega_{\mathrm{r}} t - \frac{2\pi}{3}\right) + P_6 \cos 6\left(\omega_{\mathrm{r}} t - \frac{2\pi}{3}\right) + \cdots \end{aligned} \tag{5-68}$$

$$\begin{aligned} P_{eC} &= e_C(t)I_C(t) \\ &= P_0 + P\cos 2\left(\omega_r t + \frac{2\pi}{3}\right) + P_4\cos 4\left(\omega_r t + \frac{2\pi}{3}\right) + P_6\cos 6\left(\omega_r t + \frac{2\pi}{3}\right) + \cdots \end{aligned} \tag{5-69}$$

电磁转矩为

$$\begin{aligned} T_e(t) &= \frac{1}{\omega_r}(P_{eA} + P_{eB} + P_{eC}) \\ &= T_0 + T_6\cos 6\omega_r t + T_{12}\cos 12\omega_r t + T_{18}\cos 18\omega_r t + T_{24}\cos 24\omega_r t + \cdots \end{aligned} \tag{5-70}$$

式中

$$T_0 = \frac{3}{2\omega_m}(E_{m1}I_{m1} + E_{m5}I_{m5} + E_{m7}I_{m7} + E_{m11}I_{m11} + \cdots)$$

$$T_6 = \frac{3}{2\omega_m}[I_{m1}(E_{m7} - E_{m5}) + I_{m5}(E_{m11} - E_{m1}) + I_{m7}(E_{m1} + E_{m13}) + I_{m11}(E_{m5} + E_{m17}) + \cdots]$$

$$T_{12} = \frac{3}{2\omega_m}[I_{m1}(E_{m13} - E_{m11}) + I_{m5}(E_{m17} - E_{m7}) + I_{m7}(E_{m19} - E_{m5}) + I_{m11}(E_{m23} - E_{m1}) + \cdots]$$

$$T_{18} = \frac{3}{2\omega_m}[I_{m1}(E_{m19} - E_{m17}) + I_{m5}(E_{m23} - E_{m13}) + I_{m7}(E_{m25} - E_{m11}) + I_{m11}(E_{m29} - E_{m7}) + \cdots]$$

$$T_{24} = \frac{3}{2\omega_m}[I_{m1}(E_{m25} - E_{m23}) + I_{m5}(E_{m29} - E_{m19}) + I_{m7}(E_{m31} - E_{m17}) + I_{m11}(E_{m35} - E_{m13}) + \cdots]$$

写成矩阵的形式，有

$$\begin{bmatrix} T_0 \\ T_6 \\ T_{12} \\ T_{18} \end{bmatrix} = \frac{3}{2\omega_m}\begin{bmatrix} E_{m1} & E_{m5} & E_{m7} & E_{m11} \\ E_{m7} - E_{m5} & E_{m11} - E_{m1} & E_{m13} + E_{m1} & E_{m17} + E_{m5} \\ E_{m13} - E_{m11} & E_{m17} - E_{m7} & E_{m19} - E_{m5} & E_{m23} - E_{m1} \\ E_{m19} - E_{m17} & E_{m23} - E_{m13} & E_{m25} - E_{m11} & E_{m29} - E_{m7} \end{bmatrix}\begin{bmatrix} I_{m1} \\ I_{m5} \\ I_{m7} \\ I_{m11} \end{bmatrix} \tag{5-71}$$

上述分析表明，次数相同的感应电动势和电流谐波作用后产生平均转矩，不同次数谐波电动势和电流作用将产生脉动频率为基波频率 6 倍的谐波转矩，各谐波转矩的幅值与感应电动势和电流波形的畸变程度有关。

定义转矩脉动系数为

$$\delta = \frac{T_p}{T_0} \tag{5-72}$$

式中，T_0 为平均转矩；T_p 为转矩峰-峰值间的脉动幅度。

感应电动势中的谐波是由永磁励磁磁场在定子绕组中感应的，因此它与励磁磁场和定子绕组的空间分布有关。定子基波电流和各次谐波电流除了产生基波磁动势外，还会产生谐波磁动势。下面从永磁励磁磁场与定子磁动势间相互作用的角度来分析谐波转矩，因为此类谐波转矩实质上是由定、转子磁场相互作用生成的。定子 k 次谐波电流产生的 R_s 次谐波磁动势波为

$$f_{sk} = F_{sk}\sin(k\omega_r t \pm \gamma\theta_s), \quad k = 1,5,7,\cdots;\gamma = 1,5,7,\cdots \tag{5-73}$$

式中，θ_s 为沿定子内圆的空间坐标。

这些旋转磁动势波的速度和方向为

$$\omega_{\mathrm{r}k}=\pm\frac{k}{\gamma}\omega_{\mathrm{r}} \tag{5-74}$$

式中，“+”号为与基波磁动势旋转方向相同；“−”号为与基波磁动势旋转方向相反。

两个谐波次数不同的旋转磁场相互作用不会产生电磁转矩，只有次数相同的谐波磁场相互作用才会产生电磁转矩。如果这两个谐波磁场转速相同，便会产生平均转矩，否则只能产生脉动转矩，其平均值一定为零。

如果ε是转子永磁励磁磁场的谐波次数$\varepsilon=1,5,7,\cdots$，那么只有在满足$\varepsilon=\gamma$的条件下，才会产生转矩。当转子速度为ω_{r}时，这个转矩的脉动频率为

$$\omega_{\mathrm{r}\varepsilon}=\gamma\left[\omega_{\mathrm{r}}-\left(\pm\frac{k}{\gamma}\omega_{\mathrm{r}}\right)\right]=(\gamma\mp k)\omega_{\mathrm{r}} \tag{5-75}$$

式中，“+”号为与反向旋转磁动势波相对应；“−”号为与正向旋转磁动势波相对应。

例如，当$k=5$和$\gamma=7$时，转矩脉动频率为$12\,\omega_{\mathrm{r}}$，因为 5 次谐波电流产生的空间磁动势中的 7 次谐波相对定子反向旋转，速度为$-5/7\omega_{\mathrm{r}}$，它相对转子的速度为$12/7\omega_{\mathrm{r}}$，若转子励磁磁场中存在 7 次谐波$(\varepsilon=\gamma=7)$，则两者产生转矩的脉动频率为$12\omega_{\mathrm{r}}$。依次类推，可列表 5-1，表中的数据为各脉动转矩频率(以ω_{r}的倍数给出)。

表 5-1　脉动转矩频率

k	γ										
	1	5	7	11	13	17	19	23	25	29	…
1	0	6	6	12	12	18	18	24	24	30	
5	6	0	12	6	18	12	24	18	30	24	
7	6	12	0	18	6	24	12	30	18	36	
11	12	6	18	0	24	6	30	12	36	18	
13	12	18	6	24	0	30	6	36	12		
17	18	12	24	6	30	0	36	6	42		
19	18	24	12	30	6	36	0	42	6		
23	24	18	30	12	36	6	42	0	48		
25	24	30	18	36	12	42	6	48	0		
29	30	24		18	42						
31					18						

对于表 5-1 中列出的定子k次谐波电流产生的γ次谐波磁场与转子ε次谐波励磁磁场生成的谐波转矩，条件是$\varepsilon=\gamma$。谐波转矩的次数为$\gamma\mp k$，$\gamma\mp k$应为 6 的整数倍，并可由此来决定两者是应相加还是相减。于是，可将整个转矩表示为

$$T_{\mathrm{e}}=\sum_{\gamma=k}T_{\gamma k}\pm\sum_{\gamma\neq k}T_{\gamma k}\frac{3}{2\omega_{\mathrm{m}}}\cos(\gamma\mp k)\omega_{\mathrm{r}}t,\quad k=1,5,7,\cdots;\gamma=1,5,7,\cdots \tag{5-76}$$

式中，$T_{\gamma k}$为谐波转矩的幅值。

式(5-76)中，当$\varepsilon=\gamma$时，可以产生平均转矩；当$\gamma-k$为 6 的整数倍时，取正值；当$\gamma+k$

为 6 的整数倍时，取负值，亦即当 $\gamma \neq \varepsilon$ 时，会产生谐波转矩，谐波转矩的脉动频率等于馈电频率的 $6n$ 倍，$n=1,2,3,\cdots$。此式对于 3 种转子结构的永磁同步电机都适用。

式(5-76)等号右侧第一项中，$\gamma = k$ 表示 k 次谐波电流产生了 γ 次定子谐波磁场。例如，当 $k=5$ 时，$\gamma=5$，是指式(5-45)中 5 次谐波电流产生了 5 次谐波磁动势，由该磁动势产生了 5 次定子谐波磁场。若转子永磁体励磁磁场中也存在 5 次谐波磁场，则这两个定、转子谐波磁场相互作用会产生平均转矩。因为 5 次谐波电流产生的基波磁动势相对定子的速度为 $-5\omega_{\mathrm{r}}$，而 5 次谐波电流产生的 5 次谐波磁动势相对速度为 ω_{r}，它产生的 5 次定子谐波磁场与 5 次转子谐波磁场在空间相对静止，所以会产生平均转矩。其中，5 次定子谐波磁场幅值 I_{m5}，而 5 次转子谐波磁场幅值决定了感应电动势中 5 次谐波分量的幅值，分析表明，此平均转矩为 $(2/3\omega_{\mathrm{m}})\,(E_{\mathrm{m5}}I_{\mathrm{m5}})$。这样的结果同样适用于 $k=1,7,11,\cdots$。

$\gamma \neq k$ 的情况是指 k 次谐波电流产生的 γ 次定子谐波磁场($\gamma \neq k$)与 ε 次转子谐波磁场($\varepsilon=\gamma$)相互作用，因两者不再相对静止，产生了脉动转矩，可将其表示为 $(2/3\omega_{\mathrm{m}})\,(E_{\mathrm{m}\varepsilon}I_{\mathrm{m}k})$。

于是，可将式(5-76)表示为

$$T_{\mathrm{e}} = \frac{3}{2\omega_{\mathrm{m}}}\left[\sum_{\varepsilon=k} E_{\mathrm{m}\varepsilon}I_{\mathrm{m}k} \pm \sum_{\varepsilon\neq k} E_{\mathrm{m}\varepsilon}I_{\mathrm{m}k}\cos(\varepsilon \mp k)\omega_{\mathrm{r}}t\right],\quad \varepsilon=1,5,7,\cdots;k=1,5,7,\cdots \tag{5-77}$$

式中，当 $\varepsilon-k$ 为 6 的整数倍时，取正值；当 $\varepsilon+k$ 为 6 的整数倍时，取负值。

关于转速波动方面，将式(5-76)表示为

$$T_{\mathrm{e}} = T_0 \pm \sum T_{\mathrm{ek}} \tag{5-78}$$

式中，T_0 为平均转矩；$\sum T_{\mathrm{ek}}$ 为脉动转矩。

因此，有

$$T_0 = \frac{3}{2\omega_{\mathrm{m}}}\sum_{\varepsilon=k} E_{\mathrm{m}\varepsilon}I_{\mathrm{m}k},\quad \varepsilon=1,5,7,\cdots;k=1,5,7,\cdots \tag{5-79}$$

$$\sum T_0 = \pm\frac{3}{2\omega_{\mathrm{m}}}\sum_{\varepsilon\neq k} E_{\mathrm{m}\varepsilon}I_{\mathrm{m}k}\cos(\varepsilon \mp k)\omega_{\mathrm{r}}t,\quad \varepsilon=1,5,7,\cdots;k=1,5,7,\cdots \tag{5-80}$$

电机的机械特性方程为

$$T_{\mathrm{e}} - T_{\mathrm{L}} = R_{\Omega}\omega_{\mathrm{m}} + J\frac{\mathrm{d}\Omega_{\mathrm{r}}}{\mathrm{d}t} \tag{5-81}$$

在谐波转矩作用下，转速会产生波动，可将实际转速 ω_{m} 表示为

$$\omega_{\mathrm{m}} = \omega_{\mathrm{mv}} + \sum \omega_{\mathrm{m}k} \tag{5-82}$$

式中，ω_{mv} 为平均转速。

将式(5-78)和式(5-82)分别代入式(5-81)中，可得

$$T_0 + \sum T_{\mathrm{e}k} - T_{\mathrm{L}} = R_{\Omega}(\omega_{\mathrm{mv}} + \sum \omega_{\mathrm{m}k}) + J\frac{\mathrm{d}}{\mathrm{d}t}(\omega_{\mathrm{mv}} + \sum \omega_{\mathrm{m}k}) \tag{5-83}$$

于是，有

$$\sum T_{\mathrm{e}k} = R_{\Omega}\sum \omega_{\mathrm{m}k} + J\frac{\mathrm{d}}{\mathrm{d}t}\sum \omega_{\mathrm{m}k} \tag{5-84}$$

若忽略 $R_{\Omega}\sum \omega_{\mathrm{m}k}$ 项，则有

$$\sum \omega_{mk} = \frac{1}{J}\int \sum T_{ek} dt \tag{5-85}$$

将式(5-79)和式(5-80)代入(5-84)，可得

$$\omega_m = \omega_{mv} \pm \frac{1}{J}\int \frac{3}{2\omega_m}\sum_{\varepsilon \neq k} E_{m\varepsilon} I_{mk} \cos(\varepsilon \mp k)\omega_r dt \tag{5-86}$$

最后可得到转速方程为

$$\omega_m = \omega_{mv} \pm \frac{3}{2}\frac{1}{Jp}\frac{1}{\omega_m^{\ 2}}\sum_{\varepsilon \neq k}\frac{1}{(\varepsilon \mp k)} E_{m\varepsilon} I_{mk} \sin(\varepsilon \mp k)\omega_r t \tag{5-87}$$

式(5-87)表明，在脉动转矩作用下，电机转速产生了一系列谐波分量，各次谐波分量的幅值与转速的平方成反比，这会使电机允许的最低转速受到限制，也会直接影响到低速时电机的伺服性能。

系统的转动惯量 J 对转速波动影响很大，增大转动惯量可以有效抑制转速波动，但过大的转动惯量会影响系统的动态响应能力。

在谐波转速幅值相同的情况下，谐波次数 $\varepsilon \mp k$ 越低，对转速波动影响越大，应尽量消除 6 次和 12 次等低次谐波转矩。

5.3.2　谐波转矩削弱方法

通常，将感应电动势和电流波形畸变引起的谐波转矩称为纹波转矩。为减小纹波转矩，应使电流和感应电动势波形尽可能地接近理想正弦波。

如前所述，若由电流可控 PWM 逆变器供电，可采用各种调制技术，使定子电流快速跟踪正弦参考电流，所以低次谐波含量不大，而会含有较丰富的高次谐波，但高次谐波的幅值较小，由此产生的高频转矩脉动很容易被转子滤掉。现假设定子电流波形为正弦波，则式(5-71)变为

$$\begin{bmatrix} T_0 \\ T_6 \\ T_{12} \\ T_{18} \end{bmatrix} = \frac{3}{2}\frac{I_m}{\omega_m}\begin{bmatrix} E_{m1} \\ E_{m7} - E_{m5} \\ E_{m13} - E_{m11} \\ E_{m19} - E_{m17} \end{bmatrix} \tag{5-88}$$

式(5-88)表明，此时谐波转矩是由感应电动势谐波引起的。为消除感应电动势中的谐波，首先应使永磁体产生的励磁磁场尽量按正弦分布，以降低磁场中各次谐波的幅值，这可以通过改变永磁体的形状和极弧宽度，或者采用其他有效措施来实现；其次在绕组设计上可以采用短距和分布绕组，尽量削弱或消除各次谐波电动势。

除了在电机设计方面努力外，还可以从控制角度采取措施以消除或减小转矩脉动。关于这方面取得的研究成果，已有大量文献发表。下面通过举例来说明这个问题。

现要基本消除 6 次和 12 次谐波转矩。由式(5-71)或式(5-76)，已知 6 次和 12 次谐波转矩分别为

$$T_6 = \frac{3}{2\omega_m}[I_{m1}(E_{m7} - E_{m5}) + I_{m5}(E_{m11} - E_{m1}) + I_{m7}(E_{m1} + E_{m13}) + I_{m11}(E_{m5} + E_{m17}) + \cdots] \tag{5-89}$$

$$T_{12}=\frac{3}{2\omega_{\mathrm{m}}}\left[I_{\mathrm{m1}}(E_{\mathrm{m13}}-E_{\mathrm{m11}})+I_{\mathrm{m5}}(E_{\mathrm{m17}}-E_{\mathrm{m7}})+I_{\mathrm{m7}}(E_{\mathrm{m19}}-E_{\mathrm{m5}})+I_{\mathrm{m11}}(E_{\mathrm{m23}}-E_{\mathrm{m1}})+\cdots\right] \tag{5-90}$$

在定子电流和转子永磁励磁磁场中，5 次和 7 次谐波是主要的，若忽略 11 次以上的谐波，根据式(5-89)和式(5-90)，可得

$$I_{\mathrm{m1}}(E_{\mathrm{m7}}-E_{\mathrm{m5}})+(-E_{\mathrm{m1}}I_{\mathrm{m5}})+I_{\mathrm{m7}}E_{\mathrm{m1}}=0 \tag{5-91}$$

$$-I_{\mathrm{m5}}E_{\mathrm{m7}}+(-I_{\mathrm{m7}}E_{\mathrm{m5}})=0 \tag{5-92}$$

由式(5-91)和式(5-92)，可解出

$$I_{\mathrm{m5}}=\frac{E_{\mathrm{m5}}(E_{\mathrm{m7}}-E_{\mathrm{m5}})}{E_{\mathrm{m1}}(E_{\mathrm{m5}}+E_{\mathrm{m7}})}I_{\mathrm{m1}} \tag{5-93}$$

$$I_{\mathrm{m7}}=\frac{E_{\mathrm{m7}}(E_{\mathrm{m5}}-E_{\mathrm{m7}})}{E_{\mathrm{m1}}(E_{\mathrm{m5}}+E_{\mathrm{m7}})}I_{\mathrm{m1}} \tag{5-94}$$

对于给定的电机，通过磁场计算或实验可求出 E_{m1}、E_{m5} 和 E_{m7}。由转矩指令可得到 I_{m1} 的大小，根据式(5-93)和式(5-94)，可解出 I_{m5} 和 I_{m7}。显然，如果向正弦参考电流注入这样的 5 次、7 次谐波电流，那么会有利于消除 6 次和 12 次谐波转矩。

在高次谐波磁场中，有一种谐波的次数为

$$\gamma_{\mathrm{Z}}=\frac{Z}{p}\pm 1 \tag{5-95}$$

式中，Z 为定子齿数。

通常，将这类谐波称为齿谐波。

常将因定子开槽而引起的齿谐波磁场所产生的谐波转矩称为齿槽转矩。图 5-16 所示是表贴式永磁同步电机一个极下的物理模型。定子采用开口槽，槽宽为 b，齿宽为 a，齿距 $\lambda=a+b$，若忽略曲率半径的影响，可认为槽和齿各自都是等宽的。

图 5-16(b)中，当转子旋转时，处于永磁体中间部分的定子齿与永磁体间的磁导几乎不变，而与永磁体两侧面 A 和 B 对应的由一个或两个定子齿构成的一小段封闭区域内的磁导变化却很大，导致磁场储能改变，由此产生了齿槽转矩，如图 5-17 所示。可以看出，这是一个周期函数，其基波分量波长与齿距一致，而且基波分量是齿槽转矩的主要部分。

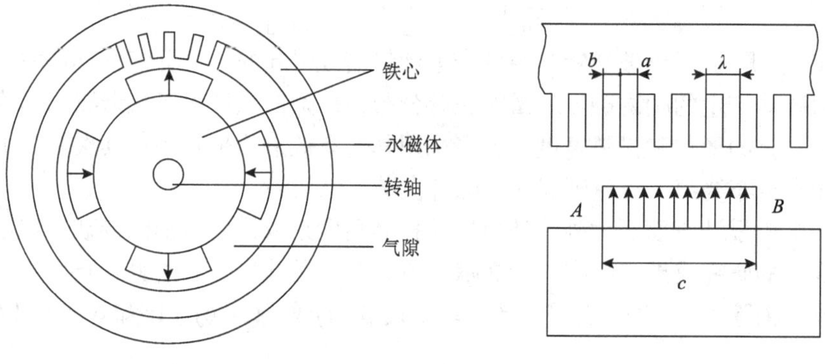

(a)　　(b)

图 5-16　表贴式永磁同步电机一个极下的物理模型

齿槽转矩会降低电机位置伺服的定位精度，特别是在低速时，必须采取各种措施来削

弱或消除齿槽转矩。

合理选择永磁体宽度 c 和选择合适的齿槽宽度比 a/b 都可以减小气隙磁导的变化。定子斜槽或转子斜极是削弱或消除齿槽转矩的有效措施。定子斜槽斜一个齿距，可基本消除齿槽转矩；也可以通过转子斜极达到与定子斜槽同样的效果，但因永磁体难以加工，转子斜极比较困难，可以采用多块永磁体连续移位的措施，使其能达到与定子斜槽同样的效果。

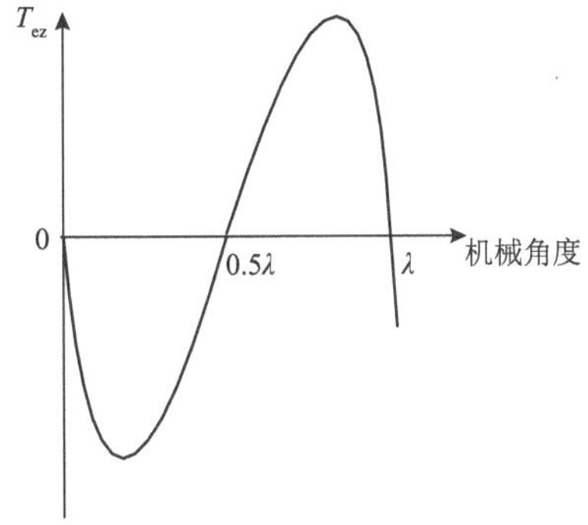

图 5-17　齿槽转矩

齿谐波的特点是绕组因数与基波绕组因数相同，因此不能采用短距和分布绕组来削弱。同励磁式同步电机一样，可以采用分数槽绕组来削弱谐波，这种方法在低速永磁同步电机中获得了广泛应用。

5.4　电压空间矢量技术的基本原理

PWM 控制技术是利用功率开关的导通与关断把直流电压变成电压脉冲序列，并通过控制电压脉宽或周期以达到变频、调压及减少谐波含量的目的的一种控制技术。初期 PWM 逆变控制的目标被定位在使电压正弦变化，希望直流电压利用率高而谐波含量低，在此目标下产生了电压型逆变器。这种电路就其输出电流而言是开环的，它可能远非正弦波，因为电压型逆变电路中，输出电流的波形受到负载参数的影响。分析表明，电机电流谐波不仅使损耗增加，还会产生脉动转矩，影响电机性能，由此出现了电流型逆变电路，它直接追求输出电流的正弦化，这比只着眼于输出电压的正弦化前进了一步，然而，就交流调速而言，电机电流正弦化的目的是希望在空间建立圆形磁链轨迹，从而产生恒定的电磁转矩。按磁链轨迹为圆形的目标形成 PWM 控制信号，称为磁链跟踪控制，由于磁链轨迹可借助电压空间矢量相加得到，故又称为电压空间矢量控制，以下简称 SVPWM。

5.4.1　电压空间矢量与磁通矢量的关系

空间矢量的概念始于电机分析，将外加电压分别定义于电机三相定子绕组上，由于电机绕组在空间互差 120°分布，故电机定子电压可用空间矢量表示。当三相对称正弦波电源供电时，加到电机定子三相绕组上的三相对称电压为

$$\begin{cases} u_A = \dfrac{2}{3}U_d\cos\omega_s t \\ u_B = \dfrac{2}{3}U_d\cos(\omega_s t - 2\pi/3) \\ u_C = \dfrac{2}{3}U_d\cos(\omega_s t + 2\pi/3) \end{cases} \tag{5-96}$$

式中，U_d 为直流母线电压值；ω_s 为电源频率；u_A、u_B、u_C 分别为三相定子绕组的相电压。

定义电压矢量 $\boldsymbol{u}_A$、$\boldsymbol{u}_B$、$\boldsymbol{u}_C$，其方向在各定子绕组轴线上，在空间互差 120°，其相加

的合成矢量 $\boldsymbol{u}_s$ 也为空间矢量，且可表示为

$$\boldsymbol{u}_s = \boldsymbol{u}_A + \boldsymbol{u}_B + \boldsymbol{u}_C \tag{5-97}$$

根据三相系统向两相系统变换前后功率不变的原则，定子电压的空间矢量可以表示为

$$\boldsymbol{u}_s = \sqrt{\frac{2}{3}}\left(u_A + u_B e^{j\frac{2\pi}{3}} + u_C e^{-j\frac{2\pi}{3}}\right) = \sqrt{\frac{2}{3}} U_d e^{j\omega t} \tag{5-98}$$

当电机转速不是很低时，定子绕组压降可忽略不计，电机气隙中磁通矢量可表示为

$$\boldsymbol{\Phi} = \int U \mathrm{d}t = \int |U| e^{j\omega_s t} \mathrm{d}t = \frac{|U|}{\omega} e^{j\left(\omega_s t - \frac{\pi}{2}\right)} = \frac{|U|}{2\pi f} e^{j\left(\omega_s t - \frac{\pi}{2}\right)} \tag{5-99}$$

由此可见，磁通矢量是一个落后于电压矢量 90°的旋转矢量。磁通矢量的轨迹为圆，其半径 r 为

$$r = \frac{|U|}{2\pi f} \tag{5-100}$$

这样，电机旋转磁场的形状问题就可转化为电压空间矢量运动轨迹的形状问题来讨论。由式(5-100)可知，当供电电压与频率之比为常数时，磁通轨迹圆的半径也为常数。这样随着 ω 的变化，磁通矢量的顶点的运动轨迹就形成了一个以 r 为半径的圆形，即得到了一个理想的磁通轨迹圆，SVPWM 法就是以此理想磁通轨迹圆为基准圆进行控制。

5.4.2　基本电压空间矢量

在变频调速系统中，逆变器为电机提供 PWM 电压。图 5-18 所示是一种典型的三相电压型逆变电路。此种逆变器根据其功率开关不同的开关状态和顺序组合，以及开关时间的调整，以保证电压空间矢量圆形运动轨迹为目标，可以产生谐波较少且直流电源利用率较高的交流输出。对于三相电压型逆变器而言，电机的相电压依赖于它所对应的逆变器桥臂上下功率开关的状态。图 5-18 中 V_1～V_6 是 6 个功率开关，其中同一桥臂上下两个功率开关的动作是互补的，用三个开关变量 S_A、S_B、S_C 来表示 3 个桥臂的开关状态。规定当上桥臂功率开关“导通”时，开关状态值为 1；当上桥臂功率开关“关断”时，开关状态值为 0。三个桥臂的开关状态只有 1 和 0 两种状态。因此 S_A、S_B、S_C 形成了 000、100、110、010、011、001、101、111 共 8 种开关模式，其中 000 和 111 开关模式下逆变器的输出为零，称为零状态。

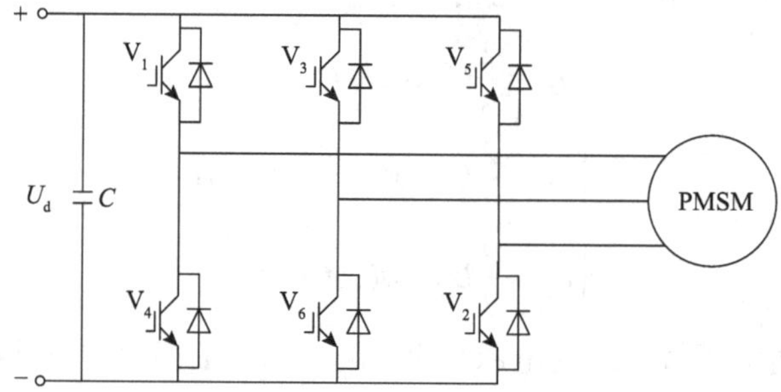

图 5-18　三相电压型逆变电路

设三相电压型逆变器输出的线电压矢量为$\begin{bmatrix} u_{AB} & u_{BC} & u_{CA} \end{bmatrix}^T$，用开关状态矢量$\begin{bmatrix} S_A & S_B & S_C \end{bmatrix}^T$表示线电压的关系为

$$\begin{bmatrix} u_{AB} \\ u_{BC} \\ u_{CA} \end{bmatrix} = U_d \begin{bmatrix} 1 & -1 & 0 \\ 0 & 1 & -1 \\ -1 & 0 & 1 \end{bmatrix} \begin{bmatrix} S_A \\ S_B \\ S_C \end{bmatrix} \tag{5-101}$$

三相电压型逆变器输出的相电压矢量为$\begin{bmatrix} U_A & U_B & U_C \end{bmatrix}^T$，用开关状态矢量$\begin{bmatrix} S_A & S_B & S_C \end{bmatrix}^T$表示相电压的关系为

$$\begin{bmatrix} u_A \\ u_B \\ u_C \end{bmatrix} = \frac{1}{3} U_d \begin{bmatrix} 2 & -1 & -1 \\ -1 & 2 & -1 \\ -1 & -1 & 2 \end{bmatrix} \begin{bmatrix} S_A \\ S_B \\ S_C \end{bmatrix} \tag{5-102}$$

根据式(5-101)和式(5-102)可计算出 8 种开关模式对应的相电压和线电压，如表 5-2 所示。

表 5-2　开关模式与相电压和线电压的对应关系

开关模式	u_A	u_B	u_C	u_{AB}	u_{BC}	u_{CA}
000	0	0	0	0	0	0
100	$2U_d/3$	$-U_d/3$	$-U_d/3$	U_d	0	$-U_d$
110	$U_d/3$	$U_d/3$	$-2U_d/3$	0	U_d	$-U_d$
010	$-U_d/3$	$2U_d/3$	$-U_d/3$	$-U_d$	U_d	0
011	$-2U_d/3$	$U_d/3$	$U_d/3$	$-U_d$	0	U_d
001	$-U_d/3$	$-U_d/3$	$2U_d/3$	0	$-U_d$	U_d
101	$U_d/3$	$-2U_d/3$	$U_d/3$	U_d	$-U_d$	0
111	0	0	0	0	0	0

表 5-2 中的线电压和相电压是在三相静止 ABC 坐标系中的。由于计算需要，利用 3s/2s 变换将三相静止 ABC 坐标系中的相电压转换到两相静止 αβ 坐标系中，转换式为

$$\begin{bmatrix} u_\alpha \\ u_\beta \end{bmatrix} = \sqrt{\frac{2}{3}} \begin{bmatrix} 1 & -\frac{1}{2} & -\frac{1}{2} \\ 0 & \frac{\sqrt{3}}{2} & -\frac{\sqrt{3}}{2} \end{bmatrix} \begin{bmatrix} u_A \\ u_B \\ u_C \end{bmatrix} \tag{5-103}$$

根据式(5-103)，可将表 5-2 中与 8 种开关模式相对应的相电压转换成两相静止 αβ 坐标系中的分量，转换结果如表 5-3 所示。

表 5-3　开关模式与相电压在两相静止 αβ 坐标系的分量的对应关系

开关模式	u_α	u_β	矢量符号
000	0	0	$\boldsymbol{u}_{s0}$
100	$\sqrt{2/3}U_d$	0	$\boldsymbol{u}_{s1}$
110	$\sqrt{1/6}U_d$	$\sqrt{1/2}U_d$	$\boldsymbol{u}_{s2}$

续表

开关模式	u_α	u_β	矢量符号
010	$-\sqrt{1/6}U_d$	$\sqrt{1/2}U_d$	$\boldsymbol{u}_{s3}$
011	$-\sqrt{2/3}U_d$	0	$\boldsymbol{u}_{s4}$
001	$-\sqrt{1/6}U_d$	$-\sqrt{1/2}U_d$	$\boldsymbol{u}_{s5}$
101	$\sqrt{1/6}U_d$	$-\sqrt{1/2}U_d$	$\boldsymbol{u}_{s6}$
111	0	0	$\boldsymbol{u}_{s7}$

由表 5-3 可以看出，8 种开关模式组成了 8 个基本电压空间矢量。从一个电压空间矢量转换到另一个电压空间矢量的过程中，应当遵循功率开关状态变化最小的原则，即应当只有一个功率开关的状态发生变化。规定转换到两相静止 αβ 坐标系下的 8 个基本电压空间矢量的位置关系以及所对应的开关状态如图 5-19 所示，6 个非零矢量组成一个六边形，分为 6 个扇区，两个相邻的矢量之间的夹角为 60°，6 个非零矢量的模值都为 $2U_d/3$，各矢量表达式如式(5-104)所示，两个零矢量 $\boldsymbol{u}_{s7}$、$\boldsymbol{u}_{s0}$ 位于圆点。

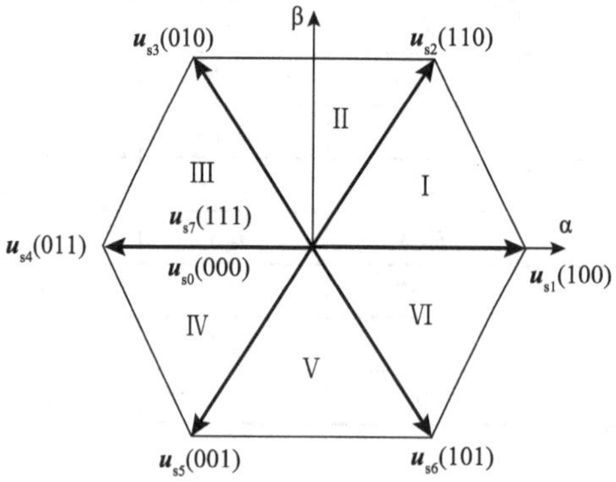

图 5-19　基本电压空间矢量

$$\boldsymbol{u}_{sk}=\sqrt{\frac{2}{3}}U_d e^{j\frac{(k-1)\pi}{3}},\quad k=1,2,3,4,5,6 \tag{5-104}$$

5.4.3　SVPWM 波的生成方式

如图 5-19 所示，如果逆变器电压空间矢量的作用顺序为 $\boldsymbol{u}_{s1}\to\boldsymbol{u}_{s2}\to\boldsymbol{u}_{s3}\to\boldsymbol{u}_{s4}\to\boldsymbol{u}_{s5}\to\boldsymbol{u}_{s6}$，那么定子磁链旋转轨迹为正六边形，离圆形磁链旋转轨迹相差甚远。为了得到近似圆形的定子磁链旋转轨迹，将圆形磁链旋转轨迹的每个扇区再等分成 K 个子区，则每个扇区中将有 K 段圆弧。SVPWM 控制的目的即通过开关状态的组合，将这 8 个基本电压空间矢量进行合理的组合，通过控制所选用的基本电压空间矢量的作用时间，使合成电压空间矢量按给定参考值 $\boldsymbol{u}_r$ 进行圆形旋转，这样磁链旋转轨迹就能更逼近圆形。

每个扇区都有两个非零电压空间矢量相交，通过合理调控它们的作用顺序和作用时间，就能使定子磁链旋转轨迹逼近圆形。设某个时刻 $\boldsymbol{u}_r$ 转到某扇区中，组成此扇区的两个非零电压空间矢量按逆时针方向设为 $\boldsymbol{u}_x$、$\boldsymbol{u}_y$，分别对应的作用时间为 T_x、T_y，组合得到按给定参考值 $\boldsymbol{u}_\text{r}$。$\boldsymbol{u}_\text{r}$ 矢量可分解为

$$\boldsymbol{u}_\text{r}T_\text{c}=\boldsymbol{u}_xT_x+\boldsymbol{u}_yT_y \tag{5-105}$$

式(5-106)中，T_c 为采样周期(每个子区对应的开关周期)。实际中，非零电压空间矢量作用时间 T_x+T_y 小于采样周期 T_c，因此磁链追踪的速度，也就是 PWM 波的基波频率，达不到要求的频率 f。由于零电压空间矢量的作用不改变磁链旋转轨迹的形状，只是使定子磁链静止不动，仅改变磁链的变化速度。为了能使定子磁链移动的平均速度与设定速度一致，即 $\boldsymbol{u}_x$、$\boldsymbol{u}_y$ 作用产生的磁链的角速度 $\omega=2\pi f$，利用零电压空间矢量来调节作用时间，每段多余的时间用零电压空间矢量来补足。以扇区 I 为例，设空间电压矢量 $\boldsymbol{u}_\text{s1}$、$\boldsymbol{u}_\text{s2}$、$\boldsymbol{u}_\text{s0}$ 和 $\boldsymbol{u}_\text{s7}$ 作用时间分别为 T_1、T_2、T_0 和 T_7，则

$$T_1+T_2+T_0+T_7=T_\text{c} \tag{5-106}$$

选择 $T_7=T_0$ 时，有

$$T_0=T_7=\frac{1}{2}\left(T_\text{c}-T_1-T_2\right) \tag{5-107}$$

采用不同矢量分割方法以及选择不同的零电压空间矢量，会产生不同的 PWM 脉冲波形。选择以功率开关的开关次数最少，任意一次电压空间矢量的变化只能有一个桥臂的功率开关动作，编程容易为原则。这里采用 7 段式空间矢量合成方法来生成 PWM 脉冲波形，它由 3 段零矢量和 4 段非零电压空间矢量组成，3 段零矢量分别位于 SVPWM 波的开始、中间和结束。这种方法下，每相每个 PWM 波输出只使功率开关开关一次；考虑到零矢量分布的对称性，每个 PWM 波都是以零电压空间矢量 $\boldsymbol{u}_\text{s0}$ 开始，零电压空间矢量 $\boldsymbol{u}_\text{s7}$ 插在中间，而且插入的 $\boldsymbol{u}_\text{s7}$、$\boldsymbol{u}_\text{s0}$ 零矢量的时间相同，最后以零电压空间矢量 $\boldsymbol{u}_\text{s0}$ 结束。信号的生成方式如图 5-20 所示，其中 PWM1、PWM3、PWM5 分别为图 5-18 中 V_1、V_3 和 V_5 的驱动控制信号。

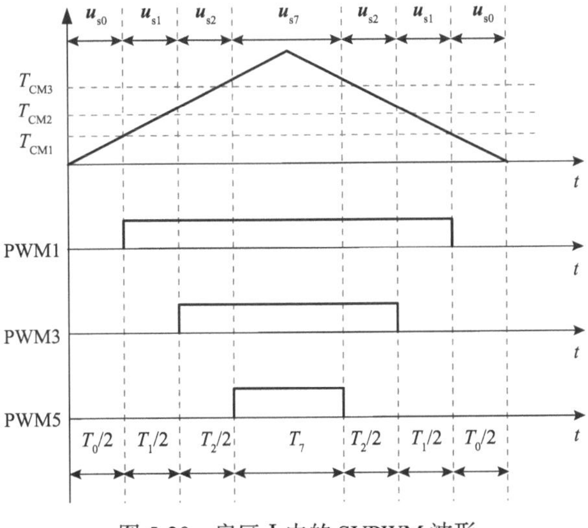

图 5-20　扇区 I 内的 SVPWM 波形

5.4.4 定子参考电压 $\boldsymbol{u}_r$ 的合成方案

1. 非零电压空间矢量作用时间的计算

如图 5-21 所示，假设参考电压空间矢量 $\boldsymbol{u}_r$ 处于扇区 I (0～60°)，为了使 $\boldsymbol{u}_r$ 的相邻矢量 $\boldsymbol{u}_{s1}$、$\boldsymbol{u}_{s2}$ 的合成矢量等效于 $\boldsymbol{u}_r$，须有

$$\boldsymbol{u}_{s1}T_1+\boldsymbol{u}_{s2}T_2=\boldsymbol{u}_rT_c \tag{5-108}$$

式中，T_c 为采样周期；T_1 为 $\boldsymbol{u}_{s1}$ 的作用时间；T_2 为 $\boldsymbol{u}_{s2}$ 的作用时间。又设参考电压空间矢量在α、β轴的分量分别为 u_α、u_β。将(5-33)式分解到α、β轴后，由图 5-21 可得

$$\begin{cases}u_\alpha=\dfrac{T_1}{T_c}|\boldsymbol{u}_{s1}|+\dfrac{T_2}{T_c}|\boldsymbol{u}_{s2}|\cos 60^\circ\\ u_\beta=\dfrac{T_2}{T_c}|\boldsymbol{u}_{s2}|\sin 60^\circ\end{cases} \tag{5-109}$$

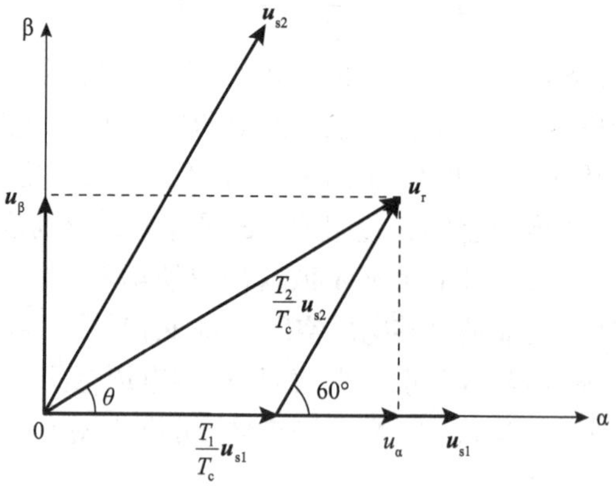

图 5-21 电压空间矢量的线性组合

由于每个有效矢量的幅值均为 $2U_d/3$，所以由式(5-109)可解得

$$\begin{cases}T_1=\dfrac{1}{2}(\sqrt{3}u_\alpha-u_\beta)\dfrac{\sqrt{3}T_c}{U_d}\\ T_2=u_\beta\dfrac{\sqrt{3}T_c}{U_d}\end{cases} \tag{5-110}$$

同样，可以解得参考电压空间矢量在其他扇区内时，两个相邻的非零电压空间矢量的作用时间，如表 5-4 所示。

表 5-4 相邻非零电压空间矢量在各扇区内的作用时间

扇区号	相邻非零电压空间矢量作用时间
I	$T_2=\dfrac{\sqrt{3}T_c}{U_d}u_\beta$，$T_1=-\dfrac{T_c}{2U_d}(\sqrt{3}u_\beta-3u_\alpha)$
Ⅱ	$T_3=\dfrac{T_c}{2U_d}(\sqrt{3}u_\beta+3u_\alpha)$，$T_2=\dfrac{T_c}{2U_d}(\sqrt{3}u_\beta-3u_\alpha)$

续表

扇区号	相邻非零电压空间矢量作用时间
Ⅲ	$T_4=-\frac{T_c}{2U_d}(\sqrt{3}u_\beta+3u_\alpha)$，$T_3=\frac{\sqrt{3}T_c}{U_d}u_\beta$
Ⅳ	$T_5=\frac{T_c}{2U_d}(\sqrt{3}u_\beta-3u_\alpha)$，$T_4=-\frac{\sqrt{3}T_c}{U_d}u_\beta$
Ⅴ	$T_6=-\frac{T_c}{2U_d}(\sqrt{3}u_\beta-3u_\alpha)$，$T_5=-\frac{T_c}{2U_d}(\sqrt{3}u_\beta+3u_\alpha)$
Ⅵ	$T_1=-\frac{\sqrt{3}T_c}{U_d}u_\beta$，$T_6=\frac{T_c}{2U_d}(\sqrt{3}u_\beta+3u_\alpha)$

从表 5-4 中可以总结出，在求解参考电压空间矢量通过相邻的非零电压空间矢量合成的作用时间时往往要计算 $\frac{\sqrt{3}T_c}{U_d}u_\beta$、$\frac{T_c}{2U_d}(\sqrt{3}u_\beta+3u_\alpha)$、$\frac{T_c}{2U_d}(\sqrt{3}u_\beta-3u_\alpha)$ 这三个部分，因此可以得到两个相邻的非零电压空间矢量在一个 PWM 周期中的作用时间的通用计算公式：

$$\begin{cases} X=\dfrac{\sqrt{3}T_c}{U_d}u_\beta \\ Y=\dfrac{T_c}{2U_d}(\sqrt{3}u_\beta+3u_\alpha) \\ Z=\dfrac{T_c}{2U_d}(\sqrt{3}u_\beta-3u_\alpha) \end{cases} \tag{5-111}$$

将两个相邻的非零电压空间矢量的作用时间表示为 T_x、T_y 与 X、Y、Z 的对应关系，如表 5-5 所示。

表 5-5　相邻的非零电压空间矢量作用时间的公用计算公式

扇区号	Ⅰ	Ⅱ	Ⅲ	Ⅳ	Ⅴ	Ⅵ
T_x	X	Y	$-Y$	Z	$-Z$	$-X$
T_y	$-Z$	Z	X	$-X$	$-Y$	Y

之后还要进行饱和判断：

当 $T_x+T_y>T_c$ 时，$T_x=T_xT_c/(T_x+T_y)$，$T_y=T_yT_c/(T_x+T_y)$，$T_0=0$；

当 $T_x+T_y<T_c$ 时，T_x、T_y 保持不变，$T_0=T_c-T_x-T_y$。

2. 切换时间的计算

在知道各扇区内两相邻非零电压空间矢量的作用时间后，遵循开关次数少的原则，便可采用 7 段式空间矢量合成方法来发送各电压空间矢量，即在每个扇区内，每个零电压空间矢量均以(000)开始和结束，中间的零电压空间矢量均为(111)，其他非零矢量的发送保证每次只有一个开关切换。仍以扇区 I 为例，此扇区内的 PWM 信号时序以及生成方式如图 5-20 所示。

为了计算空间电压矢量的切换点，在此定义：

$$\begin{cases} t_\mathrm{a} = \dfrac{T - T_x - T_y}{4} \\ t_\mathrm{b} = t_\mathrm{a} + \dfrac{T_x}{2} \\ t_\mathrm{c} = t_\mathrm{b} + \dfrac{T_y}{2} \end{cases} \tag{5-112}$$

可使用同样的方法获得其他扇区的切换时间，如表 5-6 所示。

表 5-6　各扇区内切换时间的选择

扇区号	Ⅰ	Ⅱ	Ⅲ	Ⅳ	Ⅴ	Ⅵ
T_{cm1}	t_a	t_b	t_c	t_c	t_b	t_a
T_{cm2}	t_b	t_a	t_a	t_b	t_c	t_c
T_{cm3}	t_c	t_c	t_b	t_a	t_a	t_b

根据表 5-6 中的切换时间生成 SVPWM 波，对逆变器进行控制，便可以合成所期望的电压空间矢量，从而实现磁链追踪。显然，控制器采样频率越高，逆变器开关频率越高，磁链追踪的精度越高，但逆变器开关频率的提高必然造成电流谐波含量的增大和开关损耗的增加。

3. 电压空间矢量所在扇区的判断

上述计算方法的实现中，都要先确定参考电压空间矢量 $\boldsymbol{u}_\mathrm{r}$ 处于哪个扇区。如图 5-21 所示，$\boldsymbol{u}_\mathrm{r}$ 处于扇区 I 中，则需要满足

$$\begin{cases} u_\alpha > 0 \\ u_\beta > 0 \end{cases} \quad 且 \quad \begin{cases} |u_\alpha| \geqslant \dfrac{1}{2}|\boldsymbol{u}_\mathrm{r}| \\ |u_\beta| < \dfrac{\sqrt{3}}{2}|\boldsymbol{u}_\mathrm{r}| \end{cases} \tag{5-113}$$

通过矢量图几何关系分析，可得等价条件：

$$0^\circ < \arctan\left(\frac{u_\beta}{u_\alpha}\right) < 60^\circ \tag{5-114}$$

即 $u_\beta > 0$，$\sqrt{3}u_\alpha - u_\beta > 0$。可使用同样的方法获得其他扇区的判断条件，如表 5-7 所示。

表 5-7　各扇区内 $\boldsymbol{u}_\alpha$、$\boldsymbol{u}_\beta$ 应满足的条件

扇区号	u_α、u_β 满足条件
Ⅰ	$u_\beta>0$，$\sqrt{3}u_\alpha-u_\beta>0$
Ⅱ	$u_\beta>0$，$\sqrt{3}u_\alpha-u_\beta<0$，$-\sqrt{3}u_\alpha-u_\beta<0$
Ⅲ	$u_\beta>0$，$-\sqrt{3}u_\alpha-u_\beta>0$
Ⅳ	$u_\beta<0$，$-\sqrt{3}u_\alpha-u_\beta>0$
Ⅴ	$u_\beta<0$，$\sqrt{3}u_\alpha-u_\beta>0$，$-\sqrt{3}u_\alpha-u_\beta>0$
Ⅵ	$u_\beta<0$，$\sqrt{3}u_\alpha-u_\beta>0$

采用上述条件，只需通过简单的计算，便可确定参考电压空间矢量 $\boldsymbol{u}_\mathrm{r}$ 处于哪个扇区，避免了计算复杂的非线性函数。由表 5-7 可以看出，参考电压空间矢量 $\boldsymbol{u}_\mathrm{r}$ 处于哪个扇区可由 u_β、$\sqrt{3}u_\alpha-u_\beta$、$-\sqrt{3}u_\alpha-u_\beta$ 三项的正负关系决定，所以可定义如下变量：

$$\begin{cases}B_0=u_\beta\\B_1=\sqrt{3}u_\alpha-u_\beta\\B_2=-\sqrt{3}u_\alpha-u_\beta\\N=4\mathrm{sign}(B_2)+2\mathrm{sign}(B_1)+\mathrm{sign}(B_0)\end{cases}\tag{5-115}$$

式中，$\mathrm{sign}(\cdot)$ 为符号函数，当 $x\geqslant0$ 时值为 1，$x<0$ 时值为 0。表 5-8 所示为 N 值与扇区号的对应关系。

表 5-8　N 值与扇区号的对应关系

N	1	2	3	4	5	6
扇区号	Ⅱ	Ⅵ	Ⅰ	Ⅳ	Ⅲ	Ⅴ

5.4.5　基于 120°坐标系的 SVPWM 技术

传统空间电压矢量脉宽调制(SVPWM)算法存在算法结构复杂以及运算量大等问题，为此，本节介绍一种基于 120°坐标系的新型 SVPWM 算法。该算法通过坐标变换得到空间电压矢量在 120°坐标系下的坐标，经过简单的四则运算和逻辑判断，就能够快速准确地得到电压空间矢量所在的扇区和基本矢量的作用时间。图 5-22 为 120°坐标系下扇区的空间分布图，平面被 A 轴、B 轴和 C 轴分成 3 个 120°区域。当 A 轴方向作为 120°坐标系下的横轴正方向，B 轴方向作为 120°坐标系下的斜轴正方向时，定义区域 AOB 为 1 号大扇区，即 120°坐标系的第一象限区域；同理，当 B 轴和 C 轴分别作为 120°坐标系下的横轴和斜轴时，定义区域 BOC 为 2 号大扇区；当 C 轴和 A 轴分别作为 120°坐标系下的横轴和斜轴时，定

义区域 COA 为 3 号大扇区。为后续处理方便，将 A 轴归为 1 号大扇区，B 轴归为 2 号大扇区，C 轴归为 3 号大扇区。2 号大扇区和 3 号大扇区分别为 1 号大扇区顺时针旋转 120°和 240°所得。

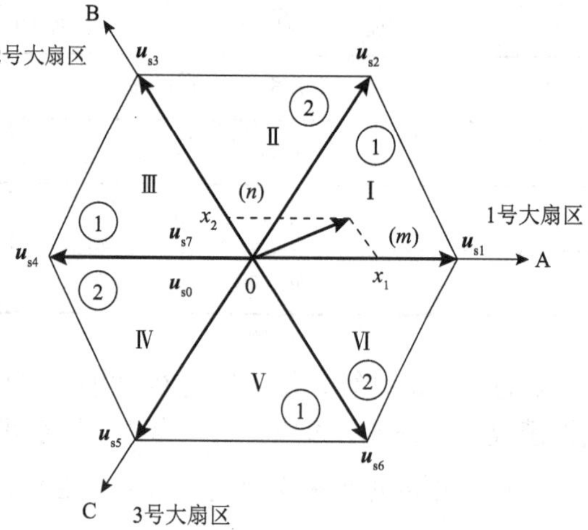

图 5-22　120°坐标系下扇区的空间分布图

根据式(5-98)，三相调制电压通过 1 号、2 号和 3 号坐标变换分别得到空间电压矢量在 1 号、2 号和 3 号 120°坐标系下的坐标，坐标变换法则为

$$
\begin{aligned}
&1\text{ 号坐标变换法则：} && \begin{cases} x_1 = u_A - u_C \\ x_2 = u_B - u_C \end{cases} \\
&2\text{ 号坐标变换法则：} && \begin{cases} x_1 = u_B - u_A \\ x_2 = u_C - u_A \end{cases} \\
&3\text{ 号坐标变换法则：} && \begin{cases} x_1 = u_C - u_B \\ x_2 = u_A - u_B \end{cases}
\end{aligned} \tag{5-116}
$$

式中，x_1、x_2 分别为电压空间矢量在 120°坐标系下的横轴坐标和斜轴坐标。通过三种坐标变换可得到电压空间矢量在三组不同的 120°坐标系下的坐标 x_1、x_2。如果经过 $i(i=1，2，3)$号坐标变换得到 $x_1>0$ 且 $x_2>0$，则可得电压空间矢量处于 1 号大扇区。由 x_1、x_2 的大小关系可得电压空间矢量所在的小扇区数，当 $x_1>x_2$ 时，空间矢量处于 1 号小扇区；否则处于 2 号小扇区。图 5-23 为 120°坐标系下的扇区判断流程图，其中 i 为电压空间矢量所在的大扇区数，j 为空间电压矢量所在的小扇区数。从而可得空间电压矢量所在的扇区为

$$N = 2(i-1) + j \tag{5-117}$$

为计算基本电压矢量作用时间，假设电压空间矢量处于 i 号($i=1，2，3$)大扇区，则可得其在 i 号坐标系下的坐标为(x_1, x_2)，为方便后续计算，将 x_1 和 x_2 进行归一化处理，得

$$m = \frac{x_1}{(2/3)U_d}, \quad n = \frac{x_2}{(2/3)U_d} \tag{5-118}$$

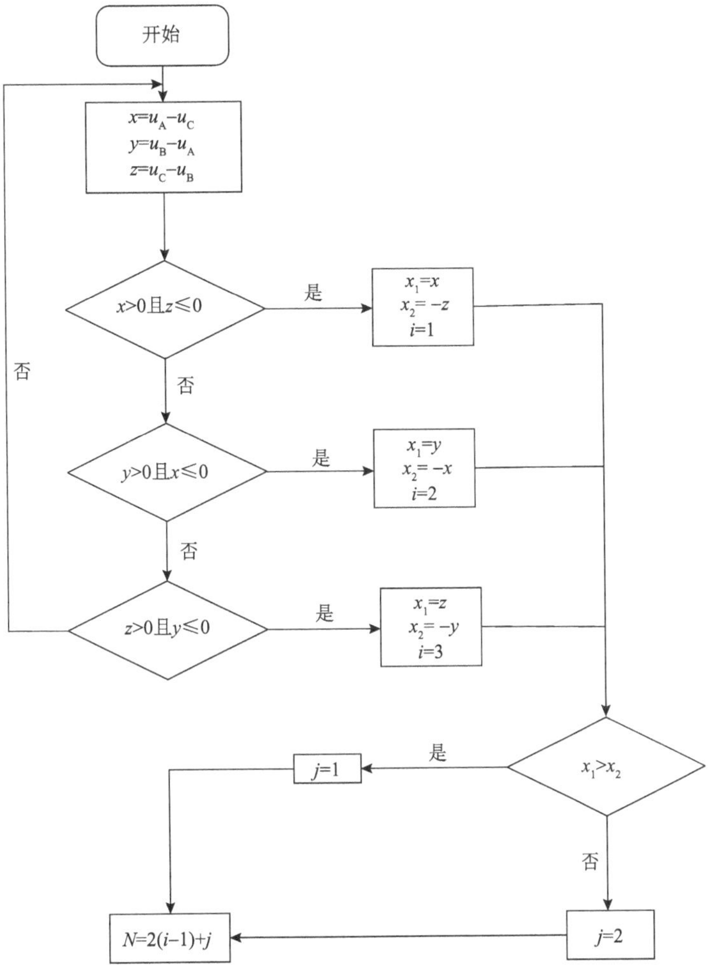

图 5-23　扇区判断流程图

此时，电压空间矢量在载波周期 T_s 内的作用效果可以由坐标轴上的两个基本电压空间矢量进行合成。根据“伏秒等效”原则得

$$\begin{cases} mT_s = T_1 \\ nT_s = T_2 \end{cases} \tag{5-119}$$

式中，T_1 为 120°坐标系下横轴上基本电压空间矢量的作用时间；T_2 为 120°坐标系下斜轴上基本电压空间矢量的作用时间，从而可解得

$$\begin{cases} T_1 = mT_s \\ T_2 = nT_s \end{cases} \tag{5-120}$$

非坐标轴上的基本电压空间矢量在 120°坐标系上的投影为坐标轴上的基本电压空间矢量，则其在单位时间内的作用效果等于坐标轴上两个基本矢量在同等时间内共同作用的效果。定义非坐标轴上的矢量为强矢量，如图 5-22 中的 $\boldsymbol{u}_{s2}$、$\boldsymbol{u}_{s4}$ 和 $\boldsymbol{u}_{s6}$，坐标轴上的矢量为弱矢量，如图 5-22 中的 $\boldsymbol{u}_{s1}$、$\boldsymbol{u}_{s3}$ 和 $\boldsymbol{u}_{s5}$，则电压空间矢量在载波周期下的作用效果可由其所在

扇区下的两个基本矢量合成。

当 $n>m$ 时，有

$$\begin{cases} T_q = T_1 = mT_s \\ T_r = T_2 - T_1 = (n-m)T_s \end{cases} \tag{5-121}$$

当 $n \leqslant m$ 时，有

$$\begin{cases} T_q = T_2 = nT_s \\ T_r = T_1 - T_2 = (m-n)T_s \end{cases} \tag{5-122}$$

式中，T_q 为强矢量的作用时间；T_r 为弱矢量的作用时间。在计算得到强矢量与弱矢量的作用时间后，同样可采用 5.4.3 节中的 7 段式空间矢量合成方法，将零矢量分配于 PWM 的首尾段及中间段，其矢量的作用顺序是零矢量—弱矢量—强矢量—零矢量—强矢量—弱矢量—零矢量。

5.5　系统仿真模型的建立及仿真结果分析

5.5.1　电机模型

仿真系统中，永磁同步电机的本体模块是非常重要的模块。可利用 Simulink 中的 Sim Power Systems 提供的永磁同步电机模块。永磁同步电机模块的定子绕组按星形连接，共有四个输入端，包括 A 相、B 相、C 相的输入端和负载转矩输入端 Tm。输出参数包括定子三相电流 i_A、i_B、i_C (三相静止 ABC 坐标系)，定子两相电流 i_d、i_q (两相旋转 dq 坐标系)，转子角速度 ω_r，转子机械位置角 thetam(θ_m)和电磁转矩 T_e。永磁同步电机模块的输出的各项参数可通过 Sim Power System 提供的电机测量模块直接输出。永磁同步电机的主要参数包括定子电阻 R_s，交、直轴定子电感 L_d、L_q，转子磁场磁通 Φ_r，转动惯量 J，黏滞摩擦系数 B，极对数 p_n。永磁同步电机模块如图 5-24 所示。

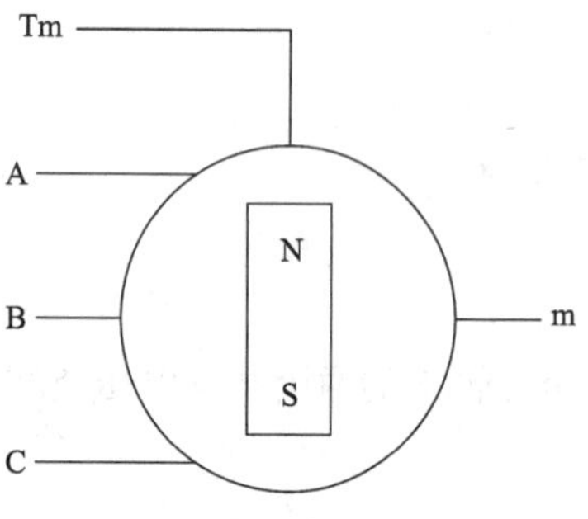

图 5-24　永磁同步电机模块

5.5.2　控制系统模型建立

1. 坐标变换模块

电机测量模块中直接提供了两相旋转 dq 坐标系下的两相定子电流 i_d、i_q，所以无须进行 3s/2s 变换和 2s/2r 变换，只需进行 2r/2s 变换，即将 u_d、u_q 转换为 u_α、u_β。2r/2s 变换模块如图 5-25 所示。

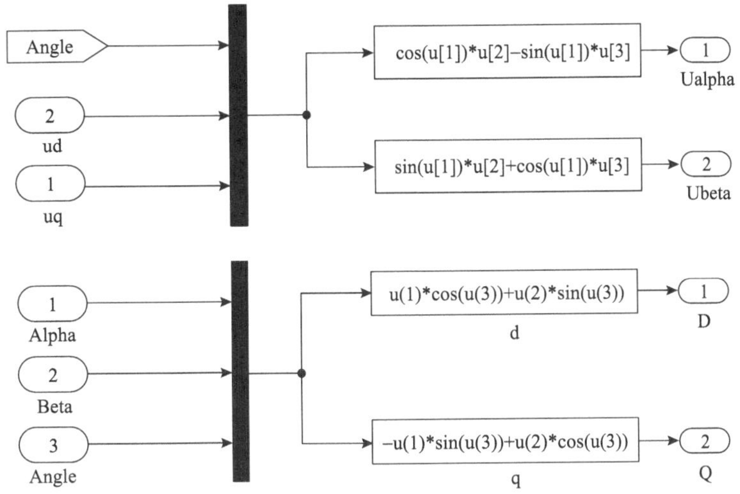

图 5-25　2r/2s 变换模块

2. SVPWM 模块

SVPWM 的实现算法在 5.4 节中已有详述，现建立各个模块如下。SVPWM 算法仿真模块的建立主要分为以下三个步骤。

1) 确定空间电压矢量所在扇区

根据各扇区与 u_α、u_β 的关系，当 $u_\beta>0$ 时，令 $B_0=1$，当 $\sqrt{3}u_\alpha-u_\beta>0$ 时，令 $B_1=1$，当 $\sqrt{3}u_\alpha+u_\beta>0$ 时，令 $B_2=1$，取 $N = B_0+2B_1+4B_2$，可得到各扇区与 N 的对应关系。其模块如图 5-26 所示。

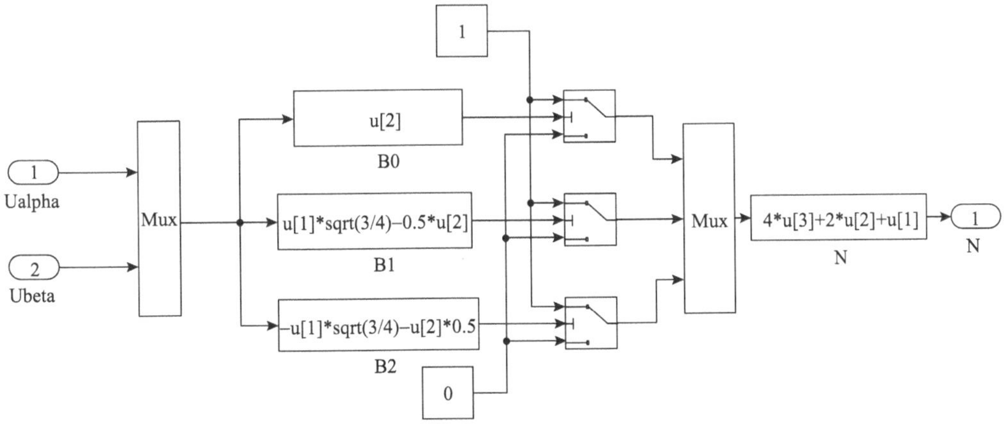

图 5-26　扇区选择模块

2) 公用公式 X、Y、Z 的计算

由 $X=\sqrt{3}T_c u_\beta/U_d$，$Y=\sqrt{3}T_c(\sqrt{3}u_\alpha+u_\beta)/2U_d$，$Z=\sqrt{3}T_c(-\sqrt{3}u_\alpha+u_\beta)/2U_d$ 得到两个相邻电压空间矢量在一个 PWM 周期中的作用时间的公用公式 X、Y、Z。其模块如图 5-27

所示。

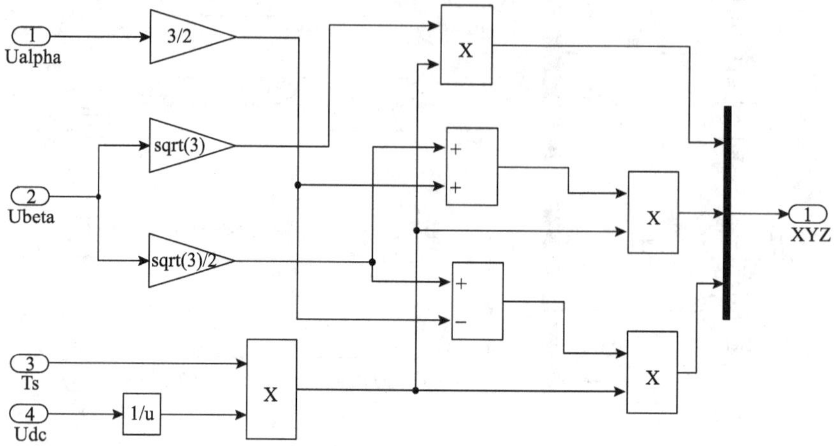

图 5-27　公用公式 X 、Y 、Z 的计算

3) 基本电压矢量作用时间模块

利用计算出的 X 、Y 、Z 的值，得到 N 与矢量作用时间 T_1 和 T_2 的对应关系。其模块如图 5-28 所示。

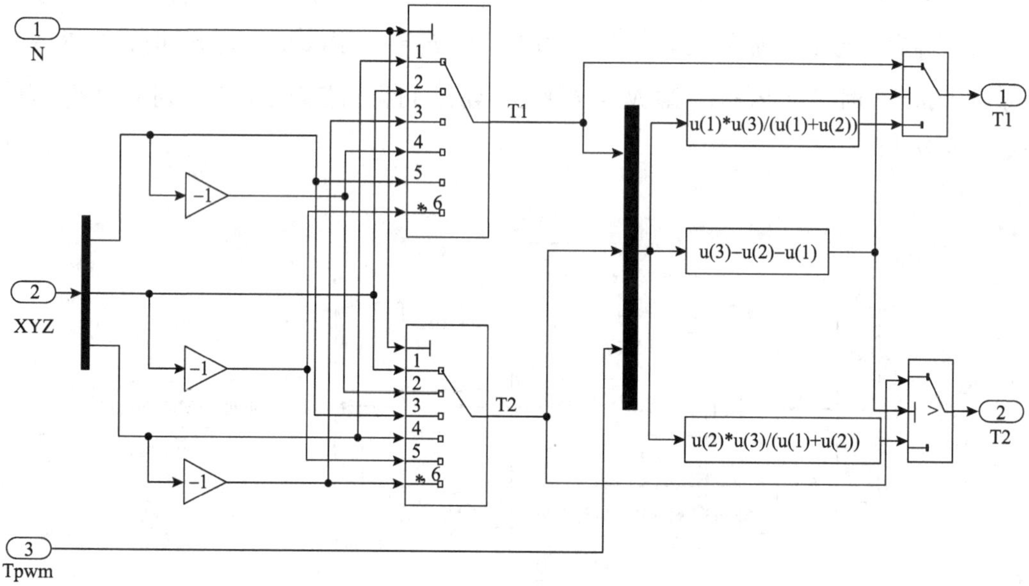

图 5-28　基本电压矢量作用时间模块

4) T_a、T_b、T_c 计算模块

由 $T_a = T_0/4 = (T - T_1 - T_2)/4$ ，$T_b = T_a + T_1/2$ ，$T_c = T_b + T_0/2$ ，得到 N 与 T_{cm1} 、T_{cm2} 、T_{cm3} 之间的对应关系。其模块如图 5-29 所示。

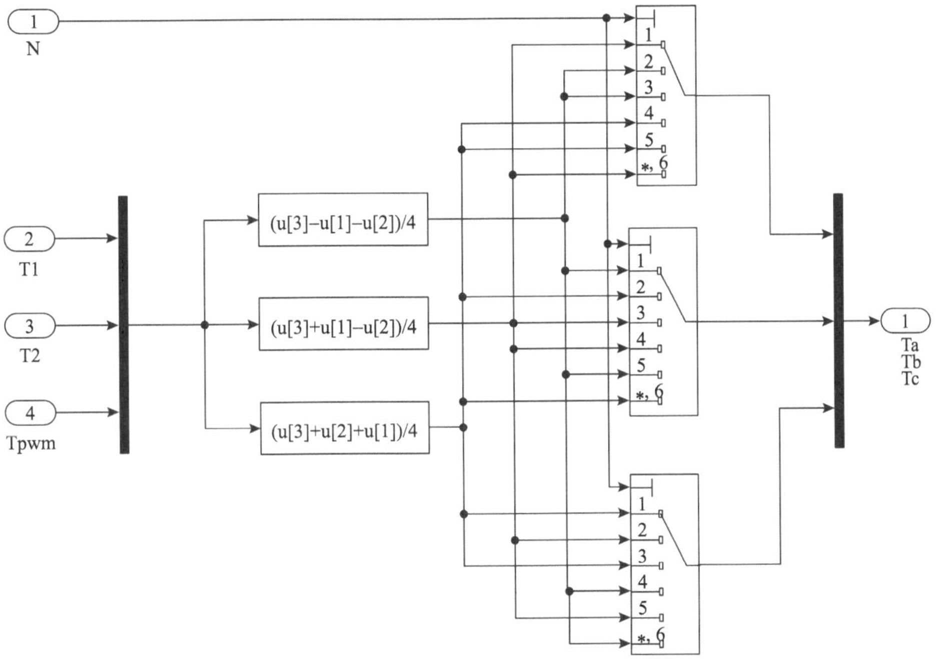

图 5-29　T_a、T_b、T_c计算模块

5) PWM 波生成模块

计算得到的T_{cm1}、T_{cm2}、T_{cm3}值与等腰三角形进行比较，就可以生成对称空间矢量 PWM 波。将生成的 PWM1、PWM3、PWM5 进行非运算就可以生成 PWM2、PWM4、PWM6，同时还应将其由 bool 类型转换成 double 类型。图 5-30 所示为 PWM 波生成模块。

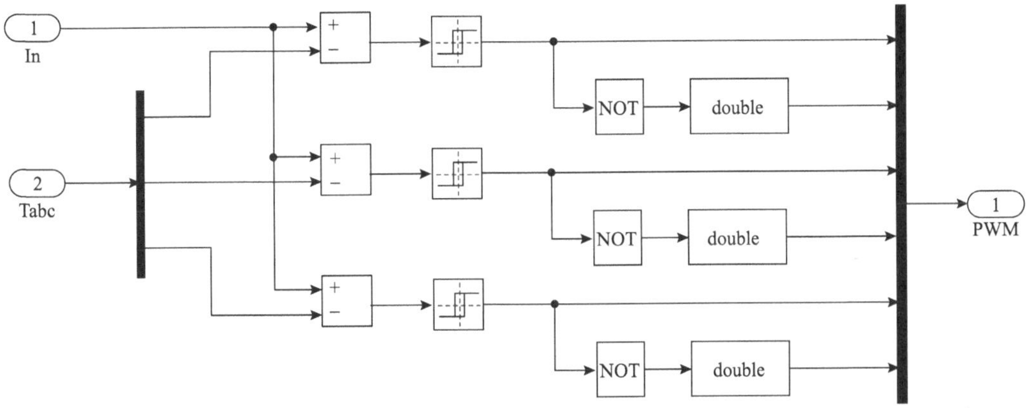

图 5-30　PWM 波生成模块

将以上模块连接生成完整的 SVPWM 模块，如图 5-31 所示。

3. 永磁同步电机矢量控制调速系统模型

把上述建立好的各个子模块合成，就可以得到如图 5-32 所示的永磁同步电机矢量控制调速系统模型。

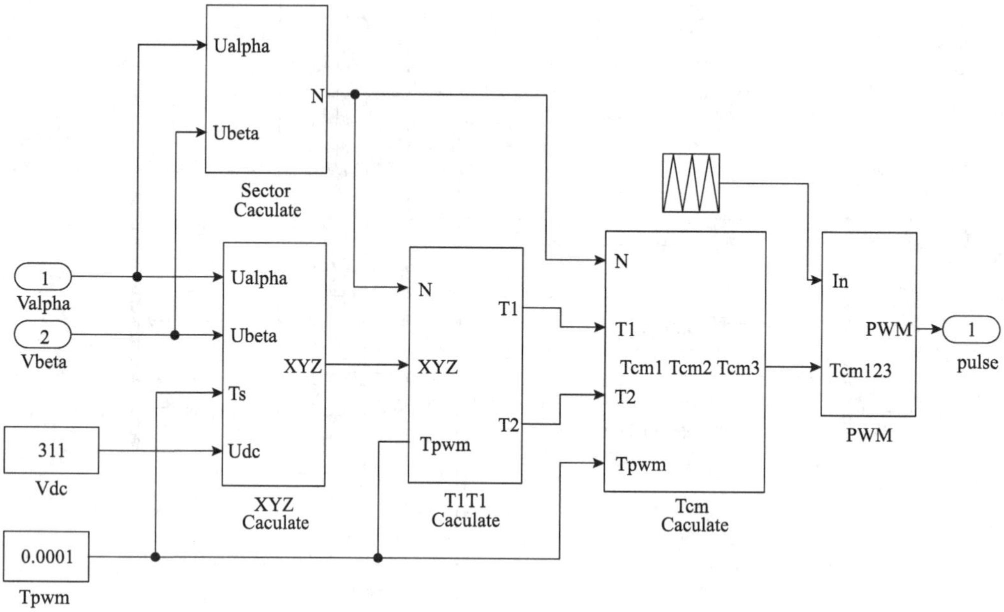

图 5-31 SVPWM 模块

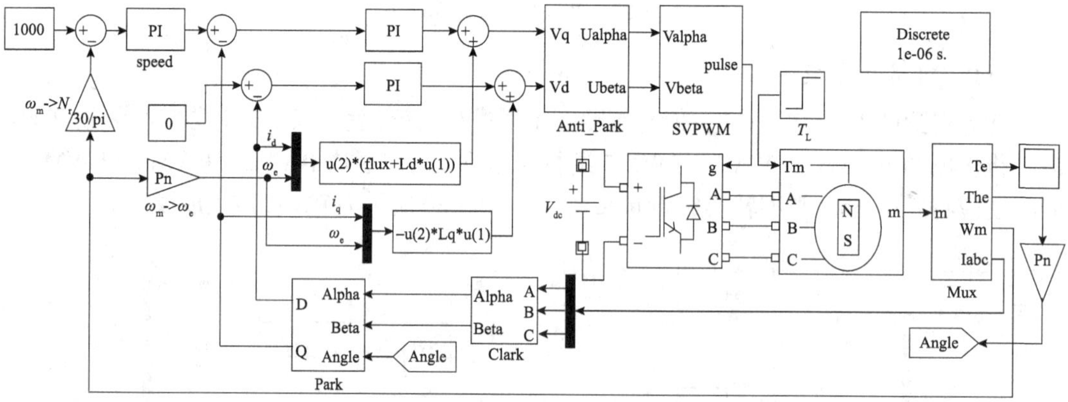

图 5-32 永磁同步电机矢量控制调速系统模型

5.5.3 仿真结果分析

为了验证系统性能以及所搭建的仿真模型的正确性和有效性，进行了仿真实验。本仿真使用的方法和参数如下。

采用的电机参数如下：电机功率 $P = 1.1\text{kW}$，额定电压 220V，额定负载 3 N·m，定子绕组电阻 $R_s = 2.875\Omega$，d 相绕组自感 $L_d = 8.5\times10^{-3}\text{H}$，q 相绕组自感 $L_q = 8.5\times10^{-3}\text{H}$，转子磁链 $\Psi_f = 0.175\text{Wb}$，转动惯量 $J = 0.8\times10^{-3}\text{kg}\cdot\text{m}^2$，极对数 $p_n = 4$，黏滞摩擦系数 $F = 1\times10^{-3}\text{N}\cdot\text{m/s}$。

仿真情况为电机空载启动，给定转速为 1000r/min，在系统运行时间 $t = 0.2\text{s}$ 时加上 3N·m 的额定负载。采用传统 PID 控制器的永磁同步电机矢量控制系统进行仿真，电机的转速曲线、转矩曲线以及定子三相电流图分别如图 5-33～图 5-35 所示。

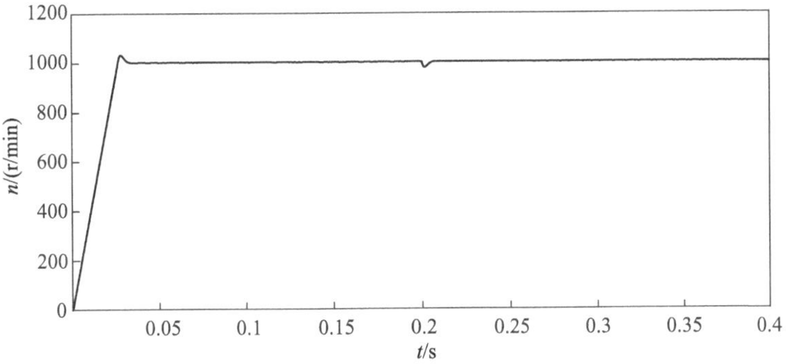

图 5-33　转速曲线

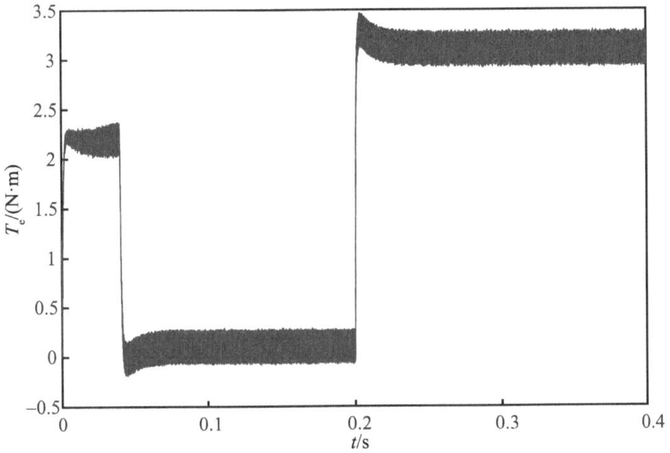

图 5-34　转矩曲线

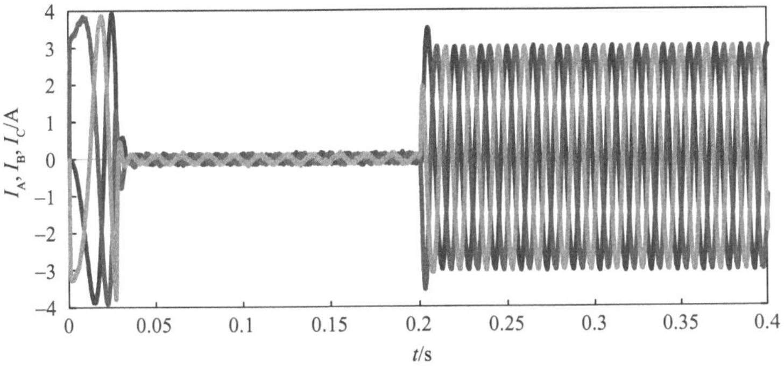

图 5-35　定子三相电流图

第一种情况中，电机在 0.03s 时转速达到给定转速，存在 3.00%的超调量，此时的转速曲线、转矩曲线已非常稳定平滑。第二种情况中，在给电机加上负载之后，转速下降 2.40%，然后迅速恢复至额定转速。由仿真波形可以看出，空载启动时系统能快速达到额定转速，在额定转速系统运行平稳，在 0.2s 突加 3N·m 负载后，转速有所降低，但又能迅速恢复到额定状态，稳态运行时无静差。

第 6 章　异步电机直接转矩控制技术

前面提到，对电机的控制是对电磁转矩的有效控制，目前矢量控制技术已经成功应用到交流电机的控制中，矢量控制的前提是磁场定向，它对定向磁场检测的精度要求较高，对电机参数的依赖性较强。实际上由于转子磁链难以准确测量，加之矢量坐标变换计算较为复杂，矢量控制的实际效果难以达到理论分析的效果。尽管如此，矢量控制由于研究和开发较早，技术逐渐成熟和完善，现已步入广泛深入的实用化阶段。

直接转矩控制技术与矢量控制技术不同，它直接将磁链和电磁转矩作为控制对象，省略了磁场定向的矢量坐标变换，使得其较矢量控制技术更为简便。

直接转矩控制技术 (direct torque control，DTC)，又可称为 DSC(direct self-control)，是近年来发展起来的一种新型的具有高性能的交流传动技术。目前，直接转矩控制技术的磁链轨迹控制方案多采用德国的 Depenbrock 教授提出的六边形方案和日本的 Takahashi 教授提出的圆形方案。

本章介绍异步电机直接转矩控制技术的基本原理，详细分析直接转矩控制系统的各组成部分，并给出了仿真实例。

6.1　直接转矩控制技术的基本原理

6.1.1　直接转矩控制技术的基本思想

异步电机的转速是通过转矩来控制的，异步电机中转矩可以有多种表示方法，其中的一种方法为

$$T_e = p_n \boldsymbol{\psi}_s \times \boldsymbol{i}_s \tag{6-1}$$

式中，$\boldsymbol{\psi}_s$ 为定子磁链空间矢量；$\boldsymbol{i}_s$ 为定子电流空间矢量。

同样，定子磁链和转子磁链空间矢量可表示为

$$\boldsymbol{\psi}_s = L_s \boldsymbol{i}_s + L_m \boldsymbol{i}_r \tag{6-2}$$

$$\boldsymbol{\psi}_r = L_r \boldsymbol{i}_r + L_m \boldsymbol{i}_s \tag{6-3}$$

消去 $\boldsymbol{i}_r$ 得到

$$\boldsymbol{\psi}_s = \frac{L_m}{L_r}\boldsymbol{\psi}_r + L_s' \boldsymbol{i}_s \tag{6-4}$$

式中，L_s' 为定子瞬态电感，$L_s' = L_s - L_m^2/L_r$。

$\boldsymbol{i}_s$ 对应的表达式为

$$\boldsymbol{i}_s = \frac{\boldsymbol{\psi}_s}{L_s'} - \frac{L_m}{L_r L_s'}\boldsymbol{\psi}_r \tag{6-5}$$

将式(6-5)代入式(6-1)，可得

$$\begin{aligned} T_e &= p_n \frac{L_m}{L_s' L_r}\boldsymbol{\psi}_r \times \boldsymbol{\psi}_s = p_n \frac{L_m}{L_s' L_r}|\boldsymbol{\psi}_s||\boldsymbol{\psi}_r|\sin(\rho_s - \rho_r) \\ &= p_n \frac{L_m}{L_s' L_r}|\boldsymbol{\psi}_s||\boldsymbol{\psi}_r|\sin\delta_{sr} \end{aligned} \tag{6-6}$$

式中，ρ_s、ρ_r 分别为定子和转子磁链矢量相对于 A 轴的空间电角度；δ_{sr} 为定子磁链和转子磁链矢量之间的夹角(或称为转矩角)，$\delta_{sr} = \rho_s - \rho_r$。

式(6-6)表明，电磁转矩决定于定子磁链矢量和转子磁链矢量的矢量积，若 $|\boldsymbol{\psi}_s|$ 和 $|\boldsymbol{\psi}_r|$ 保持不变，即决定于两者之间的空间电角度。

转子磁链矢量与定子磁链矢量相比，变化速度相对要慢一些。这可以采用图 6-1 所示的异步电机的动态 T 模型进行简单定性分析。

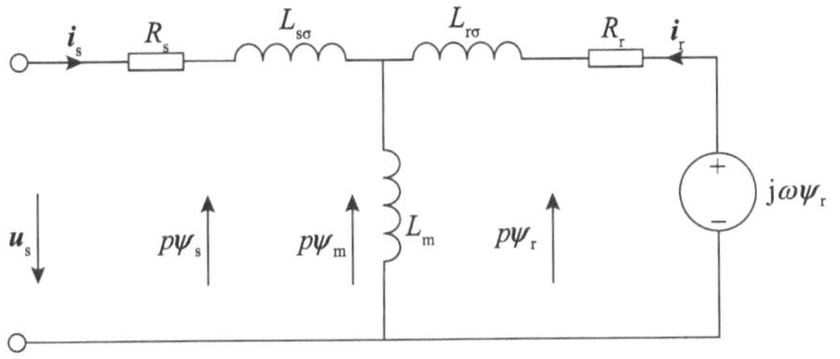

图 6-1　异步电机的动态 T 模型

由等效电路可知，定子磁链的导数对定子电压变化立即有反应，各自的两个空间矢量 $\boldsymbol{u}_s$ 和 $p\boldsymbol{\psi}_s$ 在电路中只被电阻 R_s 分开。然而，转子磁链导数的矢量 $p\boldsymbol{\psi}_r$ 是被定子和转子漏感 $L_{s\sigma}$ 和 $L_{r\sigma}$ 与定子磁链导数的矢量 $p\boldsymbol{\psi}_s$ 隔开的。因此，转子磁链矢量对定子电压变化的反应与定子磁链矢量相比有点缓慢。而且，由于有漏感的低通滤波作用，转子磁链波形比定子磁链波形要圆滑。

在实际动态控制中，只要控制的响应时间远小于转子时间常数，则在此时间常数中转子磁链矢量变化就可以忽略，如果能保持定子磁链的幅值不变，则异步电机的电磁转矩只由角 δ_{sr} 的变化来控制。

定子电压矢量方程为

$$\boldsymbol{u}_s = R_s \boldsymbol{i}_s + \frac{d\boldsymbol{\psi}_s}{dt} \tag{6-7}$$

如果忽略定子电阻 R_s，则有

$$\boldsymbol{u}_s = \frac{d\boldsymbol{\psi}_s}{dt} \tag{6-8}$$

可表示为

$$\Delta\boldsymbol{\psi}_s = \boldsymbol{u}_s \Delta t \tag{6-9}$$

由以上公式可知，定子磁链矢量和定子电压矢量间具有积分关系。在定子电压矢量作

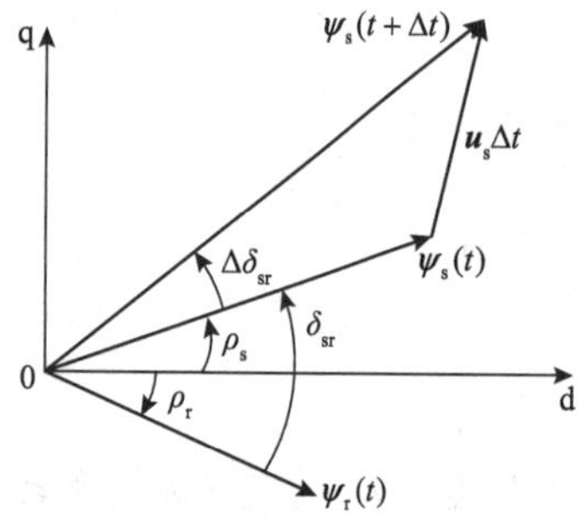

图 6-2　直接转矩控制的矢量表示

用的短时间内，定子磁链矢量的增量 $\Delta\boldsymbol{\psi}_s$ 等于 $\boldsymbol{u}_s$ 和 Δt 的乘积，$\Delta\boldsymbol{\psi}_s$ 的方向与外加电压矢量 $\boldsymbol{u}_s$ 的方向相同，即定子磁链矢量 $\boldsymbol{\psi}_s$ 变化的轨迹与 $\boldsymbol{u}_s$ 相同，而轨迹的变化速率等于 $\boldsymbol{u}_s$，当 $\boldsymbol{u}_s$ 不变时，$\boldsymbol{\psi}_s$ 的变化速率是恒定的。直接转矩控制的矢量表示如图 6-2 所示。

由图 6-2 可以看出，$\boldsymbol{\psi}_s$ 幅值和角度的变化与 $\boldsymbol{u}_s$ 有直接关系，只有控制 $\boldsymbol{u}_s$ 的大小和方向与预期的 $\Delta\boldsymbol{\psi}_s$ 一致，$\boldsymbol{\psi}_s$ 才能在预期的控制范围内运动。$\boldsymbol{u}_s$ 由逆变器输出，下面将讨论逆变器输出的 8 种电压空间矢量。

6.1.2　逆变器的开关状态和电压空间矢量

1. 逆变器的开关状态

电压型逆变器的主回路一般由三组共六个开关($\mathrm{S_A}$、$\mathrm{\bar{S}_A}$、$\mathrm{S_B}$、$\mathrm{\bar{S}_B}$、$\mathrm{S_C}$、$\mathrm{\bar{S}_C}$)组成，其原理如图 6-3 所示。每组的上下两个开关互为反向，即若一个接通，则另一个断开，于是三组开关有 8 种可能的开关组合。开关 $\mathrm{S_A}$、$\mathrm{\bar{S}_A}$ 称为 A 相开关，用 S_A 表示 A 相开关接通的情况；开关 $\mathrm{S_B}$、$\mathrm{\bar{S}_B}$ 称为 B 相开关，用 S_B 表示 B 相开关接通的情况；开关 $\mathrm{S_C}$、$\mathrm{\bar{S}_C}$ 称为 C 相开关，用 S_C 表示 C 相开关接通的情况。规定每组开关与“+”极接通时，该组的开关状态为“1”态，与“－”极接通时，该组的开关状态为“0”态，则 8 种可能的开关组合状态见表 6-1。这 8 组开关状态可以分为两类：一类是 6 种工作状态，即三相负载并不同时都接到相同的电位上；另一类是零状态，表示三相上桥臂或下桥臂同时导通，即三相负载同时都接到了相同的电位上，相当于将电机定子三相绕组短接。

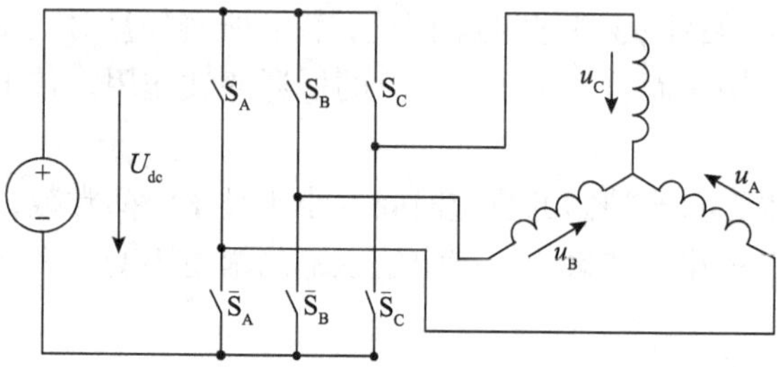

图 6-3　电压型逆变器示意图

表 6-1　逆变器的开关状态

开关组	工作状态						零状态	
S_A	0	0	1	1	1	0	0	1
S_B	1	0	0	0	1	1	0	1
S_C	1	1	1	0	0	0	0	1

假设电压型逆变器输出端负载为三相完全对称，则在不输出零电压开关状态的情况下，

只要知道某个时刻的三相桥臂的开关状态 S_A、S_B、S_C 和直流母线侧的电压 U_{dc}，即可绘出系统稳定时输出的相电压波形，如图 6-4 所示。

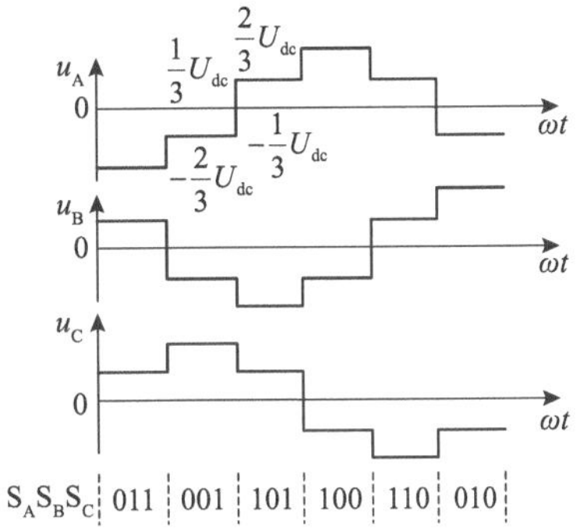

图 6-4 无零状态输出时的相电压波形及所对应的开关状态和电压状态

由图 6-4 可知，相电压波形与开关状态都是以 6 个状态为一周期，然后循环。相电压波形分 $\pm\frac{1}{3}U_{dc}$、$\pm\frac{2}{3}U_{dc}$ 四种离散的情况，U_{dc} 为逆变器直流侧输入直流电源电压。

以上分析了逆变器的电压状态及相电压波形。如果把逆变器的输出电压用空间矢量来表示，则逆变器的各种电压状态和次序就有了空间的概念，以便理解和分析。

2. 电压空间矢量

在对异步电机进行分析研究时，要对三相电源进行分析控制，需引入 3s/2s 变换。3s/2s 变换将三个标量(三维)变换为一个矢量(二维)。这种表达关系对于时间函数也适用。假设异步电机中对称的三相物理量 $X_A(t)$、$X_B(t)$、$X_C(t)$ 的 3s/2s 变换为

$$\boldsymbol{X}(t)=\sqrt{\frac{2}{3}}\left[X_A(t)+\rho X_B(t)+\rho^2 X_C(t)\right] \tag{6-10}$$

式中，ρ 为复系数，称为旋转因子，$\rho=\mathrm{e}^{\mathrm{j}2\pi/3}$。

若 ABC 三相负载的定子绕组连接成星形，并用 $\boldsymbol{U}_s(S_AS_BS_C)$ 表示输出的电压空间矢量，则逆变器输出的电压空间矢量的 Park 矢量变换表达式为(由 ABC 坐标系变换为 αβ 坐标系)：

$$\begin{aligned}\boldsymbol{U}_s(S_AS_BS_C)&=\sqrt{\frac{2}{3}}U_{dc}(S_A+S_B\mathrm{e}^{\mathrm{j}\frac{2\pi}{3}}+S_C\mathrm{e}^{\mathrm{j}\frac{4\pi}{3}})\\&=U_{s\alpha}+\mathrm{j}U_{s\beta}\end{aligned} \tag{6-11}$$

逆变器输出的电压空间矢量则可以用 $\boldsymbol{U}_s(011)$、$\boldsymbol{U}_s(001)$、$\boldsymbol{U}_s(101)$、$\boldsymbol{U}_s(100)$、$\boldsymbol{U}_s(110)$、$\boldsymbol{U}_s(010)$、$\boldsymbol{U}_s(000)$、$\boldsymbol{U}_s(111)$表示，分别与表 6-1 中的 8 种电压状态对应。

下面计算这 8 个空间矢量对应的空间位置。

对于 $\boldsymbol{U}_s(011)$，S_A、S_B、S_C 的输出值为 0、1、1 代入式(6-11)，得

$$\begin{aligned}\boldsymbol{U}_s(011)&=\sqrt{\frac{2}{3}}U_{dc}(0+\mathrm{e}^{\mathrm{j}\frac{2\pi}{3}}+\mathrm{e}^{\mathrm{j}\frac{4\pi}{3}})\\&=\sqrt{\frac{2}{3}}U_{dc}\left[\left(-\frac{1}{2}+\mathrm{j}\frac{\sqrt{3}}{2}\right)+\left(-\frac{1}{2}-\mathrm{j}\frac{\sqrt{3}}{2}\right)\right]\\&=-\sqrt{\frac{2}{3}}U_{dc}=\sqrt{\frac{2}{3}}U_{dc}\mathrm{e}^{\mathrm{j}\pi}\end{aligned} \tag{6-12}$$

对照图 6-5 可知，$\boldsymbol{U}_s(011)$ 位于 α 轴的负方向上。

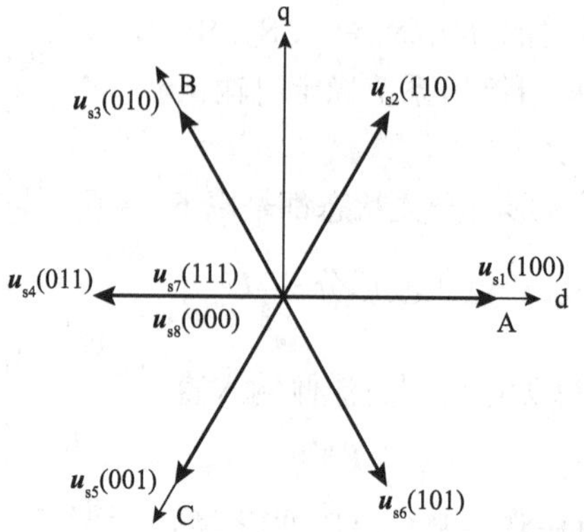

图 6-5　8 个定子电压空间矢量

对于$\boldsymbol{U}_s(001)$，将S_A、S_B、S_C的输出值 0、0、1 代入式(6-11)，得

$$\begin{aligned}\boldsymbol{U}_s(001) &= \sqrt{\frac{2}{3}}U_{dc}(0+0+e^{j\frac{4\pi}{3}}) \\ &= \sqrt{\frac{2}{3}}U_{dc}e^{j\frac{4\pi}{3}}\end{aligned} \tag{6-13}$$

同理，依次计算其余 6 个空间矢量为

$$\boldsymbol{U}_s(101) = \sqrt{\frac{2}{3}}U_{dc}e^{j\frac{5\pi}{3}}$$

$$\boldsymbol{U}_s(100) = \sqrt{\frac{2}{3}}U_{dc}e^{j0}$$

$$\boldsymbol{U}_s(110) = \sqrt{\frac{2}{3}}U_{dc}e^{j\frac{\pi}{3}}$$

$$\boldsymbol{U}_s(010) = \sqrt{\frac{2}{3}}U_{dc}e^{j\frac{2\pi}{3}}$$

$$\boldsymbol{U}_s(000) = \boldsymbol{U}_s(111) = 0$$

这 8 个电压空间矢量在坐标系中的空间离散位置如图 6-5 所示，其中$\boldsymbol{U}_s(000)$和$\boldsymbol{U}_s(111)$位于中心点处。将上述电压空间矢量依次编号为$\boldsymbol{u}_{s1}(100)$、$\boldsymbol{u}_{s2}(110)$、$\boldsymbol{u}_{s3}(010)$、$\boldsymbol{u}_{s4}(011)$、$\boldsymbol{u}_{s5}(001)$、$\boldsymbol{u}_{s6}(101)$、$\boldsymbol{u}_{s7}(111)$、$\boldsymbol{u}_{s8}(000)$。如果控制逆变器依次按照上述电压空间矢量顺序控制开关S_A、S_B、S_C的导通和关断，就能在矢量坐标系中得到幅值相同且沿逆时针方向旋转的电压空间矢量。

前面提到通过控制电压空间矢量来控制定子磁链的旋转速度，从而改变定、转子磁链矢量之间的夹角，达到控制电机转矩的目的。下面讨论定子电压空间矢量与磁链矢量轨迹的关系。

6.1.3　定子电压空间矢量与磁链矢量轨迹的关系

若逆变器的输出电压$\boldsymbol{u}_s(t)$直接加到异步电机的定子上，则定子电压也为$\boldsymbol{u}_s(t)$。由式(6-7)～式(6-9)可知，$\Delta\boldsymbol{\psi}_s$的方向与外加电压矢量$\boldsymbol{u}_s$的方向相同，即定子磁链矢量$\boldsymbol{\psi}_s$轨迹

的变化与 $\boldsymbol{u}_s$ 相同，而轨迹的变化速率等于 $\boldsymbol{u}_s$，当 $\boldsymbol{u}_s$ 不变时，$\boldsymbol{\psi}_s$ 的变化速率是恒定的。如图 6-6 所示位置 P，如果此时逆变器加到定子上的电压空间矢量 $\boldsymbol{u}_s(t)$ 为 $\boldsymbol{u}_{s3}(010)$，根据式(6-9)，定子磁链空间矢量的顶点将沿着 $\boldsymbol{u}_{s3}(010)$ 所指向的方向运动，当 $\boldsymbol{\psi}_s$ 运动到 Q 点时，逆变器加到定子上的电压空间矢量 $\boldsymbol{u}_s(t)$ 变为 $\boldsymbol{u}_{s3}(011)$，定子磁链空间矢量的顶点将沿着 $\boldsymbol{u}_{s3}(011)$ 所指向的方向运动，如果逆变器是按照图 6-5 所示的顺序，即按 010、011、001、101、100、110 状态依次变化，每次变化的间隔时间相同，即得到如图 6-6 所示的六个以步进形式输出的电压矢量 $\boldsymbol{u}_{s3}(010)$、$\boldsymbol{u}_{s4}(011)$、$\boldsymbol{u}_{s5}(001)$、$\boldsymbol{u}_{s6}(101)$、$\boldsymbol{u}_{s1}(100)$、$\boldsymbol{u}_{s2}(110)$，在这六个电压矢量的依次作用下，定子磁链矢量的轨迹为一正六边形，如图 6-6 虚线所示。

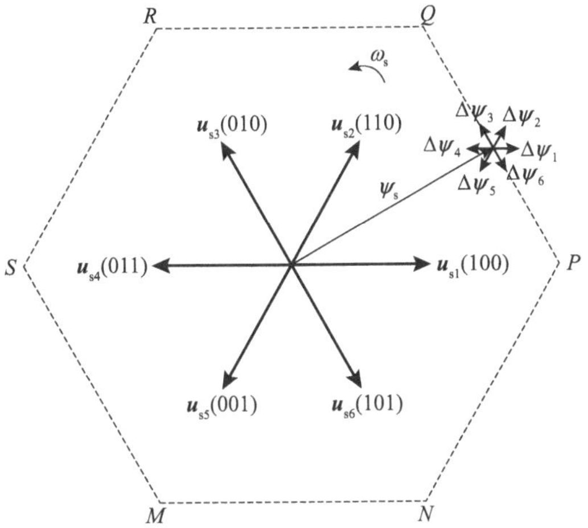

图 6-6　六个步进电压作用下的定子磁链轨迹

6.1.4　定子磁链矢量的控制

由图 6-6 可以看出，定子磁链矢量 $\boldsymbol{\psi}_s$ 的幅值不是恒定的，其在正六边形的拐点处达到最大值，当运动到正六边形某一条边垂直的位置时，幅值最小。由 $\boldsymbol{\psi}_s$ 在三相绕组 A、B、C 轴线上的投影可得到链过每相绕组的磁链值，显然，每相绕组的磁链值不是时间的正弦函数。由定子每相磁链变化可知，定子每相电流波形也是非正弦的。

式(6-6)表明，$\boldsymbol{\psi}_s$ 的幅值能基本保持恒定，这将有利于控制转矩和减小脉动，并使定子每相磁链基本按正弦规律变化。为此，希望定子磁链矢量的运动轨迹为圆形。

定子磁链矢量的运动轨迹决定于定子电压矢量的选择。反之，根据希望或设定的定子磁链矢量的运动轨迹，可以选择合适的定子电压矢量来予以实现，这就需要对定子电压矢量进行调制，以获得正弦分布的定子磁场。在直接转矩控制中，通常设定 $\boldsymbol{\psi}_s$ 的参考值(指令值) $\boldsymbol{\psi}_{sref}$ 的运动轨迹为一圆形，如图 6-7 所示，然后对 $\boldsymbol{\psi}_s$ 采取滞环控制。

在这里需要始终将 $\boldsymbol{\psi}_s$ 的幅值控制在滞环的上下带宽内，滞环的总宽度为 $2|\Delta\boldsymbol{\psi}_s|$，其上限为 $|\boldsymbol{\psi}_{sref}|+|\Delta\boldsymbol{\psi}_s|$，下限为 $|\boldsymbol{\psi}_{sref}|-|\Delta\boldsymbol{\psi}_s|$，然后，将空间复平面分成六个空间，对照图 6-5 和图 6-7 可以看出，每个区间以定子电压空间矢量为中线，各向前后扩展了 30°电角度，因此区间跨度是 60°电角度，区间的序号 k = Ⅰ，Ⅱ，Ⅲ，Ⅳ，Ⅴ，Ⅵ与定子电压空间矢量的序号相同，例如，Ⅰ区就是 $\boldsymbol{u}_{s1}$ 所在的区间。

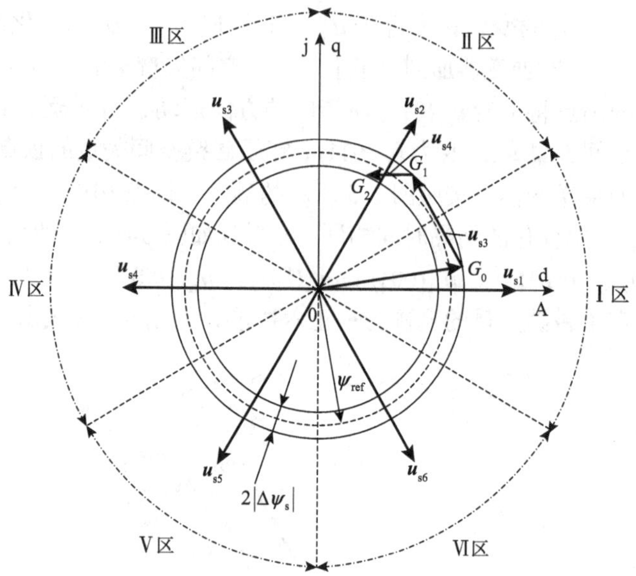

图 6-7　定子电压空间矢量调制与定子磁链矢量

由图 6-7 可知，如果定子磁链矢量位于第 k 个区间，那么可以选择定子电压矢量 $\boldsymbol{u}_{sk}$、$\boldsymbol{u}_{s(k-1)}$ 和 $\boldsymbol{u}_{s(k+1)}$ 使其幅值增大，也可以选择 $\boldsymbol{u}_{s(k+2)}$、$\boldsymbol{u}_{s(k-2)}$ 和 $\boldsymbol{u}_{s(k+3)}$ 使其幅值减小，下标括号内“+”表示往前转(逆时针)，“－”表示往后转(顺时针)，亦即若使 $\boldsymbol{\psi}_s$ 的幅值增大，应选择 $\boldsymbol{\psi}_s$ 所在区间和相邻两个区间内的定子电压矢量，因为这些电压矢量的作用方向是由转子圆心向外；若使 $\boldsymbol{\psi}_s$ 的幅值减小，应选择另外三个电压矢量，因为这些电压矢量的作用方向是由外指向圆心。例如，定子磁链矢量 $\boldsymbol{\psi}_s$ 若在Ⅰ区内，可选择 $\boldsymbol{u}_{s1}$、$\boldsymbol{u}_{s6}$、和 $\boldsymbol{u}_{s2}$ 使其幅值增大，还可以选择 $\boldsymbol{u}_{s3}$、$\boldsymbol{u}_{s4}$ 和 $\boldsymbol{u}_{s5}$ 使其幅值减小。除了这六个电压矢量，还可以选择零电压矢量 $\boldsymbol{u}_{s0}$ 或 $\boldsymbol{u}_{s7}$，当选择零电压矢量时，定子磁链矢量的变化率为零(因定子电阻的影响还要有些变化)。磁链变化开关表如表 6-2 所示。

表 6-2　磁链变化开关表

$\Delta\psi_s$	Ⅰ	Ⅱ	Ⅲ	Ⅳ	Ⅴ	Ⅵ
增大	u_{s1}、u_{s2}、u_{s6}	u_{s1}、u_{s2}、u_{s3}	u_{s2}、u_{s3}、u_{s4}	u_{s3}、u_{s4}、u_{s5}	u_{s4}、u_{s5}、u_{s6}	u_{s1}、u_{s5}、u_{s6}
减小	u_{s3}、u_{s4}、u_{s5}	u_{s4}、u_{s5}、u_{s6}	u_{s1}、u_{s5}、u_{s6}	u_{s1}、u_{s2}、u_{s6}	u_{s1}、u_{s2}、u_{s3}	u_{s2}、u_{s3}、u_{s4}

6.1.5　定子磁链和电磁转矩控制

由式(6-6)可知，当保持 $\boldsymbol{\psi}_s$ 的幅值不变时，电磁转矩的变化主要取决于定、转子磁链矢量之间的夹角 δ_{sr} 的变化。显然，在控制定子磁链幅值时，所选择的定子电压矢量必然要影响到定子磁链。空间矢量的旋转方向和速度，也就必然要影响到电磁转矩。对于每一个开关电压矢量，都可以沿定子磁链矢量运动轨迹分解成两个分量：一个是径向分量，直接影响到 $\boldsymbol{\psi}_s$ 的幅值；另一个是切向分量，直接影响到 $\boldsymbol{\psi}_s$ 的旋转方向和速度。或者说，定子磁链空间矢量在其运动轨迹上有径向分量和切向分量，如果能独立地控制这两个分量，就实现了对定子磁链和电磁转矩的解耦控制。

为了更好地控制电磁转矩，同定子磁链矢量控制一样，通过滞环比较将其控制在一定的偏差带内。滞环带宽为 $2\left|\Delta T_{\mathrm{e}}\right|$，其上限值为 $\left|T_{\mathrm{eref}}\right|+\left|\Delta T_{\mathrm{e}}\right|$，下限值为 $\left|T_{\mathrm{eref}}\right|-\left|\Delta T_{\mathrm{e}}\right|$，$\left|T_{\mathrm{eref}}\right|$ 为转矩参考值。

因此，需要同时根据定子磁链偏差和电磁转矩偏差来选择合适的开关电压矢量，既要将定子磁链幅值维持在一定偏差范围内，又要能按电磁转矩指令要求，控制矢量 $\boldsymbol{\psi}_{\mathrm{s}}$ 的旋转方向和速度。

对电磁转矩的控制主要通过改变定子磁链空间矢量与转子磁链空间矢量的相对位置来实现。如果所施加的开关电压矢量能使 $\boldsymbol{\psi}_{\mathrm{s}}$ 快速地离开或接近 $\boldsymbol{\psi}_{\mathrm{r}}$，就拉大或缩小了定、转子磁链矢量之间的夹角 δ_{sr}，使得电磁转矩增大或减小；施加零开关电压矢量时，$\boldsymbol{\psi}_{\mathrm{s}}$ 几乎停止旋转，而转子磁链空间矢量还在继续旋转，定、转子磁链矢量之间的夹角 δ_{sr} 减小，使得电磁转矩减小。

现在再来分析图 6-7 中所示的例子。假定定子磁链空间矢量的初始位置位于Ⅰ区内，并假定定子磁链矢量需要逆时针旋转，那么使电磁转矩增大的定子电压矢量规定：由此定子电压矢量引起的定子磁链矢量的变化方向是指向逆时针方向的。由图 6-7 可知，Ⅰ区内使电磁转矩增大的定子电压矢量为 $\boldsymbol{u}_{\mathrm{s2}}$、$\boldsymbol{u}_{\mathrm{s3}}$、$\boldsymbol{u}_{\mathrm{s4}}$，假定定子磁链空间矢量的初始位置在 G_0 点，亦即位于Ⅰ区内，并假定定子磁链矢量需要逆时针旋转。由于此时定子磁链幅值达到了滞环比较器的上限值，因此必须使其减小，按前面提出的原则，选择定子电压矢量 $\boldsymbol{u}_{\mathrm{s3}}$ 是合适的，在 $\boldsymbol{u}_{\mathrm{s3}}$ 的作用下，定子磁链矢量由 G_0 点迅速地运动到点 G_1，而点 G_1 位于Ⅱ区内。在 G_1 点，定子磁链幅值再次达到了滞环比较器的上限值，当它仍需逆时针旋转时，应选择开关电压矢量 $\boldsymbol{u}_{\mathrm{s4}}$，于是 $\boldsymbol{\psi}_{\mathrm{s}}$ 由点 G_1 运动到 G_2 点。

另一种情况是，当 $\boldsymbol{\psi}_{\mathrm{s}}$ 由 G_0 点运动到 G_1 点后，如果转矩指令要求电磁转矩减小，可以选择开关电压矢量 $\boldsymbol{u}_{\mathrm{s5}}$，使定子磁链空间矢量顺时针旋转(转子是逆时针旋转的)，迫使电磁转矩减小；在这种情况下，也可以选择零开关电压矢量 $\boldsymbol{u}_{\mathrm{s0}}$ 或 $\boldsymbol{u}_{\mathrm{s7}}$，使定子磁链矢量停转，但由于前面应用的开关电压矢量是 $\boldsymbol{u}_{\mathrm{s3}}(010)$，所以选择 $\boldsymbol{u}_{\mathrm{s0}}(000)$ 比较合理，因为此时仅需要一个逆变开关进行转换。

定子磁链空间矢量在 G_2 点时，其幅值已下降至滞环比较器的下限值 $\left|\boldsymbol{\psi}_{\mathrm{sref}}\right|-\left|\Delta\boldsymbol{\psi}_{\mathrm{s}}\right|$，为使其幅值增大，可以选择开关电压矢量 $\boldsymbol{u}_{\mathrm{s3}}$ 或者 $\boldsymbol{u}_{\mathrm{s1}}$。选择 $\boldsymbol{u}_{\mathrm{s3}}$ 时将使 $\boldsymbol{\psi}_{\mathrm{s}}$ 逆时针旋转，即使 $\boldsymbol{\psi}_{\mathrm{s}}$ 幅值增大的同时，也使 δ_{sr} 增大，从而使电磁转矩增加；选择 $\boldsymbol{u}_{\mathrm{s1}}$ 时将使 $\boldsymbol{\psi}_{\mathrm{s}}$ 顺时针旋转，即幅值增大的同时，也使 δ_{sr} 减小。

6.1.6　电压矢量开关的选择

电压矢量的选择既考虑到转矩偏差，又兼顾了磁链的偏差，当定子磁链空间矢量位于不同区域时，其选择开关组合是不一样的，下面讨论如何合理选择电压矢量开关的问题。

图 6-7 给出了定子磁链矢量轨迹在Ⅰ区的情形，在此期间内选择 $\boldsymbol{u}_{\mathrm{s1}}$ 和 $\boldsymbol{u}_{\mathrm{s4}}$ 是不合适的，因为会使 $\boldsymbol{\psi}_{\mathrm{s}}$ 幅值急剧变化，而难以将其控制在滞环带宽内。可供选择的电压矢量有 $\boldsymbol{u}_{\mathrm{s2}}$、$\boldsymbol{u}_{\mathrm{s3}}$、$\boldsymbol{u}_{\mathrm{s5}}$、$\boldsymbol{u}_{\mathrm{s6}}$ 以及 $\boldsymbol{u}_{\mathrm{s7}}$、$\boldsymbol{u}_{\mathrm{s0}}$。根据每个定子电压矢量在定子磁链矢量运动轨迹径向和切向方向

的投影，可以判断出该开关电压矢量对磁链和转矩所起的作用是增加还是减少。于是可根据磁链和转矩滞环比较器的输出信号来合理选择其中的开关电压矢量。当定子磁链矢量在Ⅰ区时，若要磁链幅值增大，可选电压矢量$\boldsymbol{u}_{s2}$、$\boldsymbol{u}_{s6}$，若要磁链幅值减小，可选电压矢量$\boldsymbol{u}_{s3}$、$\boldsymbol{u}_{s5}$，且根据前面所述，增大电磁转矩即增大δ_{sr}，减小电磁转矩即减小δ_{sr}，所以，增大电磁转矩选择电压矢量$\boldsymbol{u}_{s2}$、$\boldsymbol{u}_{s3}$，减小电磁转矩选择电压矢量$\boldsymbol{u}_{s5}$、$\boldsymbol{u}_{s6}$。对于其他区间可做出同样的合理选择，表 6-3 给出了六个区间的开关电压矢量查询表，表中用Ⅰ、Ⅱ、Ⅲ、Ⅳ、Ⅴ、Ⅵ来表示区间。

表 6-3　开关电压矢量查询表

$\Delta\psi$	ΔT	Ⅰ	Ⅱ	Ⅲ	Ⅳ	Ⅴ	Ⅵ
1	1	$\boldsymbol{u}_{s2}$	$\boldsymbol{u}_{s3}$	$\boldsymbol{u}_{s4}$	$\boldsymbol{u}_{s5}$	$\boldsymbol{u}_{s6}$	$\boldsymbol{u}_{s1}$
	0	$\boldsymbol{u}_{s7}$	$\boldsymbol{u}_{s8}$	$\boldsymbol{u}_{s7}$	$\boldsymbol{u}_{s8}$	$\boldsymbol{u}_{s7}$	$\boldsymbol{u}_{s8}$
	−1	$\boldsymbol{u}_{s6}$	$\boldsymbol{u}_{s1}$	$\boldsymbol{u}_{s2}$	$\boldsymbol{u}_{s3}$	$\boldsymbol{u}_{s4}$	$\boldsymbol{u}_{s5}$
−1	1	$\boldsymbol{u}_{s3}$	$\boldsymbol{u}_{s4}$	$\boldsymbol{u}_{s5}$	$\boldsymbol{u}_{s6}$	$\boldsymbol{u}_{s1}$	$\boldsymbol{u}_{s2}$
	0	$\boldsymbol{u}_{s8}$	$\boldsymbol{u}_{s7}$	$\boldsymbol{u}_{s8}$	$\boldsymbol{u}_{s7}$	$\boldsymbol{u}_{s8}$	$\boldsymbol{u}_{s7}$
	−1	$\boldsymbol{u}_{s5}$	$\boldsymbol{u}_{s6}$	$\boldsymbol{u}_{s1}$	$\boldsymbol{u}_{s2}$	$\boldsymbol{u}_{s3}$	$\boldsymbol{u}_{s4}$

表 6-3 中，$\Delta\psi$ 的正负是根据滞环比较器的数字输出来确定的，如表 6-4 所示，即有若$|\boldsymbol{\psi}_s| \leqslant |\boldsymbol{\psi}_{sref}| - |\Delta\boldsymbol{\psi}|$，则输出为 1，$\Delta\psi$ 取 1；若$|\boldsymbol{\psi}_s| \geqslant |\boldsymbol{\psi}_{sref}| + |\Delta\boldsymbol{\psi}|$，则输出为 0，$\Delta\psi$ 取−1。

表 6-4　磁链滞环比较器的数学模型

磁链判据	输出	$\Delta\psi$
$\|\psi_s\| \leqslant \|\psi_{sref}\| - \|\Delta\psi\|$	1	1
$\|\psi_s\| \geqslant \|\psi_{sref}\| + \|\Delta\psi\|$	0	−1

表 6-3 中，ΔT 的符号由转矩滞环比较器的三个输出信号来确定，当需要定子磁链矢量向前旋转时，如表 6-5 所示，即有若$|T_e| < |T_{eref}| - |\Delta T|$，则输出为 1，$\Delta T$ 取 1，T_e增加；若$|T_e| \geqslant |T_{eref}|$，则输出为 0，$\Delta T$ 取 0，表示 T_e 增加趋势放缓；若$|T_e| \geqslant |T_{eref}| + |\Delta T|$，则输出为−1，$\Delta T$ 取−1，T_e减小；若$|T_e| \leqslant |T_{eref}|$，则输出为 0，$\Delta T$ 取 0，表示 T_e 减小趋势放缓。

表 6-5　转矩滞环比较器的数学模型

转矩判据	输出	ΔT
$\|T_e\| < \|T_{eref}\| - \|\Delta T\|$	1	1
$\|T_e\| \geqslant \|T_{eref}\|$	0	0
$\|T_e\| \geqslant \|T_{eref}\| + \|\Delta T\|$	−1	−1
$\|T_e\| \leqslant \|T_{eref}\|$	0	0

电磁转矩控制中采用了零电压矢量 $\boldsymbol{u}_{s0}$ 、 $\boldsymbol{u}_{s7}$ ，主要目的是减小转矩脉动，当由正常电压矢量切换到零电压矢量时，$\boldsymbol{\psi}_s$ 停转，可使转矩变化放缓，提高了电压矢量选择的多样性，有效地减小了转矩的脉动。

6.2　直接转矩控制系统的基本结构

异步电机直接转矩控制系统的组成框图如图 6-8 所示，从功能上可分为两个部分。第一部分是异步电机观测模型，通过电流、电压和转速反馈值观测电机的运行状态，如转矩反馈值 T_f 、磁链反馈值 ψ_f 和磁链区间信号 S_n 。观测模型包括三相到两相的变换、转矩观测、磁链观测、磁链区间判断等。第二部分是比较选择，反馈值与给定值比较后经调节器通过 Bang-Bang 控制形成转矩调节信号 TQ、P/N 和磁链调节信号 ψQ ，开关状态选择单元根据 TQ、P/N、ψQ 和 S_n 信号去选择控制逆变器的开关状态，输出相应的电压空间矢量 $\boldsymbol{u}_s(S_AS_BS_C)$ ，实现异步电机的转矩和转速调节。

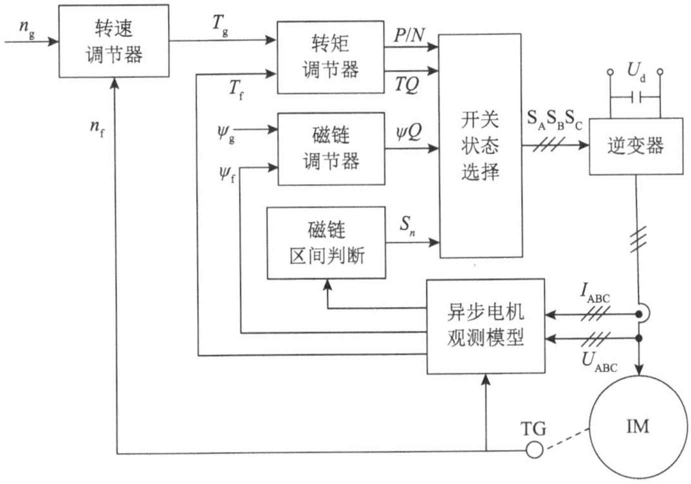

图 6-8　异步电机直接转矩控制系统的组成框图

6.2.1　转矩调节

转矩调节的任务是实现对转矩的直接控制，为了控制转矩，转矩调节可以通过两种常用的调节器实现：

(1) 转矩两点式调节器(Bang-Bang 控制器)直接调节转矩；

(2) P/N 调节器在调节转矩的同时，控制定子磁链的旋转方向。

包括转矩调节和 P/N 调节两个功能的完整的转矩调节器如图 6-9 所示。它由转矩两点式调节器和 P/N 调节器两部分组成，调节器由施密特触发器构成，容差分别为 $\pm\varepsilon_m$ 和 $\pm\varepsilon_{P/N}$ ，并且有 $\varepsilon_{P/N} > \varepsilon_m$ 。输入是转矩给定值与转矩反馈值的差，输出则是调节信号 P/N 和 TQ。只有在转矩给定值变化较大时，P/N 调节器才参与调节，具体的调节过程如图 6-10 所示。

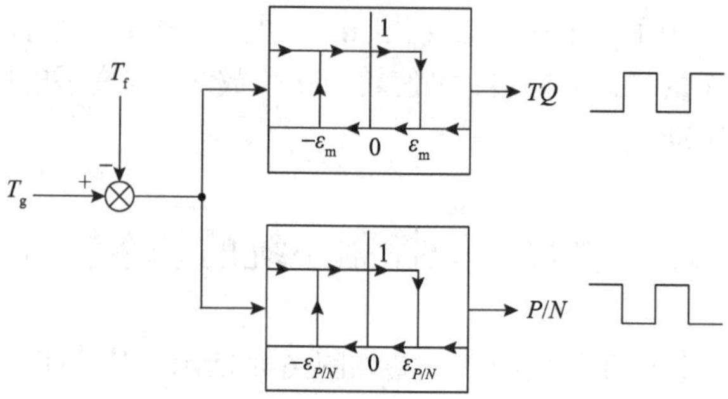

图 6-9　转矩调节器方框图

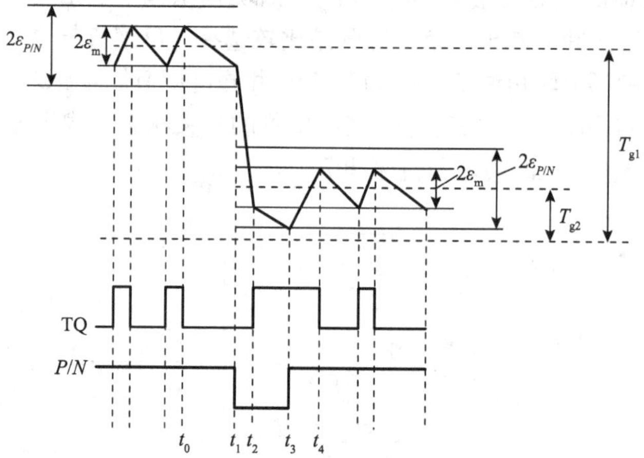

图 6-10　转矩调节器的调节过程

当 $t < t_0$ 时，P/N 和 TQ 信号都为“1”态，选择正转的工作电压，转矩迅速上升。在 t_0 时刻，转矩上升到容差上限 ε_m，TQ 信号变为“0”态，施加零电压，于是定子磁链静止不动，但由于转子磁链继续旋转，所以转矩以较小的斜率慢慢下降。在 t_1 时刻，转矩给定值从 T_{g1} 突然下降到 T_{g2}，此时 P/N 和 TQ 的容差上限都在实际转矩之下，因此 P/N 和 TQ 信号都变为“0”态，施加反转的电压，使得转矩以较大的斜率下降。在 t_2 时刻，转矩到达容差下限 $-\varepsilon_m$ 处，于是 TQ 信号变为“1”态，而 P/N 信号仍为“0”态，这时施加零电压，定子磁链静止不动，因而转矩又缓慢下降。在 t_3 时刻，转矩到达 P/N 调节器的容差下限 $-\varepsilon_{P/N}$ 处，P/N 信号变为“1”态，而 TQ 信号仍为“1”态，施加正转的电压，则转矩又迅速增加。在 t_4 时刻，P/N 信号为“1”态，TQ 信号为“0”态，施加零电压，转矩又缓慢下降，重复 $t_0 \sim t_1$ 时刻的过程。

以上分析了转矩调节器在转矩给定值变化较大时的一个完整的转矩调节过程。转矩调节器的两个输出信号状态与定子磁链矢量的运转状态之间的关系可以归纳到表 6-6 中。

表 6-6　转矩调节器输出信号状态与定子磁链矢量运转状态的关系

TQ	P/N	ψ_s	TQ	P/N	ψ_s
0	1	静止	0	0	反转
1	1	正转	1	0	静止

6.2.2 磁链调节

磁链调节的任务是对磁链量进行调节，以维持磁链幅值在允许的范围内波动。磁链调节器也是由施密特触发器构成的，对磁链幅值进行两点式调节，容差为$\pm\varepsilon_{\psi}$，如图 6-11 所示，输入是磁链给定值与磁链反馈值的差，输出则是磁链调节信号ψQ。

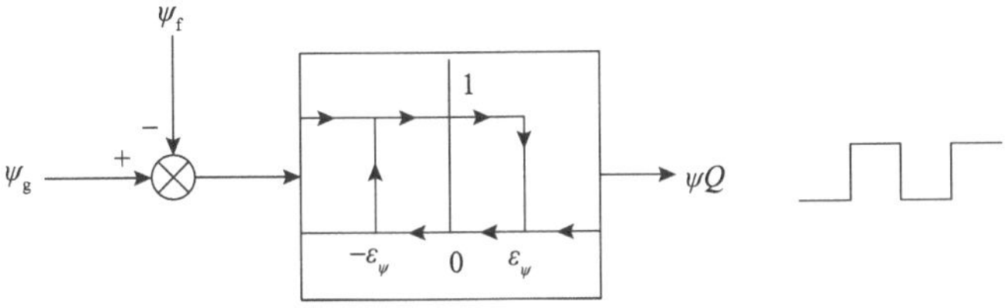

图 6-11 磁链调节器原理图

磁链调节过程见图 6-12，定子磁链由点 1 向前运动的过程中，由于定子电阻压降的影响，幅值慢慢降低。到达 2 点时，磁链幅值下降到容差的下限$-\varepsilon_{\psi}$，此时磁链调节信号ψQ变为“1”态，施加$\boldsymbol{u}_{s6}$电压矢量，磁链由 2 点运动到 3 点，幅值增加。到达 3 点时，磁链幅值上升到容差的上限ε_{ψ}，此时磁链调节信号ψQ变为“0”态，$\boldsymbol{u}_{s6}$电压矢量断开，磁链幅值由于定子电阻压降的影响又慢慢降低，重复以前的过程。由分析可知，磁链调节的作用使磁链幅值在磁链运动过程中始终在$\pm\varepsilon_{\psi}$内波动，保证了磁链幅值的恒定。

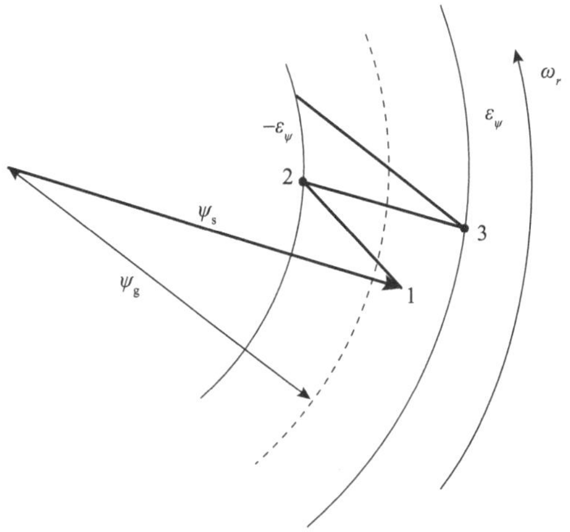

图 6-12 磁链调节过程

6.2.3 磁链所在扇区的判断

磁链所在扇区是根据三相坐标系下的相磁链正负与αβ坐标系下的磁链正负来判断的。由图 6-13 可得磁链所在扇区判断方法的数学模型。如表 6-7 所示，磁链值为正时用“1”表示，磁链值为负时用“0”表示，“×”表示冗余条件。

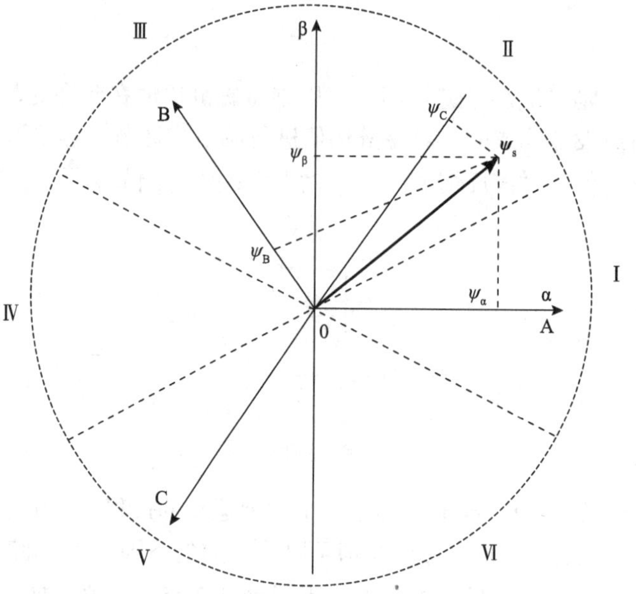

图 6-13　磁链所在扇区的判断

表 6-7　磁链所在扇区的判断

ψ_α	ψ_β	ψ_B	ψ_C	扇区(n)
×	×	0	0	Ⅰ(001)
1	1	1	×	Ⅱ(010)
0	1	×	0	Ⅲ(011)
×	×	1	1	Ⅳ(100)
0	0	0	×	Ⅴ(101)
1	0	×	1	Ⅵ(110)

由表 6-7 可得磁链所在扇区判断方法的数学模型即组合逻辑电路的函数表达式(扇区用二进制形式表达)：

$$\begin{cases} Y_2 = \psi_\alpha\bar{\psi}_\beta\psi_C + \bar{\psi}_\alpha\bar{\psi}_\beta\bar{\psi}_B + \psi_B\psi_C \\ Y_1 = \psi_\alpha\psi_\beta\psi_B + \psi_\alpha\bar{\psi}_\beta\psi_C + \bar{\psi}_\alpha\psi_\beta\bar{\psi}_C \\ Y_0 = \bar{\psi}_B\bar{\psi}_C + \bar{\psi}_\alpha\psi_\beta\bar{\psi}_C + \bar{\psi}_\alpha\bar{\psi}_\beta\bar{\psi}_B \end{cases} \tag{6-14}$$

将二进制数 Y_2、Y_1、Y_0 转化为十进制数，就得出磁链所在的扇区。

6.3　异步电机转矩磁链观测模型

在直接转矩控制中，采用空间矢量的分析方法，在定子静止 αβ 坐标系下描述异步电机的方程和模型。定子坐标系的分布如图 6-14 所示，空间矢量在α轴上的投影称为α分量，在β轴上的投影称为β分量。

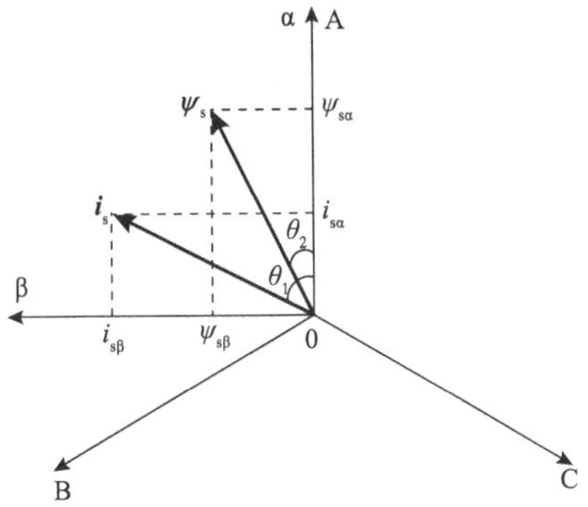

图 6-14　定子坐标系的分布示意图

在定子αβ坐标系下的异步电机电压方程为

$$\begin{bmatrix} u_{s\alpha} \\ u_{s\beta} \\ 0 \\ 0 \end{bmatrix} = \begin{bmatrix} R_s & 0 & 0 & 0 \\ 0 & R_s & 0 & 0 \\ 0 & 0 & R_r & 0 \\ 0 & 0 & 0 & R_r \end{bmatrix} \begin{bmatrix} i_{s\alpha} \\ i_{s\beta} \\ i_{r\alpha} \\ i_{r\beta} \end{bmatrix} + \begin{bmatrix} p & 0 & 0 & 0 \\ 0 & p & 0 & 0 \\ 0 & 0 & p & \omega_r \\ 0 & 0 & -\omega_r & p \end{bmatrix} \begin{bmatrix} \psi_{s\alpha} \\ \psi_{s\beta} \\ \psi_{r\alpha} \\ \psi_{r\beta} \end{bmatrix} \tag{6-15}$$

磁链方程为

$$\begin{bmatrix} \psi_{s\alpha} \\ \psi_{s\beta} \\ \psi_{r\alpha} \\ \psi_{r\beta} \end{bmatrix} = \begin{bmatrix} L_s & 0 & L_m & 0 \\ 0 & L_s & 0 & L_m \\ L_m & 0 & L_r & 0 \\ 0 & L_m & 0 & L_r \end{bmatrix} \begin{bmatrix} i_{s\alpha} \\ i_{s\beta} \\ i_{r\alpha} \\ i_{r\beta} \end{bmatrix} \tag{6-16}$$

式中，下标α、β分别代表α分量和β分量；下标s、r分别代表定子分量和转子分量；ω_r为转子电角速度；p为微分算子。

1. 转矩观测模型

由前面的叙述可以得到电磁转矩的估计值，即有

$$T_e = p_n \boldsymbol{\psi}_s \times \boldsymbol{i}_s = p_n (\psi_{s\alpha} i_{s\beta} - \psi_{s\beta} i_{s\alpha}) \tag{6-17}$$

根据式(6-17)构成的转矩观测模型框图如图 6-15 所示。

2. 磁链观测模型

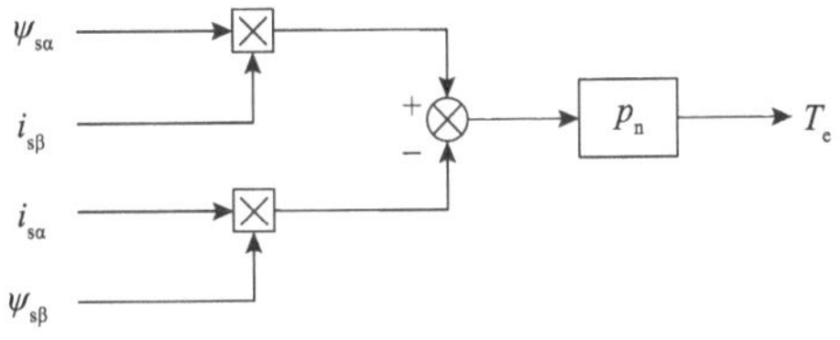

图 6-15　异步电机转矩观测模型框图

磁链观测在异步电机的直接转矩控制中起着重要的作用。磁链的观测方法主要有直接测量和间接测量方法。直接测量方法是在电机槽内埋设探测线圈，或在定子内表面贴霍尔片或埋设其他磁敏元件。从理论上讲，直接测量方法应该会更加准确。但在实际中，埋设探测线圈与磁感元件都遇到了不少工艺和技术上的难题，特别

是由于电机齿槽的影响，所测得的磁链脉动较大，在低速运行时脉动更加明显，因此，实际中应用直接测量方法有些困难，所以该方法应用较少。间接测量方法是利用容易检测的电压、电流或实时转速信息等，借助电机的数学模型，实时获得磁链的幅值和相位，是更为普遍的观测方法。异步电机定子磁链观测模型通常采用全速范围内都实用的高精度磁链观测模型，称为 u-n 模型，也称为电机模型。u-n 模型由定子电压、电流和转速来获得定子磁链，所用的数学方程式如下：

$$\begin{cases} T_{\mathrm{r}}\dfrac{\mathrm{d}\psi_{\mathrm{r\alpha}}}{\mathrm{d}t}+\psi_{\mathrm{r\alpha}}=L_{\mathrm{m}}i_{\mathrm{s\alpha}}+T_{\mathrm{r}}\omega_{\mathrm{r}}\psi_{\mathrm{r\beta}} \\ T_{\mathrm{r}}\dfrac{\mathrm{d}\psi_{\mathrm{r\beta}}}{\mathrm{d}t}+\psi_{\mathrm{r\beta}}=L_{\mathrm{m}}i_{\mathrm{s\beta}}-T_{\mathrm{r}}\omega_{\mathrm{r}}\psi_{\mathrm{r\alpha}} \end{cases} \tag{6-18}$$

$$\begin{cases} \psi_{\mathrm{s\alpha}}=\int(u_{\mathrm{s\alpha}}-i_{\mathrm{s\alpha}}R_{\mathrm{s}})\mathrm{d}t \\ \psi_{\mathrm{s\beta}}=\int(u_{\mathrm{s\beta}}-i_{\mathrm{s\beta}}R_{\mathrm{s}})\mathrm{d}t \end{cases} \tag{6-19}$$

$$\begin{cases} \psi_{\mathrm{s\alpha}}\approx\psi_{\mathrm{r\alpha}}+L_{\sigma}i'_{\mathrm{s\alpha}} \\ \psi_{\mathrm{s\beta}}\approx\psi_{\mathrm{r\beta}}+L_{\sigma}i'_{\mathrm{s\beta}} \end{cases} \tag{6-20}$$

式中，$T_{\mathrm{r}}=L_{\mathrm{r}}/R_{\mathrm{r}}$，为转子时间常数；$L_{\sigma}=L_{\mathrm{s\sigma}}+L_{\mathrm{r\sigma}}$，$L_{\mathrm{s\sigma}}$ 为定子漏感，$L_{\mathrm{r\sigma}}$ 为转子漏感。

由以上三组方程构成 u-n 模型，如图 6-16 所示。模型中电流调节器 PI 单元的作用是强迫电机模型电流和实际的电机电流相等。

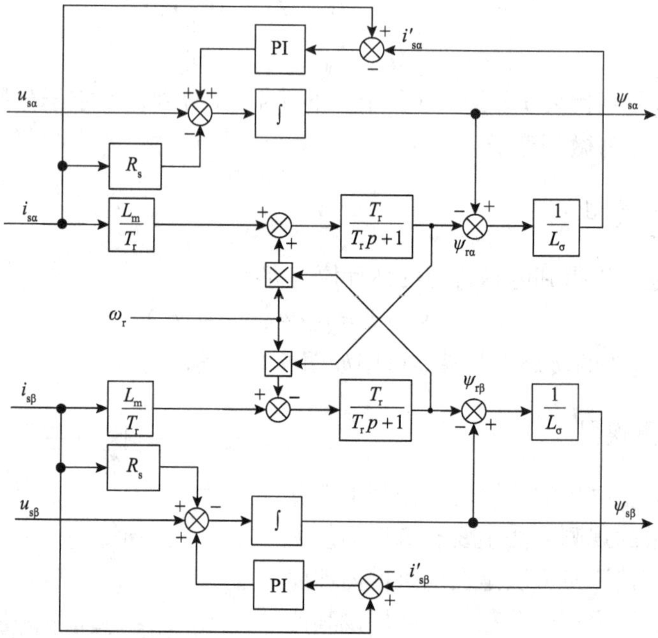

图 6-16　异步电机定子磁链 u-n 模型图

6.4　混合模型磁链观测器

为了克服基本的电压观测模型不适用于低速和电流模型观测模型不适用于高速的缺点，本节介绍一种混合模型磁链观测器，该观测器在低速和高速时均能适用，在调速范围较大的场合中非常具有优势。

6.4.1　传统磁链观测模型的特点分析

根据式(6-19)两相静止坐标系中的定子磁链方程，可以得到磁链观测器的电压模型结构图，如图 6-17 所示。

用电压模型计算定子磁链会存在以下问题。

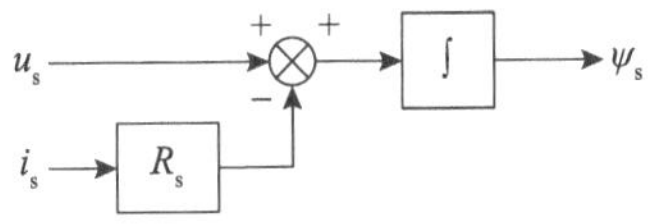

图 6-17　电压模型结构图

(1) 低速时，定子电压很小，定子电阻压降在式(6-19)中所占比重将不能够被忽略，因此定子电阻参数变化会对积分结果造成很大的影响。其测量值受参数的误差影响，测量的稳态误差量为

$$\Delta\psi_s = \frac{\Delta R_s i_s}{j\omega_s} \tag{6-21}$$

可见，稳态误差量在低速时，受定子电阻偏差的影响较大。因此，电压模型不适用于低速场合。同时，还需考虑逆变器压降的影响和逆变器开关死区的影响等。

(2) 计算误差无法收敛，定子电阻偏差引起的观测误差在稳态时始终存在。

(3) 电机静止不动时，对应的定子反电势为零，此时电压模型无法进行计算，初始磁场无法建立。

(4) 在实际检测定子电压和电流时，会产生幅值偏差和相位偏移。而积分器存在初值问题和误差积累以及直流偏置引起的积分漂移和饱和问题，这些问题在电机低速运行时将会十分突出。

综上，用电压模型计算定子磁链唯一需要用到的电机参数就是定子电阻，不需要用到其他的电机参数，因此该模型的结构简单，鲁棒性较好。该模型在高速时测量结果精确，因此，该模型在高速时较为常用。

在两相静止坐标系中，根据定子、转子磁链方程，可以推导出

$$\begin{cases} \psi_{s\alpha} = \dfrac{L_m}{L_r}\psi_{r\alpha} + \sigma L_s i_{s\alpha} \\ \psi_{s\beta} = \dfrac{L_m}{L_r}\psi_{r\beta} + \sigma L_s i_{s\beta} \end{cases} \tag{6-22}$$

其中，转子磁链是根据定子电流和转速检测值计算得到的，计算公式为

$$\begin{cases} \psi_{r\alpha} = \dfrac{1}{1+T_r p}(L_m i_{s\alpha} - T_r\psi_{r\beta}\omega_r) \\ \psi_{r\beta} = \dfrac{1}{1+T_r p}(L_m i_{s\beta} + T_r\psi_{r\alpha}\omega_r) \end{cases} \tag{6-23}$$

根据式(6-22)和式(6-23)可以推导出由转子磁链构成的定子磁链电流模型，其算法结构图如图 6-18 所示。

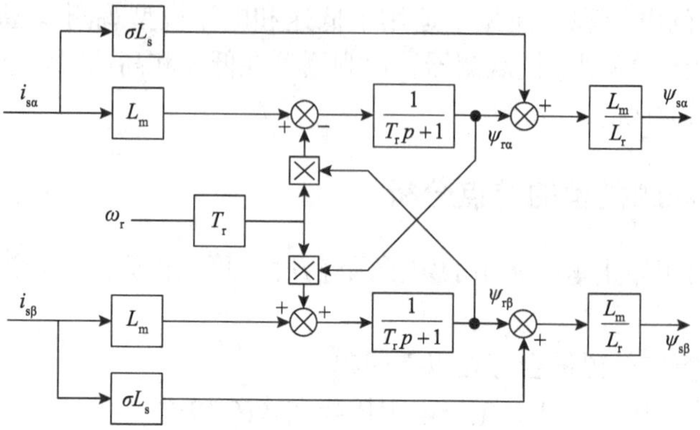

图 6-18　电流模型结构图

该模型具有可以同时观测定子磁链和转子磁链的优点。但该模型同时用到了较多的电机参数，任何一个参数观测得不准确都会影响系统的性能。而且由式(6-23)可以看出，测量的转子转速的误差对定子磁链观测结果精度有很大的影响，而高速运行时，需要用到的实时转速信息具有不稳定性，且转子时间常数也会因转子电阻的温升效果等情况而不稳定，这些都会对定子磁链造成较大的计算误差，故该模型通常适用于低速情况。

6.4.2　混合模型磁链观测器的设计原理

考虑到上述两种传统磁链观测模型的缺点，本节设计了混合模型磁链观测器，混合模型磁链观测器是综合了上述两种观测模型的优点而设计的。

基于上述分析，可以通过用电流模型获得的观测结果对电压模型的观测结果进行补偿修正来得到较为精确的观测结果。具体来说，就是基于 αβ 两相静止坐标系，将电压模型和电流模型结合起来，求两模型观测结果之间的偏差，通过 PI 调节器调节后引入电压模型的输入端进行反馈校正，以达到模型设计的目的。混合模型结构主要包括电压模型、电流模型和 PI 调节器三部分，如图 6-19 所示。

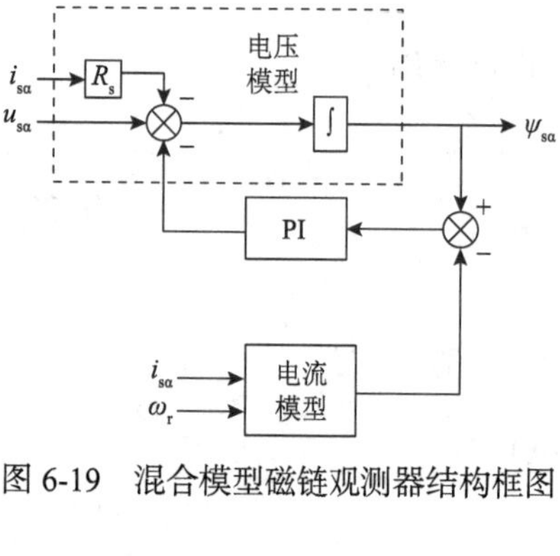

图 6-19　混合模型磁链观测器结构框图

下面就混合模型的特点进行分析说明。

在低速场合中，该模型用电流模型占据主导作用，解决了电压模型低速性能差的问题；在中、高速场合中，该模型用电压模型占据主导作用，解决了电流模型高速性能差的问题。该模型优点有三：其一中和了电压模型和电流模型适用于不同场合的特点，能够同时适用于高、低速场合，且解决了模型之间切换的关键问题，更加适用于各种复杂的控制条件；其二有闭环的反馈校正环节，所以当电机参数发生变化时，该观测模型较传统的开环观测模型具有更好的控制性能；其三电流模型对电压模型具有一定的补偿作用，能够缓和电压模型纯积分器造成的误差影响，较单纯的电压模型更好。

6.4.3 模型之间的平滑切换

混合模型设计完成后，需针对两种磁链观测模型的优缺点和适用场合，调节模型之间的耦合度，解决两者间平滑切换的关键问题。合理地设置 PI 调节器的取值是混合模型能够正确运行的重要条件。因此，需要对控制器的 K_p、K_i 值的选取进行深入的研究分析。

可以将混合模型磁链观测器看成一个双输入单输出的线性系统，则其输出定子磁链表示为

$$\psi_{s\alpha\beta}=\psi_{s\alpha\beta}^{i}G_{i}(s)+\psi_{s\alpha\beta}^{u}G_{u}(s) \tag{6-24}$$

其中

$$\begin{cases}G_{u}(s)=\dfrac{s^{2}}{s^{2}+K_{p}s+K_{i}}\\ G_{i}(s)=\dfrac{K_{p}s+K_{i}}{s^{2}+K_{p}s+K_{i}}\end{cases} \tag{6-25}$$

式中，$\psi_{s\alpha\beta}^{u}$、$\psi_{s\alpha\beta}^{i}$ 分别为电压模型和电流模型的定子磁链估算值；$G_u(s)$ 和 $G_i(s)$ 分别为电压模型和电流模型的闭环传递函数，并且满足 $G_u(s)+G_i(s)=1$。

由式(6-25)可知，闭环传递函数 $G_i(s)$ 由一阶微分环节和二阶振荡环节两部分组成，故具有低通滤波的特性，同理闭环传递函数 $G_u(s)$ 具有高通滤波的特性。因此，可得电压、电流模型之间的滤波频率具有互补的特性，若 K_p、K_i 均等于零，则混合模型可等效于电压模型；若 K_p、K_i 均为无穷大，则混合模型可等效于电流模型。根据前面的分析，以低速时由电流模型占据主导作用，中、高速时由电压模型占据主导作用为 K_p、K_i 的选取原则。因此，可以通过合理地设计 K_p、K_i 来达到观测器在全速范围内具有较高精度的调速要求。

K_p、K_i 的选取有两个条件，其一要求响应速度较快，其二要求超调量较小。$G_i(s)$ 中的一个零点可满足响应速度较快的条件，但为了满足超调量较小的条件，应使两传递函数均处于过阻尼状态。令 $G(s)$ 的转折频率为 ω_1、ω_2：

$$G(s)=\frac{1}{s^{2}+K_{p}s+K_{i}} \tag{6-26}$$

如果 $G(s)$ 处于过阻尼状态，则传递函数的两个转折频率分别为 ω_1、ω_2 的一阶惯性环节串联，由自动控制原理的知识可知

$$\begin{cases}K_{p}=\omega_{1}+\omega_{2}\\ K_{i}=\omega_{1}\cdot\omega_{2}\end{cases} \tag{6-27}$$

根据经验公式可知，转折频率一般选取 $\omega_1\in[2,5]\mathrm{rad/s}$，$\omega_2\in[20,30]\mathrm{rad/s}$。

6.5 直接转矩控制的优化方法

6.5.1 传统直接转矩控制方法中存在的转矩脉动问题

直接转矩控制是通过选择适当的定子电压矢量把转矩和定子磁链误差限制在滞环内，这种控制方法算法简单，转矩响应速度快，但是这种方法仍存在一些问题，其中比较明显的一个问题就是转矩脉动大，尤其是在低速范围内，转矩脉动更为明显。

转矩脉动有诸多影响因素，总结如下。

(1) 转矩脉动和转矩滞环比较器的滞环宽度直接相关。在数字信号处理器和微处理器的应用中，转矩超过滞环带的现象不可避免。如果滞环比较器的带宽设得太小或者采样周期太大，转矩可能会超过滞环带上限，这时会选择一个反向的电压矢量，反向电压矢量会使转矩迅速减小，从而可能导致转矩反向低于滞环带下限；同理，当转矩低于滞环带下限时，则会选择一个正的电压矢量，正电压矢量会使转矩迅速增大，可能致使转矩正向超出滞环带上限。因此，即使使用小的滞环宽度，转矩脉动还是很大。

(2) 由于普遍采用电压模型观测定子磁链，其中包含定子电阻信息，而在电机运行一段时间之后，电机的温度升高，定子电阻的阻值发生变化，再加上低速时定子电压较小，所以定子磁链估计精度降低，导致电磁转矩出现较大的脉动。

(3) 逆变器开关频率的高低也会影响转矩脉动的大小。开关频率越高，转矩脉动越小；反之，开关频率越低，转矩脉动越大。但逆变器的频率受开关器件性能的影响，不能无限度地升高逆变器的频率。

6.5.2 基于占空比控制的异步电机直接转矩控制

在传统的直接转矩控制中，由开关表选择出的空间电压矢量作用在整个控制周期内，而在系统实际运行过程中可能只需要作用某一小于控制周期的一小段时间 t_s 就可以使得电机的电磁转矩达到给定参考值，而此时如果继续对电机施加工作电压矢量，就会使转矩继续增大或减小，从而超出转矩给定值，使得转矩产生比较大的脉动。占空比控制的基本思想是在每个周期中由开关表选择出的空间电压矢量(称为工作电压矢量)只作用于该周期的一部分时间，而在周期的剩余时间里选择零电压矢量。占空比控制技术的核心问题就是如何确定每个周期中工作电压矢量的作用时间(即占空比)。

为了计算和实际使用的方便，在占空比控制中引入合成电压矢量思想。将同一个周期中的工作电压矢量和零电压矢量合成为一个新的电压矢量。用此合成电压矢量代替原来的两个电压矢量作用于整个周期。为使替换前后产生的控制效果相同，要保证替换后该周期定子磁链矢量的改变量与替换前的相同。因此可得

$$\boldsymbol{u}_s \delta T_s + \boldsymbol{u}_o (1 - D) T_s = \boldsymbol{V}^* T_s \tag{6-28}$$

式中，$\boldsymbol{u}_s$ 为该周期内工作电压矢量；D 为所选工作电压矢量的占空比；T_s 为控制周期；$\boldsymbol{u}_0$ 为零电压矢量；$\boldsymbol{V}^*$ 为合成电压矢量。

式(6-28)可简写为

$$V^* = \delta \boldsymbol{u}_s \tag{6-29}$$

由式(6-29)可得到如下结论：

(1) 合成电压矢量与原来的所选电压矢量具有相同的方向；

(2) 合成电压矢量的幅值是原所选电压矢量的 δ 倍；

(3) 如果合成电压矢量满足式(6-29)，则它可以用于替代原来所选电压矢量和零电压矢量。

因为 δ 在 0～1 变化，所以合成电压矢量的端点分布于坐标原点与基本电压源型逆变器电压矢量的端点之间，如图 6-20 所示。例如，所选有效电压矢量为 $\boldsymbol{u}_1$，则合成电压矢量的端点位于坐标原点与 $\boldsymbol{u}_1$ 的端点之间。

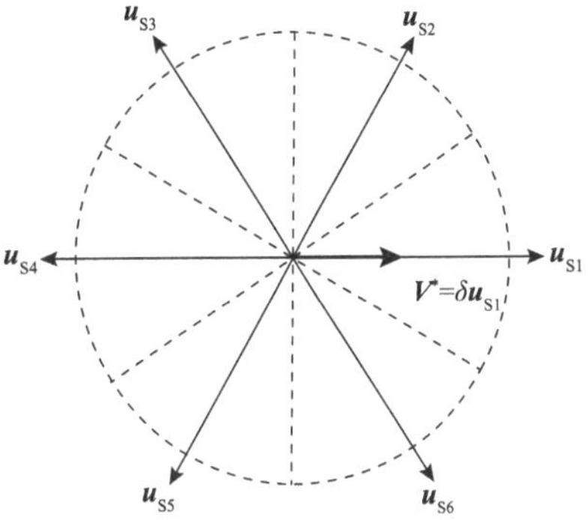

图 6-20　占空比控制中的合成电压矢量

直接转矩控制系统中电机的电磁转矩计算公式见式(6-6)，即 $T_e = p_n \dfrac{L_m}{L_s' L_r} |\boldsymbol{\psi}_s||\boldsymbol{\psi}_r| \sin\delta_{sr}$，将此式求导，可得电磁转矩增量 dT_e 和转矩角 δ_{sr} 的增量 $d\delta_{sr}$ 之间的关系表达式：

$$dT_e = p_n \frac{L_m}{L_s' L_r} |\boldsymbol{\psi}_s||\boldsymbol{\psi}_r| \cos\delta_{sr} d\delta_{sr} \tag{6-30}$$

由式(6-30)可知，交流异步电机输出电磁转矩的增量 dT_e 与转矩角增量 $d\delta_{sr}$ 有直接联系，与转子空间位置和转速无关。可以通过改变转矩角增量 $d\delta_{sr}$ 来使转矩增量 dT_e 快速变化，从而获得电磁转矩的快速响应。占空比控制的最终目的是得到系统有效电压矢量的占空比与转矩增量的关系，因此只要找出占空比与 $d\delta_{sr}$ 之间的联系，便可以建立起这种关系。由于定子磁链矢量采用圆形轨迹，转矩角增量 $d\delta_{sr}$ 所对应的定子磁链增量 $d\boldsymbol{\psi}_s$ 可以由式(6-31)近似计算：

$$d\boldsymbol{\psi}_s \approx |\boldsymbol{\psi}_s| d\delta_{sr} \tag{6-31}$$

通常情况下 $d\delta_{sr}$ 是个比较小的值，由几何学知识可知，采用式(6-31)计算 $d\boldsymbol{\psi}_s$ 有足够的准确度。在低速范围内，当零电压作用时，定子电阻压降会对磁链的运动轨迹产生影响，故不可忽略；而当工作电压接通时，由于工作电压并未降低，故可忽略定子电阻压降。本书所要推出的占空比正是由工作电压接通的时间计算出来的，故忽略定子电阻压降后，就可以得到定子磁链改变量与电压矢量和时间的关系，如式(6-9)所示。因此，在一个很短的时间段 Δt (Δt 为 $\boldsymbol{u}_s$ 的实际作用时间)内，某一电压矢量作用后所产生的定子磁链矢量改变量与该电压矢量具有相同的方向。如果 $\boldsymbol{u}_s$ 作用的占空比为 D，那么一个控制周期 T_s 内，为了消除转矩脉动，所需要的有效电压的等效作用值满足式(6-29)。

显然，通过选择合适的 V^* 完全可以更好地消除转矩的脉动。式(6-31)还可以用式(6-32)表示：

$$d\boldsymbol{\psi}_s = V^* T_s \tag{6-32}$$

在每个周期中，只要合理地选择有效电压矢量 $\boldsymbol{u}_s$，并控制 $\boldsymbol{u}_s$ 的作用时间，就可以实现对 $d\boldsymbol{\psi}_s$ 的控制，从而实现圆形磁链矢量轨迹。

将式(6-29)、式(6-31)和式(6-32)以及占空比公式 $\delta = t_s / T_s$ 代入到式(6-30)中，可得如下公式：

$$\mathrm{d}T_e = T_s p_n \frac{L_m|\boldsymbol{u}_s|}{L_s' L_r}|\boldsymbol{\psi}_r|\delta\cos\delta_{sr} \tag{6-33}$$

在一个极短的时间内，以上公式可等效为

$$D = \frac{\Delta T_e L_s' L_r}{T_s p_n L_m |\boldsymbol{u}_s||\boldsymbol{\psi}_r|\cos\delta_{sr}} \tag{6-34}$$

由式(6-34)便得到了每个周期内转矩增量 ΔT_e 与占空比 D 的关系。

由以上分析可得出一种简单的降低直接转矩控制系统转矩脉动的方法，即基于占空比控制的异步电机直接转矩控制系统，如图 6-21 所示。

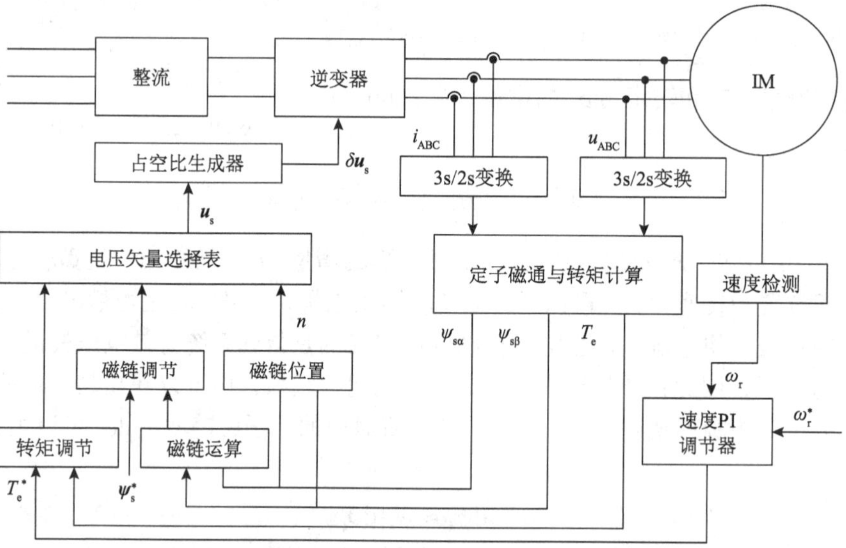

图 6-21　基于占空比控制的异步电机直接转矩控制系统

这种方法建立起了电机运行中产生的转矩误差与电压矢量作用时间之间的联系，通过计算得到占空比来控制各相开关的导通时间。每个周期产生能够消除电机转矩误差的大小合适的电压矢量。这种方法能够有效地降低电机低速运行下的转矩脉动。

由于式(6-34)的求解较为复杂，这里采用一种更为简单直观的转矩无差拍(deadbeat)方式求解占空比，并有效降低转矩脉动。美国著名控制理论专家卡尔曼于 20 世纪 60 年代初提出了数字控制的无差拍控制思想，其基本思想是期望控制对象的输出在一个控制周期结束时到达其参考值。假设一个控制周期开始于 kT_s 时刻，结束于$(k+1)T_s$ 时刻，控制周期为 T_s，将上述无差拍思想应用于电机转矩控制中，则期望瞬时电磁转矩在控制周期末等于其参考值，如式(6-35)所示。

$$T_e(k+1) = T_e^* \tag{6-35}$$

采用占空比控制(即工作电压矢量与零电压矢量相结合)，以这样的组合实现转矩的无差拍控制。首先应用 $\boldsymbol{u}_{s1}(100)$、$\boldsymbol{u}_{s2}(110)$、$\boldsymbol{u}_{s3}(010)$、$\boldsymbol{u}_{s4}(011)$、$\boldsymbol{u}_{s5}(001)$、$\boldsymbol{u}_{s6}(101)$、$\boldsymbol{u}_{s7}(111)$、$\boldsymbol{u}_{s8}(000)$ 中的一个，然后应用零电压矢量。根据式(6-6)，电磁转矩可以使用定子和转子磁链矢量的矢量积表示，为获取转矩变化率，对其进行求导运算，即

$$\frac{\mathrm{d}T_{\mathrm{e}}}{\mathrm{d}t}=\frac{\mathrm{d}\left(p_{\mathrm{n}}\dfrac{L_{\mathrm{m}}}{L_{\mathrm{s}}'L_{\mathrm{r}}}\boldsymbol{\psi}_{\mathrm{r}}\times\boldsymbol{\psi}_{\mathrm{s}}\right)}{\mathrm{d}t}=p_{\mathrm{n}}\frac{L_{\mathrm{m}}}{L_{\mathrm{s}}'L_{\mathrm{r}}}\left(\boldsymbol{\psi}_{\mathrm{s}}\times\frac{\mathrm{d}\boldsymbol{\psi}_{\mathrm{r}}}{\mathrm{d}t}+\boldsymbol{\psi}_{\mathrm{r}}\times\frac{\mathrm{d}\boldsymbol{\psi}_{\mathrm{s}}}{\mathrm{d}t}\right) \tag{6-36}$$

对于(6-36)所得的转矩变化率，工作电压矢量的转矩变化率用 f_1 表示，零电压矢量的转矩变化率则用 f_0 表示，在工作电压矢量结合零电压矢量的情况下，基于转矩无差拍的占空比控制如图 6-22 所示。

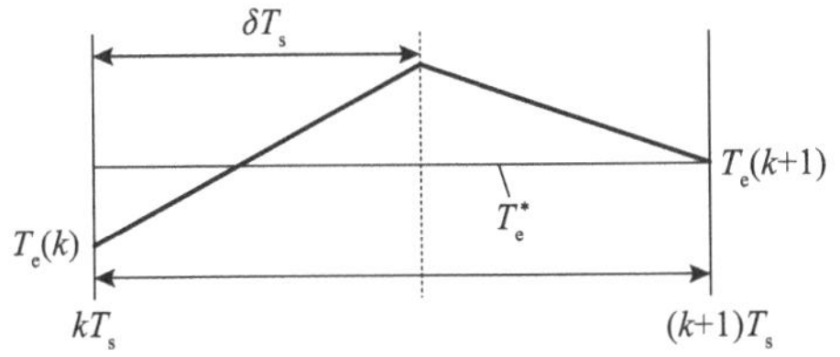

图 6-22　基于转矩无差拍的占空比控制

由图 6-22 可得

$$T_{\mathrm{e}}(k)+f_1\delta T_{\mathrm{s}}+f_0(1-\delta)T_{\mathrm{s}}=T_{\mathrm{e}}^* \tag{6-37}$$

基于转矩无差拍的占空比可以求解为

$$\delta=\frac{T_{\mathrm{e}}^*-T_{\mathrm{e}}(k)-f_0T_{\mathrm{s}}}{(f_1-f_0)T_{\mathrm{s}}} \tag{6-38}$$

为减小开关器件的工作频率和开关损耗，零电压矢量的选择可以根据如下原则进行，即当首先应用的工作电压矢量为 $\boldsymbol{u}_{s1}(100)$、$\boldsymbol{u}_{s3}(010)$、$\boldsymbol{u}_{s5}(001)$ 时，应选择的零电压矢量为 $\boldsymbol{u}_{s8}(000)$，当工作电压矢量为 $\boldsymbol{u}_{s2}(110)$、$\boldsymbol{u}_{s4}(011)$、$\boldsymbol{u}_{s6}(101)$ 时，应选择的零电压矢量为 $\boldsymbol{u}_{s7}(111)$。

由以上分析可得出一种更为简单的基于转矩无差拍的占空比控制方法，用于减小直接转矩控制系统的转矩脉动。这种方法根据无差拍控制思想求解占空比，通过工作电压矢量与零电压矢量结合，减小传统直接转矩控制中由开关表选择出的电压矢量因过分作用而引起的转矩脉动。事实上，也对磁链和转矩同时进行无差拍控制，但那样的求解过程和结果表达式都相对复杂，而且对电机参数依赖性较强。为了降低控制复杂性，并增加算法适用性，这里仅介绍了基于转矩无差拍的占空比控制。

6.5.3　基于空间电压矢量调制技术的异步电机直接转矩控制

在传统的直接转矩控制中，只利用了磁链和转矩误差信号的极性，通过 8 个基本电压矢量粗略地调节磁链和转矩的大小，并没有考虑误差信号的大小，这就限制了磁链和转矩的控制精度。尽管占空比控制可以在一定程度上减小转矩脉动，但效果仍然有限。如果在

每个控制周期内利用两个相邻的非零(基本)电压矢量和零电压矢量合成任意的电压矢量，也就是空间电压矢量调制技术，就可为磁链和转矩的控制提供更加精确的电压矢量，同时省略了优化开关表和滞环比较器，突破了传统直接转矩控制的局限性。

空间电压矢量调制技术的详细介绍参见 5.4 节的内容，本节所讲内容基于 5.4 节并结合异步电机特点。在直接转矩控制系统中应用空间电压矢量调制技术，关键是确定需要调制的控制量。这里使用 PI 调节器获得可以补偿定子磁链和转矩误差的参考电压量，再由 8 种基本的空间电压矢量合成去控制逆变器。这种方法直接简单，易于实现。

将定子磁链置于同步旋转坐标系下，设定子磁链的旋转速度为 ω_{s}，并且令旋转坐标系的 d 轴与定子磁链矢量 $\boldsymbol{\psi}_{\mathrm{s}}$ 对齐，则有 $\psi_{\mathrm{s}}=\psi_{\mathrm{sd}}$，$\psi_{\mathrm{sq}}=0$。此时定子电压矢量的分量可表示为

$$\begin{cases} u_{\mathrm{sd}}=R_{\mathrm{s}}i_{\mathrm{sd}}+\dfrac{\mathrm{d}\boldsymbol{\psi}_{\mathrm{s}}}{\mathrm{d}t} \\ u_{\mathrm{sq}}=R_{\mathrm{s}}i_{\mathrm{sq}}+\omega_{\mathrm{s}}\boldsymbol{\psi}_{\mathrm{s}} \end{cases} \tag{6-39}$$

电磁转矩可以表示为

$$T_{\mathrm{e}}=n_p\boldsymbol{\psi}_{\mathrm{s}}i_{\mathrm{sq}} \tag{6-40}$$

由式(6-40)可得

$$i_{\mathrm{sq}}=\frac{T_{\mathrm{e}}}{n_p\boldsymbol{\psi}_{\mathrm{s}}} \tag{6-41}$$

代入式(6-39)中，可得

$$\begin{cases} u_{\mathrm{sd}}=R_{\mathrm{s}}i_{\mathrm{sd}}+\dfrac{\mathrm{d}\boldsymbol{\psi}_{\mathrm{s}}}{\mathrm{d}t} \\ u_{\mathrm{sq}}=R_{\mathrm{s}}\dfrac{T_{\mathrm{e}}}{n_p\boldsymbol{\psi}_{\mathrm{s}}}+\omega_{\mathrm{s}}\boldsymbol{\psi}_{\mathrm{s}} \end{cases} \tag{6-42}$$

由式(6-42)可见，定子电压矢量的 u_{sd} 分量对定子磁链的变化率有很大的影响，u_{sq} 分量可用产生转矩的控制，也就是说每个周期由磁链和转矩的误差信号通过 PI 调节器可得到消除误差信号的电压矢量。由此可见，可以利用磁链偏差和转矩偏差得到 2 个解耦的基准定子电压 u_{sd}、u_{sq}。控制系统结构见图 6-23。

对于图 6-23 描述的基于空间矢量调制的直接转矩控制系统，首先检测到的三相电流和电压经过 3s/2s 变换，转换为静止两相坐标系下的电流和电压，经过定子磁链、磁链角、转矩计算单元得到实际的定子磁链和转矩值，二者分别与给定磁链和转矩进行比较，得到磁链和转矩的误差。磁链的误差经过 PI 调节器后得到 u_{sd}。转矩的误差经过 PI 调节器后得到 u_{sq}。将 u_{sd} 与 u_{sq} 经过 2r/2s 变换后得到 u_{α}、u_{β}，再输入到 SVPWM 模块中，这里 SVPWM 模块的功能与实现方式与 5.4 节所述相同。最后根据所选择的电压矢量和作用时间去控制逆变器各个开关的导通与关断，从而可以得到更为精确的控制转矩和磁链。

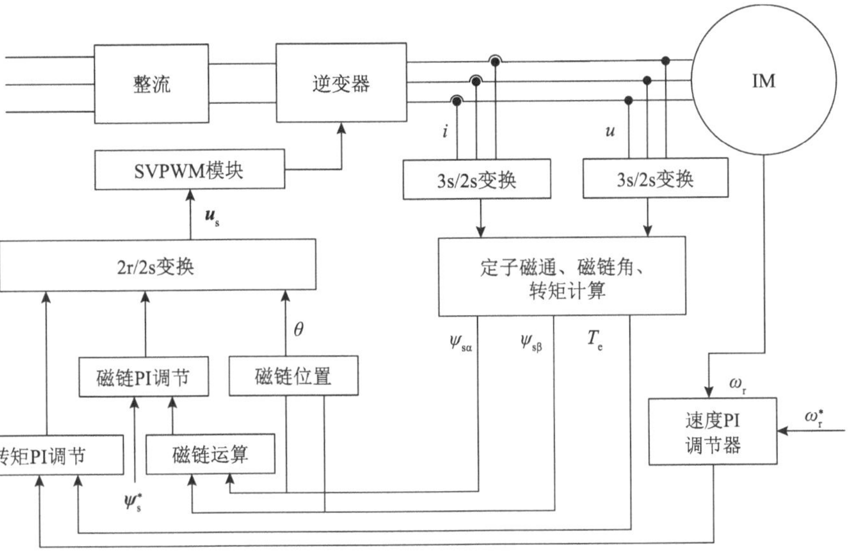

图 6-23　基于空间矢量调制的直接转矩控制系统结构

从图 6-23 可以看出，基于 PI 调节的直接转矩控制与按定子磁场定向的矢量控制相似，但二者是有区别的。按定子磁场定向的矢量控制基于同步旋转坐标系，定向于定子磁链 d 轴，q 轴磁链为零，另外还要对 d 轴方向上的磁链和 q 轴方向上的电流进行解耦。而基于 PI 调节的直接转矩控制只需要使转矩输出和定子磁链反馈通过 PI 调节的方法跟随上给定值即可，因此更容易实现。此外，相对于传统的直接转矩控制，这种方法可以提高开关频率，减小了转矩脉动，但是在这种方法中需要选取合适的 PI 参数，否则会影响控制系统的动、静态性能。

6.6　直接转矩控制系统仿真实例

基于先前对异步电机直接转矩控制方法的分析，本节利用仿真软件，建立异步电机的直接转矩控制系统的仿真模型。

6.6.1　仿真模块介绍

本节介绍的直接转矩控制系统的仿真模型由以下几个部分组成：逆变器模块和电机、速度 PI 调节器、电压和电流变换模块、定子磁链和转矩观测模块、扇区判断模块、滞环控制模块、电压矢量选择模块，其中逆变器模块和速度 PI 调节器的结构与第 4 章仿真实例相同。下面就其他模块进行具体说明。

(1) 电压和电流变换模块。该模块主要是通过 3s/2s 实现的，它的作用是将采样的三相定子电压和电流变换到两相静止坐标系，电压变换输入是采样的三相定子电压，输出是两相静止坐标系下的电压分量 $u_{s\alpha}$、$u_{s\beta}$；电流变换输入是采样的三相定子电流，输出是两相静止坐标系下的电流分量$i_{s\alpha}$、$i_{s\beta}$。这里使用Fcn进行函数编写搭建模型，具体坐标变换的实现可参照式(4-60)进行模块搭建。电压和电流变换模块变换仿真模型分别如图6-24和图6-25所示。

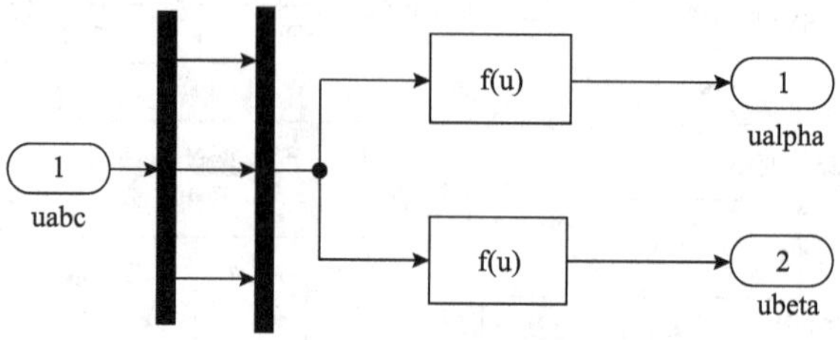

图6-24　电压变换模块仿真模型

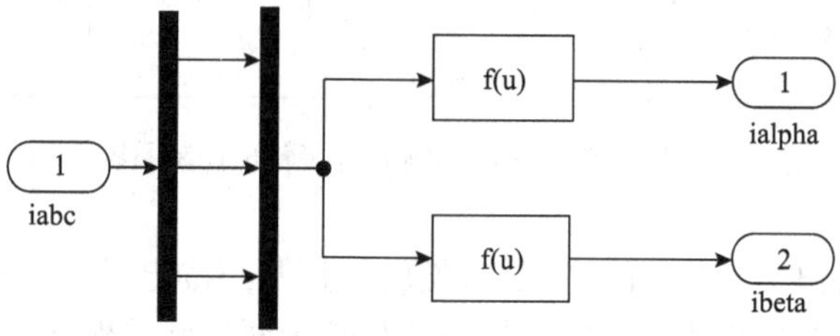

图6-25　电流变换模块仿真模型

(2) 定子磁链和转矩观测模块。这里采用最基本的电压模型进行定子磁链观测，可参考式(6-19)和式(6-17)进行搭建，定子磁链和转矩观测模块仿真模型如图6-26所示。

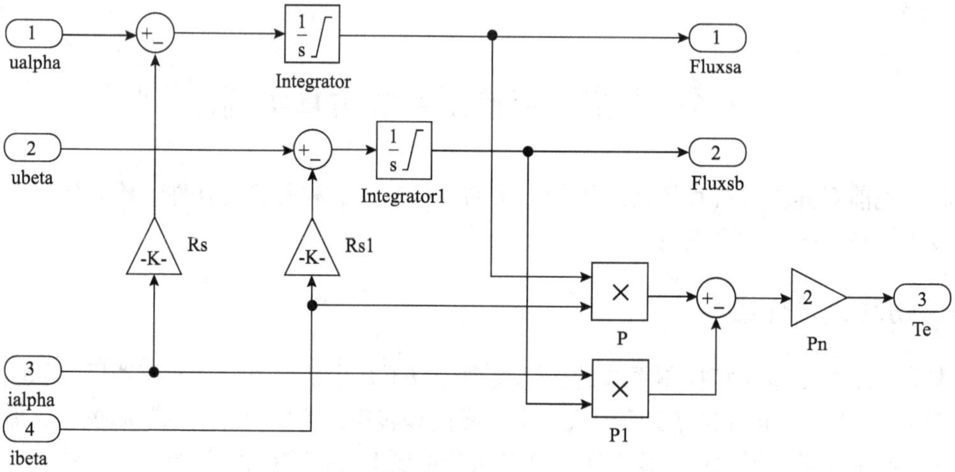

图6-26　定子磁链和转矩观测模块仿真模型

(3) 扇区判断模块。扇区判断模块用于判断定子磁链所在扇区，根据定子磁链矢量的角度输出定子磁链矢量所在的扇区号，Convert模块用于将逻辑值转化为数字值，即把二进制数转化为十进制数。由此，扇区判断模块仿真模型如图6-27所示。

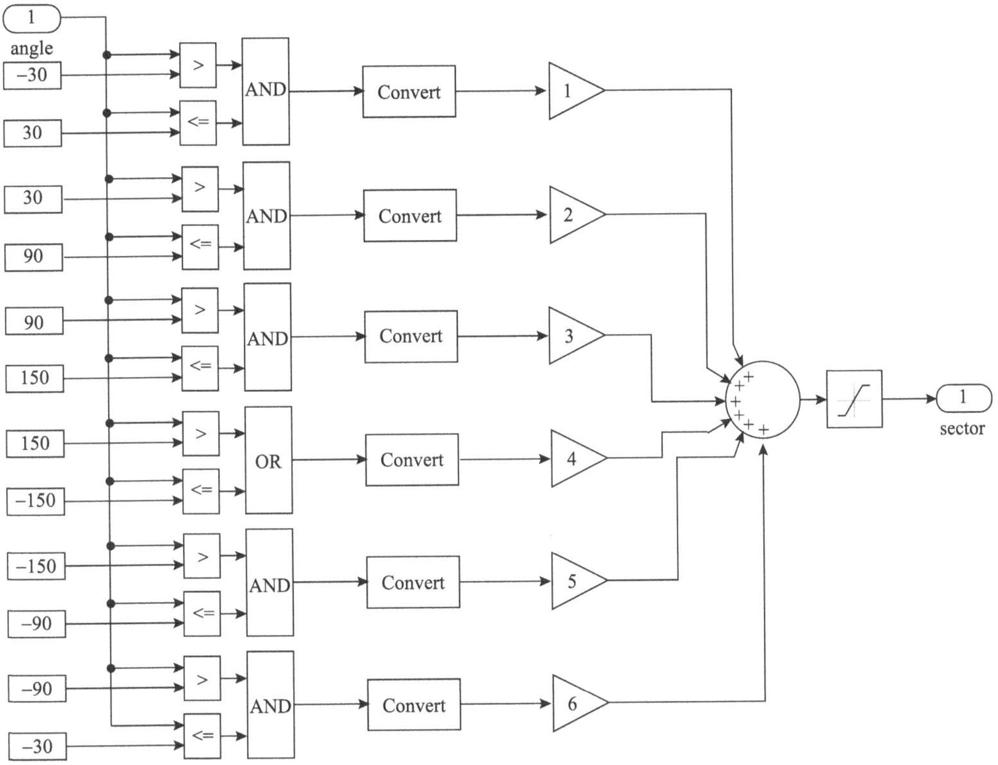

图 6-27　扇区判断模块仿真模型

(4) 滞环控制模块。滞环控制模块分为转矩滞环比较器和磁链滞环比较器两部分，它们的输出作为电压矢量选择模块中的输入。转矩滞环比较器根据表 6-5 转矩滞环比较器的数学模型实现其仿真模型，如图 6-28 所示。磁链滞环比较器根据表 6-4 磁链滞环比较器的数学模型实现其仿真模型，如图 6-29 所示。

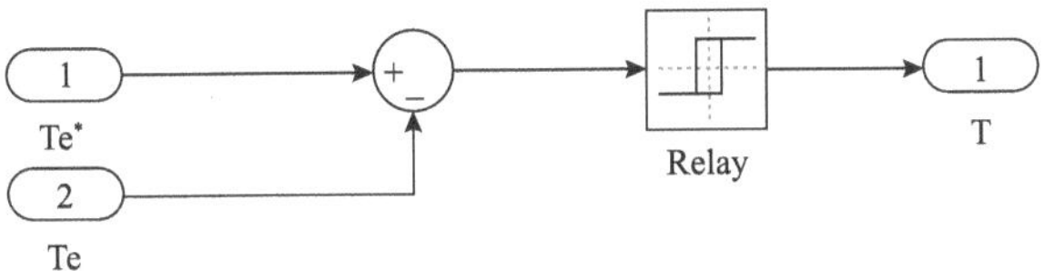

图 6-28　转矩滞环比较器的仿真模型

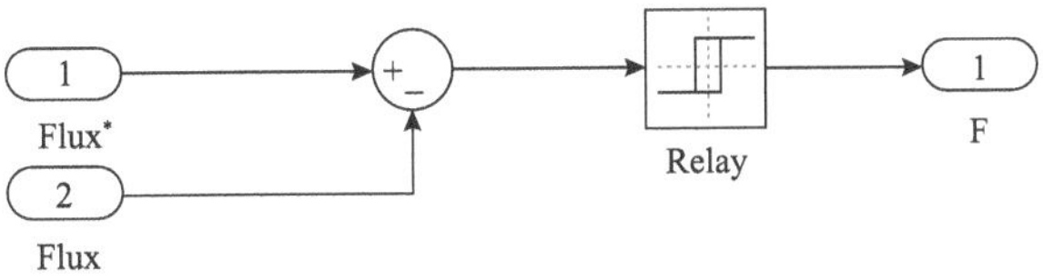

图 6-29　磁链滞环比较器的仿真模型

(5) 电压矢量选择模块。由表 6-3 所示的开关电压查询表建立电压矢量选择模块的仿真模型。先对输入信号进行处理，即 $c_{in} = 3\Delta\psi + \Delta T + 2$，得到扇区符号和电压矢量的对应关系，然后根据获取的定子磁链矢量所在扇区输出所选择的工作电压矢量，其仿真模型如图 6-30 所示。

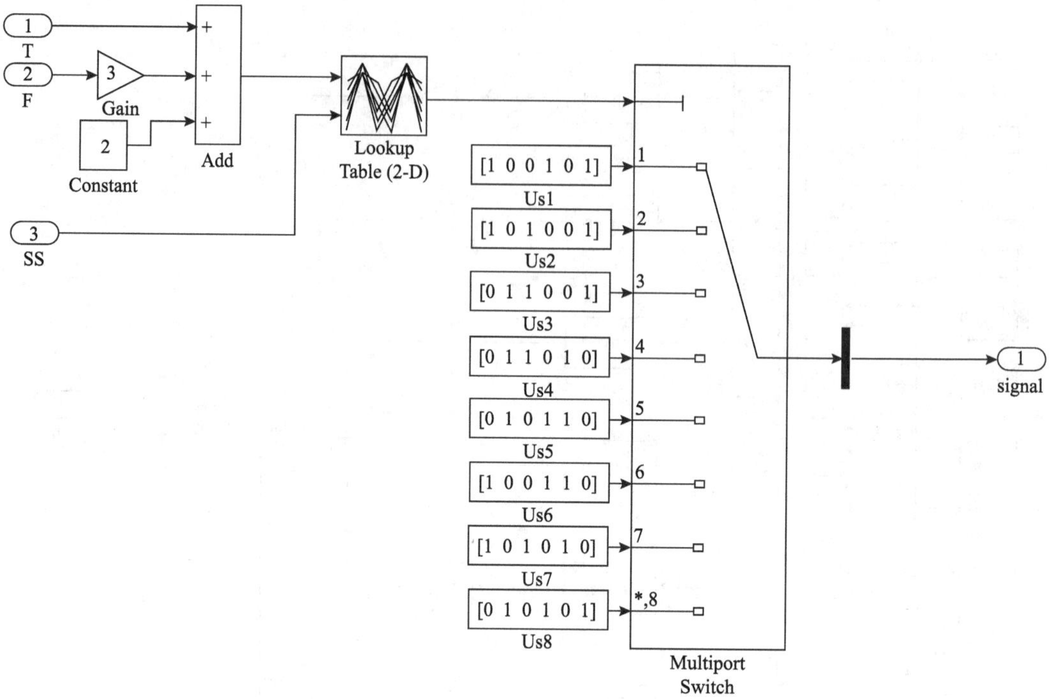

图 6-30　电压矢量选择模块仿真模型

6.6.2　仿真结果

电机仿真参数如下：

$P_N = 7.5kW$，$T_{eN} = 50N·m$，$\Phi_N = 1.18Wb$，$n_N = 1440$ r/min，频率 $f = 50Hz$，$R_s = 0.7384\Omega$，$R_r' = 0.7402\Omega$，$L_s = 0.127145H$，$L_r = 0.127145H$，$L_m = 0.1241H$，给定磁链设置为 $|\boldsymbol{\psi}_s| = 0.82Wb$，给定转速设为 100r/min，周期为 $T_s = 70\mu s$。θ 角可通过定子磁链轨迹(图 6-31)计算得到。

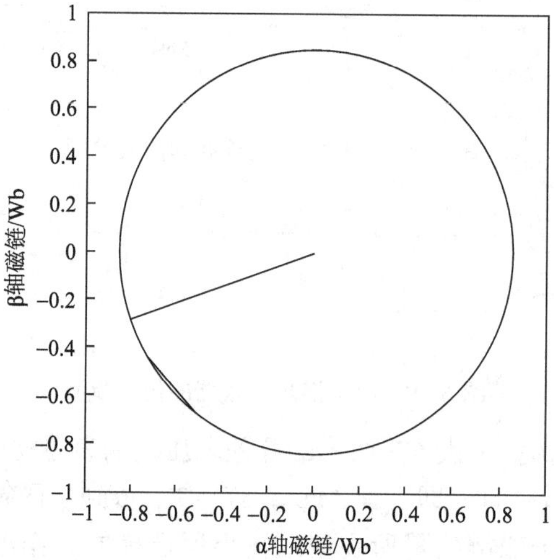

图 6-31　定子磁链轨迹曲线

分别对系统空载运行及突加 10N·m 负载时的运行情况进行仿真。仿真波形分别如图 6-32、图 6-33 所示。

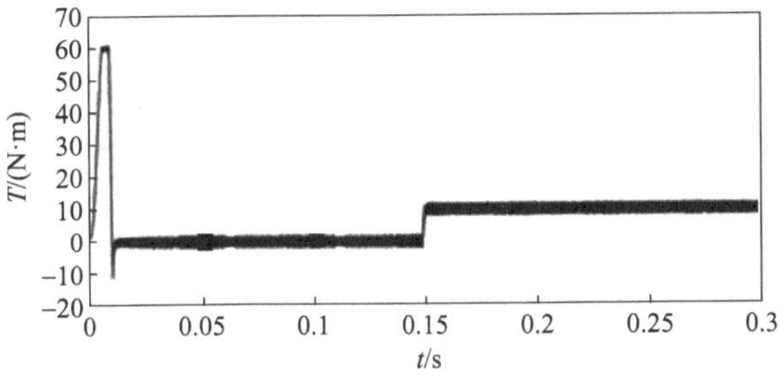

图 6-32　100r/min 下空载启动突加负载时的转矩波形

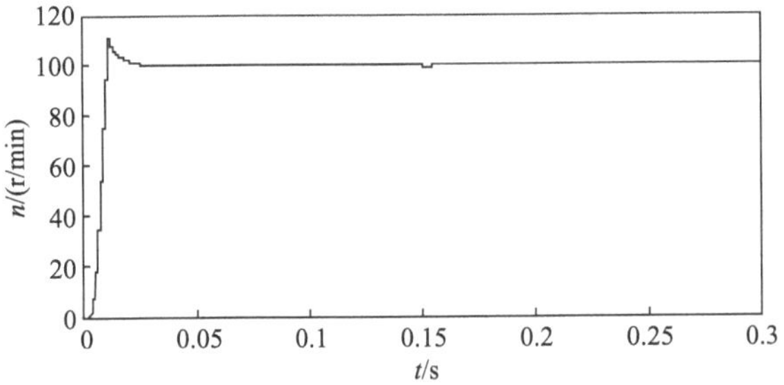

图 6-33　100r/min 下空载启动突加负载时的转速波形

由仿真波形可见，磁链轨迹基本是圆形轨迹，低速下系统运行平稳，在 0.15s 突加负载后，系统转速有所下降，能快速恢复到给定值，转速响应速度较快。

第7章　永磁同步电机直接转矩控制技术

7.1　直接转矩控制的基本原理

7.1.1　转矩生成与控制

在表贴式永磁同步电机中，存在着三个磁链：第一个是转子永磁体产生的励磁磁链矢量$\boldsymbol{\psi}_{\mathrm{f}}$，称为转子磁链；第二个是定子电流矢量$\boldsymbol{i}_{\mathrm{s}}$产生的电枢磁链$L_{\mathrm{s}}\boldsymbol{i}_{\mathrm{s}}$；第三个是由两者合成而得的定子磁链矢量$\boldsymbol{\psi}_{\mathrm{s}}$，如图7-1所示，即

$$\boldsymbol{\psi}_{\mathrm{s}} = L_{\mathrm{s}}\boldsymbol{i}_{\mathrm{s}} + \boldsymbol{\psi}_{\mathrm{f}} \tag{7-1}$$

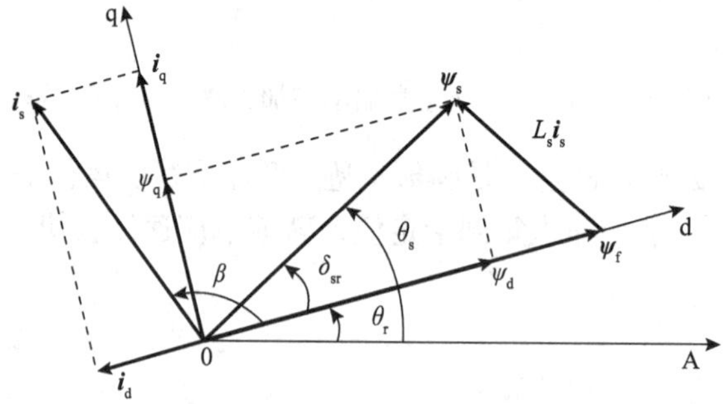

图7-1　表贴式永磁同步电机中的定子电流和磁链矢量

电磁转矩的生成可看成上述三个磁链中的任意两个磁链相互作用的结果，既可认为是由转子磁链与电枢磁链相互作用生成的，也可以看成是定子磁链$\boldsymbol{\psi}_{\mathrm{s}}$与电枢磁链$L_{\mathrm{s}}\boldsymbol{i}_{\mathrm{s}}$相互作用生成的，还可看成转子磁链与定子磁链相互作用的结果，如式(7-2)所示。

$$T_{\mathrm{e}} = p_{\mathrm{n}}\boldsymbol{\psi}_{\mathrm{f}} \times \boldsymbol{i}_{\mathrm{s}} = p_{\mathrm{n}}\frac{1}{L_{\mathrm{s}}}\boldsymbol{\psi}_{\mathrm{f}} \times L_{\mathrm{s}}\boldsymbol{i}_{\mathrm{s}} = p_{\mathrm{n}}\frac{1}{L_{\mathrm{s}}}\boldsymbol{\psi}_{\mathrm{s}} \times L_{\mathrm{s}}\boldsymbol{i}_{\mathrm{s}} = p_{\mathrm{n}}\frac{1}{L_{\mathrm{s}}}\boldsymbol{\psi}_{\mathrm{f}} \times \boldsymbol{\psi}_{\mathrm{s}} \tag{7-2}$$

将式(7-2)表示为

$$T_{\mathrm{e}} = p_{\mathrm{n}}\frac{1}{L_{\mathrm{s}}}\boldsymbol{\psi}_{\mathrm{f}}\boldsymbol{\psi}_{\mathrm{s}}\sin\delta_{\mathrm{sr}} \tag{7-3}$$

式中，δ_{sr}为定子磁链与转子磁链与α轴所成角度的差值。

在永磁同步电机中，转子磁链矢量$\boldsymbol{\psi}_{\mathrm{f}}$的幅值不变，由式(7-3)可知，若能控制定子磁链矢量$\boldsymbol{\psi}_{\mathrm{s}}$的幅值为常数，则电磁转矩只与$\delta_{\mathrm{sr}}$有关，通过控制$\delta_{\mathrm{sr}}$可以控制电磁转矩，这就是永磁同步电机直接转矩控制基本原理。

在永磁同步电机中最终能控制的还是定子电压(在电压源逆变器中)，如何通过控制定

子电压来控制负载角，最终控制电磁转矩呢？在三相静止 ABC 坐标系中，定子电压矢量方程为

$$\boldsymbol{u}_{\mathrm{s}}=R_{\mathrm{s}}\boldsymbol{i}_{\mathrm{s}}+\frac{\mathrm{d}\boldsymbol{\psi}_{\mathrm{s}}}{\mathrm{d}t} \tag{7-4}$$

在电机额定转速附近，可忽略定子电阻 R_{s} 的影响，得

$$\boldsymbol{u}_{\mathrm{s}}=\frac{\mathrm{d}\boldsymbol{\psi}_{\mathrm{s}}}{\mathrm{d}t} \tag{7-5}$$

式(7-5)可近似表示为

$$\Delta\boldsymbol{\psi}_{\mathrm{s}}=\boldsymbol{u}_{\mathrm{s}}\cdot\Delta t \tag{7-6}$$

式(7-6)表明，在很短时间间隔 Δt 内，矢量 $\boldsymbol{\psi}_{\mathrm{s}}$ 的增量 $\Delta\boldsymbol{\psi}_{\mathrm{s}}$ 等于 $\boldsymbol{u}_{\mathrm{s}}$ 与 Δt 的乘积，$\Delta\boldsymbol{\psi}_{\mathrm{s}}$ 的变化方向与外加电压矢量 $\boldsymbol{u}_{\mathrm{s}}$ 的方向相同，如图 7-2 所示。

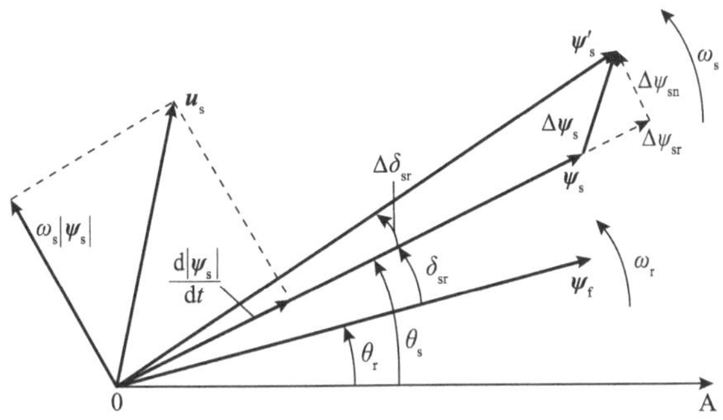

图 7-2　定子电压矢量作用与定子磁链矢量轨迹变化

图 7-2 中，定子磁链矢量 $\boldsymbol{\psi}_{\mathrm{s}}$ 为

$$\boldsymbol{\psi}_{\mathrm{s}}=|\boldsymbol{\psi}_{\mathrm{s}}|\mathrm{e}^{\mathrm{j}\theta_{\mathrm{s}}} \tag{7-7}$$

式中，$\theta_{\mathrm{s}}=\int\omega_{\mathrm{s}}\mathrm{d}t$，$\omega_{\mathrm{s}}$ 为 $\boldsymbol{\psi}_{\mathrm{s}}$ 的旋转速度。

将式(7-7)代入式(7-5)，可得

$$\boldsymbol{u}_{\mathrm{s}}=\frac{\mathrm{d}|\boldsymbol{\psi}_{\mathrm{s}}|}{\mathrm{d}t}\mathrm{e}^{\mathrm{j}\theta_{\mathrm{s}}}+\mathrm{j}\omega_{\mathrm{s}}\boldsymbol{\psi}_{\mathrm{s}} \tag{7-8}$$

由式(7-8)可知，外加电压分解为其径向分量 $\frac{\mathrm{d}|\boldsymbol{\psi}_{\mathrm{s}}|}{\mathrm{d}t}$ 与切向分量 $\omega_{\mathrm{s}}|\boldsymbol{\psi}_{\mathrm{s}}|$ 的矢量和，可用外加电压 $\boldsymbol{u}_{\mathrm{s}}$ 来直接控制 $\boldsymbol{\psi}_{\mathrm{s}}$，通过 $\frac{\mathrm{d}|\boldsymbol{\psi}_{\mathrm{s}}|}{\mathrm{d}t}$ 控制幅值 $|\boldsymbol{\psi}_{\mathrm{s}}|$ 的变化，而利用 $\omega_{\mathrm{s}}\boldsymbol{\psi}_{\mathrm{s}}$ 控制 $\boldsymbol{\psi}_{\mathrm{s}}$ 的转速 ω_{s} 的变化，如图 7-2 所示。

图 7-2 中，负载角 δ_{sr} 也可表示为

$$\delta_{\mathrm{sr}}=\int(\omega_{\mathrm{s}}-\omega_{\mathrm{r}})\mathrm{d}t=\int\Delta\omega\mathrm{d}t \tag{7-9}$$

式(7-9)表明，若使 $\Delta\omega$ 增大，可增大 δ_{sr}；反之，若使 $\Delta\omega$ 减小，会减小 δ_{sr}。

设时间足够短，在保持 $|\boldsymbol{\psi}_{\mathrm{s}}|$ 不变的前提下，依靠 $\omega_{\mathrm{s}}\boldsymbol{\psi}_{\mathrm{s}}$ 的作用可使 $\boldsymbol{\psi}_{\mathrm{s}}$ 加速旋转，而这期间转子速度尚未变化(因为转子机电时间常数要比电气时间常数大得多)，因此 $\Delta\omega$ 增加，δ_{sr}

增大，就可使电磁转矩瞬时增大；反之，若使 $\boldsymbol{\psi}_{\mathrm{s}}$ 反方向旋转，可使 δ_{sr} 变小，电磁转矩便随之减小。

在直接转矩控制中，可以在很短的时间内突加足够大的切向电压，因此能够快速改变电磁转矩，提高了控制系统的动态响应能力。

对于内置式和表贴式永磁同步电机，假设永磁同步电机具有正弦波反电势，磁路线性且不考虑磁路饱和，忽略电机中的涡流损耗和磁滞损耗，可以得到永磁同步电机在转子同步旋转坐标系下的数学模型，具体如下。

定子磁链方程：

$$\begin{cases}\psi_{\mathrm{d}} = \psi_{\mathrm{f}} + L_{\mathrm{d}} i_{\mathrm{d}} \\ \psi_{\mathrm{q}} = L_{\mathrm{q}} i_{\mathrm{q}}\end{cases} \tag{7-10}$$

定子电压方程：

$$\begin{cases}u_{\mathrm{d}} = R_{\mathrm{s}} i_{\mathrm{d}} + p\psi_{\mathrm{d}} - \omega_{\mathrm{r}}\psi_{\mathrm{q}} \\ u_{\mathrm{q}} = R_{\mathrm{s}} i_{\mathrm{q}} + p\psi_{\mathrm{q}} + \omega_{\mathrm{r}}\psi_{\mathrm{d}}\end{cases} \tag{7-11}$$

电磁转矩和运动方程：

$$T_{\mathrm{e}} = p_{\mathrm{n}}(\psi_{\mathrm{d}} i_{\mathrm{q}} - \psi_{\mathrm{d}} i_{\mathrm{d}}) \tag{7-12}$$

$$T_{\mathrm{e}} - T_{\mathrm{L}} = \frac{J}{p_{\mathrm{n}}}\frac{\mathrm{d}\omega_{\mathrm{r}}}{\mathrm{d}t} + B\frac{\omega_{\mathrm{r}}}{p_{\mathrm{n}}} \tag{7-13}$$

永磁同步电机中磁链、电流和电压的矢量关系如图 7-3 所示。其中 dq 坐标系固定在转子旋转坐标系上，转子磁链的方向为 d 轴的正向；αβ 坐标系固定在定子旋转坐标系上，定子磁链的方向为 α 轴的正向。

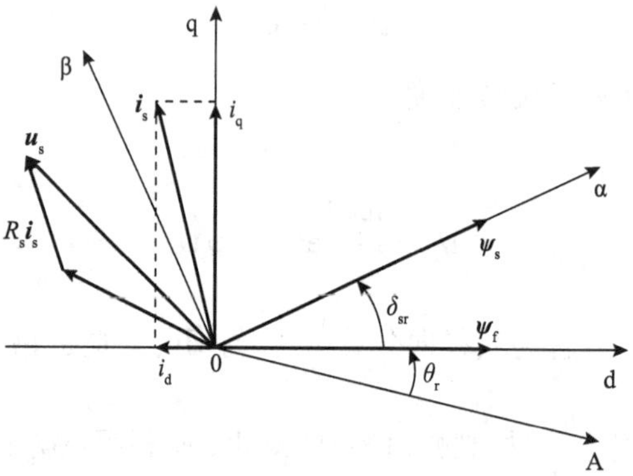

图 7-3　永磁同步电机的矢量图

从图 7-3 可以得到

$$\sin\delta_{\mathrm{sr}} = \frac{\psi_{\mathrm{q}}}{|\boldsymbol{\psi}_{\mathrm{s}}|} \tag{7-14}$$

$$\cos\delta_{\mathrm{sr}} = \frac{\psi_{\mathrm{d}}}{|\boldsymbol{\psi}_{\mathrm{s}}|} \tag{7-15}$$

dq 坐标系到 αβ 坐标系的变换公式如下：

$$\begin{bmatrix} u_{\mathrm{d}} \\ u_{\mathrm{q}} \end{bmatrix} = \begin{bmatrix} \cos\delta_{\mathrm{sr}} & -\sin\delta_{\mathrm{sr}} \\ \sin\delta_{\mathrm{sr}} & \cos\delta_{\mathrm{sr}} \end{bmatrix} \begin{bmatrix} u_{\alpha} \\ u_{\beta} \end{bmatrix} \tag{7-16}$$

式(7-16)同样适用于电流和磁链方程。将 i_{d}、i_{q} 用式(7-16)表示并代入式(7-12)，可得

$$T_{\mathrm{e}} = \frac{3}{2} p_{\mathrm{n}} [\psi_{\mathrm{d}} (i_{\alpha} \sin\delta_{\mathrm{sr}} + i_{\beta} \cos\delta_{\mathrm{sr}}) - \psi_{\mathrm{q}} (i_{\alpha} \cos\delta_{\mathrm{sr}} - i_{\beta} \sin\delta_{\mathrm{sr}})] = p_{\mathrm{n}} |\boldsymbol{\psi}_{\mathrm{s}}| i_{\beta} \tag{7-17}$$

将式(7-10)写成矩阵形式：

$$\begin{bmatrix} \psi_{\mathrm{d}} \\ \psi_{\mathrm{q}} \end{bmatrix} = \begin{bmatrix} L_{\mathrm{d}} & 0 \\ 0 & L_{\mathrm{q}} \end{bmatrix} \begin{bmatrix} i_{\mathrm{d}} \\ i_{\mathrm{q}} \end{bmatrix} + \begin{bmatrix} \psi_{\mathrm{f}} \\ 0 \end{bmatrix} \tag{7-18}$$

将式(7-18)用式(7-16)的形式写成 αβ 坐标系下的表达式：

$$\begin{aligned} \begin{bmatrix} \psi_{\alpha} \\ \psi_{\beta} \end{bmatrix} &= \begin{bmatrix} L_{\mathrm{d}} \cos\delta_{\mathrm{sr}} & L_{\mathrm{q}} \sin\delta_{\mathrm{sr}} \\ -L_{\mathrm{q}} \sin\delta_{\mathrm{sr}} & L_{\mathrm{d}} \cos\delta_{\mathrm{sr}} \end{bmatrix} \begin{bmatrix} \cos\delta_{\mathrm{sr}} & -\sin\delta_{\mathrm{sr}} \\ \sin\delta_{\mathrm{sr}} & \cos\delta_{\mathrm{sr}} \end{bmatrix} \begin{bmatrix} i_{\alpha} \\ i_{\beta} \end{bmatrix} + \begin{bmatrix} \psi_{\mathrm{f}} \\ 0 \end{bmatrix} \begin{bmatrix} \cos\delta_{\mathrm{sr}} \\ -\sin\delta_{\mathrm{sr}} \end{bmatrix} \\ &= \begin{bmatrix} L_{\mathrm{d}} \cos^2\delta + L_{\mathrm{q}} \sin^2\delta_{\mathrm{sr}} & (L_{\mathrm{d}} - L_{\mathrm{q}}) \sin\delta_{\mathrm{sr}} \cos\delta_{\mathrm{sr}} \\ (L_{\mathrm{d}} - L_{\mathrm{q}}) \cos\delta_{\mathrm{sr}} \sin\delta_{\mathrm{sr}} & L_{\mathrm{d}} \cos^2\delta + L_{\mathrm{q}} \sin^2\delta_{\mathrm{sr}} \end{bmatrix} \begin{bmatrix} i_{\alpha} \\ i_{\beta} \end{bmatrix} + \begin{bmatrix} \psi_{\mathrm{f}} \\ 0 \end{bmatrix} \begin{bmatrix} \cos\delta_{\mathrm{sr}} \\ -\sin\delta_{\mathrm{sr}} \end{bmatrix} \end{aligned} \tag{7-19}$$

由于定子磁场定向于 α 轴，故 $\psi_{\beta} = 0$ ，所以可由式(7-19)得到

$$i_{\alpha} = \frac{2\boldsymbol{\psi}_{\mathrm{f}} \sin\delta_{\mathrm{sr}} - \left[(L_{\mathrm{d}} + L_{\mathrm{q}}) + (L_{\mathrm{d}} - L_{\mathrm{q}}) \cos 2\delta_{\mathrm{sr}} \right] i_{\beta}}{(L_{\mathrm{d}} - L_{\mathrm{q}}) \sin 2\delta_{\mathrm{sr}}} \tag{7-20}$$

将式(7-20)代入式(7-19)可得

$$i_{\beta} = \frac{1}{2L_{\mathrm{d}}L_{\mathrm{q}}} \left[2\boldsymbol{\psi}_{\mathrm{f}} L_{\mathrm{q}} \sin\delta_{\mathrm{sr}} - \boldsymbol{\psi}_{\mathrm{s}} (L_{\mathrm{d}} - L_{\mathrm{q}}) \sin 2\delta_{\mathrm{sr}} \right] \tag{7-21}$$

将式(7-21)代入式(7-17)得

$$T_{\mathrm{e}} = \frac{p_{\mathrm{n}} \boldsymbol{\psi}_{\mathrm{s}}}{2L_{\mathrm{d}}L_{\mathrm{q}}} \left[2\boldsymbol{\psi}_{\mathrm{f}} L_{\mathrm{q}} \sin\delta_{\mathrm{sr}} - \boldsymbol{\psi}_{\mathrm{s}} (L_{\mathrm{d}} - L_{\mathrm{q}}) \sin 2\delta_{\mathrm{sr}} \right] \tag{7-22}$$

由式(7-22)可知，永磁同步电机的输出转矩由两部分组成：第一部分为永磁体产生的励磁转矩；第二部分为凸极结构产生的磁阻转矩。当定子磁链为一恒定值时，电机的转矩随转矩角的变化而变化。又由于电机机械时间常数远大于其电气时间常数，亦即电机定子磁链的旋转速度较转子旋转速度容易改变，因而转矩角的改变可通过改变定子磁链的旋转速度和方向得以实现。因此，如果要实现永磁同步电机的直接转矩控制，可以在保持定子磁链幅值不变的情况下，控制定、转子磁链之间的夹角。

7.1.2　滞环比较控制与控制系统

永磁同步电机的滞环比较控制也是利用两个滞环比较器分别控制定子磁链和转矩偏差。如果想保持 $|\boldsymbol{\psi}_{\mathrm{s}}|$ 恒定，应使 $\boldsymbol{\psi}_{\mathrm{s}}$ 的运动轨迹为圆形，如图 7-4 所示。

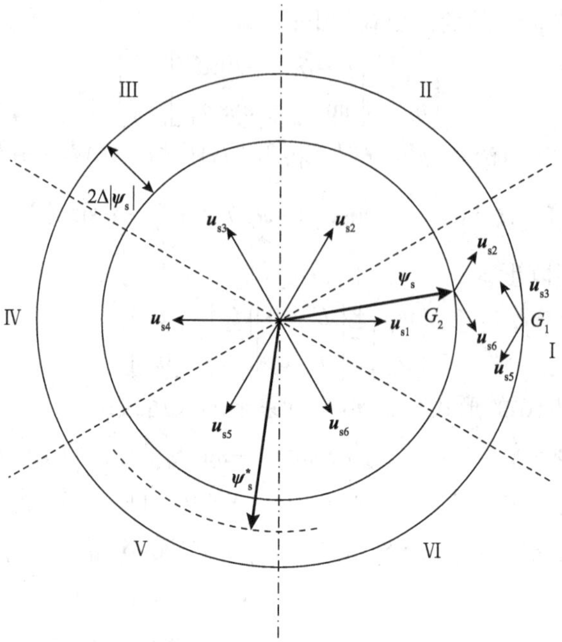

图 7-4　定子磁链矢量运动轨迹的控制

由 6.1 节的内容可知，可以选择合适的开关电压矢量来同时控制 $\boldsymbol{\psi}_s$ 幅值和旋转速度。开关电压矢量的选择原则与异步电机滞环控制时所确定的原则完全相同。

例如，当 $\boldsymbol{\psi}_s$ 处于区间I时，在 G_2 点 $|\boldsymbol{\psi}_s|$ 已达到磁链滞环比较器下限值，顺时针方向磁链增加应选择电压矢量 $\boldsymbol{u}_{s2}$，逆时针方向磁链增加应选择电压矢量 $\boldsymbol{u}_{s6}$；而对于 G_1 点，$|\boldsymbol{\psi}_s|$ 已达到比较器上限值，顺时针方向磁链增加应选择电压矢量 $\boldsymbol{u}_{s3}$，逆时针方向磁链增加应选择电压矢量 $\boldsymbol{u}_{s5}$。以此来改变负载角 δ_{sr}，使转矩增大或减小。当 $\boldsymbol{\psi}_s$ 在其他区间时也按此原则选择开关电压矢量，由此可确定开关电压矢量选择规则，如表 7-1 所示。

表 7-1　开关电压矢量选择规则表

$\Delta\boldsymbol{\psi}_s$	ΔT	I	II	III	IV	V	VI
1	1	$\boldsymbol{u}_{s2}$	$\boldsymbol{u}_{s3}$	$\boldsymbol{u}_{s4}$	$\boldsymbol{u}_{s5}$	$\boldsymbol{u}_{s6}$	$\boldsymbol{u}_{s1}$
	−1	$\boldsymbol{u}_{s6}$	$\boldsymbol{u}_{s1}$	$\boldsymbol{u}_{s2}$	$\boldsymbol{u}_{s3}$	$\boldsymbol{u}_{s4}$	$\boldsymbol{u}_{s5}$
−1	1	$\boldsymbol{u}_{s3}$	$\boldsymbol{u}_{s4}$	$\boldsymbol{u}_{s5}$	$\boldsymbol{u}_{s6}$	$\boldsymbol{u}_{s1}$	$\boldsymbol{u}_{s2}$
	−1	$\boldsymbol{u}_{s5}$	$\boldsymbol{u}_{s6}$	$\boldsymbol{u}_{s1}$	$\boldsymbol{u}_{s2}$	$\boldsymbol{u}_{s3}$	$\boldsymbol{u}_{s4}$

表 7-1 中，$\Delta\boldsymbol{\psi}_s$ 和 ΔT 值分别由磁链和转矩滞环比较给出，$\Delta\boldsymbol{\psi}_s = 1$ 和 $\Delta T = 1$ 表示应使 $\boldsymbol{\psi}_s$ 和 T_e 增加，$\Delta\boldsymbol{\psi}_s = -1$ 和 $\Delta T = -1$ 表示应使 $\boldsymbol{\psi}_s$ 和 T_e 减小，这种滞环比较控制方式与异步电机直接转矩控制中采用的基本相同，只是这里没有采用零开关电压矢量 $\boldsymbol{u}_{s7}$ 和 $\boldsymbol{u}_{s0}$。

图 7-5 是直接转矩控制系统的原理图。对比图 7-5 和图 6-8 可以看出，两者构成基本相同。

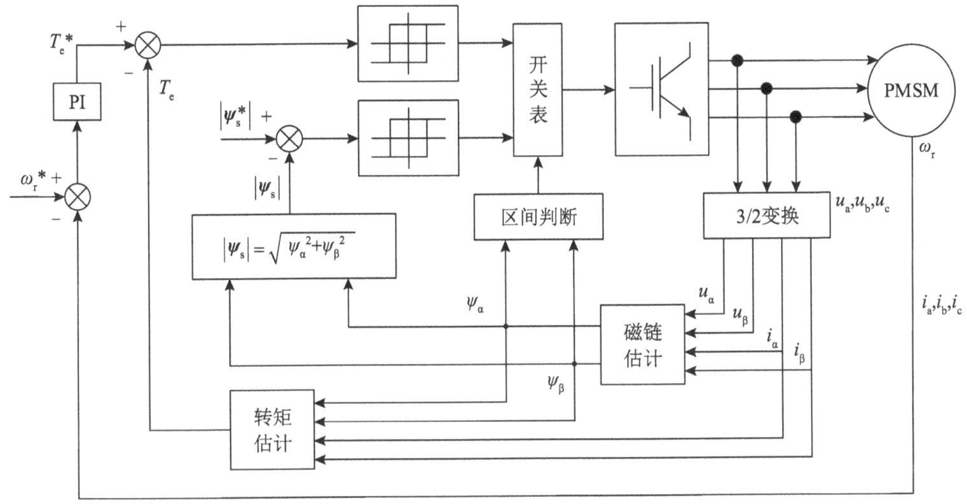

图 7-5　永磁同步电机直接转矩控制系统的原理图

7.2　磁链和转矩估计

无论是异步电机还是永磁同步电机，直接转矩控制都是直接将转矩和定子磁链作为控制变量，滞环比较控制就是利用两个比较器直接比较转矩和磁链的偏差，显然能否获得转矩和定子磁链的真实信息是至关重要的。电磁转矩的估计在很大程度上取决于定子磁链估计的准确性，因此首先要保证定子磁链估计的准确性。

7.2.1　电压模型

同异步电机一样，可由定子电压矢量方程估计定子磁链矢量，即有

$$\boldsymbol{\psi}_s=\int(\boldsymbol{u}_s-R_s\boldsymbol{i}_s)dt \tag{7-23}$$

一般情况下，由 $\boldsymbol{\psi}_s$ 在 αβ 坐标系中的两个分量 ψ_α 和 ψ_β 来估计它的幅值和空间相角 θ_s，即

$$\psi_\alpha=\int(u_\alpha-R_si_\alpha)dt \tag{7-24}$$

$$\psi_\beta=\int(u_\beta-R_si_\beta)dt \tag{7-25}$$

$$|\boldsymbol{\psi}_s|=\sqrt{\psi_\alpha^2+\psi_\beta^2} \tag{7-26}$$

$$\theta_s=\arcsin\frac{\psi_\beta}{|\boldsymbol{\psi}_s|} \tag{7-27}$$

式中，i_α 和 i_β 由定子三相电流 i_a、i_b 和 i_c 的采样值经坐标变换后求得；u_α 和 u_β 可以是采样值，也可直接由逆变器开关状态和直流电压 U_d 来确定，即有 $u_\alpha=\mathrm{Re}\left(\sqrt{\frac{2}{3}}U_d e^{j(k-1)\frac{\pi}{3}}\right)$ 和

$u_\beta = \mathrm{Im}\left(\sqrt{2/3}\,U_d e^{j(k-1)\frac{\pi}{3}}\right)$求得，其中 k 值由所选择的开关矢量来确定。

如图 7-6 所示，如果采用式(7-23)的积分方式得到电机的定子磁链，即采用定子磁链的电压模型来估计定子磁链，则当定子电压 $\boldsymbol{u}_s$ 与 $R_s\boldsymbol{i}_s$ 相差很小的时候，会使实际的电机定子磁链产生一个直流成分，同时也会在电机的定子电流中产生一个直流成分。由于电机的定子磁链矢量是一个旋转矢量，像矢量控制那样采用低通滤波的方法来滤去磁链的直流分量是不可行的。通常用以下两种方法来得到更为准确的电机定子磁链。

(1) 摒弃定子磁链的电压模型，模拟矢量控制的方式采用电机的电流模型来估计电机的定子磁链。

(2) 检测定子磁链的偏移，然后修正检测到的偏移。

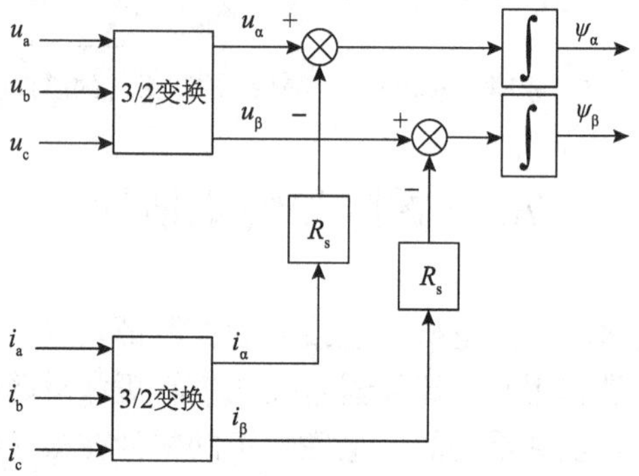

图 7-6　定子磁链估计模型结构图

第一种方法采用电机的电流模型估计定子磁链，与传统的矢量控制有很多相似的地方。这种实现方式能够得到很好的性能，但是正因为它采用了矢量控制的一些实现方式，也继承了一些矢量控制的弊病，如受电机参数变化的影响、需要进行复杂的坐标变换、需要得到精确的转子位置信息等。

第二种方法仍然采用经典的定子磁链电压模型来估计电机的定子磁链。Zolghadri 以及 Jun Hu 和 Bin Wu 提出了两种改进的积分方式，用来修正纯积分器产生的定子磁链偏移。

Zolghadri 于 1996 年提出一种简单的积分方式，即用一阶的滤波器代替积分器的解决方案，用来解决定子磁链原点偏移问题，如图 7-7 所示。这个一阶的滤波器近似为积分器，随着时间的推移，系统的初始误差会以时间常数 τ 逐渐地衰减。如果仅考虑正弦的反电势，那么最后估计得到的定子磁链矢量也一定在以原点为圆心的圆形轨迹上。但显然这种方法会对磁链的幅值和相位产生影响，而这种影响在低频低速下尤为明显。

图 7-7 给出了原始的定子磁链积分模型和改进后的定子磁链积分模型，可以看出 $\Delta\psi_0 + B\sin\omega t$ 仍然存在于输出的结果中，但是会以时间常数 τ 逐渐地衰减。电机定子磁链在高速高频的情况下是一个正弦信号，这里表示为 $A\omega\sin\omega t$，改进后模型的输出结果中 B 和 θ 分别是积分器产生的定子磁链幅值和相位偏移，确定方法如下：

$$B = \frac{A\omega\tau}{\sqrt{1+\omega^2\tau^2}} \tag{7-28}$$

$$\theta = \arctan \omega t \tag{7-29}$$

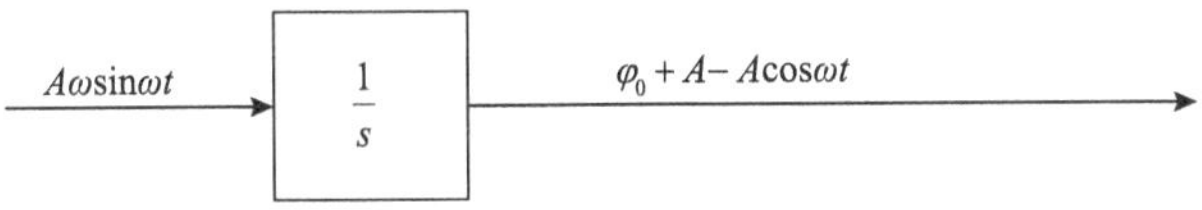

(a)原始的积分模型

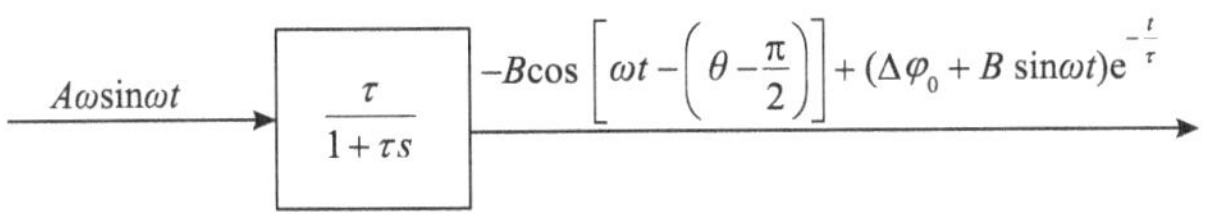

(b)改进后的积分模型

图 7-7　定子磁链积分模型

以上的偏移可以通过对电机频率的估算得到，从而可以对电机定子磁链的幅值和相位偏移进行动态的修正。此积分器的实现十分简单，但用这种积分方式来估计电机的定子磁链不能彻底解决定子磁链的原点偏移问题。当电机处在静止和低速的状态下时，由于电机的反电势不是正弦的，电机的定子磁链也不是正弦的，所以不能够采用这种方式对电机的定子磁链进行估计。由于定子磁链电压模型不准确的运行区域恰好在静止和低速低频区域内，所以必须另外寻求估计电机定子磁链的方法。

为了消除纯积分器产生的原点偏移和直流偏置成分，Jun Hu 和 Bin Wu 于 1997 年提出了三种改进方案用于高性能的交流电机驱动系统磁链的估计。这三种方案都基于传统的纯积分器。第一种方案主要是为了阐述改进积分器的基本原则。第二种方案适用于在整个运行范围内电机的定子磁链恒定的情况。第三种方案采用自适应的方式，能够应用在更为广泛的运行范围之内。这些方案解决了纯积分器带来的偏移问题。第三种方案能够在很广的转速运行范围(1%～100%)内准确地测量电机定子磁链的幅值和相位，并得到实验的验证。

通常这些改进积分器的统一输出形式为

$$y = \frac{1}{s+\omega_c}x + \frac{\omega_c}{s+\omega_c}z \tag{7-30}$$

式中，x 为积分器的输入；z 为一个补偿信号；ω_c 为关断角频率。

当补偿信号为零时，式(7-30)作为一个低通滤波器，其他时候作为一个纯积分器。假设补偿信号 z 为零，那么改进后的积分器从本质上讲就是一个低通滤波器。和上面介绍的 Zolghadri 提出的方案一样，由于低通滤波器产生的定子磁链幅值和相位偏移问题，如果恰当地设计积分器的补偿信号 z，改进后的积分器就能够获得良好的运行效果，并且避免了由纯积分器产生的负面问题。下面对这三种改进积分器进行详细讨论。

1) 采用饱和反馈改进的积分器

图 7-8 所示为采用饱和反馈改进的积分器，其中输入信号 x 为 $u_\alpha - R_s i_\alpha$ 和 $u_\beta - R_s i_\beta$，输出信号 y 为 ψ_α 和 ψ_β，补偿信号 z 取积分器输出信号 y 的极限值，积分器的输出为

$$y = \frac{1}{s+\omega_c}x + \frac{\omega_c}{s+\omega_c}z_L \tag{7-31}$$

其中，z_L是饱和限幅模块的输出，它的输出幅值被限定在L内。可以发现，由于反馈环节是一个低通滤波器，饱和限幅模块的这种非线性作用的程度被反馈环节削弱了。假设输入信号x是一个直流信号x_{dc}，那么积分器的最大输出为

$$y_{dc}=\frac{1}{\omega_c}x_{dc}+L \tag{7-32}$$

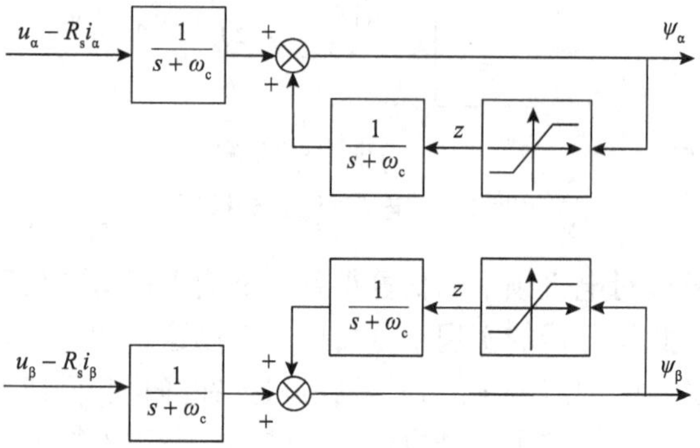

图 7-8　采用饱和反馈改进的积分器

这表明，如果饱和限幅模块的限幅值L设置恰当，改进后的积分器就不会进入饱和区域。这种模型实现的问题在于选择适当的饱和限幅模块限幅值L。为了抑制输出信号中的直流成分，饱和限幅模块的限幅值L应该设计成与实际的磁链幅值相等。如果饱和限幅模块的限幅值L比实际的磁链幅值大，估算得到的磁链波形会因为直流偏移而上下波动，直到达到饱和限幅的上下限为止。这样，输出的波形就分解成了交流磁链信号和直流偏置信号。饱和限幅模块的限幅值L与实际的磁链幅值的差距越大，直流偏置信号的幅值也就越大。如果饱和限幅模块的限幅值L比实际的磁链幅值小，输出的磁链波形就不会包含任何的直流成分，但是波形会扭曲。

2) 采用幅值限幅改进的积分器

图 7-9 所示为采用幅值限幅改进的积分器。

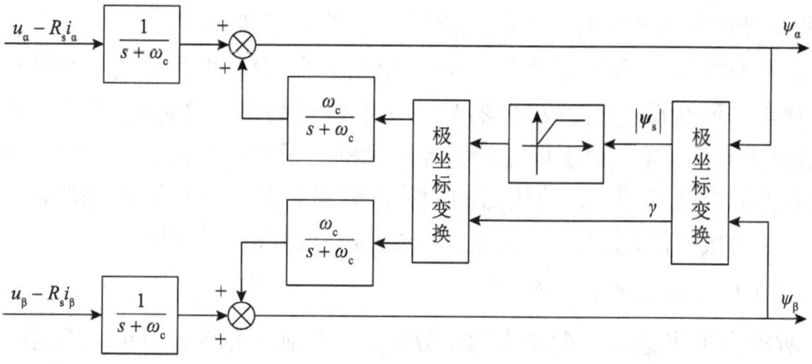

图 7-9　采用幅值限幅改进的积分器

在这种方案中对积分器的输出幅值进行了限制，尤其适用于具有两个分量的合成量的积分。在如图 7-7 所示的积分器中，需要两个坐标变换，首先变量变换成极坐标形式，

通过幅值的限制之后再转变到笛卡儿坐标形式。这些变化包括了反正切、反正弦和反余弦等三角函数的求取，同时需要一个除法器和一个开方器。实际系统中积分周期应越小越好，可通过在笛卡儿坐标系中对某些量进行限制来避免三角函数的计算。但是这种方案同样存在适当选择饱和限幅模块限幅值 L 的问题。如果电机运行在磁链幅值变化的情况下，必须相应地修改饱和限幅模块限幅值 L，所以这种方案更适用于电机的磁链在整个运行范围内不变的情况。

3) 采用自适应补偿改进的积分器

Jun Hu 和 Bin Wu 提出的第三种方案利用了磁链矢量与被积分的电压与电阻压降之差(即反电势)的正交性，这种正交性通过反电势和磁链的乘积来检测。改进积分器的积分结构与第二种方案相似，但在笛卡儿坐标到极坐标的变换后补偿信号的幅值通过一个 PI 调节器获得了控制，如图 7-10 所示。

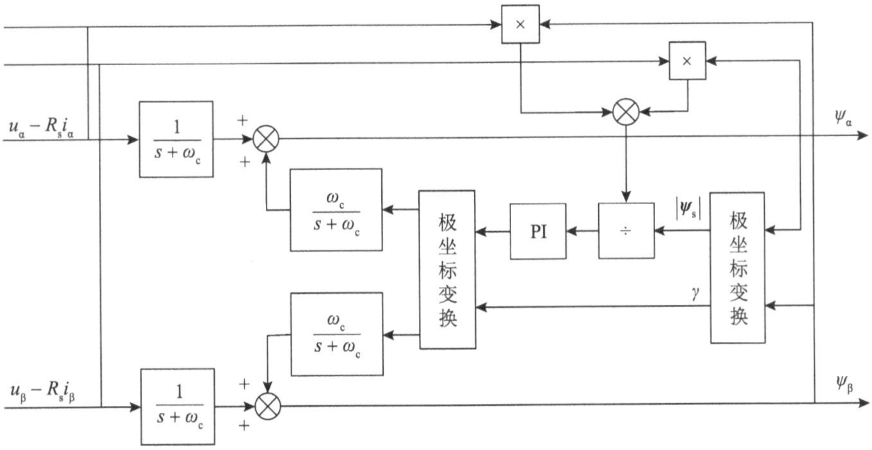

图 7-10　采用自适应补偿改进的积分器

Jun Hu 和 Bin Wu 提出的磁链观测模型经实验证明能够运行在较宽的调速范围内。但是这些模型需要进行坐标变换和准确选择饱和限幅模块限幅值 L，而且相角的变换需要处理器有强大的计算能力，这些都限制了模型的应用。

7.2.2　电流模型和电磁转矩估计

电流模型是利用式(7-10)来获取 ψ_d 和 ψ_q 的。但式(7-10)中的两个方程是以转子 dq 坐标系表示的，必须进行坐标变换，将定子静止坐标系转换成转子旋转坐标系，才能求得 i_d 和 i_q，这需要实际检测转子位置。此外，电机参数 L_d、L_q 和 ψ_f 与实际值是否相符也影响估计值的准确性，必要时还需要对相关参数进行在线测量或辨识。但与电压模型相比，电流模型中消除了定子电阻变化的影响，不存在低频积分困难的问题。

图 7-11 是由电流模型估计定子磁链的系统框图。图中表明，也可以用电流模型来修正电压模型低速时的估计结果。

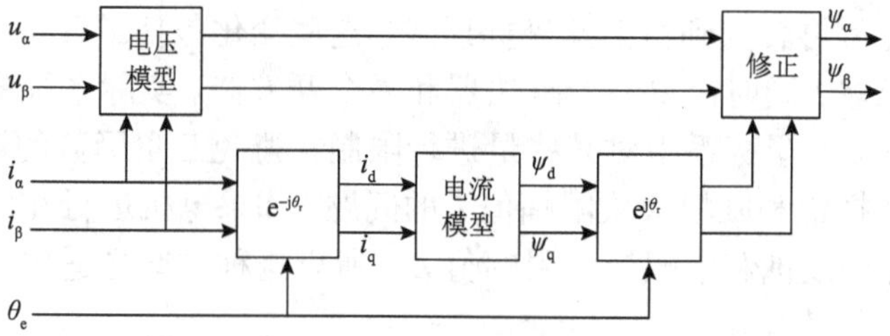

图 7-11　由电流模型估计定子磁链的系统框图

实际上，在转矩和定子磁链的滞环比较控制中，控制周期很短，这要求定子磁链的估计要在这个周期内完成，即需要定子磁链的估计时间短。由于电流模型中的转子位置测量、转子位置传感器(如光电编码器)和电机控制模块间的通信和电流模型中的滤波环节等，电流模型在很短的时间内完成定子磁链估计较为困难。电压模型则不存在上述问题，运行速度很快，这两个模型不可能在相同的时间量级内完成定子磁链估计，但可以间断性地予以修正。

在 αβ 坐标系下可利用式(7-33)估计转矩：

$$T_e = p_n(\psi_\alpha i_\beta - \psi_\beta i_\alpha) \tag{7-33}$$

式中，ψ_α 和 ψ_β 为估计值；i_α 和 i_β 为实测值。

7.3　定子磁链的控制准则

直接转矩控制是直接将定子磁链作为控制变量，通过控制施加的定子电压或者控制 i_d 和 i_q 来达到控制定子磁链幅值不变、在矢量空间中的运行轨迹是圆形的目的。但是，在实际控制中，很多情况下要求能够实现某些最优控制，例如，在恒转矩运行时进行的最大转矩/电流比控制，即要求在给定的电磁转矩下定子电流幅值应为最小，再采用定子磁链幅值恒定的控制准则已无法满足这种最优控制要求，因为定子磁链幅值的大小应由满足这种控制要求的定子电流 i_d 和 i_q 来确定。

7.3.1　最大转矩/电流比控制

由式(7-10)可知

$$\boldsymbol{\psi}_s = \boldsymbol{\psi}_f + L_d i_d + jL_q i_q \tag{7-34}$$

$$|\boldsymbol{\psi}_s| = \sqrt{(\boldsymbol{\psi}_f + L_d i_d)^2 + (L_q i_q)^2} \tag{7-35}$$

对于表贴式永磁同步电机，转矩方程为

$$T_e = p_n \boldsymbol{\psi}_f i_q \tag{7-36}$$

根据 MPTA 准则，为使电机转矩输出最大，应采用 $i_d = 0$，此时定子磁链幅值 $|\boldsymbol{\psi}_s^*|$ 应为

$$|\boldsymbol{\psi}_s^*| = \sqrt{\boldsymbol{\psi}_f^2 + (L_q i_q)^2} \tag{7-37}$$

考虑到式(7-36)，可有

$$\left|\boldsymbol{\psi}_{\mathrm{s}}^{*}\right|=\sqrt{\boldsymbol{\psi}_{\mathrm{f}}^{2}+L_{\mathrm{q}}^{2}\left(\frac{T_{\mathrm{e}}^{*}}{p_{\mathrm{n}}\boldsymbol{\psi}_{\mathrm{f}}}\right)^{2}} \tag{7-38}$$

根据式(7-38)，可由转矩参考值 T_{e}^{*} 确定定子磁链参考值 $\left|\boldsymbol{\psi}_{\mathrm{s}}^{*}\right|$。

对于凸极式和内置式永磁同步电机，因为存在凸极效应，应根据转矩方程(7-12)及式(7-10)来确定满足定子电流最小控制时的 i_{d} 和 i_{q}，具体过程可参阅相关文献。

除了以上介绍的最大转矩/电流比外，还可以通过最小损耗等思路对电机进行控制，这种思路同样可以通过对定子磁链幅值的控制来实现。

7.3.2　弱磁控制

在直接转矩控制中，必须通过控制定子磁链来实现弱磁。已知定子电压矢量 $\boldsymbol{u}_{\mathrm{s}}$ 为

$$\boldsymbol{u}_{\mathrm{s}}=\sqrt{\frac{2}{3}}U_{\mathrm{d}}\mathrm{e}^{\mathrm{j}(k-1)\frac{\pi}{3}},\quad k=1,2,\cdots,6 \tag{7-39}$$

式中，U_{d} 为直流电压值，受到整流器可能输出的直流电压的限制。

在 dq 坐标系中，稳态电压方程为

$$u_{\mathrm{q}}=R_{\mathrm{s}}i_{\mathrm{q}}+\omega_{\mathrm{r}}L_{\mathrm{d}}i_{\mathrm{d}}+\omega_{\mathrm{r}}\boldsymbol{\psi}_{\mathrm{f}} \tag{7-40}$$

$$u_{\mathrm{d}}=R_{\mathrm{s}}i_{\mathrm{d}}-\omega_{\mathrm{r}}L_{\mathrm{q}}i_{\mathrm{q}} \tag{7-41}$$

因

$$\left|\boldsymbol{u}_{\mathrm{s}}\right|=\sqrt{u_{\mathrm{d}}^{2}+u_{\mathrm{q}}^{2}} \tag{7-42}$$

当电机稳定运行时，在忽略定子电阻的情况下，由定子电压方程(7-42)，可得到

$$\left|\boldsymbol{u}_{\mathrm{s}}\right|^{2}=\omega_{\mathrm{r}}^{2}\left[(\boldsymbol{\psi}_{\mathrm{f}}+L_{\mathrm{d}}i_{\mathrm{d}})^{2}+(L_{\mathrm{q}}i_{\mathrm{q}})^{2}\right] \tag{7-43}$$

式(7-43)还可以写成如下形式，即

$$\frac{\left(i_{\mathrm{d}}+\dfrac{\boldsymbol{\psi}_{\mathrm{f}}}{L_{\mathrm{d}}}\right)^{2}}{\dfrac{1}{L_{\mathrm{d}}^{2}}}+\frac{i_{\mathrm{q}}^{2}}{\dfrac{1}{L_{\mathrm{q}}^{2}}}=\left(\frac{\left|\boldsymbol{u}_{\mathrm{s}}\right|}{\omega_{\mathrm{r}}}\right)^{2} \tag{7-44}$$

由式(7-44)可知其在 i_{d} - i_{q} 平面内是个椭圆方程。当 $\left|\boldsymbol{u}_{\mathrm{s}}\right|=\left|\boldsymbol{u}_{\mathrm{s}}\right|_{\max}$ 时，则有

$$\frac{\left(i_{\mathrm{d}}+\dfrac{\boldsymbol{\psi}_{\mathrm{f}}}{L_{\mathrm{d}}}\right)^{2}}{\dfrac{1}{L_{\mathrm{d}}^{2}}}+\frac{i_{\mathrm{q}}^{2}}{\dfrac{1}{L_{\mathrm{q}}^{2}}}=\left(\frac{\left|\boldsymbol{u}_{\mathrm{s}}\right|_{\max}}{\omega_{\mathrm{r}}}\right)^{2} \tag{7-45}$$

式(7-45)表示的是电压极限椭圆方程，随着速度的增加，便形成了逐渐变小的一簇套装椭圆。对于表贴式永磁同步电机，这些椭圆就变成了圆。

由于逆变器馈电能力要受其容量的限制，因此定子电流也有一个极限值，若以定子电流矢量的两个分量表示，则有

$$\left|\boldsymbol{i}_{\mathrm{s}}\right|^{2}=i_{\mathrm{d}}^{2}+i_{\mathrm{q}}^{2}\leqslant\left|\boldsymbol{i}_{\mathrm{s}}\right|_{\max}^{2} \tag{7-46}$$

式(7-46)表示的是电流极限圆方程。

将电压极限椭圆方程即式(7-45)和电流极限圆方程即式(7-46)分别标幺化后，可得到如图 7-12 所示的曲线。图中，设定$|\boldsymbol{i}_{\mathrm{s}}|_{\max}$的标幺值为 1，即电流极限圆的直径为 1。如果电机以恒转矩运行，那么工作点一定要沿着恒转矩双曲线T_{en}移动。由于定子电流幅值$|\boldsymbol{i}_{\mathrm{s}}|$受到电流极限$|\boldsymbol{i}_{\mathrm{s}}|_{\max}$的约束，其工作点一定要落在电流极限圆内。在恒转矩运行区内，电机输出转矩为额定值，而定子电流矢量幅值不能超过额定值。若工作点在电流极限圆内沿着恒转矩双曲线T_{en}由上向下移动，电机的转速便随之增大。电机在恒转矩运行区可以达到最大速度。要想再提高速度，必须进行弱磁控制，通常将这一转折速度称为额定转速，与之对应的频率称为额定运行频率，将与该工作点对应的i_{d}和i_{q}代入式(7-43)，即有

$$\omega_{\mathrm{r}}=\frac{|\boldsymbol{u}_{\mathrm{s}}|_{\max}}{\sqrt{(\boldsymbol{\psi}_{\mathrm{f}}+L_{\mathrm{d}}i_{\mathrm{d}})^2+(L_{\mathrm{q}}i_{\mathrm{q}})^2}} \tag{7-47}$$

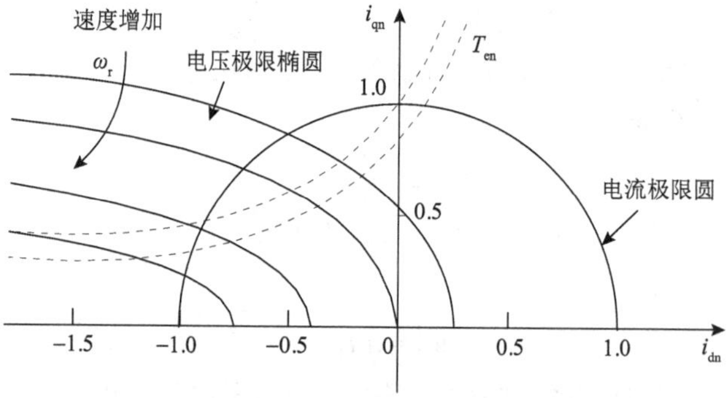

图 7-12　电压极限椭圆与电流极限圆

在直接转矩控制中，只能通过定子磁链来进行弱磁控制。式(7-43)可写为

$$|\boldsymbol{u}_{\mathrm{s}}|^2=\omega_{\mathrm{r}}^2\left[(\boldsymbol{\psi}_{\mathrm{f}}+L_{\mathrm{d}}i_{\mathrm{d}})^2+(L_{\mathrm{q}}i_{\mathrm{q}})^2\right]=\omega_{\mathrm{r}}^2|\boldsymbol{\psi}_{\mathrm{s}}|^2 \tag{7-48}$$

在电压极限$|\boldsymbol{u}_{\mathrm{s}}|_{\max}$和电流极限$|\boldsymbol{i}_{\mathrm{s}}|_{\max}$约束下，由式(7-47)，可得

$$\omega_{\mathrm{r}}=\frac{|\boldsymbol{u}_{\mathrm{s}}|_{\max}}{|\boldsymbol{\psi}_{\mathrm{s}}|} \tag{7-49}$$

为扩大速度范围，需要减小定子磁链$|\boldsymbol{\psi}_{\mathrm{s}}|$，也就是需要进行弱磁控制。

通常，当电机转速超过ω_{rn}时，应控制$|\boldsymbol{\psi}_{\mathrm{s}}|$与转速$\omega_{\mathrm{r}}$成反比关系，即有

$$|\boldsymbol{\psi}_{\mathrm{s}}|=\frac{k_{\mathrm{f}}}{\omega_{\mathrm{r}}} \tag{7-50}$$

式中，系数$k_{\mathrm{f}}\leqslant 1$，当$k_{\mathrm{f}}=1$时，说明弱磁正好是从转速达到$\omega_{\mathrm{rn}}$时开始的，实际上弱磁是提前开始的。一般情况下，应取$k_{\mathrm{f}}<1$，其原因如下。

在图 7-12 中，高速运行时，定子电阻压降可以忽略，三相静止 ABC 坐标系下的电压矢量方程为

$$\frac{\mathrm{d}|\boldsymbol{\psi}_{\mathrm{s}}|}{\mathrm{d}t}\mathrm{e}^{\mathrm{j}\theta_{\mathrm{s}}}=\boldsymbol{u}_{\mathrm{s}}-\mathrm{j}\omega_{\mathrm{s}}|\boldsymbol{\psi}_{\mathrm{s}}|\mathrm{e}^{\mathrm{j}\theta_{\mathrm{s}}} \tag{7-51}$$

在不计凸极效应时，交轴电流的变化速率 $\mathrm{d}i_{\mathrm{q}}/\mathrm{d}t$ 取决于交轴磁链 ψ_{q} 的变化速率 $\mathrm{d}\psi_{\mathrm{q}}/\mathrm{d}t$。而

$$|\boldsymbol{\psi}_{\mathrm{s}}|=\sqrt{\psi_{\mathrm{q}}^2+\psi_{\mathrm{d}}^2}$$

若 ψ_{d} 没有变化，则

$$\frac{\mathrm{d}\psi_{\mathrm{q}}}{\mathrm{d}t}=\frac{\mathrm{d}|\boldsymbol{\psi}_{\mathrm{s}}|}{\mathrm{d}t} \tag{7-52}$$

由式(7-51)可知，$\mathrm{d}|\boldsymbol{\psi}_{\mathrm{s}}|/\mathrm{d}t$ 取决于电压冗余 $\boldsymbol{u}_{\mathrm{s}}-\mathrm{j}\omega_{\mathrm{s}}|\boldsymbol{\psi}_{\mathrm{s}}|\mathrm{e}^{\mathrm{j}\theta_{\mathrm{s}}}$，这个电压余度越大，得到的转矩变化速率越高，系统就能保持较高的动态响应能力。令系数 $k_{\mathrm{f}}<1$ 就是为了提高系统的这种动态性能。进一步还可根据转矩指令要求修正系数 k_{f}，例如，转矩需要阶跃变化时，系数 k_{f} 应降得更低。

令系数 $k_{\mathrm{f}}<1$ 的另一个原因是考虑到定子磁链估计的不准确性。通常，定子磁链中占主导的是永磁体产生的励磁磁链 $\boldsymbol{\psi}_{\mathrm{f}}$，如果采用电流模型法估计 $|\boldsymbol{\psi}_{\mathrm{s}}|$，由于永磁体剩磁会随温度变化而变化，估计结果会发生偏差。即使采用电压模型法，由于多种原因，估计值也可能会产生偏差。如果 $|\boldsymbol{\psi}_{\mathrm{s}}|$ 估计值偏高，则会提前开始弱磁，即弱磁频率要低于实际需要弱磁的频率 ω_{m}；反之，如果 $|\boldsymbol{\psi}_{\mathrm{s}}|$ 估计值偏低，可能逆变器已经饱和了，而弱磁控制还没有开始。适当选择较小的系数 k_{f} 就可以避免这种情况的发生。

直接转矩控制是将定子磁链和转矩作为控制变量，对逆变器饱和的检测只能基于磁链滞环比较器或者转矩滞环比较器。因为定子磁链矢量更多的是与转矩控制有关，所以可以通过转矩滞环比较器的运行状态来控制弱磁。

7.4　细分十二扇区 DTC

传统的永磁同步电机直接转矩控制系统中采用的是滞环控制器，因此无须经过复杂的计算，仅根据滞环控制器的输出和定子磁链所在扇区，通过查询开关电压矢量选择表得到合适的输出电压矢量及其对应的逆变器功率开关的状态。传统直接转矩控制系统中，在确定的磁链和转矩需求下，单个扇区内被选中起控制作用的电压矢量仅有一个，但是单个电压矢量对处该扇区不同位置的定子磁链的影响也不同，这就意味着传统 DTC 造成电机运行时电磁转矩脉动较大的原因可能是电压矢量在扇区作用的不平衡，并且通过电压矢量选择表得出的电压矢量并不一定是最优电压矢量。因此可以在电压矢量的选择算法方面进行改进，以减小电机电磁转矩脉动，本节将就此方面提出一种改进方法。

7.4.1　传统永磁同步电机 DTC 系统转矩脉动原因的分析

传统永磁同步电机 DTC 系统采用滞环控制器，其定子磁链运动轨迹如图 7-13 所示，由图可以看出电压矢量对磁链和转矩的影响，接下来将对传统永磁同步电机 DTC 系统中由电压矢量导致的转矩磁链脉动问题进行分析。

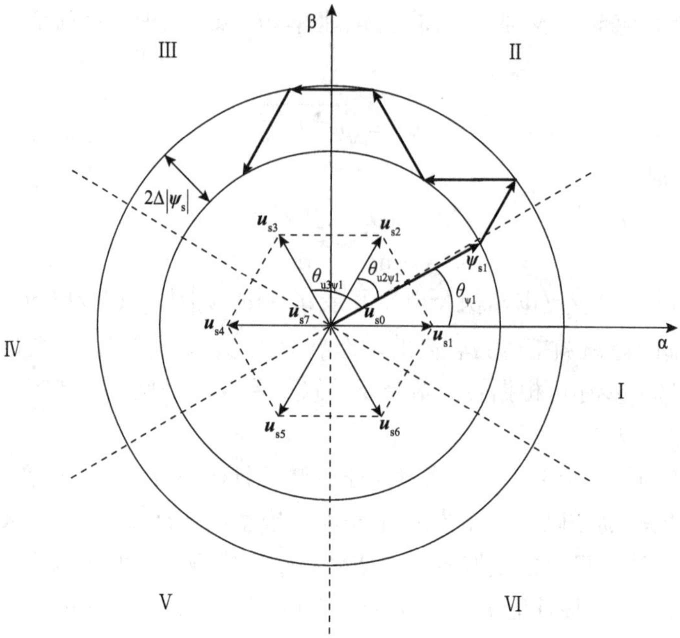

图 7-13　传统永磁同步电机 DTC 系统定子磁链运动轨迹

忽略定子电阻压降，对电机定子电压方程变形得到

$$|\Delta\boldsymbol{\psi}_s| \approx |\boldsymbol{u}_s| T_s \cos\theta_{u\psi} \tag{7-53}$$

式中，$\theta_{u\psi}$ 表示电压矢量 $\boldsymbol{u}_s$ 与定子磁链 $\boldsymbol{\psi}_s$ 夹角。

同理，令 $\Delta\delta = \Delta\theta_s - \Delta\theta_r$，$\Delta\theta_s$、$\Delta\theta_r$ 分别表示定子磁链和转子角度变化量，于是可以得到

$$\Delta\theta_s = \frac{|\Delta\boldsymbol{\psi}_s| \sin\theta_{u\psi}}{|\boldsymbol{\psi}_s|} \tag{7-54}$$

$$\Delta\theta_r = \omega_r T_s \tag{7-55}$$

在一个控制周期内，由于机械时间常数远大于电气时间常数，可认为 $\Delta\theta_r = 0$，得到

$$\Delta\delta = \Delta\theta_s - \Delta\theta_r \approx \frac{|\Delta\boldsymbol{\psi}_s| \sin\theta_{u\psi}}{|\boldsymbol{\psi}_s|} \tag{7-56}$$

将式(7-53)、式(7-56)代入电机转矩增量方程得到

$$\frac{dT_e}{dt} = \frac{3}{2}\frac{p_n}{L_q}|\boldsymbol{\psi}_f||\boldsymbol{u}_s|\cos\delta\sin\theta_{u\psi} \tag{7-57}$$

由式(7-53)得到磁链幅值的相对变化量为 $\dfrac{|\Delta\boldsymbol{\psi}_s|}{|\boldsymbol{u}_s|T_s}$，则式(7-53)可改写为

$$\frac{|\Delta\boldsymbol{\psi}_s|}{|\boldsymbol{u}_s|T_s} = \cos\theta_{u\psi} \tag{7-58}$$

定义电磁转矩相对变化量为 $\dfrac{2\Delta T_e L_q}{3p_n|\boldsymbol{\psi}_f||\boldsymbol{u}_s|T_s\cos\delta}$，则式(7-57)可改写为

$$\frac{2\Delta T_e L_q}{3p_n|\boldsymbol{\psi}_f||\boldsymbol{u}_s|T_s\cos\delta}=\sin\theta_{u\psi} \tag{7-59}$$

当电机定子磁链逆时针旋转运动到第一扇区 I 时，根据式(7-58)和式(7-59)可得到定子磁链和电机电磁转矩在不同电压矢量作用下的工作状态。如表 7-2 所示。

表 7-2　在第一扇区内各电压矢量对磁链和转矩的作用

$\boldsymbol{u}_s$	$\theta_{u\psi}$	$\dfrac{\lvert\Delta\boldsymbol{\psi}_s\rvert}{\lvert\boldsymbol{u}_s\rvert T_s}$	$\dfrac{2\Delta T_e L_q}{3p_n\lvert\boldsymbol{\psi}_f\rvert\lvert\boldsymbol{u}_s\rvert T_s\cos\delta}$
$\boldsymbol{u}_{s1}$	(−30°, 30°)	(0.866, 1)	(−0.5, 0.5)
$\boldsymbol{u}_{s2}$	(30°, 90°)	(0, 0.866)	(0.5, 1)
$\boldsymbol{u}_{s3}$	(90°, 150°)	(−0.866, 0)	(0.5, 1)
$\boldsymbol{u}_{s4}$	(150°, 210°)	(−1, −0.866)	(−0.5, 0.5)
$\boldsymbol{u}_{s5}$	(210°, 270°)	(−0.866, 0)	(−1, −0.5)
$\boldsymbol{u}_{s6}$	(270°, 330°)	(0, 0.866)	(−1, −0.5)

在传统永磁同步电机 DTC 系统中，对处于第一扇区的磁链幅值，通过选择电压矢量 $\boldsymbol{u}_{s2}$、$\boldsymbol{u}_{s3}$ 进行调节，具体分析如下。

(1) 当磁链位于第一扇区且磁链与 α 轴夹角 $\theta_{\psi1}\in(-30°,-10°)$时，电压矢量 $\boldsymbol{u}_{s2}$ 与磁链的夹角 $\theta_{u2\psi1}\in(70°,90°)$，由式(7-53)可知磁链幅值的变化范围是 $0\sim0.34|\boldsymbol{u}_s|T_s$；电压矢量 $\boldsymbol{u}_{s3}$ 与磁链的夹角 $\theta_{u3\psi1}\in(130°,150°)$，由式(7-53)可知磁链幅值的变化范围为 $-0.87|\boldsymbol{u}_s|T_s\sim-0.64|\boldsymbol{u}_s|T_s$。可以发现，两电压矢量对磁链的影响相差较大。当控制周期不变时，在 $\theta_{\psi1}$ 的范围内，电压矢量 $\boldsymbol{u}_{s3}$ 作用一个控制周期后，需要在以后的多个控制周期施加电压矢量 $\boldsymbol{u}_{s2}$ 才能使磁链幅值平衡。

(2) 当磁链位于第一扇区且与 α 轴夹角为 $\theta_{\psi1}\in(-10°,10°)$ 时，电压矢量 $\boldsymbol{u}_{s2}$ 与磁链的夹角为 $\theta_{u2\psi1}\in(50°,70°)$，由式(7-53)可知磁链幅值的变化范围是 $0.34|\boldsymbol{u}_s|T_s\sim0.64|\boldsymbol{u}_s|T_s$；电压矢量 $\boldsymbol{u}_{s3}$ 与磁链的夹角 $\theta_{u3\psi1}\in(110°,130°)$，由式(7-53)可知磁链幅值的变化范围为 $-0.64|\boldsymbol{u}_s|T_s\sim-0.34|\boldsymbol{u}_s|T_s$。此时两电压矢量造成的磁链幅值增量相差不大，因此在 $\theta_{\psi1}$ 范围内，且控制周期不变时，电压矢量 $\boldsymbol{u}_{s2}$ 和电压矢量 $\boldsymbol{u}_{s3}$ 作用效果相近。

(3) 当磁链位于第一扇区且与 α 轴夹角为 $\theta_{\psi1}\in(10°,30°)$ 时，电压矢量 $\boldsymbol{u}_{s2}$ 与磁链的夹角 $\theta_{u2\psi1}\in(30°,50°)$，由式(7-53)可知磁链幅值的变化范围是 $0.64|\boldsymbol{u}_s|T\sim0.87|\boldsymbol{u}_s|T_s$；电压矢量 $\boldsymbol{u}_{s3}$ 与磁链的夹角 $\theta_{u3\psi1}\in(90°,110°)$，由式(7-53)可知磁链幅值的变化范围为 $-0.34|\boldsymbol{u}_s|T_s\sim0$。因此当控制周期不变时，在 $\theta_{\psi1}$ 范围内，当电压矢量 $\boldsymbol{u}_{s2}$ 作用一个控制周期后，需要在以后的

多个控制周期施加电压矢量 $\boldsymbol{u}_{s3}$ 才能使磁链幅值平衡。

综合以上分析，传统永磁同步电机 DTC 系统中，在控制周期不变的情况下，电压矢量的不平衡作用使得磁链在一个扇区内的变化也不平衡，磁链轨迹产生较大畸变，这种畸变是转矩产生脉动的重要原因，特别是在低速运行时，这种问题更为明显。为了提高永磁同步电机 DTC 系统的性能，设计了细分扇区选电压矢量的方法进行改善。

7.4.2　十二扇区细分的 DTC 方法

为了改善传统永磁同步电机 DTC 系统中电磁转矩 T_e 脉动较大的问题，本节设计了十二扇区的 DTC 系统。十二个扇区分别如图 7-14 所示，每个扇区 30°，分别是(−15°,15°)、(15°,45°)、…、(285°,315°)、(315°,345°)。根据传统方法的电压矢量选择表原理，重新制作十二扇区电压矢量选择表。如表 7-3 所示，新制作的电压矢量选择表虽然不使用零矢量，但依然能获得较好的控制效果。

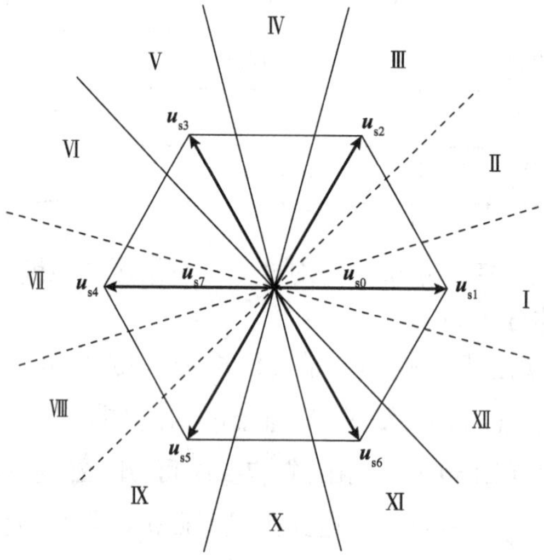

图 7-14　十二扇区划分图

表 7-3　十二扇区电压矢量选择表

φ	τ	Ⅰ	Ⅱ	Ⅲ	Ⅳ	Ⅴ	Ⅵ	Ⅶ	Ⅷ	Ⅸ	Ⅹ	Ⅺ	Ⅻ
1	1	$\boldsymbol{u}_{s2}$	$\boldsymbol{u}_{s2}$	$\boldsymbol{u}_{s3}$	$\boldsymbol{u}_{s3}$	$\boldsymbol{u}_{s4}$	$\boldsymbol{u}_{s4}$	$\boldsymbol{u}_{s5}$	$\boldsymbol{u}_{s5}$	$\boldsymbol{u}_{s6}$	$\boldsymbol{u}_{s6}$	$\boldsymbol{u}_{s1}$	$\boldsymbol{u}_{s1}$
	0	$\boldsymbol{u}_{s6}$	$\boldsymbol{u}_{s1}$	$\boldsymbol{u}_{s1}$	$\boldsymbol{u}_{s2}$	$\boldsymbol{u}_{s2}$	$\boldsymbol{u}_{s3}$	$\boldsymbol{u}_{s3}$	$\boldsymbol{u}_{s4}$	$\boldsymbol{u}_{s4}$	$\boldsymbol{u}_{s5}$	$\boldsymbol{u}_{s5}$	$\boldsymbol{u}_{s6}$
0	1	$\boldsymbol{u}_{s3}$	$\boldsymbol{u}_{s4}$	$\boldsymbol{u}_{s4}$	$\boldsymbol{u}_{s5}$	$\boldsymbol{u}_{s5}$	$\boldsymbol{u}_{s6}$	$\boldsymbol{u}_{s6}$	$\boldsymbol{u}_{s1}$	$\boldsymbol{u}_{s1}$	$\boldsymbol{u}_{s2}$	$\boldsymbol{u}_{s2}$	$\boldsymbol{u}_{s3}$
	0	$\boldsymbol{u}_{s5}$	$\boldsymbol{u}_{s5}$	$\boldsymbol{u}_{s6}$	$\boldsymbol{u}_{s6}$	$\boldsymbol{u}_{s1}$	$\boldsymbol{u}_{s1}$	$\boldsymbol{u}_{s2}$	$\boldsymbol{u}_{s2}$	$\boldsymbol{u}_{s3}$	$\boldsymbol{u}_{s3}$	$\boldsymbol{u}_{s4}$	$\boldsymbol{u}_{s4}$

十二扇区的扇区号通过采用反正切函数进行计算，具体计算如下：

$$\theta_s = \arctan\frac{\psi_\beta}{\psi_\alpha} \tag{7-60}$$

通过ψ_α的正负判断反正切函数的解是否需要进行加减操作，通过定子磁链角度θ_s值的范围可以得到磁链扇区与θ_s值的关系，如表 7-4 所示。

表 7-4　十二扇区划分表

ψ_α 的取值范围	θ_s 的取值范围	扇区
$\psi_\alpha > 0$	$-\pi/12 \leqslant \theta_s < \pi/12$	第一扇区 Ⅰ
	$\pi/12 \leqslant \theta_s < \pi/4$	第二扇区 Ⅱ
	$\pi/4 \leqslant \theta_s < 5\pi/12$	第三扇区 Ⅲ
	$5\pi/12 \leqslant \theta_s < 7\pi/12$	第四扇区 Ⅳ
	$7\pi/12 \leqslant \theta_s < 3\pi/4$	第五扇区 Ⅴ
	$3\pi/4 \leqslant \theta_s < 11\pi/12$	第六扇区 Ⅵ
$\psi_\alpha < 0$	$11\pi/12 \leqslant \theta_s < \pi \& -\pi \leqslant \theta_s < -11\pi/12$	第七扇区 Ⅶ
	$-11\pi/12 \leqslant \theta_s < -3\pi/4$	第八扇区 Ⅷ
	$-3\pi/4 \leqslant \theta_s < -7\pi/12$	第九扇区 Ⅸ
	$-7\pi/12 \leqslant \theta_s < -5\pi/12$	第十扇区 Ⅹ
	$-5\pi/12 \leqslant \theta_s < -\pi/4$	第十一扇区 Ⅺ
	$-\pi/4 \leqslant \theta_s < -\pi/12$	第十二扇区 Ⅻ

以第一扇区为例，当磁链处于第一扇区时，磁链夹角为$\theta_\psi \in (-15°, 15°)$，待选电压矢量对磁链和转矩的作用如表 7-5 所示。

表 7-5　在新划分第一扇区电压矢量对磁链和转矩的作用

$\boldsymbol{u}_s$	$\theta_{u\psi}$	$\dfrac{\lvert\Delta\boldsymbol{\psi}_s\rvert}{\lvert\boldsymbol{u}_s\rvert T_s}$	$\dfrac{2\Delta T_e L_q}{3p_n\lvert\boldsymbol{\psi}_f\rvert\lvert\boldsymbol{u}_s\rvert T_s\cos\delta}$
$\boldsymbol{u}_{s2}$	(45°, 75°)	(0.259, 0.707)	(0.707, 0.966)
$\boldsymbol{u}_{s3}$	(105°, 135°)	(−0.707, −0.259)	(0.707, 0.966)
$\boldsymbol{u}_{s5}$	(225°, 255°)	(−0.707, −0.259)	(−0.966, −0.707)
$\boldsymbol{u}_{s6}$	(285°, 315°)	(0.259, 0.707)	(−0.966, −0.707)

由表 7-3 可知，在细分十二扇区永磁同步电机 DTC 系统中，当定子磁链逆时针运行到第一扇区时，对控制磁链增减的电压矢量使用的是$\boldsymbol{u}_{s2}$和$\boldsymbol{u}_{s3}$，与传统永磁同步电机 DTC 系统一致。但是相比于传统永磁同步电机 DTC 的扇区范围(−30°, 30°)，十二扇区的范围为(−15°, 15°)，扇区缩小为原来的一半，磁链的变化范围缩小为(0.259, 0.707)。同理，可以发现电磁转矩的变化范围缩小为(0.707, 0.966)。综合上述分析可知，基于十二扇区永磁同步

电机 DTC 系统可以有效减小磁链和转矩的脉动。

不论是传统永磁同步电机 DTC 还是十二扇区 DTC，都是查表选择电压矢量。这就涉及电压矢量的切换，下面将分析电压矢量切换时电机的变化。

由电压矢量选择表可知，位于第一扇区的磁链供选择的电压矢量有 $\boldsymbol{u}_{s2}$、$\boldsymbol{u}_{s3}$、$\boldsymbol{u}_{s5}$ 和 $\boldsymbol{u}_{s6}$，由式(7-57)可以得到电压矢量切换时的 ΔT_e^k：

$$\Delta T_e^k = \frac{3}{2}\frac{p_n}{L_q}|\boldsymbol{\psi}_f||\boldsymbol{u}_s|T_s\cos\delta(\sin\theta_{u\psi}^k - \sin\theta_{u\psi}^{k-1}) \tag{7-61}$$

式中，$\theta_{u\psi}^k$ 和 $\theta_{u\psi}^{k-1}$ 分别表示第 k 时刻和第 $k-1$ 时刻作用于电机的电压矢量与磁链的夹角，由于 $\theta_{u\psi}=\theta_u-\theta_\psi$，$\theta_u$ 表示电压矢量与 α 轴的夹角，分别将这四个 θ_u 代入式(7-61)得到下面的结论。

定义转矩相对波动范围：

$$f = \frac{2L_q\Delta T_e(k)}{3p_n\boldsymbol{\psi}_f|\boldsymbol{u}_s|T_s\cos\delta}$$

则电压矢量 $\boldsymbol{u}_{s2}$ 和 $\boldsymbol{u}_{s3}$ 之间切换导致的转矩相对波动范围为

$$f = \sin\theta_\psi \tag{7-62}$$

电压矢量 $\boldsymbol{u}_{s3}$ 和 $\boldsymbol{u}_{s5}$ 之间切换导致的转矩相对波动范围为

$$f = \sin\theta_\psi \tag{7-63}$$

电压矢量 $\boldsymbol{u}_{s2}$ 和 $\boldsymbol{u}_{s6}$ 之间切换导致的转矩相对波动范围为

$$f = -2\sin(60° - \theta_\psi) \tag{7-64}$$

在传统永磁同步电机 DTC 中，第一扇区的范围为(−30°,30°)，即 $\theta_{\psi 1}\in(-30°,30°)$；在细分十二扇区 DTC 中，第一扇区的范围为(−15°,15°)，即 $\theta_{\psi 2}\in(-15°,15°)$，分别将 $\theta_{\psi 1}$ 和 $\theta_{\psi 2}$ 代入式(7-62)～式(7-64)得到电压矢量切换时的转矩相对波动范围，如表 7-6 所示。可以发现，相比于传统方法，细分十二扇区的转矩相对波动范围有明显减小，表 7-6 中“$\rightleftharpoons$”代表电压矢量互相切换。

表 7-6　在第一扇区电压矢量切换时的转矩波动特性

切换的电压矢量	转矩相对波动范围 f	
	传统 DTC 划分法	十二扇区划分法
$\boldsymbol{u}_{s2}\rightleftharpoons\boldsymbol{u}_{s3}$	(−0.5, 0.5)	(−0.259, 0.259)
$\boldsymbol{u}_{s3}\rightleftharpoons\boldsymbol{u}_{s5}$	(−0.866, 0.866)	(−0.448, 0.448)
$\boldsymbol{u}_{s2}\rightleftharpoons\boldsymbol{u}_{s6}$	(−2, −1)	(−1.93, −1.414)

细分十二扇区永磁同步电机 DTC 系统原理图如图 7-15 所示。

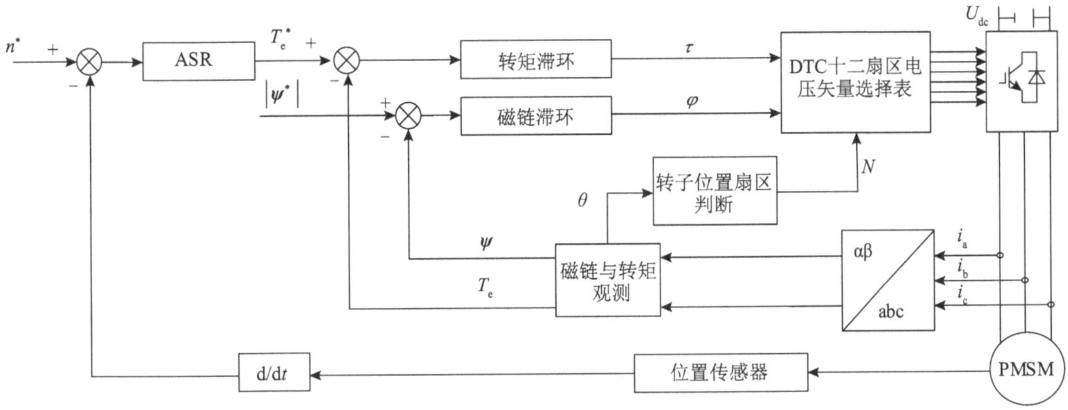

图 7-15 细分十二扇区永磁同步电机 DTC 系统原理图

7.5 系统仿真模型的建立及结果分析

本章利用仿真工具，对分析的永磁同步电机直接转矩控制系统进行仿真研究。整个系统的结构图如图 7-16 所示，图中以 alpha 为后缀的变量表示 α 轴变量，以 beta 为后缀的变量表示 β 轴变量。

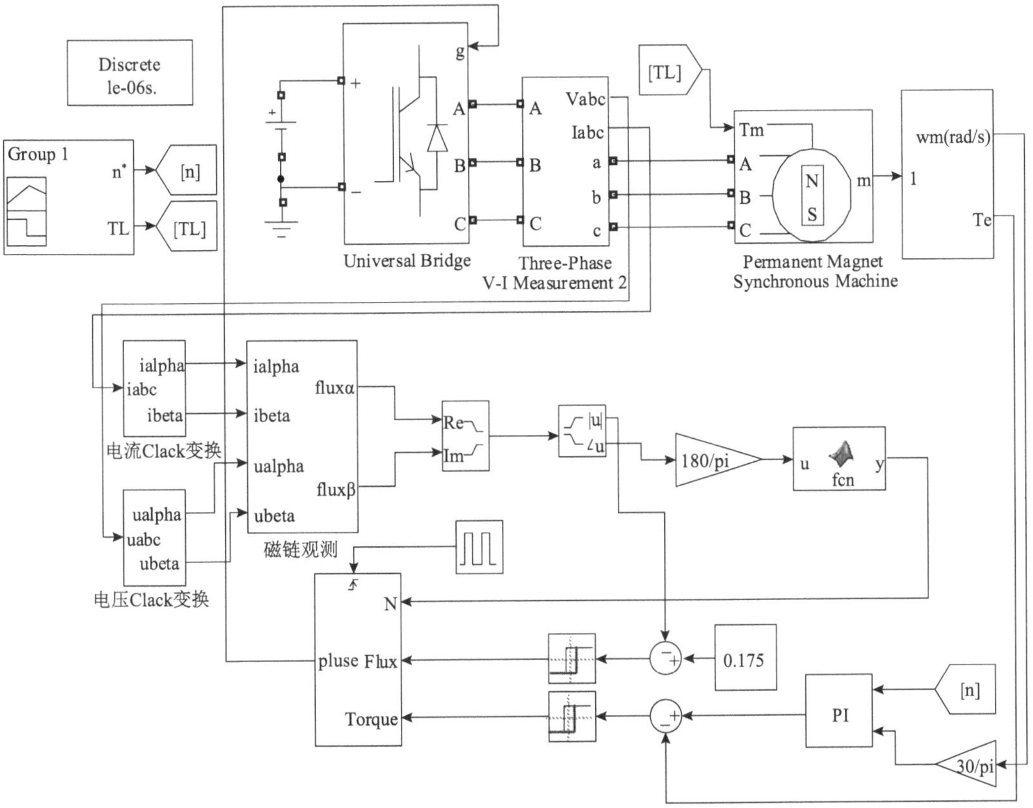

图 7-16 永磁同步电机直接转矩控制系统仿真

1. 转矩和磁链观测

要得到电磁转矩，还要知道ψ_{α}、ψ_{β}的值，可以通过对两相定子电压积分来得到，于是可以得到如图 7-17 所示的转矩和磁链观测模型。

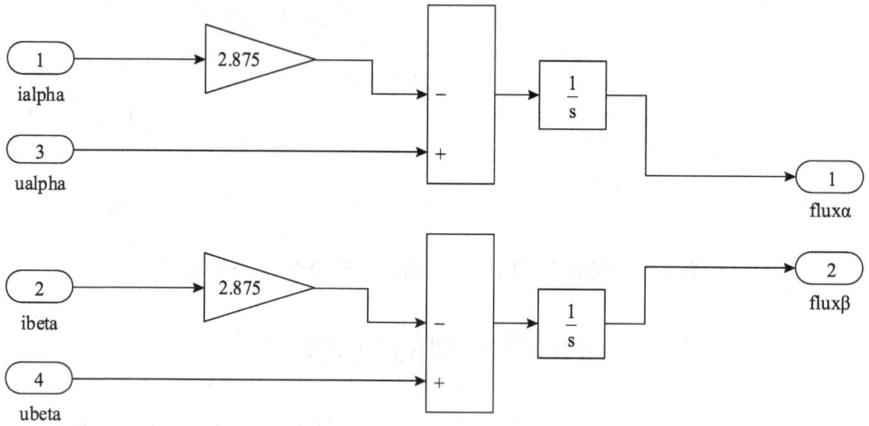

图 7-17　转矩和磁链观测模型

2. 区间判断

电压空间矢量平面被划分为 6 个区间，为了选择正确的电压空间矢量，必须对定子磁链矢量所在的区间进行判断。具体的判断方法是：首先根据ψ_{α}和ψ_{β}的正负关系大致判断定子磁链矢量所在的位置，然后根据ψ_{α}和ψ_{β}比值确定磁链矢量的具体位置。对于区间的判断是由自定义的函数来实现的。

3. 转矩和磁链调节

转矩和磁链调节模块的结构如图 7-18 所示。

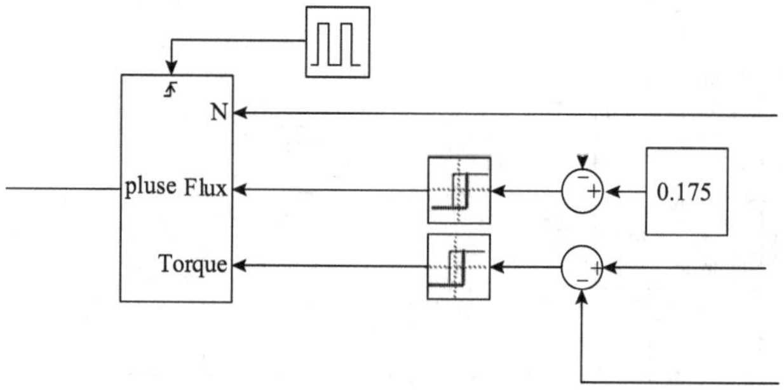

图 7-18　转矩和磁链调节模块

定子磁链的幅值与磁链给定值经过滞环比较器处理后得到数字信号 Flux(0 或 1)，当 Flux 由 1 变化为 0 时，表示磁链实际值小于磁链给定值，于是通过开关电压矢量选择表选择使磁链增大的电压空间矢量；反之，当 Flux 由 0 变化为 1 时，表示磁链实际值大于磁链给定值，应该选择使磁链减小的电压空间矢量。得到转矩控制信号 Torque 的方法与得到 Flux 的方法相同，只是需要分别选择使转矩减小和增大的电压空间矢量。

4. 转速调节

转速调节模块的结构如图 7-19 所示，它的作用是把参考转速和实际转速的差值进行 PI 调节后得到转矩的参考值。在 PI 控制器的参数中，随着比例系数的增大，系统动态响应加快，而积分系数主要影响系统的稳态误差，两者必须协调才能使系统达到较好的性能。

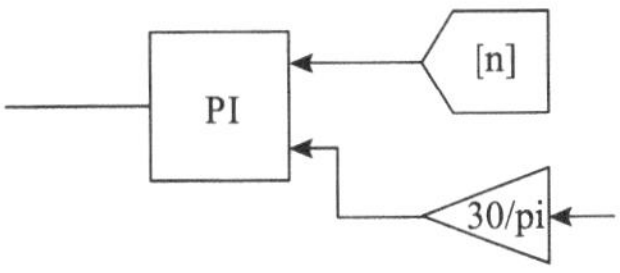

图 7-19　转速调节模块

5. 电压开关选择

电压开关选择模块如图 7-20 所示，永磁同步电机直接转矩控制开关状态表的内容见表 7-1。该函数的输入为磁链和转矩调节模块的输出 Flux 和 Torque，以及区间判断模块的输出。该模块的作用是综合判断三个输入量的组合，按照开关电压矢量选择表的规则产生不同的开关信号，来控制逆变器功率开关的导通。

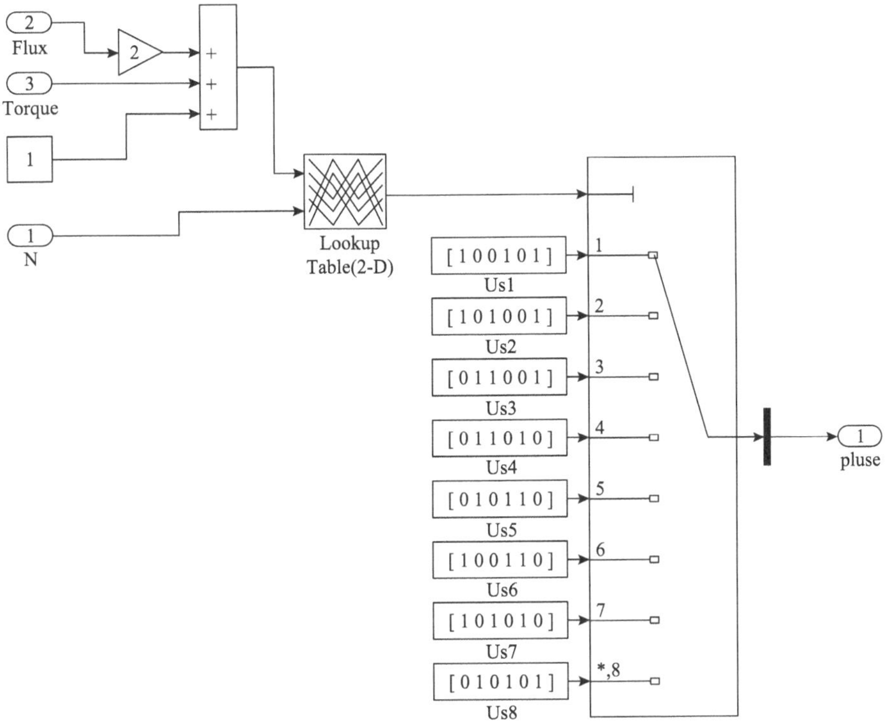

图 7-20　电压开关选择模块

7.6　细分十二扇区 DTC 仿真研究

7.6.1　仿真模型图

细分十二扇区永磁同步电机 DTC 系统仿真框图如图 7-21 所示。速度 PI 调节器的参数

设置分别为 $K_p = 0.15$ 和 $K_i = 8.6$，设置输出限幅值 SAT = ±18.6；磁链滞环控制器阈值上下限值为 $V_{\psi\_h} = \pm 0.002$，转矩滞环控制器阈值上下限值为 $V_{T\_h} = \pm 0.1$。该仿真模型改进了电压矢量开关表选择表模块，因此对判断电机定子磁链所处扇区的算法也进行了修改。

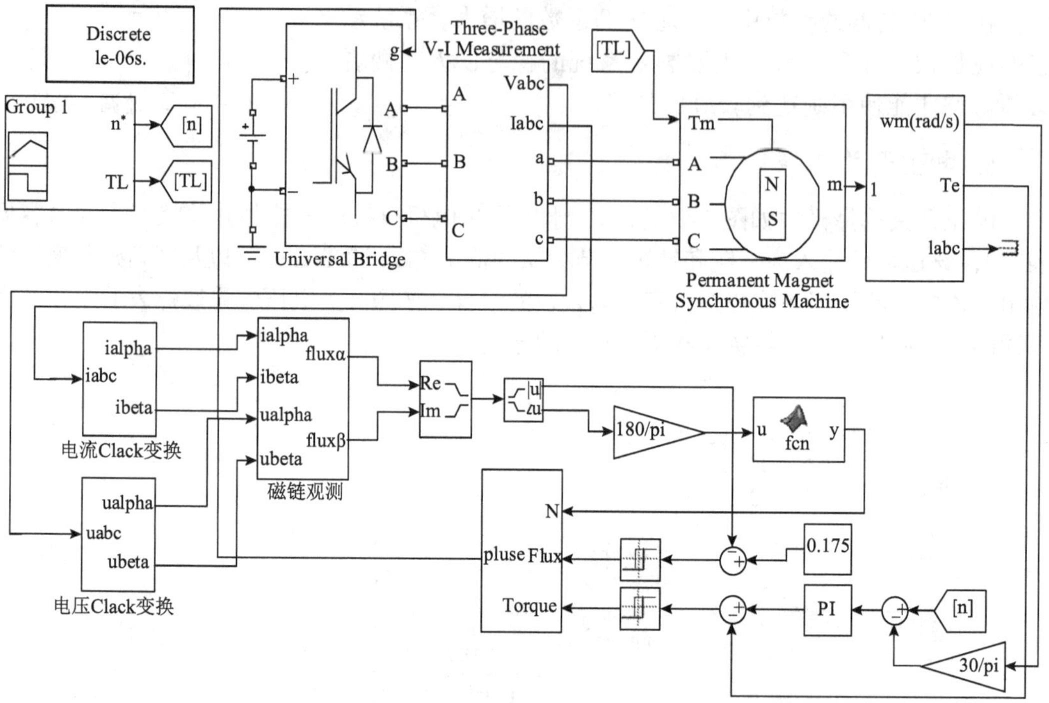

图 7-21　细分十二扇区永磁同步电机 DTC 系统仿真框图

系统运行过程与传统永磁同步电机 DTC 相同，电机转矩期望由转速调节器得到，与电机的电磁转矩反馈值共同进入转矩滞环控制器，磁链给定信号与定子磁链估计值进入磁链滞环控制器，结合修改后的算法判断输出的扇区号，经过查询电压矢量选择表，得到合适的电压矢量输入至电机，使电机工作。定子磁链估计模块如图 7-22 所示。

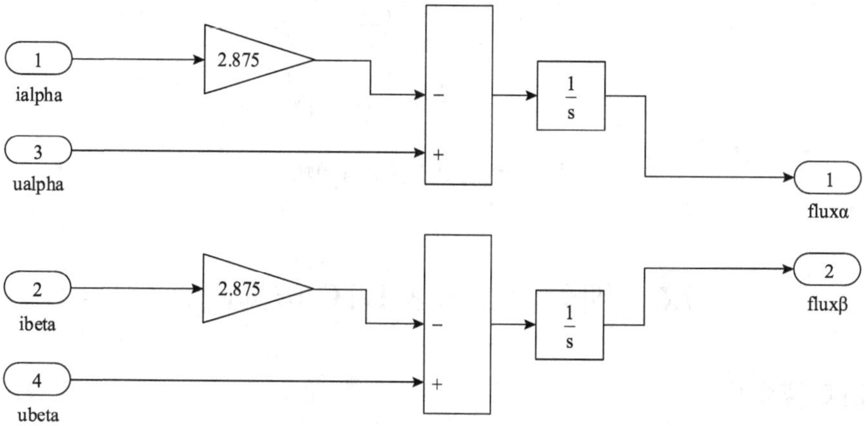

图 7-22　定子磁链估计模块仿真模型

7.6.2　仿真结果及分析

采用上述模型，利用仿真软件对一台永磁同步电机进行仿真研究，永磁同步电机的参数如下：定子电阻 $R_s = 2.875\Omega$，交、直轴等效电感 $L_d = L_q = 0.0085\text{H}$，转子磁链 $\psi_f = 0.175\text{Wb}$，转动惯量 $J = 0.00085\text{Kg}\cdot\text{m}^2$，黏滞系 $B = 0$，极对数 $p_n = 4$，在此基础上对比分析传统 DTC 系统和细分十二扇区 DTC 系统的性能指标。

图 7-23 为传统 DTC 系统的电机负载转矩输出波形，从图中可以看到，系统的转矩响应非常迅速，在 0.4s 时使负载转矩突变到 10N·m，电机输出转矩迅速变化为 10N·m，实现了对负载转矩的快速跟踪，体现了直接转矩控制的优点。图 7-24 为细分十二扇区 DTC 系统的电机负载输出波形，从图中可以看出，细分十二扇区 DTC 的转矩脉动幅值相比于传统 DTC 明显减小。

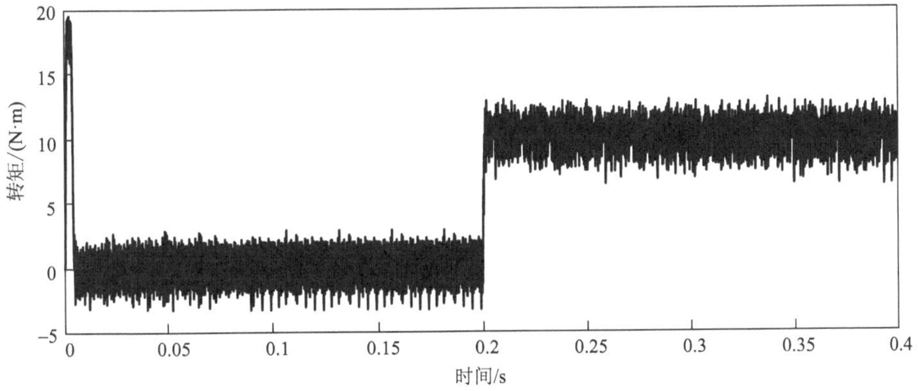

图 7-23　传统 DTC 系统电机负载转矩输出波形

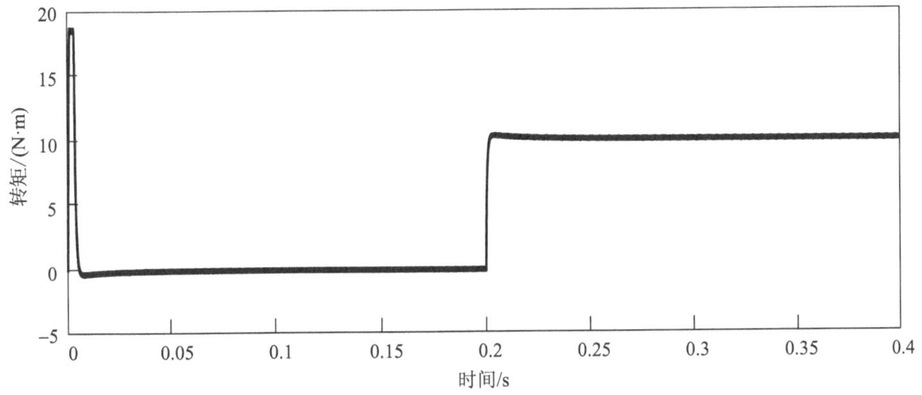

图 7-24　细分十二扇区 DTC 系统电机负载转矩输出波形

图 7-25 为传统 DTC 定子磁链轨迹，从图中可以看到，在系统运行过程中定子磁链轨迹为圆形，磁链幅值基本保持不变。图 7-26 为细分十二扇区 DTC 定子磁链轨迹，从图中可以看到，对比传统 DTC 系统，细分十二扇区 DTC 系统磁链幅值显著降低，曲线更加平滑。

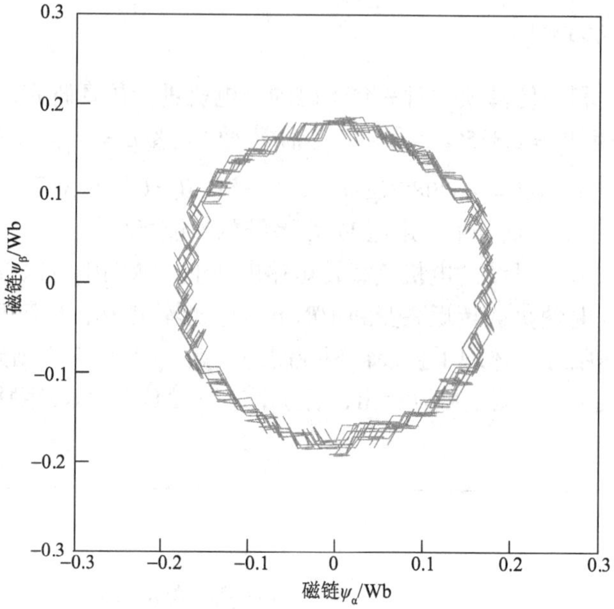

图 7-25　传统 DTC 定子磁链轨迹

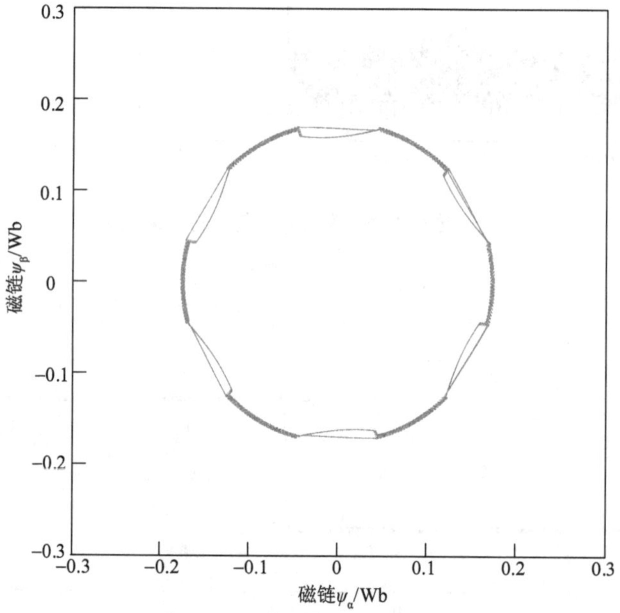

图 7-26　细分十二扇区 DTC 定子磁链轨迹

图 7-27 为传统 DTC 转速曲线，从图中可以看到，系统的转速响应非常迅速，转速参考值为 600r/min。在 0.4s 时把负载转矩增大到 10N·m，此时电机转速跌落，转速曲线出现了一个低谷，经过 0.05s 后，转速恢复到参考值，可见系统对负载改变的调节能力很强。图 7-28 为细分十二扇区 DTC 转速曲线，从图中可以看出，细分十二扇区 DTC 系统也能对电机进行良好控制，相比于传统 DTC 系统，电机在保持快速性的同时，运行得更加平稳，

控制性能得到提升。

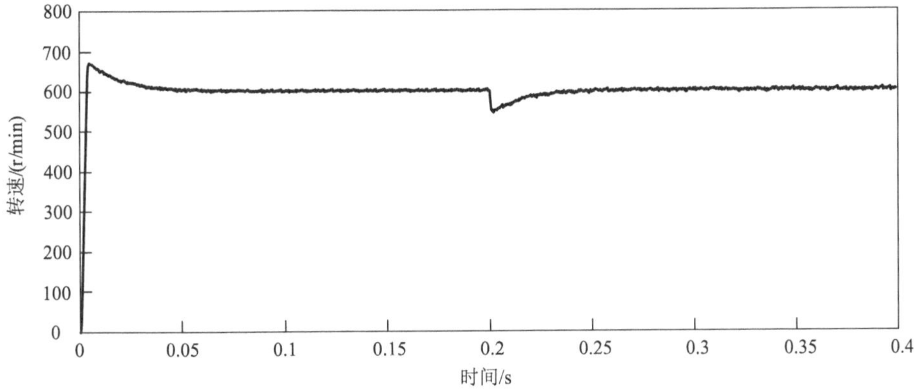

图 7-27　传统 DTC 转速曲线

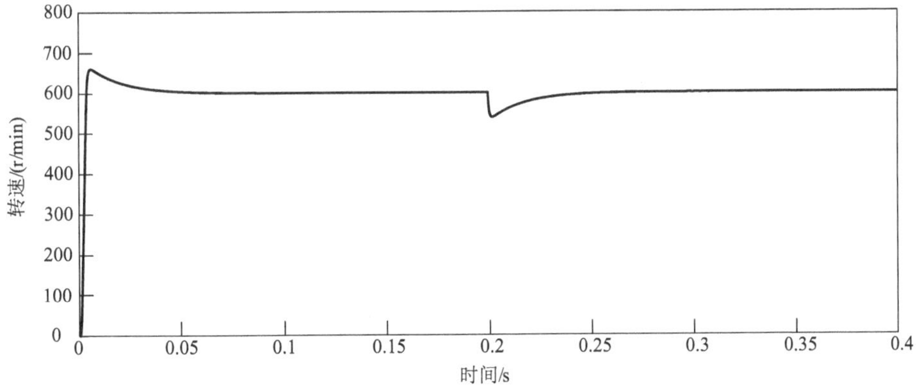

图 7-28　细分十二扇区 DTC 转速曲线

第 8 章　模型预测控制技术

自 20 世纪 70 年代以来，学者从工业过程控制所采用的启发式控制算法中不断地总结和提炼并系统化，逐步形成了一个具有完整理论体系、能够解决现实工程中控制问题的技术，即预测控制，也称模型预测控制。本章首先对模型预测控制基本原理及分类进行阐述，随后以异步电机和永磁同步电机为例，讨论其模型预测控制方法的具体实现。

8.1　模型预测控制的基本原理及分类

8.1.1　模型预测控制的基本原理

模型预测控制(model predictive control，MPC)作为一种优化控制理论被提出后便很快开始应用于工业界，由于其计算量较大，早期主要用于“慢过程”系统控制，如化工过程领域，有足够的时长来完成算法执行。智利学者 Jose Rodriguez 于 2009 年提出将预测控制应用于电力电子与电机控制系统，但由于状态变量变化较快，要求较高的采样频率，早期的微处理器运算性能限制了 MPC 的应用。而近些年随着微处理器运算性能的大幅提升及成本的不断降低，众多的国内外学者开始对 MPC 在电力电子及电机控制领域的应用进行研究，现已覆盖了异步电机、永磁同步电机、无刷直流电机、开关磁阻电机等主流电机类型和应用场合，其被视为继矢量控制、直接转矩控制后的第三种高性能电机控制策略。

MPC 的预测原理可以基本总结为：在确定被控对象的预测模型形式的基础上，依据被控对象观测所得的状态变量，在每个离散控制周期内对系统的未来动态行为进行预测，得到当前状态在未来的有限时域内在不同控制行为作用下的输出结果，采用预设的价值函数(优化价值函数通常是希望未来的系统行为按照期望去进行)得到最优控制序列并作用于系统，这就是在线求解有限时域内的开环优化问题。到下一个控制周期时，根据新的采样结果按照上述步骤重新计算所需施加的控制行为。因此可以认为 MPC 中每一个控制周期内都在进行开环优化，从宏观的角度可以理解为通过这种方式来实现闭环控制，这也正是其与传统控制策略最大的不同之处。图 8-1 为 MPC 工作原理示意图。在图 8-1 中，$r(k)$为 k 时刻系统被控变量的参考值，$u(k)$ 为 k 时刻系统控制输入变量，$y(k)$ 为 k 时刻系统变量实际值，$y(k|k)$ 为 k 时刻系统变量预测值，$y(k+j|k)$ 为在 k 时刻得到的 $k+j$ 时刻系统变量预测值 $j=(1,\cdots,N$ ，N 为预测步数)。MPC 根据被控系统的历史信息 $\{u(k-j), y(k-j) \mid j>0\}$ 和未来输入变量 $\{u(k+j) \mid j= 0,\cdots,N\}$ ，预测系统变量的变化 $\{y(k+j) \mid j= 0,\cdots,N\}$ 。以离散状态方程(8-1)为被控系统预测模型对 MPC 进行说明：

$$\begin{cases} x(k+1) = \boldsymbol{A}x(k) + \boldsymbol{B}u(k) \\ y(k+1) = \boldsymbol{C}x(k+1) \end{cases} \tag{8-1}$$

式中，$\boldsymbol{A}$、$\boldsymbol{B}$、$\boldsymbol{C}$ 为系统状态方程矩阵；$x(k)$ 为系统状态矢量。在 k 时刻，根据系统的控制输入和系统变量实际值，通过式(8-1)进行迭代运算来预测系统未来 N 个控制周期内的状态变化和输出变量，预测过程结束后，通过目标函数对预测结果进行误差评估，通过在线优化控制器求解最优控制序列，并将控制序列的第一个元素应用于系统。同时，将系统变量预测值与实际值之间的误差用于预测模型的反馈校正，形成闭环控制。在每一控制周期重复上述过程。

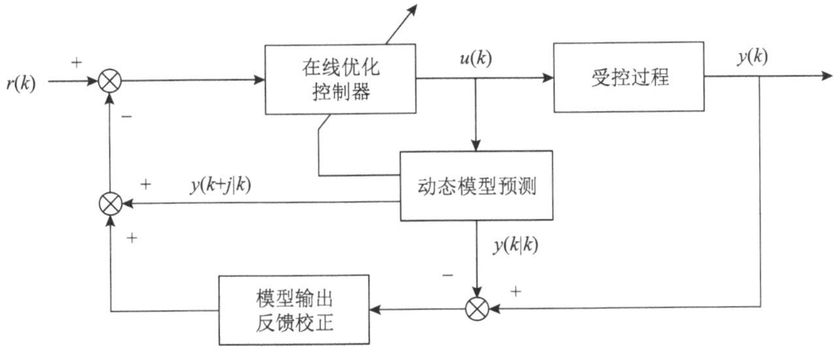

图 8-1　MPC 工作原理示意图

图 8-2 为 MPC 预测过程示意图。图中，$u(1)$、$u(2)$为两个不同的控制序列，$y(1)$、$y(2)$分别为 $u(1)$、$u(2)$对应的系统输出的预测值。可以看出，在不同的控制序列作用下，系统输出的变化趋势也不同。因此，MPC 需要对不同控制序列作用下的系统输出进行评估，通常采用包含着决定系统性能的关键参数的价值函数去寻找最优控制序列。然而，受限于硬件的计算能力，对过多的控制序列进行预测和评估显然是不现实的。因此，对于 MPC 中求解存在数目较多的控制序列的优化问题，通常会使用一些改进方法来排除明显不符合条件的控制序列。

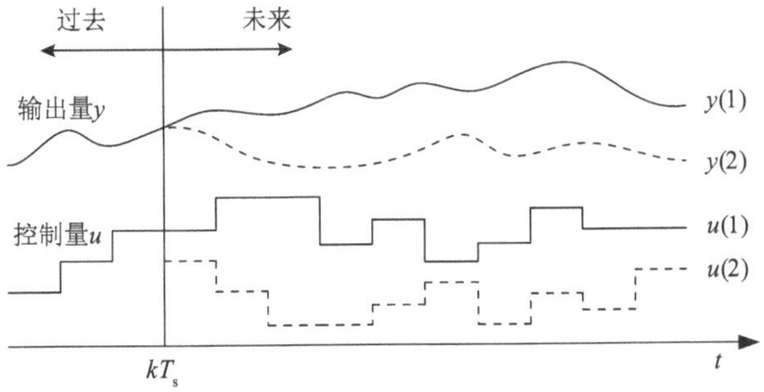

图 8-2　MPC 预测过程示意图

如图 8-3 所示，MPC 具有预测模型、滚动优化和反馈校正三个典型的特点。其中预测模型的作用是在 k 时刻，根据系统的当前状态，预测在有限时域的不同控制量输入下系统未来的输出。模型预测控制滚动优化策略是在线优化的方式，它在每一个控制周期内都进行一次新的优化，这也是与其他控制方式最显著的差异。在合理的价值函数配合下，滚动优化使得预测控制的动静态性能和鲁棒性有了显著的提高。最后，对于实际应用中可能出现的模型失配和扰动量等因素引起的预测模型失效，MPC 将预测值与实际值的误差应用于预测模型进行反馈校正，从而构成了系统的闭环控制，且这种控制方式不同于传统的闭环控制方式。

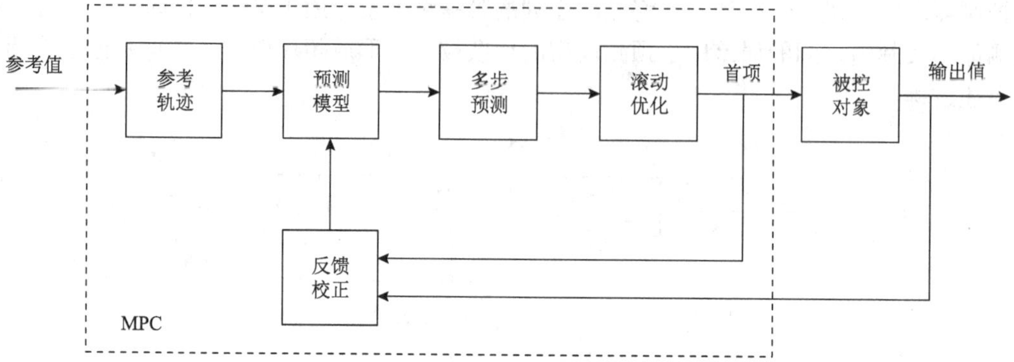

图 8-3　模型预测控制结构图

8.1.2　模型预测控制在电机控制领域的分类

本节从电压矢量控制集、预测步数、电机主要控制目标、控制方案结构等角度出发，对应用于电机控制系统的 MPC 进行分类。

(1) 根据电压矢量控制集的不同，MPC 可分为有限控制集模型预测控制(finite-control-set MPC，FCS-MPC)和连续控制集模型预测控制(continuous-control-set MPC，CCS-MPC)。FCS-MPC 充分结合变频器的离散开关特性，将所有开关状态对应的空间电压矢量组成有限控制集，采用枚举法依次对所有的电压矢量进行评估，最终选取满足控制目标的最优电压矢量施加于电机系统。电机系统的有限控制集模型预测控制策略具有很高的工业应用价值与理论研究价值，该策略的提出为电机系统控制领域提供了很好的思路，且受到学者的广泛关注。与 FCS-MPC 相比，CCS-MPC 采用脉宽调制技术，连续控制集中包含任意幅值、任意相角的备选矢量，故不存在电机系统控制精度受限于备选矢量个数的弊端。然而，若想同样采用 FCS-MPC 中的枚举法，从连续控制集中直接筛选出最优电压矢量，固然是行不通的。一般地，CCS-MPC 需根据具体的控制目标与约束条件构造最优化求解问题，以期获得最优电压矢量。此外，CCS-MPC 表现形式和结构相对复杂，需要设计者具备较高的理论基础。图 8-4 所示为 CCS-MPC 和 FCS-MPC 系统图。

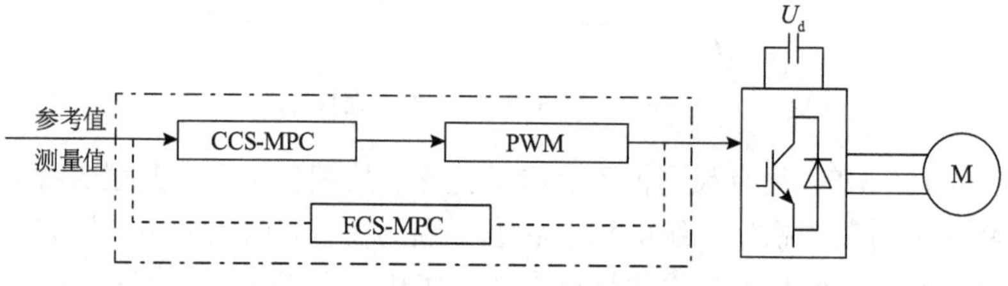

图 8-4　CCS-MPC 和 FCS-MPC 系统图

(2) 根据预测步数的不同，MPC 可分为单步 MPC(single-step MPC)和多步 MPC(multi-step MPC)。单步 MPC 仅对未来一个控制周期内电机运行状态的变化进行预测，算法简单，便于执行。考虑到电机控制系统状态变量变化较快，控制周期通常在几十微秒，一般可以满足单步 MPC 算法执行时间需求，因此其得到了国内外学者的广泛采用。多步 MPC 则要对未来多个控制周期内电机运行状态的变化进行预测，相关研究表明，多步 MPC 比单步 MPC 能够获得更优的开关序列，从而进一步提升控制性能，包括降低转矩、电流波动等。但是多步 MPC 算法相对复杂，计算量较大。以应用于三相两电平逆变器的 MPC 基本方案为例，若执行单步预测，需要枚举 8 个电压矢量，而执行 N 步预测(N 为正整数)则需要枚举 8^N 个电压矢量，计算量成指数级上升，对电机控制系统的计算速度要求较高，系统的硬件成本也会相应提高，因此该方案不适用于现有的电机应用场合。因此如何结合控制目标以缩小需要评估的电压矢量范围、简化算法以降低运算量成为多步 MPC 研究的难点问题。

(3) 根据电机主要控制目标的不同，MPC 可分为模型预测转矩控制(model predictive torque control，MPTC)和模型预测电流控制(model predictive current control，MPCC)。MPTC 是基于离散电机模型预测不同电压矢量作用下的未来控制周期的电磁转矩和定子磁链，由包含电磁转矩和定子磁链误差项的评价函数对所有预测结果进行评估，以确定最优电压矢量。在 MPTC 中，因为要同时控制转矩和磁链两个不同量纲的目标，在评价函数中需引入权重系数，不合适的权重系数会导致控制性能恶化，因此权重系数的整定或消除是 MPTC 研究热点。MPCC 算法则是基于预测模型计算得到逆变器所有开关组合对应的预测定子电流，然后通过包含定子电流误差项的评价函数进行评估，选择出使其值最小的电压矢量。相比于 MPTC，MPCC 一般不需要对电流目标(如交、直轴电流分量)赋予权重，使得算法更为简单。但 MPCC 依赖于电机模型中参数的准确性，参数失配时会直接影响 MPCC 预测和控制性能。除了转矩、电流等电机主要控制目标，根据具体应用场合还会有不同侧重点的协同控制目标，使得 MPC 算法在设计上有一定的差异。对于高压大功率电机应用场合，由于逆变器开关损耗较大,因此 MPC 策略需要在实现电流等常规控制目标跟踪的同时尽可能降低开关频率，以减少开关损耗，提高系统效率。针对该控制目标，一类 MPC 是将逆变器三相桥臂开关次数设计为评价函数项，并赋予权重系数；另一类 MPC 是在预测算法执行时，基于相邻控制周期只能有一相桥臂或者没有开关状态切换的标准进行电压枚举。相比之下，对于中低压小功率电机应用场合，可以允许较高的开关频率，相应地要求更优的稳态控制性能，但基本的 MPC 策略在每个控制周期只施加一个电压矢量而不使用调制技术，且在几个相邻控制周期可能施加同一个电压矢量，因此其无法保证在固定的控制周期内具有固定的开关状态变换次数，进而导致开关频率不固定，电流谐波频谱分散，产生一定的稳态电流波动。目前主要有两种解决思路：一种是基本 MPC 策略结合变占空比算法，实现一个控制周期内多种开关状态的组合；另一种是充分发挥 MPC 评价函数处理多目标协同控制的优势，将调整开关序列、改善频谱分布的目标设计为评价函数中的一项，取得类似于采用 PWM 调制模块的稳态控制性能。

(4) 根据控制方案结构的不同,MPC 可分为应用于级联结构的 MPC 和应用于无级联结构的 MPC。传统的电机控制系统通常采用电流控制内环和转速控制外环的双闭环级联结构，两个控制环一般基于 PI 调节器。当 MPC 策略引入电机控制领域后，电流环采用 MPC

控制器，而转速环可采用 PI 调节器、无差拍控制器或广义预测控制器等。该结构下，外环根据运行工况为内环提供电流指令，内环 MPC 控制器主要完成对电流指令的跟踪目标。目前有学者取消该级联结构，采用一个 MPC 控制器同时实现转速和电流的控制。相比于级联结构，无级联结构能够进一步体现出 MPC 策略在实现多目标协同控制和处理多约束条件方面的优势，但同时会使得评价函数更为复杂，多个权重因子数值的确定更为困难。此外，对于应用于无级联结构的 MPC，在实现上需要提供准确的负载转矩信息，一般需要通过设计观测器来观测负载转矩。相比之下，级联结构的抗扰动性能更佳。

MPC 在电机控制领域的分类如图 8-5 所示。

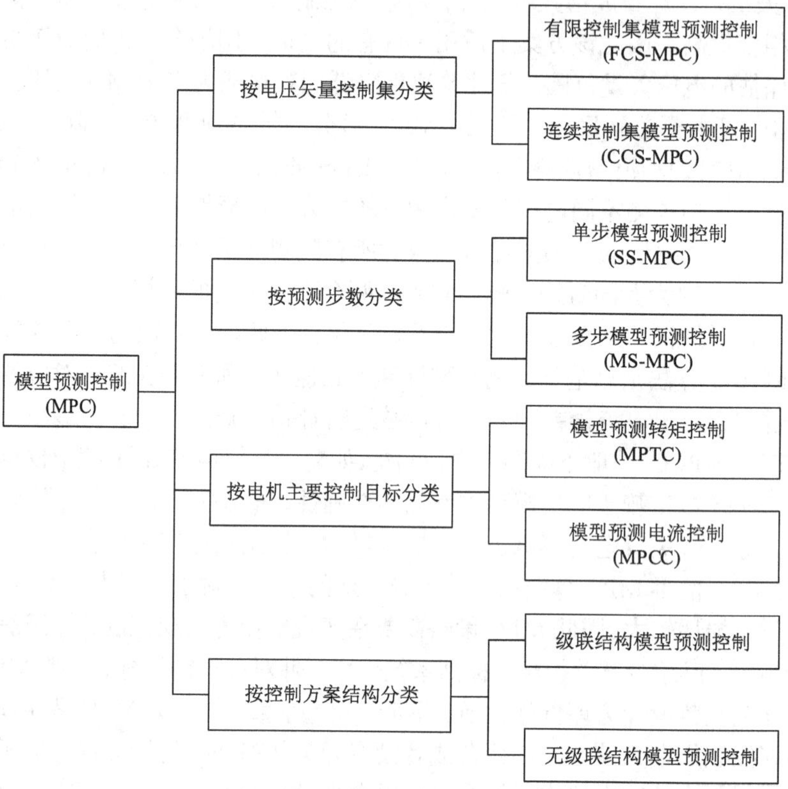

图 8-5　MPC 分类

8.2　异步电机有限控制集模型预测电流控制

本节从异步电机的数学模型出发，结合 5.4 节的电压空间矢量部分的知识，通过数学模型离散化、数字信号处理器固有延时环节的补偿、评价函数的设计等部分，介绍异步电机有限控制集模型预测电流控制(finite-control-set model predictive current control, FCS-MPCC)的实施过程。

8.2.1　异步电机数学模型的离散化

FCS-MPCC 在每个开关周期内通过评价函数选取一个电压矢量，其具体实施过程包括首先根据预测模型对电流进行预测，然后通过评价函数选取与参考值误差最小的电压矢量作为最优电压矢量。获得离散化的异步电机数学模型是应用预测控制模型的前提，首先将连续模型离散化。在两相静止 αβ 坐标系中，根据式(4-146)和式(4-147)异步电机的电压方程和磁链方程，如果选取定子电流分量和转子磁链分量作为状态变量，可以得到异步电机状态空间形式的数学模型如下：

$$p\boldsymbol{x} = \boldsymbol{A}\boldsymbol{x} + \boldsymbol{B}\boldsymbol{u} + d \tag{8-2}$$

式中，$\boldsymbol{x} = [i_{s\alpha}\ \ i_{s\beta}\ \ \psi_{r\alpha}\ \ \psi_{r\beta}]^{T}$ 是状态变量；$\boldsymbol{u} = \left[u_{s\alpha}\ \ u_{s\beta}\right]^{T}$ 是定子电压矢量；$\boldsymbol{A} = \begin{bmatrix} -c & 0 & a & b\omega_r \\ 0 & -c & b\omega_r & a \\ \dfrac{L_m}{\tau_r} & 0 & -\dfrac{1}{\tau_r} & -\omega_r \\ 0 & \dfrac{L_m}{\tau_r} & \omega_r & -\dfrac{1}{\tau_r} \end{bmatrix}$；$\boldsymbol{B} = \begin{bmatrix} d & d & 0 & 0 \\ 0 & 0 & 0 & 0 \end{bmatrix}^{T}$，并且 a、b、c、d 分别满足 $a = L_m / \sigma L_s L_r \tau_r$，$b = L_m / \sigma L_s L_r$，$c = (R_s L_r^2 - R_r L_m^2) / \sigma L_s L_r^2$，$d = 1/\sigma L_s$。其中，$\sigma = 1 - L_m^{\ 2} / L_s L_r$。

按照标准状态空间模型形式，式(8-2)可以描述为 $\dot{x} = Ax + Bu + d$ 的形式。根据 Cayley-Hamilton 定理，状态方程的时域通解为

$$\boldsymbol{x}(t) = e^{\boldsymbol{A}(t-t_0)}\boldsymbol{x}(t_0) + \int_{t_0}^{t} e^{\boldsymbol{A}(t-t_0)}[\boldsymbol{B}\boldsymbol{u}(\tau) + d(\tau)]d\tau \tag{8-3}$$

根据数字控制的特点，在离散步长足够短的情况下，可以认为系统输入变量 u 在一个控制周期内是恒定不变的，并且 d 所表示的反电势受机械惯性的影响，相对于电流环而言变化较慢，因此，d 在一个控制周期内也可认为是恒定的。在单步内进行离散且离散步长为 T_s，令 $t_0 = kT_s$，$t = (k+1)T_s$，得到状态方程通解为

$$\boldsymbol{x}(k+1) = \boldsymbol{A}_{\phi}\boldsymbol{x}(k) + \boldsymbol{A}^{-1}(\boldsymbol{A}_{\phi} - \boldsymbol{I})\boldsymbol{B}\boldsymbol{u}(k) + \boldsymbol{A}^{-1}(\boldsymbol{A}_{\phi} - \boldsymbol{I})d(k) \tag{8-4}$$

$$\boldsymbol{A}_{\phi}\boldsymbol{x} = e^{AT_s} = e^{-R_s T_s / L_s}\begin{bmatrix} \cos\omega_r T_s & \sin\omega_r T_s \\ -\sin\omega_r T_s & \cos\omega_r T_s \end{bmatrix} \tag{8-5}$$

式中，$\boldsymbol{I}$ 为单位矩阵。进一步地，若离散步长 T_s 足够短，那么可认为 $\cos\omega_r T_s \approx 1$，$\sin\omega_r T_s \approx \omega_r T_s$，$e^{-R_s T_s / L_s} \approx 1 - \dfrac{R_s}{L_s} T_s$。由此，采用 Cayley-Hamilton 定理对式(8-2)进行离散化可得

$$\begin{cases} i_{s\alpha}(k+1) = (1 - aT_s)i_{s\alpha}(k) + bT_s\psi_{r\alpha}(k) + cT_s\omega_r(k)\psi_{r\beta}(k) + dT_s u_{s\alpha}(k) \\ i_{s\beta}(k+1) = (1 - aT_s)i_{s\beta}(k) + bT_s\psi_{r\beta}(k) - cT_s\omega_r(k)\psi_{r\alpha}(k) + dT_s u_{s\beta}(k) \\ \psi_{s\alpha}(k+1) = (1 - T_s/T_r)\psi_{s\alpha}(k) - T_s\omega_r(k)\psi_{r\beta}(k) + T_s L_m i_{s\alpha}(k)/T_r \\ \psi_{s\beta}(k+1) = (1 - T_s/T_r)\psi_{s\beta}(k) + T_s\omega_r(k)\psi_{r\alpha}(k) + T_s L_m i_{s\beta}(k)/T_r \end{cases} \tag{8-6}$$

式中，T_s 为采样周期(本章中的采样周期选取与离散步长相等，都用 T_s 表示)。在采样周期

足够短的情况下，上述方法可以得到较为精确的离散化模型。式(8-6)为异步电机的电流和磁链预测方程。

异步电机的电磁转矩可以通过式(8-7)计算得到：

$$T_e(k+1) = p_n\left[\psi_{s\alpha}(k+1)i_{s\beta}(k+1) - \psi_{s\beta}(k+1)i_{s\alpha}(k+1)\right] \tag{8-7}$$

8.2.2　基本电压矢量

如果考虑使用传统的两电平逆变器，则逆变器发出的基本电压矢量可以分为 6 个有效电压矢量($\boldsymbol{u}_{s1} \sim \boldsymbol{u}_{s6}$)和 2 个零电压矢量($\boldsymbol{u}_{s0}$ 和 $\boldsymbol{u}_{s7}$)。根据 5.4 节电压空间矢量部分的内容，可以定义开关函数与基本电压矢量的对应关系，如表 8-1 所示。所得的基本电压矢量空间分布如图 8-6 所示。

表 8-1　开关状态与静止坐标系下的电压对应关系

电压矢量符号	开关状态 S_A、S_B、S_C	U_A	U_B	U_C	U_α	U_β
$\boldsymbol{u}_{s0}$	000	0	0	0	0	0
$\boldsymbol{u}_{s1}$	100	$2U_{dc}/3$	$-U_{dc}/3$	$-U_{dc}/3$	$2U_{dc}/3$	0
$\boldsymbol{u}_{s2}$	110	$U_{dc}/3$	$U_{dc}/3$	$-2U_{dc}/3$	$U_{dc}/3$	$\sqrt{3}U_{dc}/3$
$\boldsymbol{u}_{s3}$	010	$-U_{dc}/3$	$2U_{dc}/3$	$-U_{dc}/3$	$-U_{dc}/3$	$\sqrt{3}U_{dc}/3$
$\boldsymbol{u}_{s4}$	011	$-2U_{dc}/3$	$U_{dc}/3$	$U_{dc}/3$	$-2U_{dc}/3$	0
$\boldsymbol{u}_{s5}$	001	$-U_{dc}/3$	$-U_{dc}/3$	$2U_{dc}/3$	$-U_{dc}/3$	$-\sqrt{3}U_{dc}/3$
$\boldsymbol{u}_{s6}$	101	$U_{dc}/3$	$-2U_{dc}/3$	$U_{dc}/3$	$U_{dc}/3$	$-\sqrt{3}U_{dc}/3$
$\boldsymbol{u}_{s7}$	111	0	0	0	0	0

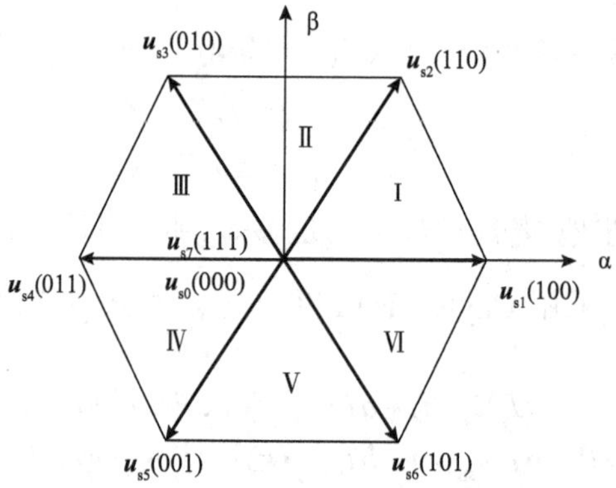

图 8-6　基本电压空间矢量分布

由此，可以通过遍历基本电压矢量的方式，根据功率开关信号计算不同的基本电压矢量，并将基本电压矢量代入异步电机的预测方程，即式(8-3)，进行下一时刻状态变量的预测求解，随后根据评价函数进行计算评估，以确定最终作用于电机的电压矢量。

8.2.3　延时补偿与评价函数设计

在实际应用的数字控制系统中，从控制计算的起始时刻到采集到控制结果至少需要两个控制周期。图 8-7 是数字控制系统的电流控制时序图。图中第 k 次 PWM 装载时刻触发检测与转换，A/D 转换器采样相电流，编码器采样计算转子的绝对位置。根据相电流、角度和当前功率开关信号计算输出参考电压。输出的电压矢量经过驱动信号发生器转变为逆变器的开关信号，在第 k+1 次的 PWM 装载过程中作用于电机，并于 k+2 时刻采样得到电压矢量作用于电机后的效果。

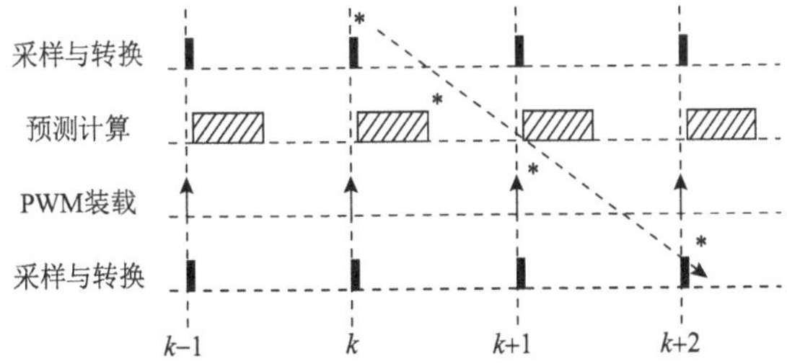

图 8-7　数字控制系统电流控制时序

因此需要对预测值进行延时补偿，即预测 k+2 时刻的变量值，交由评价函数进行计算。k+2 时刻的预测值可由式(8-3)根据递推关系得到。

评价函数的选择直接决定了系统的控制行为，同时也影响控制算法的控制性能。根据电流预测控制的目标需要，可以设计不同的评价函数，当评价函数中存在不同的指标因素时，还需要根据量纲和权重设定权重系数。在两相静止坐标系中，FCS-MPCC 控制目标是实际电流能够精确且快速地跟踪参考值，因此评价函数设计如下：

$$\text{cost}=\left\{i_{s\alpha}^{*}-i_{s\alpha}(k+2)\right\}^{2}+\left\{i_{s\beta}^{*}-i_{s\beta}(k+2)\right\}^{2} \tag{8-8}$$

式中，cost 代表评价函数的评估结果。根据遍历所有基本电压矢量后计算得到的评估结果 cost，并将它们的值进行排序，确定使评价函数最小时对应的最优电压矢量，即异步电机需要发出的电压矢量。

8.2.4　异步电机的有限控制集模型预测电流控制算法

异步电机的 FCS-MPCC 结构图如图 8-8 所示。根据图 8-8，控制系统当前时刻作用于电机的电压矢量可由相(线)电压采样得到，也可由母线电压采样结合功率开关信号进行电压重构得到。

由于采用了转子磁场定向，所以根据式(4-159)，d 轴电流参考值由转子磁链参考值计算得到：

$$i_{sd}^{*}=\frac{T_{r}\rho+1}{L_{m}}\psi_{r}^{*} \tag{8-9}$$

而 q 轴电流参考值可以通过速度 PI 调节器的输出得到。在分别得到 d、q 轴电流参考值后，再通过坐标变换得到α、β轴的电流参考值，送入评价函数进行电压矢量的评估。用于坐标变换的角度通过转子的电角速度和转差角速度求和再积分的方法得到：

$$\theta_{\mathrm{e}} = \int (\omega_{\mathrm{r}} + \omega_{\mathrm{f}}) \mathrm{d}t \tag{8-10}$$

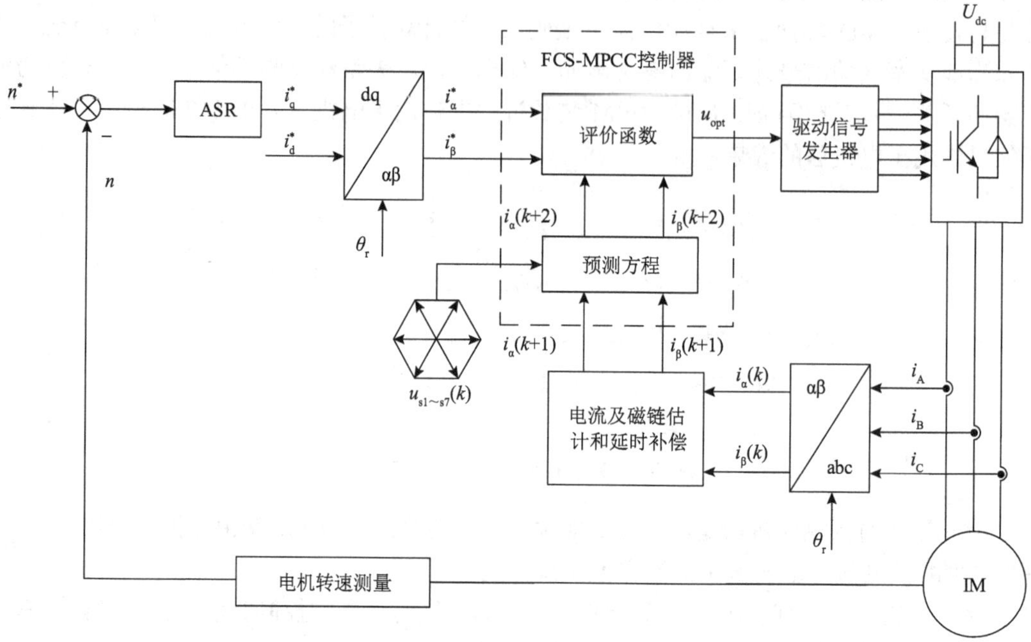

图 8-8 异步电机 FCS-MPCC 结构图

在式(8-2)的基础上整理可得

$$\begin{cases} \psi_{\mathrm{r\alpha}} = \dfrac{1}{T_{\mathrm{r}}\rho + 1}(L_{\mathrm{m}} i_{\mathrm{s\alpha}} - \omega_{\mathrm{r}} T_{\mathrm{r}} \psi_{\mathrm{r\beta}}) \\ \psi_{\mathrm{r\beta}} = \dfrac{1}{T_{\mathrm{r}}\rho + 1}(L_{\mathrm{m}} i_{\mathrm{s\beta}} - \omega_{\mathrm{r}} T_{\mathrm{r}} \psi_{\mathrm{r\alpha}}) \end{cases} \tag{8-11}$$

式(8-11)即为转速-电流模型表达式，转子磁链可由此转速-电流模型观测获得。

综合前面的内容所述，异步电机的 FCS-MPCC 具体工作流程如下：

(1) 采样 k 时刻的电压值和电流值，进行电流和磁链估计，通过式(8-3)计算 k+1 时刻的电流和磁链值；

(2) 基于 k+1 时刻的变量值，遍历所有基本电压矢量，根据预测方程式(8-3)递推计算 k+2 时刻的电流预测值；

(3) 将得到的参考值和电流预测值送入评价函数式(8-8)进行计算评估，确定使评价函数 cost 最小时对应的最优电压矢量 u_{opt}；

(4) 根据所得到的电压矢量 u_{opt} 发出驱动信号，并更新开关状态。

8.2.5　异步电机的有限控制集模型预测电流控制仿真实例

根据 8.2 节中 FCS-MPCC 具体工作流程和结构图，可以在传统矢量控制的基础上用仿真软件搭建 FCS-MPCC 的控制模型，如图 8-9 所示。

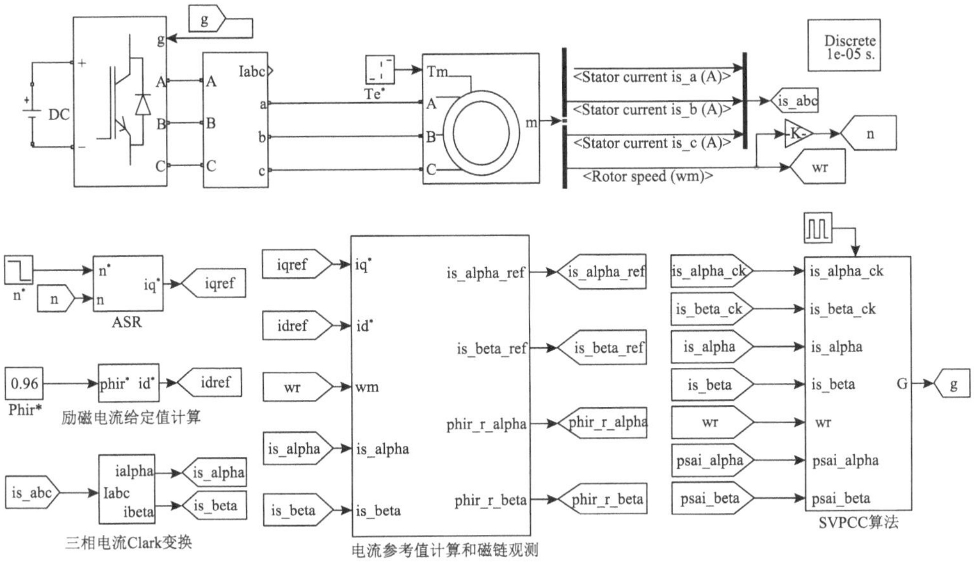

图 8-9　异步电机 FCS-MPCC 仿真框图

在本例中预测控制算法使用 M 文件编写。仿真所用的三相异步电机的参数为：功率 $P = 7.5\text{kW}$，直流母线电压 $U_{dc} = 500\text{V}$，定子相绕组电阻 $R_s = 0.7384\Omega$，转子相绕组电阻 $R_r = 0.7402\Omega$，定子漏感 $L_s = 0.003045\text{H}$，转子漏感 $L_r = 0.003045\text{H}$，定、转子之间的互感 $L_m = 0.1241\text{H}$，转动惯量 $J = 0.0343\text{kg·m}^2$，额定转速 $n_r = 1440\text{r/min}$，极对数 $p_n = 2$，转子磁链参考值 0.96Wb，PI 调节器参数 $K_p = 5$、$K_i = 0.01$，系统控制周期 5ms。

系统由空载启动，使转速从 0 升至 1400r/min，待进入稳态后，在 $t = 0.5\text{s}$ 时突加负载 $T_L = 10\text{N·m}$，动态调节过程结束后，在 $t = 0.7\text{s}$ 时突降转速至 500r/min，可得系统转速、转矩、A 相定子电流波形分别如图 8-10～图 8-12 所示。

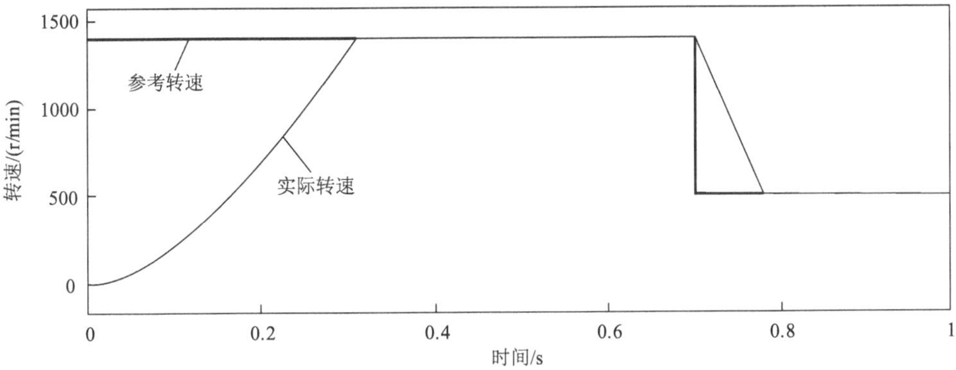

图 8-10　FCS-MPCC 仿真系统电机转速波形

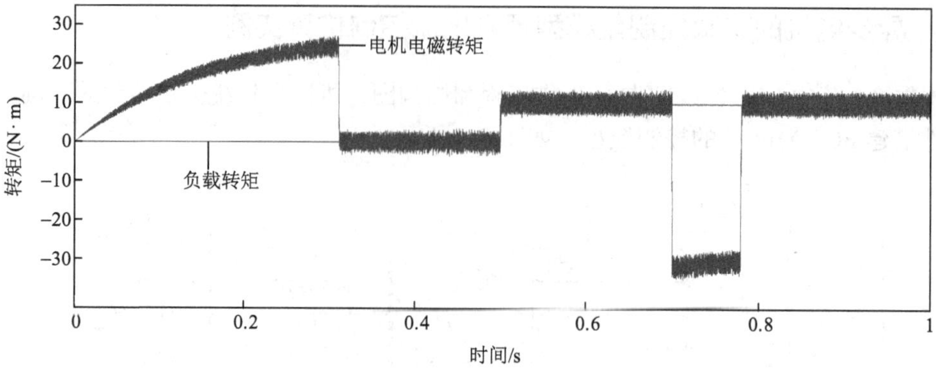

图 8-11　FCS-MPCC 仿真系统转矩波形

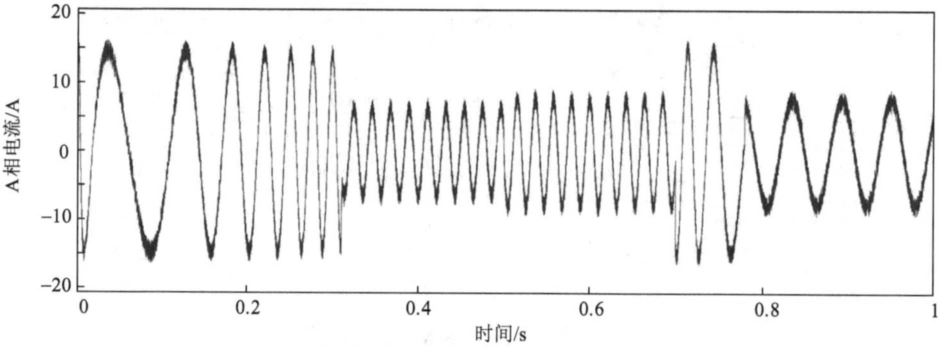

图 8-12　FCS-MPCC 仿真系统 A 相定子电流波形

由仿真波形可以看出，在设置参考转速 $n^*=1400\text{r/min}$ 的情况下，系统响应快速且平稳；在 $t=0.5\text{s}$ 时突加负载，转速发生突降，但又能迅速恢复到平衡状态，稳态运行时无静差。在 $t=0.7\text{s}$ 时突降转速，经过动态调节，转矩能迅速恢复到参考状态，跟踪参考值。

8.3　永磁同步电机有限控制集模型预测电流控制

1. 永磁同步电机数学模型的离散化

传统 FCS-MPCC 策略的基本原理是根据系统的离散数学模型，对逆变器全部开关组合下的电流响应进行预测，随后利用预设的价值函数对预测结果进行评估，得到最优开关组合来驱动电机。获得离散化的永磁同步电机数学模型是应用预测控制模型的前提，首先将连续模型离散化。根据式(5-15)，永磁同步电机两相旋转 dq 坐标系下的电压方程可以写为

$$\begin{cases} u_{\mathrm{d}}=R_{\mathrm{s}}i_{\mathrm{d}}+L_{\mathrm{d}}\dfrac{\mathrm{d}i_{\mathrm{d}}}{\mathrm{d}t}-\omega_{\mathrm{r}}L_{\mathrm{q}}i_{\mathrm{q}} \\ u_{\mathrm{q}}=R_{\mathrm{s}}i_{\mathrm{q}}+L_{\mathrm{q}}\dfrac{\mathrm{d}i_{\mathrm{q}}}{\mathrm{d}t}+\omega_{\mathrm{r}}L_{\mathrm{d}}i_{\mathrm{d}}+\omega_{\mathrm{r}}\psi_{\mathrm{f}} \end{cases} \tag{8-12}$$

设离散采样步长为 T_{s}，利用前向欧拉法将式(8-12)离散化，约定当前时刻为第 k 个离散周期，可以获得永磁同步电机离散的电压方程为

$$\begin{cases} u_{\mathrm{d}}(k) = R_{\mathrm{s}} i_{\mathrm{d}}(k) + L_{\mathrm{d}} \dfrac{i_{\mathrm{d}}(k+1) - i_{\mathrm{d}}(k)}{T_s} - \omega_{\mathrm{r}}(k) L_{\mathrm{q}} i_{\mathrm{q}}(k) \\ u_{\mathrm{q}}(k) = R_{\mathrm{s}} i_{\mathrm{q}}(k) + L_{\mathrm{q}} \dfrac{i_{\mathrm{q}}(k+1) - i_{\mathrm{q}}(k)}{T_s} + \omega_{\mathrm{r}}(k) L_{\mathrm{d}} i_{\mathrm{d}}(k) + \omega_{\mathrm{r}}(k) \psi_{\mathrm{f}} \end{cases} \tag{8-13}$$

根据离散化电压方程，可以获得电流预测模型，第 k+1 个离散周期的电流表达式为

$$\begin{cases} i_{\mathrm{d}}(k+1) = \left(1 - \dfrac{R_{\mathrm{s}} T_{\mathrm{s}}}{L_{\mathrm{d}}}\right) i_{\mathrm{d}}(k) + \dfrac{T_{\mathrm{s}}}{L_{\mathrm{d}}} u_{\mathrm{d}}(k) + \dfrac{T_{\mathrm{s}} \omega_{\mathrm{r}}(k) L_{\mathrm{q}}}{L_{\mathrm{d}}} i_{\mathrm{q}}(k) \\ i_{\mathrm{q}}(k+1) = \left(1 - \dfrac{R_{\mathrm{s}} T_{\mathrm{s}}}{L_{\mathrm{d}}}\right) i_{\mathrm{q}}(k) + \dfrac{T_{\mathrm{s}}}{L_{\mathrm{q}}} u_{\mathrm{q}}(k) - \dfrac{T_{\mathrm{s}} \omega_{\mathrm{r}}(k) L_{\mathrm{d}}}{L_{\mathrm{q}}} i_{\mathrm{d}}(k) - \dfrac{T_{\mathrm{s}} \omega_{\mathrm{r}}(k) \psi_{\mathrm{f}}}{L_{\mathrm{q}}} \end{cases} \tag{8-14}$$

考虑数字系统一拍延迟补偿，有

$$\begin{cases} i_{\mathrm{d}}(k+2) = \left(1 - \dfrac{R_{\mathrm{s}} T_{\mathrm{s}}}{L_{\mathrm{d}}}\right) i_{\mathrm{d}}(k+1) + \dfrac{T_{\mathrm{s}}}{L_{\mathrm{d}}} u_{\mathrm{d}}(k+1) + \dfrac{T_{\mathrm{s}} \omega_{\mathrm{r}}(k) L_{\mathrm{q}}}{L_{\mathrm{d}}} i_{\mathrm{q}}(k+1) \\ i_{\mathrm{q}}(k+2) = \left(1 - \dfrac{R_{\mathrm{s}} T_{\mathrm{s}}}{L_{\mathrm{d}}}\right) i_{\mathrm{q}}(k+1) + \dfrac{T_{\mathrm{s}}}{L_{\mathrm{q}}} u_{\mathrm{q}}(k+1) - \dfrac{T_{\mathrm{s}} \omega_{\mathrm{r}}(k) L_{\mathrm{d}}}{L_{\mathrm{q}}} i_{\mathrm{d}}(k+1) - \dfrac{T_{\mathrm{s}} \omega_{\mathrm{r}}(k) \psi_{\mathrm{f}}}{L_{\mathrm{q}}} \end{cases} \tag{8-15}$$

式(8-15)即为永磁同步电机的电流预测模型，从该模型中可以看出第 k+2 拍的电流由第 k+1 拍电流、第 k+1 拍电压、转速、电机参数和采样补偿共同决定。当采用三相两电平逆变器驱动电机时，如图 8-13 所示，FCS-MPCC 策略利用式(8-15)对 8 个基本电压矢量作用下的电流响应进行预测。随后，将预测值代入式(8-16)所示评价函数进行遍历寻优并选取使价值函数最小的电压矢量作为最优电压矢量来驱动电机。

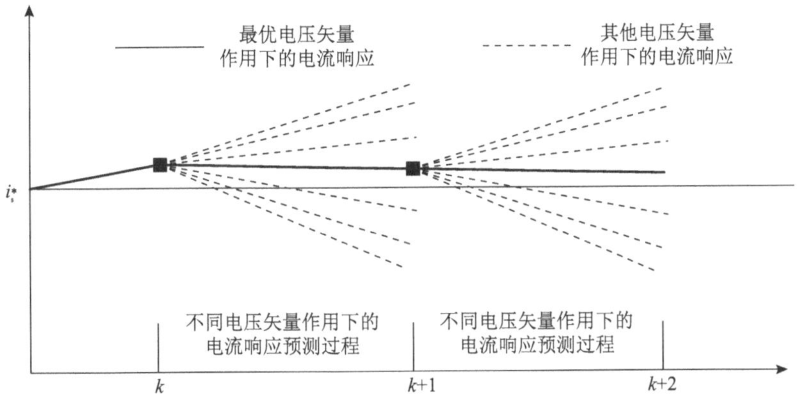

图 8-13　FCS-MPCC 基本电压矢量作用下电流响应预测示意图

2. 评价函数设计

模型预测电流控制中，期望实际电流能够精确且快速地跟踪参考值，在本节中，评价函数设为电流形式，其表达式为

$$\mathrm{cost} = \left\{i_{\mathrm{d}}^* - i_{\mathrm{d}}(k+2)\right\}^2 + \left\{i_{\mathrm{q}}^* - i_{\mathrm{q}}(k+2)\right\}^2 \tag{8-16}$$

3. 永磁同步电机的有限控制集模型预测电流控制仿真实例

永磁同步电机的 FCS-MPCC 结构图如图 8-14 所示。首先，系统检测三相电流进行坐标变换，计算得到 dq 坐标系下的当前电流值 $i_d(k)$，$i_q(k)$会输入进入 FCS-MPCC 控制器；然后，转速参考值与转速反馈值经过转速调节器(ASR)的计算得到 q 轴电流参考 i_q^*；d 轴电流参考一般设为零，即 $i_d^* = 0$。开关状态 S_A，S_B，S_C 用于遍历并计算当前全部预施加的电压矢量。将当前检测的电流值和预施加的电压矢量代入预测方程，计算得到电流预测结果，最后通过评价函数确定电流响应最好的电压矢量，向系统施加该电压矢量。

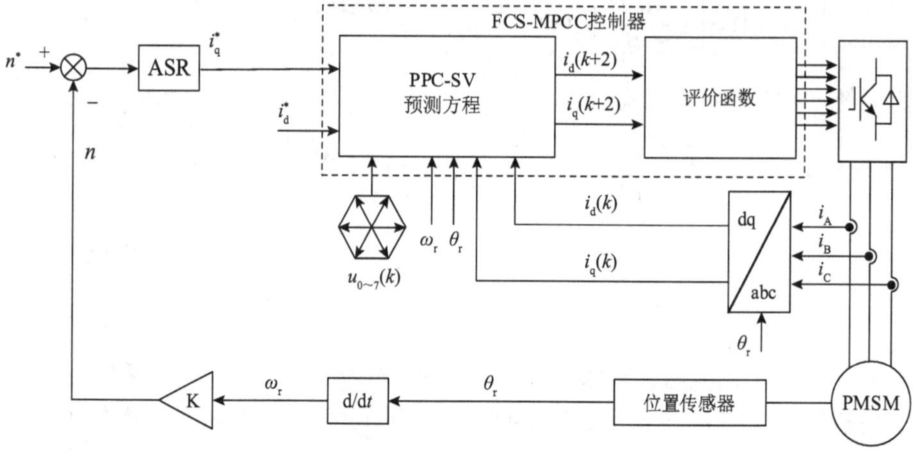

图 8-14　永磁同步电机的 FCS-MPCC 结构图

搭建的 FCS-MPCC 仿真框图如图 8-15 所示，图中 ASR 是转速环 PI 调节器，参数与传统矢量控制调节器参数一致。FCS-MPCC 预测控制器是由 S-Function 实现的，它代替了传统矢量控制系统中的两个电流调节器。MPCC 预测控制器根据电机参数预测 7 种矢量的作用结果，并选择使评价函数最小的电压矢量，直接输出开关信号。MPCC 预测控制器只需要电机电阻、电感和磁链参数，不需要设计权重系数，也没有需要整定的参数，实现起来十分容易。为了更加逼近现实中的电机控制系统，MPC 控制器也进行了定步长离散化，离散周期为 50μs，实际的功率开关的开关频率小于或等于 20kHz。

仿真采用的电机参数如下：电机功率 $P = 1.1\text{kW}$，额定电压 220V，额定负载 3N·m，定子绕组电阻 $R_s = 2.875\Omega$，d 相绕组自感 $L_d = 0.0085\text{H}$，q 相绕组自感 $L_q = 0.0085\text{H}$，转子磁链 $\boldsymbol{\Psi}_f = 0.175\text{Wb}$，转动惯量 $J = 0.0008\text{kg}\cdot\text{m}^2$，极对数 $p_n = 4$，黏滞摩擦系数 $F = 0.001(\text{N}\cdot\text{m})/\text{s}$。

从图 8-16 中可以看出，电机在 0.02s 启动时，转矩能够迅速响应，且转矩输出为最大限幅值，转速稳定上升，待电机达到参考转速后，转速出现过饱和超调。在 0.06s 突加和 0.1s 突减负载时，转速波动约为 40r/min，转速回调时间约为 0.006s，1200r/min、30N·m 的工况下转矩波动为 1.8N·m。为了进一步测试 FCS-MPCC 系统的响应，测试了转速负斜坡参考条件下的电机过渡过程，转速、转矩、电流的响应结果如图 8-17 所示。

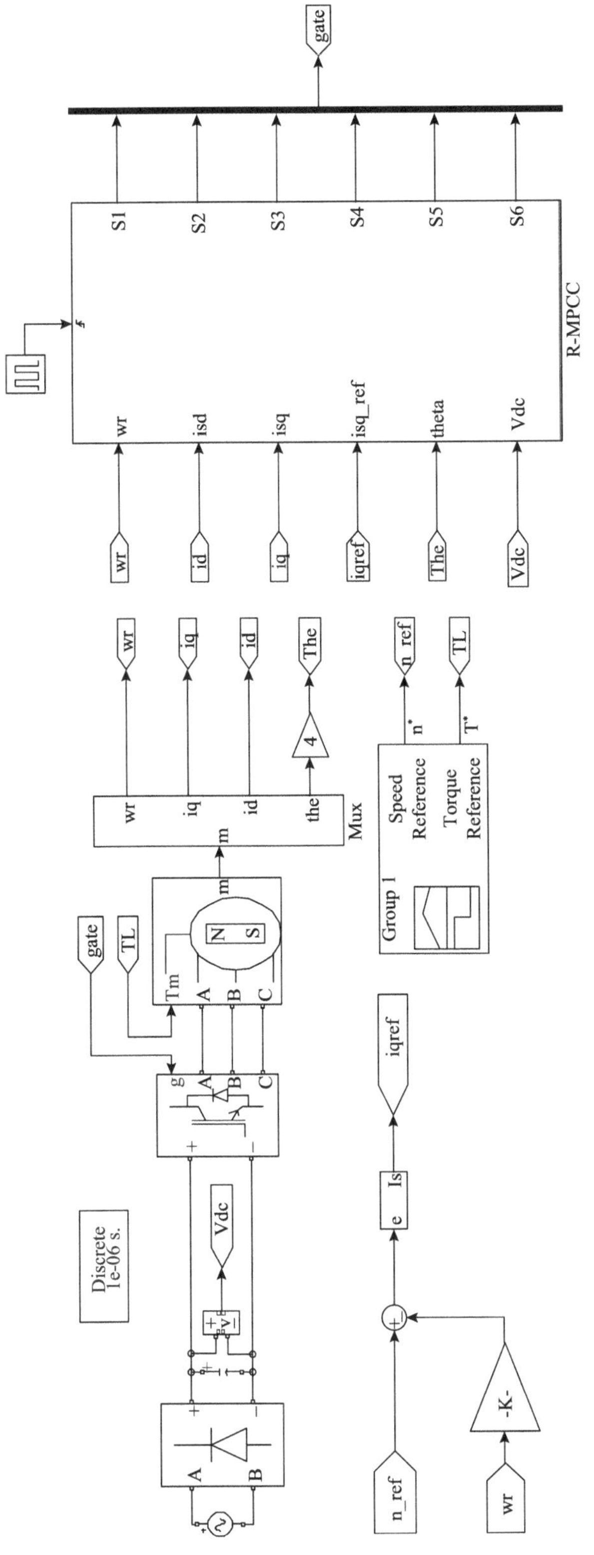

图8-15　永磁同步电机FCS-MPCC仿真框图

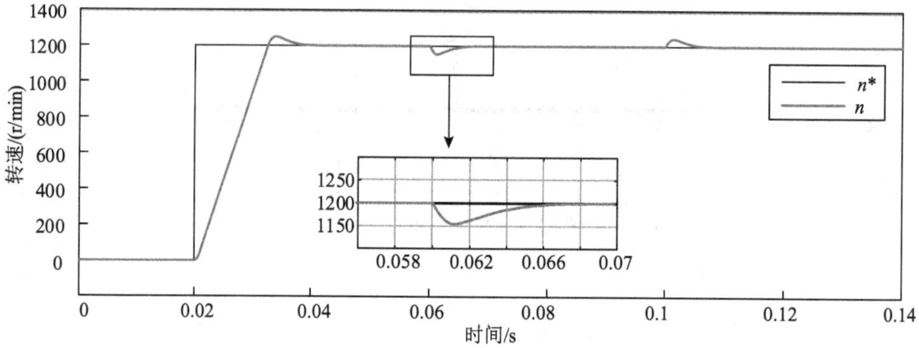

(a) 转速波形

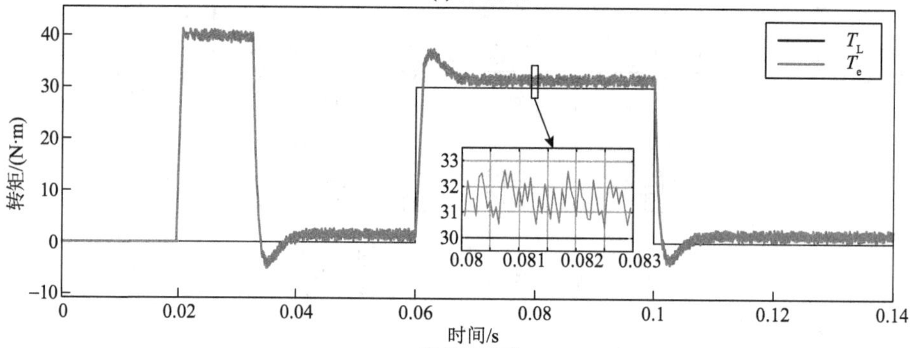

(b) 转矩波形

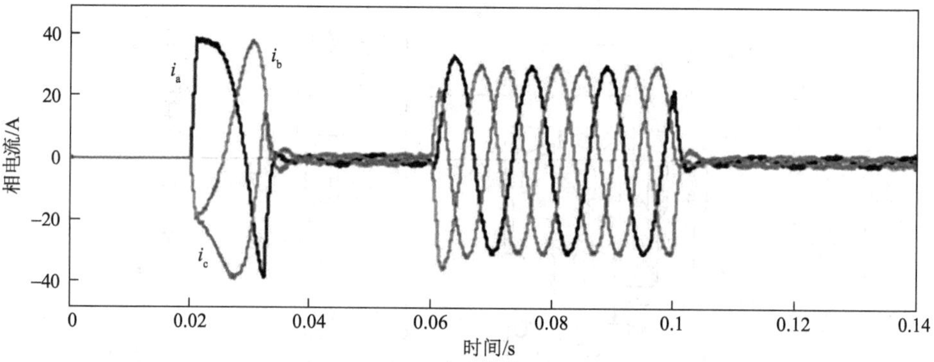

(c) 相电流波形

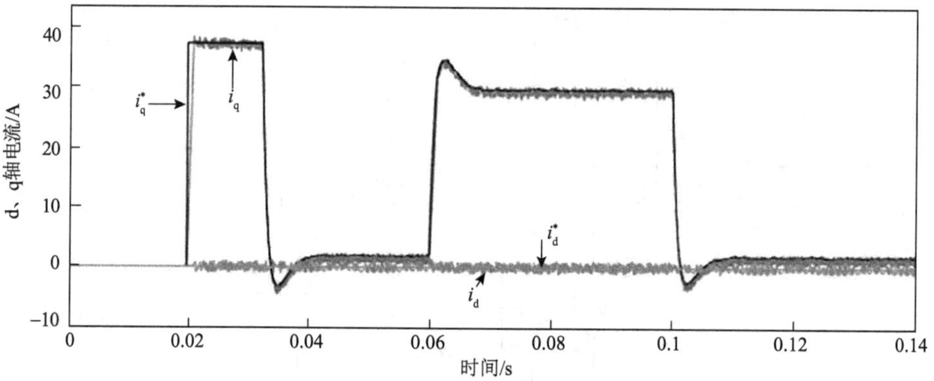

(d) d、q轴电流响应

图 8-16 FCS-MPCC 电机启动与阶跃转矩参考时的转速、转矩和电流波形

由图 8-17 测试结果可见，FCS-MPCC 输出的开关频率是不固定的，在转速过零附近，评价函数多次筛选的电压矢量是同一个矢量，开关频率低，电流波动、转矩波动频率低，但脉动幅值大。d、q 轴电流反馈可以跟踪电流参考值，调速系统可以实现对转速斜坡信号的跟踪。但是需要指出，由图 8-17(c)和(d)可见，在正反转的测试过程中，受到评价函数计算公式和电机转速的影响，在低转速区域 FCS-MPCC 输出的控制序列重复度高，电流和转矩脉动的低频波动强烈，这对电机的运行是有害的，也是 FCS-MPCC 的缺陷之一。

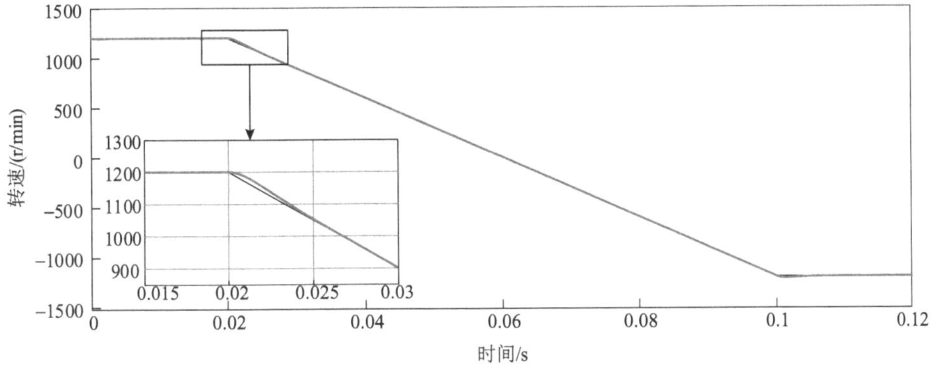

(a) 转速波形

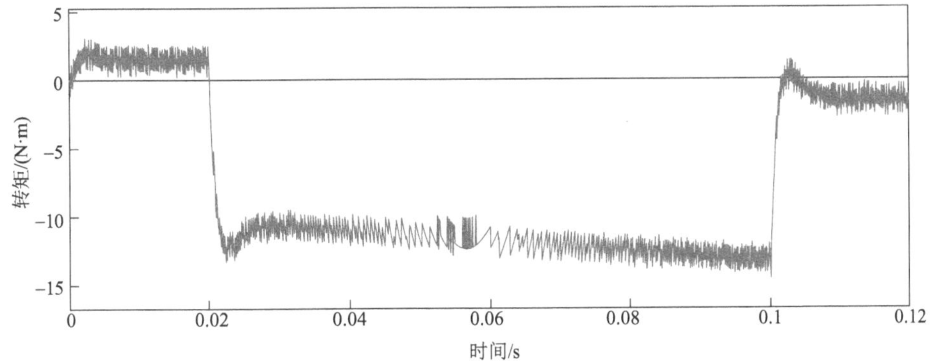

(b) 转矩波形

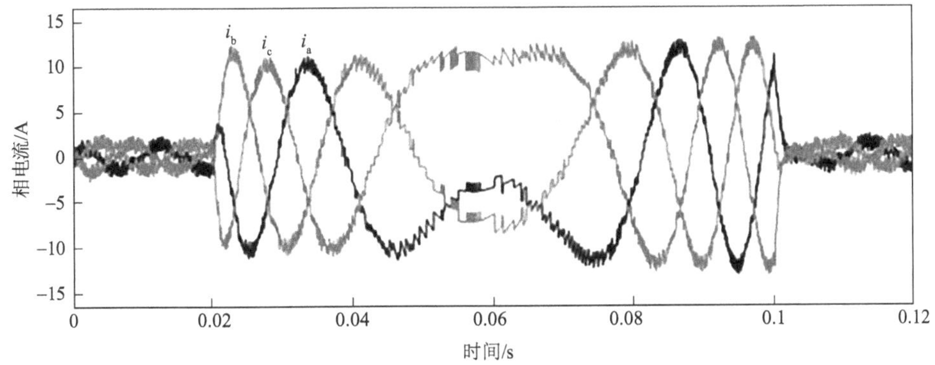

(c) 相电流波形

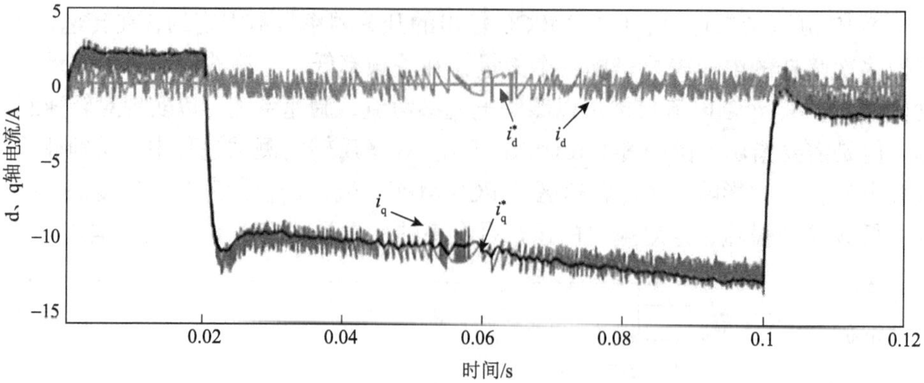

(d) d、q轴电流响应

图 8-17　FCS-MPCC 电机斜坡参考转速与正反转时的转速、转矩和电流波形

8.4　永磁同步电机无差拍模型预测电流控制

8.4.1　预测方程及转子位置偏差补偿

传统 FCS-MPCC 虽然具有较好的动态性能，但稳态波动较大，为降低电机运行中的稳态波动，有学者提出了无差拍模型预测电流控制策略。电流无差拍控制原则是指在一个控制周期内，通过施加幅值与相位均可调的电压矢量，使电流在控制周期结束时达到其参考值。根据式(8-15)可知，若想在 k+1 时刻使实际电流跟随电流参考值，则需要施加的电压矢量为

$$\begin{cases} u_d(k+1) = R_s i_d(k+1) + L_d \dfrac{i_d^* - i_d(k+1)}{T_s} - \omega_r L_q i_q(k+1) \\ u_q(k+1) = R_s i_q(k+1) + L_q \dfrac{i_q^* - i_q(k+1)}{T_s} + \omega_r(k) L_d i_d(k+1) + \omega_r(k)\psi_f \end{cases} \tag{8-17}$$

根据式(8-17)预测的 dq 轴参考电压经过 SVPWM 调制可以获得开关序列。本节选择 SVPWM 调制方式，考虑 SVPWM 的过调制问题如图 8-18 所示，即计算得到的参考电压矢量超出了 SVPWM 的正六边形调制范围，此时的参考电压矢量在实际系统中无法合成，因此在保证参考电压矢量相位不变的情况下，需要对幅值过大的参考电压进行幅值调整，调整方法为

$$\begin{cases} u_d'(k+1) = \left\{ \dfrac{u_d(k+1)}{\sqrt{u_d(k+1)^2 + u_q(k+1)^2}} \right\} \dfrac{U_d}{\sqrt{3}} \\ u_q'(k+1) = \left\{ \dfrac{u_q(k+1)}{\sqrt{u_d(k+1)^2 + u_q(k+1)^2}} \right\} \dfrac{U_d}{\sqrt{3}} \end{cases} \tag{8-18}$$

利用该方法可使调整后的参考电压矢量落在正六边形内，进而可在实际系统中准确地合成。

8.4.2　永磁同步电机的无差拍模型预测电流控制仿真实例

永磁同步电机无差拍模型预测电流控制系统图如图 8-19 所示。内环首先检测三相电流并进行坐标变换，计算得到 dq 坐标系下的当前电流值 $i_d(k)$、$i_q(k)$，作为无差拍预测控制器的输入；外环转速参考值与转速反馈值经过转速调节器(ASR)得到 q 轴电流参考值 i_q^*，与 d 轴电流参考值 i_d^*(一般设为 0)一同作为无差拍预测控制器的输入。根据式(8-14)所示无差拍电流预测模型，计算参考电压 $u_d(k+1)$、$u_q(k+1)$，经坐标变换得到 αβ 坐标系下的电压参考值 u_α^*、u_β^*，再经过 SVPWM 调制模块，最终生成逆变器开关的控制信号。

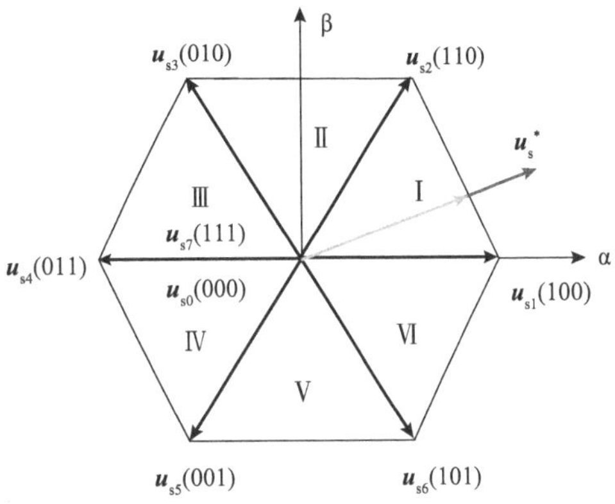

图 8-18　过调制问题示意图

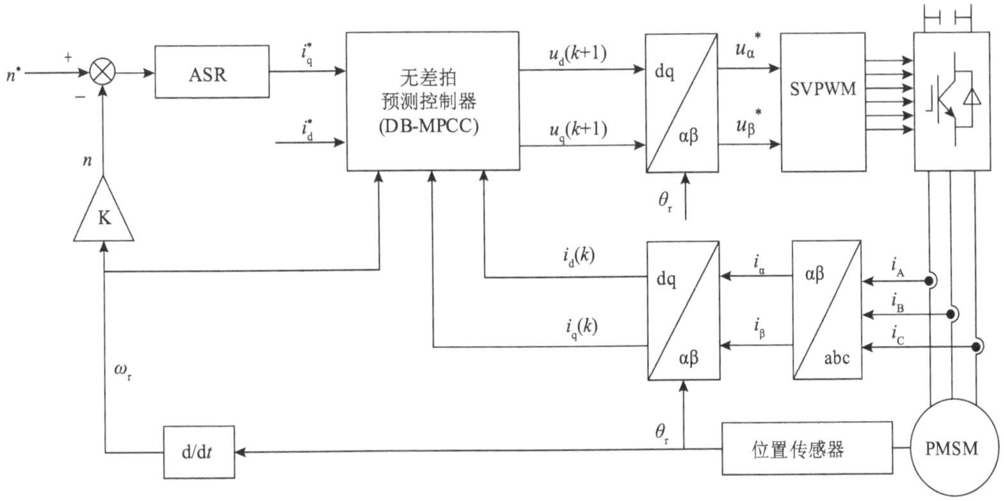

图 8-19　无差拍模型预测电流控制系统图

搭建的无差拍模型预测电流控制系统仿真框图如图 8-20 所示。图中 ASR 是转速环 PI 调节器，参数与传统矢量控制调节器参数一致。图中 DB-MPCC 是由 S-Function 实现的无差拍预测控制器，它代替了传统矢量控制中的两个电流调节器。相比于 FCS-MPCC，无差拍模型预测电流控制实现起来更为简单，其最终输出仍以 SVPWM 调制为基础，不是滞环思想，开关频率恒定。

DB-MPCC 电机启动与阶跃转矩参考时的转速、转矩和电流波形如图 8-21 所示。系统测试仿真开始时，设置参考转速 $n^* = 0$，在 0.02s 时设置幅值为 1200r/min 的阶跃信号作为参考转速，电机空载启动。在 0.06s 突加 30N·m 负载，然后在 0.1s 将负载突然减小为 0。无差拍模型预测电流控制系统电机接收到阶跃转速参考时，电机以设定的最大转矩进行恒转矩启动，转速达到参考值后逐渐稳定。当突加额定转矩时，转速跌落至 1157r/min 并立刻开始回调，转速的恢复时间约为 0.004s，和 FCS-MPCC 相比，转速受到扰动后回调更加迅速且稳态时转矩波动更小，约为 1.8N·m，如图 8-21(a)和(b)所示。三相电流与 d、q 轴电流波动量更小，电流更加平滑，如图 8-21(c)和(d)。

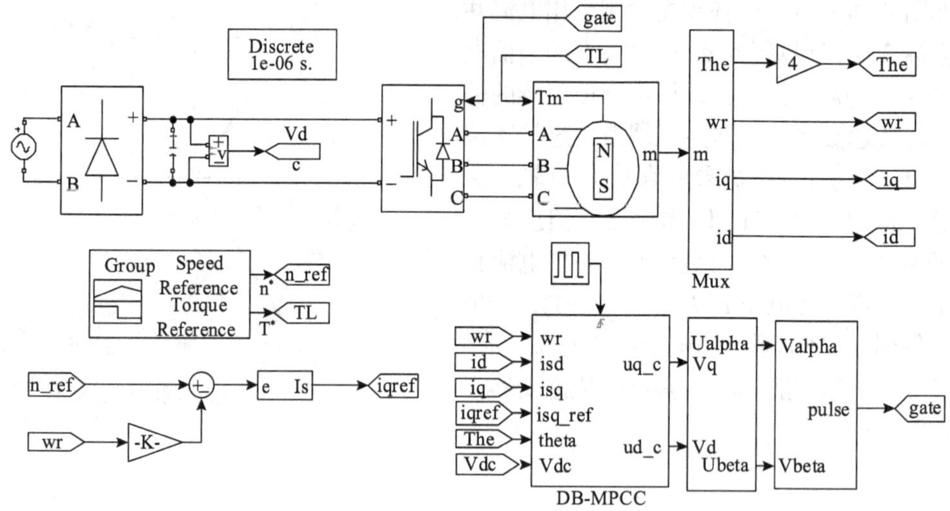

图 8-20　永磁同步电机 DB-MPCC 仿真框图

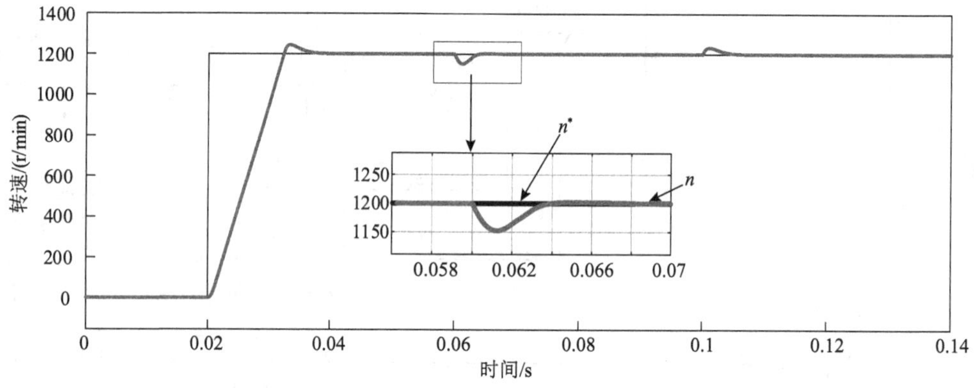

(a) 转速波形

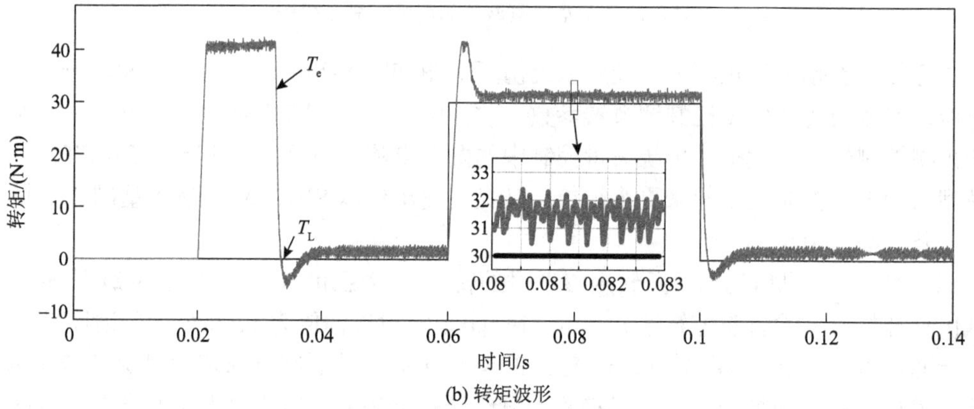

(b) 转矩波形

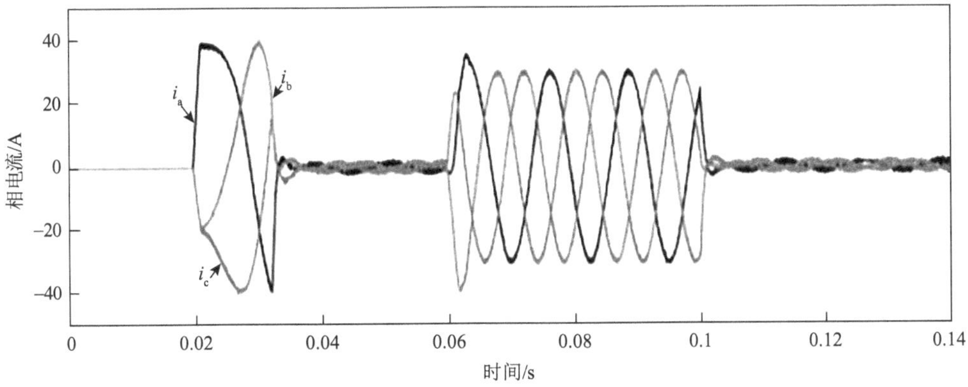

(c) 相电流波形

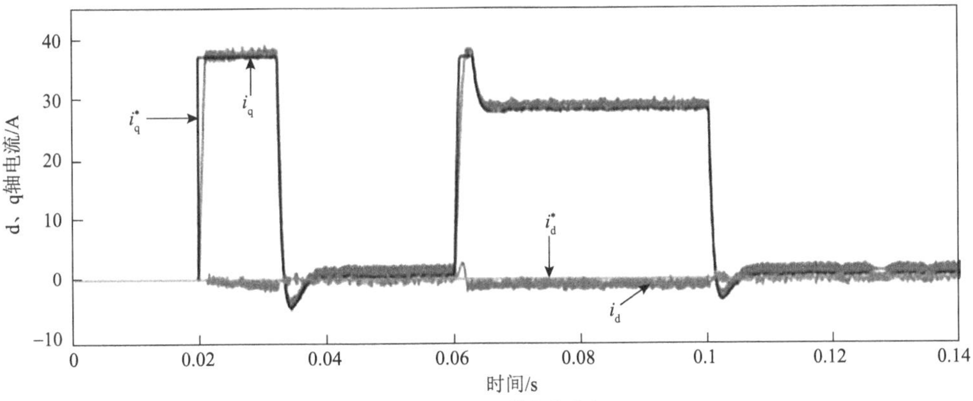

(d) d、q轴电流响应

图 8-21　DB-MPCC 电机启动与阶跃转矩参考时的转速、转矩和电流波形

DB-MPCC 电机转速斜坡参考与正反转时的转速、转矩和电流波形如图 8-22 所示。在 0.02s 设置参考转速为斜坡信号，由图 8-22(a)可以看出，转速可以实现斜坡信号的跟踪。与 FCS-MPCC 相比，转速在零附近过渡的过程中开关频率恒定，电流和电磁转矩的高频毛刺的峰值比 FCS-MPCC 更小，控制效果更好。

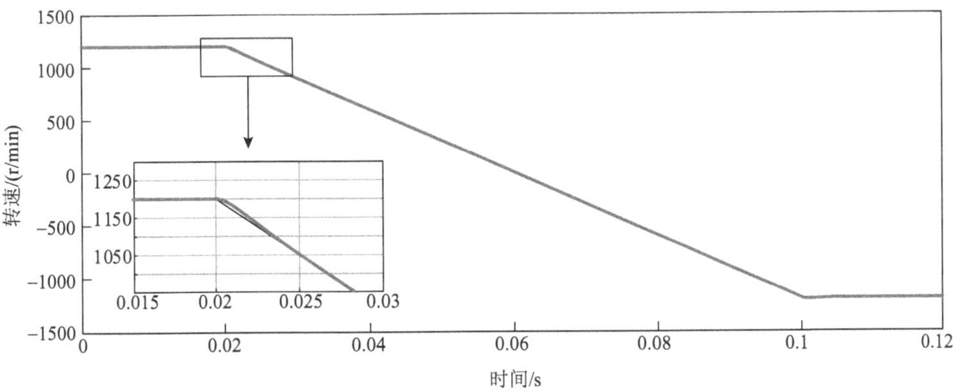

(a) 转速波形

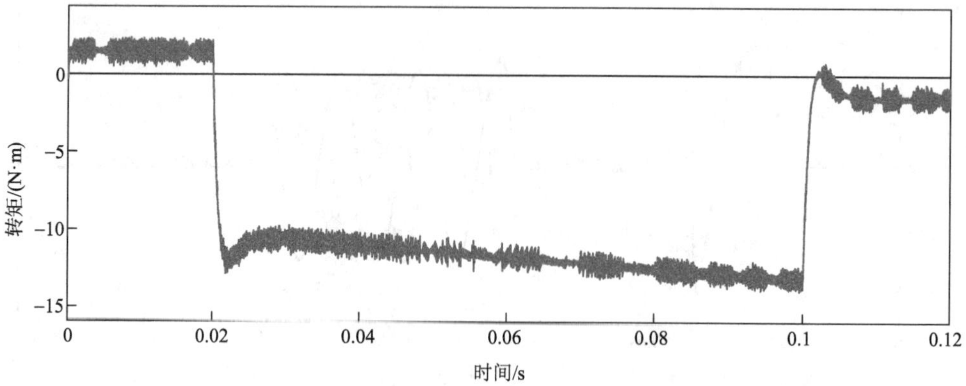

(b)转矩波形

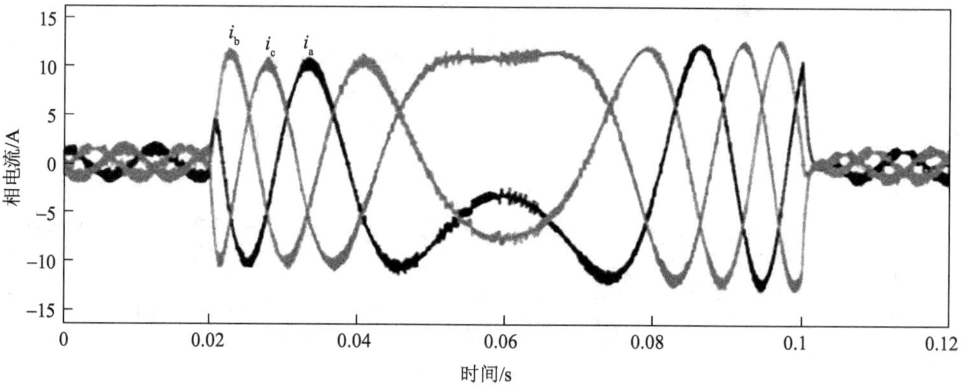

(c) 相电流波形

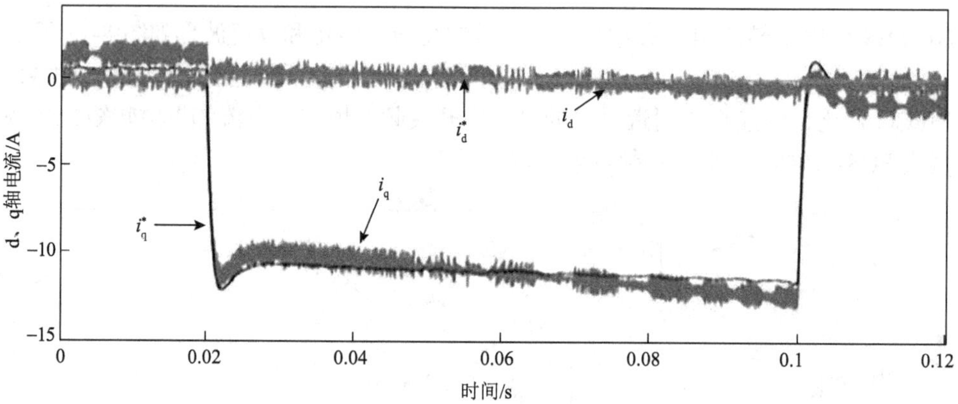

(d) d、q轴电流响应

图 8-22　DB-MPCC 电机转速斜坡参考与正反转时的转速、转矩和电流波形

第9章　无速度传感器控制技术

在交流调速装置中，作为速度闭环系统不可缺少的部件——速度传感器(如光电编码器等)显著提高了系统的控制和响应精度。但高精度、高分辨率的速度传感器价格昂贵、工作环境要求高、容易损坏等缺点限制了交流调速装置在恶劣环境下的应用。

目前正在兴起的无速度传感器控制技术可以在线估计电机的速度和位置，从而省去了速度传感器，但也存在如估计精度不准确、参数或环境变化时，估计结果易受影响等问题。本章将对目前较流行的几种速度的估计方法加以阐述，这也是矢量控制系统和直接转矩控制系统不可或缺的。

9.1　基于数学模型的开环估计无速度传感器控制

9.1.1　数学模型的开环估计在异步电机上的应用

1. 利用ABC坐标系定、转子电压矢量方程估计转速

已知在静止ABC坐标系中，定、转子磁链和电压的矢量方程为

$$\boldsymbol{\psi}_{\mathrm{s}} = L_{\mathrm{s}}\boldsymbol{i}_{\mathrm{s}} + L_{\mathrm{m}}\boldsymbol{i}_{\mathrm{r}} \tag{9-1}$$

$$\boldsymbol{\psi}_{\mathrm{r}} = L_{\mathrm{m}}\boldsymbol{i}_{\mathrm{s}} + L_{\mathrm{r}}\boldsymbol{i}_{\mathrm{r}} \tag{9-2}$$

$$\boldsymbol{u}_{\mathrm{s}} = R_{\mathrm{s}}\boldsymbol{i}_{\mathrm{s}} + \frac{\mathrm{d}\boldsymbol{\psi}_{\mathrm{s}}}{\mathrm{d}t} \tag{9-3}$$

$$0 = R_{\mathrm{r}}\boldsymbol{i}_{\mathrm{r}} + \frac{\mathrm{d}\boldsymbol{\psi}_{\mathrm{r}}}{\mathrm{d}t} - \mathrm{j}\omega_{\mathrm{r}}\boldsymbol{\psi}_{\mathrm{r}} \tag{9-4}$$

可以通过式(9-4)中含有的转子角速度ω_{r}来获取转子速度信息，但式中的转子电流矢量$\boldsymbol{i}_{\mathrm{r}}$是测量不到的，此外，还需要知道转子磁链矢量的微分$\frac{\mathrm{d}\boldsymbol{\psi}_{\mathrm{r}}}{\mathrm{d}t}$，为此先要设法将$\boldsymbol{i}_{\mathrm{r}}$从式(9-4)中消去。

由式(9-2)可得

$$\boldsymbol{i}_{\mathrm{r}} = \frac{1}{L_{\mathrm{r}}}(\boldsymbol{\psi}_{\mathrm{r}} - L_{\mathrm{m}}\boldsymbol{i}_{\mathrm{s}}) \tag{9-5}$$

将式(9-5)代入式(9-4)，则有

$$\omega_{\mathrm{r}} = \frac{\frac{\mathrm{d}\boldsymbol{\psi}_{\mathrm{r}}}{\mathrm{d}t} + \frac{R_{\mathrm{r}}}{L_{\mathrm{r}}}\boldsymbol{\psi}_{\mathrm{r}} - \frac{R_{\mathrm{r}}L_{\mathrm{m}}}{L_{\mathrm{r}}}\boldsymbol{i}_{\mathrm{s}}}{\mathrm{j}\boldsymbol{\psi}_{\mathrm{r}}} \tag{9-6}$$

式中，定子电流$\boldsymbol{i}_{\mathrm{s}}$取实测值，除此之外，还需要知道转子磁链矢量$\boldsymbol{\psi}_{\mathrm{r}}$。

由式(9-1)和式(9-2)得

$$\boldsymbol{\psi}_{\mathrm{r}}=\frac{L_{\mathrm{r}}}{L_{\mathrm{m}}}\left[\boldsymbol{\psi}_{\mathrm{s}}-\left(1-\frac{L_{\mathrm{m}}^{2}}{L_{\mathrm{r}}L_{\mathrm{s}}}\right)L_{\mathrm{s}}\boldsymbol{i}_{\mathrm{s}}\right] \tag{9-7}$$

由式(9-3)得

$$\boldsymbol{\psi}_{\mathrm{s}}=\int(\boldsymbol{u}_{\mathrm{s}}-R_{\mathrm{s}}\boldsymbol{i}_{\mathrm{s}})\mathrm{d}t \tag{9-8}$$

将式(9-7)两边求导并将式(9-8)代入得

$$\frac{\mathrm{d}\boldsymbol{\psi}_{\mathrm{r}}}{\mathrm{d}t}=\frac{L_{\mathrm{r}}}{L_{\mathrm{m}}}\left[\frac{\mathrm{d}\boldsymbol{\psi}_{\mathrm{s}}}{\mathrm{d}t}-\left(1-\frac{L_{\mathrm{m}}^{2}}{L_{\mathrm{r}}L_{\mathrm{s}}}\right)L_{\mathrm{s}}\frac{\mathrm{d}\boldsymbol{i}_{\mathrm{s}}}{\mathrm{d}t}\right]=\frac{L_{\mathrm{r}}}{L_{\mathrm{m}}}\left[\boldsymbol{u}_{\mathrm{s}}-R_{\mathrm{s}}\boldsymbol{i}_{\mathrm{s}}-\left(1-\frac{L_{\mathrm{m}}^{2}}{L_{\mathrm{r}}L_{\mathrm{s}}}\right)L_{s}\frac{\mathrm{d}\boldsymbol{i}_{\mathrm{s}}}{\mathrm{d}t}\right] \tag{9-9}$$

根据 $\boldsymbol{u}_{\mathrm{s}}$ 和 $\boldsymbol{i}_{\mathrm{s}}$ 的测量值，由式(9-7)～式(9-9)可计算出 $\boldsymbol{\psi}_{\mathrm{r}}$ 和 $\dfrac{\mathrm{d}\boldsymbol{\psi}_{\mathrm{r}}}{\mathrm{d}t}$。

在实际估计中，常用式(9-6)在静止 αβ 坐标系中的分量形式，即

$$\omega_{\mathrm{r}}=\frac{-\dfrac{\mathrm{d}\psi_{\mathrm{d}}}{\mathrm{d}t}-\dfrac{R_{\mathrm{r}}\psi_{\mathrm{d}}}{L_{\mathrm{r}}}+\dfrac{R_{\mathrm{r}}L_{\mathrm{m}}}{L_{\mathrm{r}}}i_{\alpha}}{\psi_{\mathrm{q}}} \tag{9-10}$$

式中

$$\psi_{\mathrm{d}}=\frac{L_{\mathrm{r}}}{L_{\mathrm{m}}}\left[\psi_{\alpha}-\left(1-\frac{L_{\mathrm{m}}^{2}}{L_{\mathrm{r}}L_{\mathrm{s}}}\right)L_{\mathrm{s}}i_{\alpha}\right] \tag{9-11}$$

$$\psi_{\alpha}=\int(u_{\alpha}-R_{\mathrm{s}}i_{\alpha})\mathrm{d}t \tag{9-12}$$

$$\frac{\mathrm{d}\psi_{\mathrm{d}}}{\mathrm{d}t}=\frac{L_{\mathrm{r}}}{L_{\mathrm{m}}}\left[u_{\alpha}-R_{\mathrm{s}}i_{\alpha}-\left(1-\frac{L_{\mathrm{m}}^{2}}{L_{\mathrm{r}}L_{\mathrm{s}}}\right)L_{\mathrm{s}}\frac{\mathrm{d}i_{\alpha}}{\mathrm{d}t}\right] \tag{9-13}$$

$$\psi_{\mathrm{q}}=\frac{L_{\mathrm{r}}}{L_{\mathrm{m}}}\int\left[u_{\beta}-R_{\mathrm{s}}i_{\beta}-\left(1-\frac{L_{\mathrm{m}}^{2}}{L_{\mathrm{r}}L_{\mathrm{s}}}\right)L_{\mathrm{s}}\frac{\mathrm{d}i_{\beta}}{\mathrm{d}t}\right]\mathrm{d}t \tag{9-14}$$

上述方法很适合基于转子磁场定向的矢量控制，因为若采用直接磁场定向的控制方式，必须先要估计转子磁链矢量 $\boldsymbol{\psi}_{\mathrm{r}}$。但此方法估计中用到的参数如 R_{s}、R_{r}、L_{m}、L_{r} 在电机运行过程中并非恒定不变，在应用中要考虑温度变化与弱磁运行中各参数变化的趋势，并加以优化；在对定子磁链的估计中，采用了积分器，积分器的输出会对输入测量值的偏差进行累积；另外，在低速时定子电阻 R_{s} 的变化对积分结果的影响很大。在实际应用中要注意上述问题并加以解决。

2. 利用定子磁场定向坐标系估计转速

将转子电压矢量方程式(9-6)改写成

$$\frac{\mathrm{d}\boldsymbol{\psi}_{\mathrm{r}}}{\mathrm{d}t}-\frac{R_{\mathrm{r}}L_{\mathrm{m}}}{L_{\mathrm{r}}}\boldsymbol{i}_{\mathrm{s}}=-\frac{R_{\mathrm{r}}\boldsymbol{\psi}_{\mathrm{r}}}{L_{\mathrm{r}}}+\mathrm{j}\omega_{\mathrm{r}}\boldsymbol{\psi}_{\mathrm{r}} \tag{9-15}$$

将式(9-7)和式(9-9)代入式(9-15)，可得

$$\boldsymbol{u}_{\mathrm{s}}-\left(R_{\mathrm{s}}+\frac{R_{\mathrm{r}}L_{\mathrm{s}}}{L_{\mathrm{r}}}\right)\boldsymbol{i}_{\mathrm{s}}-\left(1-\frac{L_{\mathrm{m}}^{2}}{L_{\mathrm{r}}L_{\mathrm{s}}}\right)L_{\mathrm{s}}\frac{\mathrm{d}\boldsymbol{i}_{\mathrm{s}}}{\mathrm{d}t}=-\frac{R_{\mathrm{r}}\boldsymbol{\psi}_{\mathrm{s}}}{L_{\mathrm{r}}}+\mathrm{j}\omega_{\mathrm{r}}\left[\boldsymbol{\psi}_{\mathrm{s}}-\left(1-\frac{L_{\mathrm{m}}^{2}}{L_{\mathrm{r}}L_{\mathrm{s}}}\right)L_{\mathrm{s}}\boldsymbol{i}_{\mathrm{s}}\right] \tag{9-16}$$

式(9-16)是以静止 αβ 坐标系表示的，现将其变换到沿定子磁场定向的 dq 坐标系中，则有

$$\begin{aligned}&\left[\boldsymbol{u}_{\mathrm{s}}-\left(R_{\mathrm{s}}+\frac{R_{\mathrm{r}}L_{\mathrm{s}}}{L_{\mathrm{r}}}\right)\boldsymbol{i}_{\mathrm{s}}-\left(1-\frac{L_{\mathrm{m}}^2}{L_{\mathrm{r}}L_{\mathrm{s}}}\right)L_{\mathrm{s}}\frac{\mathrm{d}\boldsymbol{i}_{\mathrm{s}}}{\mathrm{d}t}\right]\mathrm{e}^{-\mathrm{j}\rho_{\mathrm{s}}}\\&=-\frac{R_{\mathrm{r}}}{L_{\mathrm{r}}}\boldsymbol{\psi}_{\mathrm{s}}\mathrm{e}^{-\mathrm{j}\rho_{\mathrm{s}}}+\mathrm{j}\omega_{\mathrm{r}}\left[\boldsymbol{\psi}_{\mathrm{s}}\mathrm{e}^{-\mathrm{j}\rho_{\mathrm{s}}}-\left(1-\frac{L_{\mathrm{m}}^2}{L_{\mathrm{r}}L_{\mathrm{s}}}\right)L_{\mathrm{s}}\boldsymbol{i}_{\mathrm{s}}\mathrm{e}^{-\mathrm{j}\rho_{\mathrm{s}}}\right]\end{aligned}\tag{9-17}$$

式中，ρ_{s} 为 $\boldsymbol{\psi}_{\mathrm{s}}$ 在静止 αβ 坐标系中的空间相位。

由于 dq 坐标系沿定子磁场定向，$\boldsymbol{\psi}_{\mathrm{s}}$ 在 q 轴方向上的分量 $\psi_{\mathrm{q}}=0$，因此有

$$\boldsymbol{\psi}_{\mathrm{s}}\mathrm{e}^{-\mathrm{j}\rho_{\mathrm{s}}}=\psi_{\mathrm{d}}+\mathrm{j}\psi_{\mathrm{q}}=|\boldsymbol{\psi}_{\mathrm{s}}|\tag{9-18}$$

于是，式(9-17)可变为

$$\left[\boldsymbol{u}_{\mathrm{s}}-\left(R_{\mathrm{s}}+\frac{R_{\mathrm{r}}L_{\mathrm{s}}}{L_{\mathrm{r}}}\right)\boldsymbol{i}_{\mathrm{s}}-\left(1-\frac{L_{\mathrm{m}}^2}{L_{\mathrm{r}}L_{\mathrm{s}}}\right)L_{\mathrm{s}}\frac{\mathrm{d}\boldsymbol{i}_{\mathrm{s}}}{\mathrm{d}t}\right]\mathrm{e}^{-\mathrm{j}\rho_{\mathrm{s}}}=-\frac{R_{\mathrm{r}}|\boldsymbol{\psi}_{\mathrm{s}}|}{L_{\mathrm{r}}}+\mathrm{j}\omega_{\mathrm{r}}\left[|\boldsymbol{\psi}_{\mathrm{s}}|-\left(1-\frac{L_{\mathrm{m}}^2}{L_{\mathrm{r}}L_{\mathrm{s}}}\right)L_{\mathrm{s}}\boldsymbol{i}_{\mathrm{s}}^{\mathrm{d}}\right]\tag{9-19}$$

式中，$\boldsymbol{i}_{\mathrm{s}}^{\mathrm{d}}$ 为沿定子磁场定向以 dq 坐标系表示的定子电流矢量。

式(9-19)等号左侧表示为

$$u_{\mathrm{d}}+\mathrm{j}u_{\mathrm{q}}=\left[\boldsymbol{u}_{\mathrm{s}}-\left(R_{\mathrm{s}}+\frac{R_{\mathrm{r}}L_{\mathrm{s}}}{L_{\mathrm{r}}}\right)\boldsymbol{i}_{\mathrm{s}}-\left(1-\frac{L_{\mathrm{m}}^2}{L_{\mathrm{r}}L_{\mathrm{s}}}\right)L_{\mathrm{s}}\frac{\mathrm{d}\boldsymbol{i}_{\mathrm{s}}}{\mathrm{d}t}\right]\mathrm{e}^{-\mathrm{j}\rho_{\mathrm{s}}}\tag{9-20}$$

在已知定子电压和电流以及相位 ρ_{s} 后，由式(9-19)和式(9-20)可求取 u_{d} 和 u_{q}：

$$u_{\mathrm{d}}=-\frac{|\boldsymbol{\psi}_{\mathrm{s}}|}{T_{\mathrm{r}}}+\omega_{\mathrm{r}}\left(1-\frac{L_{\mathrm{m}}^2}{L_{\mathrm{r}}L_{\mathrm{s}}}\right)L_{\mathrm{s}}i_{\mathrm{q}}\tag{9-21}$$

$$u_{\mathrm{q}}=\omega_{\mathrm{r}}\left[|\boldsymbol{\psi}_{\mathrm{s}}|-\left(1-\frac{L_{\mathrm{m}}^2}{L_{\mathrm{r}}L_{\mathrm{s}}}\right)L_{\mathrm{s}}i_{\mathrm{d}}\right]\tag{9-22}$$

图 9-1 为由定子磁场定向坐标系估计 ω_{r} 框图。

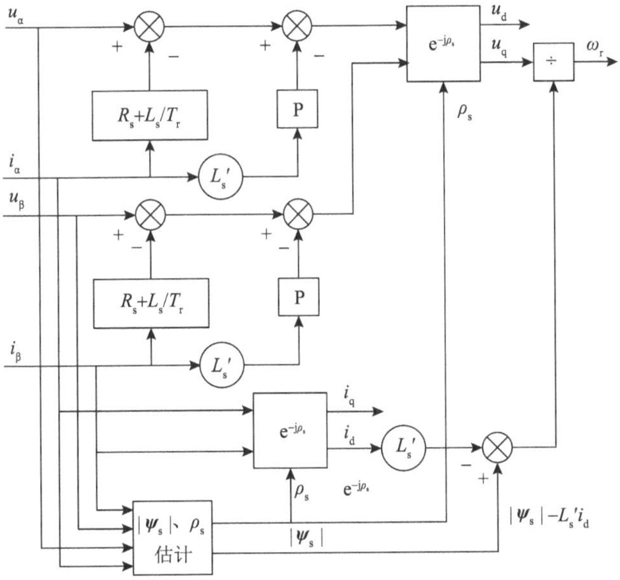

图 9-1　由定子磁场定向坐标系估计 ω_{r} 框图

可由式(9-21)或式(9-22)求得转子速度ω_r。现用式(9-22)来估计ω_r，即

$$\hat{\omega}_r = \frac{u_q}{|\boldsymbol{\psi}_s| - \left(1 - \dfrac{L_m^2}{L_r L_s}\right) L_s i_d} \tag{9-23}$$

此方法很适合基于定子磁场定向的矢量控制。定子磁场定向矢量控制本身就需要利用“定子磁链观测模型”来估计定子磁链矢量的幅值$|\boldsymbol{\psi}_s|$和空间相位ρ_s，为估计$|\boldsymbol{\psi}_s|$和ρ_s，同时要检测定子电压和电流。这样，在估计定子磁链矢量$\boldsymbol{\psi}_s$的同时，可以方便地由式(9-20)和式(9-21)或者式(9-20)和式(9-22)求得ω_r。

此方法也适合直接转矩控制，因为在直接转矩控制中，原本就需要估计$|\boldsymbol{\psi}_s|$和ρ_s。

9.1.2　数学模型的开环估计在永磁同步电机上的应用

近年来，数学模型的开环估计在永磁同步电机上的应用也有研究，并已取得了许多研究成果，一般可分为对定子磁链矢量$\boldsymbol{\psi}_s$的估计和通过永磁励磁磁链矢量$\boldsymbol{\psi}_f$在定子绕组中产生的感应电动势来估计$\boldsymbol{\psi}_f$的空间位置两种方法。第一种方法是通过$\boldsymbol{\psi}_s$间接估计$\boldsymbol{\psi}_f$的空间位置，其实质是估计定子磁链矢量$\boldsymbol{\psi}_s$的旋转速度ω_s，而不是真正的转子旋转速度ω_r，对于永磁同步电机，稳态运行时$\omega_s = \omega_r$，但在动态过程中两者并不相等。其估计过程这里就不详述了，可参阅相关文献。第二种方法是通过永磁励磁磁链矢量$\boldsymbol{\psi}_f$求得其在定子绕组中产生的感应电动势e_0，通过e_0估计出转子的位置角，并可以直接得到转子转速ω_r。下面讨论第二种方法。

在永磁同步电机旋转过程中，永磁励磁磁链矢量$\boldsymbol{\psi}_f$一定会在定子绕组中产生感应电动势(反电动势)，于是可借助感应电动势来估计$\boldsymbol{\psi}_f$的空间位置。

对于面装式永磁同步电机，在静止 ABC 坐标系中，由式(5-21)得到

$$\boldsymbol{u}_s = R_s \boldsymbol{i}_s + L_s \frac{\mathrm{d}\boldsymbol{i}_s}{\mathrm{d}t} + \mathrm{j}\omega_r \boldsymbol{\psi}_f \tag{9-24}$$

式中，$\mathrm{j}\omega_r \boldsymbol{\psi}_f$为感应电动势$e_0$，可表示为

$$\begin{aligned} e_0 &= \mathrm{j}\omega_r \boldsymbol{\psi}_f = \mathrm{j}\omega_r \psi_f (\cos\theta_e + \mathrm{j}\sin\theta_e) \\ &= -\omega_r \psi_f \sin\theta_e + \mathrm{j}\omega_r \psi_f \cos\theta_e \\ &= e_\alpha + \mathrm{j}e_\beta \end{aligned} \tag{9-25}$$

式中，θ_e为$\boldsymbol{\psi}_f$与定子 A 轴间的电角度，即为转子在 ABC 坐标系中的位置角。可以看出，e_0中含有转子位置信息，如果能够获得e_α和e_β，就可以估计出转子位置角θ_e。

将式(9-24)表示为

$$\begin{bmatrix} u_\alpha \\ u_\beta \end{bmatrix} = R_s \begin{bmatrix} i_\alpha \\ i_\beta \end{bmatrix} + p \begin{bmatrix} L_s & 0 \\ 0 & L_s \end{bmatrix} \begin{bmatrix} i_\alpha \\ i_\beta \end{bmatrix} + \begin{bmatrix} e_\alpha \\ e_\beta \end{bmatrix} \tag{9-26}$$

由式(9-26)，可得

$$e_\alpha = -\omega_r \psi_f \sin\theta_e = u_\alpha - R_s i_\alpha - L_s \frac{\mathrm{d}i_\alpha}{\mathrm{d}t} \tag{9-27}$$

$$e_{\beta}=\omega_{r}\psi_{f}\cos\theta_{e}=u_{\beta}-R_{s}i_{\beta}-L_{s}\frac{di_{\beta}}{dt} \tag{9-28}$$

于是，转子位置角 θ_e 可由式(9-29)确定，即

$$\hat{\theta}_{e}=\arctan\left(\frac{-u_{\alpha}+R_{s}i_{\alpha}+L_{s}\dfrac{di_{\alpha}}{dt}}{u_{\beta}-R_{s}i_{\beta}-L_{s}\dfrac{di_{\beta}}{dt}}\right) \tag{9-29}$$

式中，定子电压和电流为实测值。

基于数学模型的开环估计可以根据控制对象的不同选择不同的数学模型，由于不采用积分环节和调节器，所以系统动态响应快。但其模型内涉及了电机参数，该参数选取的是系统稳态工作时的参数，系统动态工作时这些参数是变化的，采用稳态参数势必会影响动态工作时转速估计的准确性，这是开环估计存在的主要技术问题。虽然对电机参数可以进行在线辨识，但辨识的实现也需要复杂的技术，这同样是比较困难的。

9.2　模型参考自适应系统

模型参考自适应系统(model reference adaptive system, MRAS)是从 20 世纪 50 年代后期发展起来的，其主要特点是由参考模型规定了系统所要求的性能。

9.2.1　参考模型和可调模型

MRAS 速度辨识方法可以分为转子磁通估计法、反电势估计法和无功功率法。这里主要介绍异步电机转子磁通估计法的 MRAS，反电势估计法和无功功率法的 MRAS 可参阅相关文献。

采用转子磁通估计法的 MRAS 将不含有电机转速的电压模型作为参考模型，将含有电机转速的电流模型作为可调模型，两个模型具有相同物理意义的输出量转子磁链，利用输出量的误差构成合适的自适应律以调节可调模型参数，来达到控制对象的输出跟踪参考模型的目的。

三相异步电机在两相静止 αβ 坐标系上的电压方程和电流方程如下。

电压方程：

$$\begin{cases}\psi_{r\alpha}=\dfrac{L_{r}}{L_{m}}\displaystyle\int[u_{s\alpha}-(R_{s}+\sigma L_{s}p)i_{s\alpha}]dt\\[2ex]\psi_{r\beta}=\dfrac{L_{r}}{L_{m}}\displaystyle\int[u_{s\beta}-(R_{s}+\sigma L_{s}p)i_{s\beta}]dt\end{cases} \tag{9-30}$$

电流方程：

$$\begin{cases}p\psi_{r\alpha}=\dfrac{L_{m}}{T_{r}}i_{s\alpha}-\dfrac{\psi_{r\alpha}}{T_{r}}-\omega_{r}\psi_{r\beta}\\[2ex]p\psi_{r\beta}=\dfrac{L_{m}}{T_{r}}i_{s\beta}-\dfrac{\psi_{r\beta}}{T_{r}}-\omega_{r}\psi_{r\alpha}\end{cases} \tag{9-31}$$

式中，$T_r=\dfrac{L_r}{R_r}$ 为转子励磁时间常数；$\sigma=1-\dfrac{L_m^2}{L_rL_s}$。

无论是电压模型还是电流模型，转子磁链的幅值都为

$$|\boldsymbol{\psi}_r|=\sqrt{\psi_{r\alpha}^2+\psi_{r\beta}^2} \tag{9-32}$$

令 ψ_{ru} 和 ψ_{ri} 分别表示电压模型和电流模型的输出值，认为它们的稳态值相等，取 ψ_{ru} 和 ψ_{ri} 的误差进行 PI 控制，可以采用幅值误差，也可以采用αβ坐标系的广义误差 e，这里采用的是广义误差，即

$$e=\psi_{r\beta}\hat{\psi}_{r\alpha}-\psi_{r\alpha}\hat{\psi}_{r\beta} \tag{9-33}$$

式中，等号右侧带“ˆ”的表示电流模型的输出量，不带“ˆ”的表示电压模型的输出量。

由 PI 调节器的输出可以构成角速度信号 $\hat{\omega}_r$，再反馈给电流模型实现闭环控制。虽然该方法称为 MRAS，但是按照自适应控制的定义，并联 MRAS 的基本结构如图 9-2 所示。

图 9-2 中，参考模型应该能代表受控系统性能的准确模型，其输出应该是自适应控制机构的期望值；可调模型就是受控系统，可以调整其参数或输入以获得尽量接近参考模型的性能；图 9-3 中的 e 是参考模型和可调模型的广义误差。

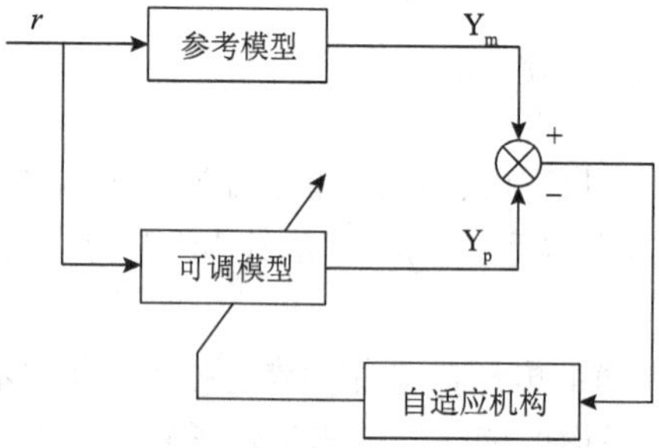

图 9-2　并联 MRAS 的基本结构

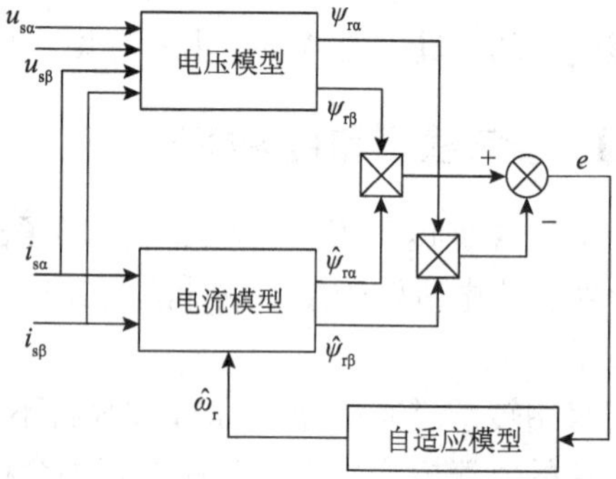

图 9-3　转速自适应辨识系统框图

比较图 9-2 和图 9-3 可以看出，它们结构是相似的，不同的是图 9-2 中的电流模型只是一个可调整的磁链观测模型，并不是一个可调整的调速系统。因此，严格地说，图 9-2 只能算是一个模型参考自适应控制的磁链观测器。

9.2.2　系统稳定性

在控制结构选定后，可以用 Popov 超稳定性理论来证明系统的渐进稳定性。

自适应机构的设计需要考虑辨识系统的全局渐进稳定性，以保证状态收敛。由于电机的机电时间常数比电气时间常数大很多，所以可将式(9-31)中的电机角速度 ω_r 视为常数，则电流方程模型变为一个线性状态方程：

$$p\begin{bmatrix}\psi_{\mathrm{r}\alpha}\\ \psi_{\mathrm{r}\beta}\end{bmatrix}=\begin{bmatrix}-\dfrac{1}{T_{\mathrm{r}}} & -\omega_{\mathrm{r}}\\ \omega_{\mathrm{r}} & -\dfrac{1}{T_{\mathrm{r}}}\end{bmatrix}\begin{bmatrix}\psi_{\mathrm{r}\alpha}\\ \psi_{\mathrm{r}\beta}\end{bmatrix}+\frac{L_{\mathrm{m}}}{T_{\mathrm{r}}}\begin{bmatrix}i_{\mathrm{s}\alpha}\\ i_{\mathrm{s}\beta}\end{bmatrix}\tag{9-34}$$

根据模型参考自适应的原理，以式(9-32)为参考模型，选择并联可调整模型为

$$p\begin{bmatrix}\hat{\psi}_{\mathrm{r}\alpha}\\ \hat{\psi}_{\mathrm{r}\beta}\end{bmatrix}=\begin{bmatrix}-\dfrac{1}{T_{\mathrm{r}}} & -\hat{\omega}_{\mathrm{r}}\\ \hat{\omega}_{\mathrm{r}} & -\dfrac{1}{T_{\mathrm{r}}}\end{bmatrix}\begin{bmatrix}\hat{\psi}_{\mathrm{r}\alpha}\\ \hat{\psi}_{\mathrm{r}\beta}\end{bmatrix}+\frac{L_{\mathrm{m}}}{T_{\mathrm{r}}}\begin{bmatrix}i_{\mathrm{s}\alpha}\\ i_{\mathrm{s}\beta}\end{bmatrix}\tag{9-35}$$

式中，$\hat{\omega}_{\mathrm{r}}$ 为自适应机构更新的可调整参数，即转速估计值。

自适应机构应包含记忆功能的积分作用，即可调参数 $\hat{\omega}_{\mathrm{r}}$ 不仅依赖于当前的 $e(t)$ 值，也与它的过去值 $\left\{e(\tau)\big|_{0\leqslant\tau\leqslant t}\right\}$ 有关。因此 $\hat{\omega}_r$ 可表示为

$$\hat{\omega}_{\mathrm{r}}=\int_0^t \varPhi_1(e,t,\tau)\mathrm{d}\tau+\varPhi_2(e,t)+\hat{\omega}_{\mathrm{r}}(0)\tag{9-36}$$

式中，e 为广义误差，可定义 $\boldsymbol{e}=\begin{bmatrix}\hat{\psi}_{\mathrm{r}\alpha}\\ \hat{\psi}_{\mathrm{r}\beta}\end{bmatrix}-\begin{bmatrix}\psi_{\mathrm{r}\alpha}\\ \psi_{\mathrm{r}\beta}\end{bmatrix}$。

根据 Popov 超稳定性理论求解广义误差并代入式(9-36)中，可以得到自适应速度辨识公式：

$$\hat{\omega}_{\mathrm{r}}=K_{\mathrm{i}}\int_0^t(\psi_{\mathrm{r}\beta}\hat{\psi}_{\mathrm{r}\alpha}-\psi_{\mathrm{r}\alpha}\hat{\psi}_{\mathrm{r}\beta})\mathrm{d}\tau+K_{\mathrm{p}}(\psi_{\mathrm{r}\beta}\hat{\psi}_{\mathrm{r}\alpha}-\hat{\psi}_{\mathrm{r}\beta}\psi_{\mathrm{r}\alpha})+\hat{\omega}_{\mathrm{r}}(0)\tag{9-37}$$

式中，K_{i}、K_{p} 为比例系数。

电压模型实际上并不是一个理想的参考模型，因为它在低速时是不准确的，这会使角速度信号 $\hat{\omega}_{\mathrm{r}}$ 不准确。但是在电流模型中含有变量 ω_{r}，可以利用它来实行调整。若采用低速时不准确的电压模型作为参考模型，其包含的纯积分环节会产生直流漂移问题，解决方法是使电压模型的输出结果再通过一个高通滤波器 $s/(s+\lambda)$，将低频成分和直流漂移滤掉。

利用式(9-37)可以很容易地建立速度辨识仿真模型。

9.3　自适应观测器

自适应观测器实际上是一个闭环估计器。它采用了被控对象的全阶或降阶模型，并使用了一个含有被控对象变量修正项的反馈环。修正项中包含状态估计值与测量值间的偏差，由它产生对状态方程的修正输入，由此构成了闭环状态估计。

9.3.1　全阶速度自适应转子磁链观测器的状态方程

在自适应转子速度观测器的模型中，计算过程的输出不只是转速一个变量，本节介绍的是在三相异步电机基于转子磁场定向的矢量控制中，观测转子磁链矢量的一种全阶观测器，在观测转子磁链的同时，又可估计转子速度，且具有自适应性质，所以称为全阶速度自适应转子磁链观测器。

为构建全阶观测器，这里利用的是三相异步电机静止 ABC 坐标系内的定、转子电压矢量和磁链矢量方程，即有

$$\boldsymbol{u}_{\mathrm{s}}=R_{\mathrm{s}}\boldsymbol{i}_{\mathrm{s}}+\frac{\mathrm{d}\boldsymbol{\psi}_{\mathrm{s}}}{\mathrm{d}t} \tag{9-38}$$

$$0=R_{\mathrm{r}}\boldsymbol{i}_{\mathrm{r}}+\frac{\mathrm{d}\boldsymbol{\psi}_{\mathrm{r}}}{\mathrm{d}t}-\mathrm{j}\omega_{\mathrm{r}}\boldsymbol{\psi}_{\mathrm{r}} \tag{9-39}$$

$$\boldsymbol{\psi}_{\mathrm{s}}=L_{\mathrm{s}}\boldsymbol{i}_{\mathrm{s}}+L_{\mathrm{m}}\boldsymbol{i}_{\mathrm{r}} \tag{9-40}$$

$$\boldsymbol{\psi}_{\mathrm{r}}=L_{\mathrm{m}}\boldsymbol{i}_{\mathrm{s}}+L_{\mathrm{r}}\boldsymbol{i}_{\mathrm{r}} \tag{9-41}$$

将式(9-38)和式(9-39)变换为仅以$\boldsymbol{\psi}_{\mathrm{r}}$和$\boldsymbol{i}_{\mathrm{s}}$为状态变量的状态方程。状态方程中，将$\boldsymbol{\psi}_{\mathrm{r}}$确定为待观测的状态变量，同时也选择定子电流矢量作为状态变量。因为定子电流矢量$\boldsymbol{i}_{\mathrm{s}}$是可测量的，所以可由$\boldsymbol{i}_{\mathrm{s}}$的测量值和估计值构成误差补偿器。

将式(9-41)代入式(9-39)，消去$\boldsymbol{i}_{\mathrm{r}}$得

$$\frac{\mathrm{d}\boldsymbol{\psi}_{\mathrm{r}}}{\mathrm{d}t}=\left(-\frac{1}{T_{\mathrm{r}}}+\mathrm{j}\omega_{\mathrm{r}}\right)\boldsymbol{\psi}_{\mathrm{r}}+\frac{L_{\mathrm{m}}}{T_{\mathrm{r}}}\boldsymbol{i}_{\mathrm{s}} \tag{9-42}$$

由式(9-40)和式(9-41)，可得

$$\frac{\mathrm{d}\boldsymbol{\psi}_{\mathrm{s}}}{\mathrm{d}t}=L_{\mathrm{s}}\frac{\mathrm{d}\boldsymbol{i}_{\mathrm{s}}}{\mathrm{d}t}+L_{\mathrm{m}}\frac{\mathrm{d}\boldsymbol{i}_{\mathrm{r}}}{\mathrm{d}t} \tag{9-43}$$

$$\frac{\mathrm{d}\boldsymbol{i}_{\mathrm{r}}}{\mathrm{d}t}=\frac{1}{L_{\mathrm{r}}}\left(\frac{\mathrm{d}\boldsymbol{\psi}_{\mathrm{r}}}{\mathrm{d}t}-L_{\mathrm{m}}\frac{\mathrm{d}\boldsymbol{i}_{\mathrm{s}}}{\mathrm{d}t}\right) \tag{9-44}$$

将式(9-44)代入式(9-43)，可得

$$\frac{\mathrm{d}\boldsymbol{\psi}_{\mathrm{s}}}{\mathrm{d}t}=L_{\mathrm{s}}\frac{\mathrm{d}\boldsymbol{i}_{\mathrm{s}}}{\mathrm{d}t}+\frac{L_{\mathrm{m}}}{L_{\mathrm{r}}}\left(\frac{\mathrm{d}\boldsymbol{\psi}_{\mathrm{r}}}{\mathrm{d}t}-L_{\mathrm{m}}\frac{\mathrm{d}\boldsymbol{i}_{\mathrm{s}}}{\mathrm{d}t}\right) \tag{9-45}$$

将式(9-42)代入式(9-45)，再将式(9-45)代入式(9-38)，即有

$$\frac{\mathrm{d}\boldsymbol{i}_{\mathrm{s}}}{\mathrm{d}t}=-\frac{1}{T'_{\mathrm{sr}}}\boldsymbol{i}_{\mathrm{s}}-\frac{L_{\mathrm{m}}}{L'_{\mathrm{s}}L_{\mathrm{r}}}\left(-\frac{1}{T_{\mathrm{r}}}+\mathrm{j}\omega_{\mathrm{r}}\right)\boldsymbol{\psi}_{\mathrm{r}}+\frac{\boldsymbol{u}_{\mathrm{s}}}{L'_{\mathrm{s}}} \tag{9-46}$$

式中，$T'_{\mathrm{sr}}=\dfrac{L'_{\mathrm{s}}}{R_{\mathrm{sr}}}$，$R_{\mathrm{sr}}=R_{\mathrm{s}}+\left(\dfrac{L_{\mathrm{m}}}{L_{\mathrm{r}}}\right)^2R_{\mathrm{r}}$。

可将式(9-42)和式(9-46)作为状态观测器的电机模型，将其写成矩阵形式，即有

$$\begin{bmatrix}\dfrac{\mathrm{d}\boldsymbol{i}_{\mathrm{s}}}{\mathrm{d}t}\\ \dfrac{\mathrm{d}\boldsymbol{\psi}_{\mathrm{r}}}{\mathrm{d}t}\end{bmatrix}\begin{bmatrix}-\dfrac{1}{T'_{\mathrm{sr}}} & -\dfrac{L_{\mathrm{m}}}{L'_{\mathrm{s}}L_{\mathrm{r}}}\left(-\dfrac{1}{T_{\mathrm{r}}}+\mathrm{j}\omega_{\mathrm{r}}\right)\\ \dfrac{L_{\mathrm{m}}}{T_{\mathrm{r}}} & -\dfrac{1}{T_{\mathrm{r}}}+\mathrm{j}\omega_{\mathrm{r}}\end{bmatrix}\begin{bmatrix}\boldsymbol{i}_{\mathrm{s}}\\ \boldsymbol{\psi}_{\mathrm{r}}\end{bmatrix}+\begin{bmatrix}\dfrac{\boldsymbol{u}_{\mathrm{s}}}{L'_{\mathrm{s}}}\\ 0\end{bmatrix} \tag{9-47}$$

将式(9-47)表示为

$$\dot{\boldsymbol{x}}=\boldsymbol{A}\boldsymbol{x}+\boldsymbol{B}\boldsymbol{u} \tag{9-48}$$

式中，$\boldsymbol{x}=\begin{bmatrix}i_{\alpha} & i_{\beta} & \psi_{\mathrm{d}} & \psi_{\mathrm{q}}\end{bmatrix}^{\mathrm{T}}$；$\boldsymbol{u}=\begin{bmatrix}u_{\alpha} & u_{\beta}\end{bmatrix}^{\mathrm{T}}$；$\boldsymbol{A}=\begin{bmatrix}-\dfrac{1}{T'_{\mathrm{sr}}}\boldsymbol{I} & \dfrac{L_{\mathrm{m}}}{L'_{\mathrm{s}}L_{\mathrm{r}}}\left(\dfrac{1}{T_{\mathrm{r}}}\boldsymbol{I}-\omega_{\mathrm{r}}\boldsymbol{J}\right)\\ \dfrac{L_{\mathrm{m}}}{T_{\mathrm{r}}}\boldsymbol{I} & -\dfrac{1}{T_{\mathrm{r}}}\boldsymbol{I}+\omega_{\mathrm{r}}\boldsymbol{J}\end{bmatrix}$为状态矩阵，

与转子速度 ω_r 有关，$\boldsymbol{I}$ 为 2×2 的单位矩阵，$\boldsymbol{J}=\begin{bmatrix}\boldsymbol{0} & -1\\ 1 & \boldsymbol{0}\end{bmatrix}$；$\boldsymbol{B}=\begin{bmatrix}\dfrac{1}{L_s'}\boldsymbol{I} & \boldsymbol{0}\end{bmatrix}^{\mathrm{T}}$ 为输入矩阵，$\boldsymbol{0}$ 为 2×2 的零矩阵。

将输出方程定义为

$$\boldsymbol{I}_s=\boldsymbol{C}\boldsymbol{x} \tag{9-49}$$

式中，$\boldsymbol{C}=\begin{bmatrix}\boldsymbol{I} & \boldsymbol{0}\\ \boldsymbol{0} & \boldsymbol{0}\end{bmatrix}$。

可由式(9-48)和式(9-49)来构建全阶状态观测器。

9.3.2　状态观测器

前面已指出，由定子电流观测误差来构成误差补偿器，于是状态观测器可确定为

$$\frac{\mathrm{d}\hat{\boldsymbol{x}}}{\mathrm{d}t}=\hat{\boldsymbol{A}}\hat{\boldsymbol{x}}+\boldsymbol{B}\boldsymbol{u}+\boldsymbol{K}(\boldsymbol{I}_s-\hat{\boldsymbol{I}}_s) \tag{9-50}$$

$$\hat{\boldsymbol{I}}_s=\boldsymbol{C}\hat{\boldsymbol{x}} \tag{9-51}$$

式中

$$\hat{\boldsymbol{A}}=\begin{bmatrix}-\dfrac{1}{T_{sr}'}\boldsymbol{I} & \dfrac{L_m}{L_s'L_r}\left(\dfrac{1}{T_r}\boldsymbol{I}-\hat{\omega}_r\boldsymbol{J}\right)\\ \dfrac{L_m}{T_r}\boldsymbol{I} & -\dfrac{1}{T_r}\boldsymbol{I}+\hat{\omega}_r\boldsymbol{J}\end{bmatrix}$$

应该指出，观测器状态矩阵 $\boldsymbol{A}$ 是转速 ω_r 的函数，状态方程(9-48)实际为时变非线性方程。但因电机的机械时间常数远大于电气时间常数，所以在电机实际运行中可认为 ω_r 是缓慢变化的，于是式(9-48)和式(9-49)描述的可以认为是一个四阶线性缓变系统。在数字控制中，在每一采样周期内，认为矩阵 $\boldsymbol{A}$ 的参数是恒定的。

在无速度传感器伺服系统中，矩阵 $\hat{\boldsymbol{A}}$ 中转速为一个待估计的参数 $\hat{\omega}_r$。在观测转子磁链 $\boldsymbol{\psi}_r$ 的同时，还可以辨识作为电机参数的 ω_r。

式(9-50)中，$\boldsymbol{I}_s$ 是实际值，$\boldsymbol{I}_s=[i_d \quad i_q \quad 0 \quad 0]^{\mathrm{T}}$；$\hat{\boldsymbol{I}}_s$ 是估计值，$\hat{\boldsymbol{I}}_s=[\hat{i}_\alpha \quad \hat{i}_\beta \quad 0 \quad 0]^{\mathrm{T}}$；$\boldsymbol{K}$ 是观测器增益矩阵，$\boldsymbol{K}$ 的选择应满足系统稳定性要求。

9.3.3　转速自适应律

1. 转速估计

同模型参考自适应系统一样，状态观测器的稳定是指状态误差的动态特性是渐进稳定的，且能以足够的速度收敛于零。由式(9-48)与式(9-50)可获得误差动态方程：

$$\begin{aligned}\frac{\mathrm{d}\boldsymbol{e}_1}{\mathrm{d}t}&=\frac{\mathrm{d}}{\mathrm{d}t}(\boldsymbol{x}-\hat{\boldsymbol{x}})=(\boldsymbol{A}-\boldsymbol{K}\boldsymbol{C})(\boldsymbol{x}-\hat{\boldsymbol{x}})-(\hat{\boldsymbol{A}}-\boldsymbol{A})\hat{\boldsymbol{x}}\\&=(\boldsymbol{A}-\boldsymbol{K}\boldsymbol{C})\boldsymbol{e}_1-\Delta\boldsymbol{A}\hat{\boldsymbol{x}}\end{aligned} \tag{9-52}$$

式中，$\boldsymbol{e}_1$ 是估计误差列矢量，为

$$\boldsymbol{e}_1=\boldsymbol{x}-\hat{\boldsymbol{x}} \tag{9-53}$$

$\Delta\boldsymbol{A}$ 是误差状态矩阵，为

$$\Delta\boldsymbol{A}=\hat{\boldsymbol{A}}-\boldsymbol{A}=\begin{bmatrix}\boldsymbol{0} & -(\hat{\omega}_{\mathrm{r}}-\omega_{\mathrm{r}})\boldsymbol{J}\dfrac{L_{\mathrm{m}}}{L_{\mathrm{s}}'L_{\mathrm{r}}}\\ \boldsymbol{0} & (\hat{\omega}_{\mathrm{r}}-\omega_{\mathrm{r}})\boldsymbol{J}\end{bmatrix} \tag{9-54}$$

可利用 Lyapunov 稳定性理论来分析观测器误差的动态稳定性，由 Lyapunov 函数 $\boldsymbol{V}$ 给出非线性系统渐进稳定的充分条件，而这个函数必须满足连续、可微、正定等要求，现将这个函数定义如下：

$$\boldsymbol{V}=\boldsymbol{e}_1^{\mathrm{T}}\boldsymbol{e}_1+\frac{(\hat{\omega}_{\mathrm{r}}-\omega_{\mathrm{r}})^2}{\lambda} \tag{9-55}$$

式中，λ 是正的常数。当转速估计 $\hat{\omega}_{\mathrm{r}}$ 等于实际速度 ω_{r} 及误差 $\boldsymbol{e}_1$ 为零时，函数 $\boldsymbol{V}$ 为零。

非线性系统渐进稳定的充分条件是 Lyapunov 函数 $\boldsymbol{V}$ 的导数 $\dfrac{\mathrm{d}\boldsymbol{V}}{\mathrm{d}t}$ 必须是负定的，即误差应成衰减趋势，估计值 $\hat{\omega}_{\mathrm{r}}$ 应逐步逼近实际值 ω_{r}，即 $\boldsymbol{V}$ 必须是下降的函数。由式(9-55)可得

$$\frac{\mathrm{d}\boldsymbol{V}}{\mathrm{d}t}=\boldsymbol{e}_1^{\mathrm{T}}\frac{\mathrm{d}\boldsymbol{e}_1}{\mathrm{d}t}+\boldsymbol{e}_1\frac{\mathrm{d}\boldsymbol{e}_1^{\mathrm{T}}}{\mathrm{d}t}+\frac{\mathrm{d}}{\mathrm{d}t}\frac{(\hat{\omega}_{\mathrm{r}}-\omega_{\mathrm{r}})^2}{\lambda} \tag{9-56}$$

式中，认为 ω_{r} 变化缓慢，近似为常数。

将式(9-52)代入式(9-56)，则有

$$\frac{\mathrm{d}\boldsymbol{V}}{\mathrm{d}t}=\boldsymbol{e}_1^{\mathrm{T}}\left[(\boldsymbol{A}-\boldsymbol{KC})^{\mathrm{T}}+(\boldsymbol{A}-\boldsymbol{KC})\right]\boldsymbol{e}_1+(\hat{\boldsymbol{x}}\Delta\boldsymbol{A}^{\mathrm{T}}\boldsymbol{e}_1+\boldsymbol{e}_1\Delta\boldsymbol{A}\hat{\boldsymbol{x}})+\frac{2}{\lambda}(\hat{\omega}_{\mathrm{r}}-\omega_{\mathrm{r}})\frac{\mathrm{d}\hat{\omega}_{\mathrm{r}}}{\mathrm{d}t} \tag{9-57}$$

可以证明，式(9-52)中等号右侧第一项总是负的，只要第二项和第三项之和为零，就可保证 $\dfrac{\mathrm{d}\boldsymbol{V}}{\mathrm{d}t}$ 为负定的，即有

$$\hat{\boldsymbol{x}}\Delta\boldsymbol{A}^{\mathrm{T}}\boldsymbol{e}_1+\boldsymbol{e}_1\Delta\boldsymbol{A}\hat{\boldsymbol{x}}+\frac{2}{\lambda}(\hat{\omega}_{\mathrm{r}}-\omega_{\mathrm{r}})\frac{\mathrm{d}\hat{\omega}_{\mathrm{r}}}{\mathrm{d}t}=0 \tag{9-58}$$

将式(9-53)和式(9-54)及 $\hat{\boldsymbol{x}}=[\hat{\boldsymbol{i}}_{\mathrm{s}}\quad \hat{\boldsymbol{\psi}}_{\mathrm{r}}]^{\mathrm{T}}$ 代入式(9-58)，可得

$$-2\frac{L_{\mathrm{m}}}{L_{\mathrm{s}}'L_{\mathrm{r}}}(\hat{\omega}_{\mathrm{r}}-\omega_{\mathrm{r}})\hat{\boldsymbol{\psi}}_{\mathrm{r}}^{\mathrm{T}}\boldsymbol{J}(\boldsymbol{i}_{\mathrm{s}}-\hat{\boldsymbol{i}}_{\mathrm{s}})+\frac{2}{\lambda}(\hat{\omega}_{\mathrm{r}}-\omega_{\mathrm{r}})\frac{\mathrm{d}\hat{\omega}_{\mathrm{r}}}{\mathrm{d}t}=0$$

于是，有

$$\frac{\mathrm{d}\hat{\omega}_{\mathrm{r}}}{\mathrm{d}t}=K_{\mathrm{i}}\hat{\boldsymbol{\psi}}_{\mathrm{r}}^{\mathrm{T}}\boldsymbol{J}(\boldsymbol{i}_{\mathrm{s}}-\hat{\boldsymbol{i}}_{\mathrm{s}}) \tag{9-59}$$

式中，$K_{\mathrm{i}}=\dfrac{\lambda L_{\mathrm{m}}}{L_{\mathrm{s}}'L_{\mathrm{r}}}$。

最后可得

$$\hat{\omega}_{\mathrm{r}}=K_{\mathrm{i}}\int\hat{\boldsymbol{\psi}}_{\mathrm{r}}^{\mathrm{T}}\boldsymbol{J}(\boldsymbol{i}_{\mathrm{s}}-\hat{\boldsymbol{i}}_{\mathrm{s}})\mathrm{d}t \tag{9-60}$$

为改进观测器的响应，可将式(9-60)修正为

$$\hat{\omega}_{\mathrm{r}}=K_{\mathrm{p}}\hat{\boldsymbol{\psi}}_{\mathrm{r}}^{\mathrm{T}}\boldsymbol{J}(\boldsymbol{i}_{\mathrm{s}}-\hat{\boldsymbol{i}}_{\mathrm{s}})+K_{\mathrm{i}}\int\hat{\boldsymbol{\psi}}_{\mathrm{r}}^{\mathrm{T}}\boldsymbol{J}(\boldsymbol{i}_{\mathrm{s}}-\hat{\boldsymbol{i}}_{\mathrm{s}})\mathrm{d}t=\left(K_{\mathrm{p}}+\frac{K_{\mathrm{i}}}{p}\right)\hat{\boldsymbol{\psi}}_{\mathrm{r}}^{\mathrm{T}}\boldsymbol{J}(\boldsymbol{i}_{\mathrm{s}}-\hat{\boldsymbol{i}}_{\mathrm{s}}) \tag{9-61}$$

式中，$\hat{\boldsymbol{i}}_s$和$\hat{\boldsymbol{\psi}}_r$为由观测器得到的状态估计值；$\boldsymbol{i}_s-\hat{\boldsymbol{i}}_s$为定子电流观测误差。

将式(9-61)确定为估计转速的自适应律。通过式(9-61)可调节$\hat{\omega}_r$趋向实际值ω_r，同时使$\hat{\boldsymbol{x}}=\begin{bmatrix}\hat{\boldsymbol{i}}_s & \hat{\boldsymbol{\psi}}_r\end{bmatrix}^T$接近实际状态$\boldsymbol{x}=\begin{bmatrix}\boldsymbol{i}_s & \boldsymbol{\psi}_r\end{bmatrix}^T$。可将式(9-61)表示为

$$\hat{\omega}_r=-\left(K_p+\frac{K_i}{p}\right)\hat{\boldsymbol{\psi}}_r\times(\boldsymbol{i}_s-\hat{\boldsymbol{i}}_s)=-\left(K_p+\frac{K_i}{p}\right)(\hat{\boldsymbol{\psi}}_r\boldsymbol{i}_s-\hat{\boldsymbol{\psi}}_r\hat{\boldsymbol{i}}_s) \tag{9-62}$$

若以坐标分量表示，则有

$$\hat{\omega}_r=-\left(K_p+\frac{K_i}{p}\right)\left[(i_\alpha-\hat{i}_\alpha)\hat{\psi}_q-(i_\beta-\hat{i}_\beta)\hat{\psi}_d\right] \tag{9-63}$$

电磁转矩可表示为

$$T_e=p\frac{L_m}{L_r}\boldsymbol{\psi}_r\boldsymbol{i}_s \tag{9-64}$$

若$\hat{\boldsymbol{\psi}}_r$与实际$\boldsymbol{\psi}_r$相等，则可将式(9-62)改写为

$$\hat{\omega}_r=\frac{L_r}{pL_m}\left(K_p+\frac{K_i}{p}\right)(\hat{T}_e-T_e) \tag{9-65}$$

式中，T_e为转矩实际值；$\hat{T}_e$为转矩估计值。

式(9-65)反映了转速自适应律的物理意义。速度调整信号取自转矩偏差信息，当转矩存在偏差时，通过式(9-62)调节$\hat{\omega}_r$，$\hat{\omega}_r$作为可调参数输入状态观测器后，使$\hat{\boldsymbol{i}}_s$逼近于$\boldsymbol{i}_s$，使转矩偏差减小，在这一过程中估计值$\hat{\omega}_r$逐步趋向实际值ω_r。

图 9-4 是速度自适应转子磁链观测器的原理图。对比图 9-4 和图 9-3 可以看出，$\boldsymbol{i}_s$可看成由参考模型(9-47)给出，但此时定子电流矢量$\boldsymbol{i}_s$为实际值，事实上已将电机自身作为参考模型。由式(9-50)给出的全阶状态观测器相当于图 9-3 中的可调模型，并将$\hat{\omega}_r$作为可调参数，也选择了 PI 调节器作为自适应机构，可见速度自适应转子磁链观测器也是一种基于 MRAS 的自适应系统。

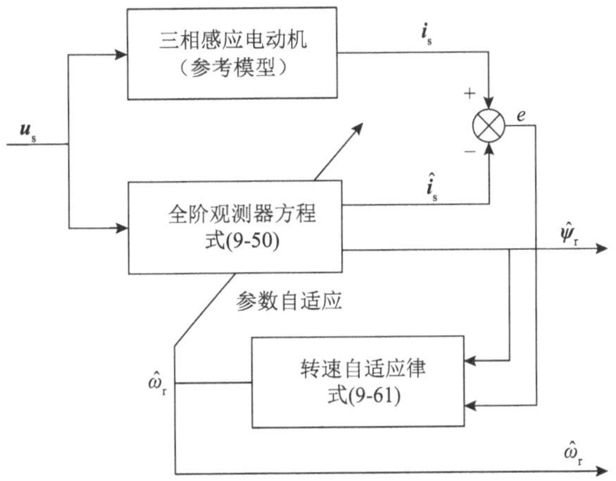

图 9-4　基于 MRAS 的速度自适应转子磁链观测器的原理图

2. 增益矩阵 K 及定子电阻辨识

在式(9-50)中，增益矩阵$\boldsymbol{K}$起到加权的作用。当观测器中的矩阵$\hat{\boldsymbol{A}}$与参考模型的矩阵$\boldsymbol{A}$之间存在差异时，将会导致观测器输出$\hat{\boldsymbol{i}}_s$与实际输出$\boldsymbol{i}_s$间产生偏差。由观测误差构成修正环节，通过$\boldsymbol{K}$对修正项的加权作用，便可以调节观测器的动态响应。

通常采用极点配置的方式来确定矩阵$\boldsymbol{K}$以保证观测器在所有速度下的稳定性。由系统

的误差动态方程(9-52)可知，误差 $\boldsymbol{e}_1$ 的收敛速度取决于矩阵 $\boldsymbol{A}-\boldsymbol{KC}$ 的极点位置，即误差响应的动态特性是由矩阵 $\boldsymbol{A}-\boldsymbol{KC}$ 的特征值决定的，通过合理地设计 $\boldsymbol{K}$ 可使矩阵 $\boldsymbol{A}-\boldsymbol{KC}$ 的极点位置满足系统的动态要求，使误差渐进稳定且以足够快的速度收敛。

可以采用式(9-50)构建全阶状态观测器来在线辨识定子电阻 R_s，但要将状态矩阵 $\hat{\boldsymbol{A}}$ 中的定子电阻作为可调参数 $\hat{R}_s$，即有

$$\frac{1}{\hat{T}'_{sr}}=\frac{\hat{R}_s}{L'_s}+\frac{1}{L'_s}\left(\frac{L_m}{L_r}\right)^2 R_r \tag{9-66}$$

由式(9-66)，可得误差状态矩阵：

$$\Delta\boldsymbol{A}'=\begin{bmatrix}-\dfrac{1}{L'_s}(\hat{R}_s-R_s)\boldsymbol{I} & \boldsymbol{0}\\ \boldsymbol{0} & \boldsymbol{0}\end{bmatrix} \tag{9-67}$$

采用与转速估计同样的方法，可得

$$\hat{R}_s=-\left(K_p+\frac{K_i}{p}\right)\left[(i_\alpha-\hat{i}_\alpha)\hat{i}_\alpha+(i_\beta-\hat{i}_\beta)\hat{i}_\beta\right] \tag{9-68}$$

3. 转子磁链矢量及磁链矢量速度估计

由全阶速度自适应转子磁链观测器得到的转子磁链估计值 $\hat{\psi}_d$ 和 $\hat{\psi}_q$，可以获得转子磁链矢量的幅值和相位的估计值，即

$$|\hat{\boldsymbol{\psi}}_r|=\sqrt{\hat{\psi}_d^2+\hat{\psi}_q^2} \tag{9-69}$$

$$\hat{\theta}_M=\arcsin\frac{\hat{\psi}_q}{|\boldsymbol{\psi}_r|} \tag{9-70}$$

式中，$\hat{\theta}_M$ 为 $\hat{\boldsymbol{\psi}}_r$ 在静止 αβ 坐标系中的空间位置。

由于可以估计转子磁链矢量 $\boldsymbol{\psi}_r$，因此转子磁链观测器比较适合基于转子磁场定向的矢量控制。

转子磁链矢量的旋转速度 $\hat{\omega}'_s$ 可由式(9-70)得到，即有

$$\hat{\omega}'_s=\frac{d\hat{\theta}_M}{dt}=\frac{\hat{\psi}_d\dfrac{d\hat{\psi}_q}{dt}-\hat{\psi}_q\dfrac{d\hat{\psi}_d}{dt}}{\hat{\psi}_d^2+\hat{\psi}_q^2} \tag{9-71}$$

由估计值 $\hat{\omega}'_s$ 和 $\hat{\omega}_r$ 可获得转差频率的估计值：

$$\hat{\omega}'_f=\hat{\omega}'_s-\hat{\omega}_r \tag{9-72}$$

这里，$\hat{\omega}'_f$ 是指转子磁链矢量 $\boldsymbol{\psi}_r$ 相对转子的旋转速度。

9.4　扩展卡尔曼滤波器

卡尔曼滤波器是由美国学者 R. E. Kalman 在 20 世纪 60 年代初提出的一种最优线性估计算法，其特点是考虑了系统的模型误差和测量噪声的统计特性。卡尔曼滤波器的算法采

用递推形式，适合在数字计算机上实现。扩展卡尔曼滤波器(extended Kalman filters，EKF)是卡尔曼滤波器在非线性系统中的一种推广形式，属于非线性估计算法。近年来，为了解决交流调速系统中的状态估计和参数辨识问题，不少学者开展了扩展卡尔曼滤波器在交流调速系统中的应用研究。但是，扩展卡尔曼滤波器的算法复杂，需要矩阵求逆运算，计算量相当大，为满足实时控制的要求，需要用高速、高精度的数字信号处理器，这使无机械传感器交流调速系统的硬件成本提高。另外，扩展卡尔曼滤波器要用到许多随机误差的统计参数，由于模型复杂、涉及因素较多，分析这些参数的工作比较困难，需要通过大量调试才能确定合适的随机参数。

9.4.1　结构与原理

扩展卡尔曼滤波器的一般形式可表示为

$$\frac{\mathrm{d}\hat{x}}{\mathrm{d}t} = \boldsymbol{A}(\hat{x})\hat{x} + \boldsymbol{Bu} + \boldsymbol{K}(y - \hat{y}) \tag{9-73}$$

$$\hat{y} = \boldsymbol{C}\hat{x} \tag{9-74}$$

扩展卡尔曼滤波器的结构图如图 9-5 所示。

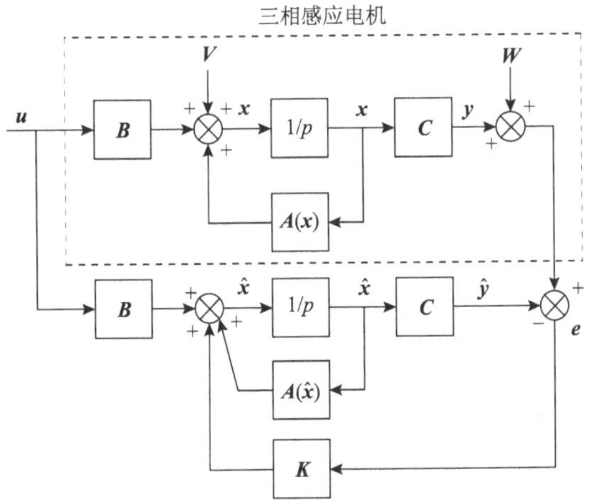

图 9-5　扩展卡尔曼滤波器的结构图

卡尔曼滤波的目的是利用电机的测量状态来得到非测量状态。图 9-5 上半部虚线框内表示的是电机实际状态，通常将定子电压和电流矢量作为测量矢量，即 $\boldsymbol{u}=\boldsymbol{u}_s$， $\boldsymbol{y}=\boldsymbol{i}_s$。另外，测量状态就是噪声统计，即系统噪声矢量 $\boldsymbol{V}$ 和测量噪声矢量 $\boldsymbol{W}$。图 9-5 下半部是扩展卡尔曼滤波器状态估计框图，符号“^”表示状态估计，$\boldsymbol{K}$ 称为扩展卡尔曼滤波器增益矩阵。

扩展卡尔曼滤波器增益矩阵 $\boldsymbol{K}$ 在状态估计中的作用是非常重要的，通过选择合理的增益矩阵 $\boldsymbol{K}$，可使状态的估计误差趋于最小，因为 $\boldsymbol{K}$ 是基于均方误差最小原理而确定的，所以在矩阵 $\boldsymbol{K}$ 的加权作用下，递推计算中的每一步都可为下一步提供最有可能的状态估计值或者最优的输出，“最优”的含义是指能使各种状态变量的均方估计误差同时为最小，因此又称扩展卡尔曼滤波器为递推优化随机状态估计器。

9.4.2 数学模型

扩展卡尔曼滤波器实质上仍然是依据电机模型的一种状态观测器，因此数学模型的选择很重要。一般选择由定子静止坐标系表示的电机数学模型，因为静止坐标系模型中将定子电压和电流的测量值变换到同步旋转坐标系时，变换矩阵中不含有转子磁链矢量空间相角的正余弦函数，不会额外加重数学模型的非线性；可以节省计算时间，进而缩短采样周期，有利于实时估计和提高扩展卡尔曼滤波器的稳定性。

三相异步电机以定子 ABC 坐标系表示的定、转子电压矢量方程为

$$\boldsymbol{u}_{\mathrm{s}}=R_{\mathrm{s}}\boldsymbol{i}_{\mathrm{s}}+\frac{\mathrm{d}\boldsymbol{\psi}_{\mathrm{s}}}{\mathrm{d}t} \tag{9-75}$$

$$0=R_{\mathrm{r}}\boldsymbol{i}_{\mathrm{r}}+\frac{\mathrm{d}\boldsymbol{\psi}_{\mathrm{r}}}{\mathrm{d}t}-\mathrm{j}\omega_{\mathrm{r}}\boldsymbol{\psi}_{\mathrm{r}} \tag{9-76}$$

应将 $\boldsymbol{i}_{\mathrm{s}}$ 作为状态变量，因为定子电流矢量 $\boldsymbol{i}_{\mathrm{s}}$ 在滤波估计中是必须测量的，也是修正环节中的反馈量。另外，在以转子磁场定向的矢量控制中，转子磁链矢量 $\boldsymbol{\psi}_{\mathrm{r}}$ 是需要实时估计的空间矢量，因此也将 $\boldsymbol{\psi}_{\mathrm{r}}$ 作为状态变量。

同时将转子速度 ω_{r} 作为状态变量，这也体现了扩展卡尔曼滤波器与状态观测器的不同，在状态观测器中 ω_{r} 只作为状态矩阵 $\hat{\boldsymbol{A}}$ 中的可调参数。

在式(9-47)的基础上，增加一个状态变量 ω_{r}，就可以构成用于扩展卡尔曼滤波器观测转子磁链矢量 $\boldsymbol{\psi}_{\mathrm{r}}$ 和转速 ω_{r} 的状态方程，即有

$$\frac{\mathrm{d}}{\mathrm{d}t}\begin{bmatrix}\boldsymbol{i}_{\mathrm{s}}\\ \boldsymbol{\psi}_{\mathrm{r}}\\ \omega_{\mathrm{r}}\end{bmatrix}=\begin{bmatrix}-\dfrac{1}{T'_{\mathrm{sr}}} & -\dfrac{L_{\mathrm{m}}}{L'_{\mathrm{s}}L_{\mathrm{r}}}\left(-\dfrac{1}{T_{\mathrm{r}}}+\mathrm{j}\omega_{\mathrm{r}}\right) & 0\\ \dfrac{L_{\mathrm{m}}}{T_{\mathrm{r}}} & -\dfrac{1}{T_{\mathrm{r}}}+\mathrm{j}\omega_{\mathrm{r}} & 0\\ 0 & 0 & 0\end{bmatrix}\begin{bmatrix}\boldsymbol{i}_{\mathrm{s}}\\ \boldsymbol{\psi}_{\mathrm{r}}\\ \omega_{\mathrm{r}}\end{bmatrix}+\begin{bmatrix}\dfrac{\boldsymbol{u}_{\mathrm{s}}}{L'_{\mathrm{s}}}\\ 0\\ 0\end{bmatrix} \tag{9-77}$$

将式(9-77)以 αβ 坐标系分量表示，则有

$$\frac{\mathrm{d}}{\mathrm{d}t}\begin{bmatrix}i_{\alpha}\\ i_{\beta}\\ \psi_{\mathrm{d}}\\ \psi_{\mathrm{q}}\\ \omega_{\mathrm{r}}\end{bmatrix}=\begin{bmatrix}-\dfrac{1}{T'_{\mathrm{sr}}} & 0 & \dfrac{L_{\mathrm{m}}}{L'_{\mathrm{s}}L_{\mathrm{r}}T_{\mathrm{r}}} & \omega_{\mathrm{r}}\dfrac{L_{\mathrm{m}}}{L'_{\mathrm{s}}L_{\mathrm{r}}} & 0\\ 0 & -\dfrac{1}{T'_{\mathrm{sr}}} & -\omega_{\mathrm{r}}\dfrac{L_{\mathrm{m}}}{L'_{\mathrm{s}}L_{\mathrm{r}}} & \dfrac{L_{\mathrm{m}}}{L'_{\mathrm{s}}L_{\mathrm{r}}T_{\mathrm{r}}} & 0\\ \dfrac{L_{\mathrm{m}}}{T_{\mathrm{r}}} & 0 & -\dfrac{1}{T_{\mathrm{r}}} & -\omega_{\mathrm{r}} & 0\\ 0 & \dfrac{L_{\mathrm{m}}}{T_{\mathrm{r}}} & \omega_{\mathrm{r}} & -\dfrac{1}{T_{\mathrm{r}}} & 0\\ 0 & 0 & 0 & 0 & 0\end{bmatrix}\begin{bmatrix}i_{\alpha}\\ i_{\beta}\\ \psi_{\mathrm{d}}\\ \psi_{\mathrm{q}}\\ \omega_{\mathrm{r}}\end{bmatrix}+\begin{bmatrix}\dfrac{1}{L'_{\mathrm{s}}} & 0\\ 0 & \dfrac{1}{L'_{\mathrm{s}}}\\ 0 & 0\\ 0 & 0\\ 0 & 0\end{bmatrix}\begin{bmatrix}u_{\alpha}\\ u_{\beta}\end{bmatrix} \tag{9-78}$$

应该指出，在式(9-77)和式(9-78)中，已假定

$$\frac{\mathrm{d}\omega_{\mathrm{r}}}{\mathrm{d}t}=0 \tag{9-79}$$

这相当于假定包括转子在内的机械传动系统的转动惯量 J 为无限大。系统的机械运动方程为

$$T_e = J\frac{d\Omega_r}{dt} + R_\Omega \Omega_r + T_L \tag{9-80}$$

式中，Ω_r 为机械角速度，$\Omega_r = \omega_r / p$；R_Ω 为阻尼系数；T_L 为负载转矩；T_e 为电磁转矩。

显然，假定 J 为无限大是不符合实际的。但在扩展卡尔曼滤波器状态观测中，可将这种不准确性作为系统的状态噪声来处理，在递推计算中由扩展卡尔曼滤波器予以必要的修正；或者在数字化系统中，由于采样周期很短，在每个采样周期内，都可以认为 ω_r 是恒定的。

还应强调，式(9-78)是非线性的，因为在系统矩阵 $\boldsymbol{A}$ 中含有转速 ω_r。为简化计算，将式(9-78)表示为

$$\frac{d\boldsymbol{x}}{dt} = \boldsymbol{Ax} + \boldsymbol{Bu} \tag{9-81}$$

$$\boldsymbol{y} = \boldsymbol{Cx} \tag{9-82}$$

式中

$$\boldsymbol{x} = [i_\alpha \quad i_\beta \quad \psi_d \quad \psi_q \quad \omega_r]^T,\quad \boldsymbol{u} = [u_\alpha \quad u_\beta]^T,\quad \boldsymbol{C} = \begin{bmatrix} 1 & 0 & 0 & 0 & 0 \\ 0 & 1 & 0 & 0 & 0 \end{bmatrix}$$

$$\boldsymbol{A} = \begin{bmatrix} -\dfrac{1}{T'_{sr}} & 0 & \dfrac{L_m}{L'_s L_r T_r} & \omega_r \dfrac{L_m}{L'_s L_r} & 0 \\ 0 & -\dfrac{1}{T'_{sr}} & -\omega_r \dfrac{L_m}{L'_s L_r} & \dfrac{L_m}{L'_s L_r T_r} & 0 \\ \dfrac{L_m}{T_r} & 0 & -\dfrac{1}{T_r} & -\omega_r & 0 \\ 0 & \dfrac{L_m}{T_r} & \omega_r & -\dfrac{1}{T_r} & 0 \\ 0 & 0 & 0 & 0 & 0 \end{bmatrix},\quad \boldsymbol{B} = \begin{bmatrix} \dfrac{1}{L'_s} & 0 \\ 0 & \dfrac{1}{L'_s} \\ 0 & 0 \\ 0 & 0 \\ 0 & 0 \end{bmatrix}$$

为了构建扩展卡尔曼滤波器数字化系统，需要对电机方程式(9-81)和式(9-82)进行离散化处理，可得

$$\boldsymbol{x}(k+1) = \boldsymbol{A}'\boldsymbol{x}(k) + \boldsymbol{B}'\boldsymbol{u}(k) \tag{9-83}$$

$$\boldsymbol{y}(k) = \boldsymbol{C}'\boldsymbol{x}(k) \tag{9-84}$$

式中，$\boldsymbol{A}'$ 和 $\boldsymbol{B}'$ 是离散化的系统矩阵和输入矩阵，可近似地表示为

$$\boldsymbol{A}' = e^{\boldsymbol{A}T_c} \approx 1 + \boldsymbol{A}T_c + \left(\frac{\boldsymbol{A}T_c}{2}\right)^2 \tag{9-85}$$

$$\boldsymbol{B}' = \int_0^{T_c} \boldsymbol{A}^{e\tau} \boldsymbol{B} d\tau \approx \boldsymbol{B}T_c + \frac{\boldsymbol{AB}T_c^2}{2} \tag{9-86}$$

式中，T_c 是采样时间，$T_c = t_{k+1} - t_k$。

采样时间很短时，可以忽略 $\boldsymbol{A}'$ 和 $\boldsymbol{B}'$ 中的二次项。采样时间应比电机电气时间常数小，以得到满意的精度，同时要考虑扩展卡尔曼滤波器程序执行的时间及系统的稳定性。式(9-84)中，离散化的输出矩阵 $\boldsymbol{C}' = \boldsymbol{C}$，$\boldsymbol{x}(k)$ 表示 $\boldsymbol{x}$ 在 t_k 时刻的采样值。

若忽略 $\boldsymbol{A}'$ 和 $\boldsymbol{B}'$ 中的二次项，则可得 $\boldsymbol{A}'$、$\boldsymbol{B}'$ 和 $\boldsymbol{C}'$ 的离散化表达式，即为

$$A'=\begin{bmatrix} 1-\dfrac{T_c}{T'_{sr}} & 0 & \dfrac{T_cL_m}{L'_sL_rT_r} & \omega_r\dfrac{T_cL_m}{L'_sL_r} & 0 \\ 0 & 1-\dfrac{T_c}{T'_{sr}} & -\omega_r\dfrac{T_cL_m}{L'_sL_r} & \dfrac{T_cL_m}{L'_sL_rT_r} & 0 \\ \dfrac{T_cL_m}{T_r} & 0 & 1-\dfrac{T_c}{T_r} & -T_c\omega_r & 0 \\ 0 & \dfrac{T_cL_m}{T_r} & T_c\omega_r & 1-\dfrac{T_c}{T_r} & 0 \\ 0 & 0 & 0 & 0 & 1 \end{bmatrix}$$

$$B'=\begin{bmatrix} \dfrac{T_c}{L'_s} & 0 \\ 0 & \dfrac{T_c}{L'_s} \\ 0 & 0 \\ 0 & 0 \\ 0 & 0 \end{bmatrix},\quad C'=\begin{bmatrix} 1 & 0 & 0 & 0 & 0 \\ 0 & 1 & 0 & 0 & 0 \end{bmatrix}$$

且有

$$x(k)=[i_\alpha(k)\quad i_\beta(k)\quad \psi_d(k)\quad \psi_q(k)\quad \omega_r(k)]^T$$

$$u(k)=[u_\alpha(k)\quad u_\beta(k)]^T$$

在实际系统中，模型参数存在不确定性和可变性，定子电压和电流中不可避免地会存在测量噪声，对连续方程的离散化也会产生固有的量化误差，可将这些不确定因素纳入到系统状态噪声矢量$\boldsymbol{V}$和测量噪声矢量$\boldsymbol{W}$中。于是，由图 9-5 可将式(9-83)和式(9-84)分别改写为

$$\boldsymbol{x}(k+1)=\boldsymbol{A}'\boldsymbol{x}(k)+\boldsymbol{B}'\boldsymbol{u}(k)+\boldsymbol{V}(k) \tag{9-87}$$

$$\boldsymbol{y}(k)=\boldsymbol{C}'\boldsymbol{x}(k)+\boldsymbol{W}(k) \tag{9-88}$$

式中，$\boldsymbol{V}(k)$为系统噪声；$\boldsymbol{W}(k)$为测量噪声。

假设$\boldsymbol{V}(k)$和$\boldsymbol{W}(k)$都是零均值白噪声，即有

$$E\{\boldsymbol{V}(k)\}=0$$

$$E\{\boldsymbol{W}(k)\}=0$$

式中，$E\{\ \}$表示数字期望值。

在扩展卡尔曼滤波器的递推计算中，并不直接利用噪声矢量$\boldsymbol{V}$和$\boldsymbol{W}$，而需要利用$\boldsymbol{V}$的协方差(covariance)矩阵$\boldsymbol{Q}$以及$\boldsymbol{W}$的协方差矩阵$\boldsymbol{R}$，协方差矩阵$\boldsymbol{Q}$和$\boldsymbol{R}$被定义为

$$\mathrm{cov}(\boldsymbol{V})=\boldsymbol{E}\{\boldsymbol{V}\boldsymbol{V}^T\}=\boldsymbol{Q} \tag{9-89}$$

$$\mathrm{cov}(\boldsymbol{W})=\boldsymbol{E}\{\boldsymbol{W}\boldsymbol{W}^T\}=\boldsymbol{R} \tag{9-90}$$

此外，假定$\boldsymbol{V}(k)$和$\boldsymbol{W}(k)$是不相关的，初始状态$\boldsymbol{x}(0)$是随机矢量，也与$\boldsymbol{V}(k)$和$\boldsymbol{W}(k)$不相关。

9.4.3　状态估计

扩展卡尔曼滤波器状态估计的一般形式为

$$\frac{\mathrm{d}\hat{x}}{\mathrm{d}t}=\boldsymbol{A}(\hat{x})\hat{x}+\boldsymbol{B}\boldsymbol{u}+\boldsymbol{K}(\boldsymbol{y}-\hat{y}) \tag{9-91}$$

同样，应将式(9-91)进行离散化，若暂且不考虑修正项 $\boldsymbol{K}(\boldsymbol{y}-\hat{y})$，则由式(9-87)可得

$$\hat{\boldsymbol{x}}(k+1)=\boldsymbol{A}'\hat{\boldsymbol{x}}(k)+\boldsymbol{B}'\boldsymbol{u}(k)+\boldsymbol{V}(k) \tag{9-92}$$

式中，符号“^”表示状态估计。

扩展卡尔曼滤波器状态估计的程序是由第 k 次的状态估计 $\hat{\boldsymbol{x}}(k)$ 来获取第 k+1 次的状态估计 $\hat{\boldsymbol{x}}(k+1)$，即由系统目前的状态来确定系统下一步可能出现的状态。式中，$\hat{\boldsymbol{x}}(k)$ 是第 k 次取得的已经过 $1,2,\cdots,k$ 次估计的结果，每次估计都是利用上一次的估计结果来推算本次的估计结果，这是一种递推估计(计算)过程。

由于系统噪声 $\boldsymbol{V}(k)$ 是零均值的，因此可将式(9-92)简化为

$$\hat{\boldsymbol{x}}(k+1)=\boldsymbol{A}'\hat{\boldsymbol{x}}(k)+\boldsymbol{B}'\boldsymbol{u}(k) \tag{9-93}$$

扩展卡尔曼滤波器状态估计大致分为两个阶段：第一阶段是预测阶段；第二阶段是修正阶段。

在第一阶段，首先由第 k 次的估计结果 $\hat{\boldsymbol{x}}(k)$ 来推算第 k+1 次估计的预测值 $\tilde{\boldsymbol{x}}(k+1)$，符号“~”表示预测值，“预测”的含义是由式(9-92)确定的还没有被修正环节修正的预测量，此预测量 $\tilde{\boldsymbol{x}}(k+1)$ 对应的输出 $\tilde{\boldsymbol{y}}(k+1)$ 为

$$\tilde{\boldsymbol{y}}(k+1)=\boldsymbol{C}'\,\tilde{\boldsymbol{x}}(k+1) \tag{9-94}$$

因 $\boldsymbol{W}(k)$ 是零均值噪声，所以没有出现在式(9-94)中。

考虑到扩展卡尔曼滤波器的反馈修正环节，可将式(9-91)最后离散化为

$$\hat{\boldsymbol{x}}(k+1)=\boldsymbol{A}'\hat{\boldsymbol{x}}(k)+\boldsymbol{B}'\boldsymbol{u}(k)+\boldsymbol{K}(k+1)\left[\boldsymbol{y}(k+1)-\tilde{\boldsymbol{y}}(k+1)\right] \tag{9-95}$$

将式(9-93)和式(9-94)代入式(9-95)，可得

$$\hat{\boldsymbol{x}}(k+1)=\tilde{\boldsymbol{x}}(k+1)+\boldsymbol{K}(k+1)\left[\boldsymbol{y}(k+1)-\boldsymbol{C}'\,\tilde{\boldsymbol{x}}(k+1)\right] \tag{9-96}$$

式中，$\boldsymbol{y}(k+1)$ 是实测值，这里代表了定子电流在 $(k+1)T_{\mathrm{c}}$ 时刻的测量值。

式(9-96)为扩展卡尔曼滤波器状态估计的第二阶段，利用实测值和预测值的偏差对预测值 $\tilde{\boldsymbol{x}}(k+1)$ 进行反馈修正，以此来获得满意的状态估计值 $\hat{\boldsymbol{x}}(k+1)$。

式(9-96)反映了卡尔曼滤波的实质。但是，能否取得满意的结果取决于对增益矩阵 $\boldsymbol{K}(k+1)$ 的选择，因为反馈修正的结果取决于加权矩阵 $\boldsymbol{K}(k+1)$ 的作用，这直接关系到状态估计的准确性。

扩展卡尔曼滤波器对 $\boldsymbol{K}(k+1)$ 的选择原则是使 $\left[\boldsymbol{x}(k+1)-\hat{\boldsymbol{x}}(k+1)\right]$ 均方差矩阵取值极小，则应使 $E\left\{\left[\boldsymbol{x}(k+1)-\hat{\boldsymbol{x}}(k+1)\right]^{\mathrm{T}}\left[\boldsymbol{x}(k+1)-\hat{\boldsymbol{x}}(k+1)\right]\right\}$ 取值极小，式中的 $\boldsymbol{x}(k+1)$ 为准确值，$\boldsymbol{x}(k+1)-\hat{\boldsymbol{x}}(k+1)$ 为估计误差。

通常，利用协方差矩阵 $\boldsymbol{P}(k+1)$ 推导出 $\boldsymbol{K}(k+1)$，因为 $E\left\{\left[\boldsymbol{x}(k+1)-\hat{\boldsymbol{x}}(k+1)\right]^{\mathrm{T}}\left[\boldsymbol{x}(k+1)-\hat{\boldsymbol{x}}(k+1)\right]\right\}$ 取值极小可等同于 $\boldsymbol{P}(k+1)$ 取值极小，$\boldsymbol{P}(k+1)$ 为

$$\boldsymbol{P}(k+1)=\left[\boldsymbol{x}(k+1)-\hat{\boldsymbol{x}}(k+1)\right]\left[\boldsymbol{x}(k+1)-\hat{\boldsymbol{x}}(k+1)\right]^{\mathrm{T}} \tag{9-97}$$

将式(9-96)代入式(9-97)可得出协方差矩阵 $\boldsymbol{P}(k+1)$，再令 $\boldsymbol{P}(k+1)$ 对 $\boldsymbol{K}(k+1)$ 的导数为零，可推导出 $\boldsymbol{K}(k+1)$。$\boldsymbol{K}(k+1)$ 可使 $\boldsymbol{P}(k+1)$ 取值极小，最终可得到如下的扩展卡尔曼滤波器递推公式，即

$$\tilde{\boldsymbol{x}}(k+1)=\boldsymbol{A}'\hat{\boldsymbol{x}}(k)+\boldsymbol{B}'\boldsymbol{u}(k) \tag{9-98}$$

$$\tilde{\boldsymbol{P}}(k+1)=\boldsymbol{G}(k+1)\hat{\boldsymbol{P}}(k)\boldsymbol{G}^{\mathrm{T}}(k+1)+\boldsymbol{Q} \tag{9-99}$$

$$\boldsymbol{K}(k+1)=\tilde{\boldsymbol{P}}(k+1)\boldsymbol{H}^{\mathrm{T}}(k+1)\left[\boldsymbol{H}(k+1)\tilde{\boldsymbol{P}}(k+1)\boldsymbol{H}^{\mathrm{T}}(k+1)+\boldsymbol{R}\right]^{-1} \tag{9-100}$$

$$\hat{\boldsymbol{x}}(k+1)=\tilde{\boldsymbol{x}}(k+1)+\boldsymbol{K}(k+1)\left[\boldsymbol{y}(k+1)-\tilde{\boldsymbol{y}}(k+1)\right] \tag{9-101}$$

$$\hat{\boldsymbol{P}}(k+1)=\tilde{\boldsymbol{P}}(k+1)-\boldsymbol{K}(k+1)\boldsymbol{H}(k+1)\tilde{\boldsymbol{P}}(k+1) \tag{9-102}$$

最后应指出，扩展卡尔曼滤波器程序计算量大，比状态观测器更费时，这会影响到它的在线应用。为此可以考虑利用降阶的数学模型。

事实上，除了上面介绍的方法外，目前还有多种方法可以估计转速和辨识电机参数。

例如，高频信号注入法，其基本原理是向电机定子中注入高频电压信号，使其产生幅值恒定的旋转磁场，或者产生沿某一轴线脉动的交变磁场，如果转子具有凸极性，这些磁场定会受到转子的调制作用，结果是在定子电流中将会呈现与转子位置及速度相关联的高频载波信号，从这些载波信号中可进一步提取出转子位置及速度信息。这种方法的特点是可以实现低速甚至零速时的位置及速度估计。

此外，还有一种基于转子槽谐波的三相异步电机转速估计方法，它是从转子槽谐波的物理信号中直接提取转速信息，因此，其特点是完全不受电机参数的影响，但目前还只是处于研究阶段，具体应用还有待新的研究发现。

9.5　滑模观测器

9.5.1　传统滑模观测器设计

滑模控制的基本原理已在 4.8.1 节中进行了详细介绍和推导，本章不再重复。传统滑模观测器(SMO)以永磁同步电机的αβ坐标系下的数学模型为基础：

$$\begin{bmatrix} u_\alpha \\ u_\beta \end{bmatrix}=\begin{bmatrix} R_s+pL_d & \omega_r(L_d-L_q) \\ -\omega_r(L_d-L_q) & R_s+pL_q \end{bmatrix}\begin{bmatrix} i_\alpha \\ i_\beta \end{bmatrix}+\begin{bmatrix} e_\alpha \\ e_\beta \end{bmatrix} \tag{9-103}$$

式中，u_α、u_β 为定子电压；i_α、i_β 为定子电流；e_α、e_β 为反电动势。

永磁同步电机反电动势可以表示为

$$\begin{bmatrix} e_\alpha \\ e_\beta \end{bmatrix}=\left[(L_d-L_q)(\omega_r i_d-pi_q)+\omega_r\psi_f\right]\begin{bmatrix} -\sin\theta_e \\ \cos\theta_e \end{bmatrix} \tag{9-104}$$

从式(9-104)中可以看出，反电动势中含有转速和转子位置角。因此对反电动势进行处理就可以提取出永磁同步电机的转速和转子位置角。这里以表贴式永磁同步电机为研究对

象进行分析，定子电感满足 $L_d = L_q = L_s$。

将电压方程改写为

$$\frac{d}{dt}\begin{bmatrix} i_\alpha \\ i_\beta \end{bmatrix} = \boldsymbol{A}\begin{bmatrix} i_\alpha \\ i_\beta \end{bmatrix} + \frac{1}{L_s}\begin{bmatrix} u_\alpha \\ u_\beta \end{bmatrix} - \frac{1}{L_s}\begin{bmatrix} e_\alpha \\ e_\beta \end{bmatrix} \tag{9-105}$$

其中

$$\boldsymbol{A} = \frac{1}{L_s}\begin{bmatrix} -R_s & 0 \\ 0 & -R_s \end{bmatrix}$$

设计电流观测方程为

$$\frac{d}{dt}\begin{bmatrix} \hat{i}_\alpha \\ \hat{i}_\beta \end{bmatrix} = \boldsymbol{A}\begin{bmatrix} \hat{i}_\alpha \\ \hat{i}_\beta \end{bmatrix} + \frac{1}{L_s}\begin{bmatrix} u_\alpha \\ u_\beta \end{bmatrix} - \frac{1}{L_s}\begin{bmatrix} \hat{e}_\alpha \\ \hat{e}_\beta \end{bmatrix} \tag{9-106}$$

式中，$\hat{i}_\alpha$、$\hat{i}_\beta$ 为滑模观测器得到的定子电流观测值；$\hat{e}_\alpha$、$\hat{e}_\beta$ 为滑模观测器得到的反电动势观测值。

式(9-106)与式(9-105)作差，得到电流误差方程为

$$\frac{d}{dt}\begin{bmatrix} \tilde{i}_\alpha \\ \tilde{i}_\beta \end{bmatrix} = \boldsymbol{A}\begin{bmatrix} \tilde{i}_\alpha \\ \tilde{i}_\beta \end{bmatrix} - \frac{1}{L_s}\begin{bmatrix} \hat{e}_\alpha - e_\alpha \\ \hat{e}_\beta - e_\beta \end{bmatrix} \tag{9-107}$$

式中，$\tilde{i}_\alpha = \hat{i}_\alpha - i_\alpha$、$\tilde{i}_\beta = \hat{i}_\beta - i_\beta$ 为定子电流观测误差。

选取滑模面为

$$\tilde{\boldsymbol{i}}_s = \hat{\boldsymbol{i}}_s - \boldsymbol{i}_s,\quad \boldsymbol{i}_s = [i_\alpha \quad i_\beta]^T,\quad \hat{\boldsymbol{i}}_s = [\hat{i}_\alpha \quad \hat{i}_\beta]^T \tag{9-108}$$

滑模控制率为

$$\begin{bmatrix} \hat{e}_\alpha \\ \hat{e}_\beta \end{bmatrix} = \begin{bmatrix} k \cdot \text{sign}(\tilde{i}_\alpha) \\ k \cdot \text{sign}(\tilde{i}_\beta) \end{bmatrix} \tag{9-109}$$

当系统进入滑动模态时，有

$$\begin{cases} \tilde{\boldsymbol{i}}_s = 0 \\ \dot{\tilde{\boldsymbol{i}}}_s = 0 \end{cases} \tag{9-110}$$

根据滑模控制等效原理，此时的控制量可看作等效控制量，可以得到

$$\begin{bmatrix} e_\alpha \\ e_\beta \end{bmatrix} = \begin{bmatrix} \hat{e}_\alpha \\ \hat{e}_\beta \end{bmatrix}_{eq} = \begin{bmatrix} k \cdot \text{sign}(\tilde{i}_\alpha)_{eq} \\ k \cdot \text{sign}(\tilde{i}_\beta)_{eq} \end{bmatrix} \tag{9-111}$$

选取 Lyapunov 函数 $\boldsymbol{V} = \frac{1}{2}\tilde{\boldsymbol{i}}_s^2$，若所设计滑模观测器稳定，则需要满足以下条件：

$$\tilde{\boldsymbol{i}}_s \dot{\tilde{\boldsymbol{i}}}_s < 0 \tag{9-112}$$

结合式(9-107)和式(9-108)可得

$$\begin{aligned} L_d \tilde{i}_\alpha \dot{\tilde{i}}_\alpha &= \tilde{i}_\alpha \left[-R_s \tilde{i}_\alpha - \omega_e (L_d - L_q) \tilde{i}_\beta + e_\alpha - k \cdot \text{sign}(\tilde{i}_\alpha) \right] \\ &= \tilde{i}_\alpha \left[e_\alpha - k \cdot \text{sign}(\tilde{i}_\alpha) - R_s \tilde{i}_\alpha - \omega_e (L_d - L_q) i_\beta \right] < 0 \end{aligned} \tag{9-113}$$

$$
\begin{aligned}
L_{\mathrm{d}}\tilde{i}_{\beta}\dot{\tilde{i}}_{\beta} &= \left[-R_{\mathrm{s}}\tilde{i}_{\beta} - \omega_{\mathrm{e}}(L_{\mathrm{d}} - L_{\mathrm{q}})\tilde{i}_{\alpha} + e_{\beta} - k\cdot\mathrm{sign}(\tilde{i}_{\beta})\right] \\
&= \tilde{i}_{\beta}\left[e_{\beta} - k\cdot\mathrm{sign}(\tilde{i}_{\beta}) - R_{\mathrm{s}}\tilde{i}_{\beta} + \omega_{\mathrm{e}}(L_{\mathrm{d}} - L_{\mathrm{q}})\tilde{i}_{\alpha}\right] < 0
\end{aligned}
\tag{9-114}
$$

由式(9-113)和式(9-114)可以得到滑模观测器的稳定条件为

$$
k > \max\{|e_{\alpha}|, |e_{\beta}|\} \tag{9-115}
$$

当式(9-115)成立时，滑模观测器是稳定的。通过式(9-111)可以看出，滑模观测器得到的反电动势是一组不连续的高频切换信号，其中包含了大量高次谐波。为了提高反电动势的估计精度，通常会采用低通滤波器对其进行处理，但是低通滤波器的使用会造成反电动势的相位偏移和幅值衰减，降低转子位置的观测精度。

9.5.2　基于准滑动模态法的滑模观测器

为了提高滑模观测器的反电动势观测精度，引入了准滑动模态的概念。准滑动模态是指通过引入边界层，将滑动模态限制在理想滑模状态下的一个$\varDelta$邻域内。在边界层内，不存在滑模控制结构的切换控制，可以将滑模控制系统看成连续线性反馈系统。因此在边界层内，不要求准滑动模态满足滑动模态的存在条件。通过引入边界层的概念，削弱了理想滑模面附近抖振的影响，降低了系统处于滑模运动时的抖振。

准滑动模态控制的开关函数是一个以$\varDelta$为边界的饱和函数，用$\mathrm{sat}(\varepsilon)$表示：

$$
\mathrm{sat}(\varepsilon) = \begin{cases} 1, & \varepsilon \geqslant \varDelta \\ \dfrac{\varepsilon}{\varDelta}, & |\varepsilon| < \varDelta \\ -1, & \varepsilon \leqslant -\varDelta \end{cases} \tag{9-116}
$$

当系统处于边界层外时，系统与传统滑模控制结构相同，为非线性切换控制状态；当系统处于边界层内时，系统为线性反馈控制状态，不存在系统结构的切换。

对于滑模观测器来说，当系统处于边界层外时，准滑动模态特性与传统滑动模态相同，其存在、可达和稳定条件与传统滑模观测器相同，稳定条件同式(9-115)。当系统处于边界层内时，其运动轨迹始终处于理想滑模面的$\varDelta$邻域内，不需要满足滑动模态的存在条件。基于准滑动模态法的滑模观测器如图 9-6 所示。

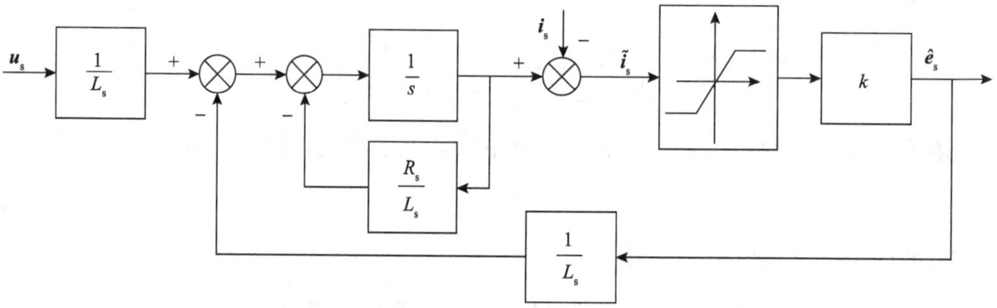

图 9-6　基于准滑动模态法的滑模观测器

将传统开关函数改为饱和函数后，滑模观测器估计得到的反电动势可以表示为

$$\hat{\boldsymbol{e}}_{\mathrm{s}}=\begin{cases}\dfrac{k}{\Delta}\tilde{\boldsymbol{i}}_{\mathrm{s}}, & \left|\tilde{\boldsymbol{i}}_{\mathrm{s}}\right|<\varDelta \\ k, & \left|\tilde{\boldsymbol{i}}_{\mathrm{s}}\right|\geqslant\varDelta\end{cases} \tag{9-117}$$

以表贴式永磁同步电机为例，对基于准滑动模态法的滑模观测器的鲁棒性进行证明。由式(9-107)得

$$\frac{\mathrm{d}}{\mathrm{d}t}\begin{bmatrix}\tilde{i}_{\alpha}\\ \tilde{i}_{\beta}\end{bmatrix}=-\frac{R_{\mathrm{s}}}{L_{\mathrm{s}}}\begin{bmatrix}\tilde{i}_{\alpha}\\ \tilde{i}_{\beta}\end{bmatrix}-\frac{1}{L_{\mathrm{s}}}\begin{bmatrix}\tilde{e}_{\alpha}\\ \tilde{e}_{\beta}\end{bmatrix} \tag{9-118}$$

式中，$\tilde{e}_{\alpha}$、$\tilde{e}_{\beta}$为反电动势估计误差。

对式(9-118)进行拉氏变换，可得

$$\begin{cases}\tilde{i}_{\alpha}=\dfrac{-1}{L_{\mathrm{s}}s+R_{\mathrm{s}}}\tilde{e}_{\alpha}\\ \tilde{i}_{\beta}=\dfrac{-1}{L_{\mathrm{s}}s+R_{\mathrm{s}}}\tilde{e}_{\beta}\end{cases} \tag{9-119}$$

永磁同步电机反电动势可表示为

$$\begin{cases}e_{\alpha}=(L_{\mathrm{s}}s+R_{\mathrm{s}})\tilde{i}_{\alpha}+\hat{e}_{\alpha}\\ e_{\beta}=(L_{\mathrm{s}}s+R_{\mathrm{s}})\tilde{i}_{\beta}+\hat{e}_{\beta}\end{cases} \tag{9-120}$$

切换函数为饱和函数，则电流误差与估计反电动势之间关系为

$$\begin{cases}\hat{e}_{\alpha}=\dfrac{k}{\varDelta}\tilde{i}_{\alpha}\\ \hat{e}_{\beta}=\dfrac{k}{\varDelta}\tilde{i}_{\beta}\end{cases} \tag{9-121}$$

结合式(9-120)和式(9-121)可得估计反电动势和实际反电动势的关系为

$$\begin{cases}\hat{e}_{\alpha}=\dfrac{\dfrac{k}{\varDelta}}{L_{\mathrm{s}}s+R_{\mathrm{s}}+\dfrac{k}{\varDelta}}e_{\alpha}\\ \hat{e}_{\beta}=\dfrac{\dfrac{k}{\varDelta}}{L_{\mathrm{s}}s+R_{\mathrm{s}}+\dfrac{k}{\varDelta}}e_{\beta}\end{cases} \tag{9-122}$$

由式(9-122)可知，估计反电动势和实际反电动势之间的关系只与滑模增益、定子电阻和定子电感有关。当永磁同步电机运行时，电阻易受温度影响而发生变化。但是在滑模观测器中，滑模增益k的取值很大，这就使电阻R_{s}远远小于k，所以电阻对估计反电动势的影响很小，可以忽略。

9.5.3　基于锁相环的转子位置和转速提取方法

为提取出转子信息，可采用锁相环(PLL)技术。以表贴式永磁同步电机为例，表贴式永磁同步电机的反电动势估计值可表示为

$$\begin{bmatrix}\hat{e}_\alpha \\ \hat{e}_\beta\end{bmatrix} = \omega_r \psi_f \begin{bmatrix}-\sin\theta_e \\ \cos\theta_e\end{bmatrix} \tag{9-123}$$

反电动势误差信号可以表示为

$$\begin{aligned}\Delta e &= -\hat{e}_\alpha \cos\hat{\theta}_e - \hat{e}_\beta \sin\hat{\theta}_e \\ &= \omega_r\psi_f\left(\sin\theta_e\cos\hat{\theta}_e - \cos\theta_e\sin\hat{\theta}_e\right) \\ &= \omega_r\psi_f\sin(\theta_e - \hat{\theta}_e)\end{aligned} \tag{9-124}$$

当$\left|\theta_e - \hat{\theta}_e\right| < \dfrac{\pi}{6}$时，可认为$\sin(\theta_e - \hat{\theta}_e) = \left|\theta_e - \hat{\theta}_e\right|$，所以有

$$\Delta e = \omega_r\psi_f\sin(\theta_e - \hat{\theta}_e) \approx \omega_r\psi_f(\theta_e - \hat{\theta}_e) \tag{9-125}$$

通过式(9-125)可以看出，反电动势误差信号Δe中同时包含了转速和转子位置角信息。结合图 9-7 可得锁相环闭环传递函数：

$$G_{PLL}(s) = \frac{\hat{\theta}_e(s)}{\theta_e(s)} = \frac{2\xi\omega_n s + \omega_n^2}{s^2 + 2\xi\omega_n s + \omega_n^2} \tag{9-126}$$

式中，$\omega_n = \sqrt{\omega_r\psi_f K_i}$是锁相环的自然振荡角频率；$\xi = \dfrac{K_p}{2}\sqrt{\dfrac{\omega_r\psi_f}{K_i}}$是锁相环的阻尼比。

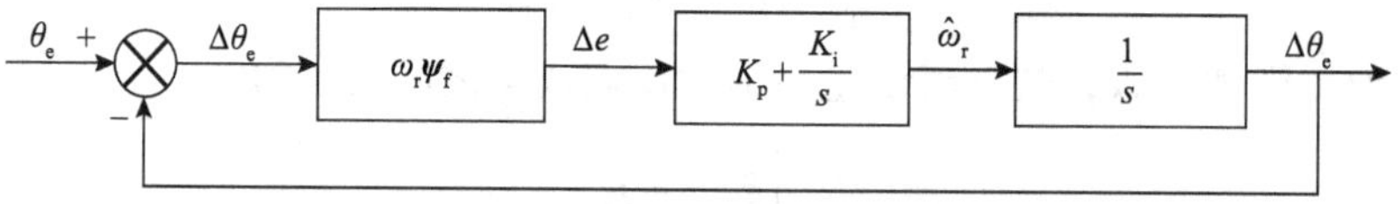

图 9-7　传统锁相环动态结构图

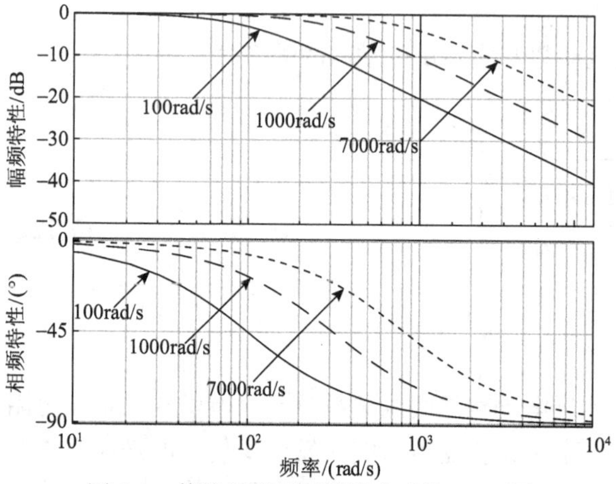

图 9-8　传统锁相环不同转速时的 Bode 图

通过对式(9-126)进行分析，可以发现锁相环的自然振荡角频率和阻尼比与电机转速相关。进一步通过 Bode 图对其关系和变化规律进行分析，绘制 Bode 图如图 9-8 所示。通过观察 Bode 图，发现锁相环系统截止频率随着转速的升高而增大，随着截止频率的增大，由锁相环得到的转速和转子位置角信息中的高频噪声含量越来越多，使得转速和转子位置角估计值的误差增大，即高速状态下的锁相环估计精度下降。因此，需要改善锁相环的估计性能，提高高速状态下锁相环对转子位置角的估计精度。

结合式(9-125)与式(9-126)可知，ω_r对锁相环估计产生影响的原因在于误差信号Δe中含有ω_r项，结合式(9-124)可以得到

$$\omega_r\psi_f = \sqrt{\hat{e}_\alpha^2 + \hat{e}_\beta^2} \tag{9-127}$$

结合式(9-125)可以得到

$$\sin(\theta_e - \hat{\theta}_e) = \frac{\Delta e}{\sqrt{\hat{e}_\alpha^2 + \hat{e}_\beta^2}} \approx \theta_e - \hat{\theta}_e \tag{9-128}$$

从数学角度分析，式(9-128)等价于对反电动势进行了归一化处理，使锁相环的输入偏差信号只含有角度偏差信号，以消除转速对锁相环性能的影响。通过上述分析，可以得到正交标准化锁相环的结构图，如图 9-9 所示。

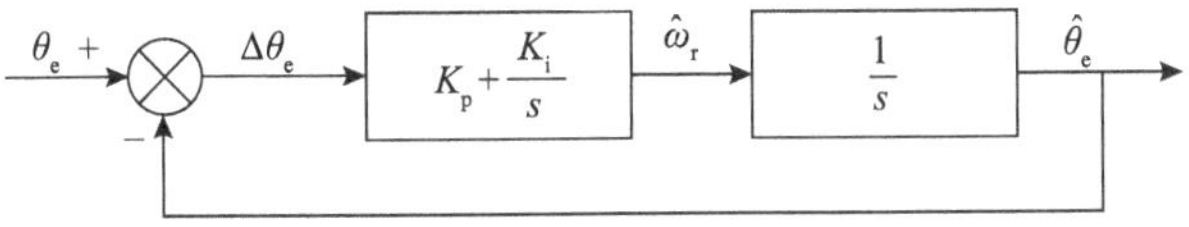

图 9-9　正交标准化锁相环的结构图

接下来对正交标准化锁相环进行分析。采用正交标准化后锁相环传递函数不变，与式(9-126)相同，区别在于传递函数中的阻尼比和自然振荡角频率的取值方法不同。在正交标准化锁相环中，阻尼比和自然振荡角频率不再与 ω_r 相关，可以由式(9-129)确定：

$$\begin{cases} \xi = \dfrac{K_p}{2}\sqrt{\dfrac{1}{K_i}} \\ \omega_n = \sqrt{K_i} \end{cases} \tag{9-129}$$

式中，K_p 和 K_i 是锁相环需要设计的 PI 控制器参数。

结合式(9-126)，锁相环闭环传递函数是一个带有零点的二阶传递函数。根据自动控制原理相关知识可知，闭环零点的存在降低了系统的阻尼系数，提高了系统的响应速度，同时也会增大系统超调量。在设计锁相环 PI 控制器时，考虑到闭环零点的影响，通常选择系统阻尼比为 $0.8 \leqslant \xi \leqslant 1.2$，以获得较好的控制性能。取 $\xi = 1$，则有

$$\begin{cases} K_p = 2\omega_n \\ K_i = \omega_n^2 \end{cases} \tag{9-130}$$

所以，只需要确定合适的自然振荡角频率，即可确定锁相环 PI 控制器的参数。

正交标准化锁相环的系统闭环带宽 ω_b 为

$$\omega_b = \sqrt{\left(K_i + \frac{K_p^2}{2}\right) + \sqrt{\left(K_i + \frac{K_p^2}{2}\right)^2 + K_i^2}} = \sqrt{3 + \sqrt{10}}\,\omega_n \tag{9-131}$$

通过式(9-131)可知，系统闭环带宽与系统自然振荡角频率成线性关系。图 9-10 是分别取 $\omega_n = 50\text{rad/s}$、$\omega_n = 100\text{rad/s}$ 和 $\omega_n = 200\text{rad/s}$ 时的 Bode 图。结合图 9-10 可知，增大系统的自然振荡角频率，可以增大系统闭环带宽，提高系统动态性能，但同时也会削弱锁相环对高频噪声的抑制作用，增大锁相环角度估计误差。

9.5.4　仿真分析

为了验证系统性能以及所搭建的仿真模型的正确性和有效性，以表贴式永磁同步电机的基于滑模观测器的无速度传感器算法进行仿真实验。采用的电机参数如下：电机功率 $P = 1.1\,\text{kW}$，

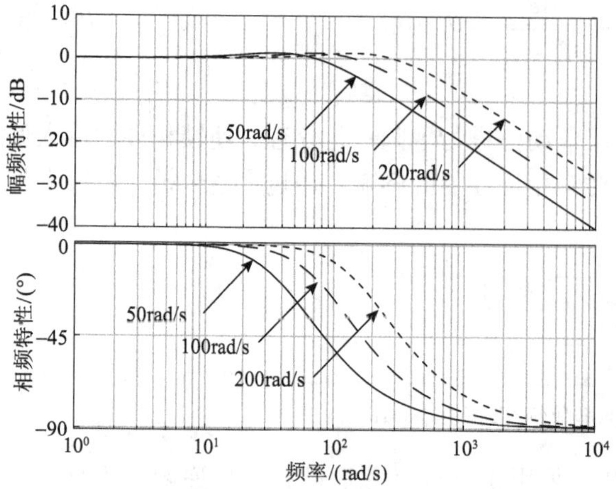

图 9-10　取不同 ω_n 时的锁相环闭环传递函数 Bode 图

额定电压 220 V，负载 1 N·m，定子绕组电阻 R_s=2.875Ω、d 相绕组自感 L_d=0.0085 H 、q 相绕组自感 L_q= 0.0085 H，转子磁链 $\boldsymbol{\varPsi}_f$= 0.175Wb，转动惯量 J= 0.0008 kgm^2，极对数 p_n= 4，黏滞摩擦系数 F= 0.001 N·m/s，给定转速 n= 1000r/min，控制周期 T_c = 0.0001s，采样周期 T_s = 0.000001s。

在实际过程中，由于控制的实现方式都是采用数字控制方式，为了可以更精准地贴近现实应用，在仿真中对模型进行离散化处理，重写 SMO 的电流方程为

$$\frac{\mathrm{d}}{\mathrm{d}t}\begin{bmatrix}\hat{i}_\alpha\\ \hat{i}_\beta\end{bmatrix}=-\frac{R}{L_s}\begin{bmatrix}\hat{i}_\alpha\\ \hat{i}_\beta\end{bmatrix}+\frac{1}{L_s}\left(\begin{bmatrix}u_\alpha\\ u_\beta\end{bmatrix}-\begin{bmatrix}\hat{e}_\alpha\\ \hat{e}_\beta\end{bmatrix}\right) \tag{9-132}$$

采用反向差分变换，$\hat{i}_\alpha$ 可表示为

$$\hat{i}_\alpha(k+1)=A\hat{i}_\alpha(k)+B(u_\alpha(k)-\hat{e}_\alpha(k)) \tag{9-133}$$

式中，$A=\exp(-R/L_sT_s)$；$B=\dfrac{1}{L_s}\int_0^{T_s}\exp(-R/L_sT_s)\mathrm{d}\tau$，$T_s$ 为采样时间。

对 $\exp(AT_s)=1+AT_s+\dfrac{(AT_s)^2}{2!}+\dfrac{(AT_s)^3}{3!}+\cdots$，有

$$A=\exp(-R/L_sT_s),\quad B=\frac{1}{R}(1-A) \tag{9-134}$$

同理可得 $\hat{i}_\beta$ 的离散化方程：

$$\hat{i}_\beta(k+1)=A\hat{i}_\beta(k)+B(u_\beta(k)-\hat{e}_\beta(k)) \tag{9-135}$$

离散化后滑模观测器模块程序如图 9-11(a)所示。

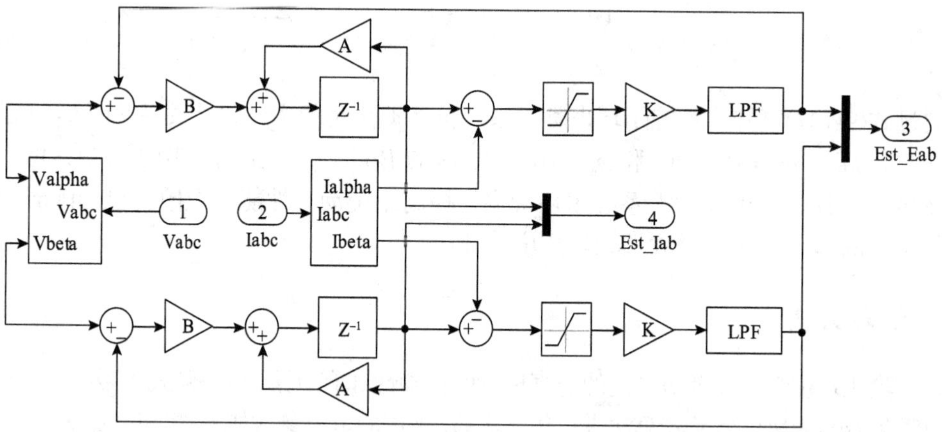

(a) 滑模观测器

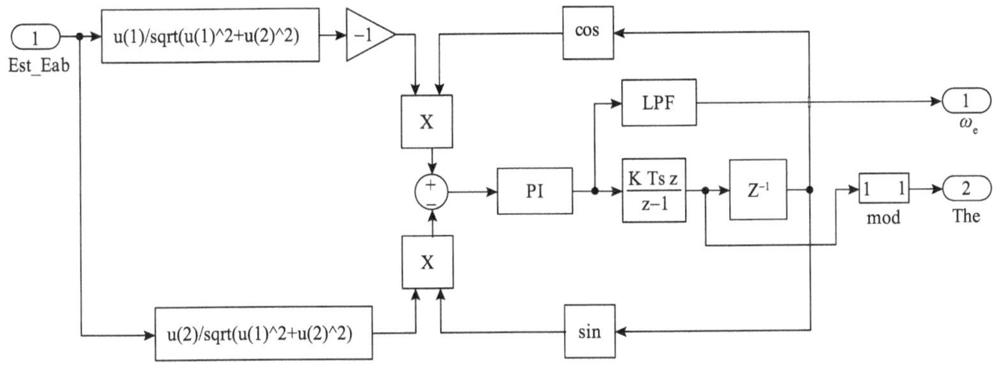

(b) 锁相环

图 9-11　滑模观测器与锁相环

其中，滑模面增益 k=300，饱和函数 sat(ε) 的上下界限为[−2, 2]，滑模观测器的低通滤波器 LPF 的设置截止频率 ω_c=2000rad/s，$A=\exp[-R/(L_sT_s)]$，$B=1/R(1-A)$，锁相环的 PI 增益为 $K_p=300$，$K_i=12000$，锁相环的低通滤波器 LPF 的设置截止频率 ω_c=1000rad/s。

整体仿真图如图 9-12 所示。

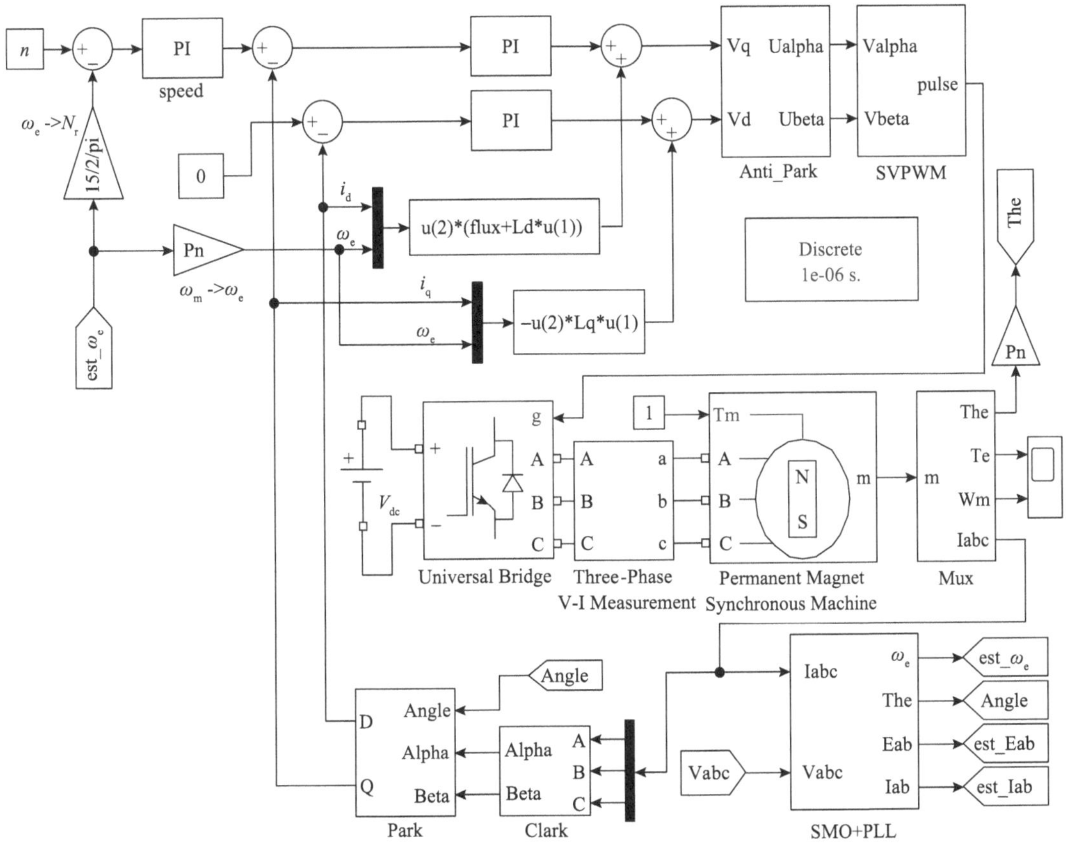

图 9-12　基于滑模观测器的无速度传感器控制策略

由于反电动势观测法仅在中高速时效果显著，现仿真模型以正常矢量控制启动，0.5s时切换至滑模观测器，验证无速度传感器算法的准确性。其运行结果如图 9-13 所示。

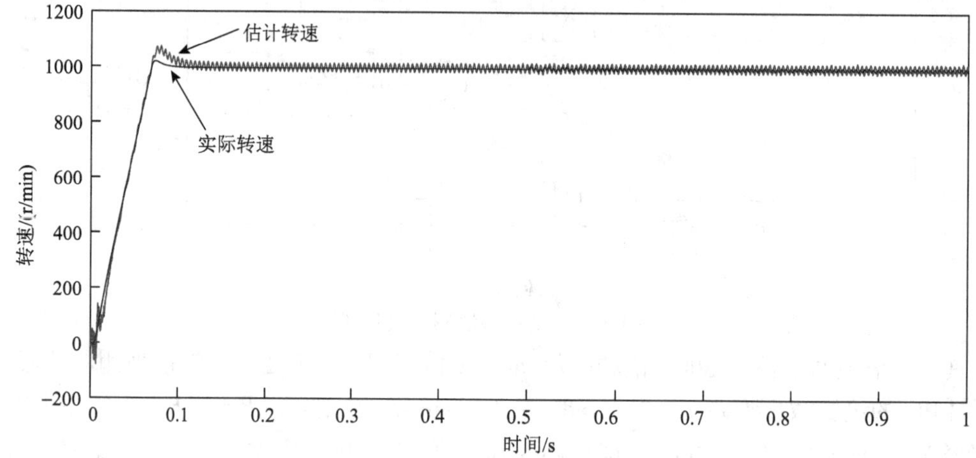

(a) 估计与实际转速

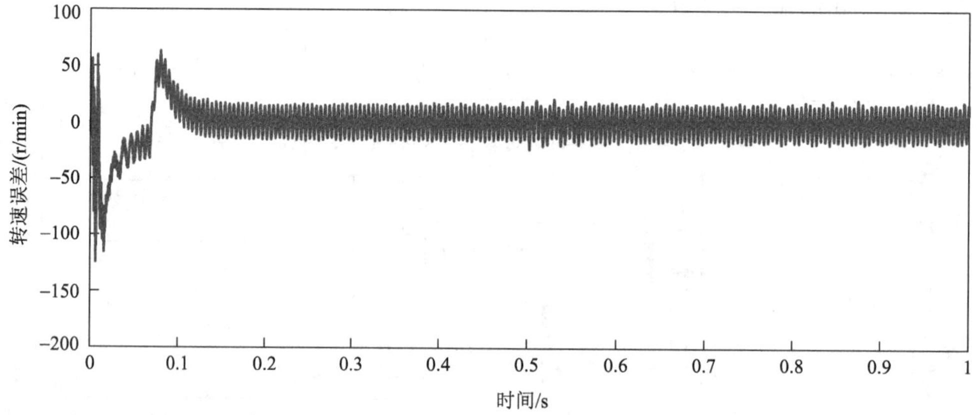

(b) 估计与实际转速误差

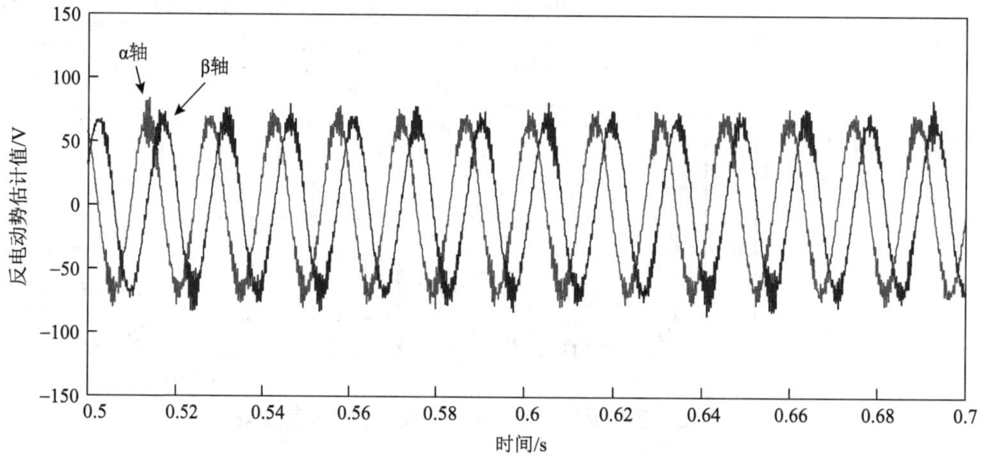

(c) 估计反电动势

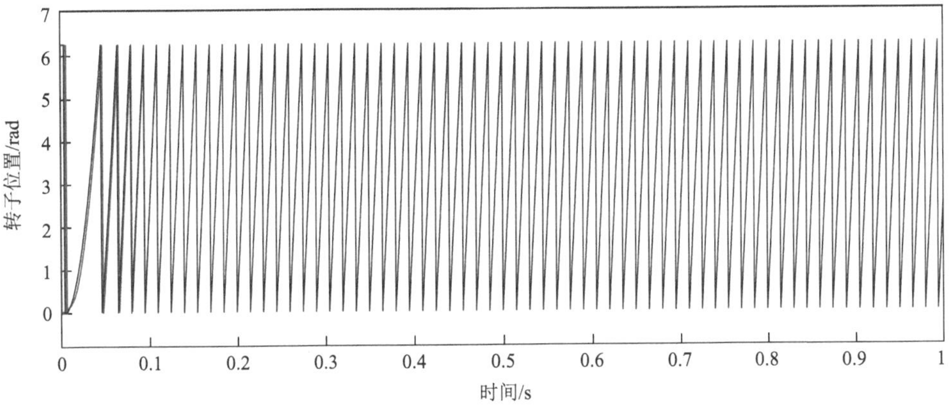

(d) 估计与实际转子位置

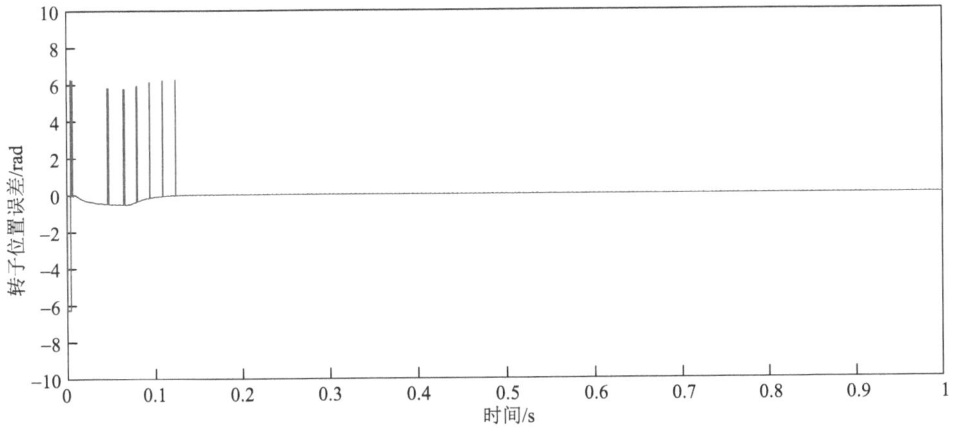

(e) 估计与实际转子位置误差

图 9-13　基于 SMO 的无速度传感器算法运行结果

从以上仿真结果可得，启动阶段滑模观测器估计转速有一定误差，随着转速上升，估计值越来越精确，最终转速估计值浮动不超过 20r/min，转子位置误差几乎为 0，可以实时追踪转子位置。经过滤波后的反电动势的估计值过滤掉了大部分高频噪声，整体波形趋于正弦。由此可说明，通过选取合适的控制器参数，可以实现应用滑模观测器的无速度传感器控制算法。

第 10 章　交流调速系统在船舶控制中的应用

10.1　交流调速系统在船舶电动甲板吊机中的应用

船舶电动甲板吊机(以下简称船舶吊机)是安装在船舶甲板上的大型机电装备,按照吊臂结构不同可分为直臂式吊机、伸缩式吊机、折臂式吊机和桁架式吊机；按照驱动方式不同又可分为液压驱动船舶吊机、机械驱动船舶吊机、电驱动船舶吊机。由于船舶吊机工作环境的特殊性，目前液压驱动和电力驱动为船舶吊机主要的驱动方式。

直臂式吊机是较为常用的吊臂结构形式，主要用于质量较轻的货物的吊装与转运，直臂式吊机具有自重轻、转运效率高、可靠性高等优点。直臂式吊机主要由吊臂、塔身、基柱、重物升降机构、吊臂俯仰机构、塔身旋转机构、吊索具、舾装件、电气系统及辅助液压系统组成，如图 10-1 所示。

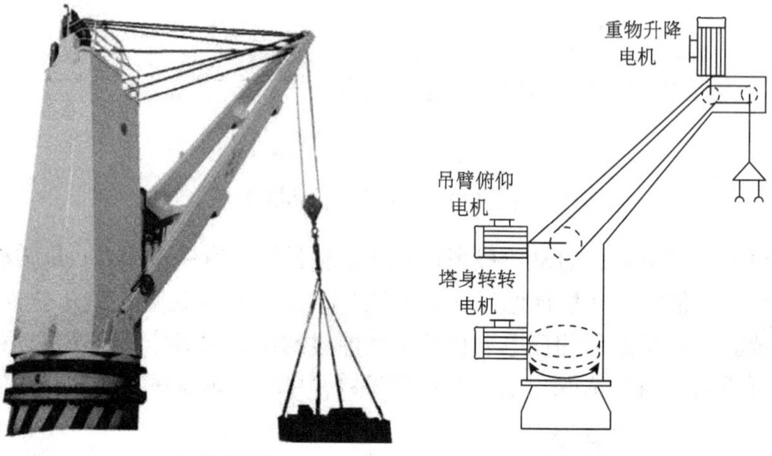

(a) 机械结构　　(b) 电气结构

图 10-1　直臂式吊机结构

10.1.1　船舶电动甲板吊机的发展现状

船舶吊机电气驱动系统经历了变极调速、晶闸管调速、变频调速的过程。变极调速方式简单，冲击大，但可靠性、扩展性和灵活性较差；晶闸管调速控制元器件无机械触点，使用寿命长，但过载和抗干扰能力较差，故障率高；变频调速方式以其优异的启动、调速和制动性能，高效率、高功率因数和节能效果等优点，成为近年来船舶吊机的重要调速方式，但是与国外主流船舶吊机相比，在技术指标上依然存在一定的差距。

国外吊机品牌有 FUKUSHIMA(日本福鸟)、KAWASAKI(日本川崎)、MITSUBISHI(日本三菱)、TSUJI(日本 TSUJI)、IHI(日本 IHI)、BLM(法国 BLM)、HEILA(意大利海拉)、HAGGLUNDS(瑞典赫格隆)、MacGregor(芬兰麦基嘉)、LIEBHERR(德国利勃海尔)、TTS(挪威 TTS)等，国外吊机具有自动波浪补偿(AHC)、起吊能力按需定制等特点，应用于海工支持船、钻井平台、拖船、各类商船、铺管船、铺缆船、挖泥船等。

国内生产吊机公司有南京中船绿洲机器有限公司、上海振华重工(集团)股份有限公司、江苏润邦重工股份有限公司旗下自主品牌——"杰马"等，目前国内船舶电动吊机在售型号参数如表 10-1 所示。

表 10-1 目前国内某公司船舶电动吊机的参数

型号	起重量/t	工作半径/m 最大	工作半径/m 最小	起升高度/m	提升速度/(m/min) 满载	提升速度/(m/min) 40%负载	变幅时间/s	旋转速度/(r/min)	电机功率/kW	基柱支承负载 力矩/(kN·m)	基柱支承负载 力/kN	整机重量/t
EH2520-2	25	20	2.5	35	22	38	40	1	110	6600	630	37
EH2525-2	25	25	3	35	22	38	50	1	110	9000	670	39
EH2530-2	25	30	3.5	35	22	38	60	0.9	110	10600	680	40
EH2535-2	25	35	3.5	35	22	38	75	0.8	110	11600	720	45
EH2540-2	25	40	4	35	22	38	80	0.7	110	13200	860	50
EH3020-2	30	20	2.5	35	22	38	50	1	110	7500	630	36
EH3025-2	30	25	3	35	22	38	55	1	132	10000	700	40
EH3030-2	30	30	3.5	35	22	38	60	0.9	132	12000	760	45
EH3035-2	30	35	3.5	35	22	38	75	0.8	132	15000	860	50
EH3040-2	30	40	4	35	22	38	80	0.7	132	17500	900	55
EH4020-2	40	20	3.5	35	22	38	50	0.9	152	9700	700	40
EH4025-2	40	25	3.5	35	22	38	55	0.8	152	13000	750	42
EH4030-2	40	30	3.5	35	22	38	75	0.7	152	16000	860	50

中国船级社于 2012 年 7 月 1 日正式发布了《绿色船舶规范》，这是全球首部针对节能、环保、工作环境的规范。在能效方面，要结合设计措施和有效操作控制，使船舶在同等效益下降低能源消耗。因此，开发低能耗、低排放、低污染、高能效的船舶电动甲板吊机是"绿色船舶"发展的需要。

传统电动甲板吊机采用不控整流单元作为前级，只能采用能耗制动的方式消耗吊机在吊臂俯下和货物下放时的势能，而采用主动前端整流/回馈单元(active front-end rectification / feedback unit，AFE)整流作为前级的现代船舶电动吊机可以实现能量回馈，满足高效率低功耗的发展需求。

10.1.2　船舶电动甲板吊机控制系统的结构

船舶电动甲板吊机控制系统拓扑结构如图 10-2 所示。

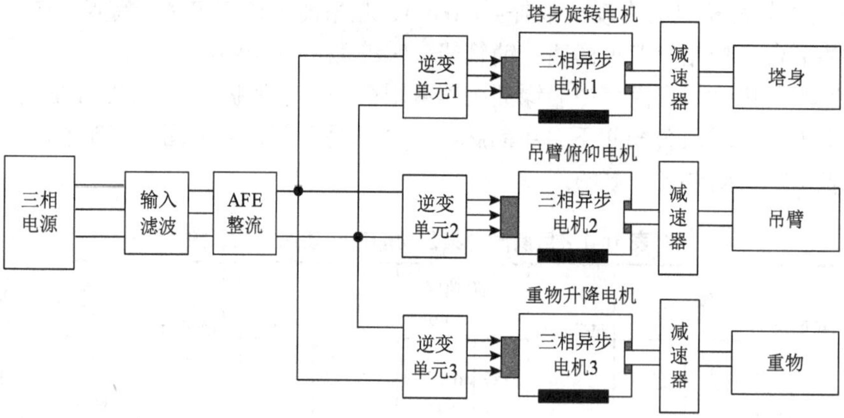

图 10-2　船舶电动甲板吊机控制系统拓扑结构

船舶电动甲板吊机可完成重物升降、吊臂俯仰、塔身旋转等动作。由于考虑安全等，在实际应用中吊臂俯仰与塔身旋转不能同时进行，所以这二者的工作机制是互锁的。三台电机工况如图 10-3 所示。

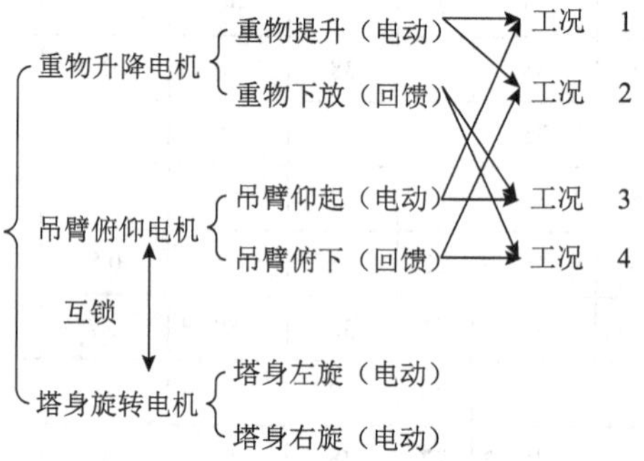

图 10-3　船舶电动甲板吊机电机工况

首先通过电流表、电压表对输入的三相电压电流进行监控，而后三相交流电输入滤波单元完成滤波，系统预充电以保证输入后续模块的电能质量，整流单元完成整流任务以获得稳定的直流电压，直流母线上挂三个逆变单元来控制三个不同功率的三相异步电机运行。

重物升降电机能模拟重物提升、下放，吊臂俯仰电机能模拟吊臂仰起、俯下，塔身旋转电机可模拟塔身左旋、右旋，模拟负载电机即三相异步电机，能提供足够的负载转矩。由于互锁机制的存在，船舶电动吊机在同一时刻仅有两台电机处于工作状态，为研究其工作过程中的能量传输状态，后续仅关注重物升降电机、吊臂俯仰电机同时工作的情况，并根据电机处于发电或电动状态组合出 4 种工况，其能量传输方向如图 10-4 所示。

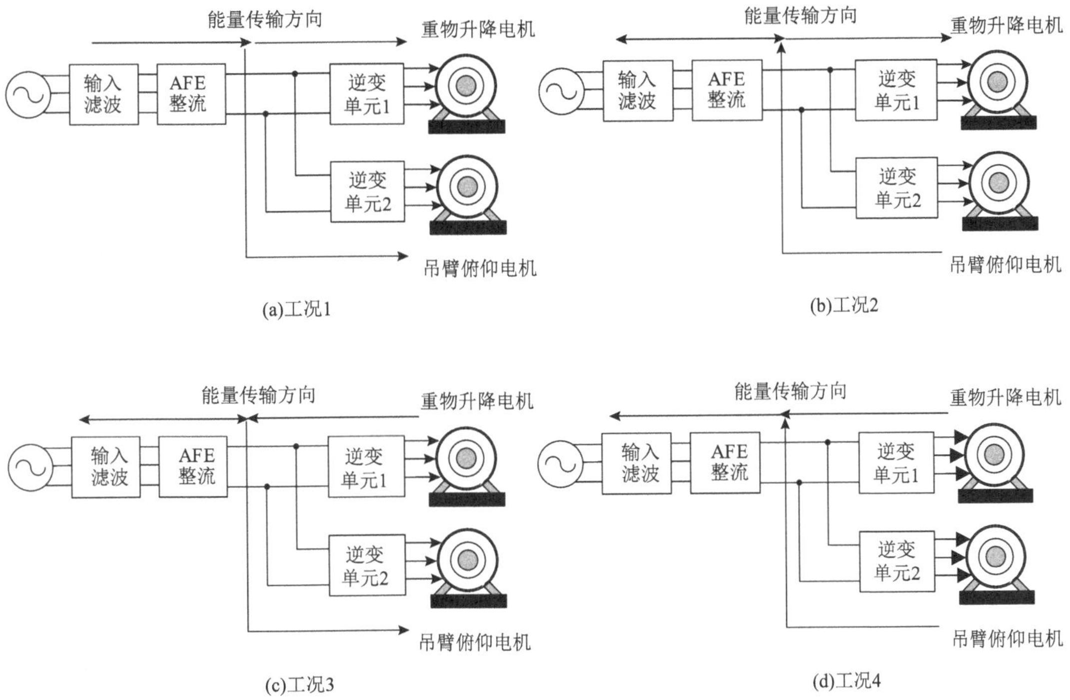

图 10-4　不同工况下能量传输方向

工况 1：两台电机处于双电动状态，这时两台电机分别用于重物提升和吊臂仰起，两台电机都将电能转化为机械能，所以能量由电源流向重物升降电机和吊臂俯仰电机。

工况 2：两台电机分别处于电动状态、发电状态，其中重物升降电机用于重物提升，吸收电能并将电能转化为机械能；吊臂俯仰电机用于吊臂俯下，吊臂势能在此过程中可以转化为电能，即吊臂俯仰电机工作在发电状态。此时，吊臂俯仰电机发电，将发出的电能经逆变单元流回电源；重物升降电机将电能转化为机械能，能量由电源流向重物升降电机；电源能量总传输方向由重物升降电机和吊臂俯仰电机产生和吸收电能的差值决定，其差值部分由电源提供。

工况 3：同工况 2，两台电机分别处于电动状态、发电状态，其中重物升降电机用于重物下放，重物的势能在此过程中转化为电能，即重物升降电机工作在发电状态；吊臂俯仰电机用于吊臂仰起，工作在电动状态。此时，重物升降电机发电，将发出的电能通过逆变单元流回电源；吊臂俯仰电机吸收电能，将电能转换成机械能，能量由电源流向吊臂俯仰电机；电源能量总传输方向由重物升降电机和吊臂俯仰电机产生和吸收电能的差值决定，其差值部分由电源提供。

工况 4：两台电机处于双发电状态，这时两台电机分别用于重物下放和吊臂俯下，势能经两台电机转化为电能，重物升降电机和吊臂俯仰电机产生的电能之和经逆变单元与 AFE 整流返回电源。

塔身旋转电机的工作原理决定其只有电动状态，其余重物升降电机的组合只有两种工况，即工况 1 和工况 3，其电机工作状态和能量传输方向可参考重物升降电机和吊臂俯仰电机的工况 1 和工况 3。

10.1.3　船舶电动甲板吊机的控制

下面以某型散货船配置 4 台电动变频控制船舶电动吊机为例进行分析。

1. 电源系统

1) 主电源设计

AC440V 主电源单线图如图 10-5 所示。从图中可以看出，一路 AC440V 主电源来自船舶主配电板，主要给船舶电动吊机每个执行机构的电机、冷却风机电机以及控制回路的电源变压器和整流器等设备供电，每个供电回路都设有 1 个断路器或熔断器作为线路保护。主电源经过船舶电动吊机塔身连接到主控制箱，船舶电动吊机的接地线通过塔身与船上的接地连接，以确保整个供电回路的安全可靠。

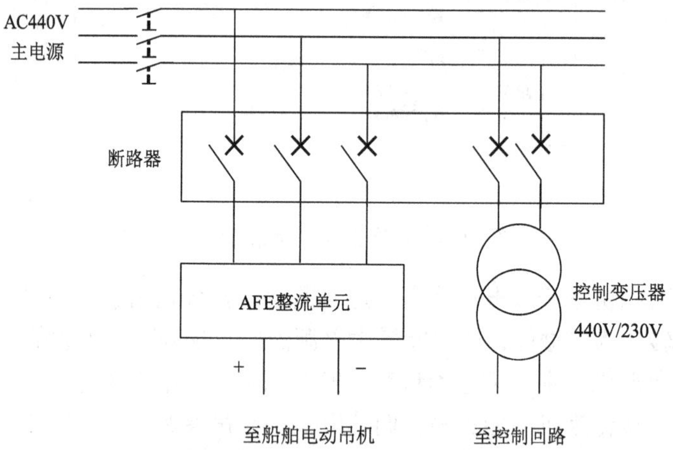

图 10-5　AC440V 主电源单线图

船上电力分电箱将 AC230V 辅电源分出 4 路，第 1 路用于吊臂上的 1 盏 1kW 卤素投光灯和塔身上的 2 盏 1kW 卤素投光灯，第 2 路用于每个控制箱和转换器箱体内的 2kW 加热器，第 3 路用于吊机驾驶舱室内的 4kW 空调，第 4 路用于 4kW 电机防冷凝加热器、吊机驾驶舱和塔身内的照明灯具、插座等辅助用电设备。

辅电源的设计通常基于 2 个原则：一是大功耗的设备尽量分开；二是不同工况下使用的负载尽量分开。实船供电时，如果受到供电回路开关数量的限制，可以考虑合并成 1 路或者 2 路电源。

2) 控制电源设计

控制电源单线图如图 10-6 所示。考虑到船舶 AC230V 和 DC24V 电源可能因受到某些因素的影响而出现不稳定的情况，尤其是 DC24V 直流电源，传输距离远且压降大，因此配 2 个 DC24V 480V·A 的直流电源以及 1 个 AC440V/AC230V 600V·A 的交流变压器用于所有控制电源供电回路，确保控制电源供电回路电源的稳定性和安全可靠性。

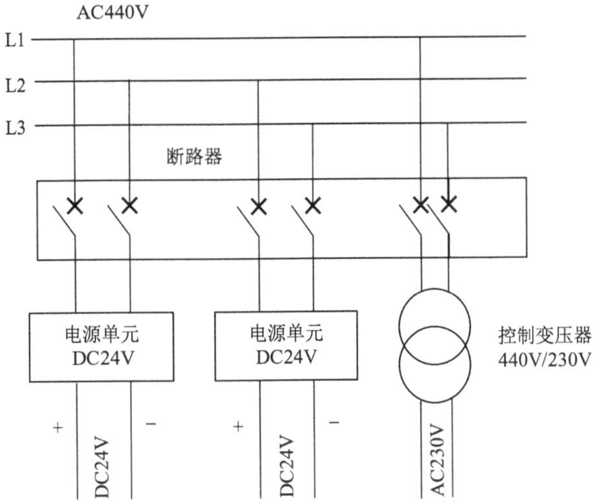

图 10-6　控制电源单线图

2. 变频驱动系统

1) 变频驱动系统基本原理

变频驱动系统基本原理图如图 10-7 所示。变频驱动系统是电动甲板吊机的核心和关键部分，这也是它和常规电液吊机的本质区别。变频驱动系统由整流单元、公共直流母线、逆变单元等组成。

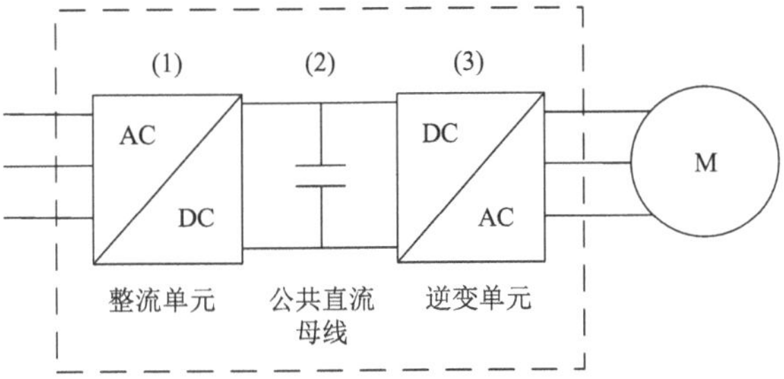

图 10-7　变频驱动系统基本原理图

(1) 整流单元：将交流电源转换为电压稳定的直流电源，即使在逆变器能量回馈到电网时，该电压在规定范围内仍保持恒定。这里的整流单元采用 AFE 负载电流前馈控制，其控制原理图如图 10-8 所示。虚线框内表示改进的负载电流前馈控制环节，它采用变换后的直流母线电压偏差代替参与前馈解耦的无功电流，与负载电流一起作为有功电流的补偿，消除了负载电流直接引入有功电流环所产生的电流滞后效应，在保证负载电流前馈控制方法起到“削峰填谷”作用的前提下，加快对母线电压扰动的抑制。

(2) 公共直流母线：提供稳定可靠的电源给所有传动机构。

(3) 逆变单元：把电压稳定的直流电源转化为电压、频率可调的交流电源，以达到电机平滑调速的目的。逆变单元采用转子磁场定向矢量控制技术，具体可参见 4.6 节内容。

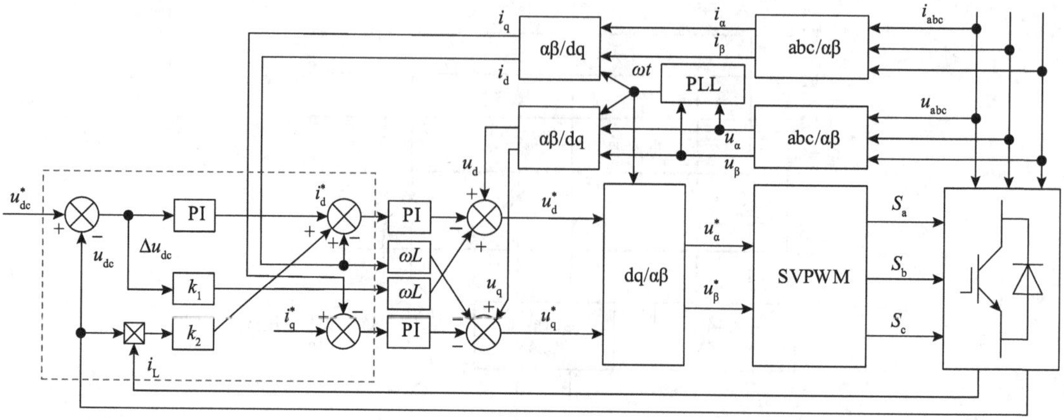

图 10-8　AFE 整流单元控制原理图

2) 变频驱动系统设计

变频驱动系统基本图如图 10-9 所示。变频驱动系统主要由起升机构、变幅机构、旋转机构、整流单元、滤波器、可编程逻辑控制器(programmable logic controller，PLC)等 6 个主要部分组成。

(1) 起升机构包括 1 台 110kW 电机、1 个容量为 182kW 的变频器。此处选择变频器来代替逆变器，最终功能是把直流母线上稳定的电源转化为电源和频率可调的交流电压。

(2) 变幅机构包括 1 台 63kW 的电机、1 个容量为 140kW 的变频器。

(3) 旋转机构包括 2 台 21.3kW 的电机、2 个容量为 42kW 的变频器。

(4) 1 个 AC440V 转 DC700V 整流器。

(5) 1 个 LCL 滤波器。

(6) 1 套 PLC 控制系统。

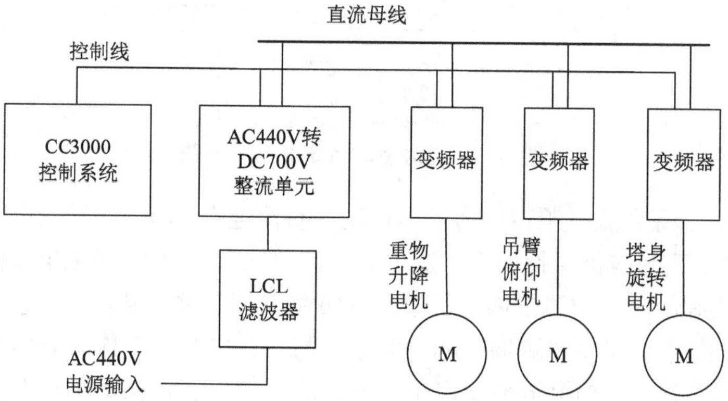

图 10-9　变频驱动系统基本图

3. 公共直流母线

船舶电动吊机控制系统采用了公共直流母线技术，此技术在多电机交流调速系统中采用单独的整流/回馈装置为系统提供一定功率的直流电源，调速用逆变器直接挂接在直流母线上。当电机工作在电动状态时，逆变器从直流母线上获取电能；当电机工作在发电状态时，能量通过直流母线及回馈装置直接回馈给电网。

公共直流母线的设计有以下优点。

(1) 节能。公共直流母线系统是解决多电机传动技术问题的最优方案，很好地解决了多电机间电动状态和发电状态之间的矛盾。吊机在实际操作中存在起升、变幅和旋转三联动的状态，而每个执行机构可能处于不同的工作状态中，这时整流回馈单元既可以保证公共直流母线电压的稳定供给，又可以将电机发电时回馈到直流母线的能量在直流母线上再分配，多余的能量回馈给电网，实现再生能源的合理利用。

(2) 对船舶电网冲击小、谐波低。公共直流母线平衡了变频器的直流母线电压，减小了设备启动、停止时对电网的冲击。

(3) 设备功率因数较高。因电机能够回馈能量，无功功率损失小，所以设备功率因数较高，通常可达到 0.95 以上。

(4) 节省空间，提高了设备运行稳定性。公共直流母线系统设备结构紧凑，工作稳定，省去了制动单元、制动电阻等外围设备，减少了设备在船舶电动吊机塔身内占用的空间和设备维护量，并减少了故障点，提高了船舶电动吊机整体控制水平。

4. 制动系统

船舶电动吊机的制动系统是在吊机工作过程中确保安全的重要装置，目前使用比较多的制动装置是液压驱动的蝶式制动器。此制动器具有制动时间短、使用时间长、安装空间小等优点。蝶式制动系统主要由液压泵站、电磁阀、过滤器、蓄能器、蝶式制动器等设备组成。

当船舶电动吊机开始运行时，PLC 控制系统会给对应的电磁阀 1 个开阀信号，液压油将会推压蝶式制动器里的压力弹簧，将内外碟片分开(内碟片和电机一起转动，外碟片固定不动，内外碟片交叉布置)，从而使执行机构电机可以正常运转。当船舶电动吊机停止运行时，电磁阀关闭，蝶式制动器里的压力弹簧恢复常态，将内外碟片压紧，达到执行机构电机制动的目的。

当船舶电动吊机因失电或者故障等而停机时，所有的压力弹簧失压释放恢复常态，所有电机将被制动，这时可以通过使用应急手摇泵来把重物卸下。

5. 其他辅助安全系统

1) 重载问询系统

由于船舶电动吊机的功率比较大，为了确保船舶电动吊机正常启动，并且启动时不会对船舶其他负载设备的电压造成影响，吊机配置了 1 个重载问询系统。重载问询电气原理图如图 10-10 所示。

船舶电动吊机启动前，按下“重载请求”按钮，向船舶的电站管理系统(power management system，PMS)发出 1 个脉冲的启动请求信号。PMS 根据预设的吊机功率对电网剩余功率进行判断，如果剩余功率足够，那么 PMS 回馈给船舶电动吊机 1 个启动允许信号，此时船舶电动吊机可以启动。启动后的运行信号将送给 PMS 作为负荷维持信号。重载请求信号和 PMS 反馈的允许信号用 2 根电缆敷设，避免信号干扰。

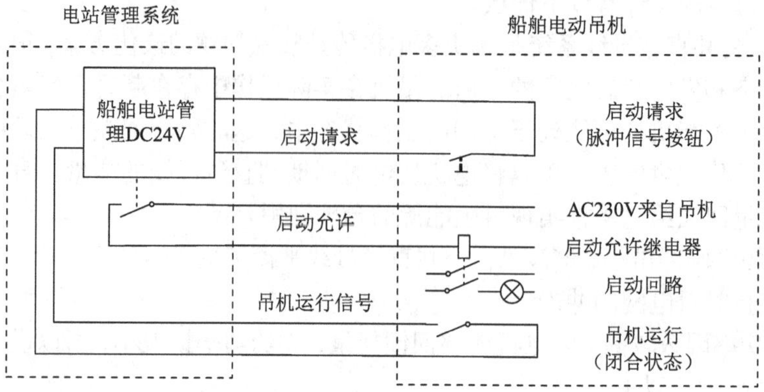

图 10-10　重载问询电气原理图

2) *应急停系统*

船舶电动吊机上一般会配置许多限位开关，用于保证正常操作时的安全，如起升和下降限位、变幅的最大和最小角度限位、吊臂旋转限位等，这些都是为了吊机能够安全工作而设置的限位。在吊机操作过程中可能会遇到一些特殊情况，需要操作者或者监护者紧急停机，因此吊机的驾驶舱和吊柱体入口处通常会配置 1 个应急停按钮。

10.1.4　船舶电动甲板吊机的小功率实验与分析

为了模拟船舶电动吊机重物升降过程与吊臂俯仰过程，在实验室搭建了小功率船舶电动甲板吊机实验平台。船舶电动吊机控制系统中三台异步电机的分工为重物升降、吊臂俯仰、塔身旋转，又因实际应用中吊臂俯仰与塔身旋转不能同时进行，所以在搭建硬件平台时分别采用 4.0kW、5.5kW 异步电机作为拖动电机，其中 4.0kW 异步电机模拟重物升降电机，5.5kW 异步电机模拟吊臂俯仰电机；4.4kW、8.2kW 永磁同步电机分别为对应的负载电机，用于模拟重物负载、吊臂负载。

为对应重物提升吊臂仰起、重物提升吊臂俯下、重物下放吊臂仰起、重物下放吊臂俯下这四种工况，使系统分别运行于四种工况。

工况 1：4.0kW、5.5kW 异步电机均工作在电动状态。

工况 2：4.0kW 异步电机工作在电动状态，5.5kW 异步电机工作在发电状态。

工况 3：4.0kW 异步电机工作在发电状态，5.5kW 异步电机工作在电动状态。

工况 4：4.0kW、5.5kW 异步电机均工作在发电状态。

实验结果如下。

工况 1：该过程模拟重物提升、吊臂仰起过程。采用转速控制模式将两台异步电机速度设置为 1420r/min，利用转矩控制模式使 4.0kW 异步电机输出 14N·m 正向转矩，5.5kW 异步电机输出 28N·m 正向转矩，此时两台异步电机工作于电动状态。图 10-11～图 10-13 反映了能量传输情况。

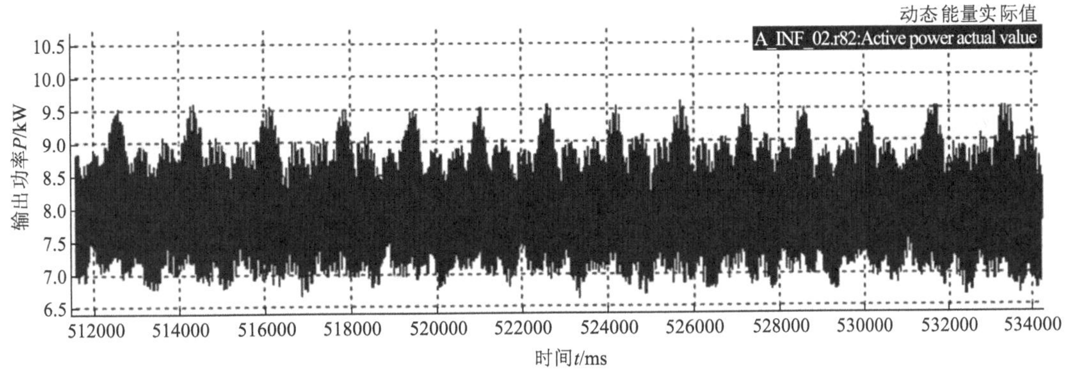

图 10-11　AFE 整流单元输出功率（工况 1）

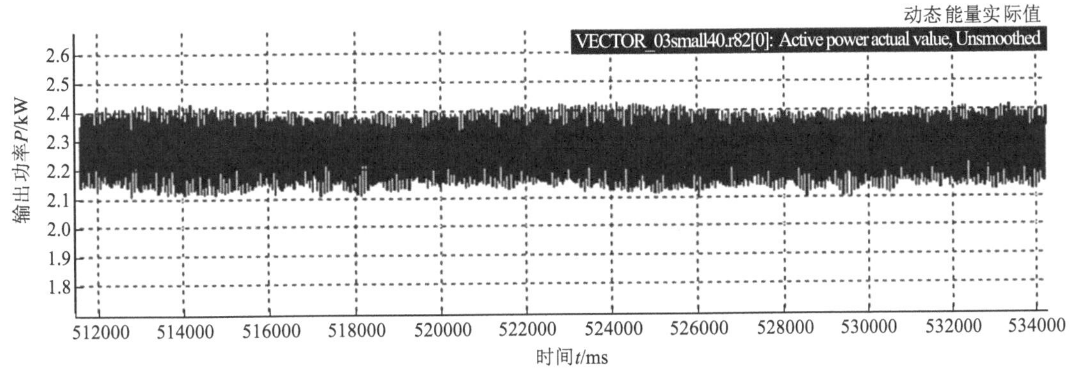

图 10-12　4.0kW 异步电机吸收功率（工况 1）

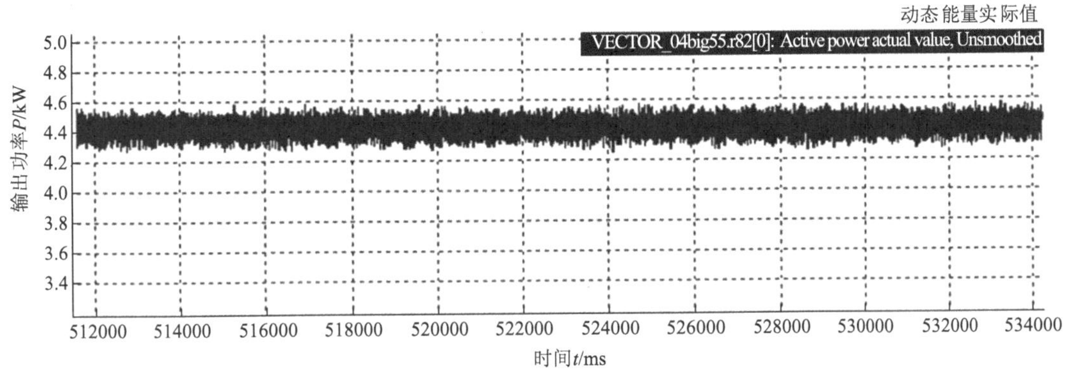

图 10-13　5.5kW 异步电机吸收功率（工况 1）

工况 2：该过程模拟重物提升、吊臂俯下。采用转速控制模式将两台异步电机速度设置为 1420r/min，利用转矩控制模式使 4.0kW 异步电机输出 14N·m 正向转矩，5.5kW 异步电机输出−28N·m 反向转矩，此时 4.0kW 异步电机工作于电动状态，5.5kW 异步电机工作于发电状态。图 10-14～图 10-16 反映了能量传输情况。

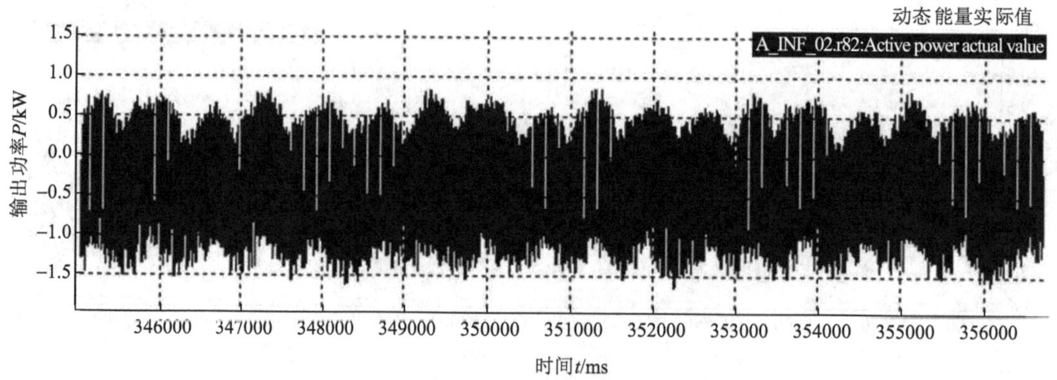

图 10-14　AFE 整流单元输出功率（工况 2）

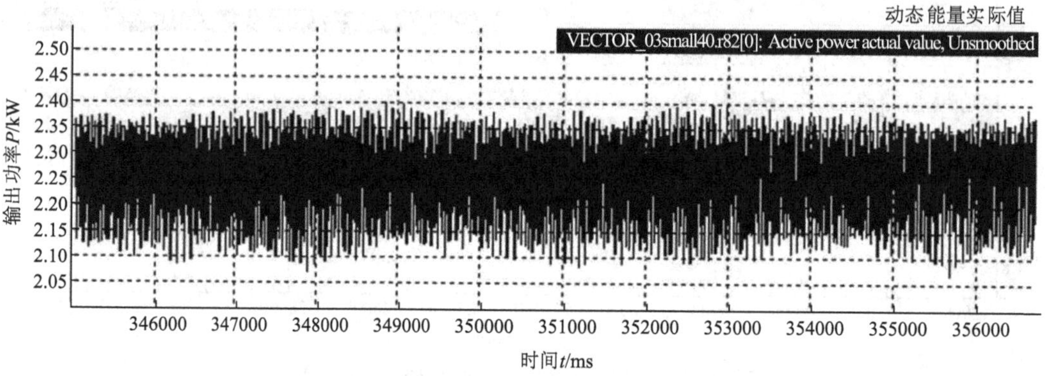

图 10-15　4.0kW 异步电机吸收功率（工况 2）

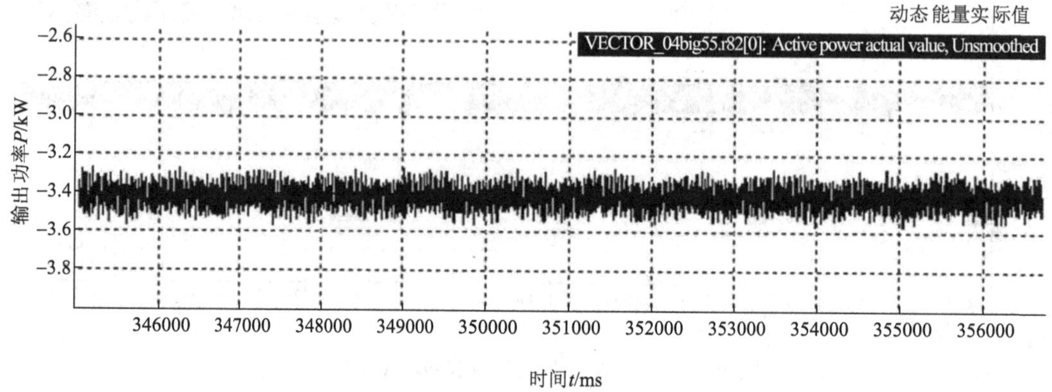

图 10-16　5.5kW 异步电机吸收功率（工况 2）

工况 3：该过程模拟重物下放、吊臂仰起。采用转速控制模式将两台异步电机速度设置为 1420r/min，利用转矩控制模式使 4.0kW 异步电机输出−14N·m 反向转矩，5.5kW 异步电机输出 28N·m 正向转矩，此时 4.0kW 异步电机工作于发电状态，5.5kW 异步电机工作于电动状态。图 10-17～图 10-19 反映了能量传输情况。

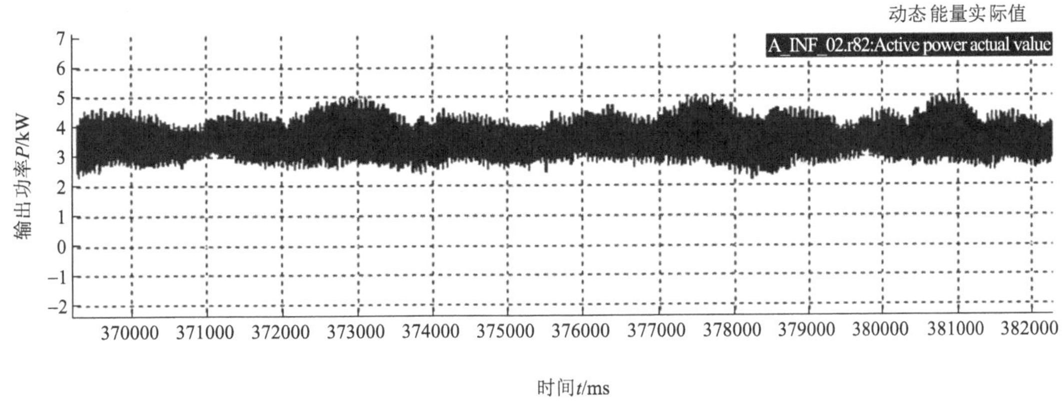

图 10-17　AFE 整流单元输出功率（工况 3）

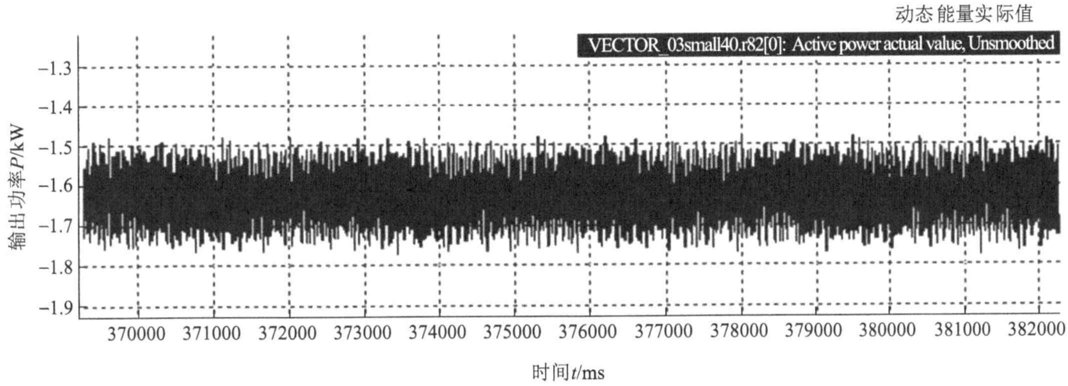

图 10-18　4.0kW 异步电机吸收功率（工况 3）

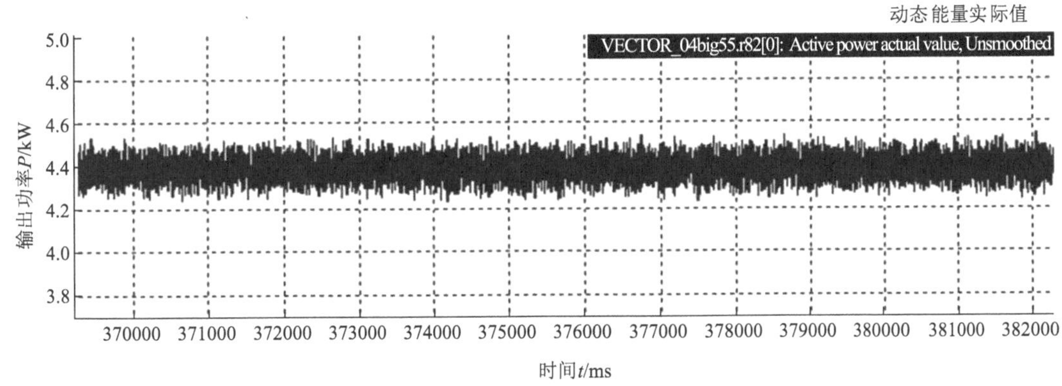

图 10-19　5.5kW 异步电机吸收功率（工况 3）

工况 4：该过程模拟重物下放、吊臂俯下。采用转速控制模式将两台异步电机速度设置为 1420r/min，利用转矩控制模式使 4.0kW 异步电机输出−14N·m 反向转矩，5.5kW 异步电机输出−28N·m 反向转矩，此时两台异步电机工作于发电状态。图 10-20～图 10-22 反映了能量传输情况。

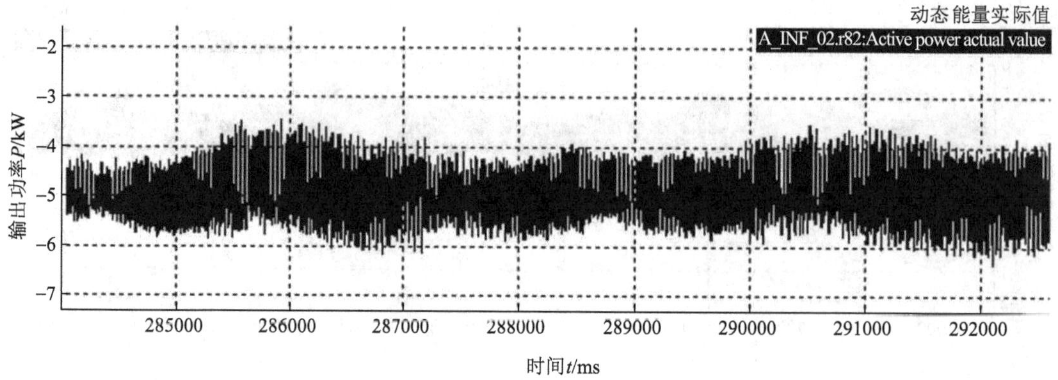

图 10-20　AFE 整流单元输出功率（工况 4）

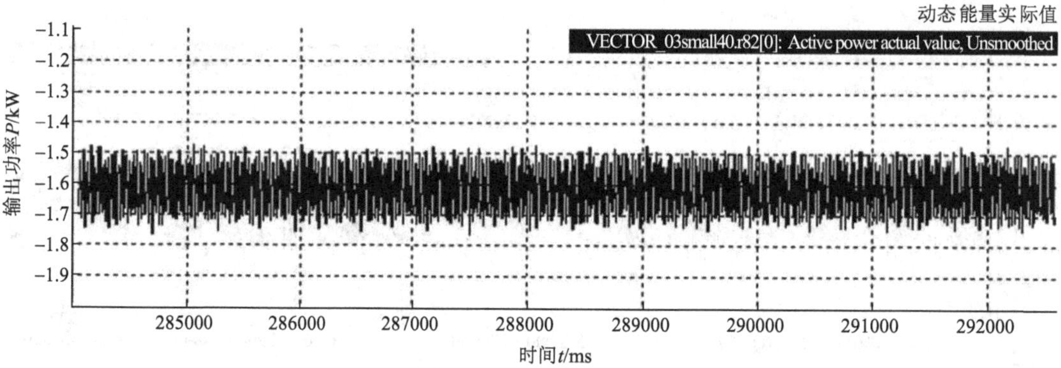

图 10-21　4.0kW 异步电机吸收功率（工况 4）

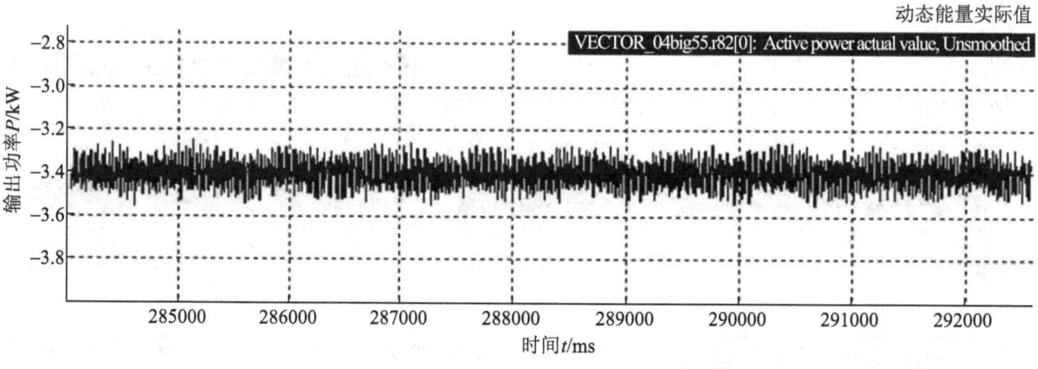

图 10-22　5.5kW 异步电机吸收功率（工况 4）

通过对上述四种工况进行模拟，对整流单元的输出功率、重物升降电机功率、吊臂俯仰电机功率波形进行分析。工况 1 时 AFE 整流单元输出电能功率 7.8kW，重物升降电机吸收电能功率 2.26kW，吊臂俯仰电机吸收电能功率 4.4kW。工况 2 时 AFE 整流单元输出电能功率−0.4kW，重物升降电机吸收电能功率 2kW，吊臂俯仰电机吸收电能功率−3.4kW，吸收功率为负数，这说明此时电机或整流器在反向输出能量。工况 3 时 AFE 整流单元输出电能功率为 3.8kW，重物升降电机吸收电能功率为−1.6kW，吊臂俯仰电机吸收电能功率为 4.4kW。工况 4 时系统向电网回馈功率，AFE 整流单元输出电能功率为−5kW，重物升降电机吸收功率为−1.6kW，吊臂俯仰电机吸收功率为−3.4kW。

从以上模拟实验可以看出，利用 AFE 整流单元和公共直流母线可以实现对回馈能量的再利用，减少能量浪费。与采用机械制动或采用制动电阻制动相比，利用 AFE 整流单元时，系统向电网吸收的能量有明显的减小，可以有效节约能源。

10.2　传统交流调速系统在船舶电力推进系统中的应用

船舶电力推进装置一般是指采用电机械带动螺旋桨来推动船舶运动的装置。采用电力推进装置的船舶称为电力推进船舶或电动船。

10.2.1　电力推进装置的组成和分类

船舶电力推进系统一般由原动机、发电机、配电模块、推进模块和螺旋桨等部分组成，如图 10-23 所示。

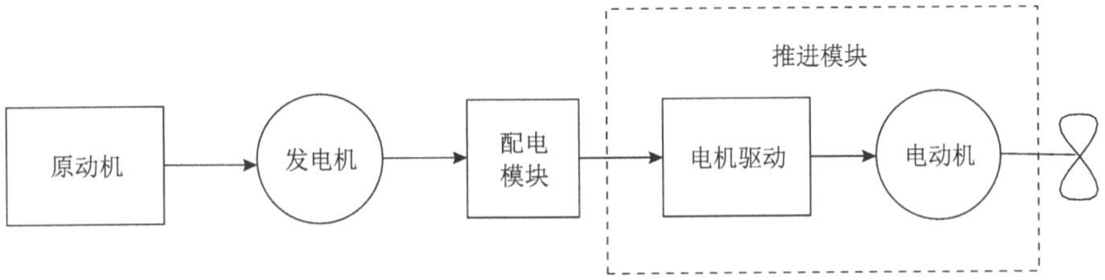

图 10-23　船舶电力推进系统组成

其中，原动机的机械能经发电机变为电能，传递给推进模块，由电动机将电能变为机械能，传递给螺旋桨，推动船舶运动。由于螺旋桨所需功率很大(一般为 10^2～10^3kW)，推进模块不能由一般船舶电网供电，必须设置单独的发电机或其他大功率的电源；另外，由于功率相差悬殊，船舶的一般电能用户(如辅机、照明等)也不能由推进电站供电。因此，电力推进船舶一般有两个独立的电站，即电力推进电站和辅机电站。

电力推进用的原动机可以采用柴油机、汽轮机或燃气轮机。大功率时多用汽轮机或燃气轮机；发电机可以采用直流他励电机、差复励发电机或交流同步发电机；电动机可以采用直流他励电机或交流同步电机、异步电机、同步-异步电机等。因为螺旋桨尺寸小且效率高，所以船舶推进器一般都采用螺旋桨。交流电力推进装置由交流主发电机、拖动主发电机的原动机、交流推进电机及其控制装置组成。

因为交流电机没有换向器，所以交流电力推进装置与直流电力推进装置相比，具有一系列优点。

(1) 交流电机的极限容量大。交流电机的极限容量通常为

$$P \cdot n \leqslant 450 \times 10^6 \mathrm{kW \cdot r/min}$$

式中，P 为电机功率，kW；n 为电机转速，r/min。

而直流电机的容量极限只有交流电机的 1%。因此，在大功率交流电力推进装置中，可以采用高速大功率的原动机和发电机，使推进装置的重量轻、尺寸小。

(2) 降低了电机的总损耗，提高了效率。交流电机的效率比直流电机高 2%～3%。

(3) 可以采用较高的电压。目前，直流电力推进装置采用的最高电压为 1000V。而交流电力推进装置的电压可达 6300V 或 7500V，这样可有效减轻电机、电器和电线的重量。

(4) 交流电机的结构比直流电机简单，因而，交流电机维护方便、成本低。

除上述优点外，交流电力推进装置也存在一些缺点，主要是交流电机的调节精度和稳定性比直流电机差。因此，在交流电力推进装置中，为了在较宽范围内调节电机的转速，必须改变原动机的转速；为了使推进电机反转，必须换接主电路的相序；当交流发电机并联运行时，为了在调速、反转过程中使各台发电机负载分配均匀，还必须保证所有的发电机同步运行。这些都增加了交流配电设备和控制装置的复杂性。

交流电力推进装置的上述特点使它主要应用在大型邮轮、集装箱船、液化天然气船、货轮、穿梭油轮、渡轮、拖轮、敷缆船、破冰船、起重船、钻探船、科考船、供应船、潜艇、护卫舰、驱逐舰等舰船上。

10.2.2　交流电力推进装置的功率、电压、频率和调速

1. 交流电力推进装置的功率

通常，汽轮机交流电力推进装置和燃气轮机交流电力推进装置的功率每轴达 4400kW 以上。柴油机交流电力推进装置通常用于 4400kW 以下的舰船上。表 10-2 列出了国外一些交流电力推进舰船的功率、电压。

表 10-2　国外一些交流电力推进舰船的功率、电压

船名	变频器类型	变频器主要参数建造年份
Aranda 考察船	直接变频器 1MW	1983
Karhu II破冰船	直接变频器 2×7.5MW	1986
Otso 破冰船	直接变频器 2×7.5MW	1986
Hailuoto 破冰船	直接变频器 2×1.5MW	1987
Taimyr 核破冰船	直接变频器 3×12MW	1987
Vaygach 核破冰船	直接变频器 3×12MW	1988
NB474 核动力破冰船	直接变频器 3×12MW 6.3kV	1988
KOTIO 破冰船	直接变频器 3×7.5MW 8.8kV	1987
“幻想”号游轮	直接变频器 2×14MW 1kV	1989
“狂喜”号游轮	直接变频器 2×14MW 1kV	1990
“晶莹和谐”号游轮	直接变频器 2×12MW 1kV	1990
STATENDAM 游轮	直接变频器 2×12MW 1240V	1992
SENSATION 游轮	直接变频器 2×14MW 1kV	1993

续表

船名	变频器类型	变频器主要参数建造年份
MAASDAM 游轮	直接变频器 2×12MW	1993
“魔力”号游轮	直接变频器 2×14MW 1kV	1994
Crystal Symphony 游轮	直接变频器 2×11.5MW	1994

2. 交流电力推进装置的电压

交流电力推进装置所采用的电压主要与推进装置的功率有关，目前尚未标准化。我国规定最高电压为 6300V，美国则规定为 7500V。从已建造和使用的交流电力推进舰船来看，随装置功率不同，所使用的电压等级上限大致如下：

1000kW 以下	525V
1000～2500kW	1050V
2500～15000kW	2150V
15000kW 以上	6300V

相应地，推进电机每相电流通常在下述范围内：

小功率装置	1000～1200A
中功率装置	1200～1500A
大功率装置	1500～2000A

特殊情况下，电流可超出上述范围。

3. 交流电力推进装置的频率

交流电力推进装置的频率没有规定，一般采用 50Hz 的工业频率。在推进主发电机与船用电网联合工作时，也是如此。在汽轮机交流电力推进装置中，当采用转速超过 3000r/min 的汽轮发电机时，或者在燃气轮机交流电力推进装置中，以及在用同步电机作为推进电机，而要求功率因数在一定范围内时，提高推进装置的频率是合适的。频率通常由原动机和推进器之间的减速比来选择，减速比等于推进电机与主发电机极对数之比。

例如，当采用一台 5600r/min 的原动机和一个 200r/min 的螺旋桨时，若发电机采用二极同步发电机，则推进电机的极对数为

$$2p_{\mathrm{m}}=2p_{\mathrm{g}}\frac{n_{\mathrm{g}}}{n_{\mathrm{j}}}=2\times1\times\frac{5600}{200}=56(\text{极})$$

式中，p_{m} 为推进电机极对数；p_{g} 为主发电机极对数；n_{g} 为原动机(发电机)转速；n_{j} 为螺旋桨转速，r/min。

而交流发电机的频率为

$$f=\frac{p_{\mathrm{g}}n_{\mathrm{g}}}{60}=\frac{1\times5600}{60}=93.3(\mathrm{Hz})$$

推进电机的同步转速为

$$n_0 = \frac{60f}{p_m} = \frac{60 \times 93.3}{28} = 200(\text{r/min})$$

上面的计算是在没有减速齿轮的情况下进行的。

4. 交流电力推进装置的调速

(1) 发电机电压U_1和频率f均为常数，通过改变转子电阻来调速。

由 1.2.1 节可知，此方法属于通过改变转差率来调速，绕线式异步电机推进装置采用的就是这种调速方法。转子电阻增大时，最大转矩不变，而对应的临界转差率增大，特性变化如图 10-24 所示。随着转子电阻的增大，螺旋桨的工作点将从点a移至点b和点c。

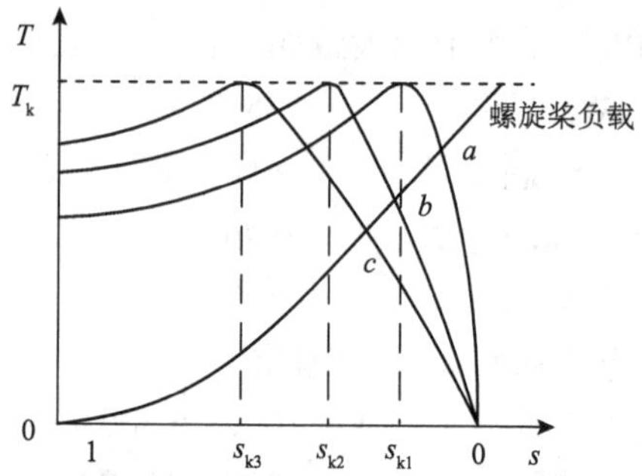

图 10-24　通过改变转子电阻来调速

(2) 发电机频率f和电机转子回路的r_2'保持不变，通过改变电机供电电压U_1来调速。

该方法可用于调速性能要求不高的小功率推进装置。异步电机的晶闸管变压调速就属于这种情况，如图 10-25 所示。

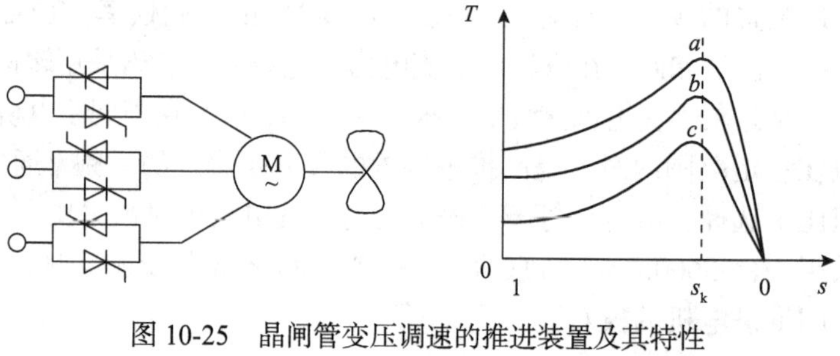

图 10-25　晶闸管变压调速的推进装置及其特性

由临界转矩和临界转差率的公式可见，最大转矩与电压的平方成正比，而最大转差率为恒定值。随着晶闸管导电角度的减小，电压也减小。螺旋桨将从工作点a移至点b和点c。

(3) $U_1/f = \text{const}$。

由临界转矩和临界转差率公式可知，转矩为恒定值，而s与频率f成反比变化。如图 10-26 所示，当频率从f_1变到f_2时，螺旋桨工作点将由点a移至点b。

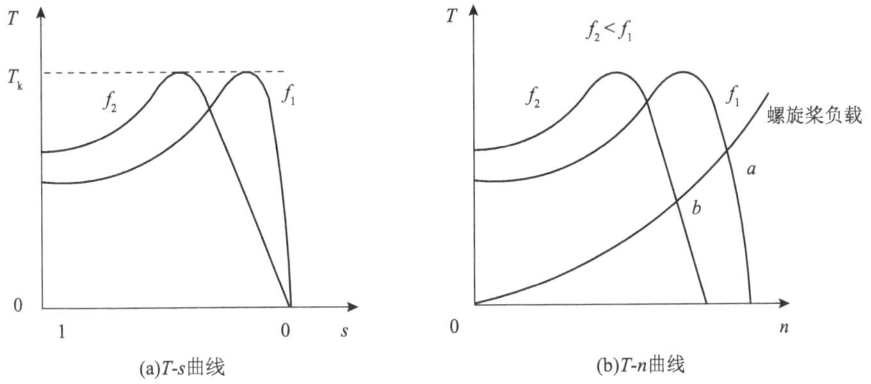

图 10-26　U_1/f = const 时的调速特性曲线

(4) $U_1/f^2 = \text{const}$。

当维持U_1/f^2为常数时，异步电机的临界转矩与频率的平方成正比变化，而临界转差率则与频率成反比变化。

对于$T \propto f^2$的负载(螺旋桨就属于这种负载)，在变频调速时，若保持$U_1/f^2 = \text{const}$，则异步电机的效率、功率因数、转差率和过载能力均不变，如图 10-27 所示。对发电机来说，效率也比按$U_1/f = \text{const}$进行调速时高。

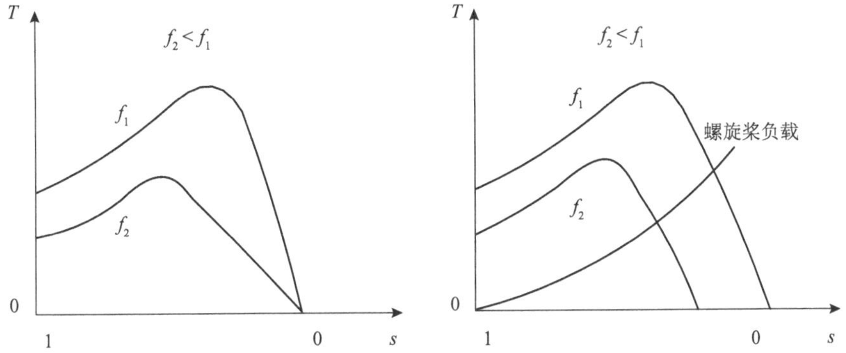

图 10-27　U_1/f^2 = const 时的调速特性

上述四种调速方法中，第 1、2 种调速方法较简单，不需要调节原动机，但是通过改变r_2'来调速时转子损耗较大，而通过改变U_1来调速时调速范围又小。因此，这两种方法只在小功率推进装置中采用。第 3、4 种调速方法有足够的调速范围，损耗低。按U_1/f调速时效率最高。因此这两种方法应用较多，而且它们对同步电机推进装置也同样适用。

10.2.3　交流电力推进装置的主电路

交流电力推进装置由于是通过改变原动机的转速来实现调速的，因此主电路十分简单。尤其是在汽轮机交流电力推进装置中，电机数目少，发电机不并联运行，线路更简单。电力半导体器件的发展使交流电力推进装置不改变原动机的转速就可以实现调速，但主电路就比较复杂了。

1. 汽轮机交流电力推进装置的主电路

1) 单桨船

单桨船最简单而又最常用的汽轮机交流电力推进装置的主电路如图 10-28 所示。其中由一台主汽轮发电机向一台推进电机供电。

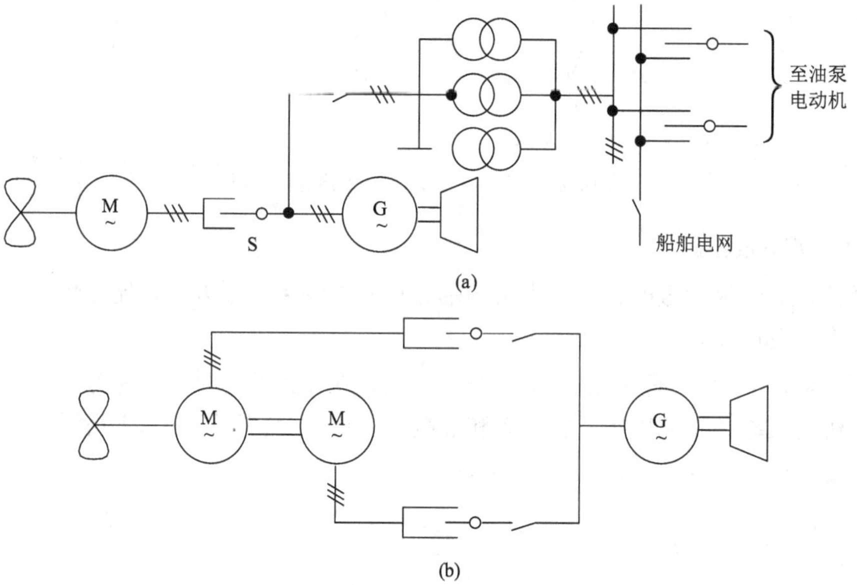

图 10-28　单桨船汽轮机交流电力推进装置主电路图

反向开关 S 用来换接推进电机电源线的相序，使推进电机反转。主发电机还可供一些专门设备(如油泵等)电气传动用。美国于 1940～1945 年建造的 500 艘油船采用的就是这种线路。发电机 5400kV·A，$\cos\varphi=1$，3715r/min，62Hz，2300V。推进电机 4400kW，90r/min。主发电机同时还供电给 5 台油泵电机，功率约 515kW。当频率降到 50Hz 以下时，这些油泵电机可转换到由 50Hz 的恒频船舶电网供电。

当推进电机功率很大，而船舶尾部空间又较小时，可以采用两台推进电机机械串联，由一台汽轮发电机供电，如图 10-28(b)所示。

在单桨船汽轮机交流电力推进装置中，推进电机无论采用单枢还是双枢，其主发电机的数量一般都为 1 台。

2) 双桨船

图 10-29(a)所示为具有两台主发电机和两台推进电机的双桨船汽轮机交流电力推进装置主电路。这是双轴交流电力推进装置中最常用的线路。正常航行时，左舷发电机经开关 S_1 向左舷推进电机供电，右舷发电机经开关 S_2 向右舷推进电机供电。两台发电机不并联运行。低速航行时，开关 S_1 或 S_2 被打开，开关 S_3 闭合，由一台发电机向两台推进电机供电。这时航速约为额定航速的 70%。推进电机的反转是靠反向开关 S_4、S_5 实现的。采用这种线路的“波茨坦”号船的推进设备为主发电机 10000kV·A，3200r/min，53.3Hz，6000V，2 台；推进电机 9555kW，160r/min，2 台。

图 10-29(b)是由一台发电机供电给两台推进电机的线路，这种线路适合应用在将燃气轮机作为原动机或核动力船舶上。

图 10-29(c)是由两台主发电机供电给四台推进电机的双轴推进电路。每根轴上有两台推进电机机械串联在一起。这种电路的生命力强，电机外径较小．便于在船尾布置设备。1960 年建成的“堪培拉”号邮船用的就是这种线路。每台发电机 32200kV·A，3087r/min，6000V，51.5Hz。推进电机为具有笼型启动绕组的同步电机，每轴 31240kW，147r/min。当异步启动时，汽轮发电机的转速为最大转速的 25%。

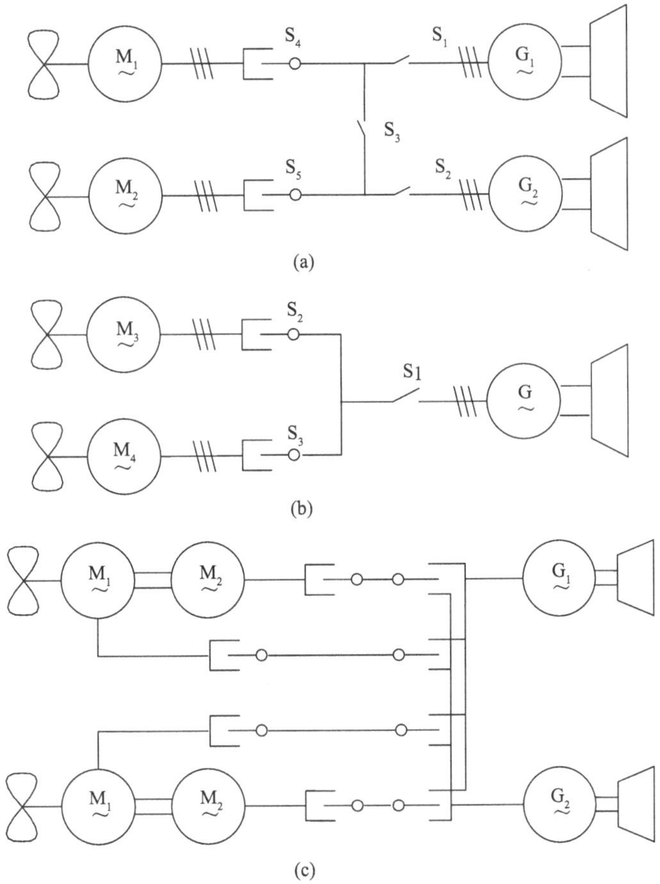

图 10-29　双桨船汽轮机交流电力推进装置主电路图

3) 四桨船

四桨船汽轮机交流电力推进装置常用四台或两台主发电机向四台推进电机供电。“诺曼底”号战舰采用的是四台主发电机的电路，如图 10-30 所示。推进电机总功率 117600kW，每台 29400kW，243r/min；每台发电机 33400kV·A，$\cos\varphi = 1$，2340r/min，6000V。正常运行时，一台发电机供电给一台推进电机。低速航行时可由一台发电机供电给两台推进电机。开关 $S_1 \sim S_4$、$S_8 \sim S_{11}$ 与开关 $S_5 \sim S_7$ 之间设有电磁连锁。这三组开关中间只能有两组同时闭合，以防止发电机并联运行。

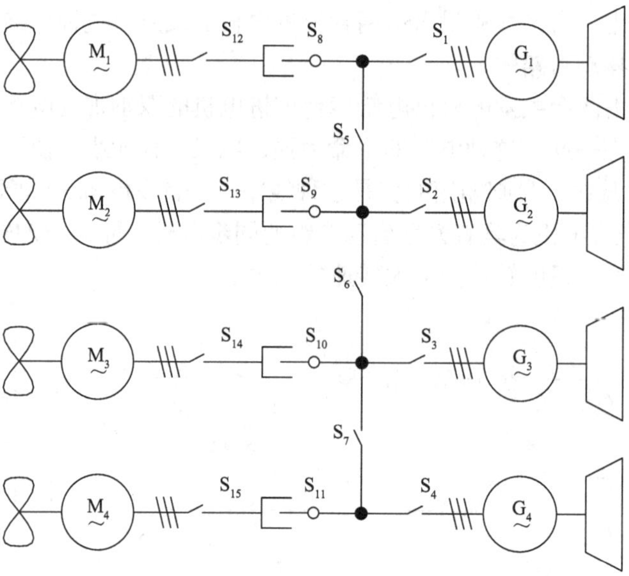

图 10-30　四桨船汽轮机交流电力推进装置主电路图

在汽轮机交流电力推进装置中，主发电机的数量通常等于或小于推进电机的数量。这是因为大功率汽轮发电机组效率高、相对重量轻，另外还避免了发电机并联运行。在汽轮机交流电力推进装置中，考虑到实际运行情况以及使运行和维护简单，发电机不采用并联运行。

2. 柴油机交流电力推进装置

柴油机交流电力推进装置不同于汽轮机交流电力推进装置的特点是，高速柴油发电机单机功率较小，而推进轴功率较大，因此通常柴油发电机的数目大于推进轴数目。这就带来第二个特点：柴油发电机经常是并联工作的。柴油发电机的并联工作使电力推进装置的启动、反转、调速等情况变得复杂。当通过改变柴油机的转速来改变螺旋桨的转速时，必须使并联工作的各台柴油发电机的转速同样变化，这就对柴油机的调速器提出要求，比直流电力推进中对柴油机调速器的要求高得多。如果各柴油机调速器的特性不一致，那么在频率变化或反转时，各柴油发电机之间的负载分配就会不均匀，会破坏发电机的并联运行。

柴油机交流电力推进装置的推进轴数目较少，大都不超过两个。图 10-31 表示单桨船柴油机交流电力推进装置主电路的一些连接形式；图 10-32 表示双桨船柴油机交流电力推进装置主电路的一些连接形式。

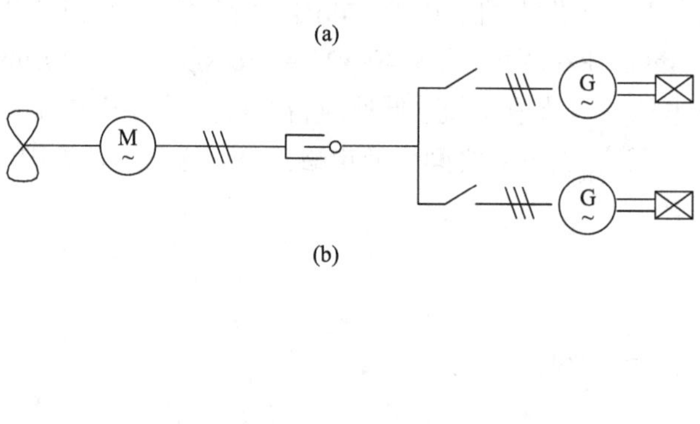

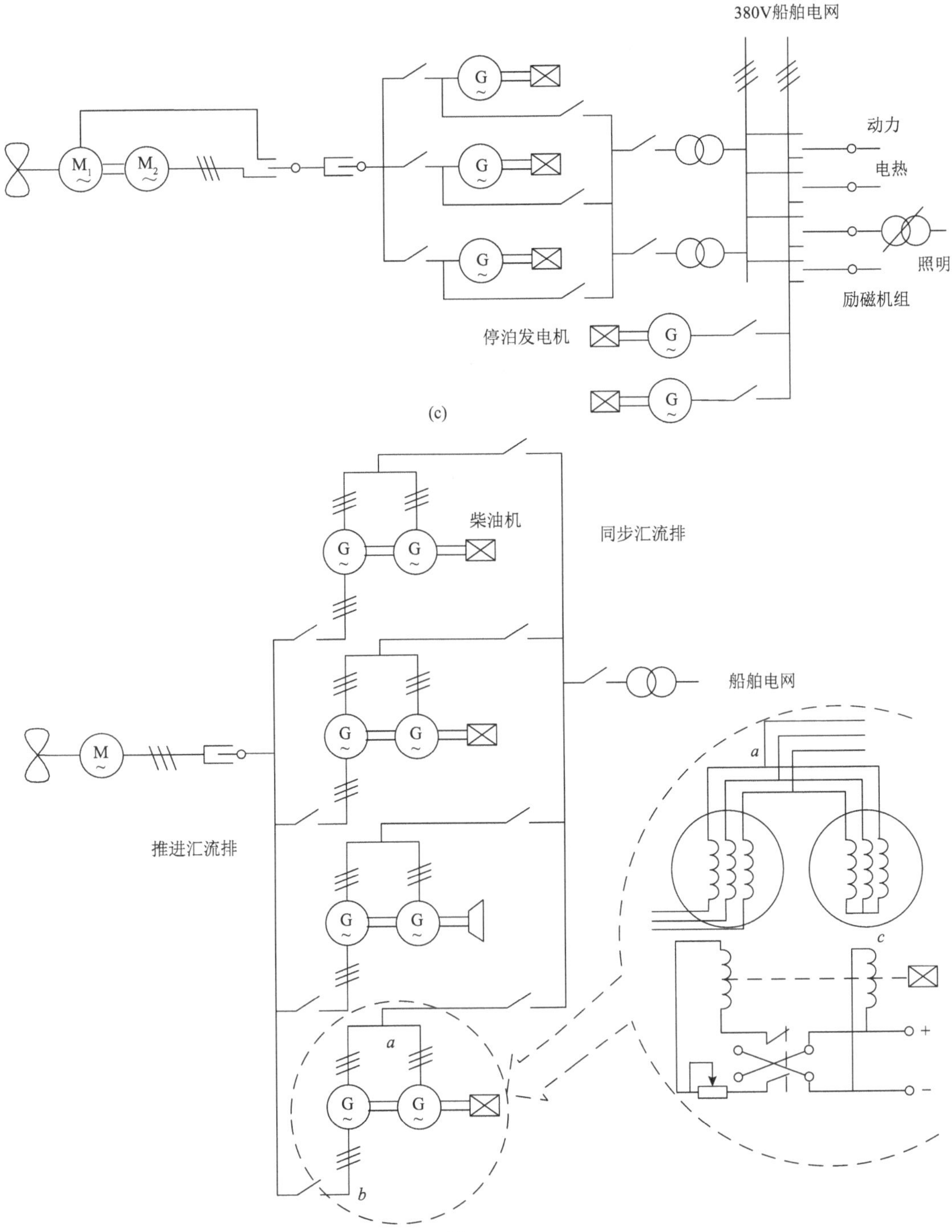

图 10-31　单桨船柴油机交流电力推进装置主电路原理图

图 10-31(a)为一台柴油发电机供电给一台电机，图 10-31(b)是两台柴油发电机供电给一台电机，图 10-31(c)是“伍斯特”号的主电路。它由三台发电机并联向船舶电网或 5000kW 主推进电机 M_1 供电，此外还可向 660kW 的副推进电机 M_2 供电。这台电机用作低速航行，

使船舶在狭窄航道中机动性好。M_2为异步电机，当用电机 M_2 推进时，只需由一台柴油主发电机供电，这时船舶电网由停泊发电机供电。当三台主柴油发电机都用于推进时，推进电网和船舶电网被连接在一起。图 10-31(d)是油船“奥瑞斯奥特陆斯”号的主电路原理图。它由四台发电机并联向推进电机供电。三台发电机由柴油机拖动，另一台由燃气轮机拖动。发电机的构造比较特殊，每台发电机有两个电磁方面互相独立的转子励磁绕组和两个分开的定子绕组。两个转子的极轴仍相符合。两个定子的每相绕组相互串联，一个绕组的一端接成星形(c 点)，另一个绕组的一端(b 点)接到推进汇流排。两个绕组的连接 a 点接到同步汇流排，再经降压变压器接至船舶电网。两个转子绕组的极轴相符合，使得推进汇流排上的电压等于发电机两个定子电压的代数和。发电机的相电势和线电势的矢量图如图 10-31(d)左下侧所示，图 10-31(d)右下侧所示的发电机右半转子励磁绕组由恒定电压励磁；左半转子励磁绕组电路内接有转换开关及磁场变阻器，使发电机左半定子电势的大小和方向均可变化。这种连接使推进汇流排上的电压可以从 0(当两个励磁绕组励磁极性相反时)～1600V(原动机额定转速下，当两个励磁绕组励磁极性相同时)变化，而同步汇流排上的电压只随原动机转速而变。

推进电机在 50%～100%的转速范围内是靠改变原动机转速实现调速的，这时同步汇流排电压在 400～800V 变化；在 50%以下的转速范围内是靠改变励磁，降低推进汇流排电压实现调速的，这时推进电机在异步状态下工作，其励磁断开。

图 10-32 所示的是采用四台主发电机向两台推进电机供电的主电路，发电机并联工作。推进汇流排分为两部分，每部分与一半发电机连接。两部分汇流排之间设有连接开关 S_1。

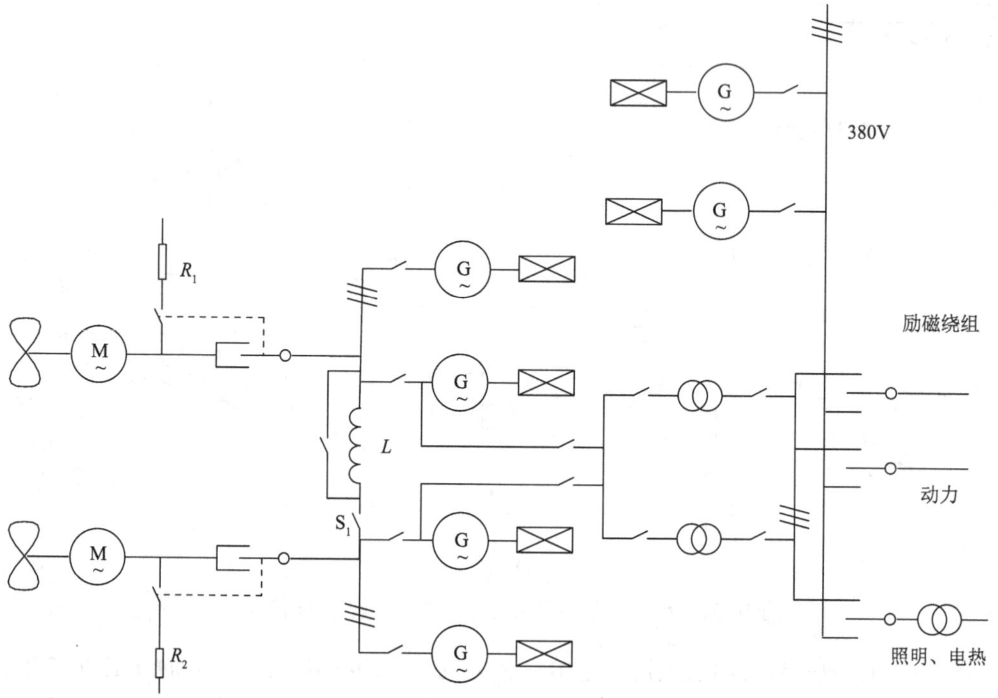

图 10-32　双桨船柴油机交流电力推进装置的主电路原理图

这样两部分汇流排可以分开工作，也可以并联工作。分开工作时，左舷发电机经左半汇流排向左舷推进电机供电，右舷发电机经右半汇流排向右舷推进电机供电。通常，机动时，两半汇流排分开工作；全速航行时，两半汇流排并联工作。L 是粗同步电抗器，用来减小两半汇流排并联过程中的均衡电流。R_1、R_2 为能耗制动电阻。

现代柴油机交流电力推进装置的另一特点是推进汇流排与船舶电网并联工作，这样可以提高设备的利用率。

3. 交流电力推进装置的保护

在交流电力推进装置内，保护的基本对象是主发电机、推进电机和励磁机。当任何装置元件损坏或其正常工作状态被破坏时，保护电器起作用，使断路器动作，损坏部分断开成不正常工作电路。若某些不正常工作状态不直接引起事故，而可由维护人员来消除，则保护电器仅发出不正常工作信号，不断开电路。交流电力推进装置保护的特点是一切保护最后都作用到发电机、推进电机或励磁机的励磁电路的开关设备。

交流电力推进装置的基本形式有如下三种。

1) 最大电流保护

最大电流保护在发电机相间短路及两相接地等故障发生时起作用，用来保护发电机免受损害。根据保护动作的反应时间，最大电流保护可分为瞬时动作及延时动作两种。图 10-33 表示防止发电机内部或外部多相短路的保护线路。图中，K_1、K_2 为瞬时动作的短路保护电流继电

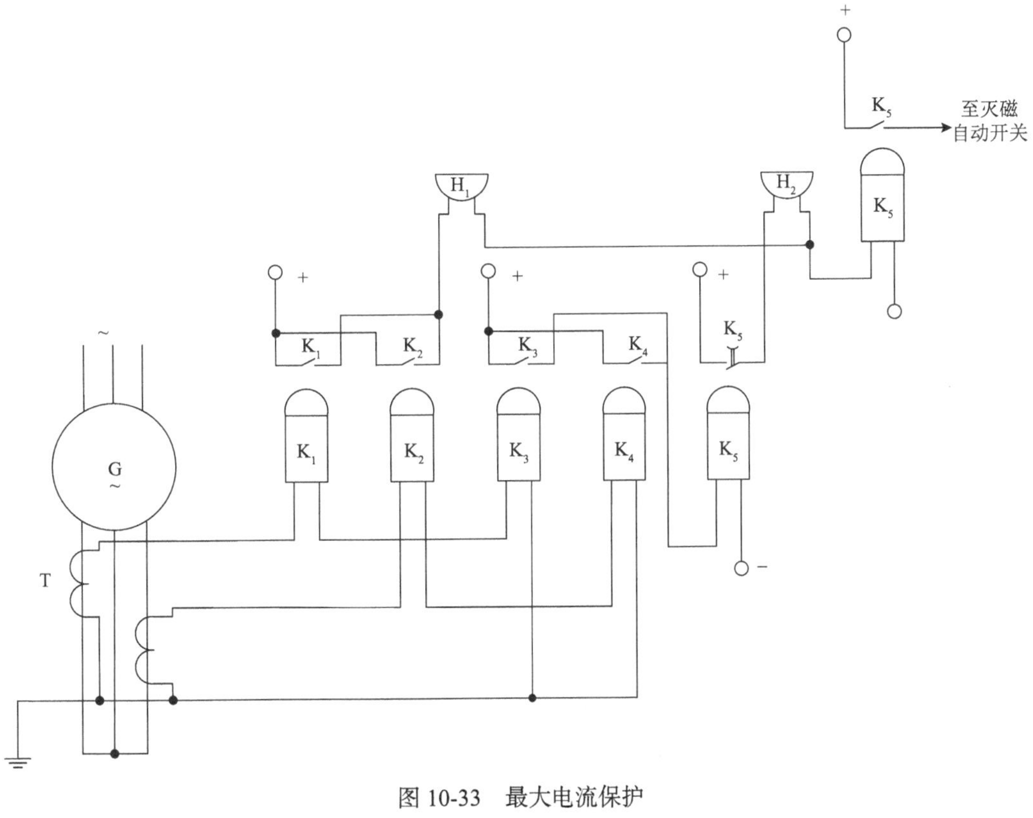

图 10-33　最大电流保护

器；H_1、H_2为指示器；K_3、K_4为过载保护电流继电器，它通过时间继电器K_5起延时作用。K_1、K_2、K_5的触头接在中间继电器K_6的线圈电路中，K_6控制着励磁电路自动开关。

为了在启动和反转时，最大电流保护不致引起装置的切断，最大电流继电器的动作电流应选择得比强迫励磁下电机的启动电流大一些。电流保护所能忍受的过载电流的时间应大于启动和反转的时间，或在启动、反转过程中将过载继电器线圈短接。

2) *差动保护*

差动保护用来保护发电机或推进电机，防止因短路而造成更大危害。图 10-34 是发电机差动保护原理图。

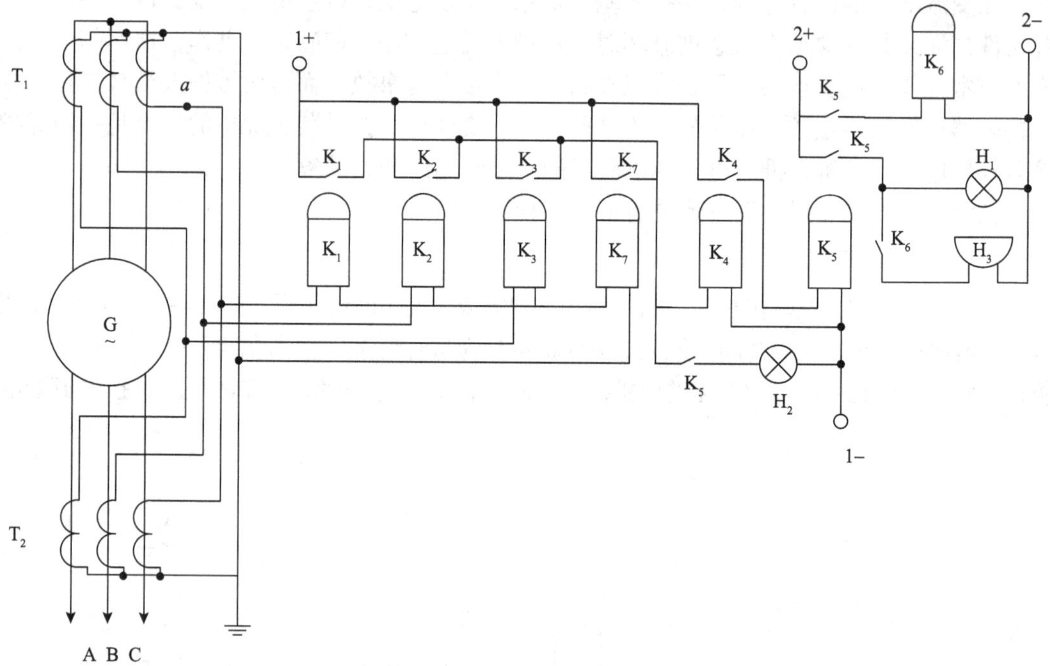

图 10-34　发电机差动保护原理图

主发电机的每相定子绕组的前后接入完全一样的电流互感器T_1和T_2，构成纵向差动保护。当主发电机内部绕组相间发生短路时，流过前后电流互感器的电流就不相同。因此，电流互感器次级感应出的电流之差流经电流继电器K_1～K_3，K_1～K_3动作。经过时间继电器K_4延时后，中间继电器K_5动作，使继电器K_6动作，断开主发电机励磁，同时发出声光信号。

在电流互感器次级接线发生断线时(如图 10-34 中 *a* 点断开时)，C 相下面的一个电流互感器的次级电流就流过电流继电器K_1～K_3，它会使继电保护误动作。为了能够区别这种断线引起的误动作，在线路中加装了一个电流继电器K_7。当主发电机的相间短路时，没有电流通过K_7，但当电流互感器次级断线时，电流即通过K_7，使K_7动作，并使H_2信号灯亮，以示区别。

实际上，因为两个电流互感器不可能完全相同，所以正常的继电器内有一个数值不大的不平衡电流通过。通常，继电器动作电流按电流互感器次级电流的 20%～60%来选取。

自 20 世纪 70 年代以来，无触点保护装置得到了广泛应用。图 10-35 是一种带磁放大器的过电流保护和差动保护线路。

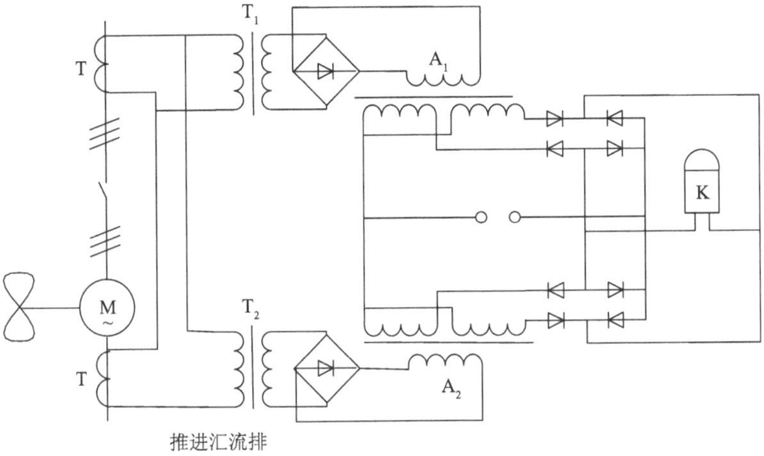

图 10-35　带磁放大器的过电流保护和差动保护线路

当发生过电流故障时，变压器 T_2 输出信号至磁放大器 A_2 的控制绕组，A_2 输出使中间继电器 K 动作。当电机内部短路或相间短路时，差动保护用变压器 T_1 输出信号至磁放大器 A_1 的控制绕组，A_1 输出至中间继电器 K。K 动作使电机励磁切断，并发出声光信号。

3) 同步电机失步保护

图 10-36 是同步电机失步保护原理图。在电机励磁绕组回路内接入电流互感器 T。当电机失步时，其励磁绕组回路内感应出交流，T 次级绕组感生出电压，经整流桥通过电流继电器 K 线圈，使信号电路接通，发出失步声光信号。

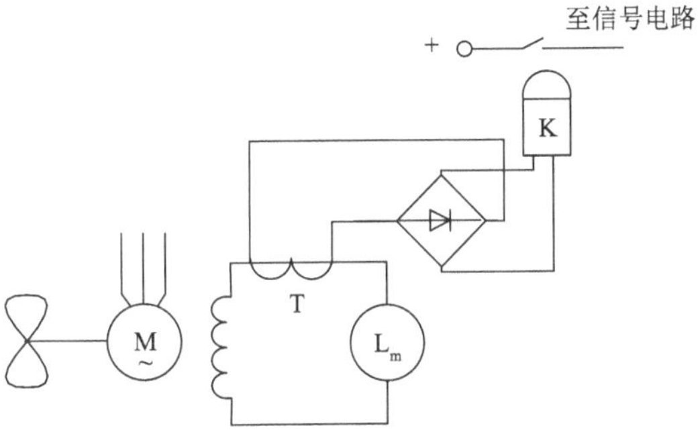

图 10-36　同步电机失步保护原理图

除以上保护形式外，还有其他各种保护形式，如定子一相绕组接地保护、超时保护、火警保护、连锁保护、磁场切断保护(灭磁环节)等，可参阅有关文献。

10.3　交流调速控制系统在零航速减摇鳍电伺服系统中的应用

现有的减摇鳍全部采用电液伺服系统，电液伺服系统的优点是最大输出扭矩较大、响应速度快、系统刚度大，但是电液伺服系统也有自身的缺点，例如，液压系统能源的获取不如电机系统方便，而且对工作环境要求较高，抗污染能力差。另外，与电伺服系统相比，电液伺服系统的结构比较复杂，可靠性较低。由于零航速减摇鳍由鳍角反馈改为角度和角加速度反馈，对伺服系统的可靠性、动态性能和能量利用效率均有较高的要求。

10.3.1 零航速减摇鳍负载特性分析

这里只对单翼零航速减摇鳍的升力特性进行分析。对于单翼零航速减摇鳍，它们受到的流体阻力 F_R 可以表示为

$$F_R = k_1\omega_f\left|\omega_f\right| + k_2\dot{\omega}_f \tag{10-1}$$

式中，k_1、k_2 为常数；ω_f 为减摇鳍的旋转角速度。

如图 10-37(a)所示，在浪级较高时，减摇鳍角速度曲线在半个周期内近似为梯形。根据式(10-1)进行仿真分析，得到如图 10-37(b)所示的减摇鳍流体阻力变化曲线。另外半个周期 ω_f 与 L 的对应关系与图 10-37(b)相似，只是二者的符号发生变化。

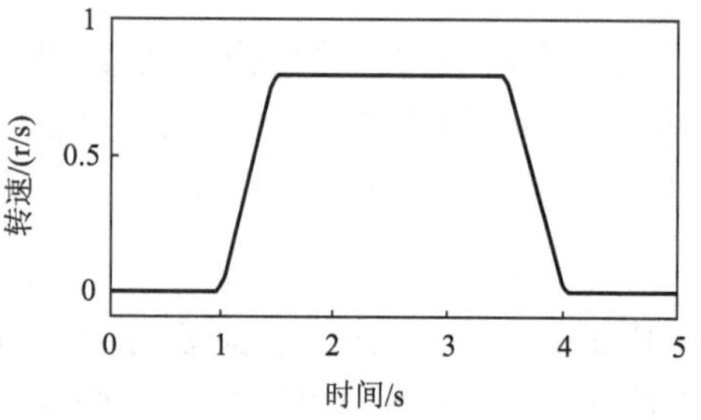

(a) 角速度变化曲线

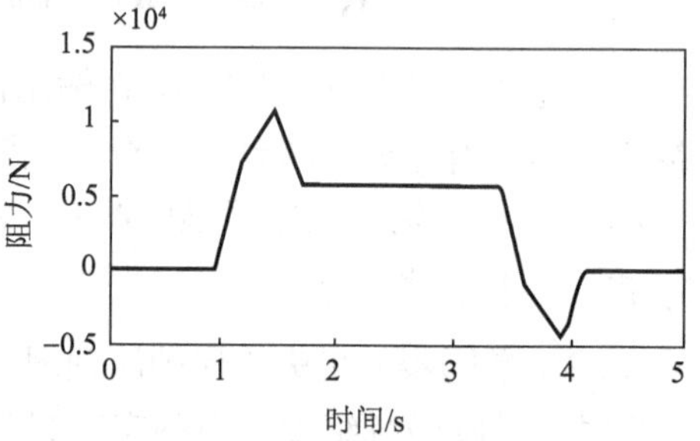

(b) 流体阻力变化曲线

图 10-37 零航速减摇鳍的负载特性

式(10-1)中的微分项 $k_2\dot{\omega}_f$ 代表流体惯性，由于这一项在流体阻力中所占比例很大，因此减摇鳍在加速和减速过程中受到的阻力远远大于匀速运动阶段。另外，零航速减摇鳍的工作环境比较复杂，鳍的重力和浮力产生的力矩也在不断变化，所以零航速减摇鳍是一种周期性的大惯性、强扰动负载。

10.3.2 驱动电机及主电路结构的选择

1. 驱动电机

因为零航速减摇鳍启动和制动转矩很大，所以必须合理选择驱动电机的种类。大功率电动伺服系统常用的驱动电机有直流电机、异步电机和永磁同步电机三种。

1) 直流电机

直流电机在高性能运动控制系统中得到了广泛应用，这是因为直流电机具有启动转矩大、调速性能好的优点；另外，直流电机控制方便，工作线性度好，低速性能好。但是直流电机带有电刷和机械换向器，电刷下的火花使换向器需要经常维护，使其不能在易燃易爆的场合使用，而且会产生无线电干扰；又因控制电源是直流，使得放大元件变得复杂，

所以制造大容量、高转速的直流电机十分困难，难以应用在大功率驱动场合。

2) 异步电机

异步电机在工农业、交通运输业、国防工业等领域有非常广泛的应用，但是因为调速性能不够理想，所以大多用作拖动电机，而很少应用在伺服领域。随着电力电子技术、微电子技术、计算机技术及控制理论的发展，以交流伺服电机为执行电机的交流伺服驱动具有可与直流伺服驱动相比拟的性能，从而使得交流电机固有的优势得到了充分的发挥，现代伺服系统逐渐倾向于交流伺服电机的驱动。

3) 永磁同步电机

近年来，随着稀土永磁材料性能的提高，永磁同步电机广泛应用于交流伺服领域，并且出现了逐步取代直流伺服系统的趋势。

永磁同步电机与直流电机相比较，无机械换向器和电刷，结构简单，体积小，运行可靠；易实现高速运行，调速范围宽，环境适应能力强，易实现正反转切换，快速响应性能好；工作电压只受功率开关器件的耐压限制，可以采用较高的电压，容易实现大容量伺服驱动。

永磁同步电机转矩/电流比高，动态响应快，启动转矩可达额定转矩的 3.5 倍以上，而且过载能力强，这样可以选用功率相对较小的电机。另外，它可以在 25%～120%额定负载范围内保持较高的效率和功率因数，节能效果显著。由于零航速减摇鳍属于大惯性负载，对动态性能和能量消耗的要求都很高，因此，综合考虑以上因素，永磁同步电机是最佳选择。

2. 主电路结构

伺服系统主电路的结构如图 10-38 所示，采用电压型逆变器为永磁同步电机供电。

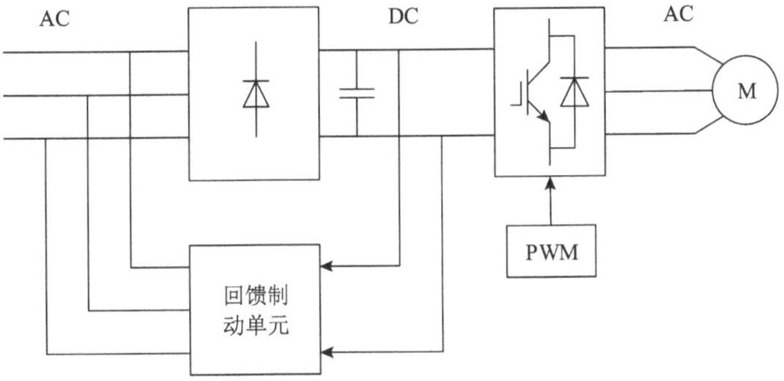

图 10-38　主电路结构

由于零航速减摇鳍是一种大惯性、强扰动负载，对系统的启动、制动性能有较高的要求。在启动过程中，由于启动力矩较大，逆变器电流迅速增加到输出限幅电流，使直流侧电压下降，电机电流不能动态跟踪给定值。直流侧滤波电容越大，瞬时压降越小，所以应在可能的条件下尽量加大滤波电容容量。在制动过程中，电机处于发电状态，减摇鳍的动能转化成电能回馈到逆变器的直流侧，使直流侧主电容两端产生高电压，通常这部分能量可通过串接电阻消耗掉。由于系统启动、制动比较频繁，可以在直流侧加装回馈制动单元，把这部分电能回馈到电网或者用来给蓄电池充电，从而大幅度减少系统的能量消耗。

10.3.3 零航速减摇鳍电伺服系统的广义预测控制

零航速减摇鳍对伺服系统的动态性能要求较高，传统控制方法(如 PID 控制参数鲁棒性差)难以得到理想的效果。广义预测控制(generalized predictive control，GPC)是一种自适应控制算法，具有多步预测、在线滚动优化和反馈校正等特征，对系统模型精度要求低，具有良好的跟踪性能及较强的鲁棒性。GPC 的在线计算比较简单，不需要像神经网络控制那样进行离线训练和在线学习，从而进一步提高了系统的响应速度。为此，在构造零航速减摇鳍电伺服系统 CARIMA 模型的基础上，设计了广义预测控制器，并根据零航速减摇鳍的特点对基本广义预测算法进行了扩展。

1. 广义预测控制的基本原理

预测控制不是某一种理论的产物，而是在工业实践过程中发展起来的，并在实际中得到了成功的应用。1977 年，W. H. Kwon 等提出了滚动时域控制(receding horizon control，RHC)，以一种反复在线进行的次优控制代替最优控制中的一次性离散全局优化，这已经引入了自校正的思想。考虑到模型与对象的不完全匹配以及噪声干扰等因素，滚动时域控制比最优控制能够获得更理想的动态特性。1973 年瑞典学者 K. J. Åström 等提出了预测控制的雏形——最小方差控制(minimum variance control，MVC)。为了解决最小方差控制无约束、仅适用于最小相位系统的问题，英国学者 D. W. Clarke 和他的同事通过引进对控制的加权项，得到了广义最小方差控制(generalized minimum variance control，GMV)。广义最小方差控制还只是一种单步预测控制，对控制变时滞等系统的鲁棒性比较差，于是多步预测控制应运而生。最早产生于工业过程的预测控制算法有 1978 年 Richalet、Mehra 等提出的建立在脉冲响应基础上的模型预测启发控制(或称模型算法控制(model algorithmic control，MAC))，以及 Cutler 等提出的建立在阶跃响应基础上的动态矩阵控制(dynamic matrix control，DMC)。因为这类响应易于从工业现场直接获得，并不要求对模型的结构有先验知识，所以不必通过复杂的辨识过程便可设计控制系统。

法国 ADERSA 公司的 Richalet 和德国 ITT Bornemann 公司的 Kuntze 等于 20 世纪 80 年代中后期在模型预测控制原理的基础上提出了预测函数控制(predictive functional control，PFC)，并发表了基于 PFC 的工业机器人快速高精度跟踪控制系统的有关论文。PFC 具有同于一般预测控制算法三项基本原理，即预测模型、滚动优化、反馈校正。而它与其他传统预测控制算法的最大区别是注重控制量的结构形式，将控制输入结构化，即把每一时刻的控制输入看作若干事先选定的基函数的线性组合，然后通过在线优化求出线性加权系数，进而算出未来的控制输入。预测函数控制方法的最大特点是：实时控制计算量小，适用于快速系统的控制；可以处理小稳定、时滞、带约束等的系统。

20 世纪 80 年代初期，研究者在自适应控制的研究中发现，为了增加自适应控制系统的鲁棒性，有必要在最小方差控制的基础上，汲取预测控制中的多步优化策略，提高自适应系统的实用性。因此，出现了辨识被控过程参数模型且带有自适应机制的预测控制算法，其中最具代表性的就是 Clarke 等提出的广义预测控制。GPC 是新型计算机控制方法，是预测控制中最具代表性的算法之一。它具有如下的优点。

(1) 广义预测控制基于传统的参数模型，因而模型参数少，其他类型的预测控制算法(如模型算法控制和动态矩阵控制)都基于非参数化模型，即脉冲响应模型或阶跃响应模型。

(2) 广义预测控制是在自适应控制研究中发展起来的，保留了自适应控制的优点，但比自适应控制方法具有更好的鲁棒性。

(3) 由于采用多步预测、滚动优化和反馈校正等策略，因而控制效果好，更适合工业生产过程的控制。

由于这些优点，所以它一出现就受到了国内外控制理论界和工业控制界的重视，成为研究领域最为活跃的一种预测控制算法。

预测控制是以计算机为实现手段的，因此其数学模型的建立和控制算法的推导都是基于离散时间的。预测控制算法无论其算法形式有何不同，都是建立在以下三个基本特征之上的。

1) 预测模型

预测控制是一种基于模型的控制算法，这一模型称为预测模型。预测模型的功能是根据对象的历史信息和未来输入预测其未来输出。状态方程、传递函数这类传统的模型都可以作为预测模型。对于线性稳定对象，甚至阶跃响应、脉冲响应这类非参数模型也可以直接作为预测模型使用。此外，非线性系统、分布参数系统的模型只要具备上述功能，对这类系统进行预测控制时也可以作为预测模型使用。

2) 滚动优化

预测控制是一种优化控制算法，它是通过某一性能指标最优来确定未来的控制作用的。这一性能指标涉及系统未来的行为，而系统未来的行为是根据预测模型由未来的控制策略决定的。它不是用一个对全局相同的优化性能指标，而是在每一时刻有一个相对于该时刻的优化性能指标。因此，在预测控制中，优化不是一次离线进行，而是反复在线进行，这就是滚动优化的含义，也是预测控制区别于传统最优控制的根本点。

3) 反馈校正

预测控制是一种闭环控制算法，在通过优化确定了一系列未来的控制作用后，为了防止模型失配或环境干扰引起控制对理想状态的偏离，它通常不是把这些控制作用逐一全部实施，而是只实现本时刻的控制作用。到下一采样时刻，则首先检测对象的实际输出，并利用这一实时信息对基于模型的预测进行修正，然后进行新的优化。预测控制把优化建立在系统实际的基础上，并力图通过优化对系统未来的动态行为做出准确的预测。因此，预测控制中的优化不仅基于模型，而且利用了反馈的信息，因而构成了闭环优化。

因此，预测控制是一种基于模型、滚动实施并结合反馈校正的优化控制算法。它汲取了优化控制的思想，利用滚动的有限时段优化取代了一成不变的全局优化。虽然这在理想情况下不能达到全局最优，但由于实际上不可避免地存在着模型误差和环境干扰等，这种建立在实际反馈信息基础上的反复优化能不断考虑不确定性的影响，并及时加以校正，反而比只依靠模型的一次优化更能适应实际过程，有更强的鲁棒性。

2. 建立电伺服系统的 CARIMA 模型

在预测控制理论中，需要有一个描述系统动态行为的基础模型，称为预测模型。它应具有预测的功能，即能根据系统的历史数据和未来的输入，预测系统未来的输出。广义预测控制采用 CARIMA 模型作为预测模型，CARIMA(controlled auto-regressive integrated moving-average)又称为受控自回归积分滑动平均模型。为了实现零航速减摇鳍电伺服系统的广义预测控制，首先要建立电机传动系统的数学模型。根据 10.2 节的分析，选择永磁同步电机作为伺服系统驱动电机，永磁同步电机在转子同步旋转 dq 坐标系下的数学模型为

$$\begin{cases}\psi_d = L_d i_d + \psi_f \\ \psi_q = L_q i_q \\ u_d = R_s i_d + p\psi_d - \omega\psi_q \\ u_q = R_s i_q + p\psi_q + \omega\psi_d \\ T_e = 3/2 p_n[\psi_f i_q + (L_d - L_q) i_d i_q]\end{cases} \tag{10-2}$$

式中，ψ_d、ψ_q 为定子磁链分量；i_d、i_q 为定子电流分量；L_d、L_q 为定子绕组等效电感；ψ_f 为转子永磁磁链；u_d、u_q 为定子电压分量；R_s 为定子绕组电阻；p 为微分算子；ω 为转子机械角速度；T_e 为电磁转矩；p_n 为电机极对数。

电机传动系统的动态方程为

$$\frac{d\omega_r}{dt} = \frac{T_e - T_L - B\omega}{J} \tag{10-3}$$

式中，T_L 为负载转矩；B 为黏滞系数。

由式(10-2)可知，当采用直轴电流为 0(即 $i_d = 0$)的矢量控制策略时，电磁转矩 T_e 正比于 q 轴电流 i_q，其表达式为

$$T_e = \frac{3}{2} p_n \psi_f i_q \tag{10-4}$$

为了建立系统的 CARIMA 模型，令 $T_L = 0$，并对式(10-3)进行拉氏变换，采用零阶保持器进行 z 变换后得到系统的传递函数为

$$G(z) = \frac{bz^{-1}}{1 + az^{-1}} \tag{10-5}$$

式中

$$a = -e^{-T_s B/J}, \quad b = 3p_n\psi_f \frac{1 - e^{-T_s B/J}}{2B}$$

其中，T_s 为采样周期。

把式(10-5)写成差分方程的形式，并将周期性负载转矩 T_L 看作系统扰动折算后写入方程，则伺服系统可以表示为

$$(1 + az^{-1})\omega(t) = bi_q(t-1) + cT_L \tag{10-6}$$

系统的 CARIMA 模型为

$$A(z^{-1})\omega(t) = B(z^{-1})i_q(t-1) + \frac{\xi(t)}{\Delta} \tag{10-7}$$

$$A(z^{-1}) = (1 + az^{-1}), \quad B(z^{-1}) = b$$

式中，$\Delta = 1 - z^{-1}$，表示差分算子；$\xi(t) = cT_L\Delta$，为负载转矩波动的函数，可以看作系统的噪声。

10.3.4　广义预测伺服控制器设计

1. 广义预测控制规律

建立伺服系统的 CARIMA 模型后，引入如下的 Diophantine 方程计算 j 步后输出 $\omega(t+j)$ 的最优预测值：

$$1 = E_j(z^{-1})A(z^{-1})\Delta + z^{-j}F_j(z^{-1}) \tag{10-8}$$

式中，j 为预测时域，且有

$$E_j(z^{-1}) = e_0 + e_1 z^{-1} + \cdots + e_{j-1} z^{-j+1}$$

$$F_j(z^{-1}) = f_0^j + f_1^j z^{-1} + \cdots + f_{\mathrm{na}}^j z^{-\mathrm{na}}$$

式(10-7)两边同时乘以 $E_j(z^{-1})\Delta$，则 $\omega(t)$ 的 j 步超前预测方程为

$$\omega(t+j) = G_j \Delta i_{\mathrm{q}}(t+j-1) + F_j \omega(t) + E_j \xi(t+j) \tag{10-9}$$

式中，$G_j(z^{-1}) = E_j(z^{-1})B(z^{-1})$，并注意到 $\xi(t)$ 的均值为零，则对未来输出的预测值为

$$\hat{\omega}(t+j) = G_j \Delta i_{\mathrm{q}}(t+j-1) + F_j \omega(t) \tag{10-10}$$

为了把已知的控制作用和未知的控制作用分开，考虑如下等式：

$$G_j(z^{-1}) = G_j'(z^{-1}) + z^{-j}\Gamma_j(z^{-1}) \tag{10-11}$$

把式(10-11)代入式(10-10)得

$$\hat{\omega}(t+j) = G_j' \Delta i_{\mathrm{q}}(t+j-1) + f(t+j) \tag{10-12}$$

式(10-12)中 $f(t+j)$ 表达式为

$$f(t+j) = \Gamma_j \Delta i_{\mathrm{q}}(t-1) + F_j \omega(t) \tag{10-13}$$

这里 $f(t+j)$ 表示已知控制量的响应。把式(10-12)写成矢量形式，有

$$\hat{\boldsymbol{\omega}} = \boldsymbol{G}' \Delta i_{\mathrm{q}} + f \tag{10-14}$$

广义预测控制的目的是使被控对象的输出尽可能地接近给定值，因此定义如下性能指标函数来对控制效果进行评估：

$$J = \sum_{j=N_1}^{N_2} (\omega(t+j) - \omega_{\mathrm{r}}(t+j))^2 + \lambda \sum_{j=1}^{N_{\mathrm{c}}} (\Delta i_{\mathrm{q}}(t+j))^2 \tag{10-15}$$

式中，$\omega_{\mathrm{r}}(t)$ 为输出量的给定值，rad/s；N_1 为最小预测时域；N_2 为最大预测时域；N_{c} 为控制时域；λ 为控制加权常数。

性能指标的第一项代表对转速误差的度量,第二项代表对转矩电流增量的度量。若 λ 很小，则系统稳定，但 Δi_{q} 较大，可逐渐增加 λ 直到取得满意的控制效果为止。与其他优化算法不同的是，广义预测控制的性能指标只涉及当前 t 时刻至未来 $t+j$ 时刻的预测值，而到下一采样时刻，这一优化时间段同时向前推移，实现在线滚动优化。

由于广义预测控制采用多步预测的方式，与一般的单步预测相比较，增加了 N_1、N_2 和 N_{c} 这三个参数，它们和控制加权常数 λ 的选择将对控制性能产生重要影响，以下是选择上述参数的一般性原则。

1) 最小预测时域 N_1

若已知被控对象的时滞为 d ，则应取 $N_1 \geqslant d$ ；而当 d 未知或变化时，一般可取 $d=1$ 。

2) 最大预测时域 N_2

为了使滚动优化真正有意义，应使 N_2 包括被控对象的真实动态部分，也就是说应把当前控制影响较多的响应都包括在内，一般取 N_2 接近于系统的上升时间。N_2 的大小对于系统的稳定性和快速性有很大影响。当 N_2 较小时，虽然快速性好，但稳定性和鲁棒性较差；当 N_2 较大时，虽然鲁棒性好，但动态响应慢，增加了计算时间，降低了系统的实时性。实际选择时，可在上述两者之间取值，使闭环系统既具有所期望的鲁棒性，又具有所要求的快速性。

3) 控制时域 N_c

由于优化的输出预测最多只受到 N_2 个控制增量的影响，所以应有 $N_c \leqslant N_2$ 。一般情况下，N_c 越小，跟踪性能越差。为改善跟踪性能，要求增加控制步数来提高对系统的控制能力，但随着 N_c 的增大，控制的灵敏度得到提高，系统的稳定性和鲁棒性降低。而且当 N_c 增大时，矩阵的维数增加，计算量增大，使系统的实时性降低。因此，N_c 的选择要兼顾快速性和稳定性，两者综合考虑。对于简单被控对象，一般取 $N_c=1$ 即可。

4) 控制加权常数 λ

λ 用来限制控制增量的剧烈变化，以减少对被控对象的过大冲击。通过增大 λ 可以实现稳定控制，但同时也减弱了控制作用。一般 λ 取得较小，实际选择时，可先令 λ 为 0 或是一个较小的数。此时若控制系统稳定但控制量变化较大，则可适当增加 λ ，直到取得满意的控制效果为止。

永磁同步电机的电磁功率 $P_e = T_e\omega/p_n$ ，代入式(10-4)得

$$P_e = \frac{3}{2}\psi_f i_q \omega \tag{10-16}$$

可见对 Δi_q 的优化实际上是对电磁功率的优化，性能指标 J 的物理意义就是用尽可能少的能量使电机转速跟踪给定值。

把式(10-15)写成矢量形式，有

$$J = [\omega - \omega_r]^T [\omega - \omega_r] + \lambda \Delta i_q^T \Delta i_q \tag{10-17}$$

用 ω 的最优预测值 $\hat{\omega}$ 代替式(10-17)中的 ω ，并且令 $\partial J/\partial \Delta i_q = 0$ ，可得控制矢量的表达式为

$$\Delta i_q = (\boldsymbol{G}'^T \boldsymbol{G}' + \lambda \boldsymbol{I})^{-1} \boldsymbol{G}'^T (\omega_r - f) \tag{10-18}$$

式中

$$\boldsymbol{G}' = \begin{bmatrix} g_0 & 0 & \cdots & 0 \\ g_1 & g_0 & \cdots & 0 \\ \vdots & \vdots & \vdots & \vdots \\ g_{N_u-1} & \cdots & g_1 & g_0 \\ \vdots & \vdots & \vdots & \vdots \\ g_{N_2-1} & g_{N_2-2} & \cdots & g_{N_2-N_u} \end{bmatrix}$$

实际控制时，如果每次仅将第一个分量加入系统，则

$$i_{\mathrm{q}}(t)=i_{\mathrm{q}}(t-1)+g^{\mathrm{T}}(\omega_{\mathrm{r}}-f) \tag{10-19}$$

式中，g^{T} 为 $(\boldsymbol{G}'^{\mathrm{T}}\boldsymbol{G}'+\lambda\boldsymbol{I})^{-1}\boldsymbol{G}'^{\mathrm{T}}$ 的第一行。

2. 电伺服系统的误差校正

由于每次实施控制只采用了第一个控制增量 $\Delta i_{\mathrm{q}}(t)$，故对未来时刻的输出可采用式(10-20)进行预测：

$$\hat{\boldsymbol{\omega}}_p=\boldsymbol{a}\Delta i_{\mathrm{q}}(t)+\boldsymbol{\omega}_{p0} \tag{10-20}$$

式中，$\hat{\boldsymbol{\omega}}_p=\left[\hat{\omega}(t+1)\ \ \hat{\omega}(t+2)\ \ \cdots\ \ \hat{\omega}(t+p)\right]^{\mathrm{T}}$，表示在 t 时刻预测的有 $\Delta i_{\mathrm{q}}(t)$ 作用时未来 p 个时刻的系统输出；$\boldsymbol{\omega}_{p0}=\left[\omega_0(t+1)\ \ \omega_0(t+2)\ \ \cdots\ \ \omega_0(t+p)\right]^{\mathrm{T}}$，表示在 t 时刻预测的无 $\Delta i_{\mathrm{q}}(t)$ 作用时未来 p 个时刻的系统输出；$\boldsymbol{a}=\left[a_1\ \ a_2\ \ \cdots\ \ a_{\mathrm{p}}\right]^{\mathrm{T}}$，为单位阶跃响应在采样时刻的值。

由于系统模型及外部环境的不确定性，在 t 时刻施加控制作用后，在 $t+1$ 时刻的实际输出与预测输出可能不相等，令误差 $e(t+1)=\omega(t+1)-\hat{\omega}(t+1)$，可以用此误差来修正预测值，即

$$\tilde{\boldsymbol{\omega}}_p=\hat{\boldsymbol{\omega}}_p+e(t+1) \tag{10-21}$$

式中，$\tilde{\boldsymbol{\omega}}_p=\left[\tilde{\omega}(t+1)\ \ \tilde{\omega}(t+2)\ \ \cdots\ \ \tilde{\omega}(t+p)\right]^{\mathrm{T}}$ 为误差校正后的系统输出，校正后的 $\tilde{\boldsymbol{\omega}}_p$ 作为下一时刻的系统初值。通过不断地进行在线误差校正，可以降低系统模型不精确以及参数变化对系统性能产生的不利影响。

3. 输入输出受限的广义预测控制

由于零航速减摇鳍的工作方式比较特殊，因此在实际应用过程中也产生了一些新的问题，其中最主要的是驱动功率问题。在有航速减摇时，两套减摇鳍随船体一起运动，伺服系统只是把鳍转到某一特定角度，鳍上的升力是由船舶航行时鳍和水流的相互作用产生的，它间接利用了船舶推进的能量。在零航速减摇时，对抗横摇所消耗的能量完全由减摇鳍的伺服系统提供，但是目前大多数船舶电站的能量有限，导致在浪级较高的情况下减摇效果不理想。例如，某船舶装备的零航速减摇鳍在有义波高为 0.5m 时减摇效果为 80%，而当有义波高为 2m 时减摇效果下降为 40%。因此，为了得到理想的减摇效果，零航速减摇鳍的驱动电机需要经常工作在满负荷状态，而无法在功率上留有余量。

前面介绍的基本广义预测控制没有考虑控制量受到限制的情况，而接近额定功率时必须考虑永磁同步电机转矩电流 i_{q} 的极限值。另外，零航速减摇鳍的旋转角速度越大，鳍上产生的升力也越大，为了防止升力过大对鳍轴等机械结构造成疲劳损伤，电机的旋转角速度和角加速度也必须限制在一定范围内，因此需要考虑电机转速 ω 和转矩电流变化量 Δi_{q} 的约束条件。当输入输出受到物理条件限制时，系统的瞬时给定输入可能远远超过电机的驱动能力，因此需要对基本广义预测算法进行扩展，以防止系统性能变坏。

下面考虑上述三种约束情况，即输入增量 $\Delta i_{\mathrm{q}}(t)$ 受限、输入幅值 $i_{\mathrm{q}}(t)$ 受限和输出幅值 $\boldsymbol{\Omega}$ 受限：

$$\begin{cases} \Delta i_{\text{qmin}} \leqslant \Delta i_{\text{q}}(t) \leqslant \Delta i_{\text{qmax}} \\ i_{\text{qmin}} \leqslant i_{\text{q}}(t) \leqslant i_{\text{qmax}} \\ \boldsymbol{\Omega}_{\min} \leqslant \boldsymbol{\omega} \leqslant \boldsymbol{\Omega}_{\max} \end{cases} \tag{10-22}$$

式中，$\boldsymbol{\Omega}_{\min}=\left[\omega_{\min}(t+N_1) \ \cdots \ \omega_{\min}(t+N_c)\right]^{\text{T}}$，为角速度下限，rad/s；$\boldsymbol{\Omega}_{\max}=\left[\omega_{\max}(t+N_1) \ \cdots \ \omega_{\max}(t+N_c)\right]^{\text{T}}$，为角速度上限，rad/s；$\boldsymbol{\omega}=\left[\omega(t+N_1) \ \cdots \ \omega(t+N_c)\right]^{\text{T}}$，为角速度，rad/s。

由于式(10-7)所示为线性系统，因此以上的输入和输出幅值约束可以简化成输入增量约束的线性组合。当控制时域 $N_c=1$ 时，$i_{\text{q}}(t)=i_{\text{q}}(t-1)+\Delta i_{\text{q}}(t)$，$\boldsymbol{\omega}=\boldsymbol{G}'\Delta i_{\text{q}}(t)+f$，因此约束条件可以转化成如下形式：

$$\begin{cases} \Delta i_{\text{qmin}} \leqslant \Delta i_{\text{q}}(t) \leqslant \Delta i_{\text{qmax}} \\ i_{\text{qmin}}-i_{\text{q}}(t-1) \leqslant i_{\text{q}}(t) \leqslant i_{\text{qmax}}-i_{\text{q}}(t-1) \\ \dfrac{\boldsymbol{G}'^{\text{T}}(\boldsymbol{\Omega}_{\min}-f)}{\boldsymbol{G}'^{\text{T}}\boldsymbol{G}'} \leqslant \Delta i_{\text{q}}(t) \leqslant \dfrac{\boldsymbol{G}'^{\text{T}}(\boldsymbol{\Omega}_{\max}-f)}{\boldsymbol{G}'^{\text{T}}\boldsymbol{G}'} \end{cases} \tag{10-23}$$

这样约束条件中只包含一个变量 $\Delta i_{\text{q}}(t)$，因此在约束条件下使性能指标最小就转变为把在无约束条件下求得的变量 $\Delta i_{\text{q}}^*(t)$ 限制在一个合适的区间内，即

$$\Delta i_{\text{q}}(t)=\begin{cases} a, & \Delta i_{\text{q}}^*(t)<a \\ \Delta i_{\text{q}}^*(t), & a \leqslant \Delta i_{\text{q}}^*(t) \leqslant b \\ b, & b<\Delta i_{\text{q}}^*(t) \end{cases} \tag{10-24}$$

式中，a 和 b 的表达式通过如下方法确定：

$$a=\max\left[\Delta i_{\text{qmin}}, i_{\text{qmin}}-i_{\text{q}}(t-1), \frac{\boldsymbol{G}'^{\text{T}}(\boldsymbol{\Omega}_{\min}-f)}{\boldsymbol{G}'^{\text{T}}\boldsymbol{G}'}\right] \tag{10-25}$$

$$b=\min\left[\Delta i_{\text{qmax}}, i_{\text{qmax}}-i_{\text{q}}(t-1), \frac{\boldsymbol{G}'^{\text{T}}(\boldsymbol{\Omega}_{\max}-f)}{\boldsymbol{G}'^{\text{T}}\boldsymbol{G}'}\right] \tag{10-26}$$

4. 数值仿真

零航速减摇鳍电伺服系统广义预测控制的原理如图 10-39 所示，在伺服系统中预测控制器代替了传统的 PI 调节器。

在仿真平台上对采用电伺服系统的零航速减摇鳍控制系统进行数值仿真，永磁同步电机参数如下：定子电阻 $R_s=1.5\Omega$，交、直轴电感 $L_q=L_d=12\text{mH}$，永磁磁链 $\psi_r=0.5\text{Wb}$，极对数 $p_n=4$，转动惯量 $J=0.15\text{kg}\cdot\text{m}^2$。当采用传统的 PI 调节器时，电机的实际转速如图 10-40(a)所示。由于负载惯性较大，系统在加减速过程中的跟踪性能不是很好，而且有比较明显的超调现象。当采用广义预测控制器时，取 $N_1=1$，$N_2=10$，$N_c=1$，$\lambda=12$，电机的实际转速如图 10-40(b)所示，系统在加减速阶段的加速度基本为恒定值，超调量也较小。

假设图 10-40(b)所示的加减速过程中给定的转矩电流变化量已经超过其极限值 Δi_{qmax}，如果在广义预测算法中不考虑这一约束，会使给定的输入远大于实际值，使电机在加速或

减速停止时超调量变大，系统输出要经过更长的时间才能重新达到稳定状态，此时的转速曲线如图 10-41 所示。

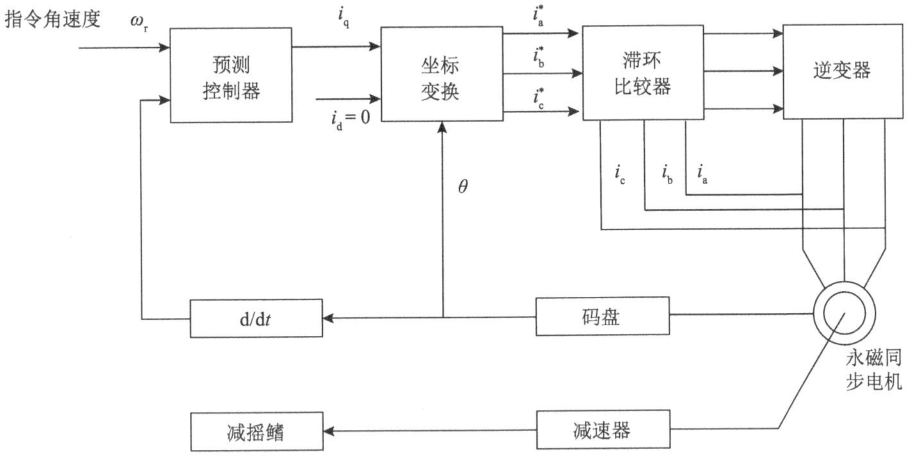

图 10-39　电伺服系统广义预测控制原理图

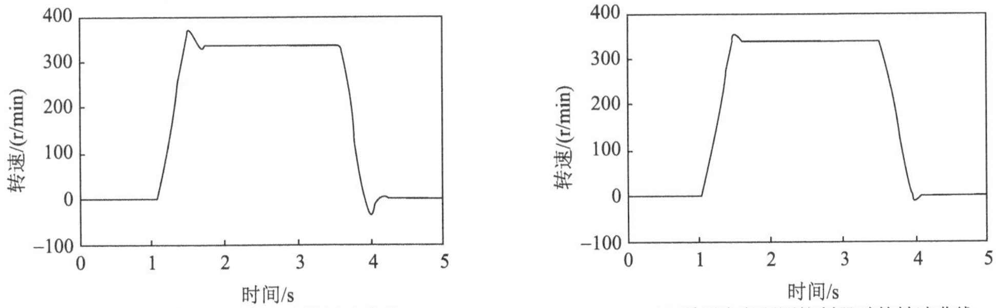

(a) 采用PI调节器时的转速曲线　(b) 采用广义预测控制器时的转速曲线

图 10-40　永磁同步电机转速曲线

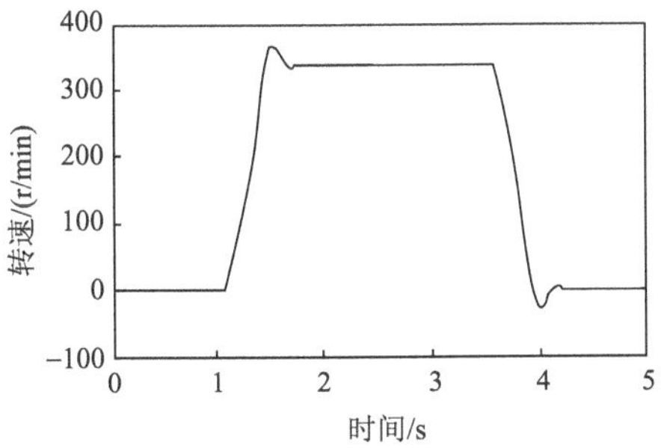

图 10-41　采用无约束广义预测控制器时的转速曲线

由式(10-1)可知，零航速减摇鳍的升力主要由它的旋转角速度决定。由于海浪作用于船体的扰动力矩具有很强的随机性，而且零航速减摇鳍是一种大惯性、强扰动负载，因此要求伺服系统的动态响应快、超调量小，这样才能通过减摇鳍的转动抵消扰动力矩的影响，从而减小船舶横摇角。

10.3.5　伺服系统的能量最优控制

1. 系统模型及求解

图 10-42 中的虚线为减摇鳍以最大角速度旋转时对应的角速度，实线为指令角速度。如图 10-42(a)所示，当海浪的等级较低时，减摇鳍的角速度按实线部分变化即可完全补偿横摇力矩；如图 10-42(b)所示，当海浪的等级较高时，实际角速度无法达到给定值，因此只能部分补偿横摇力矩。此时伺服系统必定以额定功率运行，虽然起始阶段正向升力很大，但是能量消耗也随之增加。另外，如图 10-37 所示，会在减速时产生较大的反向升力。如果实际升力与给定升力方向相反，那么减摇鳍不但不能减摇，反而会增大船舶横摇。下面对图 10-42(b)情况下伺服系统的驱动方式进行研究，使减摇鳍能够以极少的能量消耗产生最大的升力，并且降低反向升力的影响。

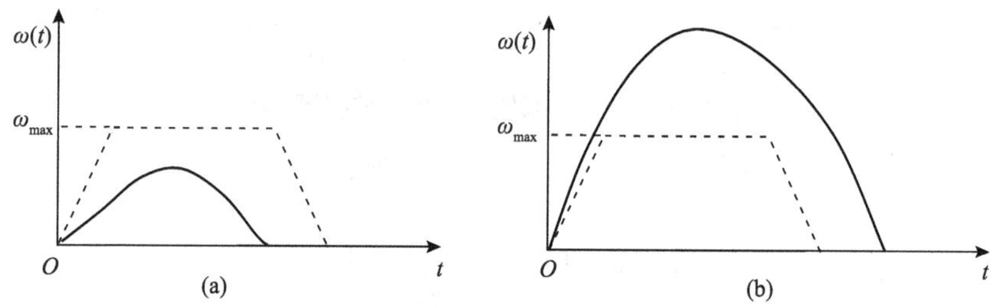

图 10-42　零航速减摇鳍角速度曲线

单翼零航速减摇鳍所受流体作用力的表达式如下：

$$F(t)=k_1'\omega(t)^2+k_2'\dot{\omega}(t) \tag{10-27}$$

式中，k_1'、k_2' 为常数；$\omega(t)$ 为减摇鳍绕鳍轴的旋转角速度。

零航速减摇鳍产生的力可以分为形阻力、附加质量力和旋涡作用力，前两种力的压力中心只和鳍的几何形状有关，只有漩涡作用力的作用点会随着涡的演化而改变。当减摇鳍在没有来流的情况下摆动时，尾涡在大部分时间内附着在鳍面上而没有下泄，这样压力中心位置的变化并不明显，因此可以假设鳍上压力中心与鳍轴距离为常数 l，则减摇鳍的驱动力矩 $M(t)$ 为

$$M(t)=F(t)\cdot l=k_1\omega(t)^2+k_2\dot{\omega}(t) \tag{10-28}$$

把式(10-28)改写成状态方程形式：

$$\dot{\omega}(t)=-\frac{k_1}{k_2}\omega(t)^2+\frac{1}{k_2}M(t) \tag{10-29}$$

式中，状态变量的约束条件如下：

$$\begin{cases}|\omega(t)|\leqslant\omega_{\max}\\ |\dot{\omega}(t)|\leqslant\dot{\omega}_{\max}\\ \int_0^{t_f}\omega(t)\mathrm{d}t\leqslant\alpha_{\max}\end{cases} \tag{10-30}$$

其中，$\omega_{\max}$、$\dot{\omega}_{\max}$ 为系统能够提供的最大角速度和角加速度；t_{f} 为末端时刻；$\alpha_{\max}$ 为减摇

鳍最大转角。

控制量的约束条件为

$$|M(t)| \leqslant M_{\max} \tag{10-31}$$

因为该问题属于非线性、状态变量、状态变量的导数和控制量都受约束的问题，所以无法用经典最优控制理论中的变分法求解。为了对这一类最优控制问题进行求解，苏联学者庞特里亚金等在总结并运用经典变分法的基础上，提出了极小值原理，其成为控制矢量受约束时求解最优控制问题的有效工具，最初用于连续系统，之后推广用于离散系统。极小值原理是求出控制量受约束时最优控制的必要条件，这是经典变分法求泛函极值的扩充，因为经典变分法不能处理这类控制矢量受约束的最优控制问题，所以这种方法又称为现代变分法。

下面应用极小值原理对这个问题进行分析，若要求伺服系统的驱动能量最小，定义驱动能量的性能指标为

$$J = \int_0^{t_f} |M(t)| \cdot \omega(t) \mathrm{d}t \tag{10-32}$$

能量最优控制的目的就是找到最优运动规律，使性能指标取得极小值，即减摇鳍能够以极少的能量消耗产生最大的升力。与古典变分法一样，首先定义如下的哈密顿函数：

$$H = |M(t)|\omega(t) + \lambda(t)\left[-\frac{k_1}{k_2}\omega(t)^2 + \frac{1}{k_2}M(t)\right] \tag{10-33}$$

式中，$\dot{\omega}(t)$ 和 $\dot{\lambda}(t)$ 满足如下正则方程：

$$\begin{cases} \dot{\omega}(t) = \dfrac{\partial H}{\partial \lambda} \\ \dot{\lambda}(t) = -\dfrac{\partial H}{\partial \omega} \end{cases} \tag{10-34}$$

能量指标取得最小值的条件是存在最优控制量 $M^*(t)$ 使得

$$|M^*(t)| \cdot \omega(t) + \frac{\lambda(t)}{k_2} \cdot M^*(t) \leqslant |M(t)| \cdot \omega(t) + \frac{\lambda(t)}{k_2} \cdot M(t) \tag{10-35}$$

即

$$\min H \to \min\left[|M(t)| \cdot \omega(t) + \frac{\lambda(t)}{k_2} \cdot M(t)\right] \tag{10-36}$$

由于式(10-36)中存在 $|M(t)|$ 项，所以下面分两种情况进行讨论。

1）$0 < M(t) \leqslant M_{\max}$

此时有如下等式成立：

$$\min\left[|M(t)| \cdot \omega(t) + \frac{\lambda(t)}{k_2} \cdot M(t)\right] = \min\left[M(t) \cdot \left(\omega(t) + \frac{\lambda(t)}{k_2}\right)\right] \tag{10-37}$$

(1) 当 $\omega(t) + \dfrac{\lambda(t)}{k_2} < 0$ 时，取 $M(t) = M_{\max}$；

(2) 当 $\omega(t) + \dfrac{\lambda(t)}{k_2} = 0$ 时，$M(t)$ 不确定，切换区间；

(3) 当$\omega(t)+\dfrac{\lambda(t)}{k_2}>0$时，取$M(t)=0$。

2) $-M_{\max}\leqslant M(t)\leqslant 0$

此时有如下等式成立：

$$\min\left[|M(t)|\cdot\omega(t)+\frac{\lambda(t)}{k_2}\cdot M(t)\right]=\min\left[M(t)\cdot\left(\frac{\lambda(t)}{k_2}-\omega(t)\right)\right] \tag{10-38}$$

(1) 当$\omega(t)+\dfrac{\lambda(t)}{k_2}<0$时，取$M(t)=0$；

(2) 当$\omega(t)+\dfrac{\lambda(t)}{k_2}=0$时，$M(t)$不确定，切换区间；

(3) 当$\omega(t)+\dfrac{\lambda(t)}{k_2}>0$时，取$M(t)=-M_{\max}$。

由于以上的分析结果中存在$M(t)$无法确定的区间，此时最优控制量$M^*(t)$是否能够完全确定取决于函数$\lambda(t)$的性质。若在某一区间内$\omega(t)+\lambda(t)/k_2=0$只在有限个点上成立，则属于正常情况；若在某一连续区间内成立，则属于奇异情况，无法通过极小值原理求解。下面应用反证法来判断在切换区间内是否存在奇异控制。

证明：假设$0<M(t)\leqslant M_{\max}$时存在奇异控制，则存在一个连续区间$[t_1,t_2]\subset[0,t_f]$，在该区间内有$\omega(t)+\lambda(t)/k_2=0$，即

$$\lambda(t)=-k_2\omega(t) \tag{10-39}$$

另外，由式(10-34)中的协态方程得

$$\dot{\lambda}(t)=-\frac{\partial H}{\partial\omega}=-M(t)+2\lambda(t)\frac{k_1}{k_2}\cdot\omega(t) \tag{10-40}$$

把式(10-28)和式(10-39)代入式(10-40)得到

$$\lambda(t)=\frac{k_2}{2}\omega(t) \tag{10-41}$$

综合式(10-39)和式(10-41)可得$k_2=0$，显然这与实际情况不符合，因此在该区间不存在奇异控制。

同理可以证明当$-M_{\max}\leqslant M(t)\leqslant 0$时也不存在奇异控制。

2. 伺服系统最优控制规律的实现

由极小值原理可知，当系统为非奇异时，减摇鳍的最小能量控制为三位控制，即最优驱动力矩$M^*(t)$可取$-M_{\max}$、0、$M_{\max}$三个值。也就是说，随着时间的推移，如果$M^*(t)$在这三个值之间不断切换，可以在满足性能要求的情况下实现能量最优。当$M^*(t)$取$-M_{\max}$、0、$M_{\max}$时分别对应全力减速、惰行(即不施加驱动力矩)、全力加速三种工作状态，为了在消耗较少能量的前提下产生足够的升力，需要对每种工况的持续时间做出合理规划。

若把减摇鳍看作转动的刚体，则其运动方程为

$$M(t)-k_1\omega(t)^2-k_2\dot{\omega}(t)=J\dot{\omega}(t) \tag{10-42}$$

式中，J 为减摇鳍转动惯量。

设减摇鳍各参数如下：展长 a=2m，弦长 b=3m，鳍轴距前缘距离 c = 0.5m，转动惯量 J =1000kg·m^2，M_{max} = 3000N·m。根据式(10-42)，当 $M(t) = M_{max}$ 时，角速度曲线如图 10-43 所示，减摇鳍逐渐加速，当达到最大角速度时驱动力矩和流体的阻力矩相等，此时减摇鳍产生的升力如图 10-44 所示。当 $M(t) = 0$ 时，角速度曲线如图 10-45 所示，减摇鳍的转动速度逐渐下降，经过足够长的时间后下降到零。此时虽然减摇鳍仍然受到流体作用力，但是鳍轴上的有效升力为零。

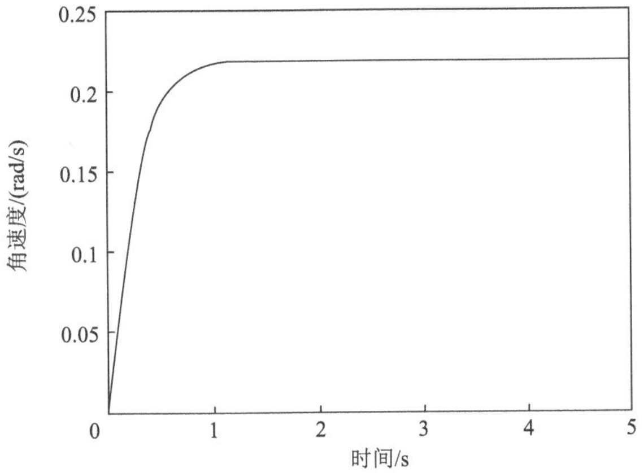

图 10-43　全力加速情况下的角速度曲线

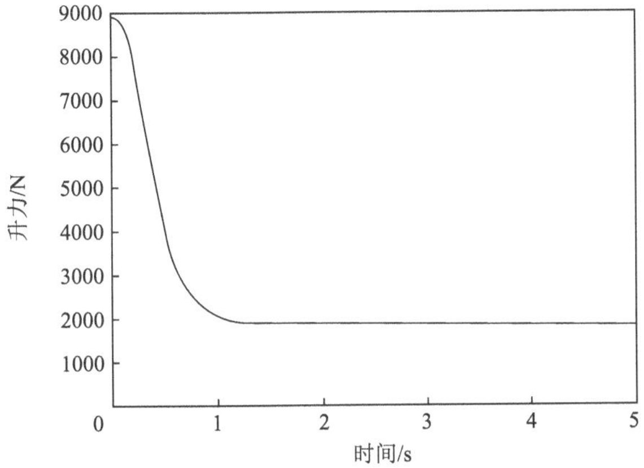

图 10-44　全力加速情况下的升力

下面对施加各种控制力矩时对应的角速度和升力曲线的形状进行分析，如图 10-46 所示，首先确定减摇鳍转动角速度与驱动力矩的对应关系。在 $[0,t_1)$ 时间内驱动力矩为 M_{max}，在运动方式上表现为减摇鳍首先全力加速旋转，由于伺服系统驱动功率有限，当转动角速度上升到 ω_{max} 时驱动力矩与水阻力矩平衡，此后减摇鳍处于匀速转动状态；在 $[t_1,t_2)$ 时间内减摇鳍处于惰行状态，伺服系统驱动力矩为零，减摇鳍的转动角速度逐渐下降；在 $[t_2,t_3)$ 时间内驱动力矩为 $-M_{max}$，在运动方式上表现为减摇鳍全力减速，转动角速度迅速下降到零，随后进入另外半个运动周期。在$[t_2,t_3)$时间内虽然角速度为正，但是升力为负，会出现短暂的增摇现象。

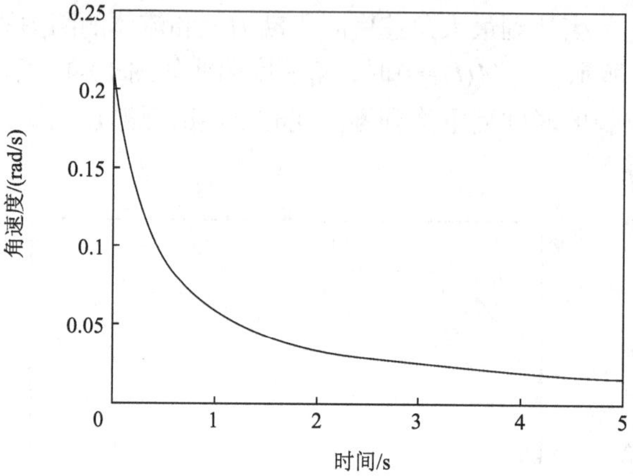

图 10-45　惰行情况下的角速度曲线

角速度曲线与时间轴所围的面积就是减摇鳍的单向最大摆动角度，因为减摇鳍摆动角度有限，所以转动速度越快，升力持续的时间也越短。若船舶横摇周期较大，减摇鳍的角速度曲线如图 10-46 中的$[t_3,t_5)$时间段所示，此时减摇鳍在反向加速后进入惰行区间，转动角速度逐渐减小。因为不再出现全力减速阶段，所以不但节省了制动能量，而且不会因为制动过快而产生反向升力，避免了增摇现象的出现。

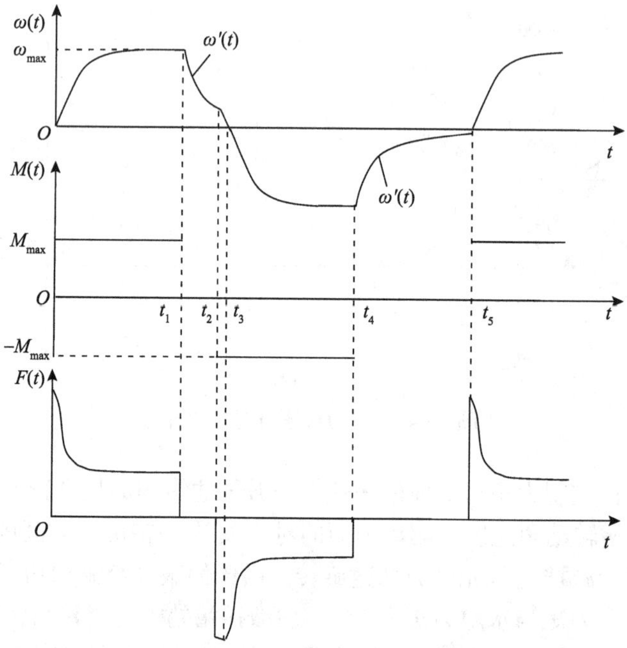

图 10-46　驱动力矩与角速度和升力的对应关系

参考文献

胡崇岳, 2003. 现代交流调速技术[M]. 北京: 机械工业出版社.

李永东, 2012. 交流电机数字控制系统[M]. 2 版. 北京: 机械工业出版社.

林渭勋, 2018. 现代电力电子技术[M]. 北京: 机械工业出版社.

刘进军, 王兆安, 2022. 电力电子变流技术[M]. 6 版. 北京: 机械工业出版社.

柳志飞, 杜贵平, 杜发达, 2017. 有限集模型预测控制在电力电子系统中的研究现状和发展趋势[J]. 电工技术学报, 32(22): 58-69.

路强, 沈传文, 季晓隆, 等, 2006. 一种用于感应电机控制的新型滑模速度观测器研究[J]. 中国电机工程学报, 26(18): 164-168.

马小亮, 2004. 大功率交-交变频调速及矢量控制技术[M]. 3 版. 北京: 机械工业出版社.

坪岛茂彦, 中村修照, 2003. 电动机实用技术指南[M]. 王益全, 张炳义, 译. 北京: 科学出版社.

齐昕, 苏涛, 周珂, 等, 2021. 交流电机模型预测控制策略发展概述[J]. 中国电机工程学报, 41(18): 6408-6419.

阮毅, 杨影, 陈伯时, 2021. 电力拖动自动控制系统——运动控制系统[M]. 5 版. 北京: 机械工业出版社.

孙笑辉, 张曾科, 韩曾晋, 2002. 基于直接转矩控制的感应电动机转矩脉动最小化方法研究[J]. 中国电机工程学报, 22(8): 109-115.

汤蕴璆, 张奕黄, 范瑜, 2005. 交流电机动态分析[M]. 北京: 机械工业出版社.

陶永华, 2003. 新型 PID 控制及其应用[M]. 北京: 机械工业出版社.

涂文聪, 骆光照, 刘卫国, 2017. 基于模糊动态代价函数的永磁同步电机有限控制集模型预测电流控制[J]. 电工技术学报, 32(16): 89-97.

王成元, 夏加宽, 孙宜标, 2021. 现代电机控制技术[M]. 2 版. 北京: 机械工业出版社.

徐艳平, 钟彦儒, 2007. 基于空间矢量 PWM 的新型直接转矩控制系统仿真[J]. 系统仿真学报, 19(2): 344-347, 375.

张晓江, 顾绳谷, 2015a. 电机及拖动基础(上册)[M]. 5 版. 北京: 机械工业出版社.

张晓江, 顾绳谷, 2015b. 电机及拖动基础(下册)[M]. 5 版. 北京: 机械工业出版社.

张晓光, 张亮, 侯本帅, 2017. 永磁同步电机优化模型预测转矩控制[J]. 中国电机工程学报, 37(16): 4800-4809, 4905.

张永昌, 张虎, 李正熙, 2015. 异步电机无速度传感器高性能控制技术[M]. 北京: 机械工业出版社.

张勇军, 潘月斗, 李华德, 2021. 现代交流调速系统[M]. 北京: 机械工业出版社.

赵伟峰, 朱承高, 1999. 直接转矩控制的发展现状及前景[J]. 电气传动, 29(3): 3-6, 10.

BOSE B K, 1997. Power electronics and variable frequency drives: technology and applications[M]. New York: Wiley-IEEE Press.

CASADEI D, PROFUMO F, SERRA G, et al., 2002. FOC and DTC: two viable schemes for induction motors torque control[J]. IEEE transactions on power electronics, 17(5): 779-787.

CASADEI D, SERRA G, TANI K, 2000. Implementation of a direct control algorithm for induction motors based on discrete space vector modulation[J]. IEEE transactions on power electronics, 15(4): 769-777.

CHEN H C , LIAW C M, 1999. Sensorless control via intelligent commutation tuning for brushless DC motor[J]. IEE proceedings. Part B, 146(6): 678-684.

FREERE P, PILLAY P, 1990. Design and evaluation of current controllers for PMSM drives[C]. IECON '90: 16th annual conference of IEEE industrial electronics society. Pacific Grove.

GU B G, NAM K, 2003. A vector control scheme for a PM linear synchronous motor in extended region[J]. IEEE transactions on industry applications, 39(5): 1280-1286.

GUPTA R A, KUMAR R, KUMAR B S, 2006. Direct torque controlled induction motor drive with reduced torque ripple[C]. 2006 IEEE international conference on industrial technology. Mumbai.

HABETLER T G, PROFUMO F, PASTORELLI M, et al., 1992. Direct torque control of induction machines using space vector modulation[J]. IEEE transactions on industry applications, 28(5): 1045-1053.

KANG J K, SUL S K, 1999. New direct torque control of induction motor for minimum torque ripple and constant switching frequency[J]. IEEE transactions on industry applications, 35(5): 1076-1082.

KAZMIERKOWSKI M P, KASPROWICZ A B, 1995. Improved direct torque and flux vector control of PWM inverter-fed induction motor drives[J]. IEEE transactions on industrial electronics, 42(4): 344-350.

KHATER F M H, AHMED F I, EL-SOUSY F F M, 1999. Analysis and design of indirect field orientation control for induction machine drive system[C]. Proceedings of the 38th SICE annual conference. Morioka.

LAI Y S, CHEN J H, 2001. A new approach to direct torque control of induction motor drives for constant inverter switching frequency and torque ripple reduction[J]. IEEE transactions on energy conversion, 16(3): 220-227.

MARINO P, D'INCECCO M, VISCIANO N, 2001. A comparison of direct torque control methodologies for induction motor[C]. 2001 IEEE Porto power Tech proceedings. Porto.

MIR S, ELBULUK M E, 1995. Precision torque control in inverter-fed induction machines using fuzzy logic[C]. Proceedings of PESC '95 - power electronics specialist conference. Atlanta.

MOREL F, LIN-SHI X, RETIF J M, et al., 2009. A comparative study of predictive current control schemes for a permanent-magnet synchronous machine drive[J]. IEEE transactions on industrial electronics, 56(7): 2715-2728.

RODRIGUEZ J, PONTT J, KOURO S, et al., 2004. Direct torque control with imposed switching frequency in an 11-level cascaded inverter[J]. IEEE transactions on industrial electronics, 51(4): 827-833.

RYU J H, LEE K W, LEE J S, 2006. A unified flux and torque control method for DTC-based induction-motor drives[J]. IEEE transactions on power electronics, 21(1): 234-242.

SABANOVIC A, BILALOVIC F, 1989. Sliding mode control of AC drives[J]. IEEE transactions on industry applications, 25(1): 70-75.

Texas Instruments, 1998. Field orientated control of 3-phase AC-motors[M]. Dallas: Texas Instruments Incorporated.

UTKIN V I, 1993. Sliding mode control design principles and applications to electric drives[J]. IEEE transactions on industrial electronics, 40(1): 23-36.

VAS P, 1990. Vector control of AC machines[M]. Oxford: Oxford University Press.

VAS P, 1998. Sensorless vector and direct torque control[M]. Oxford: Oxford University Press.

VAS P, 1999. Artificial-intelligence-based electrical machines and drives[M]. Oxford: Oxford University Press.

VAS P, DRURY W, 1996. Electrical machines and drives: present and future[C]. Proceedings of 8th mediterranean electrotechnical conference on industrial applications in power systems, computer science and telecommunications (MELECON 96).Bari.

YANG L G, LI H M, HUANG J D, et al., 2022. Model predictive direct speed control with novel cost function for SMPMSM drives [J]. IEEE transactions on power electronics, 37(8): 9586-9595.

ZHANG X G, HOU B S, 2018. Double vectors model predictive torque control without weighting factor based on voltage tracking error [J]. IEEE transactions on power electronics, 33(3): 2368-2380.

ZHANG Y C, JIN J L, HUANG L L, 2021. Model-free predictive current control of PMSM drives based on extended state observer using ultralocal model [J]. IEEE transactions on industrial electronics, 68(2): 993-1003.

ZHU X L, SHEN A W, 2006. Speed estimation of sensorless vector control system based on single neuron PI controller[C]. 2006 6th world congress on intelligent control and automation. Dalian.